中国南水北调集团有限公司成立大会现场（席晶　供稿）

2020 年 5 月 26 日，河南省 2020 年南水北调工作会议在郑州召开（蔡舒平　供稿）

2020 年 3 月，南水北调中线干线北京段 PCCP 管道内加固施工（成钰龙　供稿）

2020 年 12 月 2 日，南水北调东线江苏水源有限责任公司宿迁分公司许朝瑞喜获第八届全国水利行业（泵站运行工）技能竞赛第四名（呼咏　供稿）

2020 年 5 月，南水北调中线水源有限责任公司档案专项验收启动集中整编（中线水源公司　供稿）

2020 年 9 月 8 日，南水北调中线水源有限责任公司中心实验室正在进行日常水样检测（中线水源公司　供稿）

2020 年 10 月 26 日，南水北调中线水源有限责任公司水质检测人员在库区进行水样采集（蒲双　供稿）

2020 年 10 月 27 日，南水北调中线水源有限责任公司工作人员开展库区巡查（蒲双　供稿）

2020年10月27日，南水北调中线水源有限责任公司工作人员开展库区地质灾害隐患点监测（蒲双　供稿）

2020年10月28日，南水北调中线水源有限责任公司对大坝廊道工程进行安全巡查（蒲双　供稿）

2020 年 11 月，南水北调中线干线北京段 PCCP 调压塔工程施工（成钰龙　供稿）

2020 年 11 月 6 日，南水北调中线水源有限责任公司开展鱼类增殖放流活动（中线水源公司　供稿）

2020 年 11 月，团九二期工程泥水平衡盾构施工（成钰龙　供稿）

2020 年 12 月 2 日，南水北调中线水源有限责任公司技术人员在坝面开展工程安全巡查（中线水源公司　供稿）

2020 年 12 月 20 日，河南省滑县南水北调配套工程巡线员顶风冒雪巡查输水线路（刘俊玲　供稿）

2020 年 12 月 27 日，郑济高铁穿越滑县南水北调管道施工现场（庞宗杰　供稿）

2020 年 4 月，河南省焦作市南水北调城区段绿化带（赵耀东　供稿）

2020 年 6 月，德州段大屯水库工程（李新强　供稿）

2020 年 8 月，密云水库调蓄工程（成钰龙　供稿）

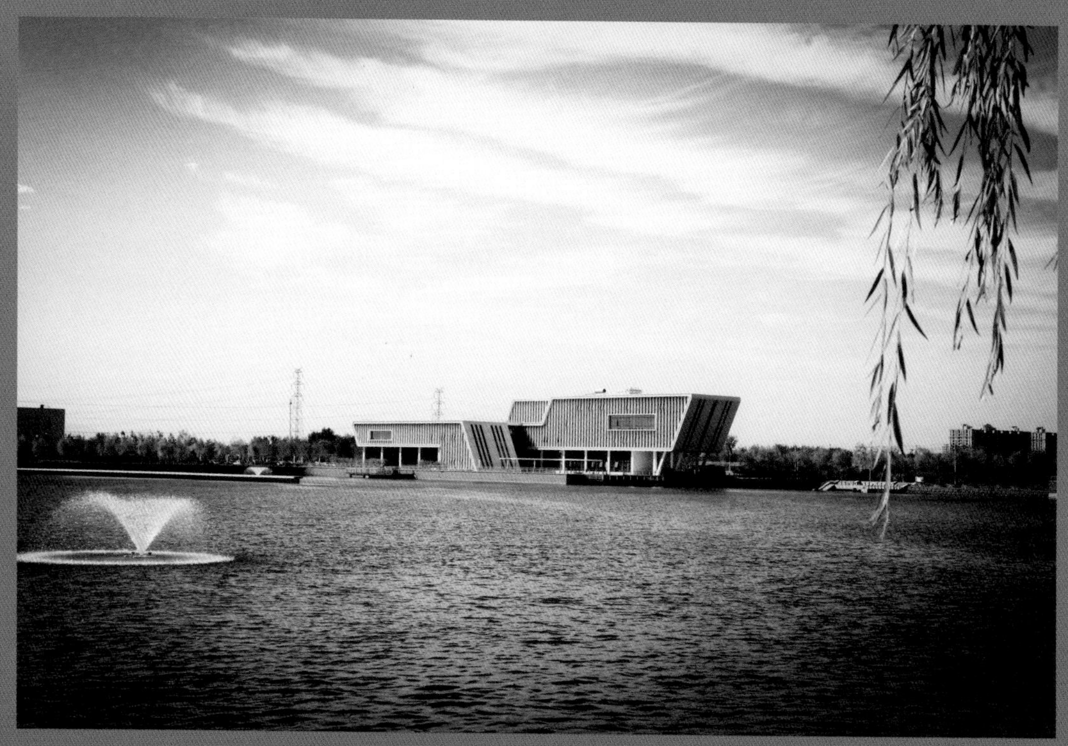

2020 年 9 月，亦庄调节池扩建工程主体完工，进行蓄水试验（成钰龙　供稿）

2020 年 11 月，泰安段八里湾泵站工程（李新强　供稿）

2020 年 12 月，大兴支线管道吊装（成钰龙　供稿）

2020 年 12 月，河南省焦作市国家方志馆南水北调分馆展出的穿黄工程盾构机（孟宪梅　供稿）

荆堤大闸（荆州电视台　供稿）

拾桥河上游泄洪闸撇洪（曾文顺　供稿）

中国南水北调年鉴

2021

China South-to-North Water Diversion Project Yearbook

《中国南水北调年鉴》编纂委员会　编

中国水利水电出版社
www.waterpub.com.cn
·北京·

图书在版编目（CIP）数据

中国南水北调年鉴. 2021 / 《中国南水北调年鉴》编纂委员会编. -- 北京 : 中国水利水电出版社, 2021.12
ISBN 978-7-5226-0772-6

Ⅰ. ①中… Ⅱ. ①中… Ⅲ. ①南水北调－水利工程－中国－2021－年鉴 Ⅳ. ①TV68-54

中国版本图书馆CIP数据核字(2022)第105431号

书　　名	**中国南水北调年鉴 2021** ZHONGGUO NANSHUIBEIDIAO NIANJIAN 2021
作　　者	《中国南水北调年鉴》编纂委员会　编
出版发行	中国水利水电出版社 （北京市海淀区玉渊潭南路 1 号 D 座　100038） 网址：www. waterpub. com. cn E-mail：sales@mwr. gov. cn 电话：（010）68545888（营销中心）
经　　售	北京科水图书销售有限公司 电话：（010）68545874、63202643 全国各地新华书店和相关出版物销售网点
排　　版	中国水利水电出版社微机排版中心
印　　刷	北京印匠彩色印刷有限公司
规　　格	184mm×260mm　16 开本　31.75 印张　647 千字　26 插页
版　　次	2021 年 12 月第 1 版　2021 年 12 月第 1 次印刷
印　　数	0001—2000 册
定　　价	**380.00** 元

《中国南水北调年鉴》编纂委员会

编 辑 说 明

一、《中国南水北调工程建设年鉴》创办于 2005 年，每年编印一卷，自 2021 卷起更名为《中国南水北调年鉴》。《中国南水北调年鉴》（以下简称《年鉴》）是逐年集中反映南水北调工程建设、运行管理、治污环保及征地移民等过程中的重要事件、技术资料、统计报表的资料性工具书。

二、《中国南水北调年鉴 2021》拟全面记载 2020 年南水北调工程前期工作、建设管理、运行管理、质量安全、征地移民、生态环保和重大技术攻关等方面的工作情况。《年鉴》编纂委员会对 2021 卷编写框架进行了调整，调整后的《年鉴》包括 12 个专栏：综述、特载、政策法规、综合管理、东线一期工程、中线一期工程、中线后续工程、配套工程、党建工作、统计资料、大事记、索引。另有重要活动剪影。

三、《年鉴》所载内容实行文责自负。《年鉴》内容、技术数据及是否涉密等均经撰稿人所在单位把关审定。

四、《年鉴》力求内容全面、资料准确、整体规范、文字简练，并注重实用性、可读性和连续性。

五、《年鉴》采用中国法定计量单位。技术术语、专业名词、符号等力求符合规范要求或约定俗成。

六、《年鉴》中中央国家机关和国务院机构名称、水利部相关司局和直属单位、有关省（直辖市）南水北调工程建设管理机构、各项目法人单位等可使用约定俗成的简称。

七、《年鉴》中南水北调沿线各流域管理机构名称均使用简称，具体是：长江水利委员会简称长江委，黄河水利委员会简称黄委，淮河水利委员会简称淮委，海河水利委员会简称海委。

八、限于编辑水平和经验，《年鉴》难免有缺点和错误。我们热忱希望广大读者和各级领导提出宝贵意见，以便改进工作。

专　　栏

目　录

叁　政策法规

肆　综合管理

伍　东线一期工程

陆　中线一期工程

柒　中线后续工程

捌　配套工程

玖　党建工作

拾　统计资料

拾壹　大事记

拾贰　索引

Contents

8. The Matching Project

9. CPC Party Building

10. Statistics

11. Chronicle of Events

12. Index

壹　综述

2020年中国南水北调发展综述

一、工程概况

南水北调工程是实现我国水资源优化配置、促进经济社会可持续发展、保障和改善民生的重大战略性基础设施，是“国之大事、世纪工程、民心工程”。从擘画方略到设计论证，从开工建设到通水运行，历半个多世纪风雨洗礼，经数十万建设者十多年艰苦奋战，南水北调东、中线一期工程分别于2013年11月15日、2014年12月12日建成通水，顺利实现了党中央、国务院确定的建设目标。

进入新时代以来，党中央、国务院高度重视南水北调工作，习近平总书记多次作出重要指示，明确提出了推进南水北调后续工程高质量发展的总体要求。水利部门认真践行“节水优先、空间均衡、系统治理、两手发力”的治水思路，奋力推进南水北调各项工作，努力将南水北调工程建设成为“优化水资源配置、保障群众饮水安全、复苏河湖生态环境、畅通南北经济循环”的生命线，为实现中华民族伟大复兴的中国梦提供坚强支撑。

东、中线一期工程全面通水6年多来，工程质量可靠，运行安全平稳，供水水质稳定达标，经受住了冰期输水、汛期暴雨洪水、大流量输水、新冠肺炎疫情冲击等多重重大考验，未发生任何安全事故和断水事件。截至2020年年底累计调水近400亿m^3，直接受益人口超1.4亿人，有效提升了受水区城市供水保证率，改变了北方地区供水格局。华北地下水回补试点和东线北延应急试通水实施后，华北地区地下水超采综合治理取得明显成效，2020年浅层地下水水位较上年总体回升0.23m，持续多年下降后首次实现止跌回升，滹沱河、白洋淀等一大批河湖重现生机，工程生态效益进一步凸显。

（一）南水北调东线工程

东线工程以长江下游扬州江都水利枢纽为起点，利用京杭大运河及与其平行的河道逐级提水北送，并连接起调蓄作用的洪泽湖、骆马湖、南四湖、东平湖，出东平湖后分两路输水：一路向北，穿黄河输水到天津；另一路向东，通过济平干渠、胶东输水干线经济南输水到烟台、威海、青岛。规划调水规模148亿m^3。东线一期工程于2013年11月15日通水，输水干线全长1467km，抽水扬程65m，年抽江水量88亿m^3，向江苏、山东两省18个大中城市90个县（市、区）供水，补充城市生活、工业和环境用水，兼顾农业、航运和其他用水。

（二）南水北调中线工程

中线工程将丹江口大坝加高 14.6m 后，从丹江口水库引水，沿黄淮海平原西部边缘开挖渠道，经唐白河流域西部过长江流域与淮河流域的分水岭方城垭口，在郑州以西李村附近穿过黄河，沿京广铁路西侧北上，基本自流到北京、天津，规划调水规模 130 亿 m^3，分二期建设。中线一期工程于 2014 年 12 月 12 日通水，输水干线全长 1432km，多年平均年调水量为 95 亿 m^3，向华北平原北京、天津、河北、河南等 4 省（直辖市）24 个大中城市的 190 多个县（市、区）提供生活、工业用水，兼顾农业和生态用水。

（三）南水北调西线工程

按照总体规划，西线工程主要解决涉及青海、甘肃、宁夏、内蒙古、陕西、山西等 6 省（自治区）黄河上中游地区和渭河关中平原的缺水问题。具体方案正在深入研究论证中。

二、东、中线一期工程通水效益

南水北调东、中线一期工程的建成通水，初步构筑了我国“四横三纵、南北调配、东西互济”的水网格局，经济、社会、生态效益发挥显著。

（1）水资源配置得到优化，我国北方地区供水格局持续改善。南水北调东、中线一期工程从根本上缓解了我国北方地区水资源严重短缺的局面，受水区 40 多座大中城市的 280 多个县（区）用上了南水北调水，南水北调水已成为许多城市新的供水生命线。其中，北京城市用水量七成以上为南水北调水；天津市包括全部主城区在内的 14 个行政区居民用上了南水北调水；河南省受水区城市的 83 个县（区）全部受益，多个城市主城区 100%使用南水；河北省邯郸、石家庄沿线城市及沧州、衡水等市 90 多个县（区）受益；江苏省形成双线输水格局，受水区供水保证率提高 20%～30%；山东省形成 T 形骨干水网布局，构建了胶东半岛的供水大动脉。

（2）饮水安全得到保障，群众获得感幸福感和安全感持续增强。通水 6 年多来，丹江口水库和中线干线供水水质稳定在地表水Ⅱ类标准及以上，东线工程水质稳定在地表水Ⅲ类标准。沿线群众饮水质量显著改善，河北省黑龙港区域 500 多万人告别了饮用高氟水、苦咸水的历史。

（3）河湖生态环境得到复苏，有力促进生态文明建设。东、中线一期工程通过置换和回补超采地下水等综合措施，每年约减少超采地下水 50 亿 m^3，有效遏制了华北地区地下水水位下降、地面沉降等生态环境恶化趋势。已累计实施生态补水 50.03 亿 m^3，滹沱河、白洋淀等一大批河湖重现生机。

（4）节水成效显著，有效推进生产生活方式绿色转型。北京市在全国率先启动节水型区创建工作，全市 16 个市辖区全部建成节水型区，北京市万元地区生产总值用水量由 2015 年的 15.4m^3 下降到 2019 年的 11.8m^3，万元工业增加值用水量由 11m^3 下降到 7.8m^3，农田灌溉水有效利用系数由 0.710 提高到 0.747，天津市坚持“多渠道开源节流，节水为先”，出台全国第一部地方节水条例。

（5）拉动内需、扩大就业，保障经济社会协调发展。建设期间，南水北调工程投资平均每年拉动我国国内生产总值增长率提高约 0.12%，对经济增长的

影响通过乘数效应进一步扩大。工程建设高峰期参建单位超过 1000 家，有近 10 万建设者在现场施工，加上相关行业的带动作用，每年增加数十万个就业岗位。工程通水后为保障京津冀协同发展、雄安新区建设等重大国家战略的实施提供了可靠的水资源保障。以 2016—2019 年全国万元 GDP 平均需水量 70.4m^3 计算，南水北调为北方增加的近 400 亿 m^3 水资源，可为受水区约 5.66 万亿元 GDP 的增长提供优质水资源支撑。

三、社会效益

南水北调东线、中线一期工程有效缓解了我国北方地区水资源短缺问题，从根本上改变了受水区供水格局，改善了城市用水水质，提高了受水区 42 座大中城市的供水保证率，促进了受水区社会发展和城市化进程，已逐步成为沿线大中型城市生活用水的主力水源。

（一）供水范围及受益人口

（1）供水范围。截至 2020 年年底，南水北调东、中线一期工程直接受水城市 42 个。其中，东线 18 个、中线 24 个。东线一期工程受水城市为江苏省 6 个、山东省 12 个；中线受水城市为河南省 13 个、河北省 9 个、北京市及天津市。

（2）受益人口。南水北调东、中线总受益人口超 1.4 亿人。其中东线一期工程总受益人口超 6735.70 万人，中线一期工程总受益人口超 7538.81 万人。

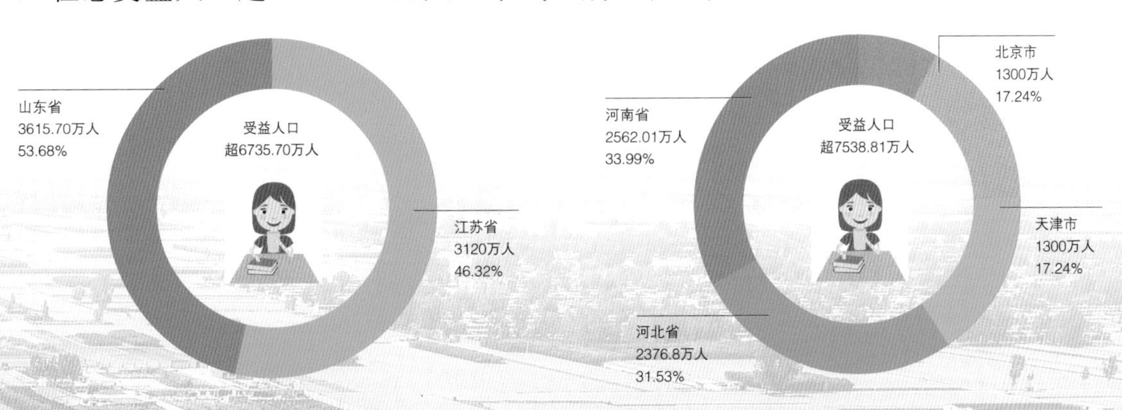

（二）供水量持续增长

截至 2020 年 12 月底，南水北调东、中线一期工程累计调水量超 398.45 亿 m^3，受水区各省（直辖市）累计供水 366.17 亿 m^3。

东线一期工程累计调水 46.57 亿 m^3，向山东省累计净供水量为 29.59 亿 m^3。2019 年 4—6 月，实施了东线一期北延应急试通水工作，累计供水 5717 万多 m^3。其中，入河北省 3739 万 m^3，入天津市 1978 万 m^3。

中线一期工程累计调水量为351.88亿m^3，累计供水336.58亿m^3。湖北省引江济汉工程为汉江兴隆以下河段和东荆河提供可靠的补充水源。

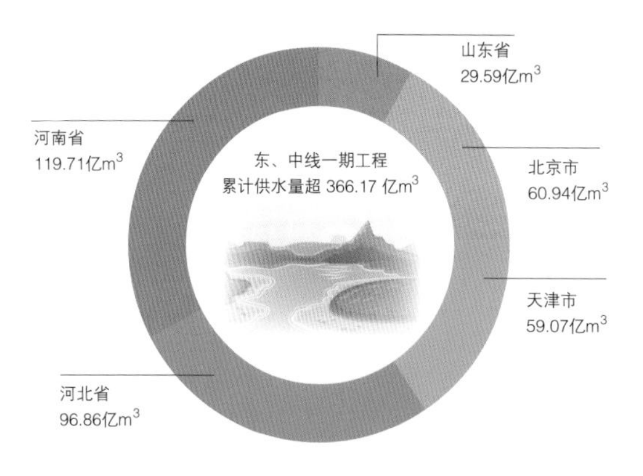

东、中线一期工程受水区累计供水量

调度年	调水量/亿m^3	供水量/亿m^3
2013—2014	1.60	0.78
2014—2015	23.55	20.97
2015—2016	44.45	41.61
2016—2017	57.37	50.45
2017—2018	85.46	75.62
2018—2019	79.76	74.50
2019—2020	94.63	90.56

东、中线一期工程各年度累计调水量和供水量

（三）供水格局优化

南水北调东线、中线工程从根本上改变了受水区供水格局，受水区42座大中城市的280多个县（市、区）用上了南水北调水，城市供水实现了外调水与当地水的双供水保障。

1. 东线工程

东线一期工程打通了长江干流向北方调水的通道，构建了长江水、黄河水、当地水优化配置和联合调度的骨干水网，将长江经济带与江苏、山东两大经济强省互联互通，对促进国家主体功能区规划实施、提高国土空间承载力等发挥了积极作用；同时有效缓解了苏北、胶东半岛和鲁北地区城市缺水问题，使济南、青岛、烟台等大中城市基本摆脱缺水的制约，确保了城市供水安全，维护了社会稳定，改善了城镇居民的生活用水质量，惠及沿线百姓，为地区经济社会发展注入了新的动力。

江都水利枢纽成源头活水

东线一期工程沿线地区在加大水污染治理的同时，促进了产业结构不断优化升级，经济社会高质量发展，山东省内造纸厂由700多家压减到10家，产业规模却增长了2.5倍，利税增长了3倍；节水型社会建设进展加快，促进了沿线“以水定城”理念落实，加快了水生态文明城市建设。

东线一期工程为江苏淮安提供新的水源

东线一期工程途经山东济南市区

2. 中线工程

中线一期工程使北京、天津、郑州、石家庄等北方大中城市基本摆脱了缺水制约，有力保障了京津冀协同发展、雄安新区建设等重大国家战略实施。

目前，北京市中心城区供水7成是南水北调水，实现了“一纵一环”输水线路、本地水与外调水相互调剂使用的新格局。

天津市14个行政区用上了南水北调水，实现了引江水和引滦水双保障，并逐步打通城乡供水一体化。河南受水区的83个县（市、区）全部受益，多个城市主城区100%使用南水北调水，以中线供水、引黄等供用水工程为基础，打造了“一纵三横、六区一网”多功能现代水网。

河北石家庄、邯郸、沧州等市 90 多个县（市、区）受益，部分城市全部用上南水北调水，构筑了“一纵四横”，引江水、黄河水、本地水三水联调新格局。

北京通州水厂全部取用南水北调水

北京郭公庄水厂机械加速澄清池

天津外环河

河北石家庄用上南水北调水

丹江口水库清水经陶岔渠首，输送至河南多个城市

（四）受水区水质改善

按照“先节水后调水、先治污后通水、先环保后用水”的原则要求，中线全面做好水源地水质保护各项工作，湖北、河南和陕西三省联动协作，制定水污染治理和水土保持规划，推进产业转型升级，探索生态补偿机制，夯实了水源地水质保护基础。东线强力推进治污工作，江苏、山东两省将水质达标纳入县（区）考核，实施精准治污，实现水质根本好转，创造了治污奇迹。

沿线群众饮水质量显著改善，北京自来水硬度由过去的380mg/L降至120mg/L，河北黑龙港地区500多万人告别了长期饮用高氟水、苦咸水的历史，人民群众获得感、幸福感、安全感显著增强。

（五）移民稳定发展

在党中央、国务院统一部署下，河南、湖北两省坚持“以人民为中心”的发展理念，统筹谋划、周密部署，超前实施，圆满完成了丹江口水库34.5万移民搬迁任务，实现了“四年任务、两年完成”的工作目标。丹江口水库移民搬迁安置后，人均耕地数量增加，集中安置点基础设施实现跨越式发展，居住环境得到了极大改善，库区、安置区移民总体稳定，初步实现了“搬得出、稳得住、能发展、可致富”的安置目标。

曾经喝苦咸水的河北沧州市民如今喝上了甘甜的南水北调水

石家庄学院的大学生畅饮清茶

检测员检测水质

移民村环境友好

舞出美好未来

四、经济效益

水资源格局决定着发展格局，南水北调工程从根本上改变了受水区供水格局，提高了大中城市供水保障率，为经济结构调整和产业绿色转型调整创造了机会和空间，有效促进了受水区产业结构调整和经济发展方式转变，经济效益显著。以 2016—2019 年全国万元 GDP 平均需水量 70.4m^3 计算，南水北调向北方调水 400 多亿 m^3，为约 5.68 万亿元 GDP 的增长提供了优质水资源支撑。

（一）水资源支撑效益显著

南水北调工程支撑国家重大战略实施。黄淮海流域总人口 4.4 亿人，国内生产总值约占全国的 35%，在国民经济格局中占有重要地位。黄淮海流域的大部分地区是南水北调工程受水区。南水北调工程正在为京津冀协同发展、雄安新区建设、长江经济带发展、黄河流域生态保护和高质量发展等重大战略实施及城市化进程推进提供可靠的水资源保障。同时，黄河下游地区补充水源为提高西北地区水资源承载能力创造了条件。

（二）经济拉动作用明显

南水北调东、中线一期工程批复总投资达 3082 亿元，工程建设创造了众多就业岗位，促进了社会稳定和群众收入的增长，刺激了消费需求。

南水北调工程建设期间，直接拉动国内生产总值增长，带动了土建施工、金属结构及机电设备制造安装、水土保持、信息自动化、污水处理等多个重要的产业领域发展，增加了工程机械、建筑材料、电气电子元器件、园林苗木等产品的需求，还进一步刺激了相关上游产业和关联产品的生产发展。东、中线

雄县温泉城

南水北调工程为雄安新区建设提供了可靠的水资源保障

一期工程参建单位超过1000家，建设高峰期每天有近10万建设者在现场进行施工，加上上下游相关行业的带动作用，每年增加数十万个就业岗位，并通过乘数效应进一步扩大。

工程建成运行后，又带动了工程运行管理、维修养护、备品备件更新等相关产业和企业的集聚与发展，一大批企业落户工程沿线，继续拉动着地方经济社会发展。

此外，中线陶岔渠首工程、兴隆水利枢纽工程、丹江口水利枢纽工程均已发挥发电效益，为地方经济发展提供绿色能源。

（三）交通航运提档升级

南水北调工程持续调水稳定了航道水位，改善了通航条件，延伸了通航里程，增加了货运吨位，大大提高了航运安全保障能力，为畅通南北经济循环发挥了不可替代的作用。

东线北延应急工程建设增加地区就业机会

东线一期工程建成后，京杭大运河黄河以南航段从东平湖至长江实现全线通航，提高了河道通航标准和通航等级，1000～2000吨级船舶可畅通航行，区域水运能力大幅提升，新增港口吞吐能力1350万t，成为中国仅次于长江的第二条“黄金水道”。

中线一期工程湖北省引江济汉工程干渠全长67.23km，一线横贯荆州、荆门、仙桃、潜江四市，使往返荆州和武汉的航程缩短了200多km；兴隆水利枢纽工程及局部航道整治工程使汉江通航能力从之前的300～500吨级船舶提升至1000吨级以上，大大改善了航运条件。两项工程累计新增航道268.92km，改善航运458.4km，经整治，兴隆至汉川段基本达到1000吨级通航标准；丹江口至兴隆段基本解决了出浅碍航、航路不畅或航道水流条件较差等状况。

梁济运河航运能力提高

南四湖“黄金水道”

（四）除涝效益

南水北调东线一期工程通过泵站排涝，增加排涝面积6800km^2（其中耕地716万亩❶），排涝标准由不足3年一遇提高至5年一遇以上。

五、生态效益

南水北调工程为沿线城市提供了充足的生态用水，河湖、湿地等水面面积明显扩大，区域生物种群数量和多样性明显增加，并为解决华北地下水超采问题提供了重要水源，随着后续工程不断推进，工程生态环境效益将进一步显现。

（一）地下水水位持续回升

东、中线一期工程通水以来，有效缓解了城市生产生活用水挤占农业用水、超采地下水的问题，沿线受水区通过水资源置换，压采地下水、向中线工程沿线河流生态补水等方式，有效遏制了地下水水位下降的趋势，地下水水位逐步回升，沿线河湖生态得到有效恢复，实现了河清、岸绿、水畅、景美。

1. 地下水压采

截至2020年12月底，南水北调东、中线一期工程地下水压采量为79.40亿m^3。其中，中线一期工程地下水压采量为69.20亿m^3，东线一期工程地下水压采量为10.20亿m^3。

❶ 1亩＝(10000/15)m^2≈666.67m^2。

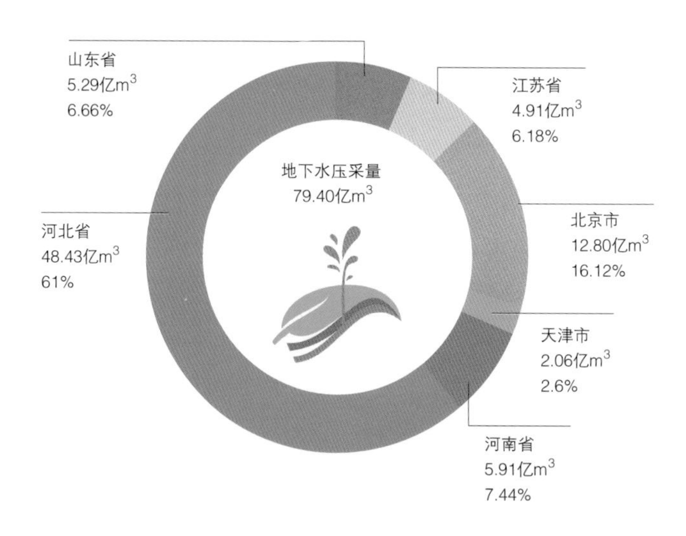

东、中线一期工程累计地下水压采量

2. 生态补水

截至2020年12月底，南水北调东、中线一期工程受水区累计实施生态补水57.93亿 m^3。

其中，中线一期工程受水区累计河道补水量为89.28亿 m^3，东线一期工程受水区累计河道补水量为0.68亿 m^3。

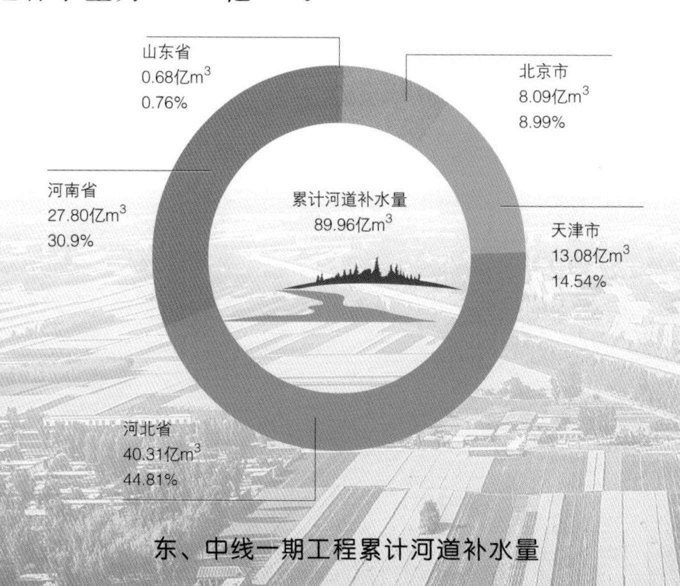

东、中线一期工程累计河道补水量

3. 地下水位变化

2020年年底与2019年同期比较，河北省全省浅层地下水水位回升0.34m，深层地下水水位回升1.32m；河南省地下水水位上升在0.5m以上的地区面积占平原区面积的71.1%，上下变幅在0.5m之间的地区面积占平原区面积的26.3%，下降在0.5m以上的地区面积占平原区面积的2.6%；天津市、北京市地下水水位变幅接近于 0；山东省呈现地下水水位回升趋势。

（二）河湖水量明显增加

东线一期工程向山东省东平湖、南四湖、济南市小清河、骆马湖等补水。中线一期工程多次向沿线开展生态补水，截至 2021 年 1 月 31 日，中线一期工程累计补水总量达 50.47 亿 m^3，华北地下水水位持续回升，白洋淀淀区水面面积扩大，北京市南水北调调蓄设施水面面积增加、密云水库蓄水量创新高，河北省多条天然河道得以阶段性恢复，河南省焦作市龙源湖、濮阳市引黄调节水库、新乡市共产主义渠、漯河市临颍县湖区湿地、邓州市湍河城区段、平顶山市白龟湖湿地公园、白龟山水库等河湖水系水量明显增加。

白洋淀再现往日生机

滹沱河生态补水

（三）河湖水质明显提升

东线一期工程建设期间，通过治污工程及湖区周边水污染防治措施的实施，南四湖区域水污染治理取得显著成效，达到规划要求的通水标准。通水后，南四湖流域由于江水的持续补充，水面面积有效扩大，水质明显改善，输水水质一直稳定在Ⅲ类。

中线一期工程华北地下水回补试点河段，通水期间水质普遍得到改善，上游河段水质多优于Ⅲ类水质，中下游河段水质改善1～2个类别。通过地下水回补，试点河段恢复了河流基本功能，河流水体水质得到改善，效果明显。北京市利用南水北调水向城市河湖补水，增加了水面面积，城市河湖水质明显改善。天津地表水质得到了明显好转，中心城区4条一级河道8个监测断面由补水前的Ⅲ～Ⅳ类改善到Ⅱ～Ⅲ类。

水质检测

拦截水中漂浮物

（四）水生态环境修复改善

东、中线一期工程全面通水后，通过向沿线部分河流、湖泊实施生态补水，沿线城市河湖、湿地等水面面积明显扩大，生态和环境得到有效修复，区域生物种群数量和多样性明显恢复。

东线一期工程先后通过干线工程引长江水向南四湖、东平湖补水2亿多m^3，极大改善了南四湖、东平湖的生活生产和生态环境，避免了因湖泊干涸导致的生态灾难，补水后南四湖水位回升，下级湖水位抬升至最低生态水位，湖面逐渐扩大，鸟类开始回归。

2018年9月至2019年8月，中线一期工程实施华北地区地下水超采综合治理河湖地下水回补试点工作，先后向滹沱河、滏阳河、南拒马河试点河段补水，区域水生态环境显著改善，同时中线水源区通过补偿工程也大大改善了当地的区域生态环境。

（五）资源环境承载力提高

南水北调工程通过跨流域调水，有效增加了黄淮海平原地区的水资源总量，结合节水挖潜措施，归还以前不合理挤占的农业和生态环境用水，区域用水结构更加合理，区域水资源及环境的承载能力明显增强。

中华秋沙鸭

黑鹳

北京市按照“节、喝、存、补”的原则，在充分发挥水厂消纳南水能力的同时，向大宁水库、十三陵水库、怀柔水库、密云水库等河湖库补水，北京市的水资源储备显著增加。天津市构建了“一横一纵”、引滦引江双水源保障的供水新格局，形成了引江和引滦相互连接、联合调度、互为补充、优化配置、统筹运用的城市供水体系。

中线工程调水入北京后进入团城湖，区域水生态环境改善

经过大力整治水生态，骆马湖恢复了曾经的碧波荡漾、群鸥翻飞

（六）水源保护及污染防治卓有成效

南水北调对水源区和沿线地区投资数百亿元进行水污染治理和生态环境建设。陕西等省先后实施了两期丹江口库区及上游水污染防治和水土保持工程，累计完成小流域综合治理 562 条，治理水土流失面积 12574km²。

湖北省十堰市实施截污、清污、减污、控污、治污 5 大工程，原本劣Ⅴ类水质得到显著改善，官山河、犟河、剑河和神定河水质平均值均已达到国家“水十条”考核标准。治理水土流失面积 5836km²，森林覆盖率达 64.72%。

山清水秀的十堰市

2014 年以来，河南省水源区及干渠沿线各县（区）共关闭或停产整治工业和矿山企业 200 余家；封堵入河市政生活排污口 433 个，规范整治企业排污口 27 个；拆除库区内养殖网箱 5 万余个，累计治理水土流失面积 2704km²。

水源区陕西、湖北、河南 3 省先后实施了丹江口库区及上游水污染防治和水土保持工程，建成了大批工业点源污染治理、污水垃圾处理、水土流失治理等项目，治理水土流失面积 2.1 万 km²。通过东线治污工程及湖区周边水污染防治措施的实施，南四湖区域水污染治理取得显著成效，黑臭的南四湖“起死回生”，跻身全国水质优良的湖泊行列。

江苏、山东两省把节水、治污、生态环境保护与调水工程建设有机结合起来，建立“治理、截污、导流、回用、整治”一体化治污体系，安排 5 大类 426 项治污项目，其中工业点源治理 214 项，城镇污水处理及再生利用 155 项，流域综合整治 23 项，截污导流 26 项，垃圾处理 8 项。后续又分别制定了补充治污方案，共安排 514 项治污项目，完成情况良好。在东线沿线经济发达地区，强力治污攻坚，突出执法监管，严格环保准入，重点挂牌督办，“一河一策”精准治污，建设截污导流工程，实施船舶污染防治，推进退渔还湖，打击河道非法采砂，有效治理了沿线水域污染。

洪泽湖实施生态修复工程，开展生态廊道建设

洪泽站国家级旅游风景区美景如画

贰　特载

重要事件

习近平在江苏考察

中共中央总书记、国家主席、中央军委主席习近平近日在江苏考察时强调，要全面把握新发展阶段的新任务新要求，坚定不移贯彻新发展理念、构建新发展格局，坚持稳中求进工作总基调，统筹发展和安全，把保护生态环境摆在更加突出的位置，推动经济社会高质量发展、可持续发展，着力在改革创新、推动高质量发展上争当表率，在服务全国构建新发展格局上争做示范，在率先实现社会主义现代化上走在前列。

11月12日至13日，习近平在江苏省委书记娄勤俭、省长吴政隆陪同下，先后来到南通、扬州等地，深入长江和运河岸线、水利枢纽、文物保护单位等，就贯彻落实党的十九届五中全会精神、统筹推进常态化疫情防控和经济社会发展工作等进行调研。

南通位于长江入海口北翼，素有“海门户”之称。市区南部的滨江地区江面宽阔、烟波浩渺，黄泥山、马鞍山、狼山、剑山、军山等五山临江而立、葱茏叠翠，沿江岸线14km是长江南通段重要的生态腹地和城市发展的重要水源地。

12日下午，习近平来到五山地区滨江片区，听取五山及沿江地区生态修复保护、实施长江水域禁捕退捕等情况介绍，对南通构建生态绿色廊道的做法表示肯定。随后，习近平沿江边步行察看滨江生态环境，详细了解当地推进长江下游岸线环境综合治理情况。习近平强调，生态环境投入不是无谓投入、无效投入，而是关系经济社会高质量发展、可持续发展的基础性、战略性投入。要坚决贯彻新发展理念，转变发展方式，优化发展思路，实现生态效益和经济社会效益相统一，走出一条生态优先、绿色发展的新路子，为长江经济带高质量发展、可持续发展提供有力支撑。

正在江边休闲散步的市民看到总书记来了，纷纷向总书记问好。习近平同大家亲切交流，对大家说，40多年前我来过五山地区，对这里壮阔江面的印象特别深刻。这次来，看到经过治理，曾经脏乱差的环境发生了沧桑巨变，成为人们流连忘返的滨江生态公园。大家生活在这样的城市里很幸福，幸福是你们共同奋斗、亲手创造出来的。习近平指出，城市是现代化的重要载体，也是人口最密集、污染排放最集中的地方。建设人与自然和谐共生的现代化，必须把保护城市生态环境摆在更加突出的位置，科学合理规划城市的生产空间、生活空间、生态空间，处理好城市生产生活和生态环境保护的关系，既提高经济发展质量，又提高人民生活品质。当前，境外疫情仍在蔓延，我国外防输入、内防反弹压力还很大。希望大家始终不放松疫情防控这根弦，继续落实各项常态化疫情防控措施，坚决防止疫情出现反复。

离开五山地区滨江片区，习近平来到南通博物苑考察调研。张謇是我国近代著名企业家、教育家，为中国近代民族工业兴起、教育和社会公益事业发展作出了重要贡献。他创办的南通博物苑是我国第一座公共博物馆，现有历史文物、民俗品物、自然标本等各类藏品5万余件。习近平仔细察看博物苑历史建筑，并走进张謇故居陈列室，了解张謇创办实业、发展教育、兴办社会公益事业的情况，听取当地培育企业家爱国情怀、社会责任、奋斗精神等情况介绍。习近平强调，我这次专门来南通博物苑，了解张謇兴办实业、教育和社会公益事业的情况。在当时内忧外患的形势下，作为中华文化熏陶出来的知识分子，张謇意识到落后必然挨打、实业才能救国，积极引进先进技术和经营理念，提倡实干兴邦，起而行之，兴办了一系列实业、教育、医疗、社会公益事业，帮助群众，造福乡梓，是我国民族企业家的楷模。改革开放以来，党和国家为民营企业发展和企业家成长创造了良好条件。民营企业家富起来以后，要见贤思齐，增强家国情怀、担当社会责任，发挥先富帮后富的作用，积极参与和兴办社会公益事业。要勇于创新、奋力拼搏、力争一流，为构建新发展格局、推动高质量发展作出更大贡献。要把南通博物苑和张謇故居作为爱国主义教育基地，让广大民营企业家和青少年受到教育，增强社会责任感，坚定“四个自信”。

13日，习近平来到扬州考察调研。古运河扬州段是整个运河中最古老的一段，扬州是中国古运河原点城市，也是长江经济带和大运河文化带交汇点城市。在运河三湾生态文化公园，习近平听取大运河沿线环境整治、生态修复及现代航运示范区建设等情况介绍。近年来，经过清理违建、水系疏浚等整治，生态环境明显改善。习近平沿运河三湾段岸边步行，察看运河生态廊道建设情况，了解大运河文化保护传承利用取得的成效。习近平在码头同市民群众亲切交流。他指出，扬州是个好地方，依水而建、缘水而兴、因水而美，是国家重要历史文化名城。千百年来，运河滋养两岸城市和人民，是运河两岸人民的致富河、幸福河。希望大家共同保护好大运河，使运河永远造福人民。生态文明建设关系经济社会发展，关系人民生活幸福，关系青少年健康成长。加强生态文明建设，是推动经济社会高质量发展的必然要求，也是广大群众的共识和呼声。要把大运河文化遗产保护同生态环境保护提升、沿线名城名镇保护修复、文化旅游融合发展、运河航运转型提升统一起来，为大运河沿线区域经济社会发展、人民生活改善创造有利条件。

随后，习近平乘车前往江都水利枢纽。江都水利枢纽是南水北调东线工程的源头，也是目前我国规模最大的电力排灌工程、亚洲最大的泵站枢纽。习近平来到展厅观看南水北调东线工程及江都水利枢纽专题片，结合沙盘听取南水北调东线工程建设运行情况介绍。他走进第四抽水站，察看抽水泵运行。在观测平台，工作人员向习近平展示了刚刚提取的水样，介绍当地加强水源地生态保护等情况。

在江都水利枢纽展览馆，习近平边走边看，详细了解水利枢纽发展建设历程和发挥调水、排涝、泄洪、通航、改善生态环境等功能情况。习近平指出，“北缺南丰”是我国水资源分布的显著特点。党和国家实施南水北调工程建设，就是要对水资源进行科学调剂，促进南北方均衡发展、可持续发展。要继续推动南水北调东线工程建设，完善规划和建设方案，确保南水北调东线工程成为优化水资源配置、保障群众饮水安全、复苏河湖生态环境、畅通南北经济循环的生命线。要把实施南水北调工程同北方地区节约用水统筹起来，坚持调水、节水两手都要硬，一方面要提高向北调水能力；另一方面北方地区要从实际出发，坚持以水定城、以水定业，节约用水，不能随意扩大用水量。习近平强调，南水北调东线工程取得的重大成就，离不开数十万建设者长期的辛勤劳动，离不开沿线40万移民的巨大奉献。要依托大型水利枢纽设施和江都水利枢纽展览馆，积极开展国情和水情教育，引导干部群众特别是青少年增强节约水资源、保护水生态的思想意识和行动自觉，加快推动生产生活方式绿色转型。

（来源：新华网《习近平在江苏考察时强调　贯彻新发展理念构建新发展格局　推动经济社会高质量发展可持续发展》，2020年11月14日）

李克强对中国南水北调集团有限公司成立作出重要批示

中国南水北调集团有限公司成立大会10月23日在京举行。中共中央政治局常委、国务院总理李克强作出重要批示。批示指出：组建中国南水北调集团有限公司，是加强南水北调工程运行管理、完善工程体系、优化我国水资源配置格局的重大举措。对集团公司成立表示祝贺！要坚持以习近平新时代中国特色社会主义思想为指导，认真贯彻党中央、国务院决策部署，加大改革创新力度，科学扎实有序推进南水北调后续工程建设，着力提升管理运营水平，为保障国家水安全和保护生态、服务经济建设和人民生活改善、促进高质量发展作出新贡献！

中共中央政治局委员、国务院副总理胡春华出席成立大会并讲话，国务委员王勇出席。

胡春华指出，组建中国南水北调集团有限公司，是以习近平同志为核心的党中央从战略和全局高度作出的重大决策。中国南水北调集团有限公司要深入贯彻习近平总书记重要指示精神，落实李克强总理批示要求，充分发挥南水北调工程战略性基础性功能，加快推进南水北调事业高质量发展。要坚定不移推进水资源优化配置，切实建好南水北调后续工程，加快形成“四横三纵”国家骨干水网，更好服务国家重大战略实施。要把确保工程持续安全运行作为生命线，有效保障工程安全、水质安全、供水安全。要不断提升南水北调工程综合效益，全面落实节水优先方针，积极支持生态修复用水和防汛抗旱。要总结推广南水北调好经验好做法，不断开创南水北调事业新局面。

胡春华强调，中国南水北调集团有限公司作为中央直接管理的唯一跨流域、超大型供水企业，要全面加强自身建设，切实履行好职责使命。要坚持和加强党的全面领导，聚焦主责主业，加快建立现代企业制度，提高经营管理水平，为提高国家水安全保障能力和水平作出更大贡献。

（来源：新华网 2020 年 10 月 23 日，责任编辑：赵文涵）

山东段提前完成 2019—2020 年度省界调水任务

2020 年 4 月 30 日 12 时，南水北调山东段台儿庄泵站停机，标志着山东段工程提前完成 2019—2020 年度省界调水任务。

南水北调东线山东段自 2019 年 12 月 11 日开机运行以来，分两阶段实施省界调水，历时 103 天，累计调水 7.03 亿 m^3。南水北调东线山东段工程自建成通水以来，顺利完成了 7 个年度省界调水任务，累计调引长江水 46.24 亿 m^3。工程处于安全稳定运行状态，输水干线水质稳定达标。为山东省保障城市供水、抗旱补源、防洪除涝、河湖生态保护等方面发挥了重要战略作用，南水北调经济效益、社会效益、生态效益显著。

根据水利部批复的 2019—2020 年度水量调度计划，本年度向山东省枣庄、济宁、聊城、德州、济南、滨州、淄博、东营、潍坊、青岛、烟台、威海等 12 市供水 4.34 亿 m^3。截至 2020 年 4 月 30 日 8 时，完成供水 3.63 亿 m^3，占年度供水计划的 83%，胶东干线计划 5 月 10 日全线调水结束；鲁北干线除聊城市东阿、莘县继续供水外，聊城其他县（市、区）和德州市已完成供水任务。（邓妍）

山东干线公司荣获“山东省五一劳动奖状”

2020 年 4 月 30 日，山东干线公司被山东省总工会授予“山东省五一劳动奖状”。山东省农林水工会负责人张志刚代表省总工会到公司授牌并座谈。山东干线公司党委书记、董事长瞿潇，党委副书记张茂来，纪委书记、副总经理高德刚，以及有关部门负责同志参加活动。

山东干线公司成立于 2004 年 12 月，先后承担东线一期山东干线工程建设与运行管理的重任，是一支跨流域调水的先锋队伍。16 年来，山东干线公司紧跟国家发展步伐，认真贯彻落实习近平总书记“节水优先、空间均衡、系统治理、两手发力”的治水思路，补短板、强监管，稳步提高工程运行管理水平，确保工程安全平稳运行。同时，山东干线公司优秀职工刘辉扎根在工程一线，凭借饱满的工作热情、扎实的工作作风、优异的工作成绩，被授予了“五一劳动奖章”。

（邓妍）

山东干线公司被济南市政府授予“2019 年度创新发展突出贡献企业”荣誉称号

2020 年 6 月，山东干线公司被济南市政府授予“2019 年度创新发展突出贡献企业”荣誉称号。

2019 年，山东干线公司牢固树立创新发展理念，全面落实创新发展要求。在全体员工的共同努力下，山东干线公司在企业创新方面取得了显著成绩，涌现出众多表现突出的单位和个人。此次荣誉的获得更加坚定了全体员工践行岗位创新、技能创新政策的决心，也将激励更多单位和个人在改革创新的道路上积极探索、再创佳绩。

（邓妍）

山东干线公司通过质量、环境、职业健康安全管理体系认证

2020 年 10 月 19 日，山东干线公司通过质量、环境、职业健康安全管理体系认证，并于 10 月 22 日在济南组织举办认证证书授予仪式。山东干线公司党委书记、董事长兼总经理瞿潇出席仪式并讲话，仪式由常务副总经理刘世学主持，北京中水源禹国环认证中心代表、山东干线公司在济南的领导及总部全体人员参加仪式，现场单位全体人员通过视频参加仪式。

会议强调，公司取得证书不是标准化管理的终点，而是新的起点，是走向标准化、规范化、精细化管理“万里长征”的第一步。山东干线公司推行“三标一体”工作是落实标准化管理的重要举措，是改革创新的重大突破，也是高质量发展的必由之路。

（邓妍）

山东干线公司被评为“2020 年山东省全员创新企业”

2020 年 12 月，山东干线公司被山东省总工会评为“2020 年山东省全员创新企业”。

2020 年 12 月，山东省总工会发布通知，由刘海关等主导的“泵站机组大修叶轮移出回装专用工具制作与应用”获“2020 年度山东省职工优秀技术创新成果一等奖”，由张方磊主导的“邓楼泵站真空破坏阀漏气问题”获三等奖，杜森创新工作室被评为“2020 年度山东省示范性劳模和工匠人才创新工作室”。

（邓妍）

中线水源公司加强应急监测 保新冠肺炎疫情期间供水安全

2020年，中线水源公司在新冠肺炎疫情防控期间开展库区水质应急监测，于2月8日制订《应对新型冠状病毒感染疫情期间水质应急监测方案》，在对库区31个断面29项指标进行常规监测的基础上，增加了余氯和生物毒性等疫情防控特征指标项目的监测。对陶岔、马镫、青山固定监测站实行加密监测，将常规指标监测、生物毒性监测频次由每日6次提高到每日8次，全力确保水源地供水安全。（蒲双）

中线水源公司管理用房项目 正式复工

2020年3月25日，水利部督办项目——中线水源工程管理用房建设，在受新冠肺炎疫情影响停工55天后正式复工，成为当地首批复工项目之一。停工期间，水利部、长江委加强管理用房项目督促指导，中线水源公司落实“责任一手抓、防疫一手抓”复工准备，时刻紧盯政策变化，适时申请复工。公司动态更新相关防疫、复工方案，督促监理、施工单位出台相应措施。于3月20日向当地建管部门提交复工申请，经现场核查后获批。（蒲双）

丹江口大坝加高工程水土保持 汤家沟营地尾工项目开工

2020年3月26日，水利部督办的南水北调中线水源工程丹江口大坝加高工程坝区水土保持验收尾工项目——汤家沟营地水土保持工程正式开工。中线水源公司制定与新冠肺炎疫情防控相适应的施工方案，适时组织项目开工，确保实现坝区水土保持专项验收年度目标不动摇。（蒲双）

丹江口水库向中线工程供水 首次实现设计最大流量

2020年5月9日8时30分，丹江口水库陶岔渠首入南水北调中线总干渠流量达到420m³/s，这是丹江口水库自2014年向中线工程供水以来，供水流量首次达到陶岔渠首设计的最大供水流量。（蒲双）

丹江口水库建设征地移民安置环境保护生态修复、水质监测、环境科研部分通过竣工环境保护验收

2020年5月24—25日，中线水源公司在丹江口市组织召开丹江口水库建设征地移民安置环境保护生态修复、水质监测、环境科研部分竣工验收会。

验收工作组在查看工程现场、观看现场录像、查阅有关资料、听取相关汇报后，一致认为丹江口水库建设征地移民安置环境保护生态修复、水质监测、环境科研部分具备验收条件，同意通过竣工环境保护验收。

（蒲双）

中线水源公司组织完成《南水北调中线水源工程丹江口大坝加高左岸土建施工及金属结构设备安装》合同验收工作

2020年6月15日，中线水源公司在湖北省丹江口市组织召开《南水北调中线水源工程丹江口大坝加高左岸土建施工及金属结构设备安装》合同项目完成验收会议。

验收工作组实地察看了工程现场，听取了各参验单位汇报，检查了验收资料整编情况，经讨论一致同意《南水北调中线水源工程丹江口大坝加高左岸土建施工及金属结构设备安装》合同项目通过验收。（米斯）

水利部督办项目丹江口大坝加高工程水土保持设施通过自主验收

2020年6月30日，水利部向中线水源公司出具了南水北调中线一期丹江口大坝加高工程水土保持设施自主验收报备回执。这标志着中线水源公司顺利完成水利部督办项目——丹江口大坝加高工程水土保持设施自主验收。（蒲双）

中线水源公司开展2020年度丹江口库区鱼类增殖放流活动

2020年11月6日，中线水源公司在丹江口水库开展2020年度第2次鱼类增殖放流活动，这是鱼类增殖放流站建成以来第4次放流活动。2020年度共计放流163万尾。两年来累计放流四大家鱼、鲴类、鳊鲂、黄颡鱼等13种，共计257万余尾。（蒲双）

丹江口大坝加高设计单元工程档案通过水利部专项验收

2020年12月8—11日，水利部南水北调规划设计管理局邀请有关工程档案专家，成立南水北调中线一期工程丹江口大坝加高设计单元工程档案检查评定组，开展丹江口大坝加高工程档案检查评定及专项验收有关工作。

经综合评议，认为丹江口大坝加高工程档案总体完整、准确、系统、安全，符合验收标准规定的要求，验收结果为合格，同意通过验收。

（蒲双）

南水北调工程向河南省累计供水100亿m^3

2020年5月4日11时，河南省累计38个口门及23个退水闸开闸分水，向南阳引丹灌区、82座水厂供水，向6座水库充库，向沿线地区生态补水，累计用水100亿m^3，占中线工程供水总量的36.4%，受益人口2300万人，农业有效灌溉面积8万hm^2。

南水北调中线工程通水以来，水质一直优于或保持在Ⅱ类标准。工程供水主要用于置换超采的地下水和被挤占的农业、生态用水。漯河、周口、许昌、鹤壁、濮阳等市主城区居民用水全部置换为南水北调供水；濮阳市清丰、南乐两县实现城乡供水一体化；安阳市内黄县改变长期饮用高氟水、苦咸水的状况。2014年以来，通过澎河分水口门和澎河、沙河退水闸累计向白龟山水库补水6.3亿m^3，有效缓解平顶山市2014年遭遇的建市63年来最严重旱灾。

2017年以来，4次在丹江口水库高水位运行期进行生态补水，累计补水18.5亿m^3。补水区域地下水水位明显回升，许昌市城区浅层地下水水位回升3.10m，新乡市香泉河区域地下水埋深从补水前的27.70m提升到20.40m，峪河、黄水河区域地下水埋深平均回升3.00m；郑州市湍河，新乡市香泉河，安阳市安阳河、汤河等河流季节性缺水、断流得到缓解；南阳市白河、清河，平顶山市沙河，许昌市颍河，郑州市贾鲁河、十八里河、双洎河、沂水河、索河，焦作市闫河，新乡市峪河、黄水河，鹤壁市淇河等河流水质明显改善。（耿新建）

焦作市国家方志馆南水北调分馆正式获批

2020年10月9日，焦作市国家方志馆南水北调分馆正式获批。为赓续南水北调文化，焦作市调整和提升前期设计的南水北调纪念馆，申报和筹建国家方志馆南水北调分馆，全力打造资料最全、归属感最强、引爆城市旅游的南水北调精神新地标。

截至2020年年底，项目主体和外装工程基本完工；南水北调史料、实物征集工作全面启动；馆外展陈的穿黄工程盾构机组装完毕；1亿元专项债申报成功。（耿新建）

焦作市南水北调天河公园AAAA级景区创建成功

2020年12月28日，焦作市南水北调天河公园正式获批为国家AAAA级旅游景区，填补焦作中心城区的一项空白，助推焦作全域旅游示范市创建。

焦作市南水北调天河公园AAAA级景区创建工作，从申报材料编制、申报工作台账梳理，到景区标识标牌安装、游客中心和购物中心装修布置、停车场设施完善、卫生间配套建设、景区网站建立等全部完成。

（耿新建）

中线工程首次以设计最大流量420m^3/s输水　推进生态补水常态化

2020年5月9日8时30分，南水北调中线工程陶岔渠首，清澈的南水穿过闸门，欢涌向北。监测显示，此刻的入渠流量为420m^3/s，这是中线工程首次以设计最大流量进行输水，以这个流量，5s即可充满1个标准游泳池。

中线工程在第6个调水年度就达到加大流量420m^3/s的输水设计目标，是对工程输水能力的一次重大检验，是工程质量稳定可靠和效益充分发挥的重要标志。据水利部南水北调司负责人介绍，这次加大流量输水将全面检验中线工程状态和大流量输水能力，是优化水资源配置、提升生态文明建设水平的一次重要实践，是检验中线工程质量和效益的一项有力措施，是完成中线一期工程建设任务的一个关键步骤，同时也是水利行业全力促进复工复产、保障国家重大战略实施的重要举措。

2020年入春以来，丹江口水库来水情况较好，随着汛期来临，迫切需要腾库迎汛，这为持续开展丹江口水库洪水资源化利用、推进生态补水常态化创造了条件。水利部决定实施中线工程加大流量输水工作，从4月29日开始，逐步调增陶岔渠首输水流量，加大流量输水过程预计持续到6月中旬。

“从世界各国大型调水工程运行的规律看，大型调水工程达到设计输水流量一般需要一个较长的时间，超大型跨流域调水工程所需要的时间更长，中线工程在第6个调水年度就实现加大流量输水设计目标，这是对工程建设质量和运行管理水平的重要考验。”中线建管局总工程师程德虎介绍说。

南水北调中线干线工程全长1432km，交叉建筑物2385座，运行管理任务十分艰巨。中线工程建成通水以来，中线建管局积累了大量运行管理数据和经验，工程运行经受住了设计标准流量350m^3/s的检验，以及汛期和冰期输水的考验，运行状况良好。截至5月9日，中线工程累计向河南、河北、天津、北京平稳输水290亿m^3，成为沿线24座城市供水的生命线，通过实施生态补水，成为助力我国生态文明建设的重要力量。

中线工程加大流量输水是推进生态文明建设的重要举措。2019年1月，水利部、财政部、国家发展改革委和农业农村部共同印发《华北地区地下水超采综合治理行动方案》，这是我国首次提出的大区域地下水超采综合治理方案，南水北调中线工程承担着地下水超采回补的重任。

2017—2020年，按照水利部部署，南水北调中线工程在保证沿线大中城市正常生活用水的前提下，连续4年利用丹江口水库汛期富余水量，实施向沿线河湖生态补水，目前累计生态补水达34.92亿m^3，华北地区地下水资源得到涵养修复，局部地下水水位止跌回升，生态补水区域周边地下水水位回升更为明显。石家庄滹沱河、邢台七里河、郑州贾鲁河等部分河流水质明显改善，波光潋滟、水鸟翻飞，为解决华北地区地下水超采问题、促进沿线生态环境改善写下浓墨重彩的一笔。

加大流量输水期间，中线建管局严格落实巡视巡查、安全保障、应急处置等工作，24小时不间断巡渠查险，明确巡查重点渠段、重要风险部位，高度关注安全监测与技术保障，加强内观数据采集，加密外观测点观测，强化安全监测自动化系统运行维护，确保工程安全平稳运行。

（摘自水利部网站，略有删改）

北京市开展南水北调东、中线一期工程受水区地下水压采工作技术评估

2020 年 9 月 15 日，水利部、国家发展改革委、财政部、自然资源部等部委组成技术评估组，对北京市 2019 年度南水北调东、中线一期工程受水区地下水压采工作进行技术评估。北京市水务局党组成员、副局长、一级巡视员张世清参加检查评估工作。评估工作采取听取汇报、现场检查及随机抽查的方式进行。

北京市水务局就《南水北调东中线一期工程受水区地下水压采总体方案》落实情况、南水北调水利用情况和《华北地区地下水超采综合治理行动方案》落实情况以及下一步重点工作进行汇报。技术评估组对北京市在地下水压采方面做的工作给予肯定，认为北京市的地下水压采工作积极主动、基础扎实、成绩明显，提前完成压采任务。同时，技术评估组建议北京市要继续加强机井管理工作，进一步细化量化地下水压采工作目标，持续开展超采区的采补平衡治理和局部超采区治理等工作。张世清表示，近年来北京市地下水超采综合治理工作取得显著成效，地下水开采量不断减少，多年来地下水水位连续下降的趋势得到遏止，从 2016 年起连续 4 年均实现止跌回升。北京市将继续按照水利部关于地下水压采工作的要求，进一步做好地下水压采及超采综合治理等相关工作。

技术评估组先后前往通州区天赐情缘餐饮娱乐公司、通州水厂、于家务航天育种基地和大兴区小康家园、黄村水厂，就自备井置换处置、南水北调水厂建设运行和农业节水管理等工作进行现场检查，肯定通州区、大兴区在水厂建设和自备井置换方面取得的成绩，建议进一步规范自备井置换及处置工作，完善南水北调受水区地下水监控计量体系，做好农业节水管理等工作，推动北京市地下水压采和超采区综合治理工作再上新台阶。

（刘畅）

北京市水务局研究解决南水北调配套工程存在的难题

2020 年 2 月 14 日，北京市水务局党组成员、副局长刘光明，局党组成员、副局长张世清与北京市丰台区副区长周宇清共同研究解决南水北调配套工程河西支线项目和大宁调蓄水库外电推进中存在的难题。

北京市南水北调建管中心、南水北调拆迁办介绍河西支线卢沟桥段拆迁和大宁调蓄水库外电拆迁和实施存在的问题。丰台区水务局汇报推进的相关工作。周宇清表示，丰台区一定全力配合南水北调配套工程实施，积极主动协调解决工程推进过程中的难点问题，为南水北调工程做好保障。刘光明和张世清指出，丰台区政府、丰台区水务局为南水北调工程作出重

要贡献，希望丰台区和北京市水务局双方共同努力、攻坚克难，在抓好新冠肺炎疫情防控的同时，确保河西支线和大宁调蓄水库外电工程尽快落地。

（成钰龙）

北京市水务局召开南水北调工程运行管理标准化建设现场会

2020年8月26日，北京市水务局召开南水北调工程运行管理标准化建设现场会。北京市水务局党组书记、局长潘安君参加会议并讲话，局党组成员、副局长、一级巡视员刘光明主持会议。

与会人员在团城湖管理处调度指挥大厅，观摩泵站远程开停机操控演练，现场工作人员演示前柳林泵站3号机组切换至2号机组的远程操作流程。实现远程开停机后，调度时间由原来的20min压缩至5min以内，工程运行管理水平大大提升。（张松）

北京市南水北调设计单元工程完工验收

2020年9月23日，北京市水务局对南水北调中线京石段应急供水工程（北京段）永定河倒虹吸工程、西四环暗涵工程进行设计单元工程完工验收。北京市水务局副局长、一级巡视员张世清任验收委员会主任委员，验收委员会由北京市水务局相关处室、海淀区水务局、丰台区水务局、房山区水务局、质量监督机构、运行管理单位的代表、特邀专家组成。工程建设、设计、监理、施工等单位代表参加验收。

验收委员会成员查看永定河倒虹吸工程、西四环暗涵工程，听取工程建设管理、运行管理、质量监督、技术性初步验收工作报告，查阅工程验收资料，认为永定河倒虹吸工程、西四环暗涵工程等2个设计单元工程已按照批准的设计内容建设完成，符合国家和行业有关技术标准的规定，工程质量合格，同意永定河倒虹吸工程、西四环暗涵工程通过设计单元工程完工验收。

会议指出，永定河倒虹吸工程、西四环暗涵工程是南水北调中线京石段工程的关键性项目，各参建单位克服许多困难，保证工程建设进度和质量，确保工程如期通水、安全平稳运行。自2008年南水北调中线京石段工程应急通水至今，通过永定河倒虹吸工程、西四环暗涵工程已累计向北京供水超73亿m^3，工程社会效益、生态效益、经济效益显著，为首都经济社会可持续发展提供重要基础支撑。会议要求，切实做好工程运行管理，保证工程安全平稳运行，充分发挥工程效益。（张松）

北京市推进南水北调后续规划建设工作

2020年12月，经北京市政府批准，成立北京市南水北调后续规划建设工作专班，组织开展北京市南水北调东、中线市内配套工程规划建设工作。

根据工作方案，最终将形成“1+7”规划成果，即：1个总报告——《北京市南水北调后续工程总体规划》；7个专题规划（或研究）报告——《北京市水资源配置和联合调度及应急保障规划》《北京市南水北调中线扩能工程规划》《北京市南水北调东线工程规划》《北京市南水北调配套水厂布局规划》《南水北调（北京段）水生态环境保护规划》《北京市南水北调后续工程建设运营模式》和《投融资政策研究和南水北调来水后基于社区（街区）、村庄用水分析研究》。

（赵曦月）

南水北调西线工程综合查勘工作启动

2020年4月16日，由水利部黄河水利委员会（以下简称“黄委”）组织的南水北调西线工程综合查勘出征仪式在黄河勘测规划设计研究院内举行。据悉，此次查勘的主要任务是对南水北调西线规划方案比选论证涉及的相关工作进行深入勘察研究。

南水北调工程是优化我国水资源配置的重大战略性工程，包括东线、中线、西线三条线路，连接长江、黄河、淮河和海河四大水系，构成我国北方地区“四横三纵”水脉格局。西线工程是从长江上游调水进入黄河上游，解决黄河资源型缺水的根本举措。自1952年我国首次组织对南水北调西线工程查勘以来，西线工程研究论证已逾半个世纪，取得了丰硕的技术成果。

南水北调西线工程是支撑黄河流域生态保护和高质量发展的战略性水资源配置工程。水利部及黄委高度重视，积极推进南水北调西线工程前期论证工作。黄河勘测规划设计研究院按照部署，数十年来，组织精干力量，围绕西线工程规划方案做了大量比选论证工作。此次现场查勘队由地质、勘探、物探和工程设计等方面的18名技术专家组成，调研从雅砻江两河口、大渡河双江口调水进入黄河支流洮河的调水线路方案。该方案是西线工程规划方案比选论证的重点研究方案，其调水坝址控制流域面积大、水量充沛、可调水量大、全程自流；水源水库利用在建大型水电站，淹没区移民和宗教设施处理等难题已基本解决，调水对生态影响较小。查勘将对该方案的隧洞进（出）口、主要建筑物、重要地质构造等影响工程论证的主要节点进行调研，计划行程5000余km，历时20天左右。此次查勘调研及必要的内外业工作，将为年内按计划完成西线工程规划方案比选论证报告奠定基础。

（曹廷立）

江苏省南水北调工程完成2019—2020年度向省外调水任务

2020年5月14日上午8时，南水北调金湖站最后一台机组停止运行，为江苏省南水北调工程完成2019—2020年度向江苏省外调水任务画上句号。江苏省南水北调工程已连续7年圆满完成国家下达的向省外调水任务，累计向山东省供水超47亿m^3。

根据水利部印发的南水北调东线一期工程2019—2020年度水量调度计划和江苏省委、省政府批准的年度向山东省调水组织实施方案，江苏省南水北调工程按照南水北调新建工程和江水北调工程统一调度、联合运行的原则，分两阶段实施年度调水工作。其中，第一阶段从2019年12月11日起，至2020年1月18日结束，向山东省调水2.59亿m^3；第二阶段从2020年2月18日开始，至5月14日结束，向山东省调水4.44亿m^3，全面完成年度7.03亿m^3的调水出省任务。环保部门监测数据表明，调水水质符合国家考核要求，顺利实现调水水量与水质双达标。（倪效欣）

江苏省南水北调工程启动2020—2021年度向山东省调水工作

根据水利部下达的南水北调东线工程2020—2021年度水量调度计划和江苏省委、省政府关于年度向省外调水的工作部署，江苏省南水北调工程于12月23日9时起，按照南水北调新建工程和江水北调工程“统一调度、联合运行”的原则，开始向山东省调水。

按照计划，2020—2021年度将向山东省调水6.74亿m^3，综合考虑江苏、山东两省河湖水情、工情，调水分两阶段实施，其中第一阶段从2020年12月23日开始，预计2021年2月初结束，由长江引水，沿途启用宝应站、金湖站、邳州站等6个梯级泵站，将江水经由新通扬运河、三阳河、潼河、里运河，经金宝航道、入江水道三河段、洪泽湖、徐洪河、房亭河、骆马湖、中运河等河湖调送至江苏和山东省界出省；第二阶段计划从2021年春节后开始，至2021年5月中旬结束。

江苏省委、省政府高度重视2020—2021年度向山东省调水工作，江苏省委副书记、省长吴政隆作出专门批示，要求省南水北调工作各有关部门、沿线各地认真落实好调水出省各项工作。江苏省各有关部门、沿线各地按照江苏省政府领导的批示精神，认真做好各项准备。江苏省水利厅专题研究部署年度调水工作，省南水北调办具体负责调水工作落实，组织编制实施方案，召开调水协调会议，明确并落实职责分工；江苏省生态环境厅、交通运输厅、农业农村厅和江苏水源公司、省电力公司等单位根据各自工作职责，全面落实调水工程运用、输水水质保障、危化品船舶禁运、河湖养殖污染防治、泵站用电保障等工作，保障调水工作顺利开展。（倪效欣）

南水北调东线一期工程2019—2020年度第二阶段调水工作启动

为确保完成南水北调东线一期工

程2019—2020年度供水目标，面对严峻的新冠肺炎疫情，南水北调东线总公司精心部署各项防控措施，积极落实国家复工复产政策，于2020年2月18日全面启动年度第二阶段调水工作。

南水北调东线一期工程2019—2020年度计划调水入山东省7.03亿m^3。本年度调水工作于2019年12月12日正式启动，第一阶段已完成调水入山东省2.59亿m^3。

春节期间，新冠肺炎疫情全面爆发，东线总公司高度重视，领导职工放弃节假日休息，迅速组织开展疫情防控各项工作，确保第二阶段调水顺利进行。为进一步加强南水北调东线工程沿线水源保护，避免疫情二次扩散风险，公司结合当前疫情防控形势，编制了南水北调东线工程通水运行期应对疫情监测方案，依据2019—2020年度第二阶段调水路线，选取区域内重点断面，自调水启动之日开始，至疫情结束或调水任务完成，进行水质监测，并按规定及时上报公司及有关单位。

此次第二阶段调水开机正逢新冠肺炎疫情防控关键时期，江苏水源公司与山东干线公司分别进行了周密部署，江苏水源公司在400多km东线工程上，组织7个泵站、121名员工全力做好新冠肺炎疫情防控期间的调水工作。山东干线公司组织对泵站主机组设备、辅机组设备、闸门启闭设备、清污设备、自动化监控系统、视频监控系统、工程安全等进行全面排查整改，确保设备正常运行、网络系统畅通。

疫情面前南水北调东线工程各管理单位众志成城，全力保障东线一期工程运行和供水沿线人民群众的用水需求，切实做到疫情防控和复工复产两不误，助力打赢这场疫情防控阻击战。

（刘婧）

南水北调东线一期工程北延应急供水工程正式复工

2020年2月23日上午，随着施工现场机械轰鸣声的响起，标志着南水北调东线一期工程北延应急供水工程1标段油坊节制闸及箱涵工程正式恢复施工。

油坊节制闸及箱涵工程由中铁十六局集团公司承建，工程现场现已投入管理及施工人员20人，施工机械9台、环保设施2台及必要的消毒防疫设备，每日土方开挖量约1000m^3，达到原计划的65%。一手抓疫情防控，一手抓复产复工。

针对新冠肺炎疫情影响带来的工程进度滞后等情况，北延建管部将组织各参建单位提前谋划，进一步优化施工组织，调整修订进度计划，在人员完成隔离进场施工后，通过延长作业时间、增加作业机械及作业班次等方式，在保障安全的前提下全力抢工期、促进度，确保3月底完成箱涵主体开挖。

自2月17日北延应急供水工程复

工以来，北延建管部积极协调属地政府有关部门为工程建设复工营造良好的外部环境，该工程已列为地方重点工程建设项目，得到了有关单位的大力支持；各参建单位主动克服疫情影响，积极协调当地人员及施工机械，稳妥做好人员健康筛查、疫情防控措施和安全教育等安全生产工作，确保工程建设安全平稳开展。（郝清华）

东线工程完成2019—2020年度向山东省调水任务

2020年4月30日12时，位于苏鲁省界的南水北调东线一期工程台儿庄泵站停机，南水北调东线总公司顺利完成水利部下达的2019—2020年度调水入山东省7.03亿m^3的年度任务，为历次调水年度中完成时间最早，较往年提前1个月完成。

2019—2020年度从长江干流江苏扬州段三江营引水，经运西线输水，通过宝应、金湖、洪泽、泗洪、睢宁和邳州等泵站逐级提水，连通洪泽湖、骆马湖等调蓄湖泊，利用台儿庄泵站抽水至山东省。南水北调水入山东省经南四湖调蓄后输水至鲁南、鲁北和胶东半岛。

南水北调东线一期工程全长约1467km，从长江至黄河南共设有13个梯级，22处枢纽，34座大型泵站，总装机160台、功率36.62万kW，其中新建泵站21座、84台机组。

南水北调东线工程受益人口达6593.2万人。其中，江苏省3120万人，山东省3473.2万人。东线工程受益城市17个。其中，江苏省6个，分别是徐州市、连云港市、淮安市、盐城市、扬州市、宿迁市；山东省11个，分别是济南市、青岛市、淄博市、枣庄市、烟台市、潍坊市、济宁市、威海市、德州市、聊城市、滨州市。

自2013年11月15日正式通水以来，南水北调东线工程已顺利完成7个年度的向山东省调水任务，累计调入山东省水量46.1亿m^3，抽江水量超330亿m^3。工程运行安全平稳，调水水质经监测达到地表水Ⅲ类标准，取得了良好的工程效益、社会效益和生态效益。（王晨）

南水北调中线干线北京段工程完成停水检修

2020年6月1日，南水北调中线北京段工程提前一个月完成检修，北京市民饮用水水源将从密云水库逐步切换成南水北调中线。

北京段工程自2008年通水以来已运行十几年，累计为北京市调水超68亿m^3，在保障城市供水安全、改善居民用水条件、改善城市水生态环境、增加首都水资源战略储备等方面取得了显著的社会效益、经济效益和生态效益，为首都的发展提供了重要水源支撑。为保证工程运行安全、提升首都供水保证能力，北京段工程自2019年11月1日起实施停水检修，目标工期为2020年7月1日通水。检修期间北京供水水源切换为密云水库。

水利部、北京市高度重视停水检修工作。水利部部长鄂竟平亲自审定方案，部署安排，水利部副部长蒋旭光和北京市市长陈吉宁、副市长卢彦多次赴现场检查督导。水利部有关司局和北京市水务局联合成立了检修工作领导小组，强化质量、安全监管，形成了有力保障。参建单位积极克服新冠肺炎疫情影响，在严格落实有关疫情防控部署要求的同时，积极组织复工达产并做好保障，通过优化施工组织，提前一个月完成了检修任务。

南水北调中线干线北京段工程起自房山区北拒马河，经房山区，穿永定河，过丰台区，沿西四环路北上，至海淀区颐和园团城湖，全长80km，包括56.4km双排PCCP管（预应力钢筒混凝土管）、22.7km双孔暗涵和880m明渠。（黄亭桦）

南水北调中线一期工程首次实施设计最大流量输水

南水北调中线一期工程420m^3/s加大设计流量输水工作于2020年4月29日正式启动，从350m^3/s的设计流量开始，分步加大流量，于5月9日达到设计最大流量420m^3/s输水，并持续运行至6月20日，预计该输水过程输水量达17亿m^3，生态补水惠及沿线37条河流。

此次加大流量输水运行，是水利部认真贯彻落实党中央、国务院决策部署，统筹推进新冠肺炎疫情防控和水利改革发展，优化水资源配置、推进生态文明建设的重要实践，是检验南水北调中线工程质量和效益的重要举措，同时也是水利行业全力促进复工复产、保障国家重大战略实施的具体行动。

南水北调中线一期工程已安全平稳运行5年多时间，发挥了显著的社会效益、经济效益和生态效益，已累计向北京、天津、河北、河南安全输水290亿m^3，成为沿线24座大中城市供水的生命线。同时，共向沿线河湖实施生态补水34.92亿m^3。

2020年入春以来，丹江口水库水源充足，为持续开展丹江口水库洪水资源化利用，推进生态补水常态化创造了条件，水利部决定实施本次加大流量输水工作，检验420m^3/s最大设计输水目标。（黄亭桦）

中线工程年度供水量创历史新高

截至2020年10月19日，南水北调中线工程通过陶岔渠首2019—2020年度累计供水量达到83亿m^3，相机实施受水区生态补水23.6亿m^3，同比均创历史新高。

2020年3月，针对前期丹江口水库实际入库水量较多年同期平均偏多的情况，长江委在做好新冠肺炎疫情防控工作的前提下，编制完成丹江口水库2020年3月至6月中旬消落计划，明确了丹江口水库汛前逐月消落水位目标，合理安排了丹江口水库各口门供水流量，并适时增加生态补水水量。4月，长江水利委员会结合汉江及丹江口水库水雨情实况和来水预测分析，又组织制订了南水北调中线一期工程加大流量输水工作方案，提出丹江口水库具备加大供水条件。

根据水利部的工作安排，4—6月，南水北调中线建管局实施加大流量输水；4月29日，陶岔渠首实施了加大流量输水，5月9日8时30分，陶岔渠首供水流量首次实现420m^3/s供水。整个过程历时53天，不仅提前完成了年度生态补水任务，为缓解北方受水区用水紧张局面、改善生态环境提供了水源条件，同时全面检验了南水北调中线输水能力及加大流量的运行状况。

在南水北调中线工程以设计最大流量输水期间，南水北调中线建管局5个分局44个现地管理处和信息科技公司、保安公司等单位高度戒备，彼此呼应，严格落实巡视巡查、安全保障、应急处置等工作，24小时不间断巡渠查险，高度关注安全监测与技术保障，加强水质监测与维护，全力保障了中线工程安全平稳运行。

2019年11月至2020年10月19日，南水北调中线一期工程累计通过陶岔渠首供水量达到83亿m^3，相机实施受水区生态补水23.6亿m^3，达到2014年通水以来的最大值，充分发挥了南水北调中线一期工程的供水功能，工程运行正常，有效保障了受水区复工复产用水需求，为实施京津冀协同发展，雄安新区、北京城市副中心建设，中原崛起战略提供了水资源支撑。丹江口水库的防洪、供水、生态、发电等综合效益均取得显著成效。

（黄亭桦）

南水北调中线工程超额完成年度调水计划

截至2020年11月1日，南水北调中线工程超额完成水利部下达的2019—2020供水年度水量调度计划，向工程沿线河南、河北、北京、天津等4省（直辖市）供水86.22亿m^3，是2019—2020供水年度水量调度总计划的117%。

按照《南水北调工程供用水管理条例》，南水北调中线工程水量调度年度为每年11月1日至次年10月31日。《南水北调工程总体规划》中提出，中线工程口门多年平均年规划供水量为85.4亿m^3，这一指标是结合水库可调水量及工程设计能力等确定的“工程预期供水成效的目标”。2019—2020供水年度，水利部下达年度水量调度总计划为73.48亿m^3。南水北调中线建管局通过科学调度，充分利用汛期洪水资源，实际供水86.22亿m^3，超过工程规划的多年平均供水规模，这标志着工程运行6年即达效，南水北调中线工程已经成为实现我国水资源优化配置、促进经济社会可持续发展、保障和改善民生的重大战略性基础设施，展现了南水北调工程“国之重器”的品牌形象。工程快速达效既充分表明了南水北调中线工程的重要作用及地位，更充分检验了工程质量及运行管理水平，为做好“六稳”工作、落实“六保”任务提供了水资源支撑。

南水北调中线工程自2014年12月12日正式通水以来，已安全平稳运行2000多天，累计输水340.53亿m^3，惠及沿线24个大中城市及130多个县，直接受益人口超过6700万人，经济、生态、社会等综合效益发挥显著，极大地缓解了北方水资源短缺状况。

同时，南水北调中线工程正式通水以来，各省（直辖市）用水量逐年增加，北京市已有3年供水量超规划供水量，天津市供水量更是连续5年超规划供水量。2020年，河北省供水量也首次超过规划供水量。南水北调中线工程已由规划的补充水源成为受水区的主力水源，成为保障和改善民生的重大战略性基础设施。

此外，根据水利部安排部署，利用丹江口水库腾库迎汛的有利时机，南水北调中线工程于2020年4月29日至6月20日成功实施首次420m^3/s加大流量输水工作，在充分发挥工程效益的同时，也对中线工程质量、输水能力、管理水平等进行了一次全面检验，为后续更好地发挥工程效益奠定了基础，也为中线一期工程全线竣工验收工作提供了重要支撑，为中线一期工程的引江补汉及沿线调蓄水库建设创造了条件。

水利部下达的2020—2021供水年度的水量调度计划是65.79亿m^3，时间为2020年11月1日至2021年10月31日。（黄亭桦）

江苏水源公司学习贯彻习近平总书记在江苏省视察南水北调工程重要讲话精神

2020年11月16日下午，江苏水源公司党委召开专题学习会，传达贯彻习近平总书记在江苏省视察南水北调工程重要讲话精神。公司党委书记、董事长荣迎春参加会议并讲话，党委副书记、总经理袁连冲主持会议，公司领导刘军、濮学年、李松柏、徐向红参加会议。

荣迎春在讲话中指出，习近平总书记关于南水北调工程的重要讲话指示精神，给我们做好工作注入了强大动力，也为我们下一步工作提供了基本遵循。作为运营管理南水北调一期江苏段工程的项目法人单位，我们要牢记总书记的嘱托，深入学习习近平新时代中国特色社会主义思想，认真贯彻“节水优先、空间均衡、系统治理、两手发力”的治水思路，不忘初心、牢记使命，再接再厉、砥砺前行，把总书记重要讲话精神转化为推动高质量发展的实际成果。

荣迎春指出，学习贯彻习近平总书记重要讲话精神，要突出把握好三个“关键词”。一是保障“生命线”。要准确把握习近平总书记关于南水北调东线工程是优化水资源配置、保障群众饮水安全、复苏河湖生态环境、畅通南北经济循环生命线的重要论述，进一步增强做好工作的责任感、紧迫感、使命感，为畅通、服务和保障“生命线”贡献水源力量。二是坚持“两手抓”。要把实施南水北调工程同北方地区节约用水统筹起来，深入贯彻“节水优先”，做好节水宣传，加强调水机制研究，优化调度方案，在调水和节水两手抓、两手硬上贡献水源力量。三是继续推进“工程建设”。作为南水北调东线一期工程江苏省境内项目法人，公司要系统总结东线一期工程建设管理经验做法，持续跟进东线二期工程规划、论证、建设，为落实习近平总书记关于南水北调后续工程规划建设指示精神贡献水源力量。

荣迎春强调，江苏水源公司各级党组织和全体党员要把学习宣传贯彻习近平总书记对南水北调工程重要讲话精神，作为当前和今后一个时期的重要政治任务，牢记习近平总书记的殷切嘱托，全力推动江苏省南水北调管理体制机制落实落地，充分发挥工程综合效益，努力为南水北调事业和江苏省“争当表率、争做示范、走在前列”作出新的贡献。

袁连冲传达学习了习近平总书记视察扬州和江都水利枢纽重要指示精神和在全面推动长江经济带发展座谈会上重要讲话精神，以及江苏省委常委会传达学习贯彻习近平总书记视察江苏省重要指示和贯彻落实意见。

与会人员集中观看了习近平总书记视察江苏省南水北调工程视频。会议采取主会场和分会场视频同步方式进行。江苏水源公司领导班子成员、高管、各部门（中心）主要负责人及在宁单位党政主要负责人在主会场参加会议，分公司、泵站公司班子成员及有关职能部门负责人和直属泵站管理所所长在分会场参加会议。（王晨）

江苏省南水北调工程启动 2020—2021年度向山东省调水

2020年12月23日上午9时起，南水北调东线江苏省境内6个梯级7座大型泵站依次开机100m³/s，经洪泽湖、骆马湖调蓄后向山东省送水。这是东线江苏省境内工程第8个年度向省外调水，将为促进南北方均衡发展、可持续发展提供可靠的水资源保障。

根据水利部年度水量调度计划，2020—2021年度计划向山东省调水6.74亿m³。综合考虑江苏省实际，从长江引水，启用宝应站、金湖站、洪泽站、泗洪站、沙集站、睢宁二站、邳州站等6个梯级7座泵站，途经三阳河、潼河、金宝航道、入江水道、徐洪河、房亭河、中运河等河道和洪泽湖、骆马湖等调蓄湖泊，将长江水送至江苏和山东省界出省，预计2021年5月初完成调水任务。江苏省南水北调工程自 2013 年建成通水以来，连续 7 个年度高效完成调水任务，为缓解北方地区水资源短缺作出了积极贡献。（王晨）

江苏省南水北调工程 2019—2020 年度向山东省调水任务圆满完成

根据水利部和江苏省政府的决策部署，按照江苏省水利厅、江苏省南水北调办的统一安排，在江苏省南水北调领导小组各有关成员单位和部门的大力支持和密切配合下，2020 年 5 月 14 日上午 8 点，向省外调水工程全部停机，累计调水入骆马湖 7.38 亿 m^3，圆满完成入骆马湖水量预定目标。运行期间工程运行安全高效，河湖水位平稳可控，调水水质稳定达标，江苏省南水北调工程 2019—2020 年度向山东省调水任务圆满完成。

2019—2020 年度向山东省调水具有以下特点。

（1）调水初期正逢苏北地区 60 年一遇大旱。2019 年江苏省四季连旱，南水北调工程累计抗旱运行 237 天，累计抽水 47.80 亿 m^3。部分泵站连续参加江苏省内抗旱和向山东调水，宝应站工程在完成江苏省内抗旱停机后，仅修整 21 小时即投入向山东调水任务，对人员连续作战能力、机组运行可靠性都是极大的考验。

（2）调水中后期正逢新冠肺炎疫情。从复工复产、恢复正常经济社会秩序的高度，国家要求南水北调工程能够按原计划开机并完成调水任务。受疫情影响，人员组织、工程维护和后勤保障工作都存在着不同程度的困难，对江苏水源公司的组织能力和应变能力是一次大考。

截至 2020 年，江苏省已连续 7 个年度安全高效完成国家调水及省内抗旱排涝任务，累计调水出省超 47 亿 m^3。

（王晨）

江苏水源公司启动 2019—2020 年度第二阶段向山东省调水工作

根据水利部 2019—2020 年度水量调度计划和江苏省防指中心调度指令，江苏省南水北调工程启动年度第二阶段向山东调水。第一阶段调水任务于 2020 年 1 月 18 日结束，累计运行 39 天，调水出省 2.59 亿 m^3，超额完成了调水出省 2.25 亿 m^3 的目标任务。第二阶段调水开机正逢新冠肺炎防控关键时期，江苏水源公司牢记南水北调初心使命，认真落实疫情防控要求和年度调水任务，在江苏省 400 多 km 东线工程上，组织 7 个泵站、121 名员工全力做好防疫期间的调水工作，确保第二阶段 4.44 亿 m^3 调水出省任务圆满完成。

2020 年是江苏省南水北调工程运行的第 7 个年头，已累计完成各类调水任务 25 次，安全运行近 30 万台时，累计抽水近 300 亿 m^3，调水出省 42.7 亿 m^3，发挥了显著工程效益。江苏水源公司将坚持南水北调优良传统，抓

细抓实各项工作，坚决完成好本次疫情防控情势下的调水任务。（王晨）

江苏水源公司获评江苏省档案工作五星级单位

2020年12月24日下午，江苏省档案馆组织专家对南水北调江苏水源公司创建五星级档案工作进行测评验收。考核验收组采取听、看、问、议、评等方式，从组织管理、基础业务、信息化建设和开发利用等4个方面，对公司创建五星级档案工作进行了现场测评，公司以119分的高分（满分120分）通过考核验收，成为全国南水北调系统首家、江苏省国资系统企业集团本部第一家获此殊荣的单位。江苏省档案馆馆长陈向阳向江苏水源公司总经理袁连冲授予了档案工作五星级铜牌。（王晨）

南水北调运行管理五小创新成果首获全国水利工程优秀质量管理Ⅰ类成果奖

近日，全国水利工程优秀质量管理小组成果评价总结大会在杭州闭幕，江苏水源公司扬州分公司报送的现场型《降低泵站能源单耗5%》和创新型《泵站巡查一体机的研制》两个研究成果，经过专家组初审、资料评价以及现场答辩，从受理的1006项成果中脱颖而出，双双获得全国水利工程优秀质量管理Ⅰ类成果奖，标志着扬州分公司在增强员工管理创新意识，促进创新成果向现实生产力转化迈出坚实的一步。

降低能源单耗，提高运行效率是泵站降本增效的重要措施。宝应站以降低能源单耗5%为目标导向，在“降”字上下功夫，在“增”字上做文章，组建了以现场运行管理人员为主的QC研究小组。研究小组通过对宝应站主机、辅机能源单耗进行多次现场讨论，从人员、机器、材料、方法、环境5个方面进行重点分析，遵循PDCA程序，采取现场调查、水平对比和原因关联等方法，对可能影响宝应站能源单耗的各末端因素进行了逐个确认，明确了影响宝应站能源单耗的主要因素和次要因素，相应制定了5项降低宝应站能源单耗的对策：合理调整叶片角度工况、改造清污机结构、技术供水方式调整、提高储能系统性能、降低油泵电机运行时间等。通过采取上述各项措施后，经过现场实测、数据统计分析，能源单耗降低5.08%。按照2019年宝应站运行时间计算，每年运行可节约电费102万元，为工程管理提质增效提供了有力的技术保证。

2020年，扬州公司通过构建三阳河、潼河实景全息监控模型，将原本传统的数据转换成全息数字化模型，直观反映河道水面、堤防、涵闸、支河口、跨河桥梁、河道红线和保护范围内建筑物的实时状况，通过构建模型，精确提取河道、堤防、涵闸等的三维信息和基础数据，为实现河道的

数字化、智能化管理提供基础数据支撑。 （王晨）

南水北调东线一期泗洪站枢纽设计单元工程通过完工验收

2020年8月28日，受水利部委托，江苏省水利厅、省南水北调办在宿迁市泗洪县召开南水北调东线一期泗洪站枢纽设计单元工程完工验收会议。江苏省水利厅党组成员、省南水北调办副主任郑在洲出席验收会议，江苏水源公司总经理袁连冲、副总经理吴学春参加验收。

本次会议成立了完工验收委员会。验收委员会成员先后查看了泗洪泵站、徐洪河节制闸、泗洪船闸、排涝节制闸、利民河排涝闸等工程现场，观看了工程建设影像片，听取了工程建设管理、质量监督、运行管理及技术性初验工作报告，查阅了工程档案资料。经充分讨论，认为泗洪站枢纽工程已完成批复的建设内容；设计、施工、制造和安装质量符合国家和行业有关技术标准的规定；质量等级经质量监督部门核定为优良等级；概算执行情况良好，完工财务决算已通过审计并核准；消防设施、工程档案、环境保护、水土保持、征地补偿及移民安置等已通过专项验收；工程通过安全评估；管理单位已落实；工程初期运行正常。同意南水北调东线一期泗洪站枢纽设计单元工程通过完工验收。

水利部、南水北调东线总公司、省水旱灾害防御调度指挥中心、省河道管理局等单位及各参建单位的有关负责同志参加了会议。

（王晨　花培舒）

江苏水源公司再添省科学技术一等奖

2020年6月10日，江苏省委、省政府在宁举行全省科学技术奖励大会。由江苏水源公司作为主要承担单位参与的“南水北调工程大流量泵站高性能泵装置关键技术集成及推广应用”喜获江苏省科学技术一等奖。这是公司第四次获得该项荣誉。

“南水北调工程大流量泵站高性能泵装置关键技术集成及推广应用”主要针对大流量泵站中存在水力系统设计不当、设计方法落后、缺乏系统性、与实际施工偏差大等一系列重大技术难题，进行了产学研联合攻关和工程实践，集成研发了具有自主知识产权的大流量泵站创新技术体系，实现了高性能泵装置关键技术的重大突破，显著提高了大型低扬程泵装置水力性能。项目形成的关键技术体系在南水北调工程中得到全面应用，并已在全国大范围推广应用，为工程安全、高效、稳定运行提供了有力保障，推动我国大流量泵站建设技术水平迈上新台阶。

作为建设运行管理南水北调江苏段工程的主体，江苏水源公司积极开展科技攻关，先后组织开展重大技术攻关和专题研究40余项，在南水北调高性能泵站关键技术、混凝土施工和地基处理、优化调度和运行环境等方面积累了较为丰硕的科研创新成果，已获得省部级科技进步奖13项，其中一等奖8项，并获得多项国家发明专利。本次获奖是对公司坚持科技创新引领高质量发展的肯定，标志着公司在南水北调泵站关键技术领域已形成具有江苏省水源特色的科技创新品牌。 （王晨　王希晨）

重要会议

南水北调验收工作领导小组2020年第一次全体会议

2020年4月2日，水利部副部长、南水北调验收工作领导小组组长蒋旭光通过视频会议方式主持召开水利部南水北调东、中线一期工程验收工作领导小组2020年第一次全体会议。会议听取南水北调验收和决算工作汇报，回顾2019年工作，系统研究2020年工作任务，研判新冠肺炎疫情影响下工作态势，部署相关工作。

会议对2019年和2020年第一季度南水北调工程验收和决算工作认真贯彻水利部党组部署、协同配合、创新工作方式、攻坚克难、全面完成任务等给予充分肯定。会议系统分析新冠肺炎疫情对2020年度验收和决算工作的影响，研究工作面临的问题困难，提出工作措施，议定工作事项。

会议要求，各有关单位要统筹疫情防控和验收、决算工作，做到“两手抓、两手硬、两不误”。一是在做好新冠肺炎疫情防控的同时坚持2020年工作目标不动摇，时间不推、项目不减、质量不降，全面完成2020年南水北调验收工作要点明确的各项工作；二是优化组织工作，要细、要实、要准、要快，前移关口，审慎分析风险和态势，精准施策，优质高效完成任务；三是盯重点、抓关键，分类施策，强化主体责任，加强协同协调，合力高效破解难题；四是坚持高标准、严要求，强化监管、保障验收条件，开展检查，实施奖惩；五是创新工作方式方法，利用信息化手段推进验收、决算工作，提高效率，并结合必要的实地察勘，确保质量；六是完善东、中线一期工程全线竣工验收工作方案，谋划后续工程验收；七是做好南水北调工程验收工作的宣传和信息管理，彰显南水北调工程科学性和制度优越性。

水利部总经济师张忠义和南水北调验收工作领导小组成员参加会议。

（来源：水利部网站）

2020年定点扶贫郧阳区工作会

2020年11月20日，2020年定点扶贫郧阳区工作会在北京召开，水利部党组成员、副部长叶建春出席会议并讲话。会上，郧阳区介绍了脱贫攻坚工作总体情况及取得的成效，南水北调司代表帮扶组介绍了2018年以来定点帮扶郧阳区工作情况，“八大工程”牵头单位汇报了帮扶工作开展情况、做法及经验，相关成员单位、相关司局、水利部派驻郧阳区挂职干部作了交流发言。

叶建春指出，水利扶贫是国家扶贫开发工作的重要组成部分，水利部党组坚决贯彻落实党中央脱贫攻坚决策部署，全面推进补齐补强水利基础设施短板，特别是彻底解决农村饮水安全问题，为贫困地区打赢脱贫攻坚战提供了坚实的水利支撑和保障。深入开展定点扶贫是水利部承担的又一项重要任务，针对6个定点扶贫县（区）中脱贫任务最重的郧阳区，水利部高度重视，组成17个单位参加的帮扶组对郧阳区实施“组团式”帮扶，各单位群策群力、真情真意、真抓实干，扎实落实“八大工程”任务，高质量完成定点帮扶工作，中央定点扶贫责任书确定的指标任务均超额完成，助力郧阳区圆满完成脱贫攻坚任务，为水利部完成定点扶贫和水利扶贫工作作出了卓越贡献。

叶建春指出，近年来郧阳区委、区政府认真落实党中央重大决策部署和湖北省委、省政府要求，切实履行脱贫攻坚主体责任，聚焦“两不愁三保障”，按照“六个精准”和“五个一批”要求，组织带领全区干部群众下足脱贫攻坚“三个落实”功夫，聚力“四个重点”，千方百计推进脱贫攻坚和经济社会发展，精心对接实施“八大工程”，顺利完成脱贫攻坚任务，成绩可喜可贺。

叶建春强调，定点帮扶组、相关司局要善始善终、善作善成，再接再厉，继续保持攻坚态势，扎实做好全面建成小康社会之前的相关工作。同时落实“四个不摘”要求，尤其是在“十四五”补短板、增强内生动力、消费扶贫转向消费致富等方面，与郧阳区共同想办法、谋实招，助力郧阳区巩固拓展脱贫攻坚成果与乡村振兴的有效衔接，为郧阳区经济社会高质量发展提供更加坚实的水利支撑和保障。

叶建春要求，定点帮扶组、相关司局要进一步突出务实作风，加强统筹协调，真情真意、真抓实干，切实帮助郧阳解决实际问题，细化做好帮扶郧阳各项工作，把好事办好。

水利部定点帮扶郧阳区工作组全体成员单位，中央纪委国家监委驻水利部纪检监察组，水利部规计司、财务司、人事司、水保司、农水司、三峡司、直属机关党委、机关服务局，郧阳区委、区政府相关负责同志参加。

（来源：水利部网站）

南水北调东线一期苏鲁省际工程管理设施设计单元工程档案专项验收会

2020年1月9—10日，水利部办公厅、南水北调规划设计管理局和特邀专家组成档案专项验收工作组，在江苏省徐州市对南水北调东线一期苏鲁省际工程管理设施设计单元工程档案进行了专项验收。南水北调东线总公司副总经理高必华出席验收会。

会议听取了项目法人档案工作情况的汇报，观看了档案工作专题片，察看了工程现场和工程档案存放设施，通过查阅案卷、现场质询等方式对工程档案的完整性、准确性、系统性、安全性进行了仔细检查。经过综合评议，验收工作组认为项目法人高度重视工程档案工作，档案收集基本齐全、分类合理、整理规范，档案保管条件符合要求，满足工程运行管理需要，达到合格等级，同意通过工程档案专项验收。（闫超）

南水北调东线一期苏鲁省际工程调度运行管理系统工程档案专项验收会

2020年10月26—28日，水利部南水北调规划设计管理局组织工程档案评定验收组，在江苏省徐州市对南水北调东线一期苏鲁省际工程调度运行管理系统工程档案开展专项检查评定及验收工作。

档案评定验收组查看了工程现场和档案库房，观看了工程建设专题片，听取了东线总公司有关档案管理工作情况，通过现场质询、查阅案卷等方式对工程档案的完整性、准确性、系统性、安全性进行了仔细检查。评定验收组经综合评议认为：东线总公司高度重视工程档案工作，调度运行管理系统工程的档案收集齐全、分类合理、整理规范，档案保管条件符合要求，满足工程运行管理需要，具备开展验收工作的条件，同意通过工程档案专项验收。

（李庆中　宋笑颜）

北京市南水北调后续工程总体规划专题工作大纲专家咨询会

2020年12月11日，北京市副市长卢映川主持召开南水北调后续规划建设工作专班第一次工作会。北京市政府副秘书长韩耕，北京市水务局局长潘安君、副局长杨进怀参加会议。

会议听取了南水北调工作专班组建方案、工作机制和工作方案汇报。卢映川强调，要按照先节水、后调水的原则，在做好节水工作的基础上，积极推进南水北调后续规划建设工作，为首都经济社会高质量发展和生态环境改善创造良好的水资源条件。要系统谋划，合理布局，统筹做好南水北调后续规划顶层设计。会议原则同意南水北调工作专班组建方案、工作机制和工作方案，要求按程序印发实施。同步推进规划各专项，强化落实，按计划实施，高质量完成规划编制任务，为工程项目决策、技术决策提供支撑。

随后，卢映川主持会议专题调度北京市智慧水务规划建设工作，观看北京市水资源调度平台等6个系统的现场演示，对近年来北京水务信息化建设成效给予肯定，强调要在现有信息化建设成果基础上，按照有利于提升群众获得感，有利于提升城市精细化运行管理水平的原则，着眼系统提升，提升感知监测能力，提升特定事项管理中的人工智能应用，提升需求端管理服务水平，提升分布式、模块化网络和应用系统，加快完善智慧水务总体方案。（刘金瀚）

南水北调中线干线北京段工程恢复通水工作启动会

2020年5月23日，北京市水务局党组成员、副局长、一级巡视员张世清主持召开南水北调中线干线北京段工程恢复调水工作启动会。南水北调中线局、北京市自来水集团及局属相关单位负责人参加会议。

会议就启动南水北调北京段恢复调水工作、完善调水保障方案以及调水工作安排等相关工作进行部署和研究。经历6个多月的紧张施工，克服新冠肺炎疫情影响等诸多不利因素，南水北调中线干线北京段工程提前1个多月完成工程检修。会议强调，各单位要进一步熟悉掌握实施方案的每个细节、每个节点的具体任务和安排，围绕本单位工作职责编制调度保障方案，明确岗位职责，切实做到定岗、定人、定责，做好精细化调度工作；要针对风险隐患节点细化应急抢险措施，做好应急预案，落实抢险人员、物资、机械，确保险情发生时及时处置；要密切配合，加强信息沟通，利用调度平台、微信群做好调度信息联络和信息沟通；要做好水源切换期间舆情监测，相关单位提前应对可能出现的问题，做好向市民解释说明工作；北京市自来水集团要做好水源切换期间供水安全；在水源切换期间，各单位要加强值班、领导带班，共同努力确保切换工作安全平稳。

（王涛）

北京市2020年南水北调质量安全工作会

2020年7月23日，北京市召开2020年南水北调质量安全工作会。北京市水务局党组成员、副局长、一级巡视员张世清，二级巡视员马法平出席会议。

会议通报了南水北调配套工程质量、安全问题，各参建单位代表交流发言，会议对重点工作进行部署，对工程质量安全工作提出具体要求。北京市水务局领导表示，这次质量安全工作会议是结合南水北调工程推进情况和日常管理中发现的问题召开的，南水北调各工程项目、各节点工作克服新冠肺炎疫情的影响，有序地开工、复工、推进，排除很多障碍，取得阶段性工作成果。要以此次工作会为契机，统一目标，高质量、全过程抓好安全生产工作，不能把建设中的问题留给运行管理。会议要求，南水北调建设者要站在讲政治的高度，落实安全生产责任，生命至上；参建企业要落实好主体责任，在经费上要有保障、安全上有措施，要树立没有质量、没有安全就没有企业生存空间的理念；压实各方的监管责任，确保工程安全可控。（吴延洋）

北京市水务局南水北调后续工程总体规划专题工作大纲专家咨询会

2020年7月30日，北京市水务局召开南水北调后续工程总体规划（简称“后续规划”）专题工作大纲专家咨询会。北京市水务局党组成员、副局长杨进怀出席会议并讲话。会议邀请中国工程院院士王浩，北京市水务局教授级高工陈铁、段伟作为咨询专家。

后续规划通过设置7个专题规划，系统开展北京市水资源配置和联合调度及应急保障规划、南水北调中线扩能工程规划、东线工程规划、配套水厂布局规划、来水水质和水生态影响及环境保护、后续工程建设运营模式和投融资政策、来水后基于社区（街区）和村庄单元的用水分析等研究工作。与会专家一致认为，后续规划的专项研究立足京津冀协同发展布局，有效落实北京城市总体规划，对接国家南水北调战略，对北京市科学开展南水北调配套后续工程规划与建设具有重要意义。专家指出，应深化用水需求分析、未知污染物风险评估、配置再生水、考虑极端工况情形、输水管网优化、水处理技术创新等方面，最终产出安全化、高效化、生态化和智慧化的研究成果。会议提出，规划编制技术工作要深入分析，充分吸纳专家意见，逐条梳理，一一回应；各业务处室明确专人，全过程参与，内部联动；规划编制要实现“三落实、三合一”，即落图、落地和落指标，要将北京城市总体规划、各区分区规划和水务基础图件三合一，统筹推进规划编制工作。（李少华）

河南省重大水利项目谋划和近期水利工作专题会

2020年3月26日，河南省委书记王国生主持召开专题会议，听取河南省重大水利项目谋划和近期水利工作情况汇报，研究当前工作。

在逐一听取河南省黄河流域生态保护和高质量发展重大水利项目、防洪减灾重大工程、南水北调中线后续工程、大运河文化保护与传承利用重大水利项目谋划情况后，王国生指出，要深入贯彻落实习近平总书记在黄河流域生态保护和高质量发展座谈会上的重要讲话精神，把重大水利项目建设作为优化水资源配置、构建兴利除害现代水网体系的具体举措，作为坚持以人民为中心、建设造福人民幸福河的民生工程，作为降低新冠肺炎疫情冲击影响、推动高质量发展的重要支撑，切实增强着眼长远、干在当下的责任感与使命感。要抓住研究制定“十四五”规划的契机，加强与中央有关部委沟通对接，加快推进一批打基础、管长远、关全局、惠民生的重大水利项目建设，全面提升水资源节约集约、水生态系统修复、水环境综合治理、水灾害科学防治能力，加快构建以南水北调中线总干渠、淮河、沙颍河、黄河干流为骨架的“一纵三横六区”现代水网体系。要统筹抓好近期重点工作，在做好疫情防控工作的同时，加快推动重点项目复工开工，全力抓好农村饮水安全，科学调度保障春灌工作顺利进行。

（耿新建）

河南省南水北调工作会议

2020年5月26日，河南省2020年南水北调工作会议在郑州召开。河南省水利厅党组副书记、副厅长（正厅级）王国栋出席会议并讲话。王国栋指出，在省委、省政府的正确领导下，机构改革、职能、人员调整有序推进。工程验收进度加快，工程运行安全平稳，供水范围逐步扩大、供水量逐年增加，工程的社会、经济、生态效益显著。全年供水24.23亿m^3，受益人口2300万人。

王国栋强调，2020年河南省南水北调工作重点是“加强运行管理，持续提升效益，加快工程验收，推进后续项目建设”。要强化运行管理，定制度、保安全、增效益；加大监管力度，推进配套工程运行管理规范化、标准化；加强工程设施保护，出台《配套工程运行维修养护定额》，划定工程保护范围；严格计划管理，加大生态补水量，确保完成年度27.04亿m^3用水计划。要进一步提高思想认识，加强督导，落实配套工程政府验收计划；加强协作配合，按期完成干线跨渠桥梁和设计单元完工验收任务；加强工程完工财务决算工作，及时解决遗留问题，完善支付手续，加快资金兑付进度；进一步加大水费征缴力度，按时足额缴纳水费；加强水费使用的监督管理，提高资金的效益；核算评估南水北调水量供需情况，开展水权交易，进一步优化配置南水北调水。要加快南水北调后续工程的规划建设。有关省辖市要尽快完成南水北调水资源综合利用专项规划，争取列入“十四五”规划；推动郑汴一体化等新增供水工程建设；加快新郑观音寺等调蓄工程前期工作，尽快开工。要加强宣传工作，大力弘扬新时代水利行业精神和南水北调精神，助推南水北调事业高质量发展。要加强党的建设和作风建设，深入学习贯彻习近平新时代中国特色社会主义思想，履行“一岗双责”，克服形式主义和官僚主义。

中线建管局河南分局、渠首分局，有关省辖市、直管县（市）水利局、南水北调部门，河南省南水北调建管局各项目建管处等单位负责人参加会议。（河南省水利厅南水北调处）

兴隆枢纽工程征迁项目完工财务决算报告审查会

2020年6月6日，湖北省水利厅南水北调工程管理处组织召开兴隆水利枢纽工程征迁项目完工财务决算报告审查会。兴隆水利枢纽管理局负责报告编制的人员、淮河水利委员会相关专家参加了审查。

为确保审查质量，兴隆水利枢纽管理局在会前将决算报告初稿及相关附件以扫描件形式分别传至各位专家审查，并对相关情况进行了介绍和说明。专家组在掌握报告反映的工程建设情况后，逐段商议、逐句斟酌，前后反复核对数据，对报告的结构、内容等方面“问诊把脉”，并在会议上提出了切实可行的修改建议。会议还就南水北调工程东、中线决算编制工作的相关经验和做法进行了研究讨论。

通过此次会议，不仅完善了决算报告内容、充实了后续工作方案，还增强了兴隆水利枢纽管理局相关工作经验、锻炼了决算编制队伍，为完成兴隆水利枢纽工程整体完工财务决算报告打下了坚实基础。　（王盼）

2020年江苏南水北调工作会议

2020年3月17日，江苏省水利厅召开2020年全省南水北调工作视频会议，全面总结江苏省2019年南水北调工作成效、研究分析面临的形势，部署2020年工作任务。江苏省水利厅党组成员、副厅长张劲松，省水利厅党组成员、省南水北调办副主任郑在洲出席会议并讲话。

会议充分肯定了2019年江苏南水北调工作在8个方面取得的成绩：一是8.44亿m^3调水出省任务圆满完成；二是工程运行安全平稳；三是全面完成年度建设和验收任务；四是调水水质稳定达标；五是征迁移民和谐稳定；六是二期工程规划不断深化；七是调水工作机制更加完善；八是全面从严治党更加深入。

会议强调，2020年相关工作要围绕“一个目标”，做到“六个加强”，落实“一个保障”。“一个目标”，即确保完成7.03亿m^3的调水出省任务和保障省内用水不受影响。“六个加强”，一是加强运行监管，把牢安全生产底线，抓好风险管控，加快“10S”标准化建设；二是加强扫尾验收，加速完成工程验收，扎实推进在建工程扫尾，全面抓好配套工程建设，确保完成一期工程建设目标；三是加强协调监督，聚焦水质平稳达标，注重多方治理协调，加强水质监测监控，发挥尾水导流工程功能；四是加强征迁稳定，密切关注舆情动态，保持移民和谐稳定；五是加强二期研究，落实国家部署要求，配合进行二期工程总体规划补充完善和可行性研究报告编制等工作，开展江苏段水质保障分析研究；六是加强机制完善，进一步完善调水协调机制、工程运行管理机制和水费缴纳工作机制，提高工程综合效益。“一个保障”，即全面扛稳抓牢管党、治党政治责任，在政治建设上要更“硬”，在工作作风上要更“实”，在反腐倡廉上要更“严”，为江苏省南水北调高质量发展提供坚强政治保证。

会议通报了2019年度江苏南水北调工程建设目标考核、运行管理考核情况和东线二期工程前期工作进展情况。徐州市南水北调办、江都管理处、江苏水源公司宿迁分公司作交流发言。（倪效欣）

南水北调东线总公司2020年工作会议

2020年1月14日，南水北调东线总公司召开2020年工作会议。东线总公司总经理赵登峰作公司年度工作报告。会议传达了2020年全国水利工作会议精神，总结了东线总公司2019年工作，安排部署了2020年工作。

赵登峰指出，2019年公司扎实开展“不忘初心、牢记使命”主题教育，以新时代水利精神为指引，以水利部、东线总公司督办事项为重点，按照“补短板、强管理、谋发展”的工作思路，顺利完成了南水北调东线一期工程年度调水任务、北延试通水及开工建设等重点任务，公司安全生产、标准化建设持续推进，运行管理能力与水平稳步提升。2020年是推进“水利工程补短板、水利行业强监管”水利改革发展总基调向纵深发展的一年，公司要立足于调水工作，在运行管理方面稳中快进；着眼于北延工程，在建设管理方面克难攻坚；致力于南水北调东线二期工程，在后续工作方面持续发力；着重补齐短板，在工程管理方面持续提升；强化政治引领，在党建工作方面精耕细作。

（冯伯宁）

南水北调东线一期苏鲁省际工程调度运行管理系统合同项目完成验收会

2020年6月15—19日，南水北调东线总公司直属分公司在江苏省徐州市主持召开南水北调东线一期苏鲁省际工程调度运行管理系统合同项目完成验收会。验收工作组听取了施工、监理、设计、建管等单位的工作汇报，详细察看了工程施工质量，查阅了相关工程资料。验收工作组经过充分讨论，认为苏鲁省际工程调度运行管理系统工程符合设计要求，通过合同项目完工验收。（赵明浩）

南水北调东线一期苏鲁省际工程调度运行管理系统工程档案专项验收会

2020年9月27—29日，南水北调东线总公司按照《南水北调东中线第一期工程档案管理规定》的工作程序和要求，组织档案专项验收组，在江苏省徐州市对南水北调东线一期苏鲁省际工程调度运行管理系统工程进行了合同验收阶段档案专项验收。

验收组听取了工程各参建单位对工程档案整编工作情况的汇报，观看了档案工作专题片，察看了工程现场和工程档案库房，通过查阅案卷、现场质询等方式对工程档案的完整性、准确性、系统性、安全性进行了仔细检查。经综合评议，验收组认为形成的档案符合《南水北调东中线第一期工程档案管理规定》要求，满足工程运行管理需要，同意通过工程合同验收阶段档案专项验收。（师厚兴）

南水北调东线总公司党风廉政建设暨党建工作会议

2020年1月14日，南水北调东线总公司召开党风廉政建设暨党建工作会议，党委书记李长春讲话，党委副书记胡周汉就党风廉政建设工作作报告。

李长春指出，2020年东线总公司要把党内监督作为党建质量贯标的重头戏，各级党组织要重点发力抓好党内监督，促进公司团队统一目标、统一行动，打造“政治过硬、本领高强”的企业干部队伍，营造企业良好政治生态，带动完成公司2020年重点任务。（史宇）

江苏水源公司第一届职（工）代会第五次会议暨2019年度工作总结会

2020年1月19日，江苏水源公司在南京召开公司第一届职（工）代会第五次会议暨2019年度工作总结表彰会。深入学习党的十九届四中全会、江苏省委十三届七次全会精神，传达贯彻全国水利工作会议和全省国资监管会议精神，总结2019年度工作，谋划部署2020年度主要任务，表彰先进、共商大是。

公司党委书记、董事长荣迎春出席会议并讲话，充分肯定了公司在2019年度各项工作取得的成绩。公司党委副书记、总经理袁连冲主持会议并作会议小结，并围绕贯彻落实好本次会议精神和做好春节期间有关工作提出具体要求。公司党委副书记、工会主席李松柏作了2019年度工会工作报告，与会职工代表和列席代表进行分组讨论并一致通过了公司工作报告和工会工作报告，会议还听取了三公经费使用情况说明和增补职工代表情况说明。公司领导、职（工）代会代表、列席代表等共计119人参加会议。

（王晨）

江苏水源公司2020年度全面从严治党暨年度工作视频会议

2020年2月28日，江苏水源公司召开2020年度全面从严治党工作会议暨年度工作视频会议。公司党委书记、董事长荣迎春出席会议并讲话，他指出，坚持全面从严治党，是推动公司各项工作目标如期顺利实现的重要保障。强调2020年要加快推进公司改革发展再出发，紧扣“四坚持、四突出、四提升”，聚焦十项重点任务，全力推动公司高质量发展。具体抓好6个方面的工作。一要强化政治建设，不断提升思想引领力。二要夯实党建主体责任，不断提升党的组织力。三要强化队伍建设，不断提升核心战斗力。四要创建党建工作品牌，不断提升“水源红”影响力。五要落实意识形态责任制，不断提升文化向心力。六要深化管党治党，不断强化执纪监督震慑力。要求坚持两手抓、两手都要硬，外防输入、内防扩散，坚定信心、化危为机，努力实现年度发展目标。

党委副书记、总经理袁连冲主持会议并作会议小结，他围绕贯彻落实好本次会议精神提出三点要求。一要转变作风，扑下身子抓落实。二要鼓足干劲，提振精神抓落实。三要改进方法，完善机制抓落实。

公司领导刘军、冯旭松、濮学年、李松柏、徐向红出席会议。

（王晨）

江苏水源公司召开2020年半年工作会议

2020年7月21日，江苏水源公司召开2020年半年工作会议，总结上半年工作情况，分析研判当前形势，部署做好下半年工作，动员公司上下进一步紧扣目标、迎难而上，振奋精神、鼓足干劲，确保圆满完成全年目标任务。

江苏水源公司党委书记、董事长荣迎春出席会议并讲话，总经理袁连冲主持会议，河海大学原校长助理郑垂勇、江苏交通控股原副总经理陈祥辉、南京水科院副院长吴时强、徐矿集团原副总经理赵从国等4名外部董事应邀参加会议并对公司工作进行点评指导。公司领导，高管，副总工，各部门（中心）、分（子）公司负责同志参加会议。

（王晨）

江苏水源公司第一届职工代表大会第六次会议

2020年9月7日，江苏水源公司召开第一届职工代表大会第六次会议。公司领导荣迎春、袁连冲、刘军、濮学年、李松柏、徐向红等职工代表共40人参加会议。

会议由公司工会副主席王亦斌主持。公司党委书记、董事长荣迎春就做好职工董事选举和更好发挥职代会、职工董事作用，强调了三点意见：一是肯定了职工董事在公司治理中发挥了重要作用；二是要进一步加强职代会和职工董事制度建设，使职代会在更高层次、更高水平发挥作用；三是要凝聚推动公司高质量发展的智慧和力量。职工代表和职工董事要当好公司党委参谋助手，把塑造企业精神、培养价值取向、培育团队精神等作为重点，做好群众工作，在公司改革发展与安全稳定方面出积极贡献。

会议以无记名投票表决的方式选举出公司新一任职工董事，圆满完成各项预定议程。（王晨）

重要文件

水利部重要文件一览表

序号	文件名称	文号	发布时间
1	水利部办公厅关于对南水北调中线工程网络安全渗透测试发现问题实施责任追究的通知	办监督〔2020〕24号	2020年2月14日
2	水利部国资委关于印发中国南水北调集团有限公司组建方案和中国南水北调集团有限公司章程的通知	水人事〔2020〕25号	2020年2月14日
3	水利部关于成立南水北调东中线后续工程前期工作领导小组的通知	水人事〔2020〕32号	2020年3月3日
4	水利部办公厅关于对南水北调东线东湖水库扩容增效工程专项检查发现问题实施责任追究的通知	办监督〔2020〕83号	2020年4月20日
5	水利部办公厅关于对南水北调东线东湖水库扩容增效工程施工单位山东省水利工程局有限公司检查发现问题情况的通报	办监督〔2020〕86号	2020年4月21日
6	水利部办公厅关于切实做好2020年度南水北调工程防汛管理和超标洪水防御工作的通知	办南调〔2020〕67号	2020年3月31日
7	水利部办公厅关于印发穿跨邻接南水北调中线干线工程项目管理和监督检查办法（试行）的通知	办南调〔2020〕259号	2020年12月10日
8	水利部办公厅关于强化措施推动南水北调工程验收的通知	办南调〔2020〕264号	2020年4月22日
9	水利部关于印发南水北调中线一期工程2020—2021年度水量调度计划的通知	水南调〔2020〕152号	2020年10月28日
10	水利部办公厅关于印发南水北调东线一期工程北延应急供水工程水量调度方案（试行）的通知	办南调〔2020〕272号	2020年12月21日

沿线各省（直辖市）重要文件一览表

序号	文件名称	文号	发布时间
1	北京市水务局关于在怀柔区补充建设南水北调水源回补地下水监测井的批复	京水务地〔2020〕3号	2020年1月23日
2	北京市水务局关于南水北调中线工程等相关疫情防控工作的报告	京水务资〔2020〕12号	2020年2月19日

续表

序号	文件名称	文　号	发布时间
3	北京市水务局关于南水北调中线干线北京段工程停水检修PCCP管道检修实施方案补充报告有关事宜的批复	京水务调〔2020〕1号	2020年2月21日
4	北京市水务局关于南水北调中线干线北京段工程停水检修工作有关事项的请示	京水务调〔2020〕2号	2020年3月4日
5	北京市水务局关于加快做好南水北调中线（北京段）工程验收工作的通知	京水务调〔2020〕4号	2020年3月4日
6	关于提请研究南水北调东中线后续相关工作事项的请示	京水务规〔2020〕11号	2020年3月10日
7	北京市水务局关于国家南水北调东线二期工程等规划或方案的意见	京水务规〔2020〕9号	2020年3月12日
8	北京市水务局关于提请市政府会议研究南水北调东中线后续相关工作事项的请示	京水务规〔2020〕17号	2020年4月28日
9	北京市水务局关于南水北调中线干线北京段工程停水检修和水源切换工作情况的报告	京水务调〔2020〕6号	2020年6月9日
10	北京市水务局关于报请批准南水北调后续规划建设工作专班组建方案的请示	京水务规〔2020〕29号	2020年6月28日
11	北京市水务局关于北京市南水北调工程建设管理经验和成效的报告	京水务调〔2020〕7号	2020年7月20日
12	北京市水务局关于申请南水北调中线2020—2021年度入京水量计划的报告	京水务资〔2020〕57号	2020年9月22日
13	北京市水务局关于南水北调中线一期工程2019—2020年度水量调度工作的报告	京水务资〔2020〕65号	2020年11月5日
14	北京市水务局关于《2019年度南水北调东中线一期工程受水区地下水压采情况的报告（征求意见稿）》意见的报告	京水务地〔2020〕22号	2020年12月3日
15	北京市水务局关于印发南水北调后续规划建设工作专班工作机制和工作方案的通知	京南水规建办〔2020〕1号	2020年12月22日
16	河南省水利厅关于南水北调中线干线工程保护范围管理专项检查问题整改情况的函	豫水调函〔2020〕2号	2020年1月6日
17	关于编纂《河南河湖大典·南水北调篇》的通知	豫调建综〔2020〕4号	2020年4月14日
18	关于做好2020年汛期档案安全管理工作的紧急通知	豫调建综〔2020〕20号	2020年7月8日

续表

序号	文件名称	文号	发布时间
19	关于做好河南省南水北调配套工程自动化系统运行调度相关工作的通知	豫调建投〔2020〕78号	2020年11月11日
20	关于切实做好配套工程地下有限空间安全防范工作的紧急通知	豫调建建〔2020〕10号	2020年6月7日
21	关于做好安全生产专项整治三年行动相关工作暨配套工程安全生产隐患排查的通知	豫调建建〔2020〕19号	2020年9月27日
22	关于开展配套工程避雷设施和消防水泵系统安全隐患排查整治活动的通知	豫调建建〔2020〕26号	2020年12月29日
23	关于印发《江苏省南水北调水费征缴奖惩实施细则（暂行）》的通知	苏水财〔2020〕7号	2020年5月8日

项目法人单位重要文件一览表

序号	文件名称	文号	发布时间
1	关于加强冠状病毒感染疫情防范工作的通知	中线局综〔2020〕8号	2020年1月22日
2	关于进一步加强疫情防控和中线工程运行管理工作的通知	中线局综〔2020〕10号	2020年1月28日
3	关于进一步做好应对新型冠状病毒感染的肺炎疫情工作的通知	中线局综〔2020〕12号	2020年1月30日
4	关于成立中线建管局应对新型冠状病毒感染的肺炎疫情工作领导小组的通知	中线局综〔2020〕11号	2020年1月30日
5	关于强化疫情防控措施确保工程运行安全的通知	中线局综〔2020〕13号	2020年2月1日
6	关于印发中线建管局新型冠状病毒感染的肺炎疫情防控工作方案的通知	中线局综〔2020〕14号	2020年2月2日
7	关于印发中线建管局新型冠状病毒感染的肺炎疫情防控工作方案（第二版）的通知	中线局综〔2020〕19号	2020年3月10日
8	中线建管局关于印发2020年保密工作要点的通知	中线局综〔2020〕20号	2020年4月4日
9	关于统筹抓好疫情防控和当前重点工作的通知	中线局综〔2020〕21号	2020年4月14日
10	关于印发中线建管局新冠肺炎疫情防控常态化工作方案的通知	中线局综〔2020〕28号	2020年5月21日
11	关于印发南水北调中线干线工程建设管理局国家秘密定密管理办法的通知	中线局综〔2020〕30号	2020年5月25日

续表

序号	文 件 名 称	文 号	发布时间
12	关于印发南水北调中线干线工程建设管理局保密审查办法的通知	中线局综〔2020〕32号	2020年5月25日
13	关于印发南水北调中线干线工程建设管理局保密委员会工作规则的通知	中线局综〔2020〕31号	2020年5月25日
14	关于印发南水北调中线干线工程建设管理局企业法人授权管理办法的通知	中线局综〔2020〕40号	2020年8月14日
15	关于印发南水北调中线干线工程公共卫生突发事件应急预案的通知	中线局综〔2020〕63号	2020年12月23日
16	中线建管局关于报送南水北调中线工程2021年投资建议计划的报告	中线局计〔2020〕22号	2020年11月9日
17	关于印发南水北调中线干线土建、绿化工程维修养护日常项目综合单价（2020年版）的通知	中线局计〔2020〕37号	2020年12月31日
18	关于印发南水北调中线干线土建、绿化工程维修养护日常项目标准化工程量清单的通知	中线局计〔2020〕35号	2020年12月31日
19	关于印发南水北调中线干线土建、绿化工程维修养护日常项目预算定额及编制办法的通知	中线局计〔2020〕36号	2020年12月31日
20	关于协助加快南水北调中线观音寺调蓄工程项目前期工作的函	中线局计函〔2020〕19号	2020年7月22日
21	中线建管局关于2020年度预算备案的报告	中线局财〔2020〕15号	2020年2月21日
22	中线建管局关于报送2019年度部门决算报表的报告	中线局财〔2020〕20号	2020年2月28日
23	中线建管局关于报送2019年度国有企业财务会计决算的报告	中线局财〔2020〕39号	2020年5月25日
24	关于开展资产全面清查试点工作的通知	中线局财〔2020〕63号	2020年8月28日
25	关于印发南水北调中线建管局资产全面清查实施方案的通知	中线局财〔2020〕79号	2020年10月19日
26	中线建管局关于上报南水北调中线干线工程自动化调度与运行管理决策支持系统工程完工财务决算的报告	中线局财〔2020〕105号	2020年12月9日
27	中线建管局关于干部人事档案专项审核“回头看”开展情况的报告	中线局人〔2020〕1号	2020年1月2日
28	中线建管局关于2019年度京外调干执行情况和2020年度京外调干计划的报告	中线局人〔2020〕10号	2020年2月9日
29	中线建管局关于报送2020年工作人员公开招聘实施方案的请示	中线局人〔2020〕11号	2020年2月21日

续表

序号	文件名称	文号	发布时间
30	中线建管局关于接收2020年京内生源高校应届毕业生的报告	中线局人〔2020〕14号	2020年3月10日
31	中线建管局关于申报2020年水利国际化人才合作培养项目人选的报告	中线局人〔2020〕17号	2020年3月31日
32	关于印发南水北调中线干线工程建设管理局交流学习人员管理办法（试行）的通知	中线局人〔2020〕25号	2020年4月22日
33	中线建管局关于水利国际交流合作情况的报告	中线局人〔2020〕39号	2020年6月26日
34	关于印发南水北调中线建管局直属公司（保安公司、实业发展公司）绩效考核办法（试行）的通知	中线局人〔2020〕44号	2020年8月10日
35	关于印发南水北调中线信息科技有限公司经营业绩考核奖惩办法（试行）的通知	中线局人〔2020〕63号	2020年11月9日
36	关于印发南水北调中线干线工程建设管理局干部任职试用期满考核办法（修订）的通知	中线局人〔2020〕67号	2020年11月16日
37	关于印发南水北调中线干线工程建设管理局工作人员因私出国（境）管理办法（修订）的通知	中线局人〔2020〕64号	2020年11月16日
38	关于印发南水北调中线干线工程建设管理局领导干部兼职管理办法（试行）的通知	中线局人〔2020〕65号	2020年11月16日
39	关于印发南水北调中线干线工程建设管理局干部选拔任用工作纪实办法（试行）的通知	中线局人〔2020〕66号	2020年11月16日
40	关于印发南水北调中线干线工程建设管理局工程系列（副高级、中级）职称评审管理办法（试行）的通知	中线局人〔2020〕75号	2020年12月20日
41	关于报送南水北调中线建管局2019年内部审计工作总结、统计报表和2020年工作计划的报告	中线局审〔2020〕6号	2020年1月15日
42	关于印发南水北调中线干线工程建设管理局内部审计工作规定的通知	中线局审〔2020〕18号	2020年9月11日
43	关于印发南水北调中线干线工程建设管理局审计发现问题责任追究办法（试行）的通知	中线局审〔2020〕29号	2020年12月16日
44	关于做好疫情防控宣传工作的通知	中线局宣〔2020〕1号	2020年2月2日
45	关于印发南水北调中线干线工程建设管理局南水北调公民大讲堂管理办法（试行）的通知	中线局宣〔2020〕28号	2020年12月25日
46	中线建管局关于南水北调中线干线后续专项工程档案编号方案的报告	中线局档〔2020〕13号	2020年4月22日
47	中线建管局关于报送2020年标准化建设工作实施方案的报告	中线局总工办〔2020〕15号	2020年4月21日

续表

序号	文件名称	文号	发布时间
48	关于印发南水北调中线建管局2020年标准化建设工作实施方案的通知	中线局总工办〔2020〕16号	2020年4月22日
49	关于印发南水北调中线一期工程阶段性评估中线建管局配合工作方案的通知	中线局总工办〔2020〕60号	2020年8月28日
50	关于印发南水北调中线干线工程2020年安全监测现场检查工作报告的通知	中线局总工办〔2020〕86号	2020年11月11日
51	中线建管局关于报送2020年度运行管理标准化工作总结的报告	中线局总工办〔2020〕103号	2020年12月11日
52	关于印发2020年总干渠大流量输水运行工作方案的通知	中线局调〔2020〕4号	2020年3月12日
53	中线建管局关于报送南水北调中线工程420m³/s加大流量输水工作方案的报告	中线局调〔2020〕6号	2020年4月15日
54	中线建管局关于报送南水北调中线工程420m³/s加大流量输水工作方案的报告	中线局调〔2020〕9号	2020年4月25日
55	中线建管局关于报送南水北调中线工程420m³/s加大流量输水工作方案的报告	中线局调〔2020〕10号	2020年4月29日
56	关于印发南水北调中线工程420m³/s加大流量输水工作方案的通知	中线局调〔2020〕11号	2020年5月2日
57	关于继续开展中线大流量输水有关工作的通知	中线局调〔2020〕17号	2020年6月28日
58	中线建管局关于南水北调中线工程420m³/s加大流量输水工作总结的报告	中线局调〔2020〕19号	2020年7月1日
59	关于印发南水北调中线2020—2021年度输水调度实施方案的通知	中线局调〔2020〕27号	2020年11月6日
60	中线建管局关于报送2019—2020年度中线水量调度和生态补水情况工作总结的报告	中线局调〔2020〕30号	2020年11月9日
61	中线建管局关于报送南水北调中线一期工程2019—2020年度水量调度工作总结的报告	中线局调〔2020〕29号	2020年11月9日
62	关于印发南水北调中线干线工程突发事件应急调度预案的通知	中线局调〔2020〕35号	2020年12月7日
63	中线建管局关于穿黄隧洞（A洞）检查维护项目完成情况的报告	中线局工维〔2020〕10号	2020年2月21日
64	中线建管局关于南水北调中线一期工程遗留问题统计情况的报告	中线局工维〔2020〕15号	2020年3月2日
65	中线建管局关于穿黄隧洞（A洞）通水运行情况的报告	中线局工维〔2020〕22号	2020年3月16日

续表

序号	文件名称	文号	发布时间
66	关于印发南水北调中线干线工程建设项目安全设施“三同时”管理办法（试行）的通知	中线局工维〔2020〕23号	2020年3月16日
67	关于印发南水北调中线干线工程安全鉴定管理办法（试行）的通知	中线局工维〔2020〕30号	2020年3月30日
68	中线建管局关于报送南水北调中线干线工程2020年度防汛工作信息的报告	中线局工维〔2020〕31号	2020年4月3日
69	中线建管局关于报送南水北调中线干线工程安全鉴定管理办法（试行）的报告	中线局工维〔2020〕47号	2020年4月25日
70	中线建管局关于报送南水北调中线干线工程2020年度汛方案和防汛应急预案的报告	中线局工维〔2020〕50号	2020年4月29日
71	关于印发南水北调中线干线工程突发事件应急演练工作指南的通知	中线局工维〔2020〕52号	2020年5月2日
72	中线建管局关于报送南水北调中线干线工程超标洪水防御预案的报告	中线局工维〔2020〕68号	2020年5月27日
73	中线建管局关于报送南水北调中线干线北京段工程检修工作总结的报告	中线局工维〔2020〕93号	2020年8月18日
74	关于印发土建和绿化工程维修养护日常项目考核办法的通知	中线局工维〔2020〕118号	2020年11月12日
75	关于印发南水北调中线干线工程安全评价导则的通知	中线局工维〔2020〕121号	2020年11月24日
76	关于印发水质实验室化学品管理标准（试行）的通知	中线局水环〔2020〕4号	2020年3月2日
77	关于报送2020年水质与环境保护工作实施计划的通知	中线局水环〔2020〕8号	2020年4月16日
78	关于进一步做好水质保障有关工作的通知	中线局水环〔2020〕25号	2020年10月9日
79	中线建管局关于南水北调中线干线文物保护项目验收情况的报告	中线局移〔2020〕1号	2020年12月16日
80	中线建管局关于进一步落实部领导批示精神有关情况的报告	中线局安全〔2020〕3号	2020年1月18日
81	关于印发安全生产目标管理标准（试行）等11项制度办法的通知	中线局安全〔2020〕7号	2020年1月23日
82	关于印发作业活动安全管理标准（试行）的通知	中线局安全〔2020〕13号	2020年2月28日
83	关于印发安全风险变更管理标准（试行）等2项管理标准的通知	中线局安全〔2020〕12号	2020年2月28日

续表

序号	文件名称	文号	发布时间
84	中线建管局关于报送安全生产集中整治工作总结的报告	中线局安全〔2020〕14号	2020年3月2日
85	关于印发安全生产预测预警管理办法的通知	中线局安全〔2020〕16号	2020年3月5日
86	关于印发中线建管局五年安全生产工作规划（2020年—2024年）的通知	中线局安全〔2020〕21号	2020年3月16日
87	关于印发安全生产管理手册编制工作实施方案的通知	中线局安全〔2020〕27号	2020年4月3日
88	中线建管局关于报送南水北调中线一期工程420m^3/s加大流量输水安全管理工作有关情况的报告	中线局安全〔2020〕50号	2020年5月25日
89	中线建管局关于报送安全生产专项整治三年行动实施方案的报告	中线局安全〔2020〕74号	2020年6月30日
90	中线建管局关于报送南水北调中线干线工程重要建筑物和要害部位安全风险管控工作总结的报告	中线局安全〔2020〕123号	2020年10月30日
91	中线建管局关于报送2020年度安全运行管理工作总结及2021年度安全运行管理工作计划的报告	中线局安全〔2020〕136号	2020年12月3日
92	中线建管局关于对海委安全运行监督检查发现问题整改情况的报告	中线局安全〔2020〕137号	2020年12月8日
93	关于报送2020年度安全生产管理工作总结及2021年度安全生产管理工作计划的通知	中线局安全〔2020〕140号	2020年12月20日
94	中线建管局关于报送2020年安全生产工作总结和2021年工作安排的报告	中线局安全〔2020〕142号	2020年12月23日
95	中线建管局关于落实部领导有关批示精神的报告	中线局稽察〔2020〕2号	2020年3月10日
96	关于印发稽察工作管理标准（试行）和监督检查岗位工作标准（试行）的通知	中线局稽察〔2020〕4号	2020年7月7日
97	中线建管局关于南水北调中线干线工程消防系统专项检查情况的报告	中线局稽察〔2020〕7号	2020年10月24日
98	中线建管局关于中线工程渠道重要部位水下损坏情况检查的报告	中线局稽察〔2020〕8号	2020年10月24日
99	江苏水源公司关于印发《南水北调江苏境内工程2020年度建设方案》的通知	苏水源工〔2020〕10号	2020年3月5日
100	南水北调江苏水源公司关于做好2019—2020年度第二阶段向山东调水有关工作的通知	苏水源调〔2020〕4号	2020年2月15日
101	南水北调江苏水源公司关于印发2020年度《南水北调江苏段工程防汛抗旱应急预案》的通知	苏水源调〔2020〕41号	2020年6月1日

续表

序号	文 件 名 称	文 号	发布时间
102	南水北调江苏水源公司关于印发工程管理考核办法（2020年修订）的通知	苏水源调〔2020〕80号	2020年12月8日
103	中线水源公司关于印发督办管理办法的通知	中水源发〔2020〕106号	2020年8月31日
104	中线水源公司关于印发员工绩效考核管理办法的通知	中水源人〔2020〕126号	2020年10月26日
105	南水北调中线水源工程运行安全生产风险分级管控办法	中水源安〔2020〕146号	2020年12月2日
106	南水北调中线水源有限责任公司安全生产责任制	中水源安〔2020〕153号	2020年12月6日
107	兴隆水利枢纽管理局关于水旱灾害防御有关情况的报告	鄂汉兴局〔2020〕2号	2020年3月2日
108	湖北省汉江兴隆水利枢纽管理局关于2020年度兴隆水利枢纽防汛工作信息的报告	鄂汉兴局〔2020〕3号	2020年3月18日
109	关于2020年工程运行经费支出预算的备案报告	鄂汉兴局〔2020〕9号	2020年4月9日
110	关于调整兴隆水利枢纽设计单元工程完工验收完成时限的请示	鄂汉兴局〔2020〕10号	2020年4月9日
111	关于呈报2020年度兴隆水利枢纽水库安全责任人的请示	鄂汉兴局〔2020〕15号	2020年4月22日
112	关于水行政许可项目自查情况的报告	鄂汉兴局〔2020〕20号	2020年5月20日
113	关于报备汉江兴隆水利枢纽2020年防洪度汛预案的报告	鄂汉兴局〔2020〕25号	2020年6月12日
114	关于水利工程管理单位安全生产标准化二级达标评审的请示	鄂汉兴局〔2020〕28号	2020年8月17日
115	关于南水北调中线一期汉江中下游兴隆水利枢纽设计单元档案专项验收的请示	鄂汉兴局〔2020〕30号	2020年9月2日
116	关于报审《湖北省汉江兴隆水利枢纽管理局档案分类类目、归档范围、保管期限表》的请示	鄂汉兴局〔2020〕32号	2020年9月10日
117	关于2020年度工程运行管理经费支出预算调整的报告	鄂汉兴局〔2020〕33号	2020年9月17日
118	关于处置临时设施和废旧资产的请示	鄂汉兴局〔2020〕34号	2020年9月17日
119	兴隆水利枢纽管理局关于公务接待费自查自纠工作的报告	鄂汉兴局〔2020〕35号	2020年9月17日

续表

序号	文件名称	文号	发布时间
120	关于兴隆水利枢纽2020—2021年度用水计划建议的报告	鄂汉兴局〔2020〕37号	2020年9月18日
121	关于2019—2020年度水量调度执行情况的报告	鄂汉兴局〔2020〕40号	2020年11月2日
122	湖北省汉江兴隆水利枢纽管理局关于水利部监督司工程运行管理专项检查整改情况的报告	鄂汉兴局〔2020〕41号	2020年11月20日
123	关于南水北调中线一期汉江中兴隆水利枢纽工程验收有关事项的请示	鄂汉兴局〔2020〕42号	2020年11月27日
124	关于上报南水北调中线工程汉江兴隆水利枢纽工程完工财务决算的报告	鄂汉兴局〔2020〕43号	2020年11月27日
125	关于档案工作目标管理考评中存在问题整改情况报告	鄂汉兴局〔2020〕44号	2020年12月30日
126	关于报送汉江兴隆水利枢纽工程2020年度取用水总结和2021年度取水计划的报告	鄂汉兴局〔2020〕45号	2020年12月30日
127	关于严明纪律要求、做好疫情防控工作的通知	中线局机纪〔2020〕5号	2020年2月1日
128	关于进一步强化疫情防控有关工作的通知	中线局机纪〔2020〕8号	2020年2月27日
129	关于统筹推进我局新冠肺炎疫情防控和复工复产工作的通知	中线局机纪〔2020〕10号	2020年3月9日
130	关于印发《南水北调中线干线工程建设管理局直属机关纪律检查委员会工作规则》的通知	中线局机纪〔2020〕20号	2020年6月24日
131	关于开展中线建管局2020年警示教育月活动的通知	中线局机纪〔2020〕23号	2020年7月17日
132	关于印发中线建管局推进优良家风建设工作方案的通知	中线局机纪〔2020〕32号	2020年9月24日
133	关于印发《南水北调中线干线工程建设管理局廉政风险防控手册（修订）》的通知	中线局机纪〔2020〕31号	2020年10月13日
134	关于印发《落实习近平总书记重要指示精神坚决制止餐饮浪费行为有关事项实施细则》的通知	中线局机纪〔2020〕41号	2020年11月16日
135	关于印发《中线建管局直属机关纪委执纪审查工作程序清单》《中线建管局直属机关纪委执纪审查工作职责清单》《中线建管局直属机关纪委关于违反执纪审查有关规定的处理办法》的通知	中线局机纪〔2020〕43号	2020年12月11日
136	关于印发《南水北调中线干线工程建设管理局纪检信访举报管理办法》的通知	中线局机纪〔2020〕44号	2020年12月14日
137	关于印发南水北调中线建管局政治形式主义官僚主义突出问题的若干措施（试行）的通知	中线局党〔2020〕23号	2020年12月18日

考察调研

鄂竟平赴水利部定点扶贫县（区）湖北省十堰市郧阳区调研

2020年11月2—3日，水利部党组书记、部长鄂竟平赴水利部定点扶贫县（区）湖北省十堰市郧阳区调研定点扶贫工作。湖北省副省长万勇、湖北省政协副主席、十堰市委书记张维国陪同调研。

鄂竟平先后到郧阳区杨溪镇青龙泉社区、柳陂镇龙韵新村、谭家湾镇龙泉村，实地考察了棉伙棉伴袜业公司、昌欣香菇产业园、谭家湾镇郧阳食用菌循环经济产业园，调研了产业扶贫和异地扶贫搬迁情况。在脱贫户家中，鄂竟平详细询问了家里有几口人、年收入多少、收入来源靠什么、“两不愁三保障”是否落实、脱贫成效如何等，并走进厨房拧开水龙头，察看是否喝上了安全水。

鄂竟平还察看了汉江大保护及库岸生态绿化工程，考察了十堰市神定河流域（郧阳区段）人工快渗工程污水处理项目、十堰市茅箭区马家河综合整治示范段、马家河车站沟综合整治项目，了解污水处理工艺流程和处理后的排放水质情况。

鄂竟平表示，兴办扶贫产业，不仅是增加贫困户收入的有效途径，也是促进县域经济高质量发展的重要支撑。水利部将全面贯彻落实党的十九届五中全会精神，继续认真履行定点扶贫责任，与定点扶贫县（区）一道，扎实做好脱贫巩固提升工作和全面推进乡村振兴的大文章。

鄂竟平强调，南水北调功在当代、利在千秋，保护好南水北调水质是政治责任和艰巨任务，要进一步落实生态文明理念，采取工程治理等综合措施，铁腕治污，达标排放，确保一江清水永续北送。

水利部规划计划司、财务司、水库移民司、南水北调司及湖北省水利厅主要负责同志参加调研。

蒋旭光“飞检”南水北调中线工程冰期输水情况

2020年1月2—3日，水利部党组成员、副部长蒋旭光带队对南水北调中线干线京石段工程冰期输水情况进行了“飞检”。

每到一处，蒋旭光认真检查水面结冰范围、冰层厚度、形成冰面长度等情况，详细询问冰期输水期间水位、流量、气温、水温变化情况，了解管理单位破冰方案、破冰设施的配备情况，以及来年开春后冰情处理措施等。蒋旭光指出，确保冰期输水安全，是当前一项十分重要的工作，要按极寒天气做好各项准备，全力以赴做好冰期输水工作，不能有丝毫懈怠。一是要优化调度。在保障天津等城市足量供水的前提下，尽可能减少闸门操作次数，维持沿线水位稳定，适应冰期输水条件。二是要关注天气变化，做好应急准备。低温天气要做好值班值守，增加沿线巡查和视频监控的频次，尤其对渐变段、弯道段易出现冰塞的部位，更要及时掌握了解冰情。三是要及时疏通冰塞。对于冰情严重的断面要加强流量监测，一旦发现有被冰堵塞导致流量减小的情况，要立即采取有效措施疏通冰塞，确保冰期输水安全。

水利部监督司、南水北调司、南水北调规划设计管理局等单位负责同志参加了检查。

蒋旭光检查南水北调中线河南段加大流量输水和防汛准备工作

2020 年 5 月 7—9 日，水利部副部长蒋旭光带队检查了南水北调中线工程（以下简称“中线工程”）河南段加大流量输水和防汛准备工作。检查组实地察看了鲁山沙河渡槽、禹州采空区段、颍河节制闸、新郑双洎河渡槽、郑州贾峪河退水闸、穿黄工程和部分重点渠段，并在河南备调中心对加大流量输水期间调度运行情况进行了检查。

检查期间，正值中线工程陶岔渠首以 $420m^3/s$ 加大流量输水，这是中线工程首次以设计最大流量输水，将全面检验中线工程状态和大流量输水能力，检验中线工程质量和效益。

蒋旭光强调，中线工程沿线各级管理部门一定要高度重视，按照预案精心组织，周密安排，精准操作，切实保证工程平稳安全运行，要落实各项加固措施，狠抓细节，切实做好值班值守、巡视巡查、技术保障等各项工作。在实施中要强化风险意识，树立底线思维，注重技术手段的应用，通过安全监测、信息网络、卫星遥感等对重点风险部位加强观测，强化研判，快速响应，及时消除隐患。同时，要不间断巡视巡查，多手段并用，确保查无遗漏，保障输水安全。

蒋旭光强调，要高度重视防汛工作。按照水利部工作部署，立足于防大汛、抢大险，确保防汛准备工作务实精细、可靠到位。要认真落实以下措施：加强预测预报预警，丰富预警信息获取渠道，做到信息畅通、覆盖全面；防汛物资、设备要储备充足，确保工程之需，避免新冠肺炎疫情影响防汛工作的正常运转；重视防汛演练，多培训、多推演、多实践，以实战化为主线，提高整体防汛能力。

水利部监督司、南水北调工程管理司、督查办、南水北调规划设计管理局及南水北调中线干线工程建设管理局负责同志参加检查。

水利部副部长叶建春调研江苏省南水北调工程

2020 年 6 月 2—4 日，水利部副部长叶建春带队赴江苏省调研南水北调东线工程，江苏省副省长赵世勇陪同调研。

调研组一行实地察看了江都水利

枢纽、万福闸、邵伯湖、泗洪站、徐洪河、邳洪河闸等工程，听取了扬州市、宿迁市、徐州市相关情况汇报，在徐州召开座谈会。

座谈会上，叶建春对江苏省南水北调东线一期工程运行管理情况给予充分肯定，并要求进一步加快前期工作，优化比选二期工程方案，共同推进南水北调东线二期工程建设。赵世勇代表江苏省作南水北调有关工作情况汇报。

水利部淮河水利委员会主任肖幼、江苏省政府副秘书长诸纪录、江苏省水利厅厅长陈杰等领导参加调研。

水利部副部长叶建春一行赴天津调研南水北调东线二期工程天津段前期工作

2020 年 6 月 5 日，水利部副部长叶建春一行赴天津调研南水北调东线二期工程天津段前期工作，实地调研九宣闸、北大港水库，并召开专题座谈会。天津市副市长李树起，市政府副秘书长张剑，市水务局党组书记、局长张志颇，市水务局局党组成员、副局长杨玉刚一同调研，市水务局有关部门负责同志参加。

叶建春强调，天津就南水北调东线二期工程做了大量前期工作，取得了成效，提出的意见建议符合天津实际，下一步要统筹考虑蓄水、线路、水价和体制问题，继续坚持国务院批准的南水北调工程建设总体方向，积极与相关省市沟通协调，站在全局角度，做好北大港水库列入东线二期干线调蓄工程相关工作，加快推动南水北调东线二期工程建设。

李树起表示，南水北调东线二期工程作为国家重大水利工程，对于改善生态环境、扭转华北地区缺水局面意义重大，天津市委、市政府高度重视，鸿忠书记、国清市长多次听取工作汇报，明确要求全力配合南水北调东线二期工程建设，借势借力推进天津生态文明建设和水资源利用保护工作再上新水平。希望水利部考虑天津实际，加快北大港水库纳入干线工程进度，增加天津供水水量，切实保障天津供水安全。

张志颇汇报了南水北调东线二期工程天津段前期工作开展情况，对可行性研究阶段推荐工程方案、工程筹融资、水价政策、引江补汉与东线应急北延水量分配等提出了意见建议。

水利部副部长陆桂华调研指导南水北调东线总公司工作

2020 年 6 月 4 日，水利部副部长陆桂华到南水北调东线总公司调研指导并进行座谈。

陆桂华指出，东线总公司深入贯彻落实习近平总书记治水重要论述精神、南水北调后续工程工作会议和全国水利工作会议精神，结合南水北调东线工作实际，在落实新冠肺炎疫情防控部署的同时，积极组织复工复产，稳步推进年度重点工作，成效显著。

陆桂华强调，南水北调东线一期工程通水7年来，沿线受益人口超过6500万人。南水北调东线一期工程北延应急供水工程竣工后，工程将具备每年相机向天津、河北供水4.9亿m^3的能力，可置换地下水超采区的农业用水，因此东线工程安全平稳运行至关重要。要坚持以人民为中心，践行生态发展理念，高标准管理工程，落实水量调度等相关工作，让沿线人民群众受益，切实发挥好北延应急供水工程改善沿线生态、缓解华北地区地下水超采的作用。

陆桂华要求，东线总公司在今后工作中要坚决做到“两个维护”，进一步牢固树立“四个意识”，践行新时代水利行业精神，做好疫情常态化防控工作，持续推进年度重点工作。要确保北延应急供水工程按计划顺利推进，提升管理水平，保障工程质量、生产安全，同时做好水土保持工作；要以问题为导向，提高政治站位，创新管理机制，扎实推进东线二期工程前期有关工作，统筹谋划，把东线二期先期开工项目各项准备工作做实做细。水利部有关司局要在水量调度、供水协调、水土保持、前置要件审批等工作上给予大力支持，确保东线工程尽早实现规划目标。

东线总公司总经理赵登峰就公司2020年度重点工作开展情况作了汇报。

水利部水保司副司长陈琴，调水司一级巡视员（正司级）程晓冰，东线总公司党委书记李长春，副总经理赵月园、胡周汉，总工程师曹雪玲出席调研座谈会。

（摘自中国南水北调集团东线有限公司网站）

水利部副部长陆桂华调研湖北定点扶贫和水土保持工作

2020年10月21—24日，水利部副部长陆桂华带队赴湖北调研定点扶贫和水土保持工作。调研组一行深入十堰市郧阳区、随州市曾都区、黄冈市、三峡坝区、宜昌市，调研定点扶贫、水土保持、水资源调度、水利工程管理等工作。每到一处，陆桂华都强调要坚定不移贯彻“节水优先、空间均衡、系统治理、两手发力”的治水思路，扎实做好水利各项工作。

在十堰市郧阳区调研期间，陆桂华深入杨溪铺镇青龙泉社区、袜业扶贫车间、食用菌循环经济产业园等，现场查看袜业生产情况、香菇种植和加工流程，关心扶贫农产品销路和销量，详细了解扶贫产业带动群众增收情况，深入扶贫搬迁村柳陂镇龙韵新村，关怀鼓励贫困群众靠实干致富，调研黎家店村水土保持以奖代补项目，认真听取基层工作人员汇报项目开展情况。他充分肯定郧阳区脱贫攻坚工作取得的成效，强调今年是脱贫攻坚收官之年，湖北又遭遇新冠肺炎疫情影响，工作任务更重、要求更高。要不忘初心、牢记使命，以更加务实的作风抓实抓细各项工作，坚决夺取脱贫攻坚战全面胜利。

在随州市曾都区调研期间，陆桂华现场查看2019年丰年坡耕地综合治理水保工程、丰年水土保持科技示范园，观看工程治理和示范园建设专题片。他强调，要进一步认真贯彻落实习近平总书记关于水土保持工作的重要讲话精神，真抓实干，切实保护好绿水青山。要打造水土保持治理精品工程，提升水土流失综合治理的精细化水平，提供更多优质生态产品，满足人民群众优美生态环境需要和经济高质量发展要求。

在黄冈市调研期间，陆桂华现场查看遗爱湖公园水环境治理情况。他强调，水环境承载着百姓的美好愿景，点亮城市乡村、点燃发展新机、成就高质量生活，成为百姓的幸福之源，实现这种美好，需要建设宜居水环境，增强人民群众的舒适感、获得感、满足感，实现人水相近相亲、和谐共生。要加强对水生态水环境的保护，为人民群众创造良好生产生活环境。

在三峡坝区调研期间，陆桂华现场查看三峡大坝、梯级调度通信中心、通航船闸、升船机、发电厂、长江珍稀植物研究所、中华鲟研究所等。他强调，要深入学习贯彻习近平总书记考察三峡工程重要讲话精神，继续努力奋斗，不断提升把大国重器牢牢掌握在自己手里的能力。要加强水资源调度工作，保障长江经济带的健康发展，确保长江流域生态安全。

在宜昌市调研期间，陆桂华现场查看安琪生物集团、联棚河河道整治工程、宜都市清江鲟鱼谷、高坝洲水库、东阳光药业股份有限公司等。他强调，要深入贯彻落实习近平总书记关于推动长江经济带发展的重要论述和"共抓大保护、不搞大开发"决策部署，同心协力共抓长江大保护，推动经济高质量发展。他充分肯定了东阳光药业股份有限公司废水零排放和一百米红线的做法，肯定了宜昌市化工"清零行动"，使沿江1km范围内的化工企业全部关停或者搬离，在主动淘汰当中实现转型升级。

水利部水土保持司、三峡工程管理司、调水管理司，以及湖北省水利厅等单位负责同志陪同调研。

（王文元）

水利部南水北调司司长李鹏程调研中线水源工程

2020年7月15日，水利部南水北调司司长李鹏程一行对中线水源工程防汛、工程验收和尾工建设等工作进行了检查和调研。南水北调中线水源公司及汉江集团领导胡军、王威、曾凡师、李飞及相关部门负责人参加调研。

（蒲双）

水利部南水北调司司长李鹏程赴湖北郧阳区调研督办脱贫攻坚工作

2020年7月15—17日，水利部

南水北调司司长李鹏程带队赴湖北郧阳区调研督办地方党委政府脱贫攻坚主体责任落实情况、定点扶贫郧阳区八大工程实施情况、农村饮水安全普查准备情况。调水司二级巡视员（副司级）孙卫，南水北调司、防御司、长江科学院有关工作人员，十堰市及十堰市水利和湖泊局有关负责同志，郧阳区主要负责同志及有关负责同志参加调研。

调研中，李鹏程主持召开座谈会，听取郧阳区脱贫攻坚暨农村饮水安全普查准备情况汇报，深入郧阳区谭山镇徐家村、高扬村和白桑关镇战马沟村易迁安置点及周边农户，入户查看饮水情况，实地考察谭家湾镇子胥水厂运行及水质检测情况，考察了十堰高新区伟光汇通项目、神定河流域综合治理项目、湖北康荣医疗防护用品有限公司、湖北长平汽车装备有限公司、世泰仕公司和谭家湾香菇循环经济产业园等产业项目。

李鹏程指出，2020年以来郧阳区认真贯彻中央决策部署，上下同心、众志成城，一手抓全面打赢脱贫攻坚收官之战，一手抓打赢新冠肺炎疫情防控阻击战，迅速推进复工复产，实现经济社会和人们生活快速步入常态，充分展现了郧阳区党委政府的责任担当。下一步，郧阳区要继续坚持底线思维，更加积极有为，在危机中育新机，于变局中开新局，扎实做好“六稳”工作，落实“六保”任务，统筹谋划好当前乃至长远事关郧阳发展大局的全局性工作。

李鹏程强调，即将开展的国家脱贫攻坚普查，是对郧阳区脱贫攻坚工作成效的一次全面检验，郧阳区要认真组织做好普查各项工作，特别是农村饮水安全方面，确保交上合格答卷。

（沈子恒）

水利部南水北调司司长李鹏程调研江苏省南水北调工程水量调度工作

2020年9月2—3日，水利部南水北调司司长李鹏程一行赴江苏省调研南水北调工程水量调度工作。江苏省水利厅党组书记、厅长陈杰，厅党组成员、副厅长张劲松，厅总工周萍参与陪同调研，厅党组成员、省南水北调办副主任郑在洲，江苏水源公司总经理袁连冲全程陪同调研并参加座谈。

座谈会上，郑在洲向调研组介绍了江苏省南水北调工程2019—2020年度向省外调水工作完成情况，以及为落实“疫情防控安全必须保证、调水水量必须保证、调水水质必须保证、调水时序必须保证”四个必保目标、“优化工程运行时间、优化水源配置、优化安排线路”三个优化要求而采取的具体工作措施，汇报了江苏省2020—2021年度水量调度计划，并就做好南水北调东线一期工程年度调水工作提出了建议。袁连冲汇报了江苏省南水北调一期工程运行管理、在建工程扫尾及完工验收准备等三方面的工作情况。

李鹏程对江苏省2020年在复杂严峻的疫情防控形势下依然圆满完成年度调水任务给予了充分肯定。关于下一步工作，他指出，一是进一步提高认识，转变观念，统筹做好水资源配置工作；二是做好南水北调东线一期工程2020—2021年度水量调度计划编报工作，确保年度调水工作圆满完成；三是继续抓好工程扫尾、年度调水和后续工程建设相关工作。

会后，李鹏程一行实地调研了江苏省南水北调工程调度控制中心等。江苏省南水北调办、省防汛防旱抢险中心和江苏水源公司有关部门负责同志参加调研。

水利部南水北调司赴长江水利委员会开展专题调研

2020年9月24日，水利部南水北调司司长李鹏程一行赴长江委开展专题调研。长江委主任马建华会见李鹏程一行，长江委副主任胡甲均主持座谈会，双方就进一步做好引江补汉工程水价专题研究相关工作进行深入交流。

马建华对李鹏程一行表示欢迎，对南水北调司一直以来给予治江事业与长江委改革发展的关心和支持表示感谢。他强调，长江委认真贯彻落实国务院南水北调后续工程工作会议精神，按照水利部工作部署，组织开展引江补汉工程前期工作，确保按期完成年度目标任务，为工程先期开工建设创造了条件。下一步，长江委将继续做好包括水价专题研究在内的引江补汉工程各项前期工作。

胡甲均指出，引江补汉工程前期工作是水利部2020年重点督办考核事项。长江委党组高度重视，举全委之力，努力克服新冠肺炎疫情与长江汛情影响，采取超常规举措，全力推动引江补汉工程前期工作，总体上确保相关工作按照既定目标有序完成。引江补汉工程可行性研究报告已编制完成并报送水利部。引江补汉工程水价机制重要且复杂，与工程建设运行密切相关，需统筹考虑多方面因素，科学合理提出水价方案。长江委将开阔思路，按照相关规程规范要求，进一步做好引江补汉工程水价研究工作，准确、清晰地回答好水价相关问题，希望南水北调司继续给予支持与指导。

会议听取了长江委长江设计院关于引江补汉工程可行性研究报告水价研究成果的汇报，与会人员就进一步做好引江补汉工程水价专题研究进行交流讨论。

长江委办公室、规计局、财务局、水资源局、防御局、水生态所、长江设计院、汉江集团、中线水源公司等部门和单位的负责人及相关人员参加会议。

水利部南水北调司到天津市调研南水北调中线水量调度和水费缴纳工作

2020年9月10日，水利部南水北调司司长李鹏程一行赴天津市调研南水北调中线一期工程水量调度和水费缴纳工作，听取天津市水务局关于2019—2020年度调度计划执行和2020—2021年度调度计划编制情况、市财政局关于水费缴纳相关情况汇报，并对下一步工作提出要求。天津市政府副秘书长张剑出席座谈会并讲话；天津市水务局领导梁宝双，市财政局、水务集团分管负责同志出席，财审处、水资源处、水调中心负责同志参加。

李鹏程肯定了天津市2019—2020年度调水计划执行情况，原则上同意天津市2020—2021年度调水计划13亿m^3，要求天津市于9月18日前将2020—2021年度调水计划建议上报水利部，并尽快研究制定所欠水费和后续应交水费的支付计划，于9月底前与南水北调中线建管局签订水费缴纳协议，按时完成支付。

张剑对水利部长期以来对天津市水务事业的支持帮助表示感谢，要求天津市水务局会同市财政局按照水利部要求，抓紧研究落实具体举措。一是请市水务局按照时限要求完成调水计划编报；二是请市水务局会同市财政局商南水北调中线建管局，9月底前研究制定天津市水费缴纳计划；三是请市财政局尽最大可能落实外调水补贴资金，会同市水务局督促水务集团落实应承担的水费资金，排出水费支付时序，明确10月底前缴纳水费金额，并按时完成支付。（艾虹汕）

水利部南水北调司调研兴隆水利枢纽工程运行管理标准化建设

2020年9月10日，水利部南水北调司组织水利部南水北调规划设计管理局到兴隆水利枢纽就工程运行管理标准化建设及安全运行监管模式进行调研。

调研组一行冒雨依次从泄水闸来到电站和船闸，沿路察看建筑物状况，走进中控室了解调度情况，深入厂房检查标准化示范岗，查阅运行管理表单，详细询问工程运行管理标准化建设情况。

现场调研结束后，调研组召开座谈会，听取兴隆管理局关于运行管理标准化建设及安全运行监管模式有关工作汇报。调研组对兴隆水利枢纽推进运行管理标准化建设及安全运行监管模式采取的“四不两直”检查、模范示范岗和标准化体系建设等创新举措和取得的成绩给予充分肯定。

调研组强调，水利部高度重视运行管理标准化建设，鄂竟平部长多次指示要加强水利运行管理标准化建设。运行管理标准化是践行水利改革发展总基调的重要举措，是提高安全运行管理水平的硬核手段，也是打造水利名片的核心竞争力。

调研组指出，兴隆水利枢纽作为一个新建的水利工程，干部职工年轻化优势明显。一是进一步提高运行管理标准化认识，增强运行管理质量意识，弘扬“工匠精神”，从“要我标准”切实转变到“我要标准”的自觉行为上来。二是进一步强化运行管理标准化执行力，按照水利部《水利工程运行管理监督检查办法》分级分层考核检查运行管理标准化工作，“严”字当头，“实”字托底，落细落小，责任到位。三是进一步增强安全生产底线思维，提高安全生产红线意识，落实全员责任管理，加强风险管控和隐患排查，做好防秋汛的各项准备工作，确保工程安全和人身安全。四是进一步加强教育培训，丰富教育培训形式，采取“请进来走出去”的方式到南水北调东、中线一期等单位考察学习，取长补短，开阔视野。五是进一步提升信息化管理水平，优化资源配置，为科学决策、科学调度提供信息支撑，提高管理效率和生产能力，充分发挥工程社会效益、生态效益和经济效益。

湖北省水利厅南水北调处相关负责同志陪同调研。（郑艳霞）

水利部调水司司长朱程清赴南水北调中线干线工程建设管理局调研

2020年8月4日，水利部调水司司长朱程清带队赴南水北调中线干线工程建设管理局调研南水北调中线工程有关工作。

朱程清一行参观了中线建管局总调中心，听取了南水北调中线工程有关介绍，与中线建管局主要负责同志就南水北调中线工程等调水工程制度建设、调度运行等工作进行了座谈交流。（王文元）

河南省委书记王国生调研焦作市南水北调绿化带建设

2020年7月1日，河南省委书记王国生到焦作调研产业发展、生态城市建设工作时，对南水北调绿化带建设工作进行调研。王国生现场查看绿化带项目建设情况，与在小游园休憩的市民群众亲切交流，听取对改善城市生态环境的意见建议。他指出，良好生态就是城市竞争力，要抓住黄河流域生态保护和高质量发展战略机遇，坚持以绿护水、以水乐民，统筹生产、生活、生态三大布局，打造渠、湖、山、林有机融合的城市生态体系，推进水资源集约节约利用，全面提升群众获得感幸福感。他强调，要始终扛牢南水北调护水保水政治责任，加强水质保护，强化水源调度，确保一渠清水永续北送。

（河南省水利厅南水北调处）

河南省副省长武国定调研南水北调中线观音寺调蓄工程

2020年12月26日，河南省副省

长武国定调研南水北调中线观音寺调蓄工程并主持召开现场办公会。

武国定察看调蓄工程（下库）施工现场，听取有关单位关于先期开工项目及进展情况汇报，研究解决工程建设中存在的问题。武国定指出，建设观音寺调蓄工程对保障南水北调中线工程供水安全、支撑郑州国家中心城市建设、改善当地生态环境、优化河南能源结构、稳投资拉内需都有十分重要的意义。

武国定要求，各级各部门各单位要进一步提高政治站位，加强统筹协调，大力支持工程建设；要进一步加快工程进度，积极推动土地预审、林地占压、拆迁安置、文物勘探和施工组织设计、安全生产等工作；要进一步加强组织领导，领导小组各成员单位要各司其职、各负其责，加强沟通协调，搞好工作衔接，积极主动高效推进各项工作任务；要坚持问题导向、目标导向，强化工作措施，建立工作台账，倒排工期，及时研究解决存在问题，争取工程早日建成发挥效益，造福南水北调工程沿线人民。

观音寺调蓄工程位于新郑市南9km，是国家2020—2022年150项重大水利工程建设项目之一，是南水北调中线干渠沿线第二个调蓄工程，是河南省第一个南水北调调蓄工程。工程主要包括上、下调蓄水库和抽水蓄能电站，规划总库容3.28亿m^3，静态总投资约175亿元，由南水北调中线干线工程建设管理局和新郑市政府共同出资建设。观音寺调蓄工程局部场地平整及大坝试验工程于12月21日开工。

河南省政府副秘书长陈治胜，中线建管局，河南省水利厅、自然资源厅、林业局、文物局和郑州市政府、新郑市委市政府等单位负责人参加调研。（河南省水利厅南水北调处）

湖北省委常委马涛勘察兴隆防汛工作

2020年5月23日，由湖北省委常委、省军区司令员马涛少将率队的勘察组赴兴隆水利枢纽现场勘察防汛工作。荆州军分区和荆州市委、潜江市委相关领导陪同勘察。

马涛一行首先勘察了兴隆水利枢纽泄水闸工程实体和汉江当前水情；听取了兴隆水利枢纽管理局负责人对兴隆水利枢纽工程概况、防汛准备工作和防汛联动机制等方面的情况汇报；接着，马涛还询问了枢纽调度和湖北省南水北调工程有关情况，对兴隆水利枢纽备汛工作进行了充分肯定。

马涛强调，防汛责任重于泰山，人民群众利益高于一切。各级各有关部门要本着对人民负责的态度，切实抓好防汛备汛工作，特别是防汛应急措施和应急保障。要密切关注天气和水情变化，合理科学做好工程调度，未雨绸缪、严阵以待，进一步巩固防汛统一战线，确保工程安全、人民生命财产安全。（郑艳霞　江盛威）

水利部调研兴隆水利枢纽设计单元工程档案迎验准备工作

2020年9月17—19日，水利部南水北调规划设计管理局组织淮河水利委员会、山西档案局、重庆巫山档案局等多家单位档案专家赴兴隆水利枢纽现场，调研兴隆水利枢纽设计单元工程档案迎验准备工作。

兴隆水利枢纽设计单元工程档案专项验收是水利部2020年度重点考核工作之一，也是兴隆水利枢纽管理局2020年工程验收重点项目之一。

18日，兴隆水利枢纽管理局组织召开了兴隆水利枢纽设计单元工程档案迎验准备工作会议。会上，兴隆水利枢纽管理局首先汇报了工程概况、项目划分情况、档案管理和档案专项验收准备工作情况。水利部专家组认真听取汇报，重点了解制约影响验收的有关问题，并现场商讨处理意见。随后，专家分组检查了兴隆水利枢纽设计单元共7个大类的档案实体，与各参建单位现场进行了交流，指出了存在的问题和不足。

19日，专家组就此次档案实体检查情况与兴隆水利枢纽管理局及参建各单位交换了意见。首先，专家组对上次检查提出的问题整改情况进行了评价，他们认为，兴隆水利枢纽管理局在上次检查后认真组织、积极整改，整改效果较好。但在此次调研检查时，发现各属类档案在完整性、准确性、系统性上还存在少量问题，后期应尽快组织整改。最后，专家组认为，兴隆水利枢纽设计单元工程档案目前具备评定条件，本次问题整改完后具备验收条件。（郑艳霞）

国家部委调研组调研引江补汉工程规划方案

2020年11月4日，国家发展改革委、中国国际工程咨询有限公司（以下简称“中咨公司”）、水利部南水北调中线干线建设管理局、长江委相关领导及特邀专家组成的调研组赴兴隆水利枢纽开展引江补汉工程规划现场调研工作。湖北省水利厅党组成员、副厅长李静及湖北省发展改革委相关领导陪同。

受国家发展改革委委托，中咨公司承担引江补汉工程规划的咨询评估工作，调研组此次赴湖北调研主要了解汉江中下游生态环境现状及生态调度情况，兴隆水利枢纽是此次调研的一站。调研组一行抵达兴隆水利枢纽左岸门库，察看了汉江水质，兴隆水利枢纽管理局负责人向调研组汇报了兴隆水利枢纽建设和投入运行后环境演变、生态环境现状和生态调度情况。

调研组认真听取意见，并就兴隆水利枢纽当前面临的入库水量减少、汉江中下游疑似“水华”现象、枢纽下游河道下切等问题进行探讨交流。调研组表示，此次兴隆水利枢纽现场调研，对引江补汉工程的规划论证起到一定的参考作用，为进一步完善引

江补汉工程规划方案提供了翔实的第一手资料。（郑艳霞　江盛威）

长江委党组成员、副主任杨谦率队开展南水北调中线一期工程加大流量输水现场监督检查

2020年5月13日，长江委党组成员、副主任杨谦率检查组赴丹江口水库开展加大流量输水监督检查，督促做好南水北调中线一期工程 $420m^3/s$ 加大输水工作。

检查组一行先后对丹江口水库及陶岔渠首枢纽工程安全管理、供水调度等进行了现场检查，实地调研了丹江口水库鱼类增殖放流站、丹江口大坝安全监测自动化系统监测中心站、南水北调中线水源工程水质监测中心实验室等。（蒲双）

北京市市长陈吉宁调研南水北调中线干线北京段停水检修工程

2020年4月16日，北京市委副书记、市长陈吉宁到房山区调研南水北调中线干线北京段停水检修工程情况。他强调，要抓紧当前水利工程建设窗口期，高标准高质量做好相关重点基础设施建设运行维护，充分发挥南水北调工程综合效益，全力确保首都供水安全，推动水环境质量持续改善。南水北调中线干线北京段已运行十余年。为保障工程安全稳定输水，逐步加大工程输水流量，经水利部和北京市委、市政府批准，从2019年11月至2020年6月开展停水检修，进行全面检查与设施设备维护。陈吉宁来到排气阀检修井口和调压设施施工现场实地察看，详细了解管道加固技术方案和工程进展情况。陈吉宁指出，南水北调作为功在当代、利在千秋的重大战略性工程，极大缓解了北京市水资源紧缺状况，综合效益日益凸显，中线来水已成为不可替代的主力水源。北京市要充分发挥科技资源优势，加强与沿线兄弟省（直辖市）协作，共同努力，不断提升南水北调工程综合效益。要加强科研攻关，综合利用科技手段，提高检测准确率，确保工程质量，提高运营维护水平。施工中要严格落实疫情防控责任，实现安全、高质量施工建设。恢复通水后，要努力提高远程监测和自动化调蓄控制水平，用好每一滴来之不易的“南水”。

（成钰龙　贾蕾　陈颖　李震
刘国军　袁红琳）

水利部党组成员、副部长蒋旭光调研南水北调中线干线北京段PCCP工程检修情况

2020年4月14日，水利部党组成员、副部长蒋旭光调研南水北调中线干线北京段PCCP工程检修情况，南水北调中线建管局局长于合群，北京市水务局党组成员、副局长刘光明一同调研。蒋旭光一行先后来到19号排气阀井PCCP内加固、调压设施建设、

周口河 PCCP 外加固工程现场，察看检修进展，询问工程质量等情况。蒋旭光充分肯定南水北调中线干线北京段 PCCP 工程检修目前已取得的进展，要求各参建单位要坚持不懈，继续做好后续检修工作，同时加强质量和安全管理，确保南水北调中线干线北京段 PCCP 工程检修圆满完成。

（成钰龙　贾蕾　陈颖　李震　刘国军　袁红琳）

水利部南水北调工程管理司一级巡视员李勇一行到北京市调研永定河生态补水有关工作

2020 年 7 月 27 日，水利部南水北调工程管理司一级巡视员李勇一行到北京市调研永定河生态补水有关工作。北京市水务局党组成员、副局长、一级巡视员张世清出席座谈会，局相关处室汇报南水北调中线水源与永定河生态补水、有关水价水费情况以及南水北调中线干线向永定河生态补水工程情况。永定河流域投资有限公司介绍公司背景、性质、职责、组织架构和运营情况。李勇肯定北京市在供水保障以及生态补水方面的工作成绩。他表示，应借鉴永定河生态补水和永定河流域投资有限公司组建有关经验，进一步做好南水北调工程生态水价和跨流域管理相关工作，充分发挥南水北调工程效益。

（成钰龙　贾蕾　陈颖　李震　刘国军　袁红琳）

北京市水务局党组书记、局长潘安君带队到南水北调中线干线北京段工程停水检修现场进行检查

2020 年 1 月 22 日，北京市水务局党组书记、局长潘安君带队到南水北调中线干线北京段工程停水检修现场进行检查并看望慰问一线职工。北京市水务局党组成员、副局长刘光明一同检查。潘安君一行来到南水北调中线干线北京段周口河实地查看 PCCP 管道外加固及管涵内部检修加固情况，听取干线管理处负责人对 PCCP 管道内外加固修复技术、工程进展情况及工作计划情况汇报。一行人进入 PCCP 管道内对内部检修加固情况进行查看，了解施工现状，询问施工工艺、施工质量检测等情况。前往干线管理处二号连通井，查看值班室、宿舍和食堂等，询问春节期间值守安排情况。强调春节期间要值好班、站好岗，确保闸站安全，随后送上慰问品。

（成钰龙　贾蕾　陈颖　李震　刘国军　袁红琳）

北京市水务局党组书记、局长潘安君带队检查南水北调干线北京段检修和干线调压塔建设的实施情况

2020 年 2 月 11 日，北京市水务局党组书记、局长潘安君带队检查南水北调干线北京段检修和干线调压塔

建设的实施情况，慰问在新冠肺炎疫情防控期间坚守南水北调工程建设一线的干部职工。北京市水务局党组成员、副局长刘光明一同检查。潘安君一行现场查看南水北调干线北京段检修和干线调压塔建设施工工地和生活区情况，询问工程进度安排和工人宿舍、隔离区、食堂、卫生间等区域的疫情防控措施，慰问参与在建工程的工人和隔离人员。潘安君指出，在这个特殊时期，大家仍然坚守岗位、无私奉献，用辛勤换来首都供水的安全。要迎难而上、再接再厉，确保工程按计划完成。潘安君强调，要提高政治站位，严格按照市委、市政府决策部署开展工作，增强责任感和紧迫感，加强组织领导和统一指挥，不断完善应对方案和措施，全力落实疫情防控措施，不能有麻痹大意的思想；要工程进度和疫情防控两手抓、两手都要硬，不能只顾进度不管疫情防控，要把疫情防控放在首位，措施不到位的坚决整改，“防控不到位，工程不进行”；要发挥好业主的作用，落实责任，设立专人做好盯守督促落实工作，统筹协调各方关系，形成各司其职、协同联动的攻坚合力。要严格执行程序规范，加强疫情监测、排查、隔离等工作，每天要有记录，做到情况明、底数清、数字准，充分保障在建工程施工管理人员的安全。潘安君要求，两个工程都是水务重点工程，也是市委、市政府领导关心关注的工程，负责项目的党政主要领导要加强现场指挥和工作指导，层层压实责任，严明纪律要求，切实做到守土有责、守土尽责，把“不忘初心、牢记使命”主题教育的成果体现在推进水务建设和疫情防控第一线。

（成钰龙　贾蕾　陈颖　李震　刘国军　袁红琳）

北京市水务局党组成员、副局长张世清检查南水北调干线北京段检修和干线调压塔建设的实施情况

2020年2月14日，北京市水务局党组成员、副局长张世清检查南水北调干线北京段检修和干线调压塔建设的实施情况，慰问在新冠肺炎疫情防控期间坚守南水北调工程建设一线的干部职工。张世清一行现场查看南水北调干线北京段检修和干线调压塔建设施工工地和生活区情况，询问了工程进度安排和工人宿舍、隔离区、食堂、卫生间等区域的疫情防控措施，慰问参与在建工程的工人和隔离人员。张世清指出，按照市委、市政府的部署要求，各项工程安全有序复工。在新冠肺炎疫情防控的重要时期，各业主单位一定贯彻落实好疫情防控措施，提高政治站位，加强责任制落实，确保疫情防控和安全复工两不误。张世清要求业主单位认真贯彻执行《北京市水利工程复工管理和施工现场疫情防控指导意见》，落实主体责任，制定完善本单位疫情防控应

急预案，责任到位，分工到人；强化封闭式管理，建立完整闭合的监测、检查、督促、落实机制，坚决不留卫生死角；合理安排工程进度，执行日统日报制度，遇工程推进难题及时沟通，主动协调解决；要认真研究科学合理的施工组织，提高工作效率，确保工程收到实质性进展；严抓工程质量和安全。

（成钰龙　贾蕾　陈颖　李震　刘国军　袁红琳）

北京市水务局党组成员、副局长张世清到南水北调水质监测中心调研工作

2020年2月28日，北京市水务局党组成员、副局长张世清到南水北调水质监测中心调研工作。张世清察看了新冠肺炎疫情防控工作落实情况和实验室标准化建设进展情况。张世清指出，水质是南水北调的生命，要善于把握南水北调来水的藻类变化规律，以更加积极的态度应对水生生物入侵和藻类异常增殖可能带来的危害；克服困难，协调相关单位把属地管理的水质自动监测站数据统一纳入水质监测预警平台，实现站网的联动和水质数据综合分析；聚焦主业，提高第三方服务人员的业务能力，用精兵强将推动水质相关研究。

（成钰龙　贾蕾　陈颖　李震　刘国军　袁红琳）

北京市水务局党组成员、副局长、一级巡视员张世清带队到市南水北调质监站调研

2020年4月2日，北京市水务局党组成员、副局长、一级巡视员张世清带队到市南水北调质监站调研。张世清一行现场查看办公环境，详细听取南水北调质监站关于单位历史沿革、基本情况、质量监督、安全监督、扬尘治理、全面从严治党和新冠肺炎疫情防控等方面的工作汇报，重点了解工作中面临的问题困难和下一步工作思路。张世清强调，要进一步认清南水北调工程的重大意义和功能定位，充分发扬责任感、光荣感和使命感，找准职责定位，正确履职，保障质量监督工作有序开展。同时要充分认识质量监督工作的重要性，尽职、尽心和尽责地做到依法监督、科学监督、严格监督；深刻分析问题原因，做到科学判断，不放过每一个小的质量问题，为参建单位提供技术服务和指导；持续发挥党建引领作用，巩固“不忘初心、牢记使命”主题教育成果，发挥党员先锋模范作用；进一步规范权力运行，增强红线意识，确保干部职工守纪律、守底线、不出事，使干部职工心往一处想、劲往一处使，努力打造一支团结战斗的集体。

（成钰龙　贾蕾　陈颖　李震　刘国军　袁红琳）

北京市水务局党组书记、局长潘安君带队调研南水北调中线干线北京段停水检修工程

2020 年 4 月 3 日，北京市水务局党组书记、局长潘安君带队调研南水北调中线干线北京段停水检修工程。北京市水务局党组成员、副局长刘光明一同调研。潘安君一行前往南水北调中线干线工程西甘池隧洞出口 PCCP 换管项目施工现场，听取施工进展工作汇报，前往 PCCP 管道 19 号排气阀井和周口河施工现场，听取工程进展情况汇报，现场询问 PCCP 管道内加固施工情况及施工效果。潘安君强调，要高度重视安全生产工作，参建各方要切实负起责任，对安全措施不到位的要坚决整改；严格落实文明施工各项要求；在抓好疫情防控各项工作的同时，进一步合理安排施工计划，在确保安全的前提下，力争早日实现向北京通水。

（成钰龙 贾蕾 陈颖 李震 刘国军 袁红琳）

北京市水务局检查南水北调配套工程建设

2020 年 4 月 23 日，北京市水务局党组成员、副局长、一级巡视员张世清，局二级巡视员马法平带队检查南水北调配套工程建设。一行人先后到大宁水库外电源和团九二期二标 2 号盾构井工地、大宁外电穿京港澳高速隧洞和团九二期盾构竖井内进行实地查看，检查施工组织、安全管理、人员配置、施工进度等情况，与施工、监理单位进行沟通，了解工程推进的难点问题。张世清指出，南水北调配套工程在建工程较多，都到了啃“硬骨头”的阶段，各参建单位要加强协调联动，及时沟通信息，凝心聚力，不辞辛苦，抓好最后攻坚阶段的任务，一个问题一个问题解决，一个难点一个难点攻破；明确工程推进目标和要求不打折扣、不减分量；各司其职，以高度负责的态度和扎实专业的精神对待工程建设；要注重细节，从施工人员配置、厂区管理、安全措施、出入记录、工序安排等逐项按要求落实，按要求检查，项目部和监理要全面负起责任，抓好督促落实。张世清强调，安全是首要任务，要千方百计确保质量安全、人员安全、工程安全，决不能掉以轻心、麻痹大意。同时，要抓好廉政工作，决不能出现失职渎职、徇私舞弊的情况。

（成钰龙 贾蕾 陈颖 李震 刘国军 袁红琳）

北京市水务局党组成员、副局长、一级巡视员张世清带队调研南水北调配套工程建设

2020 年 4 月 27 日，北京市水务局党组成员、副局长、一级巡视员张世清带队调研南水北调配套工程建设。一行人就大宁调蓄水库外电源工程进行专题调研，对影响工程进度的

问题分段进行梳理研究。张世清指出，大宁外电源工程关系着大宁调蓄水库、河西支线工程的正常运行，是一条“生命之线”，各有关单位要统一思想，提高认识，强化责任担当，合力推进工程建设，尽早实现工程供电运行。他强调，各参建单位要按照有关标准和规定，做好施工过程中的变更管理和资料档案管理；施工单位要加强施工现场管理，确保施工安全、工程质量满足设计和规范要求。一行人查看新建小哑叭河工程现场。张世清要求设计单位结合现场实际情况，抓紧对新建小哑叭河工程方案进行优化。

（成钰龙　贾蕾　陈颖　李震　刘国军　袁红琳）

北京市水务局党组成员、副局长、一级巡视员张世清带队检查南水北调工程建设工地

2020 年 6 月 28 日，北京市水务局党组成员、副局长、一级巡视员张世清带队以“四不两直”的形式检查南水北调工程建设工地。张世清一行先后来到干线调压设施工地、干线深挖槽边坡处理工地、大宁外电源暗挖施工工地、河西支线工程中堤泵站工地，对工程进度、施工质量、施工安全、工地扬尘治理、新冠肺炎疫情防控、农民工工资发放、垃圾分类等工作进行全面检查。张世清强调，建设单位要注重与地方和群众沟通的方式方法，加快推动干线深挖槽边坡处理等历史遗留问题解决；设计单位要用心做好设计方案优化、美化，促进干线调压设施规划审查意见函办理；监理单位要认真履行监理职责，切实做好南水北调工程施工现场各项监管工作；施工单位要在施工过程中不断优化施工组织，加快工程建设，同时抓好施工质量、安全、疫情防控、农民工工资发放、垃圾分类等工作，确保工地安全、整洁、卫生、平稳。

（成钰龙　贾蕾　陈颖　李震　刘国军　袁红琳）

北京市水务局领导调研南水北调工程执法保护工作开展情况

2020 年 7 月 13 日，北京市水务局党组书记、局长潘安君带队到市南水北调工程执法大队调研南水北调工程执法保护工作开展情况。北京市水务局二级巡视员任杰一同调研。潘安君重点对大队人员情况、工程保护法律法规适用、案件处理等工作进行详细询问和了解。潘安君强调，要加强专业学习，特别是对水务知识、水的历史以及相关法律法规知识的学习；敢于创新执法、拓宽思路，提高对法律的理解和解释能力，寻求更多法律法规适用空间；加强自身建设，加强党的建设和管理规范化建设，增强体能体魄，胜任执法工作；正确认识改革，安心做好本职工作，提升综合执法的素质和能力；要继续做好新冠肺

炎疫情防控各项工作，注重做好单位、家庭和社会的疫情防控。

（成钰龙 贾蕾 陈颖 李震 刘国军 袁红琳）

吴政隆调研水利工作

2020年2月18日，江苏省省长吴政隆深入南京市溧水区的田间地头、农业园区及工地调研农村新冠肺炎疫情防控和春耕备耕、水利建设、产业发展等工作。吴政隆来到溧水经开区的排涝站工程现场，实地了解复工情况，鼓励大家抓住当前施工的黄金时期，落实好工地防疫管理和安全生产措施，加快推进项目建设，确保在汛期前投入使用，真正兴水利、除水害。

2月19日，吴政隆到淮安市洪泽区、宿迁市泗洪县调研南水北调工程调水工作，重大水利项目建设和重点物资生产情况。他强调，要深入学习贯彻习近平总书记重要讲话指示批示精神，落细落实科学精准防控措施，稳中求进、统筹兼顾，加快重点工程、重大项目建设步伐，保质保量完成调水任务，全力推动防疫重点物资生产企业开足马力，扩大产能，奋力夺取疫情防控和实现经济社会发展目标双胜利。

洪泽站是南水北调东线第三梯级泵站之一，沿线河道整洁、河水清澈。吴政隆来到洪泽站，详细了解工程投运以来发挥的效应以及复工调水情况。他说，江苏是南水北调东线工程的源头，确保安全输水是我们的重大政治责任，要树牢大局意识、全局观念，在做好疫情防控工作的同时，加强水环境保护和水质监测，保质保量做好调水工作，让一江清水向北流。他与党员突击队队员深入交流，鼓励大家“不忘初心、牢记使命”，两手抓、两手硬，确保完成全年调水目标任务。

人勤春来早，位于泗洪县的溧河洼灾后重建应急治理工程已于2月10日复工，近50台挖掘机正在紧张作业，机器轰鸣、热火朝天。吴政隆来到施工现场，详细了解工程建设进度，并向奋战在一起的建设者表示慰问。他说，水不等人，水利工程施工窗口期短，要在确保质量和安全的前提下，全力以赴、加快建设，尽快发挥防灾减灾救灾作用，确保万无一失、安全度汛。

调研中，吴政隆叮嘱当地负责同志，要根据防控形势发展变化和态势，加强分类指导、分区施策，针对不同区域的风险等级，依法科学精准防控。作为低风险县区，要一手实施好外防输入策略，一手全面恢复正常生产生活秩序，重点工程、重大项目建设对于落实“六稳”要求把疫情影响降到最低至关重要。特别是除水患灾害、保江河安澜的重大水利工程项目建设更是须臾不可放松。各级各部门要靠前服务，积极帮助建设单位协调解决返工人员和防疫物资不足、交通物流不畅、资金融通等问题，创新服务方式，推动重点工程、重大项目早开工、早复工、早建成、早见效，坚定信心、同舟共济，奋力夺取疫情防控和实现经济社会发展目标双胜利。

江苏省水利厅厅长陈杰参加调研。

中国南水北调集团有限公司总经理张宗言调研江苏省南水北调工程

12 月 8—10 日，中国南水北调集团有限公司总经理张宗言率队赴江苏省调研南水北调工程运行管理与后续工程建设有关工作。

调研组一行先后赴江都水利枢纽、南水北调洪泽站、三河闸、洪泽湖大堤等地现场调研，观看了江苏南水北调工程专题片，并与江苏省水利厅、江苏水源公司等部门在江都水利枢纽座谈交流。

座谈会上，江苏省水利厅党组书记、厅长陈杰向调研组介绍了江苏省江水北调和南水北调东线一期工程建设、运行管理及效益发挥情况。陈杰指出，江苏省水利系统正在深入学习贯彻落实习近平总书记对南水北调工程重要指示精神，加紧研究制定进一步提升江苏省南水北调建设管理水平的思路和举措，确保建设好、管理好、运营好江苏省境内南水北调工程，保障“生命线”畅通无阻，确保一江清水源源北上。

张宗言对江苏省境内工程建设、运行管理、效益发挥等工作表示充分肯定。张宗言指出，建设好、管理好、运行好东线工程是南水北调集团与江苏省共同的责任和使命，要以习近平总书记视察南水北调东线工程重要指示精神为指引，进一步做好南水北调东线工程的运行管理，稳步推进南水北调东线后续工程建设，努力为推动构建国家水网体系作出新的贡献。

江苏省水利厅党组书记、厅长陈杰，厅党组成员、副厅长张劲松，厅党组成员、省南水北调办副主任郑在洲，以及江苏水源公司党委书记、董事长荣迎春，党委副书记、总经理袁连冲，党委委员、副总经理刘军分别陪同调研。

（倪效欣）

江苏省水利厅厅长陈杰赴洪泽站检查2019—2020年度第二阶段向省外供水准备工作

2020 年 2 月 17 日，江苏省水利厅党组书记、厅长陈杰赴洪泽站检查2019—2020 年度第二阶段向省外供水准备工作，江苏水源公司党委书记、董事长荣迎春，淮安市水利局、洪泽区政府等单位负责人陪同检查。

陈杰查看了洪泽站泵房、中控室等部位新冠肺炎疫情防控和运行准备工作情况，听取了江苏水源公司关于近期新冠肺炎疫情管控、调水部署、设备维保、后勤保障等方面的情况汇报，并通过调度视频系统向参与本次调水运行的泵站员工表示关心和慰问，对公司全面部署严格落实疫情防控措施、按时复工全力保障调水开机运行等工作给予高度肯定。

陈杰指出，当前新冠肺炎疫情防控正处于关键时期，要继续强化工作部署，牢牢把握防控工作主动权，做好“两统筹、两确保”，统筹做好疫情防控与调水运行工作，运行前要认真落实人员排查和防护物资储备，运行过程中要做好防护、消毒、清洁、通风等防疫措施，加强针对复工人员的防疫知识健康宣传，关爱基层员工的身心健康；统筹做好向省外供水和省内抗旱工作；充分做好异常突发情况的处置和应对，确保工程运行安全；加强与调水沿线地方政府的协调和沟通，共同做好调水沿线水污染防控，确保按时完成调水任务、水质水量达标。

专访与文章

南水北调重塑中国水格局——专访水利部副部长蒋旭光

◇南水北调东、中线一期工程建成通水，为构筑我国南北调配、东西互济的水网格局打下了重要基础

◇水资源是黄河流域生态保护和高质量发展的关键要素。落实空间均衡要求和落实“三先三后”原则，从宏观战略的高度，谋划实施好重大跨流域调水工程，完善我国“四横三纵、南北调配、东西互济”的水资源配置战略布局，是篇大文章

◇今年，水利部将加快推进南水北调后续工程前期工作，为工程尽早开工建设创造条件

近日，水利部表示，国家提前谋划了一批比较重要的、前期工作条件比较好的重大工程。初步考虑，近3年有100多项，2020年也有几十项，这100多项投资规模会超过1万亿元。

这些重大工程中，南水北调是最引人注目、涉及面最广、影响最大的工程。

5年多来，南水北调东、中线一期工程社会、生态、经济等效益发挥显著。但从年调水量来看，工程总体规划年调水量为448亿m^3，目前已建工程的调水规模仅182.7亿m^3，占总体规划调水规模的41%。

2019年年底，国务院召开南水北调后续工程工作会议后，南水北调迎来了新的重大历史机遇，也因此，各方更加关注其后续工程进展。

《瞭望》新闻周刊记者了解到，2019年年底，水利部已组织编制完成南水北调东线二期工程规划、中线引江补汉工程规划和沿线调蓄工程布局方案，以及西线工程有关专题论证成果，按照总体规划加紧实施后续工程。

近日，就南水北调工程建设相关问题，记者专访了水利部副部长蒋旭光。

一、南水北调后续工程正在加快前期论证

《瞭望》：南水北调后续工程，各

方很关注，特别是西线，请具体介绍一下。

蒋旭光：当前，就工程而言，南水北调与国务院批复的《南水北调工程总体规划》目标还有差距。

2019年11月18日，国务院召开南水北调后续工程工作会议，研究部署南水北调后续工程和水利建设等工作，要求按照南水北调工程总体规划，完善实施方案，抓紧前期工作，适时推进东、中线后续工程建设，同时开展西线工程规划方案比选论证等前期工作。

遵照国务院工作部署，水利部立即行动，多次组织召开会议研究部署相关工作，及时制定水利部贯彻落实国务院南水北调后续工程工作会议精神工作方案，全面部署开展南水北调东线二期工程、中线引江补汉工程、部分在线调蓄水库可行性研究阶段的工作，分解细化目标任务，进一步明确责任分工以及进度安排等，特别是按照中央关于统筹推进新冠肺炎疫情防控和经济社会发展工作要求，在保证勘测设计质量的前提下，加快推进南水北调后续工程前期工作，为工程尽早开工建设创造条件。

后续工程主要有三方面工作：

关于东线二期工程，主要任务是在东线一期工程基础上，增加向北京、天津、河北供水，为北京、天津城区供水提供双线应急保障，并扩大向山东、安徽供水。设计抽江总规模拟由东线一期工程的500m^3/s提高到800多m^3/s，抽江水量由87.7亿m^3提高到164亿m^3。干线工程长度约2000km，新建泵站24座。线路方案主要在一期工程基础上扩建，并新建输水线路向北延伸到河北、天津、北京，充分利用现有河湖输水，最大限度地减少占地和生态环境影响。

关于中线后续工程，主要任务是进一步提高中线一期工程95亿m^3调水的保证率，并利用中线工程现有能力，增加北调水量。规划建设中线引江补汉工程和干线调蓄工程。引江补汉工程从长江向汉江调水，通过水源置换增加北调水量，这样既可多向北调水，又可进一步保障汉江下游用水。提高汉江流域的水资源调配能力，提升中线工程供水保障能力，为输水沿线城镇供水创造条件，并相机进行生态补水。干线调蓄工程根据供水对象重要程度、总干渠风险点分布，充分利用沿线已建大型水库（如河北王快水库等）向中线干线应急补水，并结合河南观音寺和河北雄安等地水库建设，为干线工程提供调蓄，改善中线工程停水检修时的应急供水条件，提高受水区供水抗风险能力。

关于西线工程，是从长江上游调水到黄河上中游的青海、甘肃、宁夏、内蒙古、陕西、山西等6省（自治区）及西北内陆河部分地区。西线工程对完善我国水资源配置总体格局，解决黄河流域及西北地区水资源短缺问题，确保国家粮食安全、能源安全、生态安全和社会稳定具有重要作用。近年来，结合国家重大战略实施、黄河流域经济社会发展及水资源情势变化等，水利部组织有关科研机构对受水区黄河流域的节水潜力、水资源供需形势、缺水情况及解决措施，对调水区可调水量、生态环境现状及调水影响、水资源开发利用现状及影响、对下游梯级电站发电影响，对重大地质、工程技术问题等，做了一系列专题研究，取得了大量成果，为深入开展工程前期工作奠定了扎实基础。目前，正在抓紧开展工程规划方案比选论证。

《瞭望》：去年，习近平总书记在黄河流域生态保护和高质量发展座谈会上发表重要讲话。对此，请结合南水北调工作谈谈你的感受。

蒋旭光：2019 年 9 月 18 日，习近平总书记在黄河流域生态保护和高质量发展座谈会上发表重要讲话，深刻阐述了事关黄河流域生态保护和高质量发展的一系列根本性、方向性、全局性重大问题。10 月底，党的十九届四中全会对加强黄河等大江大河生态保护和系统治理作出进一步安排部署。今年 1 月 3 日，习近平总书记主持召开中央财经委员会第六次会议，研究黄河流域生态保护和高质量发展问题，再次强调黄河流域必须下大气力进行大保护、大治理，走生态保护和高质量发展的路子。结合南水北调工作，我感受颇深。

首先，总书记的重要讲话，是对“节水优先、空间均衡、系统治理、两手发力”的治水思路的进一步丰富和发展，是做好新时代水利工作的根本遵循和行动指南。水利工作必须按此要求，着眼于系统解决好水灾害、水资源、水环境、水生态四大水问题。在推进和深化南水北调各项工作中，更要提高站位，坚持目标引领和问题导向，运用唯物辩证的思想方法，立足长远，统揽全局，不断完善水资源配置格局，提高水资源利用效率，为经济社会发展提供水资源安全保障。

其次，实现水资源优化配置、高效利用，多措并举保障黄河流域和黄淮海平原广大地区供水安全是一项历史性使命。黄河流域水资源严峻形势决定，保障供水安全，是推动黄河流域生态保护和高质量发展的基础支撑、关键要素。一方面，坚持节水优先，把水资源作为最大的刚性约束，全面实施深度节水控水行动，坚决抑制不合理用水需求，推进水资源节约集约利用，提高水资源利用效率。另一方面，统筹流域生产生活生态用水需求，落实空间均衡，坚持“确有需要，生态安全，可以持续”的原则，充分利用南水北调等跨流域调水工程，提高黄河流域和黄淮海平原供水保障能力。

其三，南水北调工程建设进入新阶段，需要统筹好已建工程的运行管理、效益发挥和后续工程的前期工作、建设管理。优质高效做好东、中线一期工程运行管理，确保安全，实现最大效益；加快后续工程前期工作，力争尽早开工。抓好西线工程规划方案比选论证等前期工作。对东、中线一期工程，尤其要全力保障工程安全和供水安全，实现平稳有序运行，为受水区提供可靠的水资源保障。同时，积极做好向受水区河流实施生态补水工作，研究规范生态补水机制，确保完成年度生态补水10亿m^3的任务，助力黄淮海平原尤其是华北地区生态修复与地下水超采综合治理，充分发挥工程生态效益。

其四，深入开展跨流域调水工程重大问题研究。水资源是黄河流域生态保护和高质量发展的关键要素。落实空间均衡要求和“三先三后”原则，从宏观战略的高度，谋划好、实施好南水北调等重大跨流域调水工程，优化完善我国“四横三纵、南北调配、东西互济”的水资源配置战略布局，是篇大文章。

具体工作中，加强规划方案论证和比选，统筹考虑跨流域调水工程建设多方面影响，注重把握好几方面关系：调水与节水、用水，水源区与受水区，调水与生态，水量、水质、水价，流域管理与区域管理，发挥政府作用与市场机制调节。

二、沿线因南水而“升”

《瞭望》：五年来，南水北调给沿线带来哪些显著变化？

蒋旭光：东、中线一期工程的建成通水，初步构筑了我国南北调配、东西互济的水网格局。全面通水五年多来，社会、生态、经济等效益发挥显著，沿线人民群众获得感幸福感安全感持续增强。

改变供水格局，水资源配置得到优化。南水北调东、中线工程从根本上改变了受水区供水格局，受水区40多座大中城市的260多个县（区）用上了南水，实现了城市供水外调水与当地水的双供水保障，提高了受水区城市供水保证率，直接受益人口超过1.2亿人。

改善供水水质，人民群众获得感幸福感安全感增强。按照“三先三后”原则要求，中线全面做好水源地水质保护各项工作，鄂豫陕三省联动协作，制定水污染治理和水土保持规划，推进产业转型升级，探索生态补偿机制，夯实了水源地水质保护基础。东线强力推进治污工作，苏鲁两省将水质达标纳入县（区）考核，实施精准治污，实现水质根本好转，创造了治污奇迹。

修复生态保护环境，促进沿线生态文明建设。东、中线一期工程的建成，有效增加了华北地区可利用水资源，资源环境承载力显著提高，促进受水区经济、人口规模与资源环境的协调性恢复到合理水平。通过置换超采地下水、实施生态补水、限制开采地下水等综合措施，中线沿线30余条河流得到生态补水，天然河道重现往日生机，河湖水质明显改善，有效遏制了地下水水位下降和水生态环境恶化趋势，地下水水位稳步抬升，区域水生态环境大幅度改善，同时大大增加了特殊干旱年份水资源的供给保障能力和沿线湖泊生态安全。

优化产业结构，推动受水区高质量发展。受水区实行区域内用水总量控制，加强用水定额管理，带动发展高效节水行业，淘汰限制高耗水、高污染产业，使受水区节水水平达到全国先进水平，有效提高了用水效率和效益。深入开展治污工作，关停并转一大批污染企业，加快了产业结构调整的步伐。通过实行“两部制”水价，依据成本核定水价，有力推动受水区水价改革，为工程良性运行创造了条件，同时进一步提升节约用水意识，促进了节水型社会建设。

拉动内需、扩大就业，保障经济社会协调发展。经国家有关权威研究机构评估，建设期间，南水北调工程投资平均每年拉动我国国内生产总值增长率提高约0.12%，工程投资对经济增长的影响通过乘数效应进一步扩大。东、中线一期工程参建单位超过1000家，建设期高峰期每天有近10万建设者在现场施工，加上相关行业的带动作用，每年增加数十万个就业岗位。

通水后，北京、天津等大中城市基本摆脱缺水制约，同时为京津冀协同发展、雄安新区建设等重大国家战略的实施提供了可靠的水资源保障。以2016—2018年全国万元GDP需水量$73.6m^3$计算，南水北调为北方增加的300多亿m^3水资源，可为受水区约4万亿元GDP的增长提供优质水资源支撑。

三、全局眼光谋划2020年重点任务

《瞭望》：国务院召开南水北调后续工程工作会议后，南水北调迎来了新的重大历史机遇，2020年工程有哪些要突破的重点任务？

蒋旭光：今年，我们将遵循“节水优先、空间均衡、系统治理、两手发力”的治水思路，落实好新时期水利改革发展总基调，致力于打造南水北调大国重器和“高标准样板”工程，采取更有针对性的措施，补短板、强监管，确保高质量完成各项任务。

后续工程前期工作，深入贯彻落实国务院南水北调后续工程工作会议精神，加强顶层设计，充分总结吸取南水北调东、中线一期工程的经验，紧紧抓住核心环节和卡脖子节点，遵循规律，以历史视野、全局眼光谋划和推进后续工程各项工作，加快进度，确保质量。加快完成东线二期工程可行性研究编制、有关专题论证，完成中线引江补汉工程可行性研究编制及有关专题论证，指导地方完成雄安等调蓄水库可行性研究阶段工作。加快西线工程规划方案比选论证，完成论证报告。在当前经济下行压力加大的形势下，尤其要做好各阶段工作的有效搭接，同步推进勘测设计和要件办理工作，加快南水北调后续工程开工建设进度。

推动体制机制改革创新，为东、中线二期工程开工建设做好充分准备。按照中央改革要求，完善相关管理体制机制，加快研究后续工程建设管理体制，为后续工程尽快开工做好准备。根据工作方案和时间节点安排，协调推进后续工程建设相关事宜。加强组织领导，建立部省协调机制，成立东、中线后续工程前期工作领导小组，形成合力，积极推进。利用重大水利工程覆盖面广、吸纳投资大、产业链长、创造就业机会多的特点，争取早日开工建设，充分发挥其投资拉动作用，尽力降低新冠肺炎疫情带来的不利影响。

东、中线一期工程，确保安全平稳运行，持续发挥工程综合效益。增强风险意识，绷紧安全弦，组织工程运行安全评估，做到问题早发现、早整改，及时消除隐患，守住安全底线。优化水量调度管理，在确保安全平稳供水前提下，完成年度供水目标。其中，东线完成向山东省调水 7.03 亿 m^3；中线完成调水 70.84 亿 m^3。深化对南水北调生态功能的认识，不断拓展其生态环境保护作用，做好生态补水相关工作。持续开展丹江口水库洪水资源化利用，按照《华北地区地下水超采综合治理行动方案》及水利部统一部署，推进生态补水常态化，规范生态补水水费机制，充分发挥工程的生态效益。推进验收、决算、尾工及配套工程建设，抓紧收口，为东、中线一期工程按期竣工验收奠定基础。验收工作要精心组织、主动协调，保质量、保进度，确保如期完成 2020 年设计单元完工验收、财务决算任务。进一步加强穿跨邻接项目管理，推动保护范围划定，做好保护范围管理工作，逐步实现长治久安。持续做好水费收缴工作，保证工程良性运转，持续发挥效益。高质量推进东线应急北延工程建设，强化管理，有效组织，控质量，保进度，优质高效完成年度建设任务。

（来源：《瞭望》新闻周刊 2020 年第 14 期，记者：李亚飞）

新冠肺炎疫情对南水北调等重大水利工程有什么影响？
——专访水利部副部长魏山忠

水是生命当中最重要的元素。在思想文化中，“水”承担着更为重要的符号角色。在西方古典哲学中：万物皆从水生，万物终归于水。我们每一个人、每一天都离不开水。水是生存之本、文明之源、生态之要。

2020 年，新冠肺炎疫情对南水北调工程、三峡工程等有什么影响？我国气象水文年景总体偏差，极端事件偏多，防汛抗旱工作有多大压力？脱贫攻坚收官之年，能否彻底解决全国 2.5 万贫困人口饮水安全问题？

今天央广会客厅节目的嘉宾，是与水打了半辈子交道的水利部副部长魏山忠，一起畅谈：水利工作关系百姓生命安全。

问：请您为我们介绍一下目前湖北水利工程的建设情况？

答：水利部高度重视新冠肺炎疫情给湖北水利建设带来的影响，5月6日，水利部部长鄂竞平与湖北省委、省政府主要领导视频连线会商，共商水利部保障湖北“六稳”“六保”工作大计和疫后重振水利工作的举措。

一是对在建工程加大中央投资倾斜度，今年已经安排中央投资54亿元，支持湖北各类水利工程建设。二是对前期工作完备的项目加快开工建设，对初步设计已审批的9座大中型病险水库除险加固项目，全部安排中央投资支持开工建设。三是对基础较好的项目加快推进，将湖北省前期工作有一定基础、不存在重大制约因素的8项重大水利工程项目，全部纳入到2020—2022年重大水利工程建设的实施方案，加大前期工作力度，推动尽早地开工建设。在积极推进工程复工的基础上，还对有明确度汛要求和重要时间节点目标的工程进行全面梳理，形成了具体的问题清单。确保工程安全度汛，确保重要节点任务按期完成。下一步水利部将在国家“十四五”水安全保障规划的项目安排和中央水利投资计划安排上，继续加大对湖北水利建设的支持力度，为湖北省统筹疫情防控和经济社会发展贡献更多的水利力量。

问：南水北调东线一期北延应急供水工程在2月下旬正式复工，目前这方面的工作进展如何？

答：2月23日，施工1标油坊节制闸及箱涵工程开始土方开挖，标志着工程正式复工，目前工程已经全面复工。针对疫情影响带来的工程进度滞后等情况，下一步我们将督促建设单位在抓好疫情防控的同时，进一步优化施工组织，在保障安全的前提下，全力抢工期出进度，确保完成今年的年度建设任务。

问：水利部还计划开展东线二期工程、中线引江补汉工程可行性研究

报告的编制工作。那这些考察恢复得怎么样了？

答：针对新冠肺炎疫情影响，水利部采取多项措施，关键抓了三个方面的工作：一是利用视频开展调度会商；二是设计单位创新工作方式，加快推进勘测设计进度；三是审查单位提前介入，加强技术指导。经过努力，目前来看，东线二期工程可行性研究阶段的工作，总体上进展顺利，主要节点工期能够按照原来的计划完成。中线引江补汉工程由于其地处湖北，设计单位也在武汉市，前期工作还面临较大的挑战。随着新冠肺炎疫情的逐步好转，目前外业工作已经全面复工，内业工作正在全面赶工，下一步我们将进一步充实力量，压茬推进，力争按期完成可行性研究报告的编制工作。

问：新冠肺炎疫情对三峡工程的运营是否产生影响？

答：首先我可以肯定地告诉大家，三峡工程在疫情期间运行稳定。

一是持续地向下游补水，为保长江中下游供水安全发挥了重要的作用。二是保电力的供应。三峡电站作为优质的调峰电源，在快速响应电网高峰用电需求，保障电网运行安全方面发挥了重要的作用。三是确保航运的安全畅通。通过实施封闭的运行管理，畅通检修人员、检修设备、备件供应通道，全力以赴确保三峡船闸安全稳定运行和货物物流畅通。截至2020年4月，本年度三峡船闸累计过闸货运量已经达到4100多万t。

问：7月下旬和8月上旬是每年的汛期，今年汛期防汛备汛工作怎么样了？另外，疫情刚过，今年的水文年景怎么样？

答：据水文气象部门的预测，今年我国气象水文年景总体上偏差，极端事件偏多，涝重于旱。我们将重点做好以下四个方面的工作：一是强化监测预报预警，有力应对水旱灾害。二是立足防御超标准洪水，落实落细预案措施。三是提升能力，强化监管，保障水库的安全度汛；同时要加强责任人的履职培训，提升小型水库的安全管理能力。四是抓好山洪灾害的防御，确保人民生命安全。我们还计划开展105个县山洪灾害防御的督查暗访，来督促防御措施切实落到实处。

问：水利部正集中力量完成农村饮水安全巩固提升目标，确保在6月底前，全面解决贫困人口饮水安全问题，年底前解决300万氟超标人口饮水问题。目前距离6月底还剩一个月的时间了，贫困人口饮水安全问题解决到什么程度了？

答：截至2019年年底，全国仍有2.5万贫困人口的饮水安全问题亟待解决，涉及新疆伽师县和四川凉山州7个县。

新疆维吾尔自治区水利厅及时调整策略，安排前期工作，优化施工方案。3月1日已经全面复工，复工后通过多开施工工作面，截至5月中旬，新疆伽师县新的供水系统已经全面通水试运行，5月底可实行正常的供水。

四川省水利厅2月组织召开视频调度会，派出了157人的综合帮扶队和挂牌督战队，快推进农村饮水安全工程开工复工，续建工程2月25日前全部复工，新建工程3月底前全部开工建设。截至5月中旬，四川凉山州已完成工程建设资金3.06亿元，397处续建工程已完工244处，116处新建工程已完工10处，剩余工程拟于6月底前全部完工通水。

同时水利部也对这8个县进行挂牌督战，在由部领导带队深入现场暗访督战的基础上，水利部还组织30人的督查队伍，分成7个组，对凉山州7个县进行较大规模的暗访核查和现场的督战，从暗访和督战掌握的情况看，6月底前剩余农村贫困人口饮水安全问题能够得到较好的解决。

（来源：中央广播电视总台央广，2020年5月27日）

贯彻落实总基调 建设“高标准样板”工程——专访水利部南水北调司司长李鹏程

2020年是极不平凡的一年。面对新冠肺炎疫情、超标准洪水等重大挑战，在水利部党组坚强领导下，南水北调相关单位深入贯彻落实水利改革发展总基调，团结协作、攻坚克难，战疫情、保供水，两手抓、两手硬、两促进，各项工作有序推进，确保了工程运行安全平稳，超额保质完成输水任务，接续助力生态文明建设，综合效益持续发挥，为做好下一阶段工作进一步扩大了优势、厚植了基础。日前，本刊记者专访了水利部南水北调司司长李鹏程。

中国水利：请您介绍一下2020年南水北调工程管理工作在贯彻落实中央治水兴水决策部署、践行总基调方面主要开展了哪些工作？

李鹏程：2020年，我们按照水利部党组工作部署要求，定位“高标准样板”工程，扎实开展工作，工程运行管理水平进一步提升，相关制度规定持续完善，运行安全监管责任有效落实，水量调度科学有序，圆满完成年度目标任务。

一是科学实施水量调度。充分运用信息化手段，加强工程运行安全管理，优化工程调度特别是汛期调度，首次实现中线按420m^3/s加大设计流量输水。截至2020年10月31日，中线一期工程正常供水62.19亿m^3，完成年度计划的103.1%；生态补水24.03亿m^3，其中向华北地区生态补水18.04亿m^3，完成华北地区地下水补水任务的136.9%。东线一期工程提前完成年度向山东省调水7.03亿m^3的任务。

二是重点项目顺利推进。强化质量、安全和疫情防控工作监管，工作进度得到保障。提前一个月完成中线北京段停水检修及增设调压设施任务并恢复正常通水，中线穿黄检查维护工作提前一个月完成并验收，东线东湖水库扩容增效工程按计划稳步推进，雄安新区供水保障相关工作有效实施，东线一期北延应急供水工程建设进展顺利，可望提前具备通水条件。

三是完工财务决算和完工验收顺利开展。面对疫情影响、任务重、人员少等困难，坚持问题导向，加强组织协调，组织利用信息化手段加大督促指导，加强进度管控，大力推进完工财务决算和完工验收工作，确保年度目标顺利实现。经过大量艰辛、细致、高效的工作，年初确定的34个完工验收和30个完工财务决算工作均按计划顺利完成，为下一步做好工程竣工验收打下了坚实基础。

四是指导做好水价水费有关工作。督促指导南水北调东、中线工程供需双方完善水费收缴机制，严格执行供水、生态补水合同，足额收缴当年水费，并逐步缴纳以前年度欠交水费，提高水费收缴率，保障工程良性运行。截至2020年11月底，中线收取4省（直辖市）正常供水水费63.5亿元，生态补水水费3.6亿元；东线收取水费3.51亿元，北延试通水水费0.27亿元。

五是加紧推进尾工和后续工程有关工作。明确尾工建设节点目标和责任单位，重点协调和督导中线穿黄孤柏嘴控导工程及北京段管理设施。牵头编制完成一期工程遗留问题处理方案。参与后续工程前期工作，按分工组织开展监管体制、水价机制研究，指导做好开工准备工作。

六是做好综合服务保障和党建工作。认真抓好工程宣传，积极总结凝练南水北调精神，讲好南水北调故事。持续推动《南水北调工程供用水管理条例》解释工作。制定《穿跨邻接南水北调中线干线工程项目管理和监督检查办法（试行）》。强化科技管理，调整充实南水北调工程专家委员会，组织完成重大战略课题研究，协调南水北调评估工作，做好国家科学技术进步奖申报有关工作。服务保障中国南水北调集团有限公司组建工作。以支部规范化、标准化建设为抓手，以"红水滴"党建品牌为载体，持续加强党的建设，党建质量不断提升。

在做好这些工作的同时，作为定点扶贫郧阳的牵头单位，我们扎实推进郧阳扶贫工作。2020年年初制定扶贫工作计划，分解落实八大工程任务和责任，组织各成员单位细化实施方案并抓好落实，全面完成年度工作任务。针对2020年疫情防控特殊情况，指导帮助郧阳区做好疫情防控保障、消费扶贫、就业扶贫、农饮安全等工作。2020年4月，湖北省人民政府正式批准郧阳区退出贫困县序列；6月底，郧阳区剩余贫困人口全部顺利脱贫；10月底，定点扶贫责任书确定的各项指标任务全面超额完成。

中国水利：2020年，南水北调东、中线一期工程的运行状况如何，发挥了怎样的效益？

李鹏程：2020年以来，面对突发新冠肺炎疫情，我们创新工作方式，科学调度工程，强化工作监管，确保了工程运行平稳有序，供水水质安全可靠，有效保障了受水区生产生活用水需求，工程综合效益持续稳定发挥并不断放大，为打赢疫情防控阻击战、确保实现年度经济社会发展目标提供了坚实的水资源支撑。

一是水资源配置格局持续优化。2020年12月12日，南水北调东、中线一期工程全面通水6周年，累计调水超394亿m^3，其中中线调水超348亿m^3，东线调水到山东省46亿m^3，发挥了巨大的经济、社会和生态效益。随着工程调水的长期化开展，南水北调水作为北方许多大中型城市供水"生命线"的地位进一步巩固，受水区用水安全保障能力进一步增强。东线各受水城市的生活和工业供水保证率从最低不足80%提高到97%以上；中线各受水城市的生活供水保证率从最低不足75%提高到95%以上，工业供水保证率稳定维持在90%以上。

二是综合调度管理效能持续提升。通过科学调度，充分利用丹江口水库汛前富余水量，首次启动中线一期工程实施 420m^3/s 加大设计流量输水，历时 54 天，输水 19 亿 m^3，全线监测数据显示，工程满足加大流量输水设计工况，为全线竣工验收工作提供了重要支撑。东线一期工程完成向山东调水 7.03 亿 m^3 任务；中线一期工程年度实际供水 86.22 亿 m^3，已超过规划多年平均年供水 85.4 亿 m^3，标志着工程运行 6 年即达效，充分检验了工程质量及运行管理水平。

三是有效助力沿线生态文明建设。东、中线一期工程 2019—2020 年度生态补水 24.03 亿 m^3，有效推动了补水区河湖生态恢复治理和优美水环境打造。其中，中线一期工程向河北省生态补水 17.32 亿 m^3，仅加大流量期间向沿线 35 条河流生态补水 9.5 亿 m^3，有力助力了华北地区地下水超采综合治理，沿线地下水水位保持抬升趋势。华北地区“有河皆干、有水皆污”的困局得到进一步缓解，部分补水河道基流有效恢复，水质明显改善，水环境不断优化，水生态持续向好。

四是民生福祉的基础不断夯实。2020 年以来，丹江口水库和中线干线供水水质稳定在Ⅱ类标准及以上，东线工程水质稳定在Ⅲ类标准，沿线群众饮用水质量继续得到充分保障。南水北调从业人员数万人，加上相关行业带动作用，大量持续性就业需求得到释放，有效保障了大疫之年就业形势稳定。通过持续推进定点扶贫各项措施落地，郧阳区脱贫攻坚成效得到持续巩固和提升。人民群众获得感幸福感安全感持续增强。

五是有力推进经济社会高质量发展。一方面，持续为京津冀协同发展、雄安新区建设、黄河流域生态保护和高质量发展等重大国家战略实施提供可靠的水资源保障。另一方面，强化受水区水资源刚性约束，实行区域内用水总量控制，加强用水定额管理，带动发展高效节水行业，淘汰限制高耗水、高污染产业，倒逼产业结构调整和转型升级，受水区节水达到全国先进水平。

中国水利：2021 年是“十四五”的开局之年。请您谈谈 2021 年南水北调工作的主要思路和重点任务。

李鹏程：2020 年 11 月，习近平总书记在江苏考察时就南水北调工作作出重要指示，强调要继续推动南水北调东线工程建设，完善规划和建设方案，确保南水北调东线工程成为优化水资源配置、保障群众饮水安全、复苏河湖生态环境、畅通南北经济循环的生命线。做好 2021 年南水北调工作，必须深入贯彻落实习近平总书记关于建设南水北调“四条生命线”的重要指示精神和十九届五中全会精神，继续聚焦“高标准样板”工程这一目标定位，按照全国水利工作会议部署和安排，坚定不移以习近平新时代中国特色社会主义思想为指导，坚定不移以人民为中心推进工作，坚定不移贯彻落实新发展理念，坚定不移融入新发展格局，坚定不移深入贯彻落实水利改革发展总基调，坚定不移继承和弘扬南水北调精神，加快把工程规划的宏伟蓝图转变成美好现实。

一是立足把南水北调建设成为“四条生命线”，全力保障年度水量调度顺利实施。一方面确保年度调水目标顺利实现。提前研判年度调水工作形势，加强水量调度监督管理，强化沿线水质保护，综合做好汛期、冰期、重大节庆日期间等组织保障工作，在全力确保工程安全运行前提下，完成2020—2021年度东线向山东省调水6.74亿m^3、中线向北方供水65.79亿m^3的任务。继续做好生态补水工作，完成2021年度华北地区地下水生态回补任务，充分发挥工程生态效益。另一方面筑牢工程效益持续发挥并不断放大的基础，扎实推进尾工建设、工程验收和财务决算，重点抓好北京段管理设施、中线穿黄工程等，确保如期完工。紧盯制约验收的关键事项，严格执行验收专项协调、催办督办、半月调度季度协调机制；持续加强验收质量复核等工作，确保完成年度验收计划。督促推进合同结算收口及遗留问题处理，组织做好完工财务决算编报、审计等工作，完成剩余完工财务决算核准，同步开展财务决算系列问题和决算基准日调整事项研究工作，做好启动竣工财务决算准备。

二是立足把南水北调建设成为“四条生命线”，持续强化工程监管保障运行安全。以“视频飞检”为重要抓手，推进安全监管方式创新和技术进步，积极构建“视频飞检”与常规飞检相结合的长效监管工作机制。统筹组织各级监管力量，加大加密联合检查和自查、专题专项检查、东中线交叉互查、整改问题复查等措施，形成层次分明、上下联动、紧密协作、共同推进的工作格局，为推动“高标准样板”工程规范化监管提供有力保障。推动中线干线工程年度安全评估、东中线重要建筑物和要害部位安全风险管控工作常态化，加强运行安全监督检查。扩大开放交流，推动安全标准化达标创建和运行管理标准化规范化建设。

三是立足把南水北调建设成为“四条生命线”，统筹推进后续工程建设和节水工作。一方面，加快工程建设及后续工程前期各项准备工作，协调推动东线北延应急供水工程尽快完成全部建设任务。配合推动东线二期、引江补汉、中线在线调蓄等后续工程前期工作，协调做好雄安新区供水保障事宜。另一方面，依托南水北调工程建筑群，积极开展国情、水情教育，深化节水教育和宣传，引导干部群众特别是青少年增强节约水资源、保护水生态的思想自觉和行动自觉，加快推动生产生活方式绿色转型。

四是立足把南水北调建设成为“四条生命线”，助力构建经济社会发展新格局。以南水北调为媒介，充分发挥政策优势，积极配合相关部门单位，牵线搭桥，推动受水区和调水区建立更为紧密的联系，深化对口协作，加大受水区向供水区的反哺力度。按照中央和水利部党组部署，落实“四不摘”要求，持续做好帮扶郧阳工作，助力郧阳巩固拓展脱贫攻坚成果同乡村振兴的有效衔接。

五是立足把南水北调建设成为“四条生命线”，全面做好其他各项综合服务和保障工作。深化工程宣传持续扩大品牌影响，重点围绕建党100周年、全面通水7周年等重大节点组织做好宣传策划，保持南水北调宣传工作的良好态势。积极阐释宣传南水北调精神。深化南水北调品牌研究。指导做好水价水费有关工作，督促提高水费收缴率。加强穿跨邻接项目管理和推动保护范围划定，做好保护范围管理工作。推进《南水北调工程供用水管理条例》解释工作取得实质性进展。加强科技管理，推动科技创新。全面加强党的建设，深化推进党建业务融合，以高质量党建为“四条生命线”和“高标准样板”工程建设保驾护航。

（来源：《中国水利》杂志　2020年第24期，记者：王慧；通讯员：袁凯凯）

引饮长江水　润泽千万家
——走近南水北调中线天津干线工程西青段

南水北调中线工程一期自2014年12月正式通水运行5年多以来，从湖北丹江口水库千里奔涌、时刻不息的长江水，经子牙河北分流井、穿过天津干线终点——位于西青区中北镇的曹庄泵站，被分送至市区、滨海新区及各区水厂，最终流入千家万户。就在前不久，南水北调中线工程供水津门累计输入长江水达50亿m^3，相当于给天津输入了350个西湖的水源！

“四纵三横”贯通南北、东西水域；蓄调兼施水尽其用、地尽其利。

日前，记者分别来到西青区水务局和位于西青区中北镇的南水北调中线干线工程建设管理局天津分局，近距离感受这一惠及千万家的浩大工程带来的震撼，亲眼见证长江水在曹庄泵站被分流至各个水厂最终汇入千家万户的景象，与读者一起探寻这一工程前前后后的故事。

全力保障国策实施：扎实每个工作细节创造良好建设环境

“南方水多，北方水少，如有可能，借点水来也是可以的。”1952年，毛泽东在视察黄河时首次提出了南水北调的宏伟构想。而这一伟大构想，经过50年的论证和10年的建设，经过几代水利人不懈努力，早已实现。2014年12月12日，南水北调中线工程一期正式通水运行，当年12月27日，湖北丹江口水库的冽冽清水到达中线天津干线终点——位于西青区中北镇的曹庄泵站。津门水源增添了保障，津门百姓喝上了长江水。

在这个战略性工程中，天津干线

工程是中线工程中唯一一段长距离地下有压箱涵输水线路，长达155km，堪称一条卧眠地下的“长龙”。这条“长龙”穿田野、经村镇、跨河流，交叉公路铁路，蜿蜒曲折，直达津沽，沿途的主要水利建筑物多达260余座。

“天津干线部分进入市域内的长度为24km，其中在西青区段内总长约11km，涉及2个镇的10个行政村，征迁范围内永久征地1.71hm^2、临时占地185.78hm^2，其中拆迁房屋9306.83m^2，工业企业6家、村组副业2家、行政或事业单位1家、生产生活安置人口27人，区属交通道路、灌排渠道等专项设施共33.18km及部分地面附着物。”

这一个个翔实的数据，虽然已经过去了十几年，但当年参与工程前期准备工作、西青区水务局干部刘磊至今还记得非常清楚。那时刘磊刚参加工作没几年，被抽调到西青区南水北调办公室，负责工程前期的土地征用拆迁工作。“让我感受最深的是，凡是参与这项工作的人，都极其认真负责，不仅在我们水务局内部，从党委书记、副局长到局里的账务、水政、工程等各个科室，还有涉及的街镇领导、水利站长，都把这项工作当成重中之重来抓。大家在区领导的决策部署下，在街镇村的大力配合下，心往一处想，劲往一处使，就是铆足了劲要把这件事儿做好。”

“规划图纸上的11km，我们需要实地用脚一步步去丈量，地面上的建筑物都要及时清理干净，这么重大的工程，决不能扯了后腿啊！”

2008年年底，征地边线确认工作开始。刘磊和其他项目相关人员利用8天时间，对西青沿线11km的几百个桩点进行了确认和交桩。在随后进行的实物测量调查工作中，工作人员克服严寒带来的不便，每天深入田间地头一间房、一座棚、一棵树地进行统计测量核实。经过多次实地测量统计，最终掌握了准确翔实的第一手资料，为日后进行的征迁工作打下了坚实基础。

除征迁工作外，还有许多其他的工程前期工作急需完成，比如11处电力线路、39处通信和16条管道的切改工作。为了确保切改工作顺利完成，西青多次会同各有关职能部门召开切改工作推动会，细化工作问题，强化责任机制，明确专人负责，形成一级包一级，层层抓落实。

参与这项任务的每一个工作人员都明白，南水北调工程浩大，征迁工作时间紧任务重，又涉及千家万户的切身利益，稍有不慎，就会给随后的工程建设带来隐患。这就要求全区各级征迁机构人员深入基层调查研究，查找和梳理征迁工作中的突出问题，针对地面附着物补偿标准低，前期、后期同物不同价等问题，认真研究解决问题的政策措施。同时征迁人员在实际工作中，多听群众意愿，解决群众的实际困难，全面审视西青南水北调征迁工作，认真查找制约和影响征迁工作的突出问题，正确处理群众利益和国家利益的关系，从而真正创造了一个良好的建设环境，促进南水北调工程又好又快发展。

如今，记者来到曹庄泵站，看到调节池和进水池依旧清澈透明，高大厂房内6台国内自动化水平最高的大型水泵依然悦耳鸣响；登上南水北调子牙河北分流井坝台，但见经南水北调中线天津干线输入津城的长江水，经过巨大的分流井池，然后被分流至中心城区、滨海新区、尔王庄水库和海河方向，滋养着津城的百姓，还有脚下这片土地。回想当时参与工程人们的辛苦付出，向你们道一声“辛苦了!”

从建设者到守护人：党建引领天津分局干部职工华丽转身

“截至5月3日，南水北调中线天津干线向天津市调水突破50亿 m^3!”一则“远道而来”的好消息刷屏了南水北调中线建管局天津分局干部职工的“朋友圈”。“真快啊!”“是啊，50亿 m^3 长江水就像我们工作的一座里程碑。”……大家在纷纷点赞的同时，回首走过的路，不禁心生感慨。在江水进津50亿 m^3 的背后，天津分局这支干部职工队伍是如何实现从建设者到守护人的华丽转身，其中又有着怎样的“党建密码”需要解锁呢?

——解锁密码之一：卧龙三百里，筚路蓝缕强建设

工程自2008年开工建设，当时称为直管建管部的天津分局本着“和谐、规范、廉洁、高效”的要求，完善体制机制，建立健全各项管理制度，科学协调组织建管、设计、监理、施工等多家单位，扎实推进工程建设。全体职工钻箱涵、战低温，斗酷暑、防大汛，顶住工期、质量、安全等多重压力，克服工程土地征迁等难点，掌控工程建设、复耕回填、工程验收等关键节点，开展创建样板工程、创先争优、劳动竞赛、质量集中整治等活动，迅速解决了影响通水的尾工建设和缺陷处理，有序推进天津干线工程建设进度。

党的十八大胜利召开，为加速工程建设注入了一道强力“推进剂”。一路艰辛，终见彩虹，满怀欣喜，几多豪情。2014年12月12日，天津分局全体干部职工终于迎来历史性时刻，建设近6年的天津干线工程与南水北调中线工程同步实现全面通水。当天，习近平总书记作出重要指示：经过几十万建设大军的艰苦奋斗，南水北调工程实现了中线一期工程正式通水，标志着东、中线一期工程建设目标全面实现。这是我国改革开放和社会主义现代化建设的一件大事，成果来之不易。南水北调工程功在当代，利在千秋。作为党和国家事业取得的历史性成就，这一刻被载入《党的十八大以来大事记》。

——解锁密码之二：初心铸匠心，勠力同心保运行

工程建成只是万里长征第一步，天津分局职工重整行装再出发，昂首

迎接一片全新事业的诞生。2015年7月，天津直管建管部更名为天津分局，并正式揭牌。在担负起向天津市和河北省沿线市（县）调水的重任后，天津分局建立健全了运行调度、水质保障、工程管理、信息机电、安全应急五大体系，确保运行、水质、工程、人员“四个安全”全面实现、全面过硬。

尤其是在党的十九大以来，天津分局党的建设工作突飞猛进，分局党委纪委相继成立，党员人数从最初的6名发展到现在的93名，强基固本成效明显，引领党员干部队伍攻坚克难，各项业务工作取得丰硕成果。

提升供水保障能力一直是天津干线输水运行的重点所在，也是难点。天津干线工程作为南水北调中线工程的重要组成部分，向天津市设计年供水能力8.63亿m^3。自2016年以来，供水保障能力不断提升，向天津市实际供水量已连续4年超过设计年度供水量，2019年度达到11.02亿m^3，是原设计供水量的128%。工程的定位已经由初步设计时的补充水源转化为受水区域的主力水源，而供水能力的稳步提升靠的是天津分局职工顶住工程运行压力、科学抵御风险的铁脊梁、铜肩膀。多年来，南水北调中线工程引调的长江水，因为水质优良、水量丰沛，逐渐成为沿线群众“舌尖上的品牌”，节水、用水、护水的理念正在成为人们的共识。

核心技术只有掌握在自己的手中，才能成为守护大国重器的硬核力量。天津分局总结梳理建设与运行管理经验，编纂出版《南水北调天津干线工程运行管理系列丛书》，涵盖输水调度等几大类，全面推进闸站环境标准化、设备标准化、运维行为标准化和管理标准化。2019年，天津分局又吹响了向水利安全生产标准化一级达标创建暨标准化规范化强推目标前进的冲锋号，为工程安全供水夯实基础。输水箱涵深埋地下，大部分工程实体“看不见、摸不着”，这也是运行管理的难点之一。为此，天津分局以实体上安装的各种各样监测仪器为基础，组织专业技术人员积极运用三维演示、大数据等先进技术手段，整合挖掘信息资源，全面提升工程运行管理水平，将“看不见”变为“看得见”，继而“看得清”。近年来，天津分局相继开展西黑山水电枢纽项目研究、渠道清淤设备研发、复杂条件下长距离地下有压不断水渗水修复技术研究等科研攻关项目，光伏发电试点项目、箱涵渗水堵漏技术、水面线实测、地下水位探查等多项科研成果，喜获中线建管局科技创新奖一等奖1项、三等奖6项，为工程安全运行提供了智力支撑和技术保障。

——解锁密码之三：共克时艰战疫情，坚守一线保通水

横跨津冀大地的江水进津大通道，经受了一场突如其来的严峻考验。庚子伊始，突如其来的新冠肺炎疫情让全国上下14亿人团结一心，

共克时艰，这其中，就有南水北调人的身影。天津分局党委班子立即响应，提高政治站位，扛牢政治责任，组织全体职工全面贯彻坚定信心、同舟共济、科学防治、精准施策的要求，想办法、出主意、找渠道，攻克了防疫物资不足、出入人员严格管控等一道道难关，将红色战“疫”阵地打造得更加牢固。

3个月时间，天津分局在常态化疫情防控中，加快推进生产秩序全面恢复，推进“精准定价、精细维护”管理，深化水利安全生产标准化达标创建各项工作，组织2020年度调度值班长、值班员持证上岗考试，党建工作安排、宣传工作计划、培训工作要点、水质保护工作要点相继印发……供水保障补短板再掀新高潮，工程运行强监管再上新台阶。

面对疫情，天津分局党员干部主动担当，绘就一个个“津彩”剪影：在岗职工自发坚守，捐款捐物积极踊跃，顶风冒雪坚持水质采样，复工复产巾帼先行，招标采购紧锣密鼓，“云”上办公严防死守……一名党员一面旗，百十党员困难移，大家用团结一心、共同抗疫的精气神凝聚起打赢疫情阻击战的磅礴力量。一滴水体现大民生。为了确保天津1600万人疫情期间饮水安全，天津分局全体员工坚守岗位，抓好人员安全、输水安全、工程安全，严格监督检查，精准施策，确保了工程足额供水。

江水进津50亿 m^3 的背后，是猎猎作响的党旗，是熠熠生辉的党徽，是南水北调人坚如磐石的意志，是牢记初心使命的铮铮誓言。平凡质朴的同志们，用属于自己的独一无二的微光，成就了南水北调工程的光辉岁月。

（来源：《天津日报·聚焦西青》头版头条，发表时间：2020年5月25日，编辑：王轶娇）

南水北调中线通水6周年效益显著——近60亿 m^3 江水润泽津门大地

截至2020年12月，南水北调中线工程自2014年12月12日正式通水以来，连续2000多天不间断向天津安全供水，累计输水量近60亿 m^3，水质始终保持在地表水Ⅱ类标准以上。通水6年来，引江水源源不断地保障着城市用水需求，同时还向城市重要河湖补水以及替代地下水源，为全市高质量发展和“五个现代化天津”建设提供了重要水源保障，显现出巨大的综合效益。

引江工程体系初具规模。天津市在建成中心城区供水工程、滨海新区供水工程、曹庄泵站、西河枢纽泵站等一系列配套工程基础上，自2014年以来又建成了王庆坨水库、武清、宁汉供水工程和引滦引江连通尔王庄段明渠复线应急工程，2020年又加快实施宝坻供水工程，进一步增强引江供水调蓄能力和覆盖范围。2019

年还实施了引江东线一期北延应急通水，加快推动引江东线二期天津市相关工程前期工作，为“十四五”时期实现引江东线向天津市供水奠定了基础。

供水紧张得到缓解。通水6年来，天津市供水总量由2014年的24.1亿m^3增加至2019年的28.4亿m^3，有力地保障了全市供水安全；全市逐步形成引江、引滦输水工程为骨架，中心城区、滨海新区等经济核心区域实现了引江、引滦双水源保障，城市供水“依赖性、单一性、脆弱性”的矛盾得到有效化解。截至目前，引江供水已覆盖天津市16个行政区中的14个（除蓟州、宁河），1200多万市民受益。

水生态环境显著改善。2016年起，天津市充分利用引江、引滦及雨洪资源，逐步实现对海河、子牙河、北运河等中心城区重点河道的常态化补水，对七里海、大黄堡、团泊、北大港四大湿地及独流减河等南部地区河道定期补水，年均实施生态补水10亿m^3以上，为改善天津市南部缺水地区生态环境发挥重要作用；全面建成中心城区及环城四区水系连通、海河南北水循环体系、北水南调中线工程等重点工程，为构建覆盖全市范围的大水网奠定基础。

多水源配置更加优化。引江通水后，天津市开始全面实施阶梯水价，为节水型社会建设提供重要保障。截至2020年12月，全市深层地下水开采量降至0.5亿m^3，整体地下水位埋深呈稳定上升趋势，预计到2022年深层地下水将实现“零”开采。依托引江供水保障，天津市提速加力实施农村饮水提质增效工程，到2020年年底将全面提升2061个村、202.2万人饮水质量，基本实现城乡供水服务均等化。

（来源：《天津日报》，发布时间：2020年12月16日，记者：何会文）

叁　政策法规

南水北调法治建设

【相关法规】 为深入贯彻落实党的十九届四中全会精神，按照《水利部制度建设三年行动方案》有关要求，进一步加快南水北调制度文件融入水利部统一管理，组织开展了南水北调制度文件梳理工作。南水北调司克服了制度文件层级多、时间跨度长、工作量大等困难，积极协调沟通，逐条逐项梳理，整理出原国务院南水北调工程建设委员会、国务院办公厅及其他部委制度文件14项，继续保留延用；原国务院南水北调工程建设委员会办公室制度文件中拟制定或修订的3项和拟保留（现行有效）的70项，共计73项，纳入《水利部制度建设三年行动方案》；原国务院南水北调工程建设委员会办公室制度文件中拟废止的202项，其中部门规章制度152项机构改革后自动失效，其他50项已于2020年8月7日以水利部2020年第13号公告形式宣布废止。宣布废止的文件目录见表1。

（薛腾飞）

表1　宣布废止的文件目录

序号	文件号	文件名称
1	国调办监督〔2004〕66号	关于印发《南水北调工程建设稽察办法》的通知
2	国调办建管〔2004〕78号	关于印发《南水北调工程代建项目管理办法（试行）》的通知
3	国调办建管〔2004〕79号	关于印发《南水北调工程委托项目管理办法（试行）》的通知
4	国调办投计〔2004〕8号	关于印发《南水北调工程建设重大专题和特性项目管理办法（试行）》的通知
5	国调办投计〔2004〕9号	关于印发《南水北调办基础设施和能力建设项目管理办法（试行）》的通知
6	国调办投计〔2004〕90号	关于印发《南水北调工程建设投资统计报表制度》的通知
7	国调办监督〔2004〕52号	关于印发《南水北调工程项目举报受理及办理管理办法》的通知
8	国调办经财〔2005〕68号	关于南水北调各项目法人申请办理国债专项资金基建拨款财政直接支付有关手续的通知
9	国调办经财〔2005〕78号	关于印发《南水北调工程建设质量监督费管理办法》的通知
10	国调办环移〔2005〕58号	关于印发《南水北调工程建设征地补偿和移民安置监理暂行办法》及《南水北调工程移民安置监测暂行办法》的通知

续表

序号	文件号	文　件　名　称
11	国调办经财〔2006〕141号	关于贯彻执行《中央预算内基建投资项目前期工作经费管理暂行办法》的通知
12	国调办经财〔2007〕128号	关于印发《南水北调工程会计基础工作指南》的通知
13	国调办投计〔2007〕64号	关于印发《南水北调工程建设重大专题和南水北调办基础设施、能力建设项目管理办法》的通知
14	国调办经财〔2008〕120号	关于规范项目法人申请支付南水北调工程财政性资金有关事项的通知
15	综经财〔2009〕58号	关于贯彻落实《财政部 国家发展改革委关于进一步加强中央建设投资项目预算管理等有关问题的通知》的通知
16	综环移〔2009〕27号	国务院南水北调办关于维护丹江口库区社会稳定促进移民安置工作的通知
17	综征地〔2009〕60号	国务院南水北调办关于进一步做好丹江口库区移民搬迁安置后的生产生活后续工作和有关稳定工作的通知
18	综征地〔2009〕94号	国务院南水北调办关于进一步做好南水北调工程征地移民有关工作的通知
19	综征地〔2009〕62号	国务院南水北调办关于开展南水北调工程丹江口库区移民工作领域专项治理工作的通知
20	国调办投计〔2009〕82号	关于加强南水北调工程投资静态控制和动态管理工作的通知
21	综征地〔2010〕10号	国务院南水北调办关于建立南水北调干线工程征迁安置实施协调制度的通知
22	综征地函〔2010〕37号	国务院南水北调办关于定期报送丹江口水库移民安置实施进展情况的通知
23	综投计〔2010〕118号	关于进一步加强南水北调东、中线一期工程设计变更管理工作的通知
24	综投计函〔2010〕3号	关于其他行业穿（跨）越南水北调中线总干渠设计方案审查审批有关事宜的函
25	国调办经财〔2011〕226号	关于加强南水北调工程建设资金供应管理有关事项的通知
26	国调办经财〔2011〕87号	关于建立审计整改责任追究制度有关事项的通知
27	综经财函〔2011〕170号	关于控制南水北调系统各单位账面资金余额有关事项的通知
28	国调办投计〔2011〕215号	关于建立南水北调工程设计变更快速处理机制和控制性工程设计变更现场处理机制的通知

续表

序号	文件号	文　件　名　称
29	国调办投计〔2011〕219号	关于抓紧开展南水北调工程价差调整工作的通知
30	国调办投计〔2011〕171号	关于成立南水北调中线干线铁路交叉工程协调小组的通知
31	国调办征移〔2011〕260号	关于对南水北调工程丹江口库区移民安置工作实施奖励有关事宜的通知
32	国调办监督〔2012〕199号	关于加强南水北调中线干线高填方渠段工程质量监管工作的通知
33	国调办建管〔2012〕30号	关于印发《2012年度南水北调工程建设进度目标考核实施办法》的通知
34	国调办经财〔2012〕14号	关于南水北调设计单元工程完工财务决算编报和投资控制奖惩考核问题的补充通知
35	国调办监督〔2012〕240号	关于印发《南水北调工程合同监督管理规定》的通知
36	国调办综〔2012〕257号	关于印发《南水北调工程建设管理典型案例管理办法（试行）》的通知
37	国调办环保〔2013〕151号	关于印发丹江口库区及上游水污染防治和水土保持“十二五”规划实施考核办法的通知
38	国调办建管〔2013〕79号	关于印发《2013年度南水北调工程建设进度目标考核实施办法》的通知
39	国调办经财〔2013〕170号	关于进一步做好设计单元工程完工财务决算编制工作的通知
40	综监督〔2013〕29号	关于印发《南水北调东线一期工程2013年通水质量检查工作方案（大纲）》的通知
41	综监督〔2013〕71号	关于印发南水北调跨渠桥梁工程质量监管工作计划方案的通知
42	综经财〔2013〕65号	关于规范编制完工财务决算中待运行期管理维护费的通知
43	国调办监督〔2013〕25号	关于印发《南水北调工程建设信用管理办法（试行）》的通知
44	国调办建管〔2014〕102号	关于印发《2014年度南水北调工程建设进度目标考核实施办法》的通知
45	国调办经财〔2014〕62号	关于印发《南水北调设计单元工程投资控制奖惩考核实施细则》的通知
46	国调办监督〔2015〕105号	关于印发《南水北调工程运行管理问题责任追究办法（试行）》的通知

续表

序号	文件号	文件名称
47	国调办综〔2015〕51号	关于印发《南水北调工程运行管理典型案例管理办法》的通知
48	国调办监督〔2016〕92号	关于印发《南水北调工程运行管理举报受理管理办法（试行）》的通知
49	国调办环移〔2005〕110号	关于南水北调工程文物保护资金管理有关问题的通知
50	国调办监督〔2017〕181号	关于印发《南水北调工程运行管理特定飞检工作规定（试行）》的通知

南水北调政策研究

【重大课题】 开展北京市南水北调南干渠工程水量计量问题研究。通过在工程上段起点位置、下段首末端位置设计安装4套计量装置；对郭公庄、黄村分水口电磁流量计开展现场实流校准，解决计量争议；5处排空通道安装流量计，力争在南干渠形成完整的水量计量体系，在解决南干渠计量问题的同时，可通过精准的流量数据，实现工程沿程漏损的实时监测，提升工程运行管理智能化水平，有效降低工程输水安全风险，提高发生重大事故灾害的可预见性。

2020年，南水北调东线总公司与山东大学、中国水利水电科学研究院、华为技术有限公司等高等院校、科研院所和企业单位合作开展了“南水北调东线一期工程水质现状及二期规划沿线水质风险现状调查”“南水北调东线一期工程山东段水质安全瓶颈分析及对策研究”“南水北调东线工程技术创新总结材料编写及国家科技进步奖申报项目”“南水北调东线关键信息基础设施安全可控应用示范工程项目”等多项科研课题，方向涉及工程管理、生态保护、环境治理、水利信息化等多个领域。

东线总公司参与承担国家重点研发计划“水资源高效开发利用”专项“南水北调工程运行安全检测技术研究与示范”项目研究工作。

东线总公司参与国家重点研发计划“智能机器人”专项“大直径长引水隧洞水下监测机器人系统”项目研究工作。

（常鹏　刘梅）

【主要成果】 北京市南水北调南干渠工程水量计量问题研究项目通过严格审核传感器的性能、严格控制现场的安装精度、个性化定制流量计算模型等核心环节，破解大口径管道输水高精度计量的难题；通过建立可溯源的校准装置，实现两个分水口现有电磁流量计的实流校准；通过分布式超声波多普勒流量计的采用，实现排空流量的准确监测。以上工作将解决南干渠的计量问题，形成完整的计量体系。项目实施过程中形成的大口径管道超声波流量装置的设置方法，以及流量计现场实流校准方法，将补充和完善相关国家规范，指导供水行业水量精确计量。同中国计量院、北京市计量院提出现场溯源校准的方式，起草行业内的第一个现场实流校准规范——《北京市水资源大口径流量计在线检测技术规范》，并作为地方标准在北京市发布。该项研究针对南干渠上段DN3400异形流道的环境特征，采用的技术方案能够有效规避现场复杂环境的影响，提升安装质量，保证较高的计量精度。这对于复杂场景的准确计量具有示范和借鉴意义，具备行业推广价值。（常鹏）

肆　综合管理

概　述

【运行管理】 2020年，南水北调东、中线一期工程迎来全面通水6周年，南水北调司以“提前谋划、有序推进、务实高效”贯穿工作始终，开年伊始印发安全运行管理工作要点、运行管理督办事项和重点工作有关工作安排，明确责任单位、压实责任，细化工作任务、精细管控，规定时间节点、设置目标；全年创新工作方式方法，实施水量调度精准化管理，强化安全运行管理监管力度，保持高压态势；年末组织水量调度、水质、防汛和安全运行监管工作总结，总结经验和教训、查找弱项和短板、研究提出改进措施，提升管理效能。

（孙畅　杨乐乐）

2020年，水利部南水北调规划设计管理局根据各相关单位填报通水效益数据的实际情况，组织赴南水北调东线一期工程江苏段、山东段进行调研，听取了填报单位对信息管理系统填报及指标优化的建议，梳理了效益数据填报存在的问题；在原提出的南水北调工程效益指标体系基础上进行了优化，使各项指标更能真实、全面、综合地反映南水北调工程通水效益；不断优化升级信息管理系统，增加了“填报情况查询”功能、“填报错误”判断和提示信息功能、删除留痕等功能，并根据各填报单位需求对系统的数据批量填报、数据统计、报告自动生成等功能进行了升级，优化了数据采集方式进行，提高了各单位填报数据的工作效率；编制完成了2019年度、2020上半年通水效益统计分析报告。

（王彤彤　王文丰）

【综合效益】

1. 超额完成年度水量调度计划　2020年4月30日，东线一期工程提前1个月完成调水入山东省7.03亿m^3的年度任务，为北延应急供水工程抢出了施工黄金时段，实现了工程建设与年度调水双保障；中线正常供水62.19亿m^3，完成年度计划的103.1%；生态补水24.03亿m^3，完成华北地区地下水补水任务的136.9%。年度累计供水86.22亿m^3（中线一期工程规划多年平均供水量为85.4亿m^3，对应陶岔渠首入渠水量为95亿m^3），超过中线一期工程规划多年平均供水规模，标志着中线一期工程已经达效。东线连续7年完成调水任务，中线已不间断安全供水2200余天，东、中线累计调水近400亿m^3，直接受益人口达到1.4亿人。水质方面，东线水质持续稳定保持在Ⅲ类水标准，中线水质持续优于Ⅱ类。

2. 开展生态补水，生态效益显著　统筹考虑丹江口水库水情及华北地区地下水超采综合治理补水需求，组织有关单位，利用丹江口水库汛前消落的有利时机，加大生态补水流量和补水范围，补水范围扩大至17个河段，补水流量最高达到151m^3/s，为南水北调中线向华北地区生态补水历史上的最大值。中线一期工程累计向华北地区生态补水24.03亿m^3（其中河南省5.99亿m^3、河北省17.32亿m^3、天津市0.72亿m^3），补水河流生态功能得到恢复。

（孙畅　杨乐乐）

【水质安全】　南水北调东线在2019—2020年度调水期间，共对沿线25个断面进行了常规监测。其中，江苏省境内4个断面，主要监测水温、pH值、溶解氧、电导率、浊度、氨氮、高锰酸盐指数等共7项指标；山东省境内21个断面，主要监测水温、pH值、溶解氧、高锰酸盐指数、化学需氧量、氨氮、总磷、总氮、氟化物、石油类、硫酸盐、氯化物、电导率、浊度等共14项指标。新冠肺炎疫情爆发以来，针对病毒存在粪口传染风险，对工程沿线6个关键控制断面进行了应急监测。主要监测与病毒传播相关的粪大肠杆菌、总大肠菌群、大肠埃希氏菌、菌落总数等4项细菌学指标。

2019—2020年度调水期间，南水北调东线共完成常规监测共17批次，其中同步开展应急监测11批次，共获取水质监测数据4253组。其间，多次适时开展沿线水质比对监测、补充监测和监督监测。监测结果表明，南水北调东线一期工程沿线断面除个别监测指标在部分时段偶有超标外，其他各项指标均达到或优于地表水Ⅲ类水质标准，其中关键控制断面的细菌学指标未见异常。综上，南水北调东线一期工程本年度调水运行期间，水质稳定、持续向好，且未受疫情影响，满足调水水质要求。

2019—2020年度调水期间，南水北调中线根据《南水北调中线一期工程水质监测方案》要求，对全线30个固定监测断面进行12次采样监测，监测指标为《地表水环境质量标准》（GB 3838—2002）24项基本项目与集中式生活饮用水地表水源地补充项目硫酸盐。所有监测参数均在规定时限内完成监测，参照《地表水环境质量评价方法（试行）》（环办〔2011〕22号），采用单因子评价法对水质进行评价。全线30个固定监测结果、12次实验室监测结果表明，2019—2020调水年度水体均达到或优于地表水Ⅱ类水质标准。

（孙畅　杨乐乐）

【移民安置】　2020年，南水北调工程移民安置工作有序开展。《国家发展改革委办公厅、财政部办公厅、水利部办公厅关于南水北调工程丹江口水库移民遗留问题处理及后续帮扶规划意见的函》（发改办农经〔2020〕673号）印发河南、湖北两省，对后续帮扶规划给予明确答复。以《水利部办公厅关于南水北调工程征地移民资金有关问题的函》（办移民函〔2020〕367号）、《水利部办公厅关于河南省征地移民专项资金有关问题的函》(办移民函〔2020〕541号)复函山东、河南两省,明确征地移民专项资金及其孳息应专款用于征地补偿和移民安置、移民遗留问题处理及后续工作,不属于盘活存量资金范围。协调拨付丹江口水库外迁移民安置区抗洪救灾款,针对有关资金缺口、移民遗留问题处理及后续帮扶规划等问题积极答复。通过水库移民发展和安稳情况第三方评估,持续跟踪了解移民安置效果、后续发展及社会稳定情况,为决策提供技术支持。核实处理移民群众信访问题,积极做好移民安置信息公开、政策咨询工作,未发生有重大影响的群体性事件和极端上访事件,矛盾问题显著降低,维护了库区、安置区社会稳定。 (宋向阳 宁亚伟)

【东、中线一期工程水量调度】 2020年,南水北调司以确保完成年度水量调度计划、生态补水为目标,规范和强化南水北调工程水量调度工作,强化逐月滚动精准调度、动态监管工作,建立生态补水长效机制,加强协调沟通,全面提升水量调度管理水平;东、中线一期工程运行安全平稳,水质稳定达标,全面超额完成水量调度计划,经济、社会和生态效益显著提升。截至2020年年底,东、中线一期工程累计调水量为398.45亿m^3,其中东线调水46.57亿m^3、中线调水351.88亿m^3。

会同东线总公司,积极协调有关地方,统筹考虑水利部重点工程东线北延应急供水工程等多项工程建设任务影响,实时动态调整水量调度方案,确保东线一期工程年度供水任务于4月30日完成向山东省调水7.03亿m^3,较计划提前1个月,为东线北延应急供水工程建设抢出施工黄金时段,实现了工程建设与年度调水双保障。

会同长江委、中线建管局,狠抓中线工程水量调度精细化管理,组织制定穿黄工程检修恢复供水方案、北京市PCCP段恢复供水方案,精准实施,实现了穿黄检修比原计划提前19天恢复供水,北京PCCP段提前1个月试通水。截至10月31日,中线一期工程年度正常供水62.19亿m^3、完成年度计划的103.1%;年度累计供水86.22亿m^3,超过中线工程规划多年平均供水规模,标志着中线工程运行6年即达效。

主动研判丹江口水库水情,制定汛前消落计划,汛期加强优化调度,利用多余水量为沿线实施生态补水。生态补水24.03亿m^3(其中河南省5.99亿m^3、河北省17.32亿m^3、天津市0.72亿m^3),完成华北地区地下水补水任务的136.9%。

组织制定并实施加大流量输水工作方案、加大流量输水调减工作方案,组织开展6组次大流量输水督导调研,组织对中线57座退水闸和退水通道进行全面排查,确保中线420m^3/s加大设计流量输水工作圆满完成。自4月29日正式启动加大流量输水，陶岔渠首流量5月9日达420m³/s后，持续至6月20日，历时53天，输水19亿m³，向沿线35条河流生态补水9.5亿m³，沿线共21个重要断面通过加大流量检验，此后又继续以加大设计流量为北方供水至7月底，有力证明了中线工程质量可靠，运行安全可控。既为工程验收及常态化大流量输水运行提供了有力依据，也是对工程输水能力的一次重大检验，更是工程质量稳定可靠和效益充分发挥的重要标志。

科学编制年度水量调度计划。深入调研东、中线沿线省（直辖市）水量需求有关情况，加强与长江委、调水局、中线建管局、东线总公司等单位，以及北京、天津、河北、河南、江苏、山东等省（直辖市）的沟通交流，组织编制了《南水北调东、中线一期工程2020—2021年度水量调度计划》，并按规定及时印发实施。

（孙畅　杨乐乐）

1. 2020—2021年度水量调度计划制定情况　2020年，南水北调工程管理司深入调研东、中线受水区各省（直辖市）水量需求情况，加强与长江委、淮委、调水局、中线建管局、东线总公司等单位，以及江苏、山东、北京、天津、河北、河南、湖北等省（直辖市）的沟通交流，组织编制了南水北调东、中线一期工程2020—2021年度水量调度计划，并按规定及时印发实施。

（1）东线一期工程。2020年7月23日，水利部办公厅发文要求有关单位开展南水北调东线一期工程2020—2021年度水量调度计划编制工作。

8月20日，江苏省水利厅报送了江苏省南水北调东线一期工程2020—2021年度水量调度计划建议；8月25日，东线总公司报送了东线一期工程运行状况分析的报告；9月10日，山东省水利厅报送了山东省南水北调东线一期工程2020—2021年度水量调度计划建议；9月8日，淮委依据东线总公司报送的东线一期工程运行管理状况、苏鲁两省的年度用水计划建议和《南水北调东线一期工程水量调度方案（试行）》，编制完成《南水北调东线一期工程2020—2021年度水量调度计划》（送审稿）。

9月17日，调水局组织专家对年度水量调度计划进行了审查，会后会同淮委等有关单位，根据专家意见修改完善了年度水量调度计划，并于9月21日将审查意见和修改后的年度水量调度计划报水利部。水利部于9月29日批复下达了东线一期工程2020—2021年度水量调度计划。

（2）中线一期工程。2020年8月31日，水利部办公厅发文要求有关单位开展南水北调中线一期工程2020—2021年度水量调度计划编制工作。

9月18日，湖北省水利厅报送了湖北省用水计划建议；汉江水利水电（集团）有限责任公司和中线水源公司报送了丹江口水库运行管理状况的报告；中线建管局报送了中线总干渠工程运行管理状况报告。9月27日，长江委报送了中线一期工程2020—2021年度可调水量。

9月18—28日，天津、北京、河南、河北等4省（直辖市）水利（水务）厅（局）陆续报送了本省（直辖市）2020—2021年度用水计划建议。

10月19日，长江委依据各省（直辖市）报送的用水计划建议、丹江口水库可调水量、中线一期总干渠工程运行管理情况、丹江口水库运行管理情况和《南水北调中线一期工程水量调度方案（试行）》，编制完成《南水北调中线一期工程2020—2021年度水量调度计划》（送审稿）。

10月21日，调水局组织专家对年度水量调度计划进行了审查，会后会同南水北调司与长江委，根据专家意见修改完善了年度水量调度计划，并于10月22日将审查意见和修改后的年度调度计划报水利部。水利部于10月28日批复下达了中线一期工程2020—2021年度水量调度计划。

2. 2019—2020年度水量调度计划执行情况　2020年，在南水北调司的领导下，各相关单位克服新冠肺炎疫情的不利形势，坚持疫情防控和水量调度工作两手抓，积极谋划工作安排，创新工作方式，确保水量调度计划顺利实施。2019—2020年度东、中线一期工程运行安全平稳，东线一期工程圆满完成向山东省调水7.03亿m^3的任务；中线一期工程实际供水86.22亿m^3，圆满完成正常供水和生态补水任务。

（1）东线一期工程。2019—2020年度，南水北调东线一期工程计划向山东省供水的抽江水量为8.02亿m^3，入山东省的水量为7.03亿m^3，向山东省的净供水量为4.34亿m^3，调水时间为2019年10月至2020年5月。

南水北调东线一期工程向山东省调水工作于2019年12月11日启动，于2020年4月30日完成省际年度调水任务。5月11日胶东干线工程完成年度调水任务；6月30日鲁北段工程完成年度调水任务。东线一期工程2019—2020年度实际调水入山东省7.03亿m^3，入南四湖下级湖6.77亿m^3，入南四湖上级湖6.33亿m^3，入东平湖5.42亿m^3，向胶东干线调水3.93亿m^3，向鲁北调水0.99亿m^3。截至2020年8月20日，累计向山东省各受水地市供水4.34亿m^3，其中枣庄3600万m^3、济宁2680万m^3、德州2484万m^3、聊城3759万m^3、济南8345万m^3、滨州904万m^3、淄博1000万m^3、东营及胶东四市20620万m^3。

（2）中线一期工程。南水北调中线一期工程2019—2020年度计划向受水区各省（直辖市）正常供水63.48亿m^3，其中北京市5.31亿m^3、天津市12.04亿m^3、河北省19.09亿m^3、河南省27.04亿m^3；按照2020年度华北地区地下水超采综合治理河湖生态补水方案，中线一期工程计划向受水区生态补水10亿m^3。2020年7月，水利部同意河南省调减正常供水计划 3.18 亿 m^3；2020 年度华北地区地下水超采综合治理河湖生态补水补充方案增加中线一期工程向华北地区生态补水 1.5 亿 m^3。计划调整后，中线一期工程 2019—2020 年度计划向受水区正常供水 60.30 亿 m^3，生态补水 11.50 亿 m^3。

中线一期工程 2019—2020 年度陶岔渠首实际供水量 87.60 亿 m^3。向受水区各省（直辖市）正常供水 62.19 亿 m^3，完成调整后年度供水计划 60.30 亿 m^3 的 103.1%。其中，北京 6.84 亿 m^3、天津 12.19 亿 m^3、河北 19.19 亿 m^3、河南 23.97 亿 m^3，分别完成年度计划供水量的 128.8%、101.2%、100.5% 和 100.5%。向受水区生态补水 24.03 亿 m^3，完成生态补水计划 11.50 亿 m^3 的 209.0%。其中，向河北省补水 17.32 亿 m^3，向河南省补水 5.99 亿 m^3，向天津市补水 0.72 亿 m^3。

3. 中线一期工程加大流量输水情况　2020 年，根据水利部安排部署，南水北调司组织制定了《南水北调中线一期工程加大流量输水工作方案》并实施。南水北调中线总干渠利用丹江口水库腾库迎汛的有利时机，于 4 月 29 日至 6 月 20 日首次实施了加大流量输水，历时 53 天，期间累计供水 18.56 亿 m^3，其中正常供水 9.15 亿 m^3，生态补水 9.41 亿 m^3。加大流量输水期间，中线总干渠全线 21 个断面通过设计加大流量检验，积累了大流量输水调度的宝贵数据和运行经验，为今后常态化大流量输水和工程验收打下基础。同时，在保障正常供水的前提下，富余水量全部用于满足受水区生态用水需求，向沿线 39 条河流生态补水 9.41 亿 m^3，生态效益显著。本次加大流量输水对中线总干渠工程质量、输水能力和工程管理能力进行了全面检验，输水期间工程全线运行平稳，渠道及各类建筑物、机电设备设施运行正常，水质稳定达标，生态补水工作取得良好的社会反响。

4. 年度水量调度计划执行情况调研及监督检查　2020 年，南水北调司、调水局会同有关单位分别于 1 月 7—9 日、1 月 13—15 日、5 月 7—9 日、6 月 4—5 日、9 月 2—4 日、10 月 13—15 日、11 月 26—27 日，先后 7 次对东、中线一期工程 2019—2020 年度水量调度计划执行情况和 2020—2021 年度用水计划建议编制有关情况进行了监督检查，重点检查了陶岔渠首水量监测与数据传输情况，中线总干渠冰期输水、加大流量输水、生态补水情况，东、中线受水区各省（直辖市）水量调度工作开展情况，河南省用水计划执行情况等，对检查中发现的问题及时向有关单位反映并协商解决办法，保证了年度调水工作的顺利开展。　（张爱静）

【东、中线一期工程受水区地下水压采评估考核】　根据《国务院关于南水北调东中线一期工程受水区地下水压采总体方案的批复》（国函〔2013〕49号）要求，水利部会同发展改革委、财政部、自然资源部等部门，于2020年9月组织对北京、天津、河北、山东、河南等5省（直辖市）南水北调受水区2019年度地下水压采成效进行检查评估（江苏省于2015年完成近期压采目标），并将评估结果纳入实行最严格水资源管理制度考核。

根据评估，截至2019年年底，受水区城区累计压采地下水23.56亿m^3，占《南水北调东中线一期工程受水区地下水压采总体方案》近期压采量目标的106.6%。其中，北京2.86亿m^3、天津0.90亿m^3、河北12.03亿m^3（完成率82.6%）、江苏0.35亿m^3（截至2015年年底）、山东2.43亿m^3、河南4.99亿m^3。

截至2019年年底，受水区城区累计封填自备井27803眼，其中，北京1377眼、天津1166眼、河北11521眼、江苏1169眼（截至2015年年底）、山东3500眼、河南9070眼。

在评估基础上，评估工作组编写完成《水利部等4部门关于2019年度南水北调东中线一期工程受水区地下水压采情况的报告》，以水资管〔2020〕291号文由水利部等4部委联合上报国务院。报告已经国务院主要领导圈阅。（李佳　王仲鹏　袁浩瀚）

【东线二期工程】　2020年，南水北调东线二期工程利用一期工程扩大规模、向北延伸，从江苏省扬州市附近的长江干流取水，利用京杭大运河及与其平行的河道输水，连通洪泽湖、骆马湖、南四湖、东平湖，经泵站逐级提水进入东平湖后，向北穿越黄河经小运河、位德渠、德吴渠、南运河至九宣闸，在通过管道向北京和廊坊北三县供水。东线二期工程新增供水范围涉及天津市、北京市、安徽省、山东省、河北省。

南水北调东线二期工程供水目标包括：补充北京、天津、河北、山东及安徽等省（直辖市）的输水沿线城乡生活、工业、生态环境用水，安徽省高邮湖周边农业灌溉用水、萧县和砀山高效农业果木林灌溉用水；向白洋淀等重要湿地生态供水，为其他河湖、湿地生态补水创造条件；补充黄河以北地下水超采治理补源的部分水量。

南水北调东线二期工程的实施可提高水资源承载力，进一步促进国家水利基础设施网络构建，缓解黄淮海地区生产、生活用水与生态环境用水的矛盾，修复华北地区生态环境。

（周正昊）

【引江补汉工程】　引江补汉工程是南水北调中线工程的后续水源工程，在优先保障汉江中下游基本用水需求的前提下，增加南水北调中线工程北调水量，提升中线工程供水保障能力；提高汉江流域的水资源调配能力，增加汉江中下游水量，为引汉济渭工程达到远期调水规模、汉江中下游梯级生态调度、清泉沟供水过程改善创造条件；向工程输水线路沿线地区城市生活和工业补水，并具备利用工程富余能力应急补水的潜力。

引江补汉工程输水线路拟采用龙潭溪自流引水方案，自长江三峡库区龙潭溪开凿隧洞引水，至丹江口大坝下游安乐河口入汉江。工程由输水总干线、沿线补水工程、汉江影响河段综合整治工程等3部分组成。

（周正昊）

【西线工程】　2020年，研究西线工程调水断面下移方案，即从金沙江叶巴滩、雅砻江两河口、大渡河双江口调水到洮河的下移线路方案。

（周正昊）

投资计划管理

【投资控制管理】

1．投资控制分析审核　2020年，根据水利部工作安排，调水局共组织完成项目法人上报水利部的完工财务决算中的投资控制分析初步审核39个，完成项目法人按照审计意见和初步审核意见修改后决算中的投资控制分析复核30个。

2．设计单元工程完工决算调整基准日范本编制研究　2020年，根据水利部工作安排，调水局组织开展了南水北调东、中线一期设计单元工程完工财务决算调整基准日范本编制研究，分析调整基准日需要解决的有关问题，提出相关问题处理建议，结合相关规定和办法，研究提出调整基准日范本，为竣工决算编制奠定基础。

3．竣工财务决算有关问题研究　2020年，根据水利部工作安排，调水局组织开展了南水北调东、中线一期工程竣工财务决算有关问题处理措施研究，通过深入分析完工财务决算与竣工财务决算衔接中存在的有关问题，针对调整决算基准日范围、格式，专题专项费用分摊范围及方式，改建、扩建、合建工程等的资产处置，以及工程建设资金结转资本金处理等，根据国家和南水北调工程有关规定和办法，结合南水北调工程特点和工程实际，提出处理建议措施，为南水北调东、中线一期工程竣工决算编制奠定基础。

（阎红梅　关炜　李楠楠　张颜）

【技术审查及概算评审】　2020年，调水局组织开展了南水北调中线一期工程汉江中下游治理及丹江口大坝加高工程、黄河北至漳河南段及穿漳工程、漳河北至古运河南段、京石应急段、天津干线共计48个设计单元工程总体布置方案专题分析工作，专题梳理了工程总体规划、可行性研究、初步设计及实施阶段的总体线路及主要建筑物布置方案，并逐阶段对比分析了工程布置方案调整情况及其调整的主要原因。为后期开展南水北调中线一期工程建设评价提供基础支撑，同时为中线后续工程前期工作提供借鉴。（阎红梅　关炜　李楠楠　张颜）

【南水北调重大关键技术难题研究建议】　2020年，按照水利部工作安排，调水局研究提出南水北调重大关键技术难题研究建议并报水利部。按照新时期南水北调战略功能及发展研究需求，针对南水北调运行管理、后续工程建设关键技术及装备研发等方面的科研需求，提出了智慧南水北调关键技术研究、南水北调工程受水区地下水位恢复合理阈值研究、南水北调中线后续工程沉藻沉沙关键技术问题研究、南水北调东线二期穿黄工程关键技术研究、南水北调东线二期工程泵站关键技术研究、深埋超长隧洞工程施工关键技术及装备研发等研究建议。

（阎红梅　关炜　李楠楠　张颜）

资金筹措与使用管理

【水价水费落实】　2020年，中线建管局、东线总公司切实履行南水北调工程水费收缴主体责任，受水区相关省（直辖市）水利部门积极协调落实资金，多措并举完善水费收缴机制，水费收缴率逐步提高。

1. 中线水费收取　2020年，中线建管局全年共收取水费73.86亿元，占年度应交水费79.06亿元的93.4%。截至2020年年底，中线建管局累计收取水费356.20亿元，占累计应收水费420.16亿元的84.8%，较2019年的82.8%提高了2个百分点。另外，中线工程全年还收取生态补水水费3.87亿元，占年度应交水费4.51亿元的85.8%。

2. 东线水费收取　2020年，东线总公司全年共收取山东省交纳水费12.31亿元，江苏省南水北调办向江苏水源公司拨付水费3.51亿元，两项合计15.82亿元，占年度应交水费25.71亿元的61.5%。截至2020年年底，东线总公司累计收取水费73.68亿元（均为山东省交纳水费），江苏省南水北调办向江苏水源公司累计拨付水费7.02亿元，两项合计80.7亿元，占累计应收水费127.03亿元的63.5%。

3. 东线北延应急试通水水价　2020年6月，东线总公司与河北省水利厅签订了东线北延应急试通水供水协议，约定了水量、水价、交费时间及方式等内容，其中河北（第三店）水价为0.91元/m^3，天津（九宣闸）水价为1.39元/m^3。（沈子恒）

【资金筹措供应】　根据《财政部关于批复水利部2020年部门预算的通知》（财农〔2020〕23号），水利部以《水利部关于2020年预算的批复》（水财务〔2020〕112号）批复南水北调东线总公司南水北调东线一期工程

北延应急供水工程项目 2020 年度预算 2.6 亿元。（罗君杰）

资金筹措与供应是确保扫尾工程建设顺利进行的重要条件。

1. 一般公共预算落实情况　2020 年，南水北调东、中线一期工程未新增下达投资计划，财政部也未安排一般公共预算用于工程建设。

2. 国家重大水利工程建设基金落实情况　2020 年，北京、天津、河北、河南、山东、江苏、上海、浙江、安徽、江西、湖北、湖南、广东、重庆等 14 个南水北调和三峡工程直接受益省（直辖市）（以下简称“14 个省份”）征收上缴中央国库的国家重大水利工程建设基金（以下简称“重大水利基金”）为 114.61 亿元。根据财政部制定的《2020 年政府收支分类科目》，上缴中央国库的重大水利基金统一缴入“国家重大水利工程建设基金收入”中的“中央重大水利工程建设资金”科目（103012801），不再区分“南水北调工程建设资金”和“三峡工程后续工作资金”进行入库。

2020 年，南水北调东、中线一期工程未新增下达投资计划，财政部也未安排拨付重大水利基金用于南水北调工程建设。

截至 2020 年年底，财政部累计拨付用于南水北调工程的重大水利基金（含利用一般公共预算弥补的基金收入 48.34 亿元）为 1699.87 亿元。其中，直接用于南水北调主体工程建设 896.71 亿元，用于偿付南水北调工程过渡性融资贷款利息、印花税及其他相关费用支出 170.77 亿元，用于偿还过渡性资金融资贷款本金 620.07 亿元，直接拨付河北、河南两省用于地方负责实施的中线干线防洪影响处理工程 12.32 亿元。

（沈子恒）

【资金使用管理】　2020 年，南水北调东、中线一期工程未新增下达投资计划，各单位无新增到账工程建设资金。截至 2020 年年底，南水北调东、中线一期主体工程累计到账工程建设资金 25686904 万元（不含地方负责组织实施项目、南水北调工程过渡性融资费用和财政贴息资金，下同），其中中央预算内资金（含国债专项）3605986 万元、南水北调工程基金 2154200 万元、重大水利基金 15167819 万元（含南水北调工程过渡性资金 6200710 万元）、银团贷款 4758899 万元。各项目法人的累计到账资金情况为：南水北调东线总公司 3356617 万元（其中江苏水源公司 1156156 万元、山东干线公司 2177882 万元），安徽省南水北调项目办 37493 万元，中线建管局 15564033 万元，中线水源公司 5489284 万元，汉江兴隆水利枢纽管理局 450448 万元，引江济汉工程管理局 711868 万元，淮委建设局 60161 万元（陶岔渠首枢纽工程，不含电站）；此外，调水局（原设管中心）累计到账 17000 万元。（沈子恒）

【完工项目财务决算】 2020年是南水北调东、中线一期工程财务决算的关键之年。面对决算任务重、剩余变更索赔分歧大合同收口难、决算人员少、地方机构改革影响等诸多困难，以及新冠肺炎疫情影响，水利部组织各有关单位全面推进南水北调东、中线一期工程完工财务决算，加强组织领导，细化落实工作责任，充分利用信息化技术，建立沟通协调机制，加快决算编报进度，提高决算编报质量。按照《南水北调工程竣工完工财务决算编制规定》中确定的“先审计、后核准”原则，南水北调司委托中介机构对各单位编报的完工财务决算进行审计，并督促各单位按中介机构审计意见抓好整改、修订完善完工财务决算。依据中介机构提交的审计结果，水利部全年共核准东、中线一期工程完工财务决算30个，详见表1。截至2020年年底，累计核准完工财务决算147个，占决算总数178个的82.6%。

表1　2020年度南水北调东、中线一期工程完工财务决算核准情况统计

序号	工程项目名称	核准文号	核准日期
一	**中线建管局**		
1	槐河（一）防护工程	办南调〔2020〕44号	2020年3月9日
2	鲁山南1段工程	办南调〔2020〕81号	2020年4月16日
3	沙河市段工程	办南调〔2020〕101号	2020年4月30日
4	临城县段工程	办南调〔2020〕145号	2020年6月29日
5	邢台县和内丘县段工程	办南调〔2020〕147号	2020年7月9日
6	鹿泉市段工程	办南调〔2020〕148号	2020年7月9日
7	北京2008年应急调水临时通水措施费	办南调〔2020〕191号	2020年8月27日
8	安阳段工程	办南调〔2020〕212号	2020年10月9日
9	双洎河渡槽工程	办南调〔2020〕220号	2020年10月14日
10	石家庄市区段工程	办南调〔2020〕233号	2020年10月30日
11	郑州2段工程	办南调〔2020〕260号	2020年12月8日
12	潮河段工程	办南调〔2020〕261号	2020年12月8日
13	焦作2段工程	办南调〔2020〕262号	2020年12月11日
二	**东线总公司**		
14	东线总公司开办费	办南调〔2020〕250号	2020年11月27日
三	**江苏水源公司**		
15	泗洪站枢纽工程	办南调〔2020〕43号	2020年3月9日
16	里下河水源调整工程	办南调〔2020〕45号	2020年3月9日
17	江苏段试通水费用	办南调〔2020〕218号	2020年10月10日
18	江苏段试运行费用	办南调〔2020〕219号	2020年10月10日

续表

序号	工程项目名称	核准文号	核准日期
19	南四湖水质监测工程（江苏境内）	办南调〔2020〕232号	2020年10月29日
四	**山东干线公司**		
20	山东段试运行费用	办南调〔2020〕110号	2020年5月15日
21	山东段试通水费用	办南调〔2020〕111号	2020年5月15日
22	山东文物保护专项	办南调〔2020〕129号	2020年6月9日
23	南四湖水质监测工程（山东境内）	办南调〔2020〕197号	2020年9月10日
五	**中线水源公司**		
24	丹江口库区征地移民安置工程（中线水源公司组织实施部分）	办南调〔2020〕61号	2020年3月26日
六	**河北省水利厅**		
25	天津干线（河北）征迁	办南调〔2020〕234号	2020年10月30日
七	**河南省水利厅**		
26	丹江口库区征地移民安置工程（河南省实施部分）	办南调〔2020〕166号	2020年8月3日
八	**湖北省水利厅**		
27	丹江口库区征地移民安置工程（湖北省实施部分）	办南调〔2020〕245号	2020年11月19日
九	**调水局**		
28	初步设计审查等专题	办南调〔2020〕257号	2020年12月7日
29	中线一期工程安全风险评估费	办南调〔2020〕267号	2020年12月14日
十	**水利部机关**		
30	南水北调工程过渡性资金融资费用	办南调〔2020〕144号	2020年6月29日

1. 制定信息化推进决算措施　为克服新冠肺炎疫情对决算工作的影响，南水北调司分决算编报、初审决算、审计单位招标、审计整改修订、核准决算等5个环节，研究制定疫情防控条件下信息化推进决算工作措施，保障疫情期间决算工作正常有序开展。

2. 推进完工财务决算工作　2020年，南水北调司多措并举推进完工财务决算各项工作。

（1）研究梳理制定2020年完工决算编报审计核准工作计划。

（2）督促有关单位推进合同收口和征地移民遗留问题处理，按期编报决算，并组织赴相关单位现场调研推进决算工作。

（3）及时组织对各单位编报的决算进行初审，组织完成6批次审计中介机构招标，采用视频开标和专家现场评标方式选定中介机构。

（4）及时组织中介机构进场审计，不定期召开视频推进会，督促各单位做好审计整改、修订决算。

（5）组织调水局做好决算初审、审计复核工作。

（6）适时督促各单位抓好决算审计整改，协调解决问题，指导修订完善决算。

（7）审核各单位修订决算和中介机构审计报告，依据审计结果对具备核准条件的决算及时办理核准手续。

（8）编发决算进展月报推进决算工作进度。此外，为加快推进完工财务决算工作进度，协调淮委梳理2006年以前水利部下达的东线前期工作费并提出分摊意见。

（9）组织竣工财务决算的准备工作。为做好调整完工财务决算基准日和竣工财务决算相关准备，2020年南水北调司组织各项目法人梳理解决已核准完工财务决算中的合同未收口等遗留问题，开展有关专项费用清理分摊；组织调水局开展竣工财务决算有关问题研究并提出处理建议，开展调整完工财务决算基准日范本编制研究。（沈子恒）

【南水北调工程经济问题研究】 按照水利部落实11月18日国务院南水北调后续工程工作会议精神分工，2020年南水北调司组织对后续工程水价机制进行研究，在梳理水利工程水价改革情况、分析东中线水价政策执行情况、借鉴国内外典型工程水价机制经验基础上，研究提出后续工程水价机制初步建议及下一步需研究的重点问题。

1. 后续工程水价机制原则　根据“节水优先、空间均衡、系统治理、两手发力”的治水思路要求，为保障工程可持续运行、促进水资源优化配置和受水区节约用水，后续工程水价机制应把握五大原则：①坚持实行两部制水价；②坚持“还贷、保本、微利”水价原则；③坚持“谁受益、谁分摊”原则；④坚持按供水对象分类定价；⑤建立水价动态调整机制。

2. 下一步需研究的重点问题　为做好将来配合有关部门制定后续工程水价政策的基础工作，下一步需组织对东线一期和二期工程水价衔接问题、引江补汉工程水价定价方式、供水成本费用构成及取费参数、生态补水价格、动态水价调整等系列重点问题进行研究。（沈子恒）

建设与管理

【工程进度管理】

1. 配套工程建设

（1）北京市配套工程建设。2020年7月，为推动北京市南水北调东、中线市内后续工程规划建设，北京市成立南水北调后续规划建设工作专班，主管市领导任组长。专班负责对接国家南水北调后续工作牵头部委，部署安排国家对北京市的相关工作要求；落实北京市委、市政府的决策部署，协调解决相关问题，推进南水北调后续规划建设；下设办公室，由北京市水务局负责具体工作。

2020年，北京市在建配套工程共9项。其中，输水工程3项，河西支线18.7km，负责从大宁调蓄水库向丰台河西地区、石景山区和门头沟区输水，沿线为丰台河西三水厂、门城水厂输水，为丰台河西一水厂、石景山水厂和城子水厂提供备用水源，已完成总工程量的61%；团城湖至第九自来水厂输水管线二期工程4km，负责将团城湖调节池水与团九一期相连，已完成总工程量的74%；大兴支线47.8km，负责将南干渠的水输向大兴区，沿线预留分水口向大兴国际机场输水，同时与河北廊涿干渠相连，实现京冀南水北调水互联互通，联合调度，主体管线已完成。4座配套水厂正在加紧实施，门城水厂已完成工程量的90%；亦庄水厂已完成全部主体结构工程建设，正在进行设备安装工程施工，已完成工程量的90%；石景山水厂已完成全部主体结构工程建设，正在进行设备安装工程施工，已完成工程量的78%；丰台河西第三水厂已完成全部主体结构工程建设。生态补水和调节池工程各1项，永定河生态补水工程于2020年年底开工；亦庄调节池二期主体工程已完工。

(2) 天津市配套工程建设。2020年，天津市在建配套工程共1项，为天津市南水北调中线市内配套工程管理信息系统，总投资0.95亿元。该工程结合天津市供水格局，立足南水北调市内配套工程，根据供水及管理需求，开发建设覆盖市内配套工程的自动化调度、工程管理、综合决策支持软件系统及与调水业务相应的电子政务系统；建设覆盖调度中心（备调中心）、分调中心的应用支撑平台和数据存储与管理系统；建设覆盖调度中心（备调中心）、分调中心、各级管理单位及各信息采集点的通信系统、计算机网络系统、系统运行实体环境。充分利用数据计算平台技术、数据分析技术、计算机网络技术、通信技术、自动控制技术、水质监测技术，建立完整、有效的配套工程管理信息系统。该工程已完成全部实体环境装修、全部设备采购、主要设备安装、网络搭建、北调中心与引江市南分中心的网络业务开通等工作，完成水调系统、工程管理系统等子系统软件开发工作。

(3) 河北省配套工程建设。2020年，河北省在建配套工程共13项。廊涿干渠固安支线工程连通廊涿干渠与北京市南干渠，实现北京、河北两地水源互通互济。该工程初设批复设计输水流量6.1m^3/s，年设计供水能力1.4798亿m^3，线路总长13.62km，概算投资4.08亿元，2020年11月主体完工，12月完成通水验收；2020

年7月14日，雄安调蓄库工程开工，总库容为2.56亿m^3，包括上库、下库、沉藻池、抽水蓄能设施。南水北调中线河北省受水区农村江水置换工程共11项。在建水厂以上输水线路3项，位于沧州市东部（孟村、盐山、沧县、黄骅）、南皮县、威县。在建水厂8座，位于廊坊市安次区、故城县、河间市、肃宁县、献县、南皮县、沧县沧东经济开发区、清河县。

（4）江苏省配套工程建设。江苏省宿迁尾水导流工程包括铺设压力管道91.7km，新建尾水调度泵站2座，新建污水处理厂尾水提升泵站5座，以及水土保持、环境保护工程等。2020年，开展管道、水泵、阀门、电气、自动化设备安装工作；完成部分防汛道路及分部工程验收，完成年度投资9500万元。郑集河输水扩大工程包括拓浚郑集河13.3km、郑集南支河11.0km、郑集北支河6.5km、徐沛河0.5km；疏浚配水河道6条30.9km。加固堤防25.1km，铺设防汛道路23.4km。治理梯级泵站4座。治理重要涵闸4座。治理配套建筑物51座，其中涵闸25座、泵站19座、桥梁7座。2020年，开展防汛道路、绿化、电气安装等施工工作，完成年度投资13194万元，工程已全部建设完成。江苏省配套工程累计完成投资233674万元，累计完成比例为99.98%。

（5）河南省配套工程建设。2020年，河南省开展舞钢市、淮阳县、驻马店四县、安阳市西部、内乡县、平顶山市城区、新乡市“四县一区”南线、内黄城乡供水一体化等供水工程实施工作。

2. 强力推动东、中线一期工程尾工建设　2020年，南水北调司按照《水利部办公厅关于2020年南水北调东、中线一期工程尾工建设安排的通知》（办南调函〔2020〕228号）要求，明确尾工建设节点目标和责任单位，并按水利部督办事项要求实施建设目标及投资完成情况月度“双考核”，部分项目采用超常规特殊程序进行相关手续办理。截至2020年年底，8项尾工项目均完成年初设定的尾工项目年度计划目标。其中，苏鲁省际调度运行管理系统项目、兴隆水利枢纽蓄水影响整治工程等2项尾工全部完成，江苏境内调度运行管理系统、中线水源调度运行管理专项、北京段工程管理专项、京石段自动化调度系统、河北段工程管理专项、中线穿黄孤柏嘴控导工程及中铝河南分公司取水补偿工程等6项尾工按计划推进。

3. 全面梳理东、中线一期工程遗留问题　2020年，南水北调司牵头完成《南水北调东、中线一期工程遗留问题处理方案》，为下一步工作打好基础。各项目法人及有关单位共上报问题193项，经分类，可纳入南水北调主体工程实施123项，由地方或有关部门负责实施70项。上述193项问题中不存在影响工程安全运行及按计划验收的重大问题；需在完工验收前处理解决的建设期遗留问题，绝大部分已有处理方案及资金渠道，可在计划验收前处理解决，个别问题确有必要在完工验收前解决的，已进行充分论证并多渠道争取资金；部分问题经分析不属于建设期遗留问题，可在运行期及后续工程中争取逐步解决。

4. 积极推动东线一期北延应急供水工程建设　南水北调司按照水利部督办重点考核事项要求，实施工程建设目标及投资完成情况月度“双考核”。建立协调机制，积极协调山东省和有关市（县）人民政府加快办理工程临时用地，协调山东省水行政和环保主管部门将工程列入山东省重大水利工程建设项目清单，减轻环保部门重污染天气管控对施工的制约影响，协调提前完成影响渠道衬砌施工的引黄、引江调水任务。东线总公司组织开展“主汛期前大干40天”专项行动。截至2020年12月15日，油坊节制闸及箱涵工程建筑工程施工和金属结构设备安装全部完成；渠道衬砌工程完成年度目标任务的142%；工程投资完成3.0075亿元，为下达计划的115.7%。通过优化征地方案和调整征地方式，以征用和租赁相结合的方式，用6个月时间征地296亩、租赁荒地165亩，节约资金约700万元，占计划征迁经费的57%。

5. 加强穿跨邻接项目及其保护范围制度建设和日常管理　南水北调司对穿跨邻接项目及其保护范围管理建立问题台账，及时追踪指导。组织起草并在广泛征求各方意见的基础上，正式印发《穿跨邻接南水北调中线干线工程项目管理和监督检查办法（试行）》，明确责任、加强监管。结合新冠肺炎疫情实际，引入视频检查方式，有效发现问题并追踪问题整改。组织对现有穿越中线干线工程有压管线进行梳理，研究更为规范的制度化管理措施。2020年，共进行穿跨邻接及保护范围视频飞检24次，现场检查4次，备案穿跨邻接项目36项。针对丹江口水库管理和保护范围划界问题，专题听取长江委等单位汇报并提供支持指导。梳理苏鲁省际管理和保护范围划定有关事宜，与有关司局和单位研讨并初拟工作方案。

6. 积极协调推动雄安新区供水保障事宜　南水北调司坚决贯彻落实中央领导同志和水利部领导关于保障雄安新区供水安全有关指示要求，积极协调推动批复雄安新区起步区1号水厂取水口工程专题设计报告，加快推进雄安调蓄库工程开工建设、雄安干渠工程前期工作。截至2020年年底，水利部已批复1号水厂取水口工程设计方案，满足1号水厂2021年6月供水条件；1号水厂水源配套工程已编制完成可行性研究报告，编制初步设计报告；雄安调蓄库“一通三平”和灌浆工程先后于2019年12月15日和2020年11月25日开工，其余开工准备正在抓紧推进。

7. 配合完成中国南水北调集团公司组建方案并研究重大体制机制问题　南水北调司针对南水北调后续工程建管体制，采用专家咨询、实地调研等方式完成专项研究报告。研究报告从南水北调东、中线企业改制的工作步骤和工作程序，南水北调东、中线企业战略定位和治理体系，以及后续工程建设管理体制机制等方面提出了有益建议。配合完成南水北调集团组建方案及章程起草、征求意见、印发、组建批文草拟、相关单位协调等工作。2020 年 10 月 23 日，南水北调集团成立大会在北京举行。

（汪博浩　丁俊岐）

【工程技术管理】

1. 扎实推进科技、评奖、阶段性自评估工作　南水北调司克服新冠肺炎疫情影响，开展并完成重点领域重大战略课题“南水北调工程战略功能及发展”研究工作。就南水北调生态品牌战略规划、南水北调生态功能及生态影响等重大问题开展研究。指导水利部南水北调规划设计管理局制订报奖工作方案、成立报奖工作办公室、组织开展报奖基础材料梳理和重大问题调查等工作。为配合中国工程院对东、中线一期工程的阶段性评估，发函组织各项目法人开展阶段性自评估，并在发函后及时做好跟进工作。指导调水局和专家委秘书处有效开展各项工作。

2. 协调调整南水北调工程专家委员会　2019 年年底，水利部关于调整设立南水北调工程专家委员会（以下简称“专家委”）的通知印发后，南水北调司按有关规定和程序牵头对专家委委员进行增补调整。在组织各方推荐增补委员人选、指导水利部南水北调规划设计管理局收集并核查增补委员信息、召集会议审议并确定拟增补委员人选的基础上，将拟增补委员人选报水利部批准，并为获聘者颁发聘书。组织召开专家委委员座谈会，研讨专家委后续工作思路。指导专家委秘书处组织印发《南水北调工程专家委员会章程》。（汪博浩　丁俊岐）

【安全生产】

1. 持续强化安全生产管理基础保障

（1）切实落实安委会及水利部安全生产领导小组相关工作要求，增强安全生产工作能力。按照水利部关于安全生产工作相关部署，及时传达落实年度安全生产集中整治、水利行业安全生产专项整治三年行动等各项要求，督促建成项目和在建项目等有关单位细化并分解安全生产目标、任务，确保规定时间内完成安全生产目标任务。

（2）提早部署各项安全生产工作。在印发《2020 年南水北调工程安全运行工作要点》的基础上，印发《南水北调工程沿线安全运行监管责任人和安全运行责任人名单》，以及新冠肺炎疫情防控关键阶段、“五一”、全国“两会”、大流量输水期、中秋节、国庆节、冰期输水期等重要时段安全生产管理加固措施文件，夯实安全生产主体责任，强化安全生产责任意识。

（3）重点强化安全生产管理顶层设计，精细化提升安全生产管理水平。会同调水局，协商或委派各流域管理机构和省级水行政主管部门，整合运管单位督查力量，高效构建安全生产层级化监管体系；实施安全运行周视频会议制度，完善问题台账、信息报送和共享机制，创新开展“视频飞检”与现场“飞检”相结合的监管方式，首次组织开展交叉飞检等，着重加强安全运行监管月报编报、区域监管协调等机制建设，充分发挥安全生产监管效能。

2. 务实开展安全生产重点工作

（1）组织完成水利行业安全生产集中整治工作，制定《南水北调司工程安全生产集中整治实施方案》，克服冬季施工、冰期输水、新冠肺炎疫情肆虐等诸多困难，圆满完成南水北调工程安全生产集中整治期间的安全生产工作，未发生任何安全生产事故。

（2）组织做好工程防汛工作。积极应对超标准洪水防御等复杂形势，督促落实汛前、汛中和汛后相关工作，全面落实人防、技防、物防等各项防御措施，圆满完成年度防汛任务。

（3）重视在建工程安全管理。对于东线一期工程北延应急供水工程，东、中线一期工程6个尾工项目，以及PCCP停水检修、东湖水库扩容增效、中线穿黄检查维护等项目，南水北调司持续加大现场安全生产工作督导力度，要求各参建单位加强一线工作人员安全教育培训，严格落实安全技术交底、安全会议、安全警示标语等工作，切实提高全员安全意识，增强安全生产防范措施。

（4）稳步推进退水闸和退水通道的疏通工作。大流量输水期间，南水北调司专项组织对中线工程57座退水闸和退水通道进行系统排查。根据排查结果，区分不同责任主体等因素，组织地方水行政主管部门和运行管理单位全力推进退水闸和退水通道疏通事宜，增强工程运行的安全保障。

（5）严格年度重点安全事项的管控。采用现场调研检查、召开座谈会等方式，有序推动东、中线重要建筑物和要害部位的风险评价，防范措施制定和落实，以及中线干线工程年度安全评估等工作，确保工程安全隐患排查和治理成效，保障工程运行安全。

（6）全面完成中线安全生产一级达标创建工作。督促指导中线建管局在分析安全生产形势和达标创建要求的基础上，制定以安全生产达标创建为核心、以“三条红线”为底线的工作方案，将安全生产责任进行层层分解，落实到人。经过强化中线一期工程安全基础管理，规范安全运行行为，持续推进创建工作水平提升，进一步促进了安全生产工作的规范化、标准化，推动全员、全方位、全过程安全管理，初步实现“形象面貌有改进、管理水平有提升、安全生产有保证”的阶段性目标，顺利通过水利工程管理单位安全生产标准化一级评审。

3. 保持安全生产强监管高压态势

（1）在建项目定期安全检查。南水北调司组织有关单位加大对东线一期工程北延应急供水工程、尾工项目及PCCP停水检修、东湖水库扩容增效、中线穿黄检查维护等项目的现场安全生产检查力度。2020年对在建项目累计开展检查55次，其中视频飞检25次、现场检查30次。

（2）建成项目全覆盖安全检查。南水北调司组织对东、中线一期工程累计开展各项安全监管417次，其中东线141次、中线276次；涉及84个运行管理处，其中东线38个、中线46个。东、中线工程各级管理机构检查覆盖率达到100%。

（3）强力督促问题整改落实。对于发现的各类安全生产问题，通过印发整改通知、约谈责任单位等方式督促整改，要求各参建单位、运行管理单位及时进行消缺处理，不能及时处理的要制订完备处置措施，全力保障南水北调工程运行安全，截至2020年年底，未发生安全生产事故。

（汪博浩）

【验收管理】

1. 2020年南水北调工程验收工作情况　2020年是南水北调工程验收工作的高峰之年、攻坚之年。水利部党组、部领导高度重视，统筹新冠肺炎疫情防控和工程验收工作，坚持目标引领、问题导向，坚持年度验收任务目标不动摇，创新工作组织方式，强力推进验收工作。2020年4月2日和7月6日，水利部副部长、南水北调验收工作领导小组组长蒋旭光分别以视频方式主持召开专题会议，系统研究验收任务，研判疫情影响，破解验收难题，部署相关工作。

（1）落实责任分工，强力推动验收。水利部印发《2020年南水北调工程验收工作要点》（办南调〔2020〕17号），明确工作任务、落实责任分工；印发《水利部办公厅关于强化措施推动南水北调工程验收的通知》（办南调函〔2020〕264号），进一步落实疫情防控，推进验收主体责任，要求强化协同高效，强力破解制约验收的问题，按可行先行的原则调整当年工作部署，坚持2020年验收总体目标不动摇。

（2）创新方式方法，消除疫情影响。在验收协调方面，运用信息技术，构建“现场看得见、数据及时到、问题能协商、要素管得住”的信息化管理机制，采用视频飞检、图文信息送检、视频会议调度、线上催办督办等方式，提高验收管理的时效性和科学性，形成验收信息化管理常态化、制度化，有力保障疫情期间验收工作。

在验收组织方面，严格遵循基本建设制度和程序要求，运用信息化手段，探索并实行“线上+线下”的验收组织新方式，科学制定验收组织方案，保证程序不减、标准不降，满足疫情防控要求，保证验收质量，提升工作效率。

（3）加强验收监管，保障进度质量。强化验收条件把关，严格把控核查各项验收前置条件，不具备条件的不进入验收程序；集中处理验收遗留问题，建立台账逐一销号，保证闭环；规范管理，开展验收质量复核专项工作；强化过程控制，严格对照时间节点和工作质量目标要求，督促推进；加强市场主体监管，规范市场主体行为，保障验收工作顺利进行。

（4）坚持问题导向，合力破解难题。水利部南水北调验收工作领导小组各成员单位发挥职能，分析风险和态势，精准施策，明确目标、原则和保障措施，保证疫情期间协同工作机制有效运转。系统梳理制约验收条件、影响验收质量的潜在关键事项，建立清单台账，开展专项协调，定措施、定时限、定责任，扎实推进验收工作。前移管控关口，密集联系调度，强化主体责任，加强协同协调，合力高效破解难题。

（5）按期保质保量，完成验收任务。有关各方攻坚克难、狠抓落实、强力推进，克服新冠肺炎疫情影响，按期保质完成年度验收任务。年度完工验收任务作为水利部考核督办事项，年终被评为优秀。

2020年，设计单元工程完工验收完成34个（东线6个、中线28个），累计完成116个（东线58个、中线58个），占总数155个（东线68个、中线87个）的75%。专项验收完成16个，累计完成631个，占水保、环保、消防、征地移民、档案等5类专项验收总数644个的98%，其中水保、环保、征迁专项验收全部完成。

（原雨）

2. 工程档案专项验收

（1）南水北调东线一期工程苏鲁省际工程管理设施设计单元专项工程档案专项验收。2019年10月29日至11月1日，调水局对南水北调东线一期工程苏鲁省际工程管理设施设计单元工程档案进行了专项验收前的检查评定，并提出了该设计单元工程档案检查评定意见。2020年1月9—10日，调水局开展南水北调东线一期工程苏鲁省际工程管理设施设计单元工程档案专项验收，并形成《南水北调东线一期工程苏鲁省际工程管理设施设计单元工程档案专项验收意见》。1月17日，水利部办公厅以办档函〔2020〕50号文印发了该设计单元工程档案专项验收意见。

（2）南水北调中线一期工程陶岔渠首枢纽设计单元工程档案专项验收。2020年8月2—6日，调水局对南水北调中线一期工程陶岔渠首枢纽设计单元工程档案进行了检查评定，认为该工程档案质量满足验收条件。经水利部办公厅同意，在综合评议的基础上，形成《南水北调中线一期工程陶岔渠首枢纽设计单元工程档案专项验收意见》。9月17日，水利部办公厅以办档函〔2020〕753号文印发了该设计单元工程档案专项验收意见。

（3）南水北调东线一期工程南四湖水资源监测江苏省境内工程档案专项验收。2020年7月26—29日，调水局对南水北调东线一期南四湖水资源监测工程档案进行检查评定，认为该工程档案质量满足验收条件。经水利部办公厅同意，在综合评议的基础上，形成《南水北调东线一期工程南四湖水资源监测江苏境内工程档案专项验收意见》。9月17日，水利部办公厅以办档函〔2020〕754号文印发了该设计单元工程档案专项验收意见。

（4）南水北调东线一期工程南四湖水资源监测山东省境内工程档案专项验收。2020年8月23—26日，调水局对南水北调东线一期工程南四湖水资源监测山东省境内工程档案进行了检查评定，认为该工程档案质量满足验收条件。经水利部办公厅同意，在综合评议的基础上，形成《南水北调东线一期工程南四湖水资源监测山东境内工程档案专项验收意见》。9月17日，水利部办公厅以办档函〔2020〕755号文印发了该设计单元工程档案专项验收意见。

（5）南水北调中线一期工程双洎河渡槽设计单元工程档案专项验收。2020年5月8—12日，调水局对南水北调中线一期工程双洎河渡槽设计单元工程档案进行了电子文件检查，并提出检查意见。9月1—4日，调水局对南水北调中线一期工程双洎河渡槽设计单元工程档案进行了迎验检查，并提出检查意见。9月23—25日，调水局对该设计单元工程进行了档案专项验收，并形成《南水北调中线一期工程双洎河渡槽设计单元工程档案专项验收意见》。9月29日，水利部办公厅以办档函〔2020〕804号文印发了该设计单元工程档案专项验收意见。

（6）南水北调中线一期工程施工控制网测量工程档案专项验收。2020年5月，调水局对南水北调中线一期工程施工控制网测量工程有关管理报告和案卷目录等电子文件开展专项检查，并提出检查意见。9月14—16日，调水局对南水北调中线一期工程施工控制网测量工程档案进行了检查评定，认为该工程档案质量满足验收条件。经水利部办公厅同意，在综合评议的基础上，讨论形成了《南水北调中线一期工程施工控制网测量工程档案专项验收意见》。9月29日，水利部办公厅以办档函〔2020〕805号文印发了该工程档案专项验收意见。

（7）南水北调东线一期苏鲁省际工程调度运行管理系统设计单元工程档案专项验收。2020年8月16—18日，调水局对南水北调东线一期苏鲁省际工程调度运行管理系统设计单元工程档案开展整编方案审查，并提出该设计单元工程档案立卷及整编方案检查意见。10月26—28日，调水局对南水北调东线一期苏鲁省际工程调度运行管理系统设计单元工程档案进行专项验收前的检查评定，认为该工程档案质量满足验收条件。经水利部办公厅同意，在综合评议的基础上，讨论形成《南水北调东线一期苏鲁省际工程调度运行管理系统设计单元工程档案专项验收意见》。11月5日，水利部办公厅以办档函〔2020〕935号文印发了该设计单元工程档案专项验收意见。

（8）南水北调中线一期引江济汉工程自动化调度运行管理系统工程档案专项验收。2020年10月26—28日，调水局对南水北调中线一期引江济汉工程自动化调度运行管理系统工程档案的迎验准备工作进行调研，并提出具体意见。11月22—25日，调水局开展该设计单元工程档案检查评定，认为该工程档案质量满足验收条件。经水利部办公厅同意，在综合评议的基础上，讨论形成《南水北调中线一期引江济汉工程自动化调度运行管理系统工程档案专项验收意见》。12月2日，水利部办公厅以办档函〔2020〕1056号文印发了该设计单元工程档案专项验收意见。

（9）南水北调东线一期江苏省境内工程管理设施专项工程档案专项验收。2020年12月1—3日，调水局对南水北调东线一期江苏省境内工程管理设施专项工程档案进行专项验收前的检查评定，认为该工程档案质量满足验收条件。经水利部办公厅同意，在综合评议的基础上，讨论形成《南水北调东线一期江苏境内工程管理设施专项工程档案专项验收意见》。12月14日，水利部办公厅以办档函〔2020〕1112号文印发了该设计单元工程档案专项验收意见。

（10）南水北调中线一期工程丹江口大坝加高设计单元工程档案专项验收。2020年10月19—23日，调水局对南水北调中线一期工程丹江口大坝加高设计单元工程档案进行档案迎验工作检查，并提出该设计单元工程档案检查意见。12月8—11日，调水局开展该设计单元工程档案检查评定，认为该工程档案质量满足验收条件。经水利部办公厅同意，在综合评议的基础上，讨论形成《南水北调中线一期工程丹江口大坝加高设计单元工程档案专项验收意见》。12月16日，水利部办公厅以办档函〔2020〕1126号文印发了该设计单元工程档案专项验收意见。

（闫津赫　王昊宁　张健峰）

征地移民

【工作进展】　2018年9月，河南、湖北两省再次向国务院上报恳请批复《南水北调中线工程丹江口水库移民遗留问题处理及后续帮扶规划（修编版）》的请示，涉及资金155.9亿元，其中河南省74.3亿元、湖北省81.6亿元。国家发展改革委收到国务院办公厅秘书局批转办理意见后，牵头征求财政部、水利部等部门意见。水利部高度重视，2019年1月，以办移民函〔2019〕5号文将意见送国家发展改革委，提出通过大中型水库移民后期扶持基金解决后续帮扶规划资金渠道，也可在更大范围内研究解决筹措所需投资的途径。

2020年8月，《国家发展改革委办公厅、财政部办公厅、水利部办公厅关于南水北调工程丹江口水库移民遗留问题处理及后续帮扶规划意见的函》（发改办农经〔2020〕673号）印发河南、湖北两省，对后续帮扶规划给予明确答复。关于规划批复和实施问题，请两省根据原国务院南水北调工程建设委员会第八次会议精神，结合当下形势，抓紧完善丹江口水库移民后续帮扶规划，尽快批复实施。"十四五"时期，将结合现有渠道，积极支持涉及库区和移民安置区的重大基础设施、生态环境保护、乡村振兴等建设项目。在推进引江补汉工程前期工作时，认真考虑河南、湖北意见，同时继续支持两省中小河流治理、大中型病险水库除险加固等工程建设，改善地方经济社会发展条件。关于规划实施所需资金筹措问题，在一般公共预算方面，通过重点生态功能区转移支付专项财力补助等对库区进行生态补偿；在政府性基金方面，通过下达到省的大中型水库移民后期扶持基金给予支持。下一步，将按照中央关于加强脱贫攻坚与乡村振兴有机衔接的部署，统筹考虑丹江口等水库移民遗留问题因素，对两省予以积极支持。 （宋向阳　宁亚伟）

【政策研究及培训】 南水北调丹江口水库移民搬迁至今，仍然存在收入水平偏低、发展缓慢、移民缠访闹访件时有发生等问题，移民安稳发展仍面临较大困难。移民司委托长江勘测规划设计研究有限责任公司承担湖北、河南两省南水北调丹江口水库移民发展和安稳情况第三方评估课题，通过调查两省丹江口水库农村移民2019年的收支与生活状况、就业创业开展情况、外迁移民融入安置区及信访维稳等内容，持续跟踪了解移民安置效果、后续发展及社会稳定情况，并做出客观公正的评价，提出意见和建议，为决策提供技术支持。

评估结论表明，总体上，移民人均可支配收入超过原有水平，但低于安置区（县）平均水平；外迁安置区移民人均可支配收入超过库区移民。移民人均消费支出超过原有水平，低于安置区（县）平均水平；外迁安置区移民消费支出超过库区移民。

外迁移民搬迁后，居住条件改观，生产生活水平得到恢复和提高，并逐渐融入当地社会。但是，由于地理位置与传统的差异，移民的生产方式、生活方式、发展方式断裂，外迁移民与安置区的融合是一个较为长期的过程，目前移民已渡过陌生期，仍处于适应期，还没有完全融入安置地。除了部分区位条件较差的安置点，大多数移民对生活都展现出积极的态度，对未来充满信心。

根据座谈及入户访谈情况，当前丹江口水库移民总体稳定，信访形势平稳向好，库区和安置区社会总体和谐稳定。但仍有一些遗留的突出问题，还有待进一步协调解决。

（宋向阳　宁亚伟）

【管理和协调】 针对山东、河南两省开展各类存量资金专项清理整治，根据《大中型水利水电工程建设征地补偿和移民安置条例》《河南省〈大中型水利水电工程建设征地补偿和移民安置条例〉实施办法》和原国务院南水北调办《关于印发南水北调工程建设征地补偿和移民安置资金管理办法（试行）的通知》（国调办经财〔2005〕39 号）、《关于加强南水北调工程征地移民资金结余使用管理的通知》（国调办经财〔2013〕122 号）等有关规定，分别以《水利部办公厅关于南水北调工程征地移民资金有关问题的函》（办移民函〔2020〕367 号）、《水利部办公厅关于河南省征地移民专项资金有关问题的函》（办移民函〔2020〕541 号）复函山东、河南两省，明确征地移民专项资金及其孳息应专款用于征地补偿和移民安置、移民遗留问题处理及后续工作，不属于盘活存量资金范围。要求两省对辖区内的征地移民资金管理负总责，进一步强化征地移民资金结余的使用管理，确保资金安全。

（宋向阳　宁亚伟）

【移民帮扶】 （1）协调拨付 2016 年南水北调中线工程丹江口水库外迁移民安置区抗洪救灾款。以《水利部办公厅关于协调拨付 2016 年南水北调中线工程丹江口水库外迁移民安置区抗洪救灾款的函》（办移民函〔2020〕371 号）复函湖北省水利厅，落实原国务院南水北调办致函湖北省人民政府办公厅《关于商请做好湖北省南水北调丹江口水库移民抗洪救灾和社会稳定工作的函》（综征移函〔2016〕226 号），明确“计划筹措 3000 万元补助资金，专项用于移民灾后恢复工作”。根据鄂水利〔2020〕34 号文请求尽快协调将 3000 万元补助资金拨付到位的请示，水利部决定从南水北调中线一期工程丹江口水库移民特殊预备费中列支 3000 万元，用于湖北省开展抗洪救灾和灾后重建工作先行垫支费用。

（2）提出丹江口水库移民有关问题的意见。针对南水北调中线水源有限责任公司上报的丹江口库区地质灾害防治规划、河南省淹没影响森林植被恢复费资金缺口、湖北省“新增投资”缺口和移民专业项目资金、丹江口水库移民遗留问题处理及后续帮扶规划等问题，以《水利部办公厅关于河南和湖北两省丹江口水库移民有关问题的意见》（办移民函〔2020〕850号）提出答复意见。

（宋向阳　宁亚伟）

【信访维稳】 2020年，丹江口水库群众到水利部信访主要涉及企业补偿问题，经核实处理，督促地方做好信访稳定工作。同时，积极配合做好有关移民安置方面的信息公开、政策咨询等工作，未发生具有重大影响的群体性事件和极端上访事件，矛盾问题显著减少，维护了库区、安置区社会稳定。（宋向阳　宁亚伟）

【定点扶贫】 2020年是郧阳区决胜脱贫攻坚的收官之年。水利部定点扶贫郧阳区工作组认真学习贯彻习近平总书记关于扶贫工作的重要论述精神，按照水利部党组统一部署，统筹脱贫攻坚、新冠肺炎疫情防控和经济社会发展，结合工作实际，深度对接沟通，创新方式方法，精心组织实施定点扶贫"八大工程"，全面超额完成中央定点扶贫涉及郧阳区的各项目标任务。共投入帮扶资金280.087万元（完成率为233.4%），帮助引入资金2320万元（完成率为116%），培训基层干部487名（完成率为2435%），基层技术员52名（完成率为104%），购买农产品211.63万元（完成率为705.4%），帮助销售农产品1050.38万元（完成率为105%），助力郧阳区顺利完成剩余356户952人未脱贫人口脱贫任务，持续巩固脱贫攻坚成果。

1. 领导高度重视，全面安排部署　水利部党组高度重视并高位推动水利定点扶贫工作。2020年，水利部领导共5次召开会议，研究部署涉及定点扶贫郧阳区事项，4次赴郧阳区调研督促指导脱贫攻坚及定点扶贫工作。

2020年3月26日，水利部部长鄂竟平在水利部定点扶贫工作座谈会上认真听取了定点扶贫县（区）工作情况汇报，全面部署2020年度水利部定点扶贫工作，统筹安排各县（区）提请问题解决意见；5月26日，召开会议专题研究定点扶贫六县（区）请求支持事项；9月4日，接见郧阳区主要领导，听取郧阳区新冠肺炎疫情防控、脱贫攻坚和经济社会发展情况汇报，对郧阳区巩固脱贫攻坚成果、推进乡村振兴作出明确指示和要求，并在郧阳区汇报材料和规计司、农水司《关于郧阳区有关请求支持事项的意见》上作出批示。11月2—3日，亲自带队赴郧阳区调研脱贫攻坚和定点扶贫工作，现场察看产业扶贫、易地扶贫搬迁、农村饮水安全、汉江大保护及库岸生态绿化工程等，充分肯定郧阳区扶贫成效及经验，提出水利部将全面贯彻落实党的十九届五中全会精神，帮助郧阳区扎实做好脱贫巩固提升工作和全面推进乡村振兴的大文章。

4月22日和5月12日，水利部

副部长蒋旭光两次主持召开专题会议，研究部署定点扶贫郧阳区工作，要求高度关注新冠肺炎疫情对郧阳区脱贫攻坚带来的影响，统筹做好疫情防控、脱贫攻坚与郧阳区经济社会发展。8月20—22日，带队赴郧阳区调研脱贫攻坚、定点扶贫和防汛救灾工作，督促落实脱贫攻坚主体责任、扛起防汛救灾保安全重任。

10月21—22日，水利部副部长陆桂华带队赴郧阳区调研定点扶贫和水土保持工作，对郧阳区以水土共治、水土保持促进脱贫攻坚工作进行了全面指导和充分肯定。

2020年1月19—20日，水利部副部长魏山忠带队赴郧阳区调研慰问，重点了解郧阳区2020年脱贫攻坚工作安排，考察有关扶贫项目，走访慰问贫困村、贫困户和水利部挂职干部。

2. 落实工作责任，深入对接推进　2020年，帮扶组各成员单位认真贯彻习近平总书记脱贫攻坚讲话精神和水利部党组安排部署及要求，坚持“四个不摘”，克服新冠肺炎疫情影响，不停顿、不大意、不放松，全面推进“八大工程”，助力郧阳区巩固脱贫成果，如期完成脱贫攻坚目标任务。

3月27日，南水北调司印发了水利部定点扶贫郧阳区2020年度工作计划，将“八大工程”分解落实到帮扶组各成员单位，要求各成员单位切实履行帮扶责任，抓好各项工作落实；郧阳区要切实扛起脱贫攻坚主体责任，坚定工作目标，加大工作力度，确保如期圆满完成脱贫攻坚任务。5月11日，南水北调司司长李鹏程与郧阳区主要领导视频连线，指导郧阳区统筹新冠肺炎疫情防控和脱贫攻坚工作，推进实施定点扶贫郧阳区“八大工程”；7月15日，李鹏程带队赴郧阳区调研督办脱贫攻坚主体责任落实情况、定点扶贫郧阳区“八大工程”实施情况、农村饮水安全普查准备情况。

2020年，水利部调水司组织中线建管局、汉江集团、中水淮河公司、中线水源公司筹集150万元贫困户产业帮扶资金，帮助湖北省十堰市郧阳区300个贫困户完成香菇大棚改造并验收，顺利完成2020年郧阳区贫困户产业帮扶工程；6月4日，调水司司长朱程清主持召开郧阳区贫困户产业帮扶工程沟通会，专题研究督办产业帮扶工程落地落实工作。

8月6日，水利水电规划设计总院院长沈凤生率专家组一行、9月1日中国水利水电科学研究院副院长汪小刚率专家组一行、11月17日防御司督察专员王翔一行赴郧阳区调研督促脱贫攻坚主体责任工作，加快推进定点扶贫“八大工程”。帮扶组各成员单位结合疫情防控，统筹抓好“八大工程”实施的深度对接，先后组织到郧阳区调研指导16批87人次，帮助解决脱贫摘帽的一批短板问题，助力郧阳区顺利通过国家脱贫攻坚普查。

3. 强化精准帮扶，实施“八大工程”

（1）水利行业倾斜支持工程。湖北省水利厅牵头负责，要求2020年郧阳区省级以上水利投资位居省贫困县前列，高于全省县级平均水平20%以上。湖北省水利厅高度重视，在水利部相关业务司局和单位的支持下，2020年计划投资14858万元，其中中央资金10920万元，主要用于中小河流治理、水土保持、山洪灾害防治、灌区改造、新建水库、水库除险加固、小型水利设施维修养护、生态修复等水利项目建设，中央投资已全部下达，实际完成8044万元，占中央总投资计划的73.66%。

（2）贫困户产业帮扶工程。调水管理司牵头负责，组织相关成员单位筹集产业帮扶资金150万元，帮助300个贫困户发展产业。调水管理司协调中线建管局、中线水源公司、汉江集团、中水淮河公司等4家企业于4月5日前将产业帮扶资金150万元（较2019年的120万元增长25%）拨付到郧阳区财政账户。郧阳区将产业帮扶资金全部用于青龙泉社区贫困户香菇棚架升级改造，帮助贫困户实现就业增收，继续探索推进“技能培训＋扶贫工厂（车间）＋贫困户就业”的郧阳区产业帮扶模式。

（3）贫困户技能培训工程。长江水利委员会牵头负责，6月底前完成50个以上贫困户劳动力就业技能培训，并积极帮助就业。长江水利委员会主任办公会专题研究制订了实施方案，明确工作责任抓落实，与郧阳区对接完成7期295人培训任务。

（4）贫困学生勤工俭学帮扶工程。中国水利工程协会牵头负责，在2020年暑假期间组织100名在校大中专贫困学生开展勤工俭学，减轻家庭负担。中国水利工程协会调整完善了统一可控、安全实用、切实可行的勤工俭学帮扶实施方案，会同长江委、淮委、水利水电规划设计总院和中国水利水电科学研究院筹集帮扶资金30万元，结合疫情防控，连线郧阳区教育局组织不能如期返校的100名贫困学生在郧阳区开展勤工俭学；6月18日，分派到各乡（镇）参加脱贫攻坚验收各项指标排查工作；7月18日，完成勤工俭学各项任务，实现帮助贫困学生人均增加收入2900元，按期完成帮扶工程任务。

（5）水利建设技术帮扶工程。水利水电规划设计总院牵头负责，组织中国水利水电科学研究院、南水北调规划设计管理局、河湖保护中心、节约用水促进中心、中水淮河公司等单位视频连线郧阳区调研水利建设技术帮扶工程，确定了2020年技术帮扶工作方案。对郧阳区汉江经济带水利发展规划技术审查、丹江口库区库滨带治理近期工程（郧阳段）等10个项目，从规划编制、项目前期工作和实用新型技术推广等方面给予技术帮扶指导，加快推进郧阳区水利工程建设。8月6日，沈凤生率专家组一行亲赴郧阳区指导督导技术帮扶工作。2020年，完成《“十四五”水安全保障规划》（初稿）、《智慧水利规划》（初稿）、丹江口库区库滨带治理近期工程（郧阳段）可行性研究等3项技术咨询审查工作。完成《湖北省郧阳区城乡一体化供水工程南化水厂可行性研究报告》《湖北省郧阳区东河水厂供水工程可行性研究报告》《郧阳区水土保持规划（2018—2030年）》等3项技术咨询审查工作，并提交咨询审查意见，加速推进其他工作。

（6）专业技术人才培训工程。中国水利水电科学研究院牵头负责，通过集中培训、专家巡讲、网络培训等多种方式，培训各类水利专业技术人员50人次。中国水利水电科学研究院创新帮扶方式，拓展帮扶深度，组织专家团队多次视频连线郧阳区开展专项技术咨询。9月1日，汪小刚带领专家组赴郧阳区调研指导技术帮扶和人才培训工作。人事司在2020年度工作方案中，将郧阳区纳入全国水利干部培训计划支持范围，选派1名技术干部到郧阳区水利系统挂职，安排郧阳区3名干部到部属单位跟岗学习。中国水利水电科学研究院对接完成50名专业技术人员培训任务，9月25—27日，组织对郧阳区360名村支部书记进行防汛抗灾、河长制湖长制等相关水利业务知识培训。

（7）贫困村党建促脱贫帮扶工程。水旱灾害防御司牵头负责、精心组织。11月17日，王翔一行赴郧阳区督办落实贫困村党建促脱贫帮扶工程各项工作。长江委、淮委与郧阳区南化塘镇玉皇山村、安阳镇陈营村等2个贫困村开展支部共建活动；水利部机关党委使用机关党委管理的35万元党费，支持郧阳区7个贫困村党组织活动场所修缮及党员教育设施更新；汉江集团举办了2期共100人贫困村党支部书记和贫困村创业致富带头人培训班；水利部机关服务局协调国家机关事务管理局通过中国人口福利基金会购买20万元物资，用于支持郧阳区4个村的科技医疗卫生建设。

（8）内引外联帮扶工程。移民司牵头负责，组织开展形式多样的帮扶工作，建立了与北京市东城区选派到郧阳区挂职干部、郧阳区选派到水利部挂职干部、水利部选派到郧阳区挂职干部“三位一体”的定点扶贫对口支援工作联系机制，与东城区沟通协调支持新冠肺炎疫情期间防疫物资100万元。2020年，北京市对口协作帮扶资金共计2300万元；开展消费扶贫，水利部扶贫办（移民司）、南水北调司组织协调帮扶组成员单位及部机关司局、服务局等单位或个人购买郧阳区农产品价值211.63万元，协调水利部下属其他单位、国家相关部委及北京东城区帮助销售郧阳区农产品价值1050.38万元，中国人民保险集团云采购郧阳区橄榄油价值2000

万元；开展就业帮扶，中线建管局、中国水利工程协会会员单位提供务工就业岗位，吸纳37名人员在中线建管局渠首分局从事安保工作；湖北省水利厅支持2600多万元用于郧阳区青山镇环库公路受毁修复和汉江河杨溪铺镇区域部分库岸坍塌治理，支持300万元用于南化塘镇罗堰村小流域治理工程，后续支持150万元用于罗堰村公路建设。罗堰村公路项目已完成路基扩宽及调平17km，浇筑混凝土路面5.4km，累计完成投资约1300多万元。

新冠肺炎疫情发生后，积极同挂职干部联系，督促做好疫情防控、复工复产、对接落实“八大工程”等工作，并及时反馈郧阳区疫情信息。同时，根据郧阳区需求及时协助联系采买和捐赠额温计、口罩、手套等防疫物资。协调引进伟光汇通集团2020年度投资3.5亿元，在郧阳区青山镇建设汉水九歌文化旅游综合体项目。

4. 加强舆论引导，营造良好氛围

（1）制定宣传计划。南水北调司印发的《2020年度工作要点》和《定点扶贫郧阳区2020年度工作计划》明确要求，把定点扶贫郧阳区宣传工作纳入年度工作重点，制定宣传目标思路，明确宣传重点和工作要求，突出激发内生动力，工作组各成员单位亦把定点扶贫工作宣传纳入年度工作实施方案，加大宣传力度，营造良好工作氛围，助力郧阳区脱贫攻坚。

（2）突出宣传重点。组织《中国水利报》《中国南水北调报》和北京电视台等报刊新闻媒体，对水利定点扶贫助力郧阳区脱贫攻坚进行系列报道，宣传水利部对郧阳区脱贫攻坚的重大支持、典型经验和做法，以及挂职干部履职尽责的显著成效；指导郧阳区在《郧阳新闻网》开设“走向我们的小康生活”专栏，并在《郧阳精准扶贫工作简报》开设“典型引路”专题，宣传水利部定点扶贫“八大工程”等帮扶贫困户就业增收的重点做法及成效。

（3）创新宣传形式。指导有关单位在国家、省、市、县、乡、村进行立体宣传，特别是对水利行业扶贫帮助郧阳区实现城乡供水一体化、“订单式”水利人才培养模式荣获全球最佳减贫案例等进行全方位宣传报道，引起广泛关注；指导郧阳区利用抖音、快手等新媒体平台宣传拉动消费扶贫，使郧阳区农特产品销售在疫情期间实现里程碑式的重大突破；围绕郧阳区实现脱贫摘帽这一重大节点，组织通过多媒体对定点扶贫的重大作用进行系列宣传报道。

（4）激发内生动力。典型引路，指导郧阳区在“走向我们的小康生活”和“典型引路”专栏，大力宣传靠自力更生、勤劳脱贫致富的100个典型，引导广大贫困户走出贫困奔小康；培训发力，为295个贫困户提供技术培训，提高其脱贫致富能力；机制激励，指导郧阳区出台产业帮扶和技术帮扶等奖励政策，激励贫困户自主脱贫、早日脱贫；社会合力，指导郧阳区在全区开展“我脱贫·我光荣”脱贫明星评选活动，表彰贫困户脱贫致富奔小康。（沈子恒）

监督稽察

【质量监督】 2020年，水利部水利工程建设质量与安全监督总站依据有关法律法规、部门规章和强制性标准的规定，对南水北调东线一期工程北延应急供水工程开展质量监督。履行质量监督程序，制定质量监督工作计划，确认工程项目划分，确认或核备新增单元工程质量评定标准和外观质量评定标准；开展质量监督巡查，2020年重点对油坊节制闸及箱涵工程、小运河衬砌、六分干衬砌、七一河衬砌和夏津水库影响处理等工程实体质量和现场安全生产管理情况开展2个批次监督检查，督促有关参建单位及时落实问题整改要求，并向水利部监督司提出责任追究建议；核备施工质量等级，按规定对重要隐蔽单元工程、分部工程开展质量等级核备工作。（王瑞　覃桃慈）

【运行监督】

1. 监督工作综述　2020年，水利部监督司坚持以问题为导向、以整改为目标、以问责为抓手，组织开展南水北调工程建设及运行管理情况监督检查，全面推动南水北调大国重器建设和“高标准样板”工程的提档升级，圆满完成各项监督任务，实现工程建设质量与安全双保障、运行管理能力与水平共提升。

（1）持续高压，保障工程建设运行平稳。2020年，监督司紧盯南水北调工程建设和运行的关键环节、卡脖子节点和安全生产，坚持新冠肺炎疫情期间、大流量输水期间、建设维修期间不松懈，全年共组织开展20组次监督检查，并对2018年及以前发现的存量问题或问题部位进行现场复查，做到问题早发现、早整改，及时消除隐患。工程建设方面，重点针对东线东湖水库和北延应急供水工程、中线北京段PCCP检修和换管项目的建设情况，督促参建单位增强风险意识、绷紧安全弦，如期完成建设任务；工程运行方面，保持高压严管态势，着力开展防汛备汛、消防安全、水下损坏、调度运行系统专项检查，为南水北调工程安全平稳运行保驾护航；生态补水方面，结合现场暗访开展华北地区地下水超采综合治理生态补水监督检查，督促如期完成补水任务，发挥工程生态效益。全年实施责任追究2项，通过问责追责，有力督促南水北调各方履职尽责，起到了警示震慑作用，使全行业适应在被监督、受约束的环境下开展工作，确保水利改革发展顺利推进。

（2）齐抓共管，建设“五位一体”监督体系。在总结过去南水北调工程监督工作经验的基础上，进一步构建水利部监督司（督查办）、业务司局、流域管理机构和工程管理单位“综合监督、专业监督、专项监督、日常监督、内控监督”的监督体系，明晰职责分工，加强“位”与“位”之间的沟通、协调、合作和信息共享，逐步形成新时期南水北调“五位一体”的监督合力。全年以督查检查考核实施计划为抓手，顺利实施“监督司＋督查办、长江委、中线建管局、东线总公司”等联合监督，各监督检查队伍严格排查现场问题，工程管理单位认真开展自查自纠，切实做好问题整改，有力保障了工程安全、运行安全、供水安全。

（3）多措并举，提高工程监督工作效能。监督司不断创新监督检查方式方法，新冠肺炎疫情期间，综合采用电话跟踪、视频飞检、现场督查、编制周报等方式，跟进现场情况，督促工程建设，有效提高了特殊时期参建人员的质量意识和安全意识，有力推动了中线穿黄隧洞检修、北京段PCCP管道检修和换管项目如期完建通水，及时发挥供水效益。积极提升科技监督水平，采用无人机、水下机器人等先进技术手段开展精准监督，提高监督检查发现问题、分析问题、解决问题的能力。以政务督办为抓手，督促相关单位完成水量调度、水费收缴、完工验收、完工财务决算等重点任务，多层次推动工程建设与运行管理水平提档升级。

（4）研以致用，实现检查成果综合运用。对于监督检查中发现的问题，能立行立改的马上督促整改，不能立行立改的要求限期整改，保证监督检查成果落到实处。综合研究全年监督检查情况，进行同年问题横向分析、同类问题纵向比较，筛选南水北调工程监督检查中发现的典型突出问题，为确定下一步监督重点提供参考，同时根据发现问题情况修订监督检查办法问题清单，使监督检查依据更加完善、程序更加规范。

2. 工程建设监督　针对南水北调工程2020年各项重点建设任务，监督司从守护“大国重器”的政治高度出发，紧盯薄弱环节，严抓典型问题，开展了多层次、多维度的监督检查。

（1）聚焦复工复产安全，开展东线东湖水库扩容增效工程专项检查。监督司克服新冠肺炎疫情影响，重点检查了东线东湖水库扩容增效工程建设质量与安全生产情况，在疫情防控和水利工程安全防范压力交织的特殊时期，督促参建单位认真落实防疫措施，有序推进复工复产，切实保障复工复产中的人员健康和施工安全。对问题严重的单位进行全国通报，有力发挥震慑作用。

（2）聚焦工程建设质量，开展东线北延应急供水工程专项检查。南水北调东线北延应急供水工程是华北地区地下水超采综合治理的重要组成部分，中央领导多次就有关工作做出重要指示批示。为全面落实各项部署要求，监督司组织对东线北延应急供水工程开展专项检查，通过现场查看工程质量等情况，及时掌握施工进展和现场问题，督促工程建设与管理单位高质量完成主体工程建设，保障工程顺利通过通水验收。

（3）聚焦工程供水保障，开展中线干线北京段工程停水检修项目质量与安全专项检查。监督司组织开展南水北调中线干线西甘池隧洞出口PCCP换管项目和北京段工程停水检修项目施工1标建设质量与安全生产情况监督检查。针对检查区域和典型问题，要求各方责任单位举一反三、及时整改，严格过程控制，并对相关责任单位实施责任追究。通过监督检查与追责问责，规范了施工行为，提升了安全生产与建设质量管理责任意识，促进了工程如期完工，为首都水安全提供保障。

3. 工程运行监督　针对南水北调工程2020年运行管理任务，监督司始终坚持底线思维，从四个方面深入发力，继续开展水下损坏、消防安全、防汛备汛、生态补水监督检查。

（1）立足保障工程平稳运行，开展中线干线工程渠道重点部位水下损坏情况专项检查。在2019年水下衬砌板专项检查的基础上，监督司组织对南水北调中线干线工程渠道重点部位水下损坏情况开展专项检查。根据检查结果，要求工程管理单位对严重问题部位进行排查、检测或鉴定，及时编制修复方案，加强日常安全监测。通过专项检查，推动工程管理单位尽快修复问题部位，遏制水下损坏问题的进一步发展，防范工程安全风险。

（2）立足提升消防安全水平，开展中线消防安全监督检查。为夯实消防工作基础，落实各级消防职责，监督司组织开展了中线消防安全监督检查，同时对以往检查中的遗留问题进行现场复核。针对专家检查和全面排查发现的问题，要求工程管理单位建立消防问题台账，严格易燃物品管理，加强消防教育培训。通过持续开展消防安全监督检查，增强各级管理单位消防安全意识，提高全线消防安全管理水平。

（3）立足筑牢防汛安全防线，开展防汛备汛工作监督检查。为深入贯彻习近平总书记关于加强防汛抗旱救灾工作的重要指示精神，全面保障南水北调工程安全平稳度汛，监督司组织对中线部分管理单位、东线北延应急供水工程和山东段工程等开展汛前检查。针对防汛备汛工作不充分等问题，要求工程管理单位及时完善防汛预案，加强汛期巡查和队伍、物资管理，做好超标准洪水等紧急情况的度汛准备。通过监督检查，推动防汛备汛工作查漏补缺，保障沿线人民群众生命财产安全。

（4）立足发挥工程生态效益，开展生态补水情况监督检查。为充分发挥南水北调工程跨流域调水作用，切实改善华北地区河湖生态状况，2020年，监督司组织对华北地区地下水超采综合治理中河湖生态补水情况开展监督检查，督促南水北调中线完成生态补水量16.17亿m^3，推动改观华北地区曾经“有河皆干、有水皆污”的局面。

（李笑一　张哲　刘海波　李祥炜）

【稽察专家管理】

1.编制设计单元工程完工验收质量监督报告　河湖保护中心克服新冠肺炎疫情的不利影响，全力做好南水北调工程设计单元工程完工验收有关工作，2020年编写完成沙河渡槽等12个设计单元工程完工验收质量监督报告。根据验收工作进度，按时向设计单元工程完工验收技术性初步验收委员会和完工验收委员会提交了沙河渡槽等12个设计单元工程共计24份质量监督报告，均审议通过，保障了验收工作的顺利开展。此外，及时组织编写提交了20座桥梁的竣工验收质量监督意见，确保了桥梁顺利竣工移交。

2.开展质量监督专项巡查　在做好新冠肺炎疫情防控工作的前提下，河湖保护中心组织开展质量监督专项巡查3组次，分别是4月上旬中线干线北京段检修工程质量监督专项巡查1组次，5月下旬南水北调中线工程膨胀土重点部位、高填方重点渠段、高地下水重点渠段及部分交叉建筑物重点防汛部位质量监督专项巡查2组次。编写完成质量监督专项巡查报告2份，并上报南水北调工程管理司，共计发现较突出的质量问题和运行安全隐患17处，分别提请有关单位组织整改、密切关注和加强监测，确保工程建设和运行安全。

3.配合验收开展相应的工程质量检测　为做好后续中线一期工程整体竣工验收质量评价准备工作和查找中线一期工程深层次风险隐患，掌握重点建筑物和堤防内部质量变化情况，河湖保护中心组织对遴选的中线一期工程黄河以南尚未进行完工验收的15处重点风险部位开展无损检测，累计测线长约56km。通过上述检测，未发现影响运行安全的严重质量缺陷和隐患；同时，也为做好后续南水北调中线一期工程整体竣工验收质量评价进一步累积了科学依据。

（李昂　蔡一鸣　赵晨）

【制度建设】　2020年，水利部印发《水利部办公厅关于印发水利工程运行管理监督检查办法（试行）等5个监督检查办法问题清单（2020年版）的通知》（办监督〔2020〕124号），组织修订《水利工程运行管理监督检查办法（试行）》和《水利工程建设质量与安全生产监督检查办法（试行）》等问题清单，对部分问题进行新增、删除、修改、合并，增加安全生产等方面问题，并对责任追究标准进行完善。修订后的监督检查办法进一步提高了适用性、针对性，为开展

南水北调工程监督检查提供了基本遵循。（李祥炜）

【水利部领导特定“飞检”】 特定“飞检”采取“四不两直”方式，能直接了解和掌握基层真实情况，为水利部领导精准决策提供依据。南水北调工程坚持以特定“飞检”为发现问题的重要手段，促进重点、难点问题解决。2020年，水利部领导带队对南水北调工程开展6组次特定“飞检”，共检查18个现地管理处和1个在建项目；主要检查了中线干线冰期输水安全运行、北京段PCCP和穿黄工程停水检修、加大流量输水安全运行、防汛度汛，以及东线北延在建工程建设。部领导特定“飞检”高位推动了东、中线工程运行管理水平逐步提升，有力保障了年度调水任务顺利完成、生态补水目标如期实现。

（孙武安）

【南水北调工程安全运行检查】 根据南水北调司2020年2月28日南水北调工程安全运行监管流域机构协调会工作部署，调水局编制并汇总整理了调水局、长江委、黄委、淮委、海委、中线建管局和东线总公司等7家单位2020年度南水北调工程安全运行监管工作方案。

1. 防汛检查 经统计，2020年，长江委、黄委、淮委、海委等4个流域管理机构计划组织防汛检查14～21次，安全度汛关键期适时加大检查频次。主要检查内容包括防汛准备、汛期值班及应急管理，以及汛后安全隐患和薄弱环节排查和修复等情况。其中长江委组织检查5～6次，汛前及汛期每月检查1次，共检查6个现场管理单位；黄委组织检查2次，分别为5月中下旬和12月上中旬，将防汛检查与工程运行管理检查合并开展，共检查12个现场管理单位；淮委在汛前、汛期、汛后各安排检查2～3次，共检查34个现场管理单位；海委在汛前、汛期安排检查3～4次，共检查36个现场管理单位。

2. 安全运行检查 经统计，2020年，长江委、黄委、淮委、海委等4个流域管理机构及调水局计划组织工程安全运行检查21～24次，每次检查分若干组。主要检查内容包括运行管理、安全生产、标准化建设等情况，以及水利部安排的年度重点事项办理情况。其中长江委组织检查2～3次，每次检查1～2个现场管理单位；黄委组织检查2次，分山东组和河南组开展，并在重大事件和调水紧张期增加现场检查频次；淮委每月安排检查1次，每次检查3～5个现场管理单位；海委安排检查4～6次，每次检查3～4个现场管理单位；调水局安排检查4次，主要检查各类检查发现问题的整改落实情况，督促问题整改。

为深入贯彻落实水利部部长鄂竟平在应对新冠肺炎疫情工作领导小组会议上提出的“要研究提出新的、务实管用的措施，采取灵活方式、运用先进技术等开展工作”的指示要求，南水北调司高度重视，抓紧落实，及时组织调水局、东线总公司、中线建管局等单位，重点在强化信息化安全监管工作方面集思广益，开展“视频飞检”探索；2020年3月共开展20次（其中东线8次、中线12次），范围涉及南水北调东、中线共19个管理处。东线主要以组建视频会议（微信群、腾讯会议）的形式进行，由现场工作人员配合，通过视频连线查看工程现场，开展检查工作；中线主要采用中控室视频系统、闸站视频监控系统、日常调度系统、工程巡查监管系统、远程视频会议系统、微信视频连线等方式开展监督检查。“视频飞检”等信息化监管手段的顺利实施，有效确保了疫情防控关键阶段南水北调东、中线一期工程运行安全监管工作不缺位，切实保障工程运行安全、供水安全。（孙庆宇　佟昕馨）

【南水北调工程运行监管问题台账库管理】 建立检查发现问题台账库，并按安全运行检查和防汛检查分类规范管理。按照《水利工程运行管理监督检查办法（试行）》等规定，建立检查发现问题台账报送机制，规范问题台账格式、问题分类、印证资料提交、问题整改等报送要求；重点围绕做好台账库管理，及时核查督促检查发现问题整改，实现闭环式、销号制管理。

针对发现问题整改落实情况，结合问题的性质和类别，灵活采取线上电话、微信、蓝信，结合其他“视频飞检”，以及线下资料核查、分析研判、补充提交相关整改材料、现场核查等方式；同时，注重充分发挥项目法人单位稽察大队的作用，及时了解整改进展、督促整改进度、核查整改效果。2020年6月初，对部级层面的90个防汛问题开展核查并以调水监管函〔2020〕67号文上报相关核查报告；7—8月，抽查并现场核查问题台账中部分相关流域管理机构和项目法人单位自查发现问题的整改进度，核查整改效果，完成相关核查报告（调水监管函〔2020〕104号）；9—11月，继续抽查并现场核查问题台账中各层级发现问题的整改落实情况。分3批次对270个问题的整改进度和整改效果进行核查，以台账促整改、以整改完善台账，做好检查成果的汇总分析，对重点工作、系统性问题提出整改意见及建议，确保监督检查效果。（孙庆宇　李永波　范士盼）

【南水北调中线退水闸及退水通道检查】 根据《水利部南水北调司关于进一步加强南水北调中线一期工程420m³/s加大流量输水安全管理工作的通知》（南调便函〔2020〕84号），南水北调司组织各流域管理机构、调水局、沿线水行政主管部门和中线建管局，对中线一期工程57座退水闸和退水通道进行全面排查，消除存在的短板和弱项，确保运行安全。南水北调司组织调水局赴现场排查了沁河、严陵河、屿河等9座退水闸，调水局参加了海委组织的唐河、蒲阳河、曲逆中支等3座退水闸排查。4个流域管理机构按分工对辖区内退水闸和退水通道进行排查（其中长江委7座、黄委2座、海委38座、淮委10座）。北京、河北、河南等地的省级水行政主管部门按要求对辖区内退水通道等进行排查。中线建管局组织对所有退水闸进行工程区域内排查。各相关单位按照要求，通过现场查看退水闸、退水通道及下游连接河道等情况，与地方水行政主管部门、工程运行管理单位进行深入座谈交流，排查并掌握了退水闸相关退水指标及现状退水对下游通道产生的不利影响、存在的安全隐患，以及对工程运行安全的影响等情况，发现退水闸和退水通道存在的问题，督促与地方建立良性沟通机制，提出针对性的意见和建议，圆满完成此次专项排查工作。调水局对此次排查情况进行统计汇总分析，并提交汇总材料。根据《水利部南水北调司关于持续推进南水北调中线工程退水闸及退水通道有关问题整改工作的通知》（南调便函〔2020〕144号）要求，要求各单位各负其责，抓紧组织落实整改工作。

（孙庆宇　李永波　范士盼）

【南水北调工程安全运行监管协调会】　为及时总结交流新监管体系下的监管工作经验，进一步优化完善南水北调工程安全运行监管相关工作，按照南水北调司工作部署，调水局分区域承办了南水北调工程安全运行及防汛检查片区（东线、中线、水源区）3次协调会，交流研讨南水北调工程安全运行及防汛检查相关工作，南水北调司就进一步优化完善南水北调工程安全运行监管相关工作进行交流研讨。

2020年9月16日，在青岛市组织召开南水北调工程安全运行监督管理工作东线区域协调会，共计30余人参会。会上，东线总公司督查队汇报了2020年以来南水北调东线工程“飞检”有关情况，调水局、淮委、江苏省南水北调办、江苏水源公司、山东省水利厅、山东干线公司等参会单位分别汇报了在南水北调工程运行监管方面的工作开展情况，并就工作过程中遇到的问题进行了充分的交流讨论。

2020年9月28日，在郑州市组织召开南水北调工程安全运行监督管理工作中线区域座谈会，共计30余人参会。会上，中线建管局稽察大队汇报了2020年以来南水北调中线工程检查的基本情况，调水局、黄委、淮委、海委、北京市水务局、天津市水务局、河北省水利厅、河南省水利厅等参会单位分别汇报了在南水北调工程运行监管方面的工作开展情况，并就下一步工作思路和工作方式进行了交流讨论。

2020年10月29日，在丹江口市组织召开南水北调工程安全运行监督管理工作中线水源区域座谈会，共计30余人参会。会上，中线水源工程安全运行管理检查组汇报了对中线水源工程（丹江口水库）安全运行检查的成果，水利部大坝安全管理中心汇报了南水北调中线工程安全评估工作的开展情况，中线建管局对南水北调中线工程安全评估工作开展情况作了补充说明，调水局、长江委、湖北省水利厅、汉江集团、中线水源公司等参会单位分别汇报了在南水北调工程运行监管方面的工作开展情况，并就检查发现问题的整改情况和台账管理工作进行了交流讨论。

（孙庆宇　范士盼　李永波）

技术咨询

【专家委工作】　2020年，南水北调工程专家委员会（以下简称“专家委”）紧紧围绕水利部党组的工作要求，履职尽责，担当实干。3月，为专家委委员颁发聘书；4月，召开专家委调整设立后的第一次座谈会；6月，修订印发《南水北调工程专家委员会章程》。全年共开展技术咨询、专题研究、专项调研等活动26项（其中技术咨询19项、专题研究3项、专项调研4项）；组织了南水北调工程申报国家科技进步奖有关问题问卷调查，充分发挥了专家委权威、客观、公正的独特作用，为南水北调工程运行安全、优化调度等重点工作做出了积极贡献。　（钟慧荣　陈阳）

【技术咨询】　专家委紧紧围绕南水北调工程年度中心工作任务，开展了19次重大技术咨询活动。对其他工程穿越南水北调中线干线工程安全控制技术研究报告、南水北调中线雄安调蓄库调蓄工程上库主坝坝型比选、南水北调中线一期穿黄工程穿黄隧洞安全监测成果评价研究等进行技术咨询活动共计19次，为已建工程防范化解风险、安全平稳运行及推进后续工程提供技术支持。　（钟慧荣　陈阳）

【专题调研】　2020年，专家委对洺河渡槽、青兰高速渡槽、穿黄河工程及雄安调蓄库进行调研，分别与工程运行管理单位、设计单位、安全监测单位进行交流座谈，针对工程的特点，提出各工程后续运行管理和建设可能发生的风险及应重点关注的事项，对存在的问题进行技术指导，为工程建设和运行提供技术支撑。

（钟慧荣　侯永军）

【专项课题研究】　2020年，专家委聚焦南水北调工程关键技术难题，与国内的科研院所、设计单位合作开展多项专题研究。针对重点工程的安全风险防范，组织开展南水北调中线一期穿黄工程穿黄隧洞安全监测成果评价研究、南水北调中线干线北京段PCCP工程阴极保护试验研究；配合南水北调工程管理的重大部署开展高质量推进南水北调东、中线后续工程建设及运营管理面临的重大问题研究，研究成果为工程运行管理提供了技术参考和指导。 （陈阳 侯永军）

重大专题与关键技术

【南水北调工程运行安全检测技术研究与示范】 “南水北调工程运行安全检测技术研究与示范”项目于2018年8月在科技部正式立项。2020年8月，项目参加并顺利通过科技部专业机构安排的中期检查。同时，为加强新冠肺炎疫情期间项目研究管理工作，全年组织召开项目年度协调会议2次（视频会议1次），开展经费执行情况等督导检查2次（视频检查1次）、技术交流及调研6次（视频交流3次）、“飞检”10次（“视频飞检”4次）、技术咨询论证2次（视频咨询1次）、专题研究进展旬报32期。截至2020年12月底，编制完成《南水北调建筑物检测技术标准（征求意见稿）》，基本完成南水北调工程评估方案研究；初步搭建完成南水北调工程监测检测大数据分析与智能预警处置集成系统；研发PCCP放空检测装备样机并完成现场示范；研发完成线性工程双目成像无人机、拖曳式电磁感应仪、水下防渗衬砌智能检测装备、渡槽结构车载综合检测车等4套智能检测装备样机，顺利完成2020年度全部研究任务和考核指标。

（阎红梅 关炜 李楠楠 张颜）

宣传工作

【南水北调司宣传工作】 2020年，在水利部办公厅的组织和指导下，南水北调宣传工作以习近平新时代中国特色社会主义思想为指导，深入贯彻落实水利改革发展总基调，聚焦“高标准样板”工程定位，大力宣传南水北调工程作为大国重器发挥的巨大综合效益，特别是在生态文明建设和增进民生福祉中的作用，较好地完成了全年宣传工作，推动南水北调各项工作不断开创新局面，为水利事业高质量发展营造了良好的社会环境。

1. 强化新闻宣传

（1）积极主动协调配合办公厅，争取中央宣传部、中央网信办及地方宣传和新闻等主管部门的支持，做好宣传引导工作。协调宣教中心、指导南水北调宣传中心，密切联系中央主流新闻媒体、国家重点新闻网站及地方新闻媒体，深度挖掘、深化报道，进行深层次、全方位的宣传。

（2）针对新冠肺炎疫情防控与供水保障、复工复产、工程综合效益发挥、后续工程建设等工作亮点，做好信息报送工作，全年共报送政务信息7条，其中“南水北调中线工程加大流量向河北河南25条河流生态补水”

"中线工程开展加大设计流量供水""南水北调中线工程通水六年达效"等3篇被中央办公厅《每日汇报》和国务院办公厅《昨日要情》采用。

（3）加强宣传阵地建设，指导宣传中心召开第九期南水北调通联业务培训班，提升南水北调宣传队伍业务素质，提高做好新时期宣传的保障支撑能力。

（4）指导开展公共传播课题研究，研究宣传南水北调工程对京津冀协同发展、雄安新区建设、生态文明建设和脱贫攻坚等重大国家战略的保障和促进作用，推动成果转化。

2. 抓好重要节点宣传

（1）开展中线工程首次大流量输水集中宣传。围绕加大流量输水和其间开展的沿线河流生态补水、中线一期工程累计供水量突破300亿m^3等重要事件节点，紧密联系中央电视台、《人民日报》、新华社等23家中央主流媒体进行新闻报道，并在《新闻联播》栏目及时播发，在各频道滚动播发，在《人民日报》的《深度观察》栏目推出专题报道。

（2）配合做好全面建成小康社会系列宣传。委托课题单位制作定点扶贫展示网页，并在《南水北调报》增设"打赢脱贫攻坚战"栏目，开展定点扶贫成效专题报道，突出南水北调在助力打赢脱贫攻坚战和提升饮水安全中发挥的重要作用，积极宣传水利扶贫工作中的创新举措、典型经验和先进事迹。

（3）开展全面通水六周年集中宣传。组织策划专题宣传报道，融合"报、网、端、微、屏"传播平台，加大宣传力度，突出宣传工程调水成果、生态效益、受水区各界爱水节水护水情况、后续工程建设，关注库区移民和沿线居民的幸福生活。

（4）继续在中央电视台播出南水北调系列公益广告。协调指导《话说南水北调》在CCTV-2播出，获得良好社会反响。

（5）积极开展南水北调后续工程宣传。及时报道南水北调东线一期北延应急供水工程建设进展，以及东线二期、中线调蓄库、引江补汉等后续工程前期工作进展，做好社会引导。

（6）围绕"高标准样板"定位，做好工程运行管理宣传。深入宣传在健全运行安全监管工作体系、强化日常监督和过程监管、持续推进工程运行管理标准化规范化等方面的先进举措和典型成果。

（7）做好工程年度任务完成、调水整数关口及重点工程突破进展等节点的宣传工作。

3. 推进南水北调品牌建设

（1）持续深度挖掘南水北调工程在工程建设、运行管理、技术创新、生态文明建设等方面取得的成绩，全方位、多角度开展品牌综合宣传工作。继续指导办好报纸、门户网站、手机报，编制《中国南水北调工程效益报告》，编纂出版《中国南水北调年鉴》，编制新闻精选集等。

（2）总结提炼南水北调精神。在前期工作基础上，委托有关权威机构开展深入研究，总结提炼出具有时代性、思想性、整体性和共享性的南水北调精神，为今后的宣传推广打好基础。

（3）做好中国南水北调集团组建的相关宣传工作。

（4）挖掘一线善于创新、精于管理、甘于奉献的人物事迹，推出上百篇专题报道，树立典型和榜样，以小切口、大视角，讲好南水北调故事，传播南水北调正能量。

4. 加大新媒体传播及文创产品推广力度 进一步扩大新媒体宣传影响力，建好新媒体矩阵。组织制定完善新媒体管理办法，明确发布原则，规范管理流程，加大南水北调微博、微信客户端宣传推广力度，实现与水利部官方微信公众号的良性互动。“信语南水北调”微信公众号组织发布《震撼航拍！南水北调高清壁纸来了》《南水北调全面通水六周年！生日快乐！》等推文，燃亮新媒体，燃爆“朋友圈”。东、中线一期工程全面通水6周年期间，新华社、《人民日报》、《新京报》客户端分别发布多篇专题报道，并由多家客户端转发。中国政府网以“加快构建‘四横三纵’骨干水网——水利部相关部门负责人谈南水北调后续工程建设”为题进行报道。“中国水利”“封面新闻”“澎湃新闻”等微信公众号也进行了专题报道。中央电视台财经频道微博客户端发布的“南水北调使1.2亿人受益”话题冲上微博热搜，阅读量高达1亿人次。

5. 大力推进法治、节水等专项宣传工作 利用“国家宪法日”“世界水日”“中国水周”等节点，围绕节水护水、饮水安全、工程保护等主题，加强《南水北调工程供用水管理条例》的宣贯力度，指导督促各单位采用新形式，积极宣传依法保护南水北调工程的典型案例和实践经验，增强受水区群众的节水意识。东线总公司策划专题问卷调查等活动，增强员工和受水区群众的节水意识；中线建管局持续开展“南水北调公民大讲堂”活动，通过视频化、网络化等形式，进社区、进学校、进企业、进农村，为工程安全运行营造有利社会环境，同时依托南水北调全国中小学生研学实践教育基地，成功举办“智慧中线 安全调水”主题开放日活动，让社会各界近距离了解南水北调工程，普及工程知识，展示巨大效益。

（梁祎 张中流）

【北京市宣传工作】 （1）2020年，北京市南水北调宣传工作围绕重点配套工程进展、相关工程保障、工程智慧化运行、北京段停水检修及扎根南水北调工程一线典型人物开展宣传。2020年媒体共发布北京市南水北调相关稿件1330篇，讲好南水北调北京段故事，展现大国工程，取得良好宣传效果。

（2）2020年，应对突发新冠肺炎疫情，保障城市运转，作为首都城市供水的重要保障力量，南水北调北京段各配套工程确保防疫和复工“两不误”。2020年2月19日，《北京日报》发布题为“全封闭施工‘军事化’管理，南水北调干线北京段复工安全有序”的文章。

（3）北京市自2019年12月起对南水北调北京段地下管线开展定期“体检”，于2020年6月1日完成“体检”。《北京青年报》以“‘体检’7个月 北京南水今日全面恢复供应”为题进行报道，介绍南水北调北京段停工检修相关工作情况，宣传北京市水务系统全心全意为人民服务，全力保障城市供水安全。

（4）围绕南水北调北京段重点配套工程，随时跟进工程重要进展，宣传配套工程重要意义，体现水务人扎根工程一线，抢时间、拼全力，确保配套工程按期完工，让更多的市民早日喝上南水。2020年3月18日，《北京日报》以“南水北调亦庄调节池扩建，库容量将增加4倍”为题进行报道，4月23日以“北京南水北调地下供水管线将打通最后1.8公里”为题进行报道。

（5）积极开展南水北调相关法规普法宣传活动。南水北调各相关单位注重加强水法规，尤其是南水北调工程建设与保护相关法规的宣传教育，组织干部职工学习宣传《水法》《水污染防治法》《南水北调工程供用水管理条例》《北京市南水北调工程保护办法》等水法规，不断提高广大干部职工依法履职的能力。南水北调工程执法大队组织以“珍惜南来之水、守护工程安全”为主题的系列普法活动，先后开展主题宣传活动共11次，发放普法宣传材料5000余份，现场解答咨询1900余人次，覆盖工程周边群众15000余人次。（王一涵　卢功科）

【天津市宣传工作】　2020年5月初，配合南水北调中线建管局天津分局开展引江向天津市供水超50亿m^3新闻宣传，全面展示南水北调工程在保障供水安全、优化天津市水资源结构、改善水生态环境等方面的重要作用，在中央驻天津和当地媒体刊登（播发）相关宣传报道20余篇。2020年12月中旬，组织开展引江通水六周年宣传报道，在《天津日报》、北方网等重点媒体刊发通讯《南水北调中线通水6周年效益显著——近60亿m^3江水润泽津门大地》，大力宣传引江供水对保障城乡供水安全的重要作用。

（王延）

【河北省宣传工作】　2020年，河北省紧紧围绕南水北调中心工作，充分利用广播、电视、网站、微博、公众号等多种媒体形式，大力宣传南水北调作为国之大事、国之重器的支撑地位，广泛宣传南水北调事关战略全局、事关长远发展、事关人民福祉的重要意义，深度宣传南水北调在缓解水资源短缺、保障群众饮水安全、复苏河湖生态环境、改善地下水超采现状等方面的重要作用。通过传播南水北调声音，分析调水、节水关系，强调“三先三后”意义，切实拉近群众与南水北调关系，有效加深群众对调水、节水的认识，有力促进全社会形成保护南水北调的共识，有力推动形成人人参与、人人受益、人人节水、人人保护的良好社会氛围。

（1）加强重要节点宣传。在完成年度调水任务、调水量整数等重要节点，对南水北调工程效益进行宣传报道，有利于群众充分了解南水北调重要作用。

（2）加强江水利用宣传。着力对受水区城乡水源置换、农村饮水安全巩固提升、企业江水直供等工作进行宣传报道，有利于群众充分认识引江水已成为南水北调受水区主要水源。

（3）加强生态补水宣传。利用引江水对多条河道实施生态补水，滹沱河等多年断流河道重现水流，河湖水生态环境明显改善，沿线群众获得感、幸福感、安全感明显增强。

（4）加强节约用水宣传。充分利用“世界水日”“中国水周”等节点，积极开展“先节水后调水、先治污后通水、先环保后用水”“节水优先”“节水护水”“把节水作为南水北调受水区的根本出路”等主题宣传，进一步提升全社会节约用水和水资源保护意识。

（5）加强法治教育宣传。着力做好《南水北调工程供用水管理条例》《穿跨邻接南水北调中线干线工程项目管理和监督检查办法（试行）》等文件的宣传解读，切实提升全社会保护南水北调工程意识，有效保障南水北调工程安全、供水安全、水质安全。

（6）做好利用新媒体宣传工作。充分利用电视、网站、微博、公众号、水利杂志等传统与新媒体形式，积极开展《三水皆来济燕赵　百川复流润苍生》《南水北调中线工程：遣大江之水润燕赵万物》《用量不断提升　效益日益显著——南水北调为我省经济社会可持续发展提供可靠水资源保障》等主题报道，详细解读南水北调工程通水以来为河北省带来的巨大效益。

（王腾）

【河南省宣传工作】　2020 年，河南省南水北调建管局舆论宣传效果显著，在河南省累计供水 100 亿 m^3 的重要节点，组织《河南日报》记者采访、刊发“南水北调工程向河南省供水 100 亿 m^3”的新闻，并被国内多家主流媒体转发。利用微信工作群、学习强国 App、河南水利机关党建网、“水润中原微党建”微信公众号等新媒体手段，扩大宣传阵地，加强信息交流。对河南省南水北调建管局官方网站进行改版升级，更好地为全省南水北调宣传服务，得到南水北调系统干部职工的广泛认可。承办河南省水利厅科普知识讲解大赛并取得圆满成功。开展河南省南水北调建管局节水机关建设，制作节水宣传品、宣传册，开展“节水宣传进社区”活动，营造良好舆论氛围。更换节水用水器具，建设雨水收集利用系统、污水处理回用及智能绿化浇灌系统等措施，2020年节水量约5000t，节水率达50%以上，节水效果显著。

《河南河湖大典·南水北调篇》基本完成。郑州市建管处勇挑重担，编纂人员克服身兼数职、新冠肺炎疫情影响等困难，通过视频会议、网上汇稿、线下培训、现场指导等多种方式推进工作；2020年各编纂单元的初稿全部完成，报河南省水利厅编纂办公室进行四级评审。预计成稿约25万字。

（崔堃）

【湖北省宣传工作】 2020年，湖北省相继遭遇严重的新冠肺炎疫情和有历史记录以来雨量第二大的梅雨。湖北省水利新闻宣传紧紧围绕水利中心工作，坚持正确舆论导向，紧跟时事热点和行业重点，讲好"水故事"，做足"水文章"，努力为湖北省水利事业改革发展强服务、提动能、聚力量。

（1）紧密围绕中心，彰显部门担当。在《人民日报》刊登专版《湖北：破解大别山区饮水难题　助力脱贫攻坚》，在《中国水利》杂志开展"农村饮水安全"专题宣传。组织新华网记者赴湖北省荆门市钟祥市采访移民工作和示范村建设，赴十堰市采访书记脱贫攻坚；完成《中国水利》杂志约稿——回顾2020、展望2021厅长署名文章《全力应对打好疫后重振水利攻坚战》；在《湖北日报》《中国水利报》、湖北卫视等主流媒体推出"补短板"系列报道。通过协调湖北省委宣传部召开新闻发布会，联系湖北卫视进行湖北省水利厅领导专访，协调业务处室及基层单位接受媒体采访等，重点宣传科学调度水利工程发挥的重要作用和三年"补短板"取得的显著防洪减灾效益。汛期结束当天，在《湖北日报》刊发《守望江河　力保安澜》专版，全面宣传水利部门工作成效。2020年在《中国水利报》刊发多个专题。树立水利部门担当善为的良好行业形象。

（2）推广湖北经验，展示主场力量。积极做好与中央、省级主流媒体及行业报刊的沟通联络，湖北水利行业复工复产及湖北水利人"抗疫"系列报道相继出现在中央电视台《新闻直播间》《朝闻天下》栏目和水利部网站、《经济日报》、《中国水利报》、中国水利网、中国网、"学习强国"等多个媒体平台。3月26日，湖北省水利厅向水利部及中央媒体提供的湖北省在建重大水利工程全部复工的宣传信息由水利部向国务院办公厅报送并被采用。4月21日，水利部办公厅第4次以短信形式推送"湖北经验"，向全体部领导及各司局、流域管理机构和各省水利厅主要负责人推荐"湖北做法"。同时，在"湖北水利"微信、微博平台，采用动态H5、图文结合等多元推送形式，策划推出系列报道《疫情当前，众志成城！湖北水利人在行动》共计17期。

（3）抓住时间节点，搞好主题宣传。在新中国成立70周年之际，策划推出新闻发布会、专题展、水文化宣传片、主题微信留言有奖征集、水生态文明小视频等主题宣传活动，在多家媒体通过10余个专版专栏集中反映湖北省水利工作成就。同时，协调中央电视台到荆州市采访荆江分蓄洪区，在《新闻联播》和新闻频道推出“新中国的第一个大型水利工程——荆江分洪工程”报道。在改革开放40周年之际，多版面大篇幅隆重推出湖北省水利成就专版专题。在“不忘初心、牢记使命”主题教育中突出治水为民，重点宣传水利行业打好脱贫攻坚收官战。

（4）拓展阵地建设，推进水情教育。指导武汉节水科技馆和蕲春县大同水库成功申报创建第四批国家级水情教育基地。湖北省水利厅报送的“疫情主战场水利宣传”项目，荣获第五届中国青年志愿服务大赛铜奖、第五届中国青年志愿服务大赛节水护水志愿服务与水利公益宣传教育专项赛三等奖。清江入选第二届全国“最美家乡河”。湖北省水利形象宣传片《千湖之省　碧水长流》获得中央宣传部、国家外文局组织的2019“讲好中国故事”创意传播大赛三等奖。省级水情教育基地——武汉市晴川初中的水科技发明项目获2020年第十八届全国中学生水科技发明比赛暨斯德哥尔摩青少年水奖中国地区选拔赛2个一等奖、1个二等奖、1个三等奖。启动《湖北省水情教育基地设立及管理指南》编制工作，为水情教育基地规范化建设提供支撑。（湖北省水利厅）

【山东省宣传工作】　2020年，山东省水利厅认真贯彻落实全国宣传思想工作会议和全国水利宣传工作会议精神，围绕山东省水利工作大局，立足实际，加强组织领导，完善工作机制，强化工作措施，发挥职能部门和单位作用，扎实做好水利新闻宣传、水情教育和水文化工作，行业和社会主流媒体阵地不断巩固，新闻宣传成果和形式更加丰富，水利公益性宣传和水情教育活动扎实推进，取得良好的社会反响，为水利发展改革创造了良好的社会氛围和舆论支持。

1. 行业宣传和社会宣传有机结合，不断增强舆论引导合力

（1）统筹谋划全年水利宣传和水情教育工作。建立宣传事项和宣传重点月调度制度，确保面上宣传不漏项、重点宣传有成效。

（2）社会媒体宣传力度持续加大。2020年以来，山东省水利厅利用“世界水日”、“中国水周”、全国全省“两会”等重要节点，围绕山东省骨干水网体系建设、小清河防洪综合治理、农村饮水安全攻坚、沿黄节水灌溉工程、黄河高质量发展等主题，在中央电视台、《人民日报》、人民网、新华网、《中国水利报》、“学习强国”平台，以及《大众日报》、山东电视台、齐鲁网、大众网等省级以上媒体

及时报道重点水利工作进展。总体来看，媒体重点关注2020年年初水利工程复工情况、水旱灾害防御、小型水库管护经验、水文管理服务体系建设、水资源管理与节约、山东引调水、保障饮水安全等方面的工作，报道整体客观正面，舆情态势平稳。

（3）政务宣传与行业融媒体主阵地作用进一步得到发挥。积极配合山东省新闻办做好新闻发布工作，全年在《大众日报》、山东电视台等省级主流媒体刊发原创稿件300余篇（条）。通过水利部网站、山东省水利厅门户网站、《中国水利报》、中国水利网、《中国水利》杂志等推出“习近平黄河讲话一周年”“新时代新作为新篇章”“汛来问江河”“乡村振兴”“走向小康生活”等重点专题报道策划，围绕山东省防汛备汛、灾后重建水毁修复工程攻坚战、实施农村饮水安全攻坚行动等，发布山东省水利稿件130余篇（条），其中驻站记者发表60余篇。

（4）节水宣传教育成效显著。积极开展媒体宣传，中央和省内主流媒体宣传报道山东省各行业各领域的节水成效和典型经验100余条。利用“世界水日”和“中国水周”、全国城市节水宣传周、全国科普日等重要节点强化节水宣传，联合山东省教育厅在全省中小学校开展节水主题宣传教育活动，在全省水利系统发展节水志愿者上万人，组织开展节水进机关、进党校、进校园、进企业、进社区、进乡村活动，通过一系列节水宣传教育，进一步增强全社会节水意识。

（5）河长制湖长制重点宣传亮点纷呈。主动引入媒体监督，河长制湖长制实施情况作为《问政山东》栏目主要内容，得到社会各界广泛关注，促进山东省河湖管理保护上台阶、上水平。发挥河长制微信公众号、巡河App、公示牌等作用，注重调动公众力量，河长制湖长制宣传有声有色，形成全社会关心河湖治理保护的良好氛围。

2. 水文化与水情教育工作紧密结合，提升水利行业软实力

（1）落实全国水文化工作座谈会精神，部署开展水文化工作。

（2）扎实做好水利公益性宣传。积极参与水利部组织的青年志愿者项目大赛，获得优异成绩，制作5部节水公益广告片，“世界水日”期间在山东卫视、公共频道、少儿频道、农科频道及全省16市和百余家县级电视台黄金时间多天连播，累计播放4000余次，覆盖人口6000万人。“世界水日”“中国水周”期间活动取得较大社会反响，被全国节水办官方微信公众号专题推送，通过10余家网络媒体线上传播，实现传统媒体与新媒体传播的全覆盖和无缝衔接。

（3）水情教育基地建设取得新进展。积极配合水利部宣传教育中心做好第二批国家水情基地现场复核、第四批国家水情教育基地推荐申报工作。

（4）组织开展山东省“古井名井档案”历史文化资料征集活动。协调山东省文物局提供古井目录，积极推动工作落实。

（5）积极协调参与水利文协组织的“水利艺术家送文化、种文化”活动。先后到国家172项节水供水重大水利工程庄里水库、国家水利风景区峡山水库、山东省水利厅扶贫村东平县沈庄村等地开展“送文化、种文化”活动，受到基层干部群众欢迎。

（6）积极参与组织抗击新冠肺炎疫情主题文艺创作活动，以及水利部文明办与中国互联网新闻中心联合组织的主题作品征集活动。

3. 及时回应社会关切，水利舆情监测能力进一步增强　2020年主汛期间，媒体高度关注山东省汛情及防汛备汛情况，新华社、人民网、光明网等中央媒体，以及山东广播电视台、《大众日报》、《农村大众报》、《齐鲁晚报》等山东省级媒体参与报道。山东省水利厅高度重视舆情监测能力提升，与水利部宣教中心合作，与山东省网信办等上级部门联系沟通，进一步加强与水利部及各市（县）水利基层单位的信息共享能力，为防汛度汛提供坚强支撑保障。（赵新　郑洪霞）

【江苏省宣传工作】　2020年，江苏省紧紧围绕习近平总书记调研南水北调东线工程及年度调水、工程效益发挥等方面，开展多种形式的宣传报道，进一步加深社会各界对南水北调工程的了解，不断提升南水北调工程影响力。

（1）提高站位，深刻学习贯彻习近平总书记关于南水北调工作重要指示精神。习近平总书记视察南水北调东线工程并作出重要指示后，江苏省各主流媒体迅速响应，及时转载新华社、《人民日报》、中央电视台等国家级媒体有关新闻报道，江苏省级主流媒体开展后续挖掘报道。江苏省委机关报《新华日报》深入探寻“源头精神”，连续刊发“南水北调，从这里发源”“当惊世界殊，敢叫江水向北流”“长大后，我也就成了你”“全国一盘棋中的江苏作为”等系列报道，引发强烈反响。

（2）围绕重点，持续开展年度调水和水质保障等宣传。围绕重点，多平台、全历时做好宣传。做好亮点重点宣传，在调水启动和结束等重点时段开展密集宣传，特别是2020年年初新冠肺炎疫情防控压力最大的时候，江苏省按时启动年度调水，在省内率先复工复产，相关报道登上新闻联播；在《人民日报》刊发《江苏南水北调工程　为有源头活水来》的专题报道。协调主流媒体聚焦。2020年，江苏省南水北调相关新闻先后登上《新闻联播》《人民日报》《中国水利报》，江苏省《新华日报》、江苏卫视等主流媒体也多次报道。确保宣传持续发力。在江苏省水利厅网站南水北调板块设立“年度调水”专题，集中报道有关部门、沿线市（县）工作动态和工程运行情况，调水期间每天发布相关数据，累计发布新闻动态100余条。

（3）确保稳定，全力做好舆情监测和危机应对处置。密切关注网站、微博、微信、贴吧、论坛等涉及江苏省南水北调方面的信息。全年网络舆情平稳，没有发生造成不良影响的舆情事件。同时，做好政务咨询的回复工作，及时化解群众疑惑，信息公开透明。（倪效欣）

【南水北调中线干线工程建设管理局宣传工作】 2020年，中线建管局积极落实水利宣传工作要求，始终坚持正确舆论导向，探索创新宣传报道形式，宣传南水北调工程效益，讲好南水北调故事。围绕南水北调中线工程通水6周年、中线工程加大流量输水等重要宣传节点，持续做好南水北调宣传工作。

1. 通水6周年集中宣传成效明显 2020年12月12日，南水北调东、中线工程通水6周年。中线建管局以通水6周年为重点，开展全方位立体化传播，中央媒体、地方媒体和新媒体形成矩阵同步发力。中央电视台、新华社、《人民日报》、中国政府网、《光明日报》、"学习强国"等媒体同步集中报道南水北调。中央电视台形成以《新闻联播》为龙头的系列栏目的组合报道，《人民日报》在一版重点报道和专版专题报道，新华社客户端转发多篇相关文章，累计浏览量达78万余次。北京电视台、《河南日报》、《河北日报》等100多家地方媒体密集报道。中线建管局宣传中心自有媒体形成融媒体态势，为社会媒体提供通稿、视频、图片、推文等素材，推出宣传片《中线印象》《震撼航拍！南水北调高清壁纸来了》，在《中国南水北调报》发布通水6周年8版专刊，在中线建管局网站发布专题，展示工程效益和运行管理成效。精准定位新媒体，多方面制造热点、亮点，并不断传播扩散。《人民日报》客户端等多家客户端转发6周年新闻，"央广网新闻""澎湃新闻"微信公众号等新媒体持续报道。中央电视台财经频道官方微博发布的"南水北调使1.2亿人受益"话题冲上微博热搜，阅读量高达1亿人次。据人民网监测，11月25日0时至12月15日14时，南水北调全面通水6周年相关信息为5110条。

2. 加大流量输水三上《新闻联播》 2020年4月29日至6月20日，中线工程利用丹江口水库腾库迎汛的有利时机，首次实施加大流量输水，渠首入渠达到420m^3/s的设计加大流量，并抓住机遇开展大规模宣传报道。在加大流量输水启动、全线输水300亿m^3、加大流量输水圆满结束等3个重要节点，中央电视台《新闻联播》栏目及时播发相关新闻，并在其他频道滚动播发。6月23日，《人民日报》在1版刊发《南水北调中线累计调水306亿m^3》，据统计共有23

家中央媒体参与报道，人民网、新华网、新华社原发报道优势明显，中央及地方新闻网站积极转发，触发全网二次传播。

3. 新媒体宣传形成强大传播力　中线建管局按照水利部部长鄂竟平“要瞄准宣传受众，根据不同受众特点、受众需求，有针对性地选择宣传方式，提供个性化的信息服务，做到宣传内容有人看、喜欢看”的要求，充分发挥“信语南水北调”微信公众号和“博言南水北调”官方微博的作用。以微信、微博和抖音为主要内容输出平台，分别对应综合内容生产、社交互动和短视频，在此基础上拓展今日头条、澎湃和知乎等平台。制定新的传播升级策略，在主题设计、传播平台选择、传播形式上进行探索和尝试。通过原创性图片、视频、漫画等进行日常传播，并在加大流量输水、通水300亿m^3、通水6周年等重要节点进行专业策划。“信语南水北调”微信公众号、“博言南水北调”官方微博已经成为南水北调宣传高地。“信语南水北调”微信公众号订阅用户数量为13043个，共发送推文205篇，总点击量超过57万人次；“博言南水北调”官方微博关注用户数量为15814个，共发布微博285条，总点击量超过370万人次。

4. 三个阵地弘扬新时代水利精神　坚守《中国南水北调报》、中线建管局网站、南水北调手机报等宣传阵地，第一时间传递党中央声音、水利部党组部署，反映南水北调建设成就和发挥的巨大效益，弘扬新时代水利精神，传播南水北调文化。《中国南水北调》报注重挖掘亮点、深度报道、重视原创，打造《南水北调效益行》《全力打赢防控疫情阻击战》《南水北调文化采风》等精品栏目，全年出版35期，发行42万份。采写20余篇南水北调工程重要节点的最新消息，推出水利工作会、防疫与供水、信息化建设、后续工程、工作机制等方面的9篇评论，同时协调10多家中央主流媒体和行业媒体网站刊发。

不断优化中线建管局网站。策划推出“一路向北　奔6不息——南水北调中线工程通水6周年”等5个重大专题内容，新增图片视频库管理系统、720全景管理系统和直播平台的网站管理系统，实现了稿件库的资源整合、信息共享；网站后台管理系统等多平台的内容同步发布，做到信息发布快、内容覆盖全面、展现形式多样。网站共发布相关文章2192篇。

不断丰富和完善南水北调手机报的发送内容和形式。注重创新，采用H5和短视频提升阅读质量，在内容选题上全员讨论、优中选优，在制作上严格把关，在形式上不断创新，向短、平、快过渡，实现编辑快捷、阅读简便，与受众形成互动，在内容传播上突出创意。截至2020年年底，手机报接收号码为10099个，累计发送52期。

5. 南水北调品牌形象有效提升　深

入研究和大力宣传南水北调品牌内涵、品牌形象、品牌价值，提升南水北调整体影响力。

（1）积极协调中央电视台，制作播出《共和国脊梁——南水北调工程篇》的7个版本。截至2020年12月，各版本共计播出10万余次，该项目荣获“第五届全国青年志愿服务大赛”铜奖。

（2）成功举办以“智慧中线　安全调水”为主题的2020年中线工程开放日活动。邀请全国人大代表、政协委员等各界人士上千人参观南水北调工程，感受智慧中线的可喜变化，新华社、《人民日报》等20多家中央及地方媒体大规模集中报道。

（3）继续开展“南水北调公民大讲堂”活动。开展线上直播和微视频授课活动，制作科普动画片并通过工程沿线的地方媒体进行宣传推广。组织开展“南水北调科普讲解大赛”和“第二届南水北调公民大讲堂志愿服务大赛”，荣获“第五届全国青年志愿服务大赛”金奖。

（4）深入宣传南水北调在助力打赢脱贫攻坚战和提升饮水安全中发挥的重要作用，刊发“迁徙移民过上好日子——湖北十堰市郧阳区脱贫纪实”等12篇系列报道。

（5）及时报道南水北调东线一期北延应急供水工程建设进展，东线二期、中线调蓄库、引江补汉等后续工程前期工作进展。

（6）围绕“高标准样板”定位，深入宣传南水北调工程在健全运行安全监管工作体系、强化日常监督和过程监管、持续推进工程运行管理标准化规范化等方面的先进举措和典型成果。

（7）积极征集南水北调精神表述语，配合水利部发展研究中心做好材料提供、中线调研、资金支撑等工作。

（8）挖掘运行管理过程中的先进人物和事迹，树立典型和榜样，讲好南水北调故事，水利系统内平台发布相关报道121篇。　（王乃卉）

【南水北调东线总公司宣传工作】　2020年，南水北调东线总公司认真贯彻落实中央宣传思想和水利部宣传工作要点，围绕“东线之美”宣传主题，开展了常规节点新闻宣传、北延工程建设宣传、企业文化建设宣传等工作。全年中央级媒体宣传100余次，网媒点击率达1000万次，央视传播辐射1.3亿人次。

1．常规节点性新闻报道　2020年度完成4次调水节点报道，4次中央电视台报道、3次《人民日报》刊登、1次新华社专题报道。

（1）开展年度调水启动、结束宣传报道。2月18日上午，南水北调东线一期工程启动2019—2020年度第二阶段调水工作，CCTV-1《新闻联播》进行视频播报53秒，新华社、人民网等中央媒体和腾讯、搜狐等主流网络媒体累计报道20余次。4月30日，南水北调东线一期工程2019—

2020年度第二阶段调水工作顺利完成，《人民日报》、《光明日报》、《经济日报》、人民网、新华网、央广网等18家中央级媒体新闻发布，各大媒体网络平台、主流网媒及自媒体平台播报。12月23日，南水北调东线一期工程2020—2021年度调水工作启动。CCTV-13《朝闻天下》视频播报45秒，新华社、央视新闻、央广网、环球网、中国日报网等24家媒体发布南水北调东线新年度调水正式启动新闻，各媒体平台转载。

（2）全面通水6周年宣传。12月12日，南水北调东中线一期工程全面通水6周年，CCTV-1《新闻联播》视频播报65秒，《人民日报》2次刊登（要闻版、绿色版），新华社客户端发布专题系列报道《加快构建“四横三纵”骨干水网》，《光明日报》、央视网、人民网、央广网、中国经济网等14家权威媒体进行报道。

2. 北延工程建设节点报道　以信息专报形式向水利部上报6期，被上级单位内参选用4期，在《人民日报》生态版报道1次，其他中央级媒体及主流网络媒体累计报道超68次。

（1）工程复工报道。2月23日，向水利部上报北延工程复产复工和建设节点6期，被上级单位内参选用4期。《人民日报》、新华网、人民网、央广网、《环球时报》等多家中央级媒体报道，国务院官网、水利部官网等政府官方网站转载，新浪等20余家主流网络媒体同步转载。报道展现了新冠肺炎疫情期间企业勇于承担社会责任。

（2）工程“主汛期前大干40天”报道。重点围绕工程进度进行一线施工报道，展现国家工程实施过程中的质量管理、周期管理、安全管理以及一线人员的奉献精神，报道频次28次。

（3）工程河道衬砌完成过半报道。9月，组织中国经济新闻网、腾讯网、搜狐网等10家主流媒体对工程河道衬砌完成过半报道并转载。搜狐网、新华热线、中国快报网等10家＋媒体同步报道。报道突出了工程安全、质量保障等。

3. 制作公益广告和视频

（1）制作南水北调东线公益广告。2020年，南水北调东线公益广告以水质为主题，聘请央视制片人专门策划摄制脚本。8月组织人员赴工程沿线拍摄水质监测工作流程和京杭大运河、洪泽湖、南四湖、东平湖水质情况，以画面形式展现工程通水7年的水质变化，10月在中央电视台多个频道播出。

（2）制作北延工程建设节点视频。工程复工，组织人员到工程现场进行11次采风拍摄，收集了14T（1T＝1024G）容量视频，制作了北延工程质量管理汇报片。

（3）制作公司防疫宣传视频。国内新冠肺炎疫情爆发以来，根据国家防疫要求，公司部署严密的防疫措施，制作了南水北调东线总公司防疫视频，展现公司防疫措施，体现公司防疫抗疫的企业责任感。

4. 开展媒体采风活动　全年完成5次实地采风，5次专家媒体座谈会，10余次沟通当地政府相关部门，超65次媒体发布及转载报道。

（1）北延工程安全生产月采风行。8月，邀请《人民日报》、《人民政协报》、《中国环境报》、《中国水利报》、新华社、中国新闻社等6家媒体记者，赴北延工程实地考察采风。中国新闻网、搜狐网等8家主流媒体同步报道，重点突出工程保障安全性。

（2）组织工程沿线生态效益采风行。11月邀请《学习时报》《科技日报》《中国水利报》等媒体记者赴南水北调东线工程调蓄湖泊东平湖实地采风，邀请《人民政协报》《中国环境报》等媒体记者赴洪泽湖进行实地考察，报道东平湖、洪泽湖湖区近年来的生态治理和环境改善情况。

（3）组织东线大运河文化采风行。与中国国际广播电台合作，邀请《中国水利史典》编委会的专家与青年歌手、影像摄制人员等到南水北调东线工程沿线实地采风，体验东线工程的宏伟浩大和大运河的文化底蕴，水利专家与青年歌手互动创作，展现了东线工程和大运河之美。

（4）全面通水6周年新华社采风行。借助“12·12”全面通水6周年的契机，邀请新华社记者对东线工程综合效益、北延工程进行实地采风与深度报道，在新华社官网、新华社官方微博（新华视点）、新华社客户端、新华网客户端等平台发布图文报道，其中《加快构建“四横三纵”骨干水网》在新华社客户端发布，1小时点击量突破42万。

5. 企业文化建设宣传

（1）开展南水北调东线第二届文艺作品大赛。历时180天，云南、陕西、湖南、湖北、河南、河北、山西、天津、北京、浙江等多地作者投稿300多篇（幅），其中18部文学、摄影、书画作品获奖，32名作者获优秀奖，作品在公司展区进行了展览。

（2）南水北调东线大运河文化MV。借助中国国际广播电台海峡飞虹的视频声量，东线运河行的主题歌曲由青年歌手创作，从预热视频发布到创作歌曲发布，历经1个月，持续发布网络视频12个，点击量突破300万。

（3）“世界水日”“中国水周”活动。在2020年“世界水日”“中国水周”之际，策划制作《“增强节水意识　建设美丽东线”节水护水知识问卷》，通过普及节水文化、护水知识，增强了员工节水意识。策划制作南水北调东线工程快闪视频，凸显了东线一期工程效益，展现了国家重点工程形象。

（4）设计二十四节气及节日节庆海报。在重要的国际节日、中国传统节日、传统节气等日期节点，设计海报、视频或推文，图文同步传播，结合东线工程特征，传播工程理念，推广东线品牌价值。累计制作60余张海报，策划制作近20篇公众号推送稿，以海报、长图、视频等多媒体形式，在网络媒体进行了广泛传播，传播量超过10000人次。

（5）设计年度时光相册。策划制作了2019年度东线工程时光相册视频，回顾年度大事、要事，展现东线工程年度工作成果与工程效益。

（李庆中　冯伯宁）

【南水北调东线江苏水源有限责任公司宣传工作】　2020年，江苏水源公司围绕主责主业，聚焦大事要事，融入发展全局，守正创新、主动作为，被评为“中国南水北调标兵通联站”，获得南水北调和江苏省国资委优秀新闻奖。全年在人民网、《新华日报》、《中国水利报》、“学习强国”、《中国南水北调报》等平台发布新闻79篇，在江苏省国资委网站和微信公众号等平台发布新闻153篇。

（1）把做好习近平总书记视察前后的宣传保障作为头等大事。习近平总书记视察前，积极配合完善思路、整理素材，配合高质量完成江都备调中心展厅改造提升工作；习近平总书记视察后，迅速组织“贯彻总书记重要指示水源行”专题宣传，积极推动将南水北调宣传融入江苏省水利宣传，参与撰稿的《江苏南水北调工程为有源头清水来》在人民网发布；协调配合江苏卫视对江苏水源公司主要领导及分公司、泵站进行采访。参与江苏省水利系统贯彻落实习近平总书记重要讲话指示精神文件起草工作。

（2）服务新冠肺炎疫情防控，做好宣传工作。制作疫情防控手册，宣传疫情防控知识，加强一线员工抗疫情、保调水，推进涉水项目建设，突出事迹宣传，把公司一年来夺取疫情防控和经营发展双胜利好的经验做法及时传播出去。江苏水源公司第一批5家顺利复工单位被国务院国资委“国资小新”列入“复产者联盟”专题，得到中央和省级主流媒体关注。精心策划组织做好专题宣传。

（3）紧盯公司阶段性中心工作，全程加强跟踪。共组织“抗疫情、保调水　我们在行动”、安全生产月专题、“辉煌15年、感动15年　我与水源共成长”“精彩十三五”等10个系列专题。突出思想性，注重大局着眼、小处着手，尽可能捕捉基层一线的人和事，挖掘典型事例，增强榜样影响力。

（张谦颖）

【南水北调东线山东干线有限责任公司宣传工作】　2020年，山东干线公司围绕工程调水运行大局，扎实开展南水北调宣传工作，新闻宣传队伍建设不断加强，节点宣传亮点纷呈，信息工作更加充分，为南水北调工程营造了良好氛围。

1. 完善体制机制建设　山东干线公司在机构调整的基础上，对通讯员队伍进行优化调整，各部门、各单位明确了分管领导和通讯员，形成通联工作网络矩阵。修订印发《宣传信息与舆情管理办法》《舆情应对工作预案》两项制度，进一步规范宣传工作的管理机制。每月通报各部门、各单位在公司自有平台宣传信息采用情况，提升宣传工作积极性。举办一次南水北调宣传业务培训班，提高了通联队伍的工作水平和业务能力。

2. 常规宣传管理有序　围绕工程建设、运行管理等日常工作，持续做好公司自有平台的维护。2020年，刊发《南水北调·山东》报纸12期，在门户网站发布消息共计1550余条，“江水润齐鲁”微信公众号全年发送推文380余篇。及时收集和报道公司各项工作进展情况、成功经验，使上级领导、干部职工及社会大众及时了解南水北调工作开展情况。

3. 紧密联系媒体矩阵　山东干线公司根据《南水北调全面通水五周年东线一期通水六周年宣传报道方案》，结合年度重点工作，组织在行业内主流媒体及山东省主要媒体推出一批全方位、多角度、立体式新闻报道，共刊发38篇。在《大众日报》刊登8次，在《山东新闻联播》报道年度通水情况4次，在《中国水利报》报道工程情况10次。

4. 多媒体宣传亮点纷呈　组织制作沙画《调水不易，节约成习》和CG动画《一滴长江水的使命》节水短片，分别获水利部办公厅、共青团中央办公厅举办的“第五届中国青年志愿者服务项目大赛”节水护水志愿服务与“水利公益宣传教育专项赛”的二等奖和优秀奖。拍摄制作5个单元工程验收片，策划制作于涛、刘辉等3位先进典型人物宣传片，充分发挥了宣传阵地对于优秀员工示范引领作用的影响力。此外，设计制作一批包括鼠标垫、杯垫、水杯、雨伞等形式多样的文创用品，并在进校园、进社区等活动中发放。多媒体宣传品的制作使南水北调文化融入群众生活，对外树立了南水北调良好的品牌形象。

5. 抓住重要节点集中宣传　在“世界水日”“中国水周”期间，组织开展青年节水论坛和“坚持节水优先，建设幸福河湖”主题系列征文活动，同时组织各现场管理局在做好新冠肺炎疫情防控的基础上，开展沿线的主题宣传活动。在“安全生产月”期间，制作发放一批针对青少年的工程安全教育宣传手册和“致家长的一封信”共计24万份，为保障沿线群众人身安全和工程安全起到良好的教育作用。配合年度调水进度，在年度调水开启、省界调水结束、年度调水工作圆满结束及通水周年等重要节点，开展系列宣传，讲好南水北调故事，营造良好舆论氛围。　（丁晓雪）

【南水北调中线水源有限责任公司宣传工作】　2020年，中线水源公司围绕中心、服务大局、把握时效。在通水6周年之际，精心组织策划集视频、图文于一体的新媒体作品《12·12源远“6”长》，在“长江水利”“长江之鉴”微信公众号推出；组织撰写文章《六载坚守　清水永续》，在《人民长江报》《中国水利报》特刊发表。

做好工程运行管理及应对水旱灾害防御宣传工作。组织撰写文章《源头护安澜——中线水源公司防汛备汛工作纪实》，诠释公司的责任与担当。做好工程验收工作宣传。根据公司验收工作不同节点和任务目标，适时推出《南水北调中线水源工程验收全面推进》《挂图作战精准发力　督办管理狠抓落实》《全力备验技能比武　以赛促学力保验收》等文章，有力有序地反映公司在贯彻落实水利部、长江委关于水源工程验收相关决策部署的扎实工作。

在抗击新冠肺炎疫情中，中线水源公司提高宣传工作站位，精心策划。通过公司门户网站，以及水利部和长江委网站、官方微信公众号等多个平台，围绕公司防疫、生产工作深入报道，累计在相关媒体发布报道20余篇。策划专题“战疫水源行——中线水源公司战疫情保生产促复工特别报道”，反映中线水源公司全力抗击疫情，坚守水源阵地，确保工程安全、供水安全、库区安全的责任担当；组织撰写文章《战疫有我——中线水源公司临时党委疫情防控工作纪实》，反映公司党组织在疫情防控中发挥的凝聚力、战斗力。疫情期间，公司及时发声，在水利部和长江委网站、官方微信公众号上发布推文《放心！南水北调中线水源水质稳定在Ⅰ类》《战疫！南水北调工程送来2亿多吨清洁水》等，回应社会关切问题，彰显南水北调工程社会效益，营造良好的社会舆论氛围。（蒲双）

【湖北省引江济汉工程管理局宣传工作】　2020年，湖北省引江济汉局以探索宣传新措施、塑造单位良好形象为目标，先后组织开展生态补水、助力撇洪、增殖放流及工程通水6周年效益等专题报道；配合南水北调宣传中心在“信语南水北调”微信公众号上推出抗击新冠肺炎疫情系列文章；结合社会热点，组织“南水北调人的‘三十而已’”、“南水北调人的打卡地”主题照片征集及“光盘行动”等活动；配合《湖北日报》完成《我看湖北这五年·荆楚新地标》稿件推送；在各类媒体、平台上发表宣传稿件30余篇；在“学习强国”平台4次推送涉及湖北省引江济汉工程管理局工作的内容；中央电视台、新华社、湖北卫视等媒体纷纷聚焦，持续跟进报道引江济汉工程助力荆州长湖撇洪，社会反响强烈。此外，湖北省引江济汉局还专门组织拍摄法制宣传短片《澎湃》、党建短片《守护》。系列宣传工作有效开展，彰显引江济汉工程的民生属性，展现了湖北水利人的时代风采。（朱树娥　金秋）

【湖北省汉江兴隆水利枢纽管理局宣传工作】　2020年年初，湖北省兴隆局制定了《2020年宣传工作要点》，组织成立宣传工作专班，召开宣传工作会议，压实宣传工作责任。

新冠肺炎疫情期间，湖北省兴隆局向湖北省水利厅宣传中心提供抗疫照片、新闻稿件及电站检修照片，将“书香三八　抗疫有我”活动中女职工的文字和视频作品发送湖北省水利厅工会；完成南水北调司组织的《中国南水北调工程建设年鉴（2020）》中有关兴隆枢纽、闸站改造、船道整治等3个设计单元工程相关内容的撰稿工作，在《中国水利年鉴（2020）》刊发《兴隆水利枢纽：打造生态、魅力水利品牌》宣传文章，在中国水利史志上留下兴隆水利枢纽的印迹；同时，多方联动，在《湖北日报》手机客户端刊发《兴隆枢纽强抓尾工防汛备汛》《兴隆局运用现代信息技术助力复工复产》《兴隆局举行冬季汉江放流》等3篇新闻，在《湖北日报》刊发《一泓清水泽荆楚》；在《中国南水北调报》刊发《兴隆河畔、水清人和》《水鸟的天堂》等南水北调通水6周年专题报道；完成兴隆水利枢纽验收汇报宣传片。将中线建管局组织编写的图书《回望我亲历的南水北调》发放给兴隆局职工进行宣传学习。

2020年，湖北省兴隆局向湖北省水利厅门户网站报送新闻近90篇；在《湖北日报》客户端发布新闻3篇，配合《中国南水北调报》发布南水北调通水6周年专题宣传2篇，在《党员生活》杂志发布稿件3篇；在“学习强国”App发布稿件1篇，在湖北机关党建网发布稿件4篇，在湖北水利党建网发布稿件95篇。宣传形式多样，亮点纷呈。　（郑艳霞）

伍　东线一期工程

概　述

【工程管理】 南水北调东线一期工程从长江干流三江营引水，通过13梯级泵站逐级提水，利用京杭大运河及其平行的河道输水，经洪泽湖、骆马湖、南四湖、东平湖调蓄后，分两路：一路向北穿黄河，经小运河接七一·六五河输水至大屯水库，同时具备向河北省和天津市应急供水条件；另一路向东通过济平干渠、济南市区段、济东明渠段工程输水至引黄上节制闸，再利用引黄济青工程、胶东地区引黄调水工程输水至威海米山水库。调水线路总长1466.50km，其中长江至东平湖1045.36km、黄河以北173.49km、胶东输水干线239.78km、穿黄河段7.87km。

南水北调东线一期工程由调水工程和治污工程两大部分组成。其中，调水工程主要包括泵站工程、水库工程、河（渠）道工程、穿黄河工程等。治污工程包括城市污水处理及再生利用设施、工业综合治理、工业结构调整、截污导流、流域综合治理等。工程管理现状如下：治污工程为地方管理，调水工程管理单位主要为江苏水源公司和山东干线公司。

按照《关于将南水北调东线一期工程中央投资（资产）委托南水北调东线总公司统一管理的通知》（水财务〔2019〕122号）要求，水利部授权东线总公司统一管理南水北调东线一期工程，负责工程中央投资（资产）监管。（李院生　姚培培）

【运行调度】 东线总公司统筹新冠肺炎疫情防控和年度调水工作，确保2020年调水任务顺利完成。

（1）围绕调水主业，加强组织领导。同江苏、山东两省保持联络，畅通沟通渠道，妥善解决各方利益诉求和主张，共同谋划克服调水期间遇到的难题。

（2）深入调研、统筹协调，实现北延应急供水工程建设与年度调水双保障。实地调研受北延工程建设影响的鲁北段有关受水区（县），优化鲁北段调水实施方案，于4月30日提前1个月完成鲁北段调水任务，为北延应急供水工程腾出了黄金施工期

（3）是强化保障，多方协作，确保疫情防控与调水两不误。督促两省运管单位缜密高效落实各泵（闸）站现场防疫防控和各项安全措施，确保疫情防控与复工运行万无一失。

（4）优化调度，积极应对山东省小清河防洪综合治理工程、济南市长平滩区护堤工程及东平湖二级湖堤和八里湾出湖闸岁修工程等山东省境内多项水利工程建设对调水的影响。胶东调水于5月11日提前结束，较往年调水时间大幅提前，降低了工程度汛风险。

（5）强化调度过程管控，确保年度调水工作顺利完成。及时下发调度

指令，优化月水量调度方案，强化运行检查、现场监管和水量计量管理，做好水量监测及数据报送工作和调度值班值守工作。（邵文伟）

【经济财务】

1. 资金保障

（1）水费收缴。2020年6月，与河北省签订《南水北调东线一期工程北延应急试通水供水协议（河北境内）》；12月，第二次与山东省续签《南水北调东线一期工程（山东省境内）供水合同》，合同期限为3年。全年收缴南水北调东线一期工程山东省境内水费12.31亿元，收缴北延应急试通水天津市水费0.27亿元。

（2）基建拨款。全年获取北延应急供水工程一般公共预算收入2.60亿元。

（3）资金拨付。2020年，向江苏、山东两省项目法人拨付运行维护和偿还贷款资金共计5.88亿元，其中拨付江苏省1.27亿元，拨付山东省4.61亿元。

（4）二期筹资。研究编制《南水北调东线二期工程建设资金筹措建议方案》，并上报有关决策部门。

2. 预算管理

（1）全面预算。完成2019年度全面预算执行情况分析，完成2020年度全面预算的编制、下达、分析、调整等工作，积极贯彻水利部“过紧日子”精神，努力压减非急需、非刚性支出，全面成本费用支出9752万元，较预算节约16%。

（2）部门预算。完成2020年度项目库清理、项目立项、支出预算编制、绩效目标编制、预算调整等工作，每月按时统计、分析预算执行情况，对北延应急供水工程开展绩效运行监控和年度项目支出绩效自评。全年下达预算2.6亿元，预算执行率为99.76%。

3. 财务决算

（1）企业财务决算。按照《水利部办公厅关于做好2019年度国有企业财务会计决算报告工作的通知》要求，开展2019年度企业财务决算工作，按期、保质完成了年度企业决算工作任务。

（2）部门决算。按照《水利部关于南水北调东线一期工程中央投资（资产）委托南水北调东线总公司统一管理的通知》要求，汇总两省项目法人部门决算报告，按时完成了南水北调东线一期工程部门决算报告的编制、上报工作。

（3）完工财务决算。按照《南水北调东、中线一期工程完工财务决算编报计划表》的要求，7月、9月分别完成开办费和调度运行管理系统工程项目完工财务决算编制并上报水利部，11月取得开办费项目完工财务决算核准。

4. 税务管理　依照税法有关规定，完成2019年度企业所得税汇算清缴和2020年增值税及附加税、企业所得税、印花税等各项税种申报与税款缴纳，全年缴纳税款总计2046.29万元。

5.财务监管　2020年9月，对江苏、山东两省项目法人水费资金使用管理情况开展年度检查，出具检查报告，提出问题整改意见与管理建议。（戴菲）

【创新发展】　2020年，东线总公司深入落实国务院总理李克强在南水北调后续工程工作会议上的重要讲话精神，开展《南水北调东线二期工程供水价格定价机制和价格政策建议研究》工作。该研究梳理了国家相关水价政策，根据《南水北调二期工程规划》供水目标，研究提出可反映水价构成、用户承受能力、水资源供求关系、宏观政策引导的工程供水价格形成机制，为东线二期工程建设资金筹措及工程良性运行奠定了良好基础。

（刘志芳）

【苏鲁省际调度运行管理系统工程投资管理】　2020年，东线总公司下达苏鲁省际调度运行管理系统工程投资计划1466万元，并加强投资控制管理。研究处理苏鲁省际工程调度运行管理系统工程变更管理中疑难问题，开展完工结算编审工作，完成该工程投资收口工作，工程投资控制在概算批复范围内，略有结余。该工程累计完成投资14461万元，2020年完成投资1466万元。

（郭建邦　陈绍军　贾楠）

【东线一期主体工程投资管理】　东线一期工程主体工程包括已批复的68个设计单元工程和江苏、山东两省25项截污导流工程，总投资378亿元。

截至2020年12月31日，主体工程已批复投资364.14亿元。其中，68个设计单元工程批复投资339.41万元，累计下达投资339.41亿元（含水利部下达的前期费2.48亿元）；截污导流工程已批复投资24.73亿元，包括江苏省12.5亿元（4项）、山东省12.09亿元（21项）、前期工作费0.14亿元。

2020年，68个设计单元工程完成投资10394万元。其中，江苏省境内工程完成投资6500万元，山东省境内工程完成投资2056万元，其他专项工程完成投资1838万元。截至2020年12月31日，68个设计单元工程累计完成投资337.68亿元。其中，江苏省境内工程完成投资115.36亿元，山东省境内工程完成投资216.36亿元，其他专项工程完成投资5.95亿元。　（郭建邦　陈绍军　贾楠）

【苏鲁省际工程档案专项验收】　东线总公司负责建设的南水北调东线一期工程2项，分别是苏鲁省际调度运行管理系统工程和管理设施专项工程。

2020年1月，水利部办公厅、调水局组织档案专项验收工作组，对苏鲁省际工程管理设施设计单元工程档案进行专项验收。验收工作组认为项目法人高度重视工程档案工作，档案收集基本齐全、分类合理、整理规范，档案保管条件符合要求，满足工程运行管理需要，达到合格等级，同意通过工程档案专项验收。

10月，调水局组织工程档案评定验收组，对苏鲁省际工程调度运行管理系统工程档案开展专项检查评定及验收。档案评定验收组经综合评议认为：调度运行管理系统工程的档案收集齐全、分类合理、整理规范，档案保管条件符合要求，满足工程运行管理需要，具备开展验收工作的条件，同意通过工程档案专项验收。

（李庆中　宋笑颜）

江苏境内工程

【工程管理】　2020年，江苏省水利厅、江苏省南水北调办按照南水北调新建工程和江水北调工程“统一调度、联合运行”的原则，围绕省外供水、省内用水双保障，加强沟通、协调、会商，不断完善工程管理体制和机制，强化工程运行监管，保证工程良性运行。

1. 完善管理体制机制

（1）管理体制。进一步完善“省政府统一领导、省水利厅和省南水北调办统筹组织与协调、省防指中心统一调度、江苏水源公司及厅属管理单位分别具体管理新老工程、省有关单位根据职责分工负责”的江苏南水北调工程管理体制。统筹开展江苏省南水北调一期工程和后续工程建设管理体制机制研究，进一步完善江苏南水北调工程“属地管理、边界交水”的管理体制方案。

（2）运行机制。继续强化调水出省的部省之间、省有关单位之间及省市之间的协调会商、巡查检查、水质保障、应急处置、信息共享等工作机制，确保全年各类工程平稳运行。

（3）水价政策。进一步构建完善江苏省南水北调水价政策方案，印发《江苏南水北调水费征缴奖惩实施细则（试行）》；完成年度水费收缴工作。

2. 加强工程运行监管

（1）调水工程运行监管。按照水利部及江苏省水利厅关于汛期及调水期工程运行管理要求，做好汛期及调水期工程运行监管及专项检查。对历次检查存在问题和缺陷隐患认真梳理，提出整改意见并督促运行管理单位认真落实整改，在检查整改中不断提高管理水平，保证工程安全运行。

（2）用水管理。协调南水北调新建泵站积极参与江苏省内抗旱、排涝运行，认真做好江苏省南水北调工程向省外调水期间省内输水干线沿线的监测监控等工作。协调江苏省水利厅、省财政厅继续在省级水利工程维修养护经费中对南水北调新建河道和里下河水源调整工程灌区配套工程的维修养护进行补助。

（3）尾水导流工程运行监管。根据尾水导流工程运行管理要求，加强工程运行监管及专项检查，组织开展应急演练与培训，确保充分发挥效益。协调省级财政专项资金在省级水利工程维修养护经费中对已投运的截污导流及尾水导流工程的维修养护进行补助。

（4）安全生产监督。组织完成南水北调东线江苏段新建泵站配套节制闸安全鉴定，洪泽站进水闸、洪泽站挡洪闸、淮安四站新河东闸、泗洪站利民河排涝闸、泗洪站排涝调节闸、泗洪站船闸、泗洪站徐洪河节制闸闸、皂河二站邳洪河北闸、邳州站刘集南闸、蔺家坝站防洪闸等10座闸被评定为一类闸；督促江苏水源公司完成泵站工程管理标准化建设，结合泵站标准化建设成功经验，试点开展河道、水闸标准化建设。根据江苏省水利厅统一部署，组织开展江苏省南水北调工程年度安全生产专项整治活动及“安全生产月”活动。

（薛刘宇　卢振园）

3. 持续提升工程管理水平　2020年，江苏水源公司深入贯彻“补短板、强弱项”管理思路，加强规范化管理刚性约束，坚持“末位提升”和“示范标兵”两手抓，不断提升工程管理水平。

（1）修订完善规章制度，着力提升工作效能。修订完善《南水北调江苏水源公司工程维修养护项目管理办法》《南水北调江苏水源公司工程管理考核办法》，规范维养项目管理，完善工程管理考核激励机制。

（2）严抓维养项目管理，确保工程安全运行。按照“安全运用、注重实效、提升水平、严控经费”的原则，江苏水源公司年内批复维养项目100余项，实施过程中加强质量、安全、进度、投资管理，有力保障了工程效益的充分发挥。

（3）加强委托监管，强化责任和监督。及时组织完成2020年度泵站工程委托管理合同续签，修订合同条款，进一步明确管理职责，提高管理要求，加强日常检查和考核。修订2020年度绿化养护合同，复核现场养护工程量，提高养护管理要求，严格审核管理费用。及时签订供电线路维保协议，在高压供电线路尚未移交情况下，落实管理责任，确保供电安全可靠。

（4）自查自纠举一反三，确保问题整改消缺。系统整编2013年试通水以来检查问题，实行数据库统一管理、系统分析，强化整改，提升问题销号率，降低问题重复率，取得积极成效。

（5）重视工程管理业务培训，补短板促提升。组织开展公司新修订规章制度和防汛预案宣贯，进行水利概算定额、泵站基础知识、工作票操作票、设备评级等方面的专业培训，提高工程管理人员专业素质。

（6）对标管理抓实效，积极创建促提升。组织开展省级水管单位创建工作，宝应站、淮安四站高分通过省级水管单位复核验收，金湖站具备省级水管单位验收条件。

4. 不断完善标准化建设成果

(1) 完善提升泵站工程管理企业标准。系统梳理前期泵站工程标准化建设成果，认真总结建设经验及存在不足，针对问题查漏补缺，优化管理组织、制度、流程，细化管理要求、条件、行为，简化管理表单，修订管理标识，新增管理信息、安全两项标准，逐步形成江苏水源公司泵站工程运行管理企业标准。

(2) 全面完成泵站工程标准化建设。根据公司标准化建设总体工作方案，2020年度完成淮阴三站、刘老涧二站、刘山站、蔺家坝站标准化管理体系建设，结合安全生产标准化达标创建工作，全面更新替换其他10座泵站标识标牌，高质量完成泵站工程标准化建设工作。

(3) 开展金宝航道金湖段、大汕子枢纽标准化试点建设。结合泵站标准化建设成功经验，开展河道和水闸标准化建设，以金宝航道金湖段、大汕子枢纽为试点，构建管理标准化体系，完成管理组织、制度、流程、条件、要求、流程、表单、行为等体系建设，工程整体形象进一步提升。

(4) 研究工程管理信息化需求，力促信息化管理落地生根。组织相关单位积极开展"标准化+信息化"建设，积极调研学习，以洪泽站为试点，开展公司标准化成果信息化转换和应用工作。

5. 努力提升运行管理科技含量

(1) 开展"五小"创新研究。深入贯彻公司创新发展战略，围绕工程管理主责主业，组织开展"小发明、小革新、小改造、小设计、小建议"等"五小"项目研究。分公司、现场管理单位积极响应，实施泵站叶调机构、液压系统等设备设施提升改造研究并形成成果。推选优秀项目参加水利部评比，其中扬州分公司负责实施的《降低泵站能源单耗5%》和《泵站巡查一体机的研制》两个研究成果获得全国水利工程优秀质量管理Ⅰ类成果奖。

(2) 开展清污机专项研究。组织泵站公司和扬州分公司对宝应站进行试点，通过改造清污机控制系统、拦污栅、主链条、齿耙等部件，消除故障，提高效率，保障工程安全运行。

(3) 开展多项科研项目研究。开展《维修养护企业预算定额研究》《泵站运行故障案例分析及其应用研究》《泵站基础信息研究》《运行能力分析及控制运用方式研究》，不断提升工程运行管理科技含量。

(周晨露　刘菁)

【建设管理】 江苏省南水北调一期工程自2002年起开工建设，2013年5月建成试通水，8月通过原国务院南水北调办组织的全线通水验收，11月正式投入运行，实现了江苏省委、省政府确定的"工程率先建成通水，水质率先稳定达标"的总体目标。

江苏省南水北调一期工程包括调水工程和治污工程。调水工程建设内容包括：新建11座、改扩建3座、改造4座大型泵站，形成以运河线为主线、运西线为辅线的双线输水格局；同时，实施里下河水源调整、洪泽湖和南四湖抬高蓄水位影响处理等工程，工程总投资134亿元。治污工程建设分两个阶段实施。第一阶段建设内容包括：建设江都、淮安、宿迁、徐州等市截污导流工程，新建26座城市污水处理厂，实施产业结构调整、工业污染源治理和流域综合整治等102个项目，工程规划总投资60.7亿元，实际总投资70.2亿元；保障输水干线水质持续稳定达标。第二阶段建设内容包括：建设新沂市、丰县沛县、睢宁县及宿迁市等4个尾水资源化利用及导流工程，重点水质断面综合整治、污水处理厂管网配套和水质自动监测站等203个治污项目，总投资约63亿元，其中徐州、宿迁境内总投资15.05亿元的新沂市尾水资源化利用及导流工程等4个工程由江苏省南水北调办实施省级建设管理。

截至2020年年底，调水工程累计完成投资133.8亿元，占总投资的99.8%；治污工程第一阶段102个治污项目全面建成，第二阶段治污项目基本完成，由江苏省南水北调办组织实施省级建设管理的4项尾水导流工程完成投资15.05亿元，占总投资99.97%。

2020年，江苏南水北调工程建设主要包括调水工程的调度运行管理系统专项工程和第二阶段新增治污工程中的宿迁尾水导流工程（江苏省南水北调一期配套工程规划中先期实施项目）。全年共计完成投资1.6028亿元。调度运行管理系统工程建设内容包括信息采集系统、通信系统、计算机网络、工程监控与视频监视系统、数据中心、应用系统、实体运行环境等。2020年，信息采集系统完成水质实验室设备采购；工程监控与视频监视系统基本完成建设任务；应用系统完成监控安全应用软件一期需求系统开发，开展调度运行管理应用软件系统开发；实体运行环境完成宿迁分公司数据中心机房工程；年度完成投资6528万元。截至2020年年底，信息采集系统完成水质及部分水量信息采集建设；通信系统和计算机网络完成自建及租用骨干环网光缆敷设、传输设备及计算机网络设备部署；工程监控与视频监视系统基本完成建设任务；数据中心完成南京调度中心云平台建设；应用系统完成OA办公系统、档案管理系统，完成监控安全应用软件一期需求系统开发；实体运行环境完成江苏省公司调度中心、江都备调中心、分公司实体环境建设；总累计完成投资55721万元，占概算总投资的95.71%。宿迁市尾水导流工程建设内容包括：铺设压力管道91.7km，新建尾水调度泵站2座，新建污水处理厂尾水提升泵站5座，以及水土保持、环境保护等工程。2020年完成压力管道铺设1.5km，完成泵站主体工程及相关水土保持、环境保护等工程施工，年度完成投资0.95亿元。截至2020年年底，工程基本建设完成，累计完成投资5.41亿元，占概算总投资的99.90%。

（薛刘宇　卢振园）

2020年，江苏水源公司克服新冠肺炎疫情影响，紧紧围绕年度目标，统筹工程建设和验收关系，各项工作稳步推进，为一期工程完美收官奠定良好基础。

1. *制定年度实施计划*　根据2020年建设目标，结合江苏南水北调工程扫尾的关键点，年初，江苏水源公司组织分析了建设形势，针对各自工程，有重点地编制2020年度实施方案，明确了关键工期完成时间，同时也对变更处理、合同验收、合同结算、完工验收等明确了节点。另外在工程年度建设目标和形象进度的基础上，江苏水源公司结合工程实际情况，对调度运行管理系统工程明确了月度完成工程投资和形象进度，确保圆满完成年度建设任务。

截至2020年12月底，江苏省南水北调调水工程累计完成投资132.6亿元，占批复总投资的99.8%。其中，年度完成投资6528万元，全部为调度运行管理系统投资。主要完成剩余应用系统的需求分析，建设方案并招标实施，为工程进入信息化管理奠定基础。

2. *严格落实责任分工*　在细排工作计划的基础上，江苏水源公司认真组织梳理合同内和额外工程，建立了工程扫尾、合同结算、完工验收责任网络，将每一项工程责任到人，各责任人严格按照分工抓落实，确保工程扫尾、合同变更、索赔处理、合同结算、验收工作按时间节点完成。

3. *加强现场督查指导*　根据各工程各项工作的实际进展情况，各责任人制订工作方案，加强组织指导，督促扫尾进度，协调解决问题，一抓到底，确保合同变更处理的质量要求；同时定期召开调度会，由各责任人汇报工作进展情况和下一步工作安排，商讨解决存在的问题，研究落实措施，定期去工地检查，督促现场落实解决问题。同时树立高标准扫尾的目标，建设中遗留问题不留死角，及时解决影响管理运行的功能性问题，为工程更好地投入运行管理创造了条件。

4. *解决矛盾问题，加快推进完工验收*　在工程建设扫尾阶段，影响工程建设的矛盾就显得尤为突出，江苏水源公司重点协调解决了制约工程扫尾的关键性问题。多次与地方政府部门召开推进会，督促工程进度，按期完成施工任务。所有遗留问题都已理清责任，落实整改到位，有效地保证了工程进度。同时，根据完工验收计划，提前组织召开完工验收启动会，邀请江苏省南水北调办公室、南水北调北调工程江苏质量监督站及各工程参建单位负责人参加会议，研究分析完工验收存在的问题和需要协调解决的困难，提出推进工作的各项措施办法，部署下一步验收重点工作任务，明确完成时间节点和要求，落实责任单位和责任人，确保完工验收工作的有序开展。

5. 质量和安全管理不放松　2020年，江苏省南水北调现场仅剩余调度运行管理系统工程，江苏水源公司在加强质量安全检查的同时，结合工程验收，强化质量安全问题整改，确保工程质量安全。

（1）认真抓好质量监管力度。江苏水源公司针对南水北调质量管理重点，加强工程质量监管，对在建工程开展了5次质量专项检查。认真做好验收遗留问题整改和质量总评工作，江苏省南水北调工程涉及验收的遗留问题均梳理完成，并已落实相关责任。

（2）紧抓安全管理不放松。针对2020年江苏省安全生产新形势，江苏水源公司及时组织召开安全生产领导小组会议，宣贯新要求，落实新责任。将公司安全标准化创建与安全专项整治结合，进一步构建安全生产责任体系，明确安全生产领导小组及办事机构职责，补充完善各参建单位安全责任人网络，扎实开展全国第19个“安全生产月”活动，同时重点对调度运行工程安全体系建设、现场安全生产管理进行检查；培训分公司和各参建单位人员，定期登录填报水利部安全生产基础信息，每月定期组织检查和整改安全隐患，有力地确保工程安全生产无事故。

6. 加快变更处理和招标工作　越是工程建设后期，变更处理的压力也就越大。2020年，江苏水源公司围绕各设计单元工程进行责任分工，明确各工程相关责任人和批复完成时间，各工作项目责任人要严格按照分工抓好落实，确保合同变更处理按时间节点完成，完成情况作为年度考核重要依据。

（1）抓好合同变更处理工作。重点对各设计单元工程概算执行情况进行了梳理，变更审批小组，定期组织会商，完成管理设施、南四湖水资源监测工程剩余变更处理，为工程按期完成完工财务决算、完工验收打下了坚实的基础。

（2）顺利完成招标工作。根据年度招标工作任务，完成调度运行管理系统工程监控与视频监视系统总承包项目、调度运行管理应用软件系统、监控安全应用软件系统、泵站水量信息采集系统等4个标段招标任务，保障工程顺利实施。

7. 工程报奖工作　2020年，江苏水源公司根据中国水利学会相关要求，将金宝航道、睢宁二站、皂河二站、蔺家坝泵站等4个工程申报了2019—2020年度中国水利工程优质（大禹）奖。

8. 建设管理经验总结　为总结江苏省南水北调工程建设管理的经验，江苏水源公司组织有关单位进行多次专题研究，完成《江苏南水北调工程建设管理工作技术总结》。

（王晨　花培舒）

【运行调度】 按照南水北调新建工程和江水北调工程“统一调度、联合运行”的原则，江苏省水利厅、江苏省南水北调办在江苏省政府统一领导下，会同生态环境、交通运输、住房与城乡建设、农业农村、江苏水源公司、江苏电力公司等部门（单位），统筹调配长江水、淮河水等水资源，充分发挥洪泽湖、骆马湖调蓄功能，进行各类水资源的优化配置，灵活启用南水北调新建工程和江水北调工程，保障江苏省内用水，同时全力保证向省外供水。

根据水利部下达的年度调水计划和江苏省政府批准的组织实施方案，江苏省通过南水北调新建工程和江水北调工程“统一调度、联合运行”，自2019年12月11日至2020年5月14日，分两阶段组织向山东省调水。其中，第一阶段自2019年12月11日至2020年1月18日，江苏省防汛抗旱指挥中心调度南水北调运西线的宝应站抽水入里运河，经南运西闸、金宝航道、淮河入江水道，由金湖站、洪泽站抽水入洪泽湖，由泗洪站抽水出洪泽湖，经徐洪河、睢宁站、沙集站，由邳州站抽水经房亭河、中运河入骆马湖，通过台儿庄站经中运河—韩庄运河线调水出省，累计运行39天，调水出省2.59亿m^3；第二阶段自2020年2月18日至5月14日，调水累计运行78天，调水出省4.44亿m^3。年度累计向山东省调水7.03亿m^3。

据统计，江苏省南水北调工程自2013年正式通水以来，已累计向省外调水超47亿m^3，为缓解北方水资源短缺状况作出了积极贡献。

（薛刘宇　卢振园）

2019—2020年度调水出省水量较去年有所减少，但调水难度为历年之最。主要体现在以下两个方面。

（1）新冠肺炎疫情防控形势下的调水运行。2020年年初新冠肺炎疫情爆发，在疫情防控最紧张阶段，江苏省南水北调工程第二阶段向省外供水如期进行。统筹疫情防控和调水运行，做好人员组织、后勤保障、工程管理，实现安全复工、按时开机、安全运行，做到调水防疫“两手抓”，对南水北调江苏段工程而言是一次大考。

（2）调水沿线水情不利。2019年苏北地区遭遇60年一遇气象干旱，2020年旱情延续，截至6月10日，苏北地区“三湖一库”水位较去年同期低0.45～0.49m。在江苏省内大旱的情况下实施调水出省，难以利用淮水和当地水源，需要全部抽江北调。另外，调水沿线河道水位普遍偏低，不利于工程高效运行。

面对新冠疫情爆发和沿线水情不利等困难，江苏水源公司多措并举，全面保障如期复工复产，确保安全高效完成调水任务。

上下齐心协力，保障任务告捷。为保证年度调水工作的顺利开展，江苏水源公司高度重视，将其作为首要政治任务来抓。统一思想，明确工作部署。新冠肺炎疫情形势下，通过视频会议等方式对调水工作进行精细化部署，始终要求各级各有关部门以高度的责任感和使命感，通力协作，认真履职，确保完成年度调水任务。深入现场，保障工程安全。调水开始前，公司主要领导及分管领导分别带队多次组织开展工程现场检查，充分掌握各泵站运行能力和人员、物资落实情况，指导现场做好疫情防控和开机准备工作。各分公司和现场管理单位及时落实各项保障措施，加强设备养护，对存在的安全隐患第一时间进行整改，确保工程安全。专题研究，指导解决问题。调水过程中，针对疫情防控形势下调水运行遇到的困难和问题，特别是人员调配、工程大修、供电线路维保等方面，加强组织协调，召开专题会议研究决策，解决现场一线存在的突出问题，确保调水顺利实施。

加强外部协调，确保工作有序。加强与相关单位沟通协调，为工程运行创造良好外部条件。加强与南水北调司、东线总公司的沟通联系。针对江苏调水运行实际，多次汇报协调加大山东省境内省际泵站抽水流量，在原年度水量调度计划基础上提前一个月完成省际交水。加强与江苏省水利厅的沟通联系。建立协调联络机制，就机组大修、电缆整改、电气试验、供电线路维保等影响工程运行的项目进行提前沟通，妥善对接工程运行和维护工作，确保工程安全运行和效益的及时发挥。就大旱年份下用水管理工作加强沟通，尽可能维持河道水位，改善工程运行工况。加强与江苏省南水北调领导小组成员单位的沟通联系。与江苏省南水北调办、省防指中心等单位保持密切联系，共同制定水量调度方案，明确调水线路、水量、时间等要求。综合考虑调水进度、人员、设备维养、危化品运输等因素，与江苏省交通厅等单位及时研究，结合节假日统筹安排间歇调水，期间累计停机 10 天，有效保障了运行安全。

狠抓关键环节，力争降本增效。调水运行过程中，江苏省南水北调工程始终着力科学调度，实现工程效益最大化。优化调度方案。通过微调泵站流量，控制徐洪河线河道水位，改善沿线泗洪、睢宁和邳州三座泵站运行工况。优化洪泽站运行过程，以入江水道水位为依据调度洪泽站增减机组台数，提高单机运行效率，降低用电成本。强化用电计划管理。积极参与 2020 年电力市场交易，优化合同条款，建立泵站用电台账，综合考虑调水安排、下月用水形势与来水预测、各月预测情况等因素，预测下个月用电计划，规范用电计划申报过程。做好站内运行优化。针对各站实际，在泗洪站采用变频、工频混合运行试点，在满足流量调节的前提下，部分机组切换至工频运行，降低泵站用电量。运用捞草科研成果，提高捞草效率，提升工程运行效能。

强化水文监测，服务优化调度。抓好工程调水运行契机，及时开展水文监测工作。配合江苏省水文局开展泵站流量校验与率定工作。组织对已完成率定的宝应站、邳州站进行了进一步流量校验，并对本次参与调水出省且尚未率定的5座泵站进行率定，积累了大量的测流数据，校准了泵站流量。参与南水北调东线一期工程江苏省境内部分河段输水损失测验。按照江苏省水利厅要求，结合2015年苏北输水干线输水损失测验成果，对2015年尚未测验的金宝航道、入江水道金湖至洪泽段、洪泽湖、骆马湖四段进行集中测验。组织各分公司、水文水质监测中心派员全程参与，锻炼了队伍，积累了经验。参与成果审查和应用研究工作，为年度调水出省泵站抽水量指标的确定提供依据。做好成果应用工作。根据泵站流量校验与率定成果，组织设计院对机组原性能曲线开展修正，成果将应用于泵站自动化系统，并对泵站已抽水量进行了修正。　（卞新盛　贾璐）

【工程效益】　2020年，江苏省南水北调工程圆满完成年度调水出省、省内运行任务，继续发挥工程效益。2019年12月11日至2020年5月14日，江苏省通过南水北调新建工程和江水北调工程“统一调度、联合运行”，分两阶段组织向山东省调水，累计向山东省调水7.03亿m^3，调水期间沿线各断面水质持续稳定达到国家考核标准。2020年夏季，为迅速补充沿线河湖生态水位，同时兼顾处于改造期的刘老涧一站等原江水北调泵站导流需求，根据江苏省防汛防旱指挥部的调度指令，江苏南水北调一期新建、改扩建泵站中先后有宝应站、金湖站、洪泽站、淮安四站等11座泵站参与省内运行，发挥了重要作用。　（薛刘宇　卢振园）

1. 调水出省　圆满完成2019—2020年度调水出江苏省的任务。工程累计运行117天，各泵站累计抽水51.17亿m^3，调水入骆马湖7.38亿m^3，调水出省7.03亿m^3。调水期间工程运行安全稳定，水情工情指标正常，出省水质稳定达标。

2. 省内抗旱运行　自2020年4月起，淮河上中游来水稀少，沂沭泗诸河上中游几无来水；同时江苏省淮河地区降雨明显偏少，苏北地区洪泽湖等湖库水位持续下降。随着用水量不断增加，因气温升高导致“三湖一库”蒸发量逐步加大，苏北地区用水形势日趋严峻，江苏省水利厅发布洪泽湖干旱蓝色预警，苏北地区旱情持续加剧。根据江苏省水利厅统一部署，4月20日，江苏水源公司组织南水北调刘老涧二站投入江苏省内抗旱运行；5月14日起，又先后组织南水北调淮安四站、淮阴三站、宝应站、金湖站、洪泽站、泗洪站、睢宁二站、邳州站、刘山站、解台站等10座泵站投入省内抗旱运行。200余名员工坚守抗旱调水一线，助力洪泽湖、骆马湖蓄水保水，全力保障江苏省农业夏栽水源，以及苏北地区城乡居民生活、工农业生产和大运河航运等用水需求。6月16日，投入抗旱运行的11座泵站工程全部停机，累计运行1.48万台时，累计抽水16.23亿m^3，保障了苏北1600万亩农业夏栽水源，为服务江苏省“六保”作出突出贡献。

3. 工程防汛效益　2020年淮河流域梅雨期长达51天，梅雨量达510mm，列历史第2位。淮河中上游干流水位全线超警，部分河段水位超保、超历史，大量客水入境，三河闸最大下泄流量近8000m^3/s，沂河洪峰流量达10900m^3/s，是正式通水以来江苏省南水北调工程防汛压力最大的一年。面对大汛之年，江苏水源公司科学制定预案、强化防汛应急响应模拟演练、提前备足防汛物资，全力保障南水北调江苏段工程安全度汛。汛期，根据江苏省防汛抗旱指挥中心指令，江苏水源公司组织刘山闸、解台闸从6月12日开始陆续开闸泄洪，频繁精准进行闸门开度调整。刘山站最高泄洪流量达到600m^3/s，为建闸以来最高。刘山闸、解台闸累计开闸排涝约4.73亿m^3，有力保障了徐州市区的防汛安全。（王晓森）

【科学技术】　2020年，江苏省南水北调办积极推进科研工作，研究成果为南水北调东线工程的调度运行管理与后续工程规划研究提供了借鉴与技术支撑。继续推动河海大学牵头、江苏省水利设计院和省南水北调办参与的2019年度省水利科技课题“南水北调东线二期工程对苏北地区水资源调配格局影响分析及苏北地区供水工程体系完善对策研究”工作。会同河海大学申报年度省水利科技课题“南水北调调水与南四湖江苏既有水权益保障影响及协调对策研究”，获批立项。（薛刘宇　卢振园）

江苏水源公司高度重视科技创新，把科技创新作为公司推进高质量发展战略的重要举措，围绕“推进标准化、提升信息化、探索智能化”年度科技工作思路，加强科技项目投入，组织开展13项江苏省南水北调科技创新项目，投入资金近500万元；推动成果转化，牵头组织完成的“南水北调工程大流量泵站高性能泵装置关键技术集成及推广应用”获江苏省科技进步一等奖。

1. 聚焦主责主业，扎实推进科技研发工作　紧扣公司主责主业，坚持问题导向，强化应用技术研究，积极推动科研创新成果与管理实践、经营发展的深度融合。

（1）积极探索工程管理智能化建设，深入调研借鉴阿里、华为、科大讯飞、华东院等数字化前沿企业的做法，提出基于数字化智能设备、大数据分析的智能泵站技术特征和典型方案，初步形成顶层设计方案。率先探索大型泵站管理机器人研制，提出基于智能讲解和智能管理的实用技术方案，并在洪泽站形成落地应用，填补国内行业空白。组织开发泵站运行管理技能培训 App，为公司技能人才培训提供有力工具。

（2）加强内部项目实施督查，规范项目管理流程。组织对公司 2019—2020 年度第一批内部科研项目实施方案及合同进行审查，重点审查研究内容、成果应用、知识产权、项目组成员、经费支付等方面并提出修改意见，使科技项目更好服务于公司经营发展与人才培养。

（3）积极争取外部项目、推进在研项目实施。加强与主管单位沟通协调，积极争取科技项目外部资金支持，组织完成 2020 年度江苏省水利科技项目的申报，2 项江苏省水利科技项目获批，项目总经费 60 万元。有序推进外部科技项目的申报、立项、督查、结题验收工作，完成 3 项省部级项目结题验收。

（4）系统梳理科技成果，推进重点项目实施。结合江苏省工信厅和江苏省水利厅科技项目实施，多次组织各相单位进行专题研究、会商，完成有关材料编制，积极推进“基于 BIM 多学科的泵站系统仿真方法及其应用技术研究”等重大关键技术研发工作。同时结合南水北调司“南水北调生态品牌战略规划”“南水北调工程沿线水质保护”“南水北调东线江苏段一期工程植物绿化和弃渣场防护措施现状”课题调研工作，对江苏南水北调工程建筑生态环境、水质保护、水环境治理等方面进行了系统梳理，形成初步成果。

2. 精心组织协调，积极推动科技成果转化　积极组织各类高级别科技奖、工程奖申报，以奖项申报为契机，加强对现有成果的系统梳理，促进江苏南水北调工程建设与科技创新成果提升、打造水源品牌。

（1）积极申报科技奖项，加强科技成果总结与提升。加强对江苏省南水北调泵站工程科技成果素材梳理和总结提升，积极组织申报省部级、国家级科技奖项。其中，作为主要完成单位的“南水北调工程大流量泵站高性能泵装置关键技术集成及推广应用”课题成果荣获江苏省科学技术一等奖。

（2）精心筹备大禹奖申报，打造工程建设水源品牌。对照大禹奖要求，筛选出睢宁二站、皂河二站、金宝航道等 3 个工程申报 2019—2020 年度中国水利工程优质（大禹）奖，公司提前谋划，迅速启动申报准备工作，组织申报材料编制和专题片拍摄，推进工程现场整修提升项目，提前完成报奖各项准备工作。

3. 坚持多措并举，持续加强创新平台建设

（1）国家博士后科研工作站招生工作取得突破，成功引进 1 名博士后人才，并争取南京市博士后招收补助科研经费支持，为博士后启动科研工作提供了保障。江苏省泵站工程技术研究中心顺利通过江苏省科技厅、南京市科技局的第一期绩效考核；江苏

省研究生工作站完成省教育厅组织的期满考核申报工作。组织完善江苏省水资源协会供调水专委会组建方案，联合江苏省水资源协会，召开技术研讨会，扩大专委会在行业内的影响。

（2）积极谋划公司科研布局，加强与行业主管部门联系，参与江苏省水利领域重大科学问题征集，研究提出5个研发方向。围绕南水北调二期工程建设需要，组织泵站工程关键技术研讨会，汇集高校科研院所、知名企业等的20余名专家，研究提出二期泵站工程建设关键技术需求，部分已形成项目建议方案。（王希晨）

【征地移民】 截至2020年年底，江苏省境内南水北调东线一期工程征迁安置工作全部结束，完工财务决算全部通过水利部或原国务院南水北调办的核准，所有征迁安置项目全部通过完工验收。江苏南水北调调水工程共计永久征用土地4.39万亩，应当办理用地手续3.77万亩全部通过国家批复。临时占用土地2.3万亩，全部复垦退还使用。累计拆迁各类房屋49.6万m^2，搬迁人口1.52万人、4557户，生产安置人口1.26万人。

2020年江苏省境内南水北调工程征地移民工作，主要是核对一期工程资金和合同管理台账，完成监理监测评估、办理用地手续等费用核算结算，收集整理一期工程征迁安置工作档案，开展一期工程实施情况总结，研究二期工程征迁安置管理模式。

江苏省南水北调办会同江苏水源公司，对实施10余年的征迁财务资金及合同进行了逐项核对，形成了南水北调工程征迁安置财务管理工作报告，为财务管理工作移交做好准备。为做好总体竣工验收前的审计工作准备，江苏省南水北调办组织对包干到市县及相关管理单位征迁项目的财务档案及资金账户情况摸底核查，分项目按地区进行了统计汇总，掌握了地方征迁工作实施机构目前财务档案和资金管理情况。

江苏省南水北调办还对部分监理监测评估等实施单位未结算的合同进行了尾款结算和清理。协调河海大学提交了南四湖下级湖抬高蓄水位影响处理工程监测评估工作报告，并与其完成了合同费用结算；督促江苏省工勘院提交了金宝航道工程、泗洪站、徐洪河、皂河二站等项目移民监理档案，完成以上4个项目移民临理费用结算；与江苏土地勘测院协调商定了办理用地手续中相关费用。

为做好征迁安置移交江苏省档案馆工作，2020年江苏省南水北调办加大力度，组织对市（县）征迁档案收集，全年收集市县档案5548卷，累计收集6922卷，基本完成了市（县）档案收集工作，为开展档案数字化整理及移交工作打好基础。

为了配合做好南水北调东线二期工程实施工作，江苏省南水北调办积极参与二期工程相关前期工作，收集最新征迁安置方面法律法规，跟踪掌握和国家和省相关土地政策，国家颁布了新的土地管理法，江苏省也发布了区片价政策、失地农民社会保障、耕地占补平衡等办法。在总结南水北调一期工程征迁安置实施经验和不足的基础上，结合二期工程规划的建设管理模式开展研究工作，提出了有关征迁安置工作模式和工作程序。

（王其强）

【环境保护】 江苏省多部门齐抓水质长效监管，通过强化危化品船舶禁运监管、加强沿线城镇污水处理厂运行考核、做好渔业养殖污染防控等工作，全力保障南水北调输水干线水质。

（1）江苏省南水北调办充分发挥监督协调职能，不断完善与各相关职能部门建立的系列水质保障机制，强化干线水质保护监管，强化尾水导流工程安全稳定运行。

（2）自2020年1月起，江苏省生态环境厅每月发布22个南水北调断面的水质监测与评价结果，并在调水期间加密监测频次，出具加密监测数据1817个。

（3）江苏省交通运输厅严格落实航运监管，做好调水区域危化品船舶管控，定期开展巡航检查、联防联控和应急值班工作。加强船舶污染治理，截至2020年12月底，实现南水北调沿线港口船舶污染物接收设施全覆盖，完成1.75万艘400总吨以下内河货运船舶生活污水防污改造和7915艘400总吨以上货运船舶排污管路的铅封工作。

（4）江苏省住房和城乡建设厅加快推进城镇污水处理厂配套管网建设，从源头控制干线污染源，充分发挥设施污染物减排效益。

（5）江苏省农业农村厅严格渔业行政执法监管，严厉打击非法捕捞行为，部署开展借名登记渔船、涉渔乡镇船舶和涉渔“三无”船舶清理整治工作，对湖区草害实施长效管理，推广渔业养殖用水循环再利用，优化调整养殖结构，推广渔业生态养殖。推进农药化学减量化，加强畜禽粪污资源化利用，截至2020年年底，南水北调沿线5市共建立省级绿色防控示范区118个，畜禽粪污综合利用率超过95%，规模场粪污处理设施装备配套率达100%，禁养区内畜禽养殖场关闭率100%。

（聂永平）

【工程验收】 2020年，江苏省南水北调办会同江苏水源公司、南水北调工程江苏质量监督站，根据各设计单元工程准备工作开展情况，编制了详细的年度完工验收计划。验收过程中，一方面严格验收程序、严把工程质量关，另一方面帮助项目法人和现场建设单位协调解决具体困难。其中，针对里下河水源调整工程面广量大、工程分散、建设时序长等特点，创新验收模式，采用分片技术检查、重点工程技术初验、集中完工验收方式，较好地完成江苏省境内单体投资最大、建设内容最复杂的里下河水源调整工程完工验收。2020年，共计完成泗洪站枢纽工程、里下河水源调整工程和南四湖水资源监测工程等3个设计单元工程完工验收，完成南水北调丰县沛县尾水资源化利用及导流工程、南水北调睢宁县尾水资源化利用及导流工程竣工验收。

（薛刘宇　卢振园）

1. 合同项目完成验收　2020年，江苏水源公司及时组织完建工程的合同项目完成验收工作，全年共完成7个合同项目完成验收。其中，管理设施专项工程完成南京一级机构后续装饰工程、扬州二级机构后续装饰工程、宿迁二级机构装饰工程等3个合同项目完成验收；调度运行管理系统工程完成计算机网络设备系统集成总承包、省公司数据中心机房工程总承包、分公司数据中心机房工程总承包、数据中心服务器设备采购4个合同项目完成验收。

2. 专项验收　各专项验收工作有序开展，完成管理设施、南四湖水资源监测工程档案专项验收。

3. 完工验收　江苏水源公司严格按照水利部印发的设计单元工程完工验收计划表，2020年年初科学编排验收工作计划，合同分解年度任务，及时启动工程完工验收准备，同时加强验收过程控制，确保工程验收质量。2020年，泗洪站、南四湖水资源监测工程、里下河水源调整等3个工程均在水利部计划节点前完成设计单元工程完工验收。

（花培舒）

【工程审计与稽察】　2020年，江苏水源公司配合水利部开展试通水、试运行、南四湖水质监测、管理设施专项工程等4个设计单元工程完工财务决算审计工作，组织协调各建设处、项目部、施工单位及时提供审计资料，对于合同结算问题多次组织召开协调会；针对审计组提出的审计整改意见，及时与水利部相关司局沟通、汇报，督促相关单位落实整改意见，确保审计整改落实到位。（章亚琪）

【创新发展】　（1）启动“十四五”发展规划编制。围绕战略定位、目标任务、主业方向、措施保障等核心内容，开展6个专题研究，紧密结合二期工程建设管理、调水运行科技研发、工程运营智能管理等重要方向开展前瞻性思考，形成“十四五”发展规划的初步纲要，为江苏水源公司发展积蓄动能。

（2）开展对标一流管理提升行动。结合公司所处行业领域特点和战略发展重点，选取4家企业、8个方面为对标参照，分析问题及差距，制定目标和举措，按阶段推进实施。目前已完成管理提升实施方案及措施清单，为公司管理体系建设和管理能力提升明晰了方向。

（3）推动建立现代企业制度。组织修订公司章程，制定“三重一大”事项决策清单，完善决策制度及党委会、董事会、总经理办公会议事规则，明确决策范围，规范决策程序，基本构建起权责对等、科学规范、运转协调、有序衔接的决策体系，初步建立了现代企业制度。

（4）强化制度建设。围绕工程管理、投资管理、财务管理、采购管理、内部审计、安全生产等方面制定修订制度100余项，建立了以根本制度、基本制度、重要制度为架构的衔接有序、科学合理的制度体系。积极探索内部经营管理体制改革，完成鸿基公司经理层任期制和契约化试点改革，把契约化管理逐步引向深入。

（5）加强合规管理。开展“四库”建设和合规手册编制，完善公司内控保障体系；建立财务委派工作机制，加强财务审计，严格合同法律审核，规范各项业务流程，公司风险防控能力和运行效率不断提升。（王晨）

山东境内工程

【工程管理】

1. 保质保量完成制度和标准建设

（1）组织编制（修订）印发工程设施、维修养护项目、专项项目管理、特种设备、机组大修、安全观（监）测、边界及地籍管理等制度。

（2）完成泵站机组大修、电力线路、电气设备预防性试验、土建及金结机电维修养护实施方案编制指南。

（3）组织工程管理标准课题研究，完成研究报告及泵站、水库、渠道管理和费用标准等成果编制、审查、修订，同步完成20个管理处工程分类和项目划分，并在2021年度维修养护工程量清单编制中应用。

（4）组织完成金结机电设备维护方案合同签订、方案修订、培训、验收以及印发实施。

2. 规范维修养护和专项项目管理

（1）统一工程维修养护计划和实施方案编制要求，组织全面完成2020年度土建（含水保）、金结机电、备品备件、电力线路维保、电气预防性试验、机组大修等维修养护项目方案审查、招标标段划分以及部分项目的公开采购、配合招标等工作；完成2021年度工程维修养护项目和400万元以下专项项目计划编制、预算审核、标段划分及实施方案编制等工作。

（2）完成2020年度电力线路维保等延期补充协议签订。

（3）加强维修养护进度监管，组织编制土建和金结机电工程日常维修养护月报，规范月报格式和统计口径。

（4）加强维修养护和专项项目质量监管，进行专项项目质量抽查，组织混凝土冻融修复试点项目检测，组织防护网爆皮等问题处理，督促相关单位整改检查及验收中发现的问题。

（5）组织混凝土冻融剥蚀修复、线缆及盘柜整理试点项目经验总结，完成相关报告编制工作。

（6）加强维修养护和专项项目计量支付审核，进一步规范维修养护计量支付表格及附件资料（共复核日常维修养护计量支付资料 85 期、专项项目计量支付资料 104 期）。

（7）组织完成韩庄、长沟、邓楼、双王城水库泵站机组大修实施监管、验收，以及长沟泵站盘柜整理验收。

（8）组织完成水工钢闸门及启闭机安全检测方案的编制、审核和批复，完成第一批山东干线工程济南局、泰安局、德州局、济宁局闸门及启闭机安全检测工作，配合启动第二批招标工作。

3. 抓实抓好交叉穿跨越等工程管理

（1）配合完成小清河治理影响南水北调工程地表附着物清理、电力线路迁建等问题处理工作。

（2）协调配合长平滩区护城堤工程、中俄东线天然气管道工程（永清—上海）穿越济平干渠工程、小清河复航工程、郑州至济南铁路山东段穿济平干渠、济南至高青高速公路工程小清河特大桥工程、济南绕城高速公路二环线西环段工程跨济平干渠工程等交叉跨越工程影响处理工作。

（3）组织完成济南市区段工程永久征地界桩埋设工作。

（4）完成管理范围和保护范围划定公告牌合同项目的实施和验收。

（5）完成堤防工程和水闸信息系统、水库信息系统信息变动的更新、复核和发布。

（6）配合山东省水利厅完成南水北调干线工程影响项目调研和南水北调穿跨邻项目建设进度督察工作。

（7）完成南水北调东湖水库济南市扩容增效工程监管方案编制，组织完成监管工作。

（8）收集、汇总、编辑农民工工资支付保障监管月报，做好农民工工资监管工作。

4. 不断加强工程安全监测管理

（1）加快推进干线工程渠道及剩余重点建筑物变形观测网项目（二期）实施，组织完成项目设计报告编制、项目招标，以及基准点、工作基点的选点埋石工作。

（2）组织完成桥梁检测试点项目，积极推进桥梁全面检测工作，完成桥梁检测方案的编制、招标文件审查，并发布招标公告。

（3）完成东湖水库蓄水前安全监测内观设施检测、修复工作及外部观测委托测量工作。

（4）组织完成二级坝泵站采煤沉陷影响综合分析报告和济南市区段暗涵检测方案的编制与审查。

（5）组织完成安全监测技术培训暨技能大赛工作。

（6）组织完成安全监测外部变形观测仪器的年检工作。

5. 有序开展工程造价咨询委托管理

（1）在咨询项目委托阶段，把关送审资料的全面性、程序的完备性，及时办理资料交接手续。

（2）在咨询项目审核阶段，把关咨询服务时间节点和咨询文件成果质量，协调解决争议问题。

（3）及时建立工程造价咨询项目登记台账，2020年送审项目112个，送审金额21999万元；已出具造价咨询报告84个，审定金额14258万元。

（苏传政）

【运行调度】

1. 年度水量计划　2019年9月29日，水利部印发《水利部关于印发南水北调东线一期工程2019—2020年度水量调度计划的通知》（水南调函〔2019〕182号），批复山东省2019—2020年度南水北调工程各分水口门供水量为4.34亿m^3，省界调水量为7.03亿m^3，调水时段为2019年10月至2020年5月。

根据2019—2020年度水量调度计划，各关键节点计划调水量为：入山东省境内7.03亿m^3，入南四湖下级湖6.73亿m^3，入南四湖上级湖6.29亿m^3，出上级湖5.49亿m^3，入东平湖5.24亿m^3，入鲁北干线1.14亿m^3，入胶东干线3.96亿m^3。

2. 年度调水实施情况

（1）工程运行情况。山东段工程年度调水自2019年11月12日启动，至2020年6月30日完成年度调水任务。2019—2020年度南水北调山东段工程三大段全部投入运行。其中，鲁南段运行时间为2019年11月至2020年5月，胶东段运行时间为2019年11月至2020年5月，鲁北段运行时间为2019年11月至2020年6月。

南水北调山东省境内7级大型梯级泵站顺利实现联合调度运行，泵站运行平稳，安全可靠，状态良好。南水北调胶东干线运行期间渠道及其建筑物工程运行安全。南水北调大屯水库和双王城水库全年不间断持续运行（东湖水库因扩容增效施工），水库大坝及建筑物工程运行安全。

鲁南段工程2019年11月12日启动，至2020年5月8日结束。韩庄运河段2019年12月11日开始运行，至2020年4月30日完成年度计划停止运行，江苏、山东省界台儿庄泵站共完成从骆马湖调水入山东7.03亿m^3，韩庄泵站完成调水入下级湖6.77亿m^3；南四湖段2019年12月12日开始运行，至2020年5月3日完成年度计划停止运行，二级坝泵站完成调水入上级湖6.33亿m^3；南四湖至东平湖段2018年11月12日启动，至2020年5月8日完成年度计划停止运行，八里湾泵站完成调水入东平湖5.42亿m^3。

鲁北干线工程自2019年11月12日启动，至2020年6月30日结束，累计从东平湖引水0.99亿m^3。

胶东干线工程自2019年11月12日启动，至2020年5月10日结束，其间持续运行，累计从东平湖引水3.93亿m^3。

2020年，大屯水库完成入库水量

3483 万 m^3；东湖水库因扩容增效施工，未运行；双王城水库完成入库水量 2803 万 m^3。2019 年 10 月 1 日至 2020 年 10 月 1 日，大屯水库和双王城水库持续分别向德州、潍坊供水。

（2）水量调度情况。

1）工程关键节点实际调水量。2019—2020 年度调水实际完成水量为：台儿庄泵站从江苏调水 7.03 亿 m^3，入南四湖下级湖 6.77 亿 m^3，入南四湖上级湖 6.33 亿 m^3，调入东平湖 5.42 亿 m^3，向鲁北干线调水 0.99 亿 m^3，向胶东干线调水 3.93 亿 m^3。

2）各受水市实际供水情况。2019—2020 年度，累计向各受水市供水 4.59 亿 m^3，各受水市供水量为：枣庄 3600 万 m^3，济宁 2680 万 m^3，德州 2813 万 m^3，聊城 3759 万 m^3，济南 8326 万 m^3，滨州 904 万 m^3，淄博 1000 万 m^3，东营 521 万 m^3，潍坊 3812 万 m^3，青岛 11597 万 m^3，烟台 4778 万 m^3，威海 2112 万 m^3。

（3）城市应急供水。根据聊城市申请和山东省水利厅批示，为保障聊城市莘县生活用水和东阿鲁西集团生产用水，2020 年 9 月 4 日，东平湖出湖闸开启，南水北调工程向聊城市应急供水工作启动，至 2020 年 11 月 19 日，向聊城市莘县和东阿县应急供水结束，累计供水 1560 万 m^3，其中向东阿县供水 628 万 m^3，向莘县供水 932 万 m^3。（王其同　焦璀玲）

【工程效益】

1. 供水效益　2019—2020 年度完成省界调水量 7.03 亿 m^3，完成供水量 4.59 亿 m^3，南水北调已经成为山东省不可或缺的供水水源，有效缓解胶东地区干旱缺水情况。

2. 航运效益　2019—2020 年度南水北调调水期间，对航运用水进行了有效补充，保障了韩庄运河、南四湖地区，以及梁济运河内河航运，没有发生断航情况。

3. 生态补水效益　2019—2020 年度为济南市保泉补源及长清湖补水共计 3211 万 m^3，缓解了调水期间济南市地下水位的下降趋势，改善了长清湖湖区水质和生态环境。（焦璀玲）

【科学技术】　2020 年 12 月 3 日，“大型渠道机械化衬砌新型设备研制与应用”获得 2020 年度水力发电科学技术奖三等奖。完成单位包括南水北调东线山东干线有限责任公司、山东大禹水务建设集团有限公司、山东兴水水利科技产业有限公司；完成人包括瞿潇、杨海波、周韶峰、韩其华、李典基、祝令德、张海涛。

2020 年 11 月 25 日，山东干线公司瞿潇、李典基 2 位同志被授予第八届“杰出工程师”荣誉称号。

2020 年山东干线公司共申报各类专利 35 项。（李典基）

【环境保护】　2020 年，在山东省委、省政府的领导下，山东省认真落实“三先三后”原则，坚持“水环境质量只能更好、不能变坏”的刚性约束，综合施策、多措并举，省辖南水北调水质保障工作取得积极成效，干线9个测点浓度均值均达到国家下达的目标要求。

山东省委、省政府高度重视南水北调水质保障工作。2020年12月7日，省政府主要负责同志主持召开省政府务会议，专题研究南四湖生态保护和高质量发展工作；12月18日，省委主要负责同志主持召开南四湖流域污防治及南水北调东线水质保障专题会议，研究部署重点工作任务。山东省生态环境厅坚持问题导向，每月对沿线各市水环境形势进行全面剖析，研判重点断面水质变化趋势，并向省、市党委政府及省政府有关部门进行通报，综合采取帮扶、预警、约谈等措施，倒逼沿线水污染治理工作向纵深推进。

各级各有关部门持续深化污染治理。截至2020年年底，累计关停重污染企业1.07万家，完成老旧船舶和小吨位船舶拆解1433艘，取缔小码头572个，400总吨以下船舶全部完成水污染排放智能监控装置加装。建成城市污水处理厂58座，总污水处理能力达到274万t/d，再生水利用能力150万t/d。持续开展黑臭水体整治环境保护专项行动，各市（县）建成区黑臭水体整治完成率达到100%。实施集中式饮用水水源地环境保护专项行动，“千吨万人”及以上饮用水水源地全部划定水源保护区。推进农业农村污染综合整治，规模化畜禽养殖场全部配套建设粪污贮存、处理、利用设施，畜禽粪污综合利用率超过90%。

加强联防联控体系建设。山东、江苏两省签订《跨省流域上下游突发水污染事件联防联控机制框架协议》，济宁市与徐州市、微山县与沛县签订南四湖流域水生态环境联防联控协议，建立了信息通报、联合执法、应急处置协同机制。（高伟）

【工程验收】　2020年，南水北调东线山东段工程共54个设计单元工程全部建设完成，其中50个设计单元工程通过完工验收。其余4个设计单元工程验收情况为：调度运行管理系统、管理设施等2个设计单元工程完成通水验收，二级坝泵站进行了技术性初步验收，东湖水库工程完成完工验收技术性初步验收和建成阶段验收。

13个设计单元工程需进行消防验收，已完成12个设计单元工程，管理设施专项自建工程消防专项验收已完成，购买工程中聊城和济宁管理局未完成。31个设计单元工程需进行工程档案验收，已完成30个设计单元工程。调度运行系统已申请档案整理工作。29个设计单元工程需进行征迁安置验收，已全部完成。水土保持、环境保护专项验收各8项，已全部完成。29个设计单元工程需开展项目法人验收工作，已完成28个。

11个设计单元工程需进行安全评估工作全部按计划完成。根据《南水北调设计单元工程完工验收工作导则》及部有关工作要求，需对儿庄泵站、韩庄泵站、长沟泵站、邓楼泵站、八里湾泵站、大屯水库、双王城水库、东湖水库、二级坝泵站、穿黄河工程等10个设计单元工程进行补充安全评估，已全部完成。

山东干线公司负责30个设计单元工程的完工财务决算编报工作，已全部编制完成并经核准。

根据水利部印发的验收工作计划，完成两湖段输水与航运结合的梁济运河段、柳长河段工程及济南市区段工程3个设计单元工程完工验收，超额完成南四湖水资源监控工程完工验收。 （于锋学）

1. 超额完成工程验收年度计划

先后组织或配合完成南四湖水资源监测工程、管理设施专项等2个设计单元工程档案项目法人验收，南四湖水资源监测工程档案、二级坝泵站消防专项验收；完成南四湖水资源监测工程完工验收技术性初步验收；完成二级坝泵站、梁济运河段、柳长河段、济南市区段、南四湖水资源监测工程、管理设施专项等6个设计单元项目法人验收；完成梁济运河段、柳长河段、济南市区段和南四湖水资源监测工程等4个设计单元完工验收。

2. 积极做好桥梁移交建档工作

根据桥梁移交方案，积极主动与山东省水利厅沟通、加强内部协调，组织完成全线552座跨渠桥梁的梳理及“一桥一卡”建档工作（其中公路桥101座，机耕桥389座，人行桥62座）。

（张东霞）

【工程审计与稽察】

1. 工程审计

（1）2020年3月30日至4月30日，根据《水利部南水北调司关于开展南水北调东线一期山东省文物专项工程等3个完工财务决算审计的通知》（南调便函〔2020〕29号）要求，江苏天宏华信会计师事务所有限公司和江苏天宏华信工程投资管理咨询有限公司对南水北调东线一期山东省文物专项工程、南水北调东线一期山东段试通水费用和南水北调东线一期山东段试运行费用完工财务决算进行了审计。2020年4月9日山东干线公司向水利部报送了《关于报送〈南水北调工程完工财务决算〉（南水北调东线一期山东段试通水项目、南水北调东线一期全线试运行山东段工程）的报告》（鲁调水企财字〔2020〕8号），2020年5月22日山东干线公司向水利部报送了《山东干线公司关于修订上报南水北调东线一期山东段专项工程山东省文物保护工程完工财务决算的报告》（鲁调水企财字〔2020〕9号）。2020年5月15日收到《水利部办公厅关于核准南水北调东线一期山东段试运行费用项目完工财务决算的通知》（办南调〔2020〕110号）和《水利部办公厅关于核准南水北调东线一期山东段试通水费用项目完工财务决算的通知》（办南调〔2020〕111号），2020年6月9日收到《水利部办公厅关于核准南水北调东线一期山东段专项工程山东省文物保护工程完工财务决算的通知》（办南调〔2020〕129号）。

（2）2020年7月10—24日，根据《水利部南水北调司关于开展南水北调东线一期南四湖水资源监测工程山东境内工程完工财务决算审计的通知》（南调便函〔2020〕125号）要求，瑞华会计师事务所（特殊普通合伙）和中竞发工程管理咨询有限公司联合体，对南水北调东线一期南四湖水资源监测工程完工财务决算进行了审计。2020年8月12日，山东干线公司向水利部报送了《山东干线公司关于修订上报南水北调东线一期南四湖水资源监测工程山东境内工程完工财务决算的报告》（鲁调水企财字〔2020〕12号）。2020年9月10日，收到《水利部办公厅关于核准南水北调东线一期南四湖水资源监测工程山东境内工程完工财务决算的通知》（办南调〔2020〕197号）。

2. 工程稽察

（1）工程运行质量管理监督检查工作。除上级各类检查外，山东干线公司工程运行质量管理监督检查工作以各现场管理单位自查为主，公司组织检查为辅，各现场管理单位结合日常巡查开展自查自纠工作，定期上报水利安全生产信息系统，公司多次成立“公司领导带队检查组”“专家检查组”开展监督检查工作。

例行检查与专项检查相结合，多次开展工程安全运行例行检查，组织开展消防安全专项检查、闸门安全运行专项检查、防雷接地专项检查、调水前安全运行专项检查等专项检查活动。工程安全运行检查与防汛检查相结合，先后组织汛前、汛中、汛后工程安全运行检查。

（2）配合水利部、流域管理机构、东线总公司检查等有关工作。水利部及流域管理机构、山东省水利厅、东线总公司共组织各类检查37次，共检查出各类问题250个。其中，水利部及流域管理机构共组织山东干线工程运行管理及防汛备汛检查19次，山东省水利厅组织开展检查5次，东线总公司共组织工程运行管理及防汛备汛检查13次。所有问题已经全部整改完成，整改完成率为100%。

（3）运行管理问题整改落实及责任追究工作。山东干线公司印发《南水北调东线山东干线工程安全质量监督检查管理办法（试行）》（鲁调水企安字〔2020〕28号）。

（刘传霞　常青　刘益辰）

【创新发展】　山东干线公司党委高度重视创新工作，深入贯彻新发展理念和国家关于“大众创业、万众创新”的部署要求，进一步建立和完善了创新体系和规章制度。

山东干线公司和各现场管理机构都成立了“岗位创新活动”领导小组，制定了“干线公司创新工作室管理办法”等规章制度，加强了创新工作室创建工作。杜森创新工作室被省总工会命名为“省级示范劳模和工匠人才创新工作室”；与中国水利科学研究院建立院企合作创新中心；与扬州大学等在科研合作、技术创新攻关、泵站技术人才培养等方面进行产学研合作。开展技能竞赛活动，加强奖励激励。

大力弘扬劳模精神、劳动精神、工匠精神。坚持问题导向，紧紧围绕工程运行、维修养护、管理、安全生产等工作，改进生产工艺和流程，开展技术攻关、技术创新、发明创造、“五小”等活动，涌现出大量创新成果，取得显著成绩。

山东干线公司获“山东省农林水系统职工技术创新竞赛示范企业”、济南市“创新发展突出贡献企业”、“2020年山东省全员创新企业”、“山东省五一劳动奖状”等多项荣誉。杜森获得第十一届全国水利技能大奖，韩宗凯获得第十一届全国水利技术能手。于涛被授予山东省“齐鲁工匠”、水利部首席技师称号。

2020年度，山东干线公司30名职工参加山东省“技能兴鲁”职业技能大赛，共计29人获得奖项。其中，灌排泵站组包揽一等奖2名、二等奖8名、三等奖10名中的6名、优秀奖10名中的3名；水工闸门组包揽一等奖2名、二等奖8名中的5名、三等奖10名中的3名，7人名次列入全省水工闸门行业前十名。“泵站机组大修叶轮移出回装专用工具制作与应用项目”获山东省职工优秀技术创新成果一等奖，“邓楼泵站真空破坏阀漏气问题”获山东省职工优秀技术创新成果三等奖。2项分别获得2020年度全省水利行业技术创新竞赛一等奖和二等奖，3个项目获得三等奖，7个项目获得优秀奖。刘辉、王德超参加2020年第八届全国水利水利行业（泵站运行工）技能大赛，分别获得第3名和第11名。 （李玉波）

北延应急供水工程

【规划计划】 2020年，东线总公司积极履行项目法人职责，系统筹划，全力做好北延应急供水工程建设规划计划工作。

1月，编制完成北延应急供水工程投资预算表、人工成本预算表；2月，编制完成北延应急供水工程2020年度总体建设方案、投资建议计划、工程形象进度；4月，完成北延应急供水工程年度用款计划，同时按照《南水北调东线总公司工程建设投资统计管理办法》（东线计发〔2019〕137号）要求，及时完成北延应急供水工程投资统计月报表、年报表填报工作。 （王宏伟）

【建设管理】 2020年，东线总公司克服新冠肺炎疫情对工程建设造成的不利影响，提前谋划、精心组织北延应急供水建设。

2月23日，工程正式复工复产；5月14日，工程渠道衬砌工程施工全面启动；6月11日，组织各参建单位开展“主汛期前大干四十天”活动；8月，组织开展“质量安全月”活动并召开决战决胜推进会；10月31日，小运河衬砌工程完成水下工程施工；12月15日，油坊节制闸完成建筑工程主体施工和闸门、启闭机安装，箱涵工程完成，渠道衬砌工程完成85.42%。

全年未发生安全生产事故，已完成评定的单元工程全部评定为合格及以上。（郭长起　王敏義）

【征地移民】 2020年，东线总公司积极组织开展北延应急供水工程的征地拆迁工作。

1月17日，与设计、监理、施工单位共同察勘；3月10日，与夏津县白马湖镇人民政府就七一河河道衬砌工程临时用地签订了征迁补偿协议；3月16日，与夏津县双庙镇人民政府、宋楼镇人民政府就七一河河道衬砌工程临时用地签订了征迁补偿协议；4月30日，完成夏津县白马湖镇、双庙镇、宋楼镇16.22hm^{2}临时用地征地工作，迁移坟墓15座，砍伐七一河右岸树木17971株。截至4月底，如期完成北延应急供水工程征地拆迁任务，共计征用农田19.73hm^2、租赁荒地11.03hm^2，迁移坟墓41座，砍伐树木19552株，改迁10kV电力线路1处、通信线路2处。（陈飞）

【环境保护】 根据《关于南水北调东线一期工程北延应急供水工程环境影响报告书的批复》（环审〔2019〕168号）要求，东线总公司督促各参建单位在工程建设期间严格落实水环境保护、固废物处理、大气环境保护、声环境保护等措施，切实做好环境保护各项工作。8月3日，编制并印发《北延应急供水工程建设期环境保护管理办法》（东线北延征发〔2020〕65号），为进一步规范和加强北延应急供水工程环境保护及水土保持管理工作提供了制度依据。

东线总公司严格落实水土保持工作全面质量管理要求，建立岗位责任制。1月，组织水土保持监测单位编制了《南水北调东线一期工程北延应急供水工程水土保持监测实施方案》并进行现场监测，8月3日，编制印发《北延应急供水工程建设期水土保持管理办法》（东线北延征发〔2020〕65号）。（梁春光）

【工程审计与稽察】

1. 审计工作　东线总公司高度重视在建工程审计工作，在北延应急供水工程建设过程中，内审部门充分发挥监督和服务的职能，将审计关口前移，对工程开展了跟踪审计。

根据工程特点及施工进度节点，

按照风险导向原则，分别于2020年5月和11月两次前往北延建管部现场，对开工条件、预算（概算）执行、招标投标及非招标采购、合同管理、财务管理及工程管理等情况实施重点检查；8月，完成公务接待费专项审计工作，并对相关问题进行了澄清和整改。

2. 稽察工作　北延建管部联合监理部定期开展月度安全生产、质量检查，督促施工单位对检查发现问题进行整改落实，东线总公司不定期开展抽查工作。积极主动配合水利部督查办、南水北调司、监督司及水利工程建设质量与安全监督总站开展的特定“飞检”、工程质量与安全检查、防汛检查、专项检查、工程质量与安全监督巡查共计9批次。

（王宏伟　郭长起）

【投资管理】　北延应急供水工程初设批复投资47725万元。2020年水利部下达投资计划2.6亿元，截至年底累计下达投资计划2.6亿元。2020年完成投资28196.93万元，截至年底累计完成投资30176.8万元。

加强规范化管理，完善制度建设，制定《南水北调东线一期工程北延应急供水工程变更管理暂行办法》；创新管理模式，提升管理水平，编制工程投资控制要点，针对性地提出投资管理控制措施；遵循“处理及时、论证科学、审批严格”的原则，确保变更管理规范有序、依法合规；编制水工程建管费使用和控制管理方案，确保建管费控制在概算批复范围内；加强结算价款审核，做好结算阶段投资控制；开展投资分析，动态监控投资，定期组织开展资控制分析工作。

（吴丹　何欢　金秋蓉）

【招标采购及合同管理】　加强招标采购工作的计划性、系统性，组织编制北延应急供水工程招标采购计划。

截至2020年年底，工程累计签订施工、货物、服务等各类合同共63个，合同总金额约3.7亿元。合同管理实行全过程管理，并重点对合同立项、合同会签、合同签订、合同变更等关键点管控，保证合同管理的综合质量。11月，在工程现场举办水利工程合同管理暨变更处理专题培训，邀请行业内专家授课，并组织人员到工程现场进行观摩和研讨，提高合同管理专业水平。　（张国强　金秋蓉）

【档案工作】　东线总公司高度重视北延应急供水工程档案工作，做到档案工作与工程建设三同步。

3月，制定印发《北延应急供水工程档案工作办法》和《北延应急供水工程档案文件材料归档范围与职责部门规定》，为公司各部门和工程各参建单位开展北延工程档案工作、规范档案文件材料收集管理提供了依据；组织北延应急供水工程档案工作培训。4月下旬，邀请档案专家利用网络视频对建管、施工、监理等各参建单位的文件材料管理人员进行了业务技术培训。10月，到工程现场组织开展了培训，指导档案工作。开展检查工作，邀请业内专家于6月中旬和11月下旬到工程现场对建管单位和施工单位的档案文件材料管理情况进行了检查指导，促进档案工作规范化工作。（李庆中　宋笑颜）

工程运行

扬州段

【工程概况】

1. 宝应站　宝应站位于宝应县和高邮市交界处，是南水北调工程第一个开工、第一个完工、第一个发挥工程效益的项目。该项工程作为南水北调东线新增的水源工程，宝应站与江都水利枢纽共同组成东线第一梯级抽江泵站，实现第一期工程抽江$500m^3/s$规模的输水目标。宝应站设计规模$100m^3/s$，装机4台套（其中备用机组1台套），总装机容量13600kW。工程总投资1.405亿元。

2. 金宝航道大汕子枢纽　金宝航道工程是南水北调东线江苏境内运西线的起始（一条输水）河道，工程东起里运河西堤，西至金湖站下，全长28.2km。大汕子枢纽工程为金宝航道工程的组成部分，位于扬州市宝应县和淮安市金湖县境内、大汕子河与金宝航道交汇处，是保证金宝航道输水安全的配套封闭建筑物，具有挡水、灌溉、排涝和航运的功能。大汕子枢纽工程包括节制闸、套闸、补水通航闸、拦河坝、河道堤防及配套的管理设施等。

3. 金湖站　金湖站位于江苏省金湖县银集镇境内，三河拦河坝下的金宝航道输水线上，是南水北调东线一期的第2梯级抽水泵站，其主要功能是向洪泽湖调水$150m^3/s$，与里运河的淮安泵站、淮阴泵站共同满足南水北调东线一期工程入洪泽湖流量$450m^3/s$的目标，保证向苏北地区和山东省供水要求，并结合宝应湖地区的排涝。金湖站设计流量$150m^3/s$，装机5台套（其中备用机组1台套），装机容量11000kW，工程总投资3.93亿元。（王晨　杨红辉）

【工程管理】

1. 宝应站　2005年9月至2018年4月，宝应站由江苏水源公司委托江苏省江都水利工程管理处管理。自2018年5月起，由江苏水源公司扬州分公司直接管理，现场管理单位为南水北调东线江苏水源公司宝应站管理所。2020年，宝应站圆满完成了今年抗旱调水、维修养护、安全管理等各项工作。

（1）设备设施管理。在做好规程规范规定的各类检查保养基础上，定期开展班组互查，做细做实设备设施管理，确保工程设备设施完好。清明调水停机间隙，利用仅有6天时间，高效完成4台机组水下检查，发现问题后采取应急加固措施，保证机组运行安全；及时开展电气预防性试验、特种设备检验；开展消防系统年度检测、建筑物防雷检测等；定期开展安全监测，确保水工建筑物处于安全稳定状态。

（2）维养项目管理。宝应站完成岁修、急办等10个项目实施，确保设施设备完好。在项目实施过程中，宝应站严格规范高效开展维修养护项目管理。

（3）安全管理。宝应站深入开展安全专项整治一年小灶及三年大灶，高度重视各类隐患问题整改整治工作。对照问题清单库举一反三、自查自纠，落实整改责任人，限定整改期限，确保问题隐患及时有效整改到位，促进工程管理水平提高。同时，积极开展水利安全生产标准化一级单位达标创建，紧抓创建质量与进度，争当安全标准化创建排头兵。作为水闸标准化试点单位，做精做细大汕子枢纽试点任务，高质量开展创建工作。

2. 金宝航道大汕子枢纽　金宝航道大汕子枢纽由江苏省一级水利工程管理单位——宝应站管理所直接管理，全面负责工程的调度、运行和维护工作。

（1）运行管理。工程调水运行期间，大汕子枢纽按指令要求全关节制闸、补水通航闸及套闸闸门，实现挡水功能，保证金宝航道输水安全。套闸每日上下午各开启1次，保证宝应湖与金宝航道附近渔船顺利通行。值班人员严格执行巡视检查、交接班、操作票等制度，每日准时报送工情、水情以及开展水文报讯；2020年，在上下游水文亭增设遥测水位站，实现水情每小时自动测报。非运行期，节制闸、套闸、补水通航闸全部打开，保证周边水体环境良好。

（2）设备设施管理。大汕子枢纽定期开展日常巡查、定期检查、经常性检查、设备调试等，认真开展安全监测、建筑物防雷检测、电气预防性试验、设备及水工建筑物等级评定等，对检查中存在的问题，立刻整改，对于不能立刻整改的，及时研究整改措施，确保工程设备、设施运行不留隐患。规范开展维修养护项目管理，强化项目实施过程管理，注重档案资料全流程管理。

2020年，根据江苏水源公司水闸标准化创建要求，大汕子枢纽认真开展标准化试点，现场增设各类标准化标识标牌，形成水闸标准化管理7S手册，实行标准化立标、树牌，并指导实践，提高了工程管理水平。

（3）安全管理。及时调整安全生产组织网络，年初与每位员工签订安全生产责任书，确保了安全生产责任落实到底。同时，高度重视各类隐患问题整改整治工作，每月开展隐患大排查大整治，定期开展安全自查，全面梳理隐患及问题清单。对照问题清单库举一反三、自查自纠，落实整改责任人，限定整改期限，形成问题动态台账，确保问题隐患整改到位，保证工程设备设施安全完好。

3. 金湖站　金湖站工程采用委托管理模式，从2012年12月开始，江苏水源公司与省洪泽湖水利工程管理处签订委托协议书，成立江苏省南水北调金湖站工程管理项目部，具体负责日常管理工作。工程在运行期安排29人参加管理，非运行期安排12人参加管理。2020年度，金湖站按照南水北调工程管理要求，开展工程规范化、标准化管理，健全各项规章制度，修订工程管理细则、运行规程、作业指导书等技术文件，认真开展了工程运行和维修保养工作。

（1）定期检查。项目部以汛前、汛后检查为抓手，做好设备维护管理，抓好工程的检查保养工作。对防汛预案、度汛方案、技术管理细则等进行修订完善；对水工建筑物和机电设备进行等级评定；对防雷（静电）设施进行检测；对防汛物资和抢险工具进行了盘点和增补。

（2）机组水下检查。8月31日至9月30日，对1号、2号、3号、4号机组进行水下检查。重点对进出水流道、叶轮、叶轮外壳、导叶体、泵体内壁、电机外壳等进行了细致检查；测量了叶片间隙，对4号机组叶片进行超声波探伤。机组水下结构与部件状况良好，水泵叶轮叶片整体情况较好，无明显外伤与内部损伤。

（3）安全管理。以安全标准化创建为抓手，对照标准化创建8大类126个子项具体要求，提高工程管理水平，规范管理行为，增补需要完善的标识标牌，强化安全风险管控。

（4）档案管理。项目部设置兼职档案管理人员，做好各类资料的收集整理工作。及时记录整理管理大事记，按时向管理处及水源公司报告安全月报及管理月报。开机期间报表、值班记录等及时收集并整理归档。

（王晨　曹虹）

【运行调度】

1. 宝应站　2020年，宝应站准确执行调度指令11条，累计开机134天，安全运行11956台时，累计抽水10.7亿m^3。

（1）值班与信息报送。宝应站严格执行“两票三制”，每班提前30分钟交接班，每2小时巡视检查一次，准确填写运行值班记录表及设备缺陷维修登记表，确保运行值班安全。每日做好调度日报表，工情表、能源单耗表等报送及水文报汛。

（2）水草杂物打捞。宝应站下游引河位于里下河腹地，水草集聚，是影响工程运行的面临的难题。2020年，开展技术攻关，先后完成6台清污机改造，降低了故障率，采用清污机皮带机捞草、小渔船辅助捞草等多种措施并行，提高了捞草效率，确保工程安全运行。

（3）突发事件处理。宝应站原技术供水系统从下游引河取水，经常出现堵塞现象，管理所实施了技术供水改造项目，保证了技术供水可靠性。

2. 金宝航道大汕子枢纽　2020年，大汕子枢纽参与调水运行134天，其中调水105天，抗旱29天，指令执行准确率100%。

3. 金湖站　2020年，金湖站调水、抗旱合计运行134天，8141.83台时，抽水量10.11亿m^3。其中，调水运行105天，7028.83台时，调水8.48亿m^3；抗旱运行29天，1113台时，抗旱水量1.63亿m^3。

（1）严格执行“两票三制”。运行期间，项目部严格执行“两票三制”。加强领导带班，规范职工值班行为。值班人员严格遵守操作规程和安全制度，严格执行8小时值班和2小时巡查抄表制度，监控连续不间断，报表及时上报，及时关注上下游水位变化，确保工程运行安全无事故。

（2）做好电力调度和负荷保证。调水运行前，项目部与淮安供电公司调度中心提前联络沟通，告知用电时间和负荷要求，确保通水期间供电保证，并要求110kV专用供电线路运维单位对供电线路进行一次全面检查，确保线路安全无隐患。

（3）及时打捞水草。采用人机结合形式，以清污机和输送机打捞为主，人员辅助打捞为辅，配备两辆拖拉清运打捞物，清理场地填埋处理。为打捞进水池内漂浮的少量细碎水草，研究定制了专用工具，既及时清除水面漂浮物，又有效保证作业人员人身安全。2020年，金湖站累计打捞水草约4500t，雇佣捞草民工900余工日，雇佣拖拉机运输350台班，捞草效果显著。（王晨　杨红辉　曹虹）

【工程效益】

1. 宝应站　2020年，宝应站准确执行调度指令11条，累计开机134天，安全运行11956台时，累计抽水10.7亿m^3，工程效益与社会效益得到充分发挥。

2. 金宝航道大汕子枢纽　2020年，大汕子枢纽参与调水运行134天，保证金宝航道输水安全，同时也对周边宝应湖地区灌溉、排涝和航运发挥了巨大效益。自2013年通水以来，截至2020年年底，通过金宝航道工程累计安全输水32.1亿m^3，为保障北方生产生活用水安全作出贡献，充分发挥了南水北调工程效益和社会效益。

3. 金湖站　2020年，金湖站运行134天，抽水量10.11亿m^3。其中调水运行105天，调水8.48亿m^3，抗旱运行29天，抗旱水量1.63亿m^3。机组安全稳定运行，圆满完成了向省外调水和省内抗旱任务，充分发挥了工程效益、生态效益和社会效益。（王晨　杨红辉　曹虹）

【环境保护与水土保持】

1. 宝应站　管理所在管理区域内设置安全警示及保护环境警示牌，每月日常检查管理区环境保护和水土保持情况；按照要求不断提升管理区绿化，做好环境保护和水土保持工作。

2. 金宝航道大汕子枢纽　大汕子枢纽的功能发挥，使得金宝航道输水水位较稳定，部分河道扩挖和疏浚后，水域面积扩大，水位升高，补充了大量的生态用水，改善了沿线生态环境，提高了动植物生存条件。

3. 金湖站　金湖站设置了生活污水处理装置，日处理能力 24t。能够有效处理办公和生活污水。同时开展了垃圾分类工作。

定期对护坡、排水沟和裸露土地进行检查整治。管理区植物措施按照乔灌结合原则，常青树与落叶树结合、花草结合的原则，优化林木种类，增加林木品种，达到了“四季有花、常年有绿，水土保持与园林景观相结合”的效果。

（王晨　杨红辉　曹虹）

【验收工作】

1. 宝应站　宝应站工程于 2005 年 10 月通过试运行验收，2006 年 3 月通过完工验收。

2. 金湖站　金湖站工程于 2012 年 12 月通过试运行验收，2013 年 4 月通过设计单元工程通水验收。

（王晨　曹虹　袁双双）

【科技创新】　2020 年宝应站充分落实降本增效各项措施，通过 QC 小组近半年的共同努力，《降低泵站能源单耗 5%》课题获得Ⅰ类成果奖。

金湖站管理项目部大力推进技术创新工作，开展了“闸门盖板卷扬提起与挪动装置”“水面清污装置”“潜水式便携水草打捞设备”3 项实用新型发明专利研究，职工全年发表相关论文近 10 篇，通过不断地总结与研究，有效推进了工程管理水平的提升。

（王晨　曹虹　袁双双）

淮　安　段

【工程概况】

1. 淮安四站　淮安四站位于淮安市楚州区境内，与已建成的淮安一站、二站、三站共同组成东线第二梯级抽水泵站，实现抽水 $300m^3/s$ 的目标。工程设计规模为 $100m^3/s$，装机 4 台套（1 台备机），总装机容量为 10000kW。工程总投资 1.72 亿元。

2. 洪泽站　洪泽站位于淮安市洪泽县境内的三河输水线上，是南水北调东线第三梯级泵站之一，其主要任务是抽水入洪泽湖，与淮阴泵站梯级联合运行，使入洪泽湖流量规模达到 $450m^3/s$，以向洪泽湖周边及以北地区供水，并结合宝应湖地区排涝。洪泽站设计流量 $150m^3/s$，装机 5 台套，其中备用 1 台，总装机容量 17500kW，工程总投资 5.09 亿元。

3. 淮安四站输水河道工程　淮安四站输水河道工程位于淮河下游白马湖地区，全长 29.8km，由运西河、穿白马湖段、新河三段组成。其中：运西河东连京杭运河，西至白马湖，河长 7.47km；穿白马湖段长 2.3km；新河南连白马湖，北至淮安四站进水前池，长20.03km。沿线配套及影响（泵站、闸、涵）工程23座，桥梁12座。

4. 淮阴三站　淮阴三站位于淮安市清浦区境内，与现有淮阴一站并列布置，和淮阴一、二站及洪泽站共同组成南水北调东线第三梯级，工程设计调水流量为100m³/s，装机4台套，总装机容量8800kW，工程批复总投资3.09亿元。

5. 金宝航道工程　金宝航道工程位于淮河下游高邮湖、宝应湖地区，东自南运西闸、西至洪泽蒋坝全场64.4km，以淮河入江水道三河拦河坝为界分金宝航道段（长28.4km）和新三河段（长36km）。金宝航道（金湖段）23.9km（仅指取直段，若包括唐港弯道段，增加7.6km），沿线配套及影响（闸、涵）工程13座。金宝航道沟通里运河与洪泽湖，串联金湖站和洪泽站，承转江都站、宝应站抽引的江水，是运西线输水的起始河段。金宝航道输水能力为150m³/s，满足金湖站、洪泽站抽水北调要求，并整体改善淮安水资源供给、提高宝应湖地区排涝标准和金宝航道通航能力。

（王晨　简丹）

【工程管理】

1. 淮安四站　南水北调淮安四站工程采用委托管理模式，南水北调淮安四站工程管理项目部负责淮安四站工程的管理工作。淮安四站工程管理项目部按非运行期配置，共有职工14人，主要负责淮安四站泵站、新河东闸及清污机的日常管理工作。

（1）管理范围。淮安四站工程管理范围主要包括淮安四站、新河东闸、补水闸工程及相应水工程用地范围及相关配套设施，管理内容主要包括：工程建（构）筑物、设备及附属设施的管理，工程用地范围土地、水域及环境等水政管理，工程运行管理及工程档案管理等。

（2）设备维修养护。淮安四站注重日常巡视检查，根据工程需要和设备情况，损坏工程设施及时进行维修，2020年度完成淮安四站内外墙及栏杆维修项目、清污机齿耙修复项目、淮安四站至新河东闸沥青道路铺设及路牙更换项目，中控室改造项目，以及液压启闭机维护，油、水管道维护，清污机养护，建筑物室内外修补，上墙资料修订，上下游护坡修补，设备、环境保洁，工具及备品备件购置等养护项目。

（3）安全生产。淮安四站项目部建立了以项目经理为组长的安全生产责任网络，配备了兼职安全员。始终坚持“安全第一，预防为主，综合治理”的指导思想，始终坚持将安全生产工作放在第一位，始终坚持严格实行“两票三制”，确保安全运行无事故。2020年年初，项目部与每位职工签订了《安全生产责任状》，进一步落实安全责任和强化职工安全意识。

1）做好相关预案的修订完善工作。项目部制定了《运行管理规章制度》《工程技术管理办法》《安全管理规程》《防汛预案》《反事故预案》等一系列规章制度和规程规范，其中主要规章制度已上墙公示，日常管理中严格执行各项规章制度。项目部还印发了江苏水源公司组织编制的《南水北调泵站工程管理规程》，并组织职工进行学习。并根据具体要求对淮安四站的《工程技术管理办法》《防汛预案》《反事故预案》等进行修订，以保证安全生产制度切实可行。

2）落实安全生产制度。在日常工作中，狠抓安全生产制度、预案的落实，不断提高安全生产意识，确保安全管理。完善了中控室的上墙制度，修订了设备维修揭示图和设备管理卡等。

对灭火器材进行压力检查，更换压力不足的灭火器。做好绝缘手套、绝缘靴等绝缘用具和接地线的保管工作。做好安全帽、登高工具、安全带等用具的配置。对管理范围内的生产、办公设施进行安全管理、巡查，并做好检查记录，确保各项工作安全有序，按时向管理处和水源公司上报安全月报，汛期按公司及时报送工程安全巡查记录。

3）开展安全生产月活动。将安全生产工作作为各项工作的重中之重，积极组织全体职工学习安全生产的相关知识，张贴宣传条幅，加大宣传力度，强化安全生产意识。

2. *洪泽站*　洪泽站工程采用直接管理模式，江苏省南水北调洪泽站管理所于2013年4月15日正式成立，由扬州分公司管理。2018年4月26日，淮安分公司与扬州分公司完成洪泽站工程管理交接，洪泽站工程由淮安分公司管理。根据《南水北调江苏水源公司党委关于成立南水北调东线江苏水源有限责任公司宝应站管理所等三级管理机构的通知》（苏水源工〔2018〕43号），2018年6月20日起，江苏省南水北调洪泽站管理所更名为“南水北调东线江苏水源有限责任公司洪泽站管理所”。2020年，洪泽站管理所共有18人，员工技术专业包括热能及动力工程、机械制造与自动化、水利工程建筑、软件工程等。本着工作需要、合理配置、精简高效原则，做好各项工程管理工作。

（1）管理范围。洪泽站工程管理范围主要包括洪泽泵站、挡洪闸、进水闸、洪金地涵工程及相应水工程用地范围及相关配套设施。管理内容主要包括：工程建（构）筑物、设备及附属设施的管理，工程用地范围土地、水域及环境等水政管理，工程运行管理及工程档案管理等。

（2）综合管理。洪泽站认真梳理各类制度，按照公司管理标准化要求，对关键制度上墙明示。根据实际，制定职工培训教育计划，积极开展“每周一题、每月一试、每季一练、每年一考”的“四个一”活动，采用专家授课和员工讲学等多种方式。授课内容密切联系洪泽站工程实际，涵盖理论知识和实操演练，充分利用技师工作室条件，提高员工学习主动性，员工技能水平得到进一步提升。安排专人管理工程档案，设施配置齐全，工程项目建档立卡，摆放有序。积极开展宣传报道，2020年度共报送信息27条。认真做好各级检查和调研接待60余次，展示了江苏水源管理品牌。

（3）设备管理。洪泽站管理所细化、分解、落实员工的管理责任，完善设备标识标牌，对站区所有设备建档立卡，及时更新维修情况，强化精细化管理。扎实开展工程定期检查、经常性检查、运行巡查，结合运行情况每年开展机组水下检查，掌握设备运行情况。每年委托有资质单位进行防雷接地检测和特种设备检测，积极配合泵站公司开展电气预防性试验。安排专人负责仓库物资管理，及时采购补充易耗品和备品备件，保证工程需要。按时组织设备评级，评级结果报分公司批复。

结合运行情况及检查试验结果，及时发现并处理工程存在问题，保障设备完好。

（4）建筑物管理。洪泽站汛前、汛后及时对建筑物开展定期检查，每月1次经常检查，积极开展泵站、水闸建筑物水下检查，明确检查内容和质量标准，检查工作全面、细致。按规范规程开展工程观测和成果整编分析，做好观测设施日常检查维护。结合检查观测结果开展建筑物等级评定。加强泵站环境保洁，做好大三角区绿化提升项目实施监管，工程环境得到显著提升。

针对发现的问题，及时对进水闸闸墩螺栓孔处脱落混凝土进行修补，修复了泵站上游混凝土护坡裂缝，对厂房局部渗水部位进行处理。

（5）岁修管理。洪泽站2020年度岁修项目共9项，总金额228.33万元，已全部完成并通过验收。管理所强化实施过程管理，明确专人负责，对重要工序和隐蔽部位等关键环节全程监督，确保实施质量。主要完成1号机组大修和2号机组小修、增设管理范围安全围栏、对泵站堤防进行绿化种植。通过岁修项目实施，消除设备隐患和管理安全问题，提升工程外观形象。

（6）安全管理。汛期严格执行值班制度和领导带班制，密切关注雨情、水情、工情变化，加强防汛物资储备管理，保持临战状态。6月24日，因三河闸大流量泄洪，进水闸闸上水位持续上涨，根据防汛应急预案及时关闭挡洪闸、进水闸，并在洪金地函处架设潜水泵，抽排站下涝水30万m^3，安排技术骨干每天2次对两闸、堤防等防汛重点部位进行巡查，配合洪泽区防指对入江水道堤防进行巡查。截至9月2日三河闸关闸，洪泽站进水闸、挡洪闸闸门挡洪71天，工程安全度汛。

2020年，洪泽站以安全标准化达标创建为契机，认真做好安全生产各项工作。全面梳理整改安全警示标牌，规范现场标识；对照考核标准规范安全检查、安全培训等日常工作，加强隐患排查治理，做好安全资料整编；完成泵站危险源辨识，明确责任人，完善应急预案，落实分级管控措施。注重培训演练，提升应急处置能力，组织安全标准化宣贯培训，开展防汛、消防、反恐等应急演练，增强员工安全意识，将达标要求与日常管理紧密融合，推动安全标准化入脑入心入行；加强站区安全管理，结合岁修项目增设围栏、道闸等安全设施，加强安保巡查，获得淮安市“2020年度全市单位内部安全保卫工作先进集体”称号。

3. 淮安四站输水河道工程　淮安市淮安区运西水利管理所为扎实做好河道管理工作，成立了项目管理机构——南水北调淮安区淮安四站河道管理所，专职负责淮安四站输水河道的管理和维护工作。该所的主要职能包括：负责本段河道工程日常运行维护、安全及应急事件处理，负责河道巡查、水质观察、安全保护、安全度汛等日常管理工作，负责执行来自上级的调水指令等工作。管理机构配备了行政负责人和技术负责人，明确了相关人员职责。

（1）日常管理维护。管理所健全规章制度，明确岗位责任。管理所将河段分为8段，每段堤防聘有专职护堤员，每天巡查；安排工作人员对点结合，定期督查、巡查，发现问题及时整改汇报；设立管理台账。管理所每周组织不低于2次集中巡查，全年共组织巡查180余次，出动车辆180余次，巡查人次合计3500余人次。组织人力及时清除堆堤杂草，全年清除杂草260余亩。积极开展宣传工作，全年向沿线群众散发宣传通告，张贴宣传告示320余张；在不同媒体上发表宣传报道9篇。全年共组织水政执法人员和南水北调治安办民警联合执法4次，出动车辆4辆次，人员20人次，清除渔罾1处；清除违章种植200m^2；查处违章取水1起，有力打击了违章侵占河道管理范围行为。

（2）工程维修养护。2020年3月，及时收回新河西堤镇湖闸南近入湖口处堆堤，并进行岸坡整理。

2019年，淮安四站河道运西河北堤7＋170～7＋470防汛道路硬化维修养护项目因新冠肺炎疫情未能实施。2020年3月底，在扬州市宝应县疫情防控解封后，管理所立即与中标单位联系，抓紧组织实施运西河北堤7＋170～7＋470防汛道路硬化项目。工程于4月2日开工，4月15日全部完成，其间管理所派技术人员到现场跟班监督施工质量，督导工程施工，确保施工过程规范，质量符合要求。6月8日通过分公司组织的完工验收。

3月底，管理所组织人员对新河沿线16km左右的截水沟进行清理，共耗费300多工日，至4月中旬完成截水沟清理任务，确保汛期排水通畅。

5月中旬，堆堤巡查人员发现新河西堤林集垃圾中转站段，有人将垃圾抛弃在此处堆堤背水坡。管理所研究决定，在此处修建一座大门，杜绝垃圾车辆进入。工程于5月下旬开工，6月初完工。

高度重视河道养护工作，尤其是堆堤绿化树木养护和水土保持绿化工作。4月组织人员对2019年栽插的苗木地杂草进行清理；对新河草张桥头一块打谷场进行复垦，栽植了200余棵女贞苗木；在运西河北堤背水坡太平桥东段补植了700多棵雄株意杨；组织人工对绿化林木下的杂草进行药物喷除，保证林木正常生长。

4月，管理所组织机械对运西河北堤周庄桥西段迎水坡进行了整理，清除了表面杂草，提高了青坎高程，计划明春栽植绿化树木。

（3）安全生产。管理所积极开展安全生产预防管理工作，2020年召开安全生产会议11次，安全教育培训11次，安全检查11次，节前安全检查6次，对河道堤防、涵闸进行认真细致检查，积极开展新冠肺炎疫情防控工作。以“消除事故隐患，筑牢安全防线”为主题，积极开展安全月活动。认真开展汛前检查，成立汛前检查和防汛组织，编制防汛预案，并组织进行预案学习演练。同时根据公司要求，配备相应防汛物资，随时备用。进入汛期后，组织人员每日进行河道巡查，实行24小时防汛值班，确保工程安全度汛。

4. 淮阴三站　淮阴三站采取委托管理模式，受托单位江苏省灌溉总渠管理处成立淮阴三站工程管理项目部，具体负责淮阴三站的日常管理、维护、运行等事宜。项目部设项目经理2名，技术负责人1名，运行期配备运行管理人员不少于20人，非运行期不少于12人。

淮阴三站实行动态、全过程维护管理模式，按照合同、行业规范，每年及时安排汛前、汛后检查、开机运行检查、季度考核、年终考核等项目，认真组织检查；做好主辅机、电气设备的检查维护工作。对主机及清污机、风机、液压启闭机、变频器、励磁系统等辅机设备定期开展试运行工作，做好巡视检查及检查性试运行的记录，发现缺陷及时处理；对所有设备建档挂卡，并明示责任人。按时对电气设备进行试验，对损坏的仪表、继电器等及时更换。对于存在的问题及时编报岁修方案、抢修方案、应急方案等，及时组织实施。2020年，项目部根据淮安分公司下达的岁修项目，完成了闸门喷锌防腐及止水更换项目、厂房内外墙渗水维修项目、液压启闭机活塞杆维修项目，及时消除工程安全隐患。

淮阴三站建立以项目经理为组长的安全生产责任网络，设立安全员；修订完善了运行管理规章制度、防汛预案、反事故预案等一系列规章制度和规程规范，认真做好安全用具检定试验等工作。每月开展安全专项检查，根据观测任务书要求，开展扬压力、伸缩缝等观测，按时上报安全生产信息月报和工程管理月报。组织做好节假日前专项安全检查、机组运行安全生产检查、安全度汛等工作。

5. 金宝航道工程　江苏水源公司委托金湖县河湖管理所管理南水北调金宝航道（金湖段）河道工程23.9km（取直段），部分弯道段1.8km；沿线配套及影响（闸、涵）工程6座。按合同要求设置运行管理人员4名，堤防巡查管理及涵闸运行管理人员7名，档案员1名。

制定完善工程运行管理制度、工程管理养护方案，加强现场管理人员的考勤和日常管理。对职工进行教育管理和业务技能培训，使每位员工能高质高效完成既定工作任务。

管理范围内的道51.4km堤防和6座涵闸工程均有专人管理。巡查人员每天需对河道两岸堤防工程、涵闸工程进行巡查与检查，同一个堤段每天不少于一个频次，对巡查中发现的问题及时记录和上报，有巡查日记和巡查台账。

金宝航道沿线堤防管理责任划段到人，每月组织对堤防管理进行考核、通报。注重工程的日常养护，汛前涵闸工程进行保养维护，逐一进行启闭调试检查，保证涵闸工程具备正常启闭条件。对沿线堤防河道工程进行养护，对河道护坡上的浪渣进行清除，对迎水面堤坡进行割坪，常态化清扫混凝土路面。多次组织对闸区环境进行整理，清除杂草杂物，保证闸区整洁。　　（王晨　简丹）

【运行调度】

1. 淮安四站　严格按照调度指示，科学合理调度。建立信息报送制度，高度关注水位、流量、水质变化对周边防汛安全、工程安全、供水安全及航运安全等方面的影响。及时报送开机运行中的水情、工情、捞草等情况。

2020年5月以来淮北地区降雨量远低于历年同期水平，洪泽湖水位低于死水位，抗旱形势严峻，淮安四站按上级指令投入抗旱运行。淮安四站于5月14日接到调度指令投入抗旱运行，至2020年6月15日12时，连同2020年1月运行的19天，累计安全运行52天，开机运行1945台时，累计抽水2.256亿m^3，圆满完成阶段性抗旱任务，充分发挥了工程效益。

2. 洪泽站　2020年，洪泽站共接受并执行调度指令38条，参与向山东省调水及省内抗旱运行133天，抽水量为10.22亿m^3，水电站安全发电运行69天，发电量79.5万kW·h，充分发挥了工程效益。运行中，管理所严格执行操作规程和操作票制度，加强值班管理和巡视检查，及时打捞清理河道漂浮杂物，全站安全运行率100%。

3. 淮安四站输水河道工程　成立了河道调水运行工作领导小组。2020年，淮安四站河道共投入2次排涝运行，排涝期间，均能严格执行防汛方案，每天组织人员进行河道堤堤巡查，安排专人24小时值班，做好水情观测，确保运行安全。

4. 淮阴三站　2020年淮阴三站未接到开机任务，按照调度指令参与了抗旱运行，发挥了一定的经济效益和社会效益。

5. 金宝航道工程　成立了运行工作领导小组，加强管理，保证调水运行期安全。调水运行期间，每天组织人员进行河道堤堤巡查，严密监视水位，确保调水安全，每天安排专人24小时值班，做好水情记录及上报工作。（王晨　周扬）

【工程效益】

1. 淮安四站　2020年共参与抗旱运行52天，累计运行945台时，总抽水量2.26亿m^3，充分发挥了工程效益。

2. 洪泽站　2020年共运行203天，7852.29台时，累计抽水10.78亿m^3，其中向山东省调水运行5777.79台时，抽水8.06亿m^3，抗旱运行2074.5台时，抽水2.72亿m^3，发电68天，发电79.46万kW·h，充分发挥了工程效益。

3. 淮安四站输水河道工程　在管理运行期间严格按照南水北调工程相关规程、规范要求，保障输水河道安全。

4. 淮阴三站　2020年共参与抗旱运行26天，累计运行817台时，总抽水量0.90亿m^3，充分发挥了工程效益。

5. 金宝航道工程　在管理运行期间严格按照南水北调工程相关规程、规范要求，安全运行，保障向山东调水及抗旱输水安全，发挥了工程效益。（王晨　纪恒）

【环境保护与水土保持】　淮安四站站区范围内的绿化及水土保持由江苏水源绿化公司负责管理，站区西侧为绿化公司种植苗圃。

洪泽站管理所重视环境保护，机组运行期间及时组织打捞杂草杂物。定期对管理范围内的花草树木进行修剪、施肥。同时，管理所不定期对上下游护坡进行清理维护，避免护坡水土流失。

2020年，淮安四站输水河道组织实施了草张桥800m^2左右打谷场复垦工作，新栽200余棵女贞苗木；在运西河北堤太平桥段补栽雄株意杨700余棵；组织人员对堆堤杂草进行清除。通过一系列工作，做好河道环境保护及水土保持。

淮阴三站项目部重视环境保护，机组运行期间及时组织打捞杂草杂物。管理范围内绿化由江苏水源绿化公司具体负责，定期对管理范围内的花草树木进行修剪、施肥。同时，项目部不定期对上下游护坡进行清理维护，避免护坡水土流失。

管理所组织人员对雨淋沟进行修复；对堆堤杂草进行清除。通过一系

列工作，做好河道环境保护及水土保持。　（王晨　简丹）

【验收工作】　淮安四站工程于2012年7月29日通过完工验收。洪泽站于2019年10月通过完工验收。淮安四站河道于2012年9月通过完工验收。淮阴三站于2012年10月通过完工验收。金宝航道工程于2018年12月通过完工验收。　（王晨　周扬）

宿迁段

【工程概况】

1. 泗阳站　南水北调泗阳站工程位于泗阳县城东南约3km处的中运河输水线上，在原泗阳一站下游347m处，是南水北调东线第四梯级泵站。该工程与泗阳二站、皂河泵站、刘老涧泵站一起，通过中运河线向骆马湖输水175m³/s，并向沿线供水，改善航运条件。设计调水流量164m³/s，装机6台套（含备机1台），总装机容量18000kW，工程总投资3.06亿元。

2. 泗洪站　泗洪站枢纽工程位于江苏省泗洪县朱湖乡东南的徐洪河上，是南水北调东线一期工程第四梯级泵站之一，主要功能是与睢宁泵站、邳州泵站一起，通过徐洪河向骆马湖输水。泵站设计流量120m³/s，装机5台套，总装机容量10000kW。工程总投资5.87亿元，是南水北调东线单体投资最大的枢纽工程。

3. 刘老涧二站　刘老涧二站建于江苏省宿迁市东南约18km处的中运河上，是南水北调东线一期工程第五梯级泵站。该站主要功能是与刘老涧一站一起，通过中运河并经皂河站向骆马湖输水175m³/s，并向沿线供水、灌溉，改善航运条件。泵站设计流量80m³/s，装机4台套（含备用机组1台），总装机容量8000kW。工程总投资2.23亿元。

4. 睢宁二站　睢宁二站工程是南水北调东线工程的第五梯级泵站，位于江苏省徐州市睢宁县沙集镇境内的徐洪河输水线上。睢宁站的设计流量110m³/s，鉴于睢宁一站（沙集站）现状规模为设计流量50m³/s，新建睢宁二站设计流量60m³/s，考虑睢宁一站、睢宁二站共用备用流量20m³/s，因此睢宁二站装机流量采用80m³/s，总装机容量12000kW。工程批复总投资2.41亿元。

5. 皂河二站　皂河二站工程是南水北调东线一期工程的第六梯级泵站之一，位于江苏省宿迁市皂河镇北6km处，主要任务是与皂河一站联合运行向骆马湖输水175m³/s，与运西线共同实现向骆马湖调水275m³/s的目标，并结合邳洪河和黄墩湖地区排涝，为骆马湖以上中运河补水，改善航运条件。工程设计抽水流量75m³/s，装机3台套，总装机容量6000kW，工程总投资2.73亿元。

（王晨　单晓伟）

【工程管理】

1. 泗阳站　泗阳站工程采用委托

管理模式，受江苏水源公司委托，江苏省骆运水利工程管理处成立泗阳站工程管理项目部，负责泗阳站工程运行管理。

（1）设备管理情况。以“固本强基、解决问题”为思路，加强机电设备技术基础管理，保证设备的完好率。在完成设备设施全面常规养护的基础上，从微从细，扎实推进。

1）按照《南水北调泵站工程管理规程》对设备进行规范标识，确保设备的名称、编号、旋转方向准确无误，并按照江苏省《泵站运行规程》对设备进行规范涂色，按照设备类别、等级建档挂卡；在站内显目位置悬挂泵站平面图、立面图、剖面图，高低压电气主接线图，油、气、水系统图，主要技术指标表，主要设备规格、检修情况表等图表。

2）定期对主机泵、高低压电器设备、辅机系统、直流系统进行养护，加强油系统易损件维修更换，保持设备无灰尘、无渗油、无锈蚀、无破损；定期对微机监控及视频系统进行检查维护；同时对防雷和接地装置定期进行检查、除锈、上漆，并按照规定做接地电阻检测；定期对设备进行联动测试。

3）严格按照《电气设备预防性试验标准》委托骆运管理处检修维护中心开展电气设备预防性试验和仪表校验工作，并按照周期定时完成特种设备检测和校验及安全设施检验。

4）认真组织检查存在问题的整改。对照检查发现的问题，组织技术力量认真加以整改，对问题处理的措施及结果做好记录工作，并及时组织验收小组进行验收。对暂时不能解决的问题，完善相关预案。

5）对6号机组进行大修。泗阳站6号机组自2012年5月建成投入运行，至大修前已累计运行11510小时。主要对机组运进行降噪处理（由98dB降到84dB），对机组叶片角度进行调整，将叶调机构上操作油管由两段轴改为三段轴。

（2）建筑物管理情况。

1）项目部定期组织人员对管理范围内建筑物各部位、设施和管理范围内的河道、堤防等按照周期进行检查；在建筑物遭受暴雨、台风、地震和洪水时及时加强对建筑物的检查和观测，对发现缺陷及时组织进行修复；对于能够解决的问题及时处理完毕，对于需要经专项经费解决的问题，编报工程维修方案计划。

2）按照年初制定的“工程观测计划”，组织专人进行垂直位移、水平位移、测压管水位、引河河床变形、混凝土建筑物伸缩缝等观测工作，以及每月的水情统计上报工作，并对观测资料及时进行整理和分析，做好资料整编工作。

（3）运行管理情况。

1）完善制度及预案，加强实操演练，做好职工防汛知识及技能教育培训。进一步完善防汛预案、反事故预案、综合应急预案等及各项规章制度，并组织防汛演练，提高防汛的责任意识和危机意识，提高预案的执行力。

2）强化应急值守，规范信息报送。坚持汛期24小时值班和领导带班制度，值班人员坚守工作岗位，认真履行职责，保证通信畅通，确保各项防汛指令及时传达，并按要求及时上报防汛实时报表及其他综合材料。

3）紧抓防汛纪律，确保度汛安全进行，要求接到防汛或抢险任务后，应及时到达指定地点，不得有误，不允许擅离职守，务必做到查险仔细、报险及时、因险施策。

4）项目部严格执行调度指令、规范调度流程，及时反馈调度指令执行情况，做好水情、工情、问题处理等相关情况上报工作。

5）认真执行“两票三制”和开停机操作流程，确保机组按时投入运行；在确保工程安全运行前提下，按照调度指令及时调整叶片角度，及时进行水草打捞和清运工作，加强上下游河道的巡查和排查工作，发现隐患及时排除，保障工程高效运行。

（4）安全管理情况。

1）落实安全生产责任制。始终把安全生产工作作为重中之重，严格执行“安全第一、预防为主、综合治理”安全生产方针。成立安全生产领导小组，层层签订安全生产责任状，健全完善安全生产网络，严格落实安全生产责任，切实抓紧、抓细、抓实各项工程措施，消除安全运行隐患，改善运行条件，确保安全度汛。

2）设备安全操作规程齐全，主要设备的操作规程上墙公示。在管理范围内的主要部位悬挂安全警示和警告标志标识牌，消防器材配备齐全完好，防雷接地设施可靠完好。

3）及时修订并上报完善防汛预案，组建防汛组织机构，完善相关制度，成立机动抢险队；配备必要的抢险工具，加强防汛物资管理，保证防汛物资完好。

4）加强特种设备管理，对安全阀进行年检，对行车进行检测。

5）对防雷系统进行年检。

6）对110kV GIS进行检测和调试。

2. *泗洪站*　泗洪站工程由江苏水源公司宿迁公司负责管理，宿迁公司成立南水北调泗洪站管理所，具体负责工程管理各项工作。

（1）圆满完成泵站工程调水任务。按照“科学防控战疫情，全力以赴保调水”的工作原则，实行错峰上班制，将运行人员分为两批，每批人员坚守岗位连续运行14天，做到新冠肺炎疫情防控和调水运行两手抓。开发运用泵站运行值班App，提高巡视效率和质量。在泵站运行期间，大力提倡降本增效活动，根据运行流量、水位等情况，合理调配机组变频、工频运行模式，节约能耗，年度调水节约能耗约17.5万kW·h。

（2）顺利完成船闸安全运行工作。加强管理，通过高频对讲系统、微信公众号平台，及时发布天气、水情信息，方便过往船只及时了解相关信息，提高船舶安全过闸效率。加强调度，加强现场船只调度，严控核载，加强设备设施巡查，及时进行养护，有力保障了船闸的安全运行。加强防控，按照常态化疫情防控要求，在船闸收费大厅配置了一次性医用防护口罩、消毒酒精、红外线测温枪等防疫物资，做好船只人员测温、登记工作，在疫情防控关键阶段对过往船民实行“不见面收费”模式，抓好常态化疫情防控措施的落实。

（3）扎实做好工程防汛度汛工作。泗洪站管理所狠抓防汛安全措施的落实，强化防汛安全工作管理，较好地完成了2020年度的防汛工作。扎实开展汛前检查，保障工程安全度汛。以工程硬件养护为中心，以排除工程缺陷为重点，以强化日常维护管理为内容，以加强检查督促为手段，确保泗洪站工程汛前工作稳步开展，为工程安全度汛、及时可靠运行做好了充分准备。完善防汛预案，加强应急演练。一方面，对防汛预案、各类应急预案进行完善修订。另一方面，加强应急队伍建设，先后开展防汛预案和反事故预案演练，并派员参加江苏水源公司2020年防汛知识培训暨抢险联合演练，进一步促进人员掌握防汛应急处理方法和防汛抢险技术要领，提高队伍的整体素质、应急反应能力及防汛处置能力。加强防汛值班，严格执行防汛制度。严格执行24小时值班制度，保障防汛工作质量。加强防汛物资管理，提高防洪抢险能力。足额配备防汛物资，并根据《防汛物资验收标准》对站内不合格的防汛物资及时进行更换，定期对防汛物资进行检查、对防汛设备进行调试，确保能够充分发挥作用。

（4）有序开展维修养护工作。按照先急后缓、分步实施的原则，泗洪站管理所紧扣标准化管理要求，扎实开展2020年度设备维养工作，进一步提高设备完好率，保障工程安全稳定运行率。排好项目实施计划，及时编制维修养护具体实施方案，做到季度有计划，月度有安排。做好维修作业标准化管理，进一步夯实运用标准化成果，完善修订《临时用电管理制度》《动火管理制度》等，细化维修养护实施流程，编制详细的实施清单。做好备品备件管理，每年根据设备状况，制定备品备件采购计划，及时为设备维修提供优质备品备件，缩短设备检修时间，提高维修质量。

（5）顺利通过工程完工验收。泗洪站工程是江苏省南水北调最后一座进行完工验收的单体泵站，意义重大。一方面强化组织领导，明确责任分工，形成主要领导亲自抓、亲自督导、亲自检验的机制，确保各项工作落细落实。另一方面强化现场管理，针对泗洪站完工验收完善项目和质量总评存在的问题整修项目金额大、地点分散、施工环境复杂、施工难度大等问题，精心组织、超前谋划，确保质量、安全、进度相统一。2020年8月31日，泗洪站工程顺利通过完工验收。

3\. 刘老涧二站　刘老涧二站工程采用委托管理模式，受江苏水源公司委托，江苏省骆运水利工程管理处成立江苏省南水北调刘老涧二站工程管理项目部，负责刘老涧二站工程运行管理。

（1）加强队伍建设，健全组织机构。目前共有管理人员20名（非运行期12名），现场项目部设项目经理、副经理、技术负责人各1人，下设工程部、综合部、财务部，配备了具有丰富泵站管理经验的工程技术人员和技术工人，进行现场管理工作。

（2）加强制度建设。档案管理制度健全，设专人管理，档案设施齐全、完好；财务制度健全，设立专用账户，配备了兼职财务管理人员，开支合理，无违规违纪行为。

修订了刘老涧二站《防汛抗旱应急预案》《现场处置方案》和《综合应急预案》，使得规章制度更加完善，在管理中更能做到有章可循。

（3）加强业务培训，提高职工素质。始终强调安全的重要意义，定期检查，发现安全隐患及时整改，不能整改的及时上报。

（4）严格遵守考勤制度。严肃值班纪律和交接班制度，加强值班巡查力度，严格监视上下游水位，值班人员24小时保持通信畅通，保证调度指令传达通畅。

（5）加强工程检查。定期组织对工程设施、设备进行检查。按时上报防汛、安全检查报告，及时编报工程月报、安全月报，按时报送安全生产基础信息，开机运行期间积极上报水情表、工情表、能耗表。

（6）加强档案管理，提高软件管理水平。创建三星级档案室，并设置了专门的工程管理档案室，配备工程档案管理人员，按照工程档案管理要求，及时做好年度资料整理归档。管理员定期对档案进行检查，防止档案遗失，做好档案借阅登记工作。

4\. 睢宁二站　睢宁二站工程采用委托管理模式，受江苏水源公司委托，江苏省骆运水利工程管理处成立睢宁二站工程管理项目部，负责睢宁二站工程运行管理。

（1）项目部概况。足员配备泵站管理人员，工程管理规章制度健全，管理办法完备，部门岗位职责明确，日常管理有序。在开展管理工作的同时，积极开展党的群众路线教育活动，注重党风廉政教育，未发生违法违纪情况。各项工作开展有条不紊、安全有序。

（2）制度建设。结合调水运行工作实际，制订睢宁二站年度调水应急预案、水污染突发事件应急预案、电力突发事件应急预案、冰期输水运行方案应急预案和度汛方案及防汛预案等，并组织学习和进行相关演练。

严格遵守各项规章制度和安全操作规程，做好各项运行记录，及时准确排除设备故障，能够通过调整设备运行参数在满足调度指令的情况下优化运行工况，使工程高效运行。运行中能够按照调度指令，及时调整叶片角度，及时启动清污机打捞水草、杂物，保障机组高效运行。在运行中加强对微机自动化和视频监视系统的检查维护，确保工程运行安全可靠。

（3）安全管理。始终坚持“安全第一、预防为主、综合治理”的方针，健全安全生产监督管理的制度与责任体系，全力推进安全生产长效管理，不断完善安全管理制度和责任落实。在全国第十三个“安全生产月”活动期间，制定睢宁二站“安全生产月”活动实施方案，组织职工开展“建言献策”等活动。制定安全生产专项奖惩措施，对及时发现并消除安全隐患的给予奖励。坚持每月组织一次检查，召开一次安全生产会议。与地方派出所签订合同，实行站区24小时保卫，并与睢宁水警大队、睢宁县海事处、沙集船闸管理所建立电话热线联系，积极预防、应对并及时控制突发事件。项目部领导实行24小时代班，确保应急突发事件的及时处理。在站区内、厂房内主要部位悬挂放置安全警示和警告标语。

（4）维修养护。2020年专项工程和防汛急办项目共计12项，截至2020年11月25日，项目全部完成。根据骆运管理处《汛前工作考核实施细则（试行）》的要求，对睢宁二站的土、石、混凝土等水工建筑物，以及4台套主机组等机电设备和金属结构等进行了认真细致的检查、维修和养护，确保工程设施设备完好。同时，严格按照江苏水源公司有关规范要求，开展设备等级评定、资料管理、水下检查及职工培训等工作。项目部积极组织对查出的问题逐一整改。确保设施设备完好。

（5）技术创新。

1）闸站运行智能语音报警系统。睢宁二站采用闸站运行智能语音报警系统。该系统对泵站运行人员的值班巡视打卡设置了规定路线和打卡地点，避免了巡视点的遗漏。对重点部位的巡视进行重点监控，设置了语音警告、注意事项等功能。

2）硅橡胶加热带应用。睢宁二站采用硅橡胶加热带缠绕在冷水机组楼顶补水箱周围和从上到下的补水管上，圆满解决了当泵站在冬季开机抽水运行时，由于室外气温太低常常被冻结冰，导致冷却出水和回水母管内冷却水减少，在需要补水时无法补水的事故。

5. 皂河二站　皂河二站工程采用委托管理模式，受江苏水源公司委托，江苏省骆运水利工程管理处成立皂河二站工程管理项目部，负责皂河二站工程运行管理。

（1）项目部概况。足员配备相应的泵站管理、技术、运行、保洁、保安人员。规章制度健全、管理办法完备，部门岗位职责明确、分工合理，日常管理有序。严格遵守考勤制度与项目经理在岗带班的值班制度。项目部有健全的财务制度，设立专用账户，配备兼职财务管理人员。在开展管理工作的同时，项目部积极开展党的群众路线教育活动，注重党风廉政教育，未发生违法违纪情况。

（2）设备管理。对所有设备建档立案，张贴明示。项目部严格执行设备管理检查维护计划，定期对主辅设备开展维护及调试运行工作，按时开展特种设备、消防设施、防雷接地等的检测工作，按时开展电气预防性试验、安全用具试验等工作，保障设备的完好率，确保工程能够随时投入运行。

注重设备维修保养。主要对主机泵、高低压开关柜、PLC柜、直流屏、励磁屏、供排水系统、闸门启闭机、起重设备、照明系统等进行维护保养；开展防雷检测、消防设备检测、安全用具检测、特种设备检测、蓄电池组校核试验、电气预防性试验等。

针对巡视、试验中发现的问题，及时处理。在检修过程中严格执行“一单两票”制度，每项工作均安排工作负责人及现场安全员，负责检修质量和现场安全工作。在检修工作完成后，由派工人员对检修质量进行验收。

（3）建筑物管理。项目部定期对建筑物进行维护保养；每月开展一次经常性检查；每年汛前开展一次建筑物水下检查；每年开展一次建筑物评级工作；在强降雨、洪峰过境等特殊情况下，均开展特别检查。

（4）安全管理。完善安全生产组织网络，定期召开安全生产例会，组织安全培训，不定时地对工程重点部位开展安全检查，建立健全各种安全生产规章制度。项目部对重大危险源、防汛物资、消防器材等均建立管理台账，定期检查巡视。在管理工作中，严格执行“一单两票”制度，杜绝一切违章作业行为。

修订完善《反事故应急预案》《防汛预案》《综合应急预案》和《突发事件应急预案》，并组织预案培训和演练工作。

安排2名水政人员，每日对站区水域进行高频次巡视，如发现违章捕鱼、游泳等情况，当场进行驱逐，确保工程管理区域安全。

皂河二站工程连续9年无安全生产事故。　（王晨　杜威）

【运行调度】

1. 泗阳站　2020年度，泗阳站未执行南水北调调水任务，执行江水北调抽水任务共计19次，发电12次，均能按要求及时完成调度任务。

2. 泗洪站　认真执行调度指令，严格遵守各项规章制度和安全操作规程，做好各项运行记录，及时准确排除设备故障，保证调水运行工作安全高效进行。

认真做好泗洪船闸工程调度运行工作，特别是在泵站工程调水运行期间，由于上下游水位差较大，为了安全调度，泗洪站采取分段开启船闸闸门，减少大水流对船舶的冲击。

2020年，徐洪河节制闸工程执行调度指令3次。汛期降雨主要集中在8月，上游来水较多，节制闸较好地执行了泄洪排涝任务。

3. 刘老涧二站　刘老涧二站由江苏水源公司宿迁分公司运行管理部直接调度。

4. 睢宁二站　睢宁二站由江苏水源公司宿迁分公司运行管理部直接调度。

5. 皂河二站　严格执行调度指令，按时做好开停机工作，及时打捞水草，确保工程安全稳定运行；合理配备人员，值班制度执行有力；运行值班人员能做到按时巡视、认真记录，并及时上报处理巡视中发现的问题；各项报表报送及时准确。

（王晨　吴利明）

【工程效益】

1. 泗阳站　2020年，泗阳站年度抽水运行135天，抽水7.05亿m^3；发电运行32天，泄水1.20亿m^3；上网电量115万kW·h。

2. 泗洪站　圆满完成2019—2020年度调水运行工作，累计运行98天，8429台时，调水7.86亿m^3，用电量492万kW·h，电费278万元；泗洪站抗旱运行30天，2360台时，调水2.49亿m^3，用电量189万kW·h，电费107万元；省外调水和省内抗旱合计调水10.35亿m^3。船闸安全运营，2020年度船舶通行累计过闸221.74万t，收费142.52万元，同比上涨约60%。

3. 刘老涧二站　2020年，刘老涧二站抽水累计运行4459台时，抽水约4.37亿m^3。

4. 睢宁二站　圆满完成2019—2020年山东省补水任务，累计运行6722台时，抽水49939万m^3，历时99天。从5月19日起，睢宁二站投入省内抗旱运行，累计运行1285台时，抽水9037万m^3，历时20天。

5. 皂河二站　2020年，皂河二站机组全年累计运行3390.25台时，圆满完成江苏水源公司下达的调水任务；发电124.94万kW·h，充分发挥了工程效益；邳洪河北闸累计开关闸20次，开闸运行341天，全年无安全生产事故。　（王晨　朱建传）

【环境保护与水土保持】

1. 泗阳站　积极推进泗阳站总体环境规划建设，保证工程环境干净整洁。完善水资源、水环境建设，加大管理区的环境整治力度，增加植被面积，保持水体水质健康，建设稳定、健康的水利生态环境。

2. 泗洪站　泗洪站的绿化养护工作委托江苏水源绿化公司负责，按照年度养护工作计划，及时开展浇水、治虫、修剪、除草等工作，并对未成活的树苗进行增补，使其水土保持功能不断增强，发挥长期、稳定、有效的水土保持及改善生态环境的功能。

3. 刘老涧二站　项目部充分利用管理范围内的土地资源和工程优势，因地制宜种植树木花草，美化环境。

（1）加强对管理范围内环境卫生工作的管理，从基础做起，从点滴抓起，逐步完善长效管理机制。安排专人负责管理范围内环境卫生工作，保持主要道路整洁，车辆停放有序。

（2）及时进行浇水、治虫、修剪、除草等工作，并对未成活的树苗进行增补。

4. 睢宁二站　加强站区环境卫生工作，严格执行卫生保洁制度，每台设备责任到人。站区环境整洁美观，无杂草，无垃圾乱堆乱放等现象。项目部还加强了水行政执法管理，站区内未出现捕鱼、乱垦乱种现象，已实现封闭管理。

5. 皂河二站　加强站区环境卫生工作，严格执行卫生保洁制度。站区环境整洁美观，无杂草，无垃圾乱堆乱放等现象。项目部还加强了水行政执法管理，站区内未出现捕鱼、乱垦乱种现象。（王晨　乙安鹏）

【验收工作】　泗阳站于2018年11月通过完工验收；泗洪站于2020年8月28日通过完工验收；刘老涧二站于2016年1月通过完工验收；睢宁二站于2018年9月通过完工验收；皂河二站于2019年6月通过完工验收。

（王晨　乙安鹏）

徐　州　段

【工程概况】

1. 邳州站　邳州站是南水北调东线一期工程第六梯级泵站，位于运西线上，坐落在邳州市八路镇徐洪河与房亭河交汇处，其主要作用是从第五梯级睢宁站，通过徐洪河线向骆马湖输水$100m^3/s$，与中运河输水线路共同满足向骆马湖调水$275m^3/s$的目标，同时通过刘集地涵抽排房亭河以北地区涝水。邳州站设计流量$100.2m^3/s$，装机4台套，其中备用1台，总装机容量7800kW。工程总投资3.28亿元。

2. 刘山站　刘山站是南水北调东线工程的第七梯级抽水泵站，位于江苏省邳州市宿羊山镇境内。其主要任务是实现不牢河段从骆马湖向南四湖调水$75m^3/s$的目标，向山东省提供城市生活、工业用水，同时改善徐州市的用水和不牢河段的航运条件，工程设计流量$125m^3/s$，装机5台套（含备用机组1台套）。总装机容量14000kW。工程总投资2.80亿元。

3. 解台站　解台站是南水北调东线工程的第八梯级抽水泵站，位于江苏省徐州市贾汪区境内的不牢河输水线上。该站主要功能是实现不牢河段从骆马湖向南四湖调水$75m^3/s$的目标，向山东省提供城市生活、工业用水，改善徐州市的用水和不牢河段的航运条件，工程设计流量$125m^3/s$，装机5台套（含备用机组1台套），总装机容量14000kW，工程总投资2.17亿元。

4. 蔺家坝站　蔺家坝站位于徐州市铜山县境内，是南水北调东线工程的第九梯级抽水泵站，也是送水出省的最后一级抽水泵站。其主要任务是实现不牢河段从骆马湖向南四湖调水$75m^3/s$的目标，改善湖西排涝条件。

泵站设计流量 $75m^3/s$，装机 4 台套，总装机容量 5000kW。工程总投资 2.46 亿元。（王晨　张苗）

【工程管理】

1. 邳州站

（1）工程管理机构。邳州站采用委托管理模式，2013 年工程建成后，便由江苏水源公司委托江苏省江都水利工程管理处进行管理。邳州站运行管理项目部负责邳州站的委托管理工作。2020 年，受江苏水源公司及徐州分公司的委托，江都水利工程管理处继续承担邳州站的委托管理工作。在工程非运行期，管理人员按 12 人配置；在工程运行期，管理人员按 20 人配置，管理专业涵盖水工、机电、水文、泵站运行等工种，能够满足工程运行管理需要。

（2）工程管理。邳州站从综合管理、设备管理、建筑物管理、运行管理、安全管理、环境管理等多方面入手，按照《南水北调泵站工程管理规程》要求，结合工程设备的日常巡查、试验、调试，严把每项工作的准备关、进程关、收尾关，不放过每个环节，安排经验丰富的技术人员在现场细致摸排检查，使工程设备始终处于完好状态，保证泵站整体安全运行。

（3）设备管理和维修养护。邳州站运行管理项目部严格按照《南水北调泵站工程管理规程》要求，结合现场实际情况，建立一套较为全面的规章制度，编制了《邳州站技术管理细则》《邳州站工程观测细则》《邳州站运行规程》《邳州站规章制度》等规章制度及防汛抗旱应急预案、反事故预案、水上安全应急救援处置方案、社会治安突发事件现场应急处置方案等。项目部按照相关规定及“谁检查、谁负责”的原则，组织技术骨干对工程设施各部位进行例行检查，做好日常机电设备维护保养和试运转工作，确保工程完好率。2020 年，邳州站岁修、急办项目共 9 项，已全部实施完成并通过验收。通过实施维修养护项目，邳州站面貌有了一定改善，设备性能得到提高。

（4）安全管理。

1）建立安全生产组织，负责安全生产的宣传、教育、培训等，健全安全生产各项规章制度，分析安全生产状况，研究安全生产工作的开展，组织安全生产检查工作等相关事宜。

2）组织编写泵站各项设备的操作规程及反事故应急预案，并组织全体运行管理人员学习和演练，确保所有运行管理人员能够熟练操作设备并具备突发性事故的应急处理能力。

3）每月至少组织 1 次安全生产活动，学习有关安全文件，检查安全隐患，落实整改措施。每月至少组织 1 次消防检查。经常组织全站职工开展消防演练，使职工能够熟练使用消防器具，所有消防器具由专人管理，定点放置，定期保养、检测。

4）安全保卫人员负责对所管范

围进行巡视检查，禁止闲散人员、车辆进出单位，对来访人员、车辆必须检查证件，并做好记录。

5）对上岗的职工开展三级教育，所有特种作业岗位（电工作业、起重作业、机动车辆驾驶等）都必须持证上岗；通过日常会议、简报、专栏、录像等多种形式对职工进行安全生产知识教育。

6）对各种特种设备（压力容器、行车等）、劳动保护工具（绝缘手套、绝缘棒、绝缘靴、安全带等）建档备案，经常检查、定期校验。

7）做好新冠肺炎疫情防控管理工作。严格执行疫情防控要求，细化落实疫情防控措施，严格站区封闭管理，加强人员登记，充分做好防疫物资储备，把疫情防控工作抓严抓实抓细。

（5）建筑物管理。为确保建筑物安全完好，现场项目部定期、不定期开展巡视检查，发现问题及时解决，确保工程完好。邳州站的工程观测项目包括垂直位移观测、上下游河床断面观测、建筑物水平位移观测、测压管水位观测。相关测量工作自建设以来保持了数据延续性，专职观测人员按照《南水北调东、中线一期工程运行安全监测技术要求（试行）》相关规定，编制了观测细则。测次、测项齐全，数据采集规范完整真实，观测数据按规定进行科学分析，做到成果真实客观。2020 年观测结果显示，建筑物垂直位移整体变化幅度较小，未出现向上或向下持续发展的趋势，趋于稳定状态，整体符合变化规律；河床呈轻微淤积状态，无冲刷现象，由于淤积量不大，无需进行清淤处理，符合机组运行导致泥沙沉积的变化规律，状态变化趋势稳定；测压管水位随上下游水位变化灵敏，整体与上游水位成正比，符合变化规律；水平位移整体变化缓慢，趋于稳定状态，整体符合变化规律。综上，邳州站工程各项观测成果测值均在正常范围内，未见异常情况。垂直位移变化过程线比较平缓，其他观测项目变化幅度较小，变化规律基本正常，说明该工程整体变化趋势平稳，建筑物安全稳定。

2. 刘山站

（1）工程管理机构。刘山站采用委托管理模式，2020 年，徐州市润捷水利工程管理服务公司和江苏水源公司签订了委托管理合同。徐州市润捷水利工程管理服务公司组建了项目部，刘山站项目部除接受江苏水源公司和分公司的检查、指导、考核及调度外，徐州市水务局也将刘山站纳入正常的管理范围，开展汛前、汛后检查，加强业务指导，开展职工教育培训，组织年度目标管理考核。

刘山站项目部自成立以来严格按照委托管理合同要求开展工作，足额配备相应的泵站管理、技术、运行、保洁、保安人员。

（2）设备管理和维修养护。日常管理中，项目部及时消除设备质量缺陷及安全隐患，不断提高管理水平。

2020年，刘山站项目部对节制闸启闭机进行保养，配合开展电气预防性试验、自动化维护、垂直位移观测等；完成励磁系统升级改造、增设冷水机组、电缆整理、综合楼和厂房内房间门更换、GIS屋顶铝塑板更换、档案室和仓库改造、备品备件等岁修项目；完成除湿机购置安装、绝缘垫购置、综合楼卫生间改造、西区围墙封堵、治安隐患整改等项目；定期开展检查、测压管观测、伸缩缝观测、蓄电池检查、辅机试运转、发电机试运行等例行工作。对所有机电设备进行定期除尘、端子紧固、补贴示温纸等保养工作。使刘山站设备始终处于良好工作状态。

（3）安全管理。项目部高度重视安全生产管理，每天进行安全巡视，每周进行安全检查；汛前、汛后开展定期检查，节假日和重要活动前开展安全大检查等工作；安全生产规章制度健全，安全生产网络健全，分工明确，层层落实责任制；经常开展安全生产活动，定期对职工进行安全教育。刘山站安全生产形势良好。

（4）建筑物管理。项目部对水工建筑物定期开展检查养护，保持建筑物完好整洁；按照观测任务书及时对建筑物伸缩缝进行观测，对测压管进行观测；对建筑物进行垂直位移观测和河床断面观测，并对观测资料进行整理和分析，做好资料的整编工作。2020年，开展水工和土工建筑物检查、观测设施保养，每月及节假日前后对建筑物进行大检查，对厂房及各开关室进行清洁保养，泵站工程和节制闸工程水工建筑物完好。

3. 解台站

（1）工程管理机构。解台站工程于2017年10月开始由江苏水源公司徐州分公司直接管理，解台站管理所作为现场管理机构，管理范围主要包括泵站、清污机桥、启闭机桥和相应水利工程用地范围及相关配套设施；管理内容主要包括工程建筑物、设备及附属设施的管理，工程用地范围土地、水域及环境等工程运行管理，工程档案管理等。解台站于2016年荣获中国水利优质工程（大禹）奖，同年成功创建江苏省一级水利工程管理单位和三星级档案室；2018年成功创建江苏省水利风景区，荣获“徐州市文明单位”称号。

（2）设备管理和维修养护。解台站对工程所有设备进行了细致划分，明确责任人开展设备管理养护，确保人人都有事情做、台台设备有人管。在日常工作中严格按标准要求执行，按时开展设备日常检查和养护，按时开展联调联试，发现问题及时处理，确保设备时刻处于良好的工作状态，管理水平较以往有大幅提升。规范巡视作业行为，在重要巡视场所设置巡更点，保证巡视工作不走过场。

紧抓维修养护项目契机，扎实推进“补短板”工作。2020年，解台站岁修、工程养护、急办等项目共13项，已全部实施完成，并通过分公司验收。经过养护改造，解台站面貌有了一定改善，设备性能得到提高。

（3）安全管理。积极参与公司安全标准化达标创建工作，认真落实“安全第一、预防为主、综合治理”的方针，坚持“谁主管、谁负责”的原则，切实做好管理所安全生产工作。全员签订《安全生产责任状》。加强安全生产检查，严格按照安全生产活动计划开展安全检查，重点加强重大节假日前的安全检查，通过检查发现隐患并及时加以整改，同时严格执行领导带班制度，随时做好应对各种突发事件的准备。认真开展“安全生产月”活动，制定“安全生产月”活动方案，开展安全大检查、观看安全警示片、安全演练、提一条安全建议、安全进社区等活动，营造浓厚的安全氛围。

（4）建筑物管理。严格按照规范要求做好建筑物管理工作。做好工程观测工作，严格按照《南水北调泵站管理规程》《南水北调东中线一期工程安全监测技术管理办法（试行）》及观测任务书要求，配合水文水质监测中心做好垂直位移、引河河床断面测量工作，自主开展建筑物伸缩缝和测压管水位观测工作，同时做好观测资料的收集整理；从观测成果分析，建筑物状况良好。做好建筑物、堤防巡查工作，除定期和经常性检查外，管理所坚持每周对工程建筑物、堤防等巡查1次，发现问题及时处理；同时要求保卫和值班人员每天对管理区域进行巡查，及时劝阻无关人员进入站区，劝离违章捕鱼作业人员。扎实做好汛前汛后检查工作，解台站按照“严、高、细、实、全”的要求认真开展汛前汛后检查工作，邀请有资质的单位对解台水下建筑物进行细致摸查，确保建筑物完好，安全度汛。

4. 蔺家坝站

（1）工程管理机构。2008年11月初，成立江苏省南水北调蔺家坝泵站工程管理项目部，由江苏省骆运管理处代为管理；2019年3月19日，江苏水源公司徐州分公司接管蔺家坝泵站工程，2020年与南水北调江苏泵站技术有限公司联合管理；项目部严格按照南水北调相关规程规范及工作要求，遵循“以人为本、安全第一”的管理方针和水利管理工作“五化”要求，积极有效地开展各项管理工作。项目部现有工作人员14人。

（2）工程管理。蔺家坝泵站工程管理项目部从综合管理、设备管理、建筑物管理、运行管理、安全管理、环境管理等多方面入手，依托《南水北调泵站工程管理规范》，高标准、严要求，规范化、标准化、精细化地管理蔺家坝泵站。项目部注重对工程的巡视检查，注重工程缺陷的记录积累，能处理的及时处理，保证工程的完好，不能处理的及时建立缺陷记录档案，每年按时编报工程维修养护项目。在公司批复后及时组织实施，实施过程中安排专人对项目的进度、工艺、材料及质量、安全等进行监督检查，确保工程维护检修做到实处，工程质量合格。

项目部高度重视安全生产管理，每天进行安全巡视，每周进行安全检查，汛前、汛后开展定期检查，节假日和重要活动前开展安全大检查等；安全生产规章制度健全，安全生产网络健全，层层落实责任制。蔺家坝泵站安全生产形势良好。

（3）设备管理和维修养护。按照工程管理的要求定期组织对工程设施、设备进行检查。项目部注重对各种设备进行经常性检查、清理、养护，对主机泵、励磁设备、启闭机、闸门、供水系统、气系统等主辅机设备和计算机监控系统进行检查和维护，及时更换常规易损件，确保设备处于完好状态。

按照分公司的统一要求，项目部每月对辅机设备进行一次试运行，主机设备不带电的联调联动操作；每季度对主机设备进行一次带电试运行，保障每台设备运转完好。

2020年，蔺家坝泵站岁修、急办项目共13项，已全部实施完成，并通过分公司验收。经过维修养护项目的实施，蔺家坝泵站面貌有了一定改善，设备性能得到提高。

（4）安全管理。项目部高度重视安全生产工作，始终坚持“安全第一，预防为主”的指导方针，将安全生产作为工程管理工作的头等大事来抓。

1）建立安全组织网络，层层落实安全责任制。项目部成立了以项目经理为组长的安全生产领导小组。项目部设立安全管理部门，配备兼职安全员，明确安全生产“无死亡、无重伤、无火灾、无重大事故”的管理目标。

2）加强安全生产教育和培训。项目部加强对职工的安全生产管理的教育，提高职工的业务素质，强化职工的安全意识和防范事故能力。积极组织人员认真学习各种规程，对管理人员和作业人员进行安全生产培训。

3）加强值班保卫，促进管理安全。项目部积极与地方派出所沟通协调，设置蔺家坝泵站警务室，对外聘请保安，规定蔺家坝泵站管理区大门实行24小时值班保卫。厂房内每天安排值班人员，定时进行巡视，促进管理安全。

4）项目部在各消防关键部位配备消防器材并定期检查，对防雷、接地设施进行定期检测，确保完好。

5）进一步落实安全生产规章制度，加强工程规范化管理。项目部狠抓“两票三制”执行，规范工作票、操作票的使用，坚决禁止和杜绝随意口头命令的发生。

6）配合“安全生产月”等活动，项目部制定详细的活动方案。加强宣传，采取悬挂宣传横幅、张贴宣传图片等措施对安全生产活动进行广泛宣传，结合现场的实际情况制定详细的实施步骤，促使广大职工牢固树立安全生产意识。举行消防演练，使每位参训职工都能认真学习并掌握消防灭火器的使用方法及泵站电气设备灭火注意事项，为以后开展泵站消防工作打下了良好的基础。举行泵站开停机操作演练、反事故演练，通过培训提高职工对自动化设备及主机组等设备的熟悉程度，加强职工的操作规范性和熟练度。为以后蔺家坝泵站机组安全运行夯实基础，提供可靠保障。

（5）建筑物管理。蔺家坝泵站项目部针对泵站外围工程制定日常巡视检查项目，主要包括泵站上下游河道、上下游护坡、上下游堤防、上下游水文亭、上下游翼墙等。每天进行巡视检查，发现问题及时解决，确保工程完好。

编制观测细则和观测任务书。每月、每季度按照观测任务书的要求开展工程观测工作。观测过程做到测次、测项齐全，数据采集规范、完整、真实，对观测数据按规定进行科学分析，做到成果真实客观。

（王晨　于贤磊）

【运行调度】

1. 邳州站　2020 年，邳州站共执行三阶段调水任务。2019 年 12 月 11 日至 2020 年 4 月 25 日，完成 2019—2020 年度调水任务，累计运行 6698 台时，累计抽水量 7.38 亿 m^3；2020 年 5 月 19 日至 6 月 7 日，首次执行省内抗旱任务，累计运行 703 台时，累计抽水量 0.82 亿 m^3；2020 年 12 月 23 日至 2021 年 1 月 25 日，邳州站执行 2020—2021 年度第一阶段向山东省调水运行任务，累计运行 2181 台时，累计抽水量 2.44 亿 m^3。

2. 刘山站　2020 年，项目部根据分公司的调度指令，向徐州地区补水运行，为保证工作顺利开展，项目部及时抽调运行经验丰富的技术干部和职工，负责刘山站的开机运行工作，还聘请有关技术专家对刘山站进行指导，为工程运行提供可靠的技术保障。

项目部在运行期间能够遵守各项规章制度和安全操作规程，做好各项运行记录；运行过程中能及时准确排除设备故障，通过调整设备运行参数优化运行工况（在满足调度指令的要求下），使工程高效运行。运行中能够按照调度指令，及时调整叶片角度，开启清污机打捞水草、杂物，保证机组高效运行；加强对自动化和视频监控系统的检查维护，确保工程运行安全可靠。

工程度汛期间，项目部严格执行 24 小时值班制度、领导带班制度，认真做好防汛值班，保持通信正常，保证防汛调度指令畅通。

3. 解台站　严抓设备管理。管理所始终把设备管理放在首位，按时开展设备养护，让设备始终处于良好的状态，保证能随时投入运行。严格执行调度指令。在接到“预开机”指令后，及时开展线路巡查，落实用电负荷，执行指令后及时反馈信息；节制闸运行严格执行徐州市防办调度指令，在接到开闸指令后迅速执行并及时反馈。严格执行运行纪律。运行班成员严格按照《南水北调泵站管理规程》要求开展巡视，特殊情况下加大巡视频次，发现问题及时查明原因并进行处理，同时做好记录和汇报。

4. 蔺家坝站　江苏水源公司徐州分公司是蔺家坝泵站的直接主管单位，蔺家坝泵站工程的防洪与排涝接受江苏水源公司徐州分公司下达的调度指令。

2020年，机组总体保养良好，自动化系统运行正常，各类数据报表显示正常，能够正确地反映机组及辅机设备的运行参数，为安全运行提供可靠保证。保护装置定值设置正确，各跳闸参数和回路正常，能够有效保证机组运行安全。　（王晨　鲁健）

【工程效益】

1. 邳州站　2020年，邳州站执行了2019—2020年度调水出省、2020年度省内抗旱运行及2020—2021年度调水出省任务，总计开机105天，运行6569台时，调水8.97亿m^3。其中，抗旱运行20天，调水0.83亿m^3，是邳州站建站以来首次执行抗旱运行任务。

2. 刘山站　2020年，刘山站执行抗旱运行任务，总计开机2天，运行31台时，调水325万m^3。汛期刘山节制闸共开闸调整11次，下泄洪水3.27亿m^3。

3. 解台站　2020年，解台站执行抗旱运行任务，总计开机2天，运行31台时，调水336万m^3。汛期解台节制闸共开闸调整53次，泄洪1.459亿m^3。

4. 蔺家坝站　蔺家坝站2020年未执行运行任务。　（王晨　董宇龙）

【环境保护与水土保持】

1. 邳州站　项目部划分了包干区，对整个管理区环境进行责任管理，保证环境整洁。与绿化管护单位进行有效的沟通，保证草皮和苗木能得到及时的管护。整个管理区环境整洁优美，无严重水土流失现象。

2. 刘山站　2020年，项目部在向徐州地区运行补水期间加强了水质监测；对上下游护坡进行清理、修补；对上下游的杂草杂树进行砍伐、清理；对站区内部分绿化树木进行调整，补植花草树木100余棵；加强管理区闲置用地的管理。

3. 解台站　解台站现有管理区范围18.9hm^2，除水面外，绿化面积14.5hm^2，已栽种各类树木6000余棵，绿篱色块地被植物2100余m^2，各类草皮面积达54000m^2。

公司对管理所站区的绿化、美化工作非常重视，2020年徐州分公司与江苏水源绿化公司签订水土保持与绿化管理养护合同。为保证绿化成果，管理所领导督促绿化管理人员，按照绿化管理养护要求，进行站区内绿化改造等工作，解台站的环境美化有了显著提高。

4. 蔺家坝站　项目部充分利用管

理范围内的土地资源和工程优势，因地制宜大力开展种植树木花草，美化环境，现场的绿化由专业队伍进行维护。项目部对站区的绿化、美化工作非常重视，为保证绿化成果，督促绿化管理人员，按照绿化管理养护要求，进行浇水、施肥、除草、治虫和修剪等工作，花费了大量的人力和财力，为站区的绿化、美化提供了强有力的保证。（谢苗）

【验收工作】 邳州站于2017年12月通过完工验收；刘山站于2012年12月通过完工验收；蔺家坝站于2019年5月通过完工验收。（王晨　于贤磊）

枣庄段

【工程概况】 枣庄段工程位于山东省南部，是连接骆马湖与南四湖省际输水的关键工程，是南水北调东线第一期工程的重要组成部分。主要包括台儿庄、万年闸和韩庄3座泵站及峄城大沙河大泛口节制闸、魏家沟胜利渠节制闸、三支沟橡胶坝、潘庄引河闸等水资源控制工程。泵站均为5台套机组（4用1备），设计流量$125m^3/s$，3座泵站总装机容量35000kW，总扬程14.17m，工程总投资7.6亿元。

（李树康　邵铭阳　于魏金）

【工程管理】 南水北调东线山东干线有限责任公司枣庄管理局（以下简称“枣庄局”）负责枣庄段工程的运行管理工作，内设台儿庄管理处、万年闸泵站管理处和韩庄泵站管理处。山东干线公司综合改革后，局机关及各管理处内设综合管理岗、工程管理岗、调度运行岗。

台儿庄泵站是南水北调东线一期工程的第七级泵站，也是进入山东省境内的第一级泵站，位于山东省枣庄市台儿庄区境内。工程管理范围包括站区和管理区两部分。站区范围东起进水渠进口，西至出水渠出口，南至建筑物南侧外边线以南10m，北至韩庄运河北堤顶。东西方向总长约1.8km，南北方向总宽160m。管理区设在泵站东面、韩庄运河北侧的弃渣场处，距离泵站约2.5km，与泵站之间通过韩庄运河北堤连接。主要包括泵站主厂房、进出水池、进出水渠、办公生活用房、110kV变电站等主要建筑物。其主要任务是抽引骆马湖来水通过韩庄运河向北输送，以满足南水北调东线工程向北调水的任务，实现梯级调水目标。此外，兼有台儿庄城区排涝和改善韩庄运河航运条件的作用。

万年闸泵站是南水北调东线工程的第八级抽水梯级泵站，也是山东省境内的第二级泵站，位于山东省枣庄市峄城区境内（韩庄运河中段），东距台儿庄泵站枢纽14km，西距韩庄泵站枢纽16km。主要包括泵站主厂房、进出水池、进出水渠、办公生活用房、110kV变电站等主要建筑物。其主要任务是通过进水渠道从万年闸下游的韩庄运河引水，再经由泵站和出水渠输水至万年闸上游的韩庄运河，实现南水北调东线工程的梯级调水目标，结合地方排涝并改善韩庄运河航运条件。

韩庄泵站是南水北调东线一期工程第九级梯级泵站，也是山东省境内的第三级泵站，位于山东省枣庄市峄城区古邵镇八里沟村西。主要建筑物包括主副厂房、进出水池、进出水渠、交通桥等。其主要任务是抽引韩庄运河万年闸泵站站上来水至韩庄老运河入南四湖下级湖，实现梯级泵站调水目标，兼顾地方排涝并改善水上航运条件。

峄城大沙河大泛口节制闸工程位于枣庄市峄城大沙河下游韩庄运河北堤龙口公路桥以北 150m 处，由台儿庄泵站管理处负责管理及维护。主要包括节制闸和管理设施两部分。大泛口节制闸主要由闸室段、上下游联结段等组成，主要建筑物等级为 3 级，次要建筑物等级为 4 级；管理设施主要包括办公设施、生产设施、生活设施等。

三支沟橡胶坝工程位于万年闸上游运河左岸支流三支沟上，由万年闸泵站管理处负责管理及维护，主要由橡胶坝段、上下游连接段、取水管道、充排水泵站及管理房等组成。该工程属于南水北调东线工程附属建筑物，其级别为 3 级。

潘庄引河闸工程位于南四湖湖东大堤与潘庄引河的交汇处附近，由韩庄泵站管理处负责管理及维护。主要建筑物等级为 2 级，次要建筑物等级为 3 级，临时建筑物等级为 4 级。

魏家沟胜利渠节制闸正在进行升级改造工作，暂未移交至山东干线公司。

在工程日常管理方面，枣庄局严格按照山东干线公司党委的部署和要求认真监管各管理处相关工作的开展。

（1）安全工作常抓不懈，确保工程安全可控。2020 年年初，根据枣庄局人员调整情况，及时更新枣庄局各项安全组织结构人员，确保人到岗、责任到肩；结合山东干线公司 2020 年度安全生产总目标，制定枣庄局 2020 年度安全生产目标，并分解落实；逐级签订安全生产目标责任书 110 余份，落实安全生产责任制；积极组织开展各类安全生产检查及隐患排查治理活动，共计排查隐患 70 余处，并全部整改完成；积极组织开展安全教育培训工作，累计完成教育培训 240 余人次；组织完成所辖管理处安全监测工作，根据观测结果分析，工程各项数据稳定，无异常变化，工程处于安全稳定状态。

持续推进风险防控与隐患排查治理双控体系建设工作。在台儿庄泵站双控体系建设试点的基础上，积极推进万年闸泵站、韩庄泵站双控体系建设工作，组织人员全面梳理泵站存在的各类隐患，建立风险分级管控各类表单，初步完成双控体系建设。2020

年9月，双控体系建设成果顺利通过验收。

（2）认真开展防汛度汛工作，确保工程安全度汛。结合枣庄局2019年防汛度汛工作实际情况，组织修订完善《2020年度南水北调东线山东干线枣庄管理局度汛方案及防汛预案》，按方案要求组织各管理处完成防汛物资补充购置、防汛物资社会号料合同签订、度汛方案培训及防汛演练、汛前检查、接电设施专项检查等工作。通过汛前、汛中检查整改、汛后总结等一系列活动，确保枣庄局所辖工程顺利度汛。

（3）加强预案宣贯与演练，提升应急处置能力。组织各泵站管理处开展消防演练、防汛演练、溺水救援演练等一系列演练活动，根据演练结果，总结经验和教训，不断提高全体员工应对防汛险情、工程事故、治安突发事件、溺水事件等的应急处置能力。

（4）抓实新冠肺炎疫情防控工作。新冠肺炎疫情一发生，枣庄局迅速成立疫情防控领导小组，编制了《枣庄局新冠肺炎疫情短常态工作方案》《枣庄局重大疫情应急处置预案》《员工复工返岗注意事项》等系列文件，并积极组织体温量测、人员排查统计、疫情防控物资购置与发放、疫情防控知识宣传等措施落实。同时，加强对参与工程维修养护单位复工前疫情防控准备、复工后疫情防控措施落实情况的督促检查，做好外防输入工作。

（5）完成“三标一体”标准化建设工作。根据山东干线公司要求，全力配合开展“三标一体”标准化建设工作。通过组织全体人员参加体系文件发布暨贯标启动会，组织骨干人员参加内审员培训会并取证等，提升了员工标准化体系建设意识和建设能力。通过悬挂标语，设置节约提示牌、危险因素警示牌等提升了员工的质量、环境、职业健康等意识，推动标准化建设工作顺利开展。通过结合安全生产标准化、双控体系成果开展“三标一体”标准化建设，促进了体系融合和“三标一体”标准化建设进度。2020年度，配合公司顺利完成“三标一体”标准化贯标取证工作。

（6）积极推进韩庄泵站预留尾工项目工作。2020年，组织韩庄泵站完成除管理区增设机井以外的预留尾工项目施工任务，并完成分部验收和第一期计量支付。

（7）配合二级机构管理设施验收工作。根据公司安排，积极开展二级机构管理设施验收工作。针对原参建人员已离岗、工作量较大的困难，工程科通过积极联系原参建单位、原参建人员，收集相关档案资料，加班加点，进行档案整理归档。通过不懈努力，顺利完成枣庄局二级机构管理设施工程建设档案的收集完善和整理归档工作，通过工程建设档案项目法人自验，并完成自验问题的整改工作。

（李树康　于魏金　王燕）

【运行调度】

1. 输水运行　根据山东省南水北调调度中心调度指令，自2019年12月11日开机，2020年4月30日停机，台儿庄泵站累计运行6479台时，累计过水量为70300.89万m^3；万年闸泵站累计运行6474台时，累计过水量为71636.13万m^3；韩庄泵站累计运行6441台时，累计过水量为67742.50万m^3，安全平稳地完成本次调水任务。整个调水期间，水质稳定达标，未发现向输水河道排污、泄油及倾倒垃圾等影响水质的情况。

2. 经验总结

（1）调水开始前，充分做好高低压设备、主辅机设备及二次监控设备检查工作，及时解决问题。运行期间，严格遵守规程细则及“一单两票”制度。认真做好安全防范工作，深入学习应急预案。

（2）台儿庄泵站改造后的冷水机组，经运行检验，冷却效果良好，不存在垃圾堵塞管道的现象。2019—2020年度调水期间，台儿庄泵站机组冷却水水量、水压能够保证设备的需要，制冷量能够及时将机组产生的热量散发出去，系统内的循环水基本不存在水量损失的情况。

（3）韩庄泵站开机前对清污机进行专项检修，检查维修所有容易出故障的管路及线路。2019—2020年度调水期间，清污机出现故障少，满足泵站安全运行需要。

（于魏金　苏阳　张波）

【环境保护与水土保持】　2020年，枣庄局严格贯彻落实水质巡查制度，切实加强水质保护工作，严格检查是否存在对水质造成污染的污水排放、垃圾堆放等现象，保障水质安全。

枣庄局水土保持与养护单位签订了合同，委托专业人员对站区、管理区栽植的苗木进行浇水、施肥、修剪及病虫害防治等养护管理，同时做好对养护单位各项工作的监督。保证水土保持工作次数足、质量优，确保苗木的成活率和良好率，进一步提高了站区、管理区的绿化水平。同时，枣庄局以万年闸泵站管理处为试点，以提升站容站貌为目的，以“四季常青、三季有花、两季有果、一季彩叶”的园林单位为目标，积极争取公司园区整体规划项目。

（甘凯　康晴　吕晓理）

【工程维护】　（1）抓实运行管理检查与考核工作。2020年，枣庄局每季度开展泵站运行管理千分制考核，每月组织各泵站管理处对泵站工程运行管理行为和工程养护缺陷进行自查自纠，及时更新问题清单，逐一落实整改措施、整改责任人、整改时限，确保检查出的问题及时快速处理，保证泵站运行管理工作有序进行。

（2）抓实金结机电设备维护。台儿庄泵站完成桥式起重机变频控制升级改造维修、液压启闭机系统专业检修等维修项目。万年闸泵站完成避雷针防腐、主机组防腐等维修项目，韩庄泵站完成变电所Compass设备专业维护保养、两台主变整体防腐、避雷针整体防腐等维修类项目。

(3) 组织完成机组设备大修。2020年5月19日，山东干线公司与湘潭电机股份有限公司签订南水北调东线一期工程山东段韩庄泵站2号机组返厂维修合同。为加强维修项目的管理，枣庄局成立了机组返厂维修管理组织机构，根据工作关键节点和员工业务范围全程派驻人员进行驻场监管、学习，确保机组维修工作按照合同约定保质保量完成，进一步提高泵站运行人员业务技能。2020年6月10日，项目实施单位进场对2号机组进行现场整体拆除；12月3日完成机组现场整体安装工作；12月9日2号机组返厂维修进行项目试运行及验收工作。

(4) 抓实电力线路维护。各管理处派出专人对电力线路维保合同进行监管。尤其是进入汛期后，加强巡查频次，重点关注跨越其他线路、道路等有安全隐患的部位，时刻掌握线路情况。

(5) 定期对自动化系统、调度通信系统进行巡检、清理维护（运行期每月1次，非运行期每季度1次），保证自动化系统、调度通信系统设备运转良好，系统工作正常。遇有紧急情况，及时通知维保单位，到现场协助解决，保证自动化系统的正常运行。

(6) 110kV峰泵线韩庄泵站T接线塌陷区迁改工程完成设计和施工合同签订。（李树康　邵铭阳　于魏金）

【岗位创新】　枣庄局组织完成“法兰拓片在立式轴流机组大修水泵轴摆度调整工作中的应用”和“防汛应急电源发动机启动方式技术改进”岗位创新成果的评审。另外在台儿庄泵站清污机技术改造工作中，对设计方案中的钢围堰固定方式进行改进，避免了原固定方式对水工建筑物的破坏；同时将原设计中一拖一控制柜变更为一拖二控制柜，极大地方便了现场操作。（邵铭阳）

济　宁　段

【工程概况】　南水北调东线山东干线有限责任公司济宁管理局（以下简称“济宁局”）负责管辖济宁段5个设计单元工程，分别为二级坝泵站工程、长沟泵站工程、邓楼泵站工程、梁济运河段工程、柳长河段工程。济宁局下设4个管理处，分别是济宁市微山县境内二级坝泵站管理处、济宁市任城区境内长沟泵站管理处、济宁市梁山县境内邓楼泵站管理处和济宁渠道管理处。

自2013年11月正式通水以来，工程运行安全平稳，通水期间无较大事故发生，按时完成上级下达的年度调水任务。

1. 二级坝泵站工程　二级坝泵站工程是南水北调东线一期工程的第十级抽水梯级泵站，山东境内的第四级泵站。位于南四湖中部，山东省微山县欢城镇境内，一期工程设计输水流量为125m^3/s。二级坝泵站一期工程规模为大（1）型工程，泵站等别为I等，主要建筑物等级为1级，次要建筑物等级为3级。装机5台套后置式灯泡贯流泵（4用1备），主要特点是噪音小、效率高、运行平稳，特别适合于低扬程、大流量。二级坝泵站主要建筑物由南向北依次为引水渠、进水闸、前池、进水池、主厂房、副厂房、出水池、出水渠、出水导流渠等。二级坝泵站概算总投资2.84亿元。

2. 长沟泵站工程　长沟泵站工程是南水北调东线一期工程中第十一级泵站，位于山东省济宁市长沟镇新陈庄村北，梁济运河东岸。该泵站从梁济运河大堤破堤引水，经泵站抽引南四湖水经梁济运河至邓楼泵站，以实现南水北调东线一期工程的梯级调水目标。泵站设计输水规模为100m^3/s，设计扬程3.86m，安装3150ZLQ型液压全调节立式轴流泵4台（3用1备），单机设计流量33.5 m^3/s，单机额定功率为2240kW，总装机容量8960kW，批复投资为27818万元。泵站工程规模为大（1）型，工程等别为Ⅰ等，主要建筑物等级为1级。泵站设计防洪标准为100年一遇，校核防洪标准为300年一遇。

泵站枢纽工程包括主厂房、副厂房、引水渠、出水渠、引水涵闸、出水涵闸、梁济运河节制闸、110kV变电站、水泵机组及自动化监控、办公及生活福利设施等。

3. 邓楼泵站工程　邓楼泵站工程位于山东省梁山县韩岗镇，是南水北调东线一期第十二级抽水梯级泵站，山东省境内干线的第六级抽水泵站，一期设计调水流量为100m^3/s。安装4台3150ZLQ33.5－3.57型立式机械全调节轴流泵，配套4台TL2240－48型同步电动机，4台机组工作方式为3用1备，泵站总装机容量8960kW。设计年运行时间3770小时，设计年调水量13.63亿m^3。水泵装置采用TJ04－ZL－06水泵模型，肘形流道进水，虹吸式流道出水，真空破坏阀断流。主要建筑物包括主副厂房、引水闸、出水涵闸、梁济运河节制闸、引水渠、出水渠、变电所、办公及附属建筑物等。邓楼泵站概算总投资2.57亿元。

4. 梁济运河段工程　梁济运河段工程从南四湖湖口—邓楼泵站站下，长58.252km，采用平底设计，设计流量100m^3/s。其中，湖口—长沟泵站段，长25.719km，设计最小水深3.3m，设计河底高程28.70m，底宽66m，边坡1∶3～1∶4；长沟泵站—邓楼泵站段，长32.533km，设计最小水深3.4m，设计河底高程30.80m，底宽45m，边坡1∶2.5～1∶4。

为防止船行波对河岸的冲刷，该输水河段用混凝土对渠道边坡加以保护，确保施工过程不中断航运。森达美港（南跃进沟）以上部分约18.75km采用水下模袋混凝土形式，其余部分为机械化衬砌护坡。为防止东平湖司垓退水闸泄洪时水流对梁济运河工程冲刷破坏，对司垓闸下0.8km险工段采用浆砌石护底。

沿线共新建、重建主要交叉建筑物25座（处）。包括：新建支流口连接段7处，拆除重建生产桥13座，新建管理道路交通桥1座，加固公路桥2座。

5. 柳长河段工程　柳长河段工程从邓楼泵站站上至八里湾泵站站下，输水航道长20.984km，其中新开挖河段6.587km，利用柳长河老河道疏浚拓挖14.397km。设计最小水深3.2m，采用平底设计；设计河底高程33.2m，边坡1∶3，采用现浇混凝土板衬砌方案；设计河底宽45m，护坡不护底，渠底换填水泥土。

共有新建、重建交叉建筑物26处，包括桥梁工程10座、涵闸11处、倒虹2座、渡槽1座、节制闸1座、连接段1处。

（张玉洁　何勇　黄雪梅）

【工程管理】

1. 二级坝泵站工程　二级坝泵站工程的运行管理工作由南水北调济宁局二级坝泵站管理处（以下简称“二级坝泵站管理处”）负责。

二级坝泵站管理处是山东干线公司派出的现场三级管理机构。根据济宁局党支部小组调整方案，二级坝泵站党员由济宁局党支部第二党小组管理；结合公司综合改革情况，2020年党小组人数逐步增加，并有4名递交入党申请书的同志转为积极分子。二级坝泵站党建工作有序推进。

为讲好南水北调故事，弘扬新时代水利精神，积极推进工程一线的日常宣传工作，二级坝泵站管理处每周报送工作要情，2020年在山东南水北调官方网站刊发近60篇。

2020年开展完工验收准备项目合同金额96.02万元，实际完成101.03万元。

另外，二级坝泵站管理处完成资产购置、站区消防沙池建设、防护网拆装、宿舍屋顶瓦修缮、宿舍散水与墙体结合缝清理、宿舍北门脱落大理石维修、闸门启闭机安全检测、高压套管防污闪涂料复涂及六氟化硫密度继电器校验等工作。

按照山东干线公司工作计划，根据《水利工程管理单位安全生产标准化评审标准（试行）》规定及公司制定的安全生产管理文件并结合泵站实际情况，按时完成每月安全生产例会、安全隐患排查工作，将查出的问题列入台账限期整改；完成安全生产费用台账登记、灭火器使用情况更新，以及各项应急预案、安全生产制度修订更新工作。

完成2020年防汛预案和度汛方案编制；组织完成防汛演练工作；针对2020年汛期雨量大情况，与当地应急管理局、防汛办和二级坝管理局紧密联系，开展联防联控演练，确保安全度汛。

根据“安全生产月”活动部署，

利用宣传条幅、LED动态播放，每月开展安全宣传，组织员工参加全国水利安全生产知识网络竞赛。

根据山东干线公司和济宁局要求，进一步规范安全标准化资料，明确安全生产目标，完善机构设置及职责，完成质量、环境、职业健康安全管理标准化体系建设工作。

自2013年2月起，每月进行一次安全监测，截至2020年12月已上报93期工程监测月报。

针对飞检、督查等各类检查建立问题台账，梳理问题202项。6月，集中检查问题129项，整改110项；飞检问题9项，整改9项；济宁局月度安全检查问题23项，整改23项；二级坝泵站管理处自查问题48项，整改48项。剩余问题安排责任人，制定措施，按计划推进整改。

2. *长沟泵站工程*　长沟泵站枢纽工程的运行管理工作由济宁局长沟泵站管理处负责。

长沟泵站管理处的主要职责是按照上级调度指令完成调水任务，定期开展设备维修和日常养护工作，探索高效的泵站运行机制和资产保值增值途径，逐步使工程达到规范化、标准化。为进一步提高工程运行管理水平，解决各类工程缺陷和运行管理问题，及时消除安全隐患，长沟泵站管理处持续开展“找风险隐患、保运行安全”活动，形成“人人都是检查员、不漏一时和一事”常态工作机制。

长沟泵站管理处根据山东干线公司改革情况，及时调整完善安全生产工作组，根据年度安全生产目标，加强安全生产工作；对岗位分工进行重新划分，责任区和责任设备重新界定责任人；配合公司修订完善35项安全生产制度，以落实安全生产责任制、确保试点作业安全为重点，制定安全生产责任制及安全生产网格化体系，进一步完善职业健康安全管理体系，强化员工的安全教育及法律、法规培训等，突出抓好布置、落实、检查、考核等各项工作。

根据山东干线公司安全生产工作部署，长沟泵站管理处开展了质量、环境、职业健康安全体系、安全风险分级管控及隐患排查治理体系建设、安全生产标准化建设等重点工作，积极配合公司完成了三体系认证工作，并对认证过程中发现的问题进行更改，并持续改进。长沟泵站管理处以风险点分级、层级管理控制和隐患排查治理为前提，通过对工程设施设备、场所区域、部位和作业活动等进行全方位、全过程的排查，建立了20项双重预防体系建设成果，共辨识出13项风险点，确定了风险等级管控措施。

对自查发现的问题进行梳理，按照“能够立即整改、列入日常维修养护预算、需上报公司总部统一研究、暂时不做整改”4种类型进行梳理分类，迅速细化分解、落实整改。能够立即整改的问题，尽快安排整改，做到边查边改，立查立改。列入日常维修养护预算、专项预算的问题，按照工作计划，有序开展整改工作。

长沟泵站管理处开展泵站工程安全监测工作，编制《长沟泵站工程安全监测细则》，成立安全监测工作小组，定期召开安全监测工作会议。

把安全生产标准化建设基础工作和日常工作结合在一起，开展危险化学品安全综合治理、防汛度汛安全、电气火灾治理工作等安全专项检查；开展“安全生产月”“百日攻坚治理行动”等重大活动，重点抓好通水运行、汛期、冬季、节假日等重要时段和重大活动期间的安全检查工作。

长沟泵站管理处落实年度维修养护计划，按时间节点完成相关维修养护任务，每月按要求上报维修养护信息月报。

2020 年 7 月开始对 3 号机组进行大修，利用 54 天时间圆满完成机组大修任务。11 月 12 日通过 3 号机组大修技术合同及试运行验收。

盘柜及线缆整理项目是山东干线公司在长沟泵站的重点试点项目之一。长沟泵站管理处高度重视，成立强有力的组织机构、配备精干的技术人员，定期召开盘柜整理项目工作专题会议，每个环节均安排专人跟踪学习并进行监督、协调，加强质量、进度及投资管理。保障项目按照施工合同及标准要求施工，确保施工质量。同时积极与设计部门沟通，严格控制变更项目的审批，严格控制项目结算。本项目工程安全措施到位、协调配合顺畅、工作效果较好，创造了诸如 GIS 室电缆沟、洞口排线、线缆固线器、线缆二维码、机柜洞口封堵、环网接地等亮点。2020 年 12 月 2 日通过合同项目完成验收。

办公楼、职工食堂室内外装修及公用设施标准化改造项目是山东干线公司在长沟泵站的又一重点试点项目，长沟泵站管理处高度重视，组建了建管工作组，严格履行建管责任。本项目包括办公楼、职工食堂内外装修及办公楼、职工食堂、副厂房、济宁应急抢修中心公用设施（卫生间）标准化改造两项内容。长沟泵站管理处积极落实项目前期规划、设计、招标采购等工作，认真组织工程建设管理工作。该项目要求标准高、施工工序繁杂、交叉项目多，管理难度较大，且办公楼内物品较多给施工带来了较大影响。长沟泵站管理处不仅要克服以上困难，还要克服职工无处办公、休息等生活困难，加强技术管理，靠前督导，积极工作。

长沟泵站管理处按照山东干线公司将长沟泵站打造成“三基一心”中心（即“大学生实践基地”“员工实训基地”“南水北调水情教育基地”和“职业技能鉴定中心”）的定位，积极做好前期规划设计和实施方案的编制工作，在公司的统一部署下争取尽快组织建设。

长沟泵站管理处将按照山东干线公司纵向上形成“院企合作创新中

心—个人创新工作室—一线创新班组”梯次带动、横向上实现“科研单位、高校、标杆企业”联合共进的发展目标，利用好“杜森创新工作室”和“工匠人才创新工作室”及山东农业大学教学实践育人基地，以解决实际问题和提高工程科技水平为导向，积极开展“五小”活动。引导职工立足本职岗位，从“小”做起，在日常生产运营中发挥聪明才智，动脑筋、想办法，积极营造崇尚发明创造、技术革新、节约能源资源的良好氛围，推动公司高质量发展。

3. 邓楼泵站工程　邓楼泵站枢纽工程的运行管理工作由南水北调济宁局邓楼泵站管理处（以下简称“邓楼泵站管理处”）负责。

邓楼泵站管理处是山东干线公司派出的现场三级管理机构，现有职工20人。

邓楼泵站管理处扎实开展创新工作和技能比武，岗位创新项目经山东干线公司等机关评审的共计58个，获得山东省农林水工会表彰的有13人次。2020年，在山东干线公司开展的岗位创新工作中，邓楼泵站管理处有17个项目入围，济宁局评审一等奖6项、二等奖8项、三等奖1项，包括：邓楼泵站性能规划方法研究，档案系统实现影像档案上传归集、下载，泵站特性测试与故障诊断研究，差压法测流在南水北调邓楼泵站中的测试与数据分析等。“机组大修叶轮头移出回装工具的制作和应用”和“真空破坏阀漏气问题处理的探究”两项分别荣获山东省总工会职工创新成果一等奖和三等奖。2020年度有7人通过山东干线公司考评并参加山东省水利行业职业技能竞赛，荣获灌排泵站运行工工种一等奖1名、二等奖4名、三等奖1名，闸门运行工工种二等奖1名。刘辉参加第八届全国水利行业技能大赛荣获第三名，同年被授予“山东省五一劳动奖章”“省直机关最美职工”称号。

邓楼泵站管理处按照工程检查制度、设备维护与检修规程、泵站运行管理细则等开展工程检查、巡查，对工程设施、工程设备进行维修养护。2020年有序开展日常维护，完成日常维护50余项。专项维修养护项目按照合同严格把控。副厂房广场透水混凝土施工项目已全部完成；副厂房门厅升级改造完成；进场道路东侧排水沟整治正在进行；技术供水改造项目正在进行。

盘柜及线缆整理与自动化升级改造两个重点项目稳步推进。邓楼泵站盘柜线缆整理已基本完成，满足调水任务需求。邓楼泵站自动化系统升级改造项目是山东干线公司试点单位项目和重点工作任务，邓楼泵站管理处上下高度重视，专门成立自动化升级改造工作组，对项目进度实时跟进，密切配合调度运行与信息化部编制了邓楼泵站自动化系统升级改造技术方案，并顺利完成自动化系统升级改造项目合同初步验收工作。

邓楼泵站管理处严格按照相关规程规范要求，对工程定期开展安全监测。历次观测数据均反映正常，其中沉陷位移、水平位移、泵房底板应变、渗压值和扬压力值的年度测次变化值均很小且趋稳定，符合设计及规范要求，工程处于稳定可靠状态。2020年9月，山东干线公司对泵站的安全监测人员进行集中培训并进行技能比武，邓楼泵站管理处代表荣获第二名。

按照山东干线公司工作计划，根据《水利工程管理单位安全生产标准化评审标准（试行）》规定及公司制定的安全生产管理文件，邓楼泵站管理处从目标职责、制度化管理、教育培训、现场管理、安全风险管控及隐患排查治理、应急管理、事故管理、持续改进等8个方面入手扎实有效地开展安全生产标准化相关工作。邓楼泵站管理处及时完成自评工作，评定结果得分为98.5分，已将发现的主要问题按计划整改完成。积极开展“找风险隐患，保运行安全”“汛期安全检查”“安全生产集中整治”“安全生产月”等活动，结合“风险分级管控及隐患排查治理双重预防体系”建设取得良好效果，及时消除安全隐患。完成山东干线公司“质量、环境、职业健康安全管理体系”认证配合工作，落实标准化管理。完善安全警示标牌、标识；组织职工安全教育培训及安全知识竞赛。全员参加2020年安全生产知识竞赛并取得佳绩。结合“中国水周”、生产月、志愿活动，向沿线企业、乡镇发放安全生产宣传册1200册，增强了沿线群众的安全意识。

邓楼泵站管理处始终坚持“安全第一、预防为主、综合治理”的方针，围绕安全生产、调水运行、工程维修养护、防汛度汛及标准化建设等，严格执行各项安全管理规章制度，未发生一起安全责任事故，安全生产始终保持良好的态势。邓楼泵站管理处应急预案的编制要求符合实际，职责清晰，可操作性强。2020年修订及新增现场处置方案共18项，包括冰期输水、防汛度汛、电力突发事件等。由于新冠肺炎疫情爆发，制定了新冠肺炎疫情期间调水运行现场处置方案、新冠肺炎疫情防控现场处置方案。

4. 梁济运河段工程　2020年主要对渠道工程进行了日常维修养护。及时对渠道的衬砌边坡、信息机房等工程进行维修，完成水情水质巡查巡视工作及调水安全保卫工作，为通水运行创造良好的环境。

5. 柳长河段工程　2020年主要对渠道工程进行了日常维修养护，完成管护范围内的苗木日常养护工作；完成王庄节制闸闸门、启闭机养护工作；完成王庄节制闸的金属结构和电气设备维修保养工作；完成安全防护网更换工作。及时对渠道的衬砌边坡、信息机房等工程进行维修。完成水情水质巡查巡视工作及调水安全保卫工作，为通水运行创造良好的环境。

建立健全安全生产责任制度，成立安全生产工作组，落实安全生产网格化体系，逐级签订安全责任书，实行24小时值班制度，确保工程运行安全。

柳长河段工程沿线维修和补充各类标识、标牌约800个，提升了工程沿线的安全水平。

济宁渠道工程的防汛工作受南水北调济宁管理局、地方和流域防汛机构的领导，负责本辖区内的南水北调工程防汛应急工作的组织、协调、监督和指挥。为切实做好南水北调东线河道工程2020年防汛、度汛工作，确保工程安全度汛、稳定运行，针对可能发生的险情、灾情，制定河道工程的度汛方案和防汛预案，进一步细化防洪方案的具体实施步骤；规范防汛抗洪调度程序；提高防洪方案的可操作性。并针对不同级别的险情分别制定了应急处置措施。

建立健全安全生产责任制度，成立了安全生产工作组，落实安全生产网格化体系，逐级签订安全责任书，实行24小时值班制度，确保工程运行安全。建立健全应急救援队伍和物资设备外协机制。自2016年起，就与“梁山县水利工程处”“梁山县库区工程开发服务处”等两家单位达成防汛抢险合作意向，并签订正式协议，确保一旦发生险情能够及时将救援人员和设备调至现场参与救援。另外，与梁山安山混凝土有限公司、梁山县宏达工程机械租赁有限公司等单位签订防汛物资、设备代储协议，确保防汛救援物质、设备的及时供应。与地方防汛部门加强联动，建立了信息联络渠道。

（张玉洁　何勇　黄雪梅）

【运行调度】

1. 二级坝泵站工程　2019年12月12日至2020年5月3日，二级坝泵站管理处圆满完成2019—2020年度调水任务，历时89天，5台机组累计完成调水6.33亿m^3，共运行5321.94台时。

2020年年初，根据新冠肺炎疫情防控需要，二级坝泵站管理处优化调水值班排班方案，保障机组正常运行。调水运行期间，及时解决了5号变频器在旁路运行模式下报“调制器配置”“IOC瞬时过流”故障、UPS风扇异响、3号事故闸门右开度漂移及密封水压力报警等问题，保证机组的安全运行和泵站效益的发挥。供水运行结束后，管理处对1～5号机组进行了流道检查，对相关间隙进行了测量，对流道内部的部件冲刷情况进行了认真检查。

2020—2021年度第一阶段调水工作，自2020年12月25日开启，截至2021年1月14日累计调水10583.69万m^3，累计运行956.76台时。为做好新年度调水准备工作，11月10—11日，开展了5台机组定期开机维护工作，对试运行期间发现的2号机组流量计主机故障等9个问题进行相应整改。

2. 长沟泵站工程　按照2019—2020年度调水方案的时间安排，长沟泵站的调水开始时间为2019年11月18日13时，调水完成时间为2020年5月7日17时15分，累计调水53750.41万m^3。

3. 邓楼泵站工程　2020年，邓楼泵站严格执行调水指令，圆满完成调水任务。调水运行期间设置4个运行班组，每班组配值班长1人、值班员2人，严格按照调水值班制度进行调水值班及巡查维护。运行期、汛期及非运行期，严格按照调度运行管理的各项制度，及时准确执行上级调度指令，按规定做好巡查工作、运行记录，确保设备完好、工况稳定、运行安全，圆满完成调水任务。

自2013年5月运行以来，邓楼泵站共执行8个年度调水运行任务，累计调水38.62亿m^3。2019年11月12日开始2019—2020年度调水，于2020年5月7日完成年度调水，共计运行4748.4台时，抽水5.4亿m^3。根据年度调水计划，2020年12月10日开机运行，进入2020—2021年度调水期。

1～4号主机组均运行正常，振动、摆度值均在标准要求范围内，轴承温度正常，主电机运行时的温度、电流、电压、功率等各项数据正常。

主变、站变等设备运行状况正常，控制、保护、数据采集通信系统运行正常。110kV和10kV电力线路运行维护良好。

三座闸站设备完好，闸门启闭灵活可靠。2台HD500抓斗清污机同时工作，全天候作业基本满足捞草需求。同时配备了1台长臂挖掘机捞草、1台HB150反铲配合装草、2辆三轮车运草，将水草及时运至垃圾场堆放区。

计算机监控系统、消防系统、厂区安防、金属结构、土建工程等运行正常。

4. 梁济运河段工程　梁济运河段工程为利用原有河道通过疏浚拓宽后运行调水。设计水位低于沿岸地表，为地下输水河道，加上两岸地下水位较低，梁济运河段工程调水运行安全隐患相对较少。为确保通水运行期间工程安全，渠道管理处成立了专门的巡查宣传队，确定了巡查方案。由济宁渠道管理处主任总负责，设队长2名、队员6名，调水期间增加6名队员。加强宣传贯彻《南水北调工程供用水管理条例》《山东省南水北调条例》，在梁济运河输水沿线通过走进村庄、社区等方式多方位、多角度地开展宣传巡查活动，有效保障了工程安全、水质安全及沿线群众的生命财产安全，顺利实现调水目标，保证南四湖上级湖水顺利调入柳长河河道内。

梁济运河段工程在运行期间，各

项运行指标均满足设计要求，已经按照调度指令顺利完成调水、度汛、灌溉等各项任务。2019年11月12日开始2019—2020年度调水，于2020年5月7日完成年度调水5.4亿m^3。根据年度调水计划，2020年12月10日开机运行，进入2020—2021年度调水期。

5. 柳长河段工程　柳长河段工程为利用原有河道通过疏浚拓宽后运行调水。设计水位低于沿岸地表，为地下输水河道，加上两岸地下水位较低，柳长河段工程调水运行安全隐患相对较少。为确保通水运行期间工程安全，渠道管理处成立了巡查宣传队，确定了巡查方案。由济宁渠道管理处主任总负责，设队长2名、队员5名，调水期间增加队员5名。加强宣传贯彻《南水北调工程供用水管理条例》《山东省南水北调条例》，在柳长河输水沿线通过走进村庄、社区等方式多方位、多角度地开展宣传巡查活动，有效保障了工程安全、水质安全和沿线群众的生命财产安全，顺利实现调水目标，保证柳长河的水顺利调入东平湖内。

柳长河段工程在运行期间，各项运行指标均满足设计要求，已经按照山东省调度中心和济宁调度分中心的指令顺利完成南水北送、引黄补湖、区域灌溉等输水任务。2019年11月12日开始2019—2020年度调水，于2020年5月7日完成年度调水5.4亿m^3。根据年度调水计划，2020年12月10日开机运行，进入2020—2021年度调水期。

（张玉洁　何勇　黄雪梅）

【环境保护与水土保持】

1. 二级坝泵站工程　2020年9月14日，提交申报市级园林单位的申请，11月6日顺利通过市级园林单位的现场核查工作。11月，济宁市城市管理局授予"市级园林单位"荣誉称号并授牌。

2. 长沟泵站工程　长沟泵站根据"三标一体"相关要求，加强环境保护工作，签订垃圾清理及外运协议。定时清理并委托维修养护单位对工程现场进行打扫、清洁，确保管理区道路无垃圾。定期对建筑物进行检查整治，对站区苗木进行养护管理。站区按照乔灌结合、花草结合等原则，植物配置呈现层次感、色彩感、时序感，实现了"四季常青、三季有花、两季有果、一季彩叶"的绿化景观效果，长沟泵站被济宁市城市管理局评为"市级花园式单位"。

3. 邓楼泵站工程　邓楼泵站管理处对邓楼泵站办公区、生活区环境加强管理，建立卫生责任制度，责任落实到人，卫生保洁常态化。按计划推进环境保护与水土保持相关项目，泵站形成了渠水清澈、岸绿林荫的生态景观。邓楼泵站管理处被评为"市级园林单位"，今后将持续打造人水和谐的站区环境。

邓楼泵站管理处在工程巡查和调

水过程中，加强水质保障管理，配专人负责配合水质监测工作，水质稳定达到地表Ⅲ类水质标准，保证工程运行安全和水质安全。

4. 梁济运河段工程　济宁渠道管理处建立了环境保护管理体系，加强环境保护工作，对工程现场进行清洁、打扫，确保闸站设备、管理区环境的整洁卫生。组织专人加强河道巡视检查，严禁外来人员进入渠道范围内放牧、捕鱼、游泳等不安全行为。

梁济运河工程按照批复的初步设计和水土保持方案完成各项水土保持措施。由专业工程养护公司对管理区、弃土区、输水沿线管护区域栽种的苗木及植被进行浇水、施肥、修剪及病虫害防治等养护工作。采用工程措施、植物措施和临时措施相结合，保证水土保持效果。

5. 柳长河段工程　济宁渠道管理处建立环境保护管理体系，加强环境保护工作，对工程现场日常环境进行清洁、打扫，确保闸站设备、管理区环境的整洁卫生。组织专人加强河道巡视检查，严禁外来人员进入渠道范围内放牧、捕鱼、游泳等不安全行为。

柳长河工程按照批复的初步设计和水土保持方案完成了各项水土保持措施。由专业工程养护公司对管理区、弃土区、输水沿线管护区域栽种的苗木及植被进行浇水、施肥、修剪及病虫害防治等养护工作。采用工程措施、植物措施和临时措施相结合，保证水土保持效果。

（张玉洁　何勇　黄雪梅）

【验收工作】

1. 二级坝泵站工程　为顺利完成工程完工验收工作，二级坝泵站管理处在站区北侧种植了枸橘作为植物围墙，并安装防护网进一步确保北侧围墙的安全性。完成2013—2019年度安全监测资料的整编、归档工作。完成运行管理工作报告、引水渠采煤影响评价报告等相关资料的整编工作。5月7—8日，顺利通过设计单元完工验收项目法人验收工作。11月2—4日完成设计单元技术性验收准备情况现场核查工作。

2. 长沟泵站工程　长沟泵站枢纽工程概算批复总投资27818万元，工程于2009年12月5日正式破土动工，2013年3月31日全部完工。截至2017年，已经完成单位工程验收、合同验收、技术性初步验收、消防工程验收、安全评估验收、国家档案验收、水土保持设施竣工验收。2017年10月31日，通过南水北调东线一期南四湖—东平湖段输水与航运结合工程长沟泵站工程设计单元工程完工验收。

3. 邓楼泵站工程　邓楼泵站枢纽工程概算批复总投资25723万元，泵站工程于2010年1月开工建设，2013年5月建成并通过试运行验收，2013年11月转入正式运行。已经完成单位工程验收、合同验收、技术性初步验收、消防工程验收、安全评估验收、国家档案验收、水土保持设施竣工验收。2017年10月31日，顺利通过南水北调东线一期南四湖—东平湖段输水与航运结合工程邓楼泵站工程设计单元工程完工验收。

4. 梁济运河段工程　2011年3月梁济运河段工程开工建设，2013年11月正式通水运行，工程总投资17.92亿元。2020年6月17日，通过山东干线公司组织的设计单元工程完工验收项目法人验收；2020年11月25日通过山东省水利厅和山东省交通运输厅组织的设计单元工程完工验收。

5. 柳长河段工程　2011年3月柳长河段工程开工建设，2013年11月正式通水运行，工程总投资9.53亿元。2020年6月18日，通过设计单元工程完工验收项目法人验收；2020年11月25日，通过山东省水利厅和山东省交通运输厅组织设计单元工程完工验收。

（张玉洁　何勇　黄雪梅）

泰　安　段

【工程概况】　泰安段工程包括八里湾泵站枢纽工程和穿黄河工程。

八里湾泵站枢纽工程位于山东省东平县境内的东平湖新湖滞洪区，是南水北调东线一期工程的第十三级抽水泵站，也是黄河以南输水干线最后一级泵站。装机流量133.6m^3/s，设计调水流量100m^3/s，安装了立式轴流泵4台，配额定功率为2800kW的同步电机4台（三用一备），总装机容量11200kW。设计水位站上40.90m（85国家高程基准，下同），站下36.12m，设计净扬程4.78m，平均净扬程4.15m。工程主要任务是抽引前一级邓楼泵站的来水入东平湖，并结合东平湖新湖区的排涝。

穿黄河工程是南水北调东线的关键控制性工程。工程建设的主要目标是打通穿黄河隧洞，连通东平湖和鲁北输水干线，实现调引长江水至鲁北地区，同时具备向河北省东部、天津市应急供水的条件。工程建设规模按照一、二期结合实施，过黄河设计流量为100m^3/s。工程主要由闸前疏浚段、出湖闸、南干渠、埋管进口检修闸、滩地埋管、穿黄隧洞、隧洞出口闸、穿引黄渠埋涵及埋涵出口闸等建筑物组成，主体工程全长7.87km。工程总投资6.13亿元。东阿分水口位于隧洞出口闸下游，主要用于向地方用水单元输水，隶属穿黄河工程管理处。（李君　赵申晟　李明慧）

【工程管理】

1. 八里湾泵站枢纽工程

（1）组织机构及职责。八里湾泵站枢纽工程的运行管理工作由泰安局八里湾泵站管理处负责。八里湾泵站管理处主要职责是按照上级调度指令完成调水任务，定期开展设备维修和日常养护工作，不断提高运行管理水平，探索高效的泵站运行机制和资产保值增值途径，逐步使工程达到规范化、标准化。八里湾泵站管理处内设综合岗、工程管理岗及调度运行岗开展工程运行管理各项工作。截至2020年12月31日，八里湾泵站共有管理人员22名，驾驶员2名。

（2）党建及宣传工作。八里湾泵站管理处专门设立了党员活动室，并在2020年年初订阅了党建刊物及学习刊物。结合深入学习党的十九大精神及习近平总书记讲话的要求，八里湾泵站管理处在楼道、主副厂房等重要位置均制作了党建宣传标识牌，并在副厂房电子显示屏上滚动播放党的宣传思想，以全方位、多角度、立体式的宣传进行报道，营造了良好的学习氛围。党小组成员至少每周召开一次党小组例会，学习党的十九大精神、习近平新时代中国特色社会主义思想。

（3）培训工作。八里湾泵站管理处高度重视员工的业务培训工作，2020年年初制定了年度培训计划，并按照培训计划、时间节点开展落实。培训内容涉及综合管理、档案管理、运行管理、工程监测、维修养护、操作技能、安全生产等方面。2020年6月2—4日八里湾泵站管理处选派2名同志参加党员发展对象培训；2020年10月19—23日，八里湾泵站管理处选派5名同志赴合肥参加中水三立数据技术股份有限公司组织的计算机自动化控制技术培训；2020年11月4—13日，选派4名同志赴扬州大学参加泵站专业技能培训。通过一系列的培训，提高了综合管理能力、专业知识水平及运行管理能力。

（4）工程维护工作。八里湾泵站管理处认真落实年度维修养护计划，科学规划、精细实施，根据轻重缓急按时间节点完成相关维修养护任务，有计划、分步骤、有针对性地落实实施，每月按要求上报维修养护信息月报。同时狠抓工程质量，严格按资金支付流程办理，确保资金的使用安全。

完成的主要日常维修养护及专项工程实施工作包括八里湾泵站信息自动化升级改造工程、水工钢闸门及启闭机安全监测、110kV预防性试验、叶调机构的检修工作、110kV电缆改造工程等项目。

2020年8月27日，山东干线公司与山东国信电力科技有限公司签订《南水北调山东干线八里湾泵站110kV变电站电缆改造工程施工合同》；9月11日，施工单位进场；10月31日，施工完成，成功送电。施工期间，八里湾泵站管理处组织人员积极配合，根据规范，严抓质量，确保工程保质保量顺利完成。

（5）岗位创新工作。八里湾泵站管理处在工作中注重创新，鼓励员工大胆创新、勇于突破，开展了一系列的创新项目，取得了一定的成绩。

（6）工程安全监测工作。八里湾泵站管理处全力支持安全监测工作，无论是日常安全监测项目，还是每个季度的工程测量任务，都能够按照要求完成。日常安全监测主要是指水位、渗透压数据的采集和整理，相关工作人员会定时从上位机整理资料，并不定时对现场采集点位进行人工检查。季度的工程测量是安全监测工作的重中之重。八里湾泵站管理处成立了专门的测量小组，小组长期协调合作，不断提升工作效率、提高测量精度，克服了冬冷夏热及站区常年大风的困难，按照公司要求频次很好地完成了现场测量工作，并及时整理出报告入档留存。

（7）水政监察辅助执法工作。八里湾泵站管理处高度重视，严格按照规章制度执行，积极开展水政监察辅助执法工作，成立了水政监察辅助执法巡视工作组。值班期间值班人员定期进行巡视巡查，一旦发现问题及时汇报带班领导后进行处理，并做好记录，若暂时难以处理，由水政监察辅助执法工作组处理解决，联合巡视巡查问题情况每周汇总记录一次。

（8）安全生产工作。根据公司年度安全生产目标，八里湾泵站管理处制定了安全生产目标并进行分解，对安全生产目标的完成效果进行考核评估；成立安全生产工作组，配备兼职安全管理人员，部门、岗位安全生产职责明确，并层层签订安全生产目标责任书；泵站定期召开安全生产例会，分析安全生产状况及部署下一步安全生产工作；制定年度安全生产投入计划，规范安全生产经费的使用，建立安全生产费用使用台账，定期对安全生产费用的落实情况进行检查总结。

根据八里湾泵站管理处年度培训计划，组织开展安全生产教育培训，并对培训效果进行评估；对外来参观、学习、施工等人员均结合有关安全要求及可能接触到的危害及应急知识等进行告知；结合“安全生产月”活动，八里湾泵站管理处从提高职工安全意识、掌握安全生产技能、丰富安全知识的角度出发，扎扎实实做好安全宣传教育工作。

积极参加水利部举办的全国水利安全生产知识网络竞赛、全国水法知识大赛、全国防汛抗旱网络知识大赛及全国宪法网络知识答题等活动，通过网络竞赛，提高了广大员工的安全意识和能力，使广大员工从思想上认识到安全生产的重要性，将认识转变为自觉行为融汇到日常工作中去。

为确保沿线群众生命安全，结合工程沿线实际情况，汛前赴济宁市任城区八里湾中心小学发放《山东省南水北调条例》宣传册和“致家长一封信”，并现场签订了发放协议书，开展“南水北调防溺水安全知识大讲堂”专题活动，为小学师生讲解南水北调安全知识，活动得到学校领导、老师及广大学生的普遍欢迎，取得良好效果。

（9）认真落实质量、环境、职业健康安全管理工作。八里湾泵站管理处各科室严格按照 ISO 9001：2015、ISO 14001：2015、ISO 45001：2018 标准和公司“三标一体”文件要求程序运转，认真贯彻落实，安排专人负责，并以记录反映过程中的情况用以提供证据，提高了管理处各项业务工作。

2. 穿黄河工程

（1）机构设置。山东干线公司泰安管理局穿黄河工程管理处（以下简称“穿黄管理处”）为穿黄河工程现场管理机构，下设综合科、工程技术科和调度运行科，具体负责穿黄河工程的运行管理。

（2）安全生产和防汛度汛。

1）建立健全安全生产机制。加强穿黄河工程安全生产管理，成立穿黄管理处安全生产领导小组、防洪度汛领导小组、应急处置领导小组等机构，并根据现场人员变化情况，及时调整各小组成员，明确其工作职责。

2）定期召开安全生产会议。为更好地对安全生产工作进行安排部署，跟踪问效，穿黄管理处每月召开安全生产会议。会议内容主要包括：传达和贯彻上级有关安全生产会议、文件、通知精神；对自查自纠及上级检查发现的问题研究解决方案；安排部署近期安全生产工作等。

3）扎实做好工程安全生产和防汛工作。研究制定穿黄管理处 2020 年度安全生产目标，逐级签订安全生产责任书，完善安全生产责任网格化管理。穿黄管理处每月进行一次安全隐患大排查活动，对工程现场及办公区进行全面检查，建立隐患整改台账，明确责任人，限期整改，及时消除安全隐患。定期开展安全生产专项整治活动。开展消防安全专项检查及工程安全保障自查活动，完成电气预防性试验。

4）扎实组织开展“安全生产月”活动：①穿黄管理处认真贯彻落实公司要求，制定“安全生产月”活动方案，扎实组织开展安全生产月各项活动；②积极参加安全生产知识竞赛和水利网络知识竞赛。通过竞赛，让每一位员工掌握安全生产知识，提高了安全生产意识；③开展安全生产宣传教育进校园活动，组织人员到输水沿线中小学宣讲，发放宣传册等，解答学生们的疑惑，进一步强化工程沿线人民群众、学生的安全防范意识和关心爱护南水北调工程意识，保障工程安全。

5）安全生产标准化工作。根据山东干线公司下发的相关标准化建设的通知，穿黄管理处进一步建立健全组织体系，落实运行安全管理体系要求，规范开展运行安全管理标准化建设各项工作。

6）安防设施与措施。规范工程设施和渠道沿线标识标牌，定期对安防监控进行巡视巡查，及时修复破损的防护网，在人员来往密集处增设警示标志，在渠道与桥梁等结构物交叉部位的安全薄弱部位埋设警示桩，在渠道两岸边坡装设警示标语，确保周边群众生命财产安全。

7）应急管理工作。穿黄管理处建立了应急处置领导小组，严格执行应急预案及现场处置方案。组织开展防汛演练、防溺水演练、消防演练等应急演练，以此来加强职工对突发事件的认识，提高职工应对突发事件的能力。

（3）维修养护工作。完成穿黄河工程维修养护计划的报批及签订工作，按照批复的维修养护计划及维修养护标准，加强对维修养护公司穿黄河工程管理站的考核管理，做好现场工程计量、验收及支付准备工作，按照要求每月完成维修养护情况月报，落实穿黄河工程维修养护工作。

编报信息自动化维护预算和机电金结维护预算，按照批复内容有计划地开展预算项目的实施工作。加强对信息自动化运维单位的考核管理，做好现场监督工作。

根据水利部对工程运行管理进行的专项检查和“飞检”提出的问题，制定整改措施，认真完成问题整改落实工作。通过落实日常维修养护、自查和上级检查发现问题的整改工作，确保工程设备始终处于良好运行状态。

（4）工程宣传。通过悬挂南水北调宣传条幅、设立警示标牌、张贴安全警示标语、发放《山东省南水北调条例》宣传册等方式，认真组织开展工程宣传和《山东省南水北调条例》宣贯工作，提高南水北调在人民群众当中的知名度，引导广大人民群众对南水北调有一个正确的认识，营造良好的社会舆论环境。

（李君　赵申晟　李明慧）

【运行调度】

1. 八里湾泵站枢纽工程

（1）做好调度运行管理工作。

1）严格执行调水指令，圆满完成调水任务。调水运行期设置4个运行班组，每班组配值班长1人、值班员2人，严格按照调水值班制度进行调水值班及巡查维护工作。运行期、汛期及非运行期，严格按照调度运行管理的各项制度，及时准确执行上级调度指令，按规定做好巡查工作、运行记录，确保设备完好，工况稳定，圆满完成调水任务，累计调水5.42亿m^3。

2）运行工况正常。调水期间主机泵运行平稳，工况良好，振动摆度值均在标准要求范围内，主水泵没有发生明显气蚀现象，轴承温度正常，主电机运行时的温度、电流、电压、功率等各项数据正常。八里湾泵站2020年度运行中站下水位最低35.72m，最高37.07m，站上水位最低39.96m，最高40.93m，平均流量31.11m^3/s，单机最大功率2034kW。机电设备运行正常。泵站工作闸门、防洪检修闸门、事故闸门及液压启闭系统启闭偶尔出现卡阻现象。高、低压系统设备工作正常，开关动作灵活准确，指示灯、表计显示基本正常。技术供水工作正常，1号机组技术供水改造为油冷系统，在运行期间机组温度保持在可控范围内，确保机组正常运行。控制保护系统动作准确，工作正常。

（2）开展水质保障工作。八里湾泵站作为南水北调水质监测重点部位，建设了水质监测点和水质检测站，八里湾泵站管理处派专人负责水质监测工作，认真开展巡查巡视，督促督导代维单位加强对水质的监测工作。

2. 穿黄河工程

（1）顺利完成2019—2020年度调水工作任务。2019—2020年度穿黄河工程累计向鲁北地区及河北、天津输水9870.91万m^3。调水期间工程运行正常，未发生安全、水质污染事故，调水运行平稳有序。

（2）严格执行调水工作制度，确保调水平稳运行。每月制定调水值班表，值班人员严格按照穿黄管理处调度运行值班制度，做好值班工作和交接班工作，做好日常巡视巡查工作，发现问题及时上报。严格执行泰安分调中心下发的调度指令。认真做好值班人员的后勤保障等工作。

（3）积极做好调水协调工作，全力保障调水工作。加强与当地地方政府、流域机构、电力部门和其他相关部门的协调，做好向地方用水单元输水的水量确认工作。

（4）强化水质保障工作。穿黄管理处安排专人负责水质监测相关工作，认真做好水质巡查和水质检测站看护工作，制定水污染应急预案，保障调水水质安全。

（李君　赵申晟　李明慧）

【环境保护与水土保持】　八里湾泵站管理处建立环境保护管理体系机制，并加强环境保护工作，委托具有专业资质的单位对工程现场日常环境进行清洁、打扫，确保机组设备、内外环境的整洁卫生，杜绝管理区内的排污、粉尘、垃圾乱堆放现象。2020年，泵站对厂区的树木、草皮进行了补植和重新规划，改善了站区环境。

穿黄河工程做好工程沿线渠道的巡查管护工作，进一步加强环境风险防控，严格落实环境风险防范应急预案，提高工程环境风险防范与应急水平。加强对水质监测站维护单位的管理和考核，落实各项水质保障措施，杜绝发生影响渠道水质安全的事件发生，进一步提升南水北调水质保障工作能力，逐步形成长效工作机制，确保供水安全。做好园区、工程沿线和弃土区的绿化以及水土保持工作，对栽植的树木加强管理和养护，对工程沿线的环境保护和水土保持发挥了重要作用。

（李君）

胶　东　段

【工程概况】　南水北调东线山东干线有限责任公司胶东管理局（以下简称“胶东管理局”）所辖工程途经淄

博市高青县、桓台县，滨州市邹平县、博兴县，东营市广饶县，潍坊市寿光市。由济东明渠段工程（胶东段）、陈庄输水线路工程、双王城水库工程三个设计单元工程组成。包括输水渠道工程、双王城水库工程及沿线各类交叉建筑物。

输水渠道工程上起明渠大沙溜倒虹下游章邹边界（明渠桩号38＋868），下至引黄济青上节制闸，输水线路全长85.522km。其中新辟全断面现浇混凝土衬砌明渠长50.947km，新开挖土渠29.175km，利用小清河分洪道子槽输水5.40km；渠道沿线建设各类交叉建筑物323座，包括水闸23座（其中节制闸及倒虹涵闸11座、分水闸8座、泄水闸2座），倒虹吸141座，渡槽21座，桥梁（涵）125座，管理房12处，水质监测站1处。设计输水流量为50m³/s，加大输水流量为60m³/s。（宋丽蕊）

【工程管理】

1. 明渠段工程

（1）工程管理机构。胶东管理局作为二级机构负责明渠段工程（明渠段桩号38＋868～76＋590，明渠段桩号87＋895～122＋470）现场管理工作，下设三级管理机构淄博渠道管理处、滨州渠道管理处，负责工程的日常管理、维修养护、调度运行等事宜。淄博渠道管理处管辖明渠段桩号38＋868～76＋590段长37.722km的渠道，滨州渠道管理处管辖明渠段桩号87＋895～122＋470段长34.575km的渠道。

（2）工程维修养护。2020年，完成日常维修养护金额572.02万元，其中维修养护项目完成投资380.19万元（合同内投资365.45万元，新增项目投资14.74万元）；巡查看护项目完成投资191.84万元。

完成2019年度日常维修养护合同及补充协议验收工作；签订2020年度日常维修养护协议。完成胶东管理局管理范围内的日常巡查看护与建筑物、渠道、设备、闸门、树木绿化以及安全防护设施、重要设备等日常维护保养；完成胶东段衬砌渠道工程安全防护网更换及管理道路维修项目；停水期间完成淄博渠道管理处、滨州渠道管理处闸门大修项目；受省重点水利工程小清河防洪综合治理工程影响，实施了南水北调高青水利Ⅰ线10kV供电线路迁建项目，城南节制闸流量计改造项目；为提升工程现场管理设施面貌，试点实施了淄博处外墙防水及闸室内部修缮工程，实施了部分闸站防静电地板更换安装项目，对滨州渠道管理处东营分水闸金结机电设施进行了升级改造，实施了渠道建筑物修缮及闸区路缘石、花砖、防护栏安装项目。

（3）安全生产。落实安全生产会议制度。胶东管理局每季度召开安全生产专题会议，总结安全生产工作开展情况，分析应急管理形势，部署应急管理工作计划；各管理处每月召开安全生产例会，分析工程现场安全风险，落实隐患排查整改。

落实安全生产责任制，完善安全管理组织结构。胶东管理局进一步强化组织领导，建立了“党政同责、一岗双责、失职追责”安全生产责任制，根据公司2020年年初人员岗位调整，及时调整安全生产领导小组、应急管理领导小组等组织机构，划分了安全生产网格、落实职责分工，确定了安全生产目标并层层签署了安全生产责任书。

根据山东干线公司要求，坚持实行有效的预防措施，落实各项防控举措，全面做好新冠肺炎疫情防控工作，稳步有序复工复产；定期开展疫情防控工作措施落实情况评估检查工作，对发现问题进行通报，督促整改。自2020年2月17日起，胶东管理局每周上报疫情简报，共形成工作简报4篇。

修订完善了《胶东局2020年度汛方案及防汛预案》《胶东局2020年现场处置方案汇编》。汛前完成了2020年防汛预案及度汛方案的编制工作，并结合开展防汛演练活动进一步修订完善，重新梳理、分析了防汛重点项目，进一步明确防汛风险点和防汛重点部位，并细化、落实风险项目分管及具体责任人，使应急措施更具针对性和可操作性。

管理处对所辖工程现场处置方案进行了修订汇编，共印发15项，另修订印发电力线路、自动化抢修、水质污染应急预案共3项，制定了年度培训计划6项，并按时间节点进行培训，效果良好。

根据2020年度演练计划安排，组织各管理处开展防汛度汛应急演练，并完成总结、评估及资料归档工作，通过演练锻炼了队伍、检验了应急预案的可操作性。

2. 陈庄输水线路工程

（1）工程管理机构。胶东管理局作为二级机构对陈庄输水线路工程（陈庄输水段0＋000～13＋225）进行工程现场管理。胶东管理局淄博渠道管理处作为三级机构，负责陈庄输水线路工程的日常管理、维修养护、调度运行等事宜。

（2）工程维修养护。截至2020年12月底，陈庄输水线路工程完成日常维修养护金额128.87万元，其中维修养护项目完成投资94.84万元（合同内投资92.39万元，新增项目投资2.45万元），巡查看护项目完成投资34.03万元。

完成日常维修养护实施方案、技术条款的编写制定及协议的签订工作，并严格按照合同管理办法和程序，做好日常维修养护任务单下发和维修养护月报上报及日常考核，抓好项目实施过程中的质量控制、计量支付和检查验收等工作。

（3）安全生产。胶东管理局始终坚持“安全第一、预防为主、综合治理”的安全方针，加强日常巡查检查力度，关注工程重点部位和薄弱环节，积极消除各类安全隐患，确保工程的安全运行。

按照安全教育培训计划组织全体人员有序学习安全法律法规及安全生产标准化相关制度、应急预案、处置方案、操作规程等，通过学习这些制度、规范、规程，提高了全员安全意识和应急处置能力。积极组织员工参与全国水利安全生产知识网络竞赛、全国“安全生产月”官网举办的危险化学品安全知识网络有奖答题，参加以争做“水利安全将军”为主题的安全生产知识趣味答题活动，通过系列竞赛答题活动，学习安全生产有关知识。

深入开展2020年度“安全生产月”系列活动，沿线发放宣传材料，并开展安全警示教育。胶东管理局组织对工程现场开展拉网式安全隐患排查专项治理活动。加强安全隐患排查、安全大检查，落实隐患整改。同时按照上级要求开展危化品专项整治行动，开展危化品排查行动，所辖工程没有危化品。组织对辖区范围内建筑物、电气设备、电力线路等防雷设施、接地系统等进行专项安全检查。各项措施的实施均收到良好效果，截至2020年年底未发生任何安全生产责任事故。

（4）防汛度汛。组织开展现场安全隐患排查、汛前和汛期检查累计5次。织编制2020年度汛方案和防汛预案，参加山东干线公司组织的预案审查会，根据审查会提出的意见和建议进行修改完善。召开视频会议，组织人员开展《2020年度汛方案和防汛预案》宣贯学习。按照胶东管理局和山东干线公司要求，做好防汛物资盘查和补充工作。2020年5月，胶东管理局局机关主导并参与由邹平市水利局、高青县水利局主要领导参与的淄博管理处防汛应急演练，进行10kV电力线路应急停电抢修2次，进行闸站柴油发电机应急启动3次。积极与邹平、高青防汛部门对接联系。严阵以待，做好汛期值班工作，确保24小时通信畅通。

（5）安全监测。按照《南水北调东、中线一期工程运行安全监测技术要求（试行）》（NSBD 21—2015）及相关规程规范要求，胶东管理局定期开展工程安全监测工作，配合上级部门对相关数据及时分析评估，为工程安全、平稳运行提供技术支撑。

认真组织做好工程安全监测工作，收集整理安全监测设施设备运行及维护保养情况，建立安全监测设施设备台账。2020年度开展安全监测12次，及时上报安全监测月报12份。

3. 双王城水库工程

（1）工程管理机构。南水北调东线山东干线有限责任公司胶东管理局双王城水库管理处（以下简称“双王城水库管理处”）作为胶东管理局的下设管理机构，负责双王城水库工程的现场管理工作，包括工程的日常管理、维修养护、调度运行等事宜。双王城水库管理处下设综合科、工程科、调度科，具体承担日常管理工作。

（2）工程维修养护。

1）日常维修养护项目。2020年度，完成日常维修养护金额156.86万元，其中维修养护项目完成投资145.31万元（合同内投资121.26万元，新增项目投资24.05万元），巡查看护项目完成投资11.55万元。

双王城水库管理处按照2020年工程维修养护合同组织开展工作，每月根据维修养护年度计划下发维修养护计划，按照维修养护任务书有序开展维修养护管理工作。完成的主要工作包括：闸室看护，渠道巡查，土建、渠道、泵站及水土保持类日常维修养护工作。

2）专项维修养护项目。2020年度双王城水库管理处专项维修养护项目主要包括：胶东管理局于涛创新工作室装饰工程，双王城水库入库泵站1号、3号机组大修，双王城水库1号、3号水泵机组大修及叶轮、叶轮室部件维修采购，双王城水库运行管理标准化建设项目建筑装饰工程，双王城水库修建防汛抢险及安全观测道路施工，双王城水库技术供水及双王城水库重点部位围栏报警系统等项目。

（3）安全生产。

1）隐患排查及整改。为强化隐患排查整治工作，做到“隐患排查、督促检查、整改落实”常态化，按照胶东管理局要求，双王城水库管理处每月定期开展“大快严”活动，对所辖工程进行全方位隐患排查。检查内容包括：各水闸的用电安全及消防器材、设施设备的完好情况，渠道内坡及两侧道路的卫生及是否存在安全隐患，管理边界范围内有无土地侵占情况，办公区、生活区的大功率用电及消防安全隐患等。对于排查出的隐患及时进行限期整改。全年发现隐患83处，整改完成83处。

2）安全生产标准化。按照《水利工程管理单位安全生产标准化评审标准》（试行）要求，双王城水库管理处成立安全生产标准化自评工作组。按照计划安排，对安全标准化建设和实施情况对照标准的13个一级项目、44个二级项目、122个三级项目逐项进行全面检查，查评涵盖了安全生产标准化评审的全部范围。评审过程通过现场查看、查阅资料、询问相关人员等形式开展，针对存在的问题，制定整改计划，明确责任，限期整改，并将整改计划纳入年度考核指标。整改完成后的效果总体评价良好，符合安全生产标准化管理的基本要求。

3）安全监测。双王城水库管理处成立安全监测领导小组，小组每季度开展垂直、水平位移测量；测压管非通水期每周一次测量，通水期间每周两次测量；每日开展蒸发、渗漏监测。2020年12月1—31日，降雨量为5.5056万m^3，蒸发量为27.1429

万 m^3，入库量为 960.32 万 m^3，出库量为 187.6244 万 m^3，经计算渗漏量为 57.3383 万 m^3，平均每天渗漏量为 1.85 万 m^3。

根据双王城水库工程初步设计报告，双王城水库年损失（蒸发、渗漏）水量设计值为 1128 万 m^3（设计损失量计算是一年内经过最低水位到最高水位的变化）。12 月水库蒸发渗漏损失量为 84.48 万 m^3，基本等于年损失量的 1/12（94 万 m^3）。

根据双王城水库工程监测资料初步分析，双王城水库整体运行安全稳定；测压管渗压水位变化在合理范围之内，下游坝坡、5.5m 平台、坝脚区域均未出现管涌、渗漏、塌陷等危及大坝安全的隐患；围坝填筑、水库防渗等均满足设计要求。

（时庆洁　刘川川　赵启伟）

【运行调度】　胶东管理局自 2019 年 11 月 20 日 14 时，根据山东省南水北调调度中心《调度运行 2019—2020 年度 12 号令》要求，开启博兴城南节制闸，至 2020 年 5 月 10 日关闭闸门结束调水，累计运行 174 天，累计供水 28973.51 万 m^3。其中，向胶东供水 27067.6 万 m^3，向邹平供水 702.18 万 m^3，向淄博供水 1000 万 m^3，向博兴水库供水 202.13 万 m^3。双王城水库 2019 年 12 月 26 日 17 时 30 分开启 4 号机组开始调水，3 月 2 日 11 时停机，累计充库 2802.75 万 m^3，水库水位达到 11.93m，圆满完成了调水任务。

在本次运行期间，胶东局及各管理处克服小清河施工影响的困难，一边控制渠道水位，一边协调施工现场，准确执行上级调度指令，严格按照操作规程进行闸门启闭，控制水位水量及流速，及时反馈执行情况；严格按照巡视检查制度完成值班期间泵站机电设备、金属结构等巡查工作，并做好记录；严格执行交接班制度，认真做好交接班工作；及时进行故障处理，确保安全运行。

该年度调水期间，胶东局积极与地方协调，为保障地方生活、生产稳定，维持入分洪道至大张段低水位高流量稳定运行。

（宋丽蕊　隋保忠　李宗霖）

【环境保护与水土保持】

1. 明渠段工程　胶东管理局所辖明渠段工程沿线约 72km 共植树 18 万余株，绿化草皮 215hm^2，形成宽近 70m、长 72km 的景观绿化带，逐步打造成一条绿色长廊和生态长廊，为改善地方生态环境发挥了一定的积极作用。

2020 年，明渠段工程完成渠道沿线及管理区树木修剪、涂白、草皮修剪、对不合格的树木进行补植替换等管理工作，对闸室铺设花砖，对建筑物进行修缮，进一步提升了南水北调工程形象。

2. 陈庄输水线路工程　2020 年，完成陈庄输水线路工程渠道沿线及管理区树木修剪、涂白、草皮修剪、对不合格的树木进行补植替换、对闸室铺设花砖、对建筑物进行修缮等工作。

3. 双王城水库工程　双王城水库环境保护及水土保持项目范围主要包括围坝工程防治区、引水渠及泄水渠防治区、弃土区防治区、交通道路复建防治区和入库泵站管理区防治区。该项目主要包括栽植苗木（乔木、灌木）15.13万株，植草65.61hm^2，土方整治17.46 hm^2。在总体布局上，输水渠区、管理区、建筑物区以绿化美化为主，采取乔灌草相结合的方式进行绿化，并实施了土地整治和铺设植草砖等工程措施；永久占地的弃土区以乔草绿化为主；施工临时占地区和临时占地的弃土区等施工完毕归还复耕。

近几年，管理区及入库泵站按照景观园林标准进行优化设计。主要增加了景观绿化树种，由初步设计的17种增加到34种，并适当提高了绿化植物的规格；本着“适地适树”的原则，双王城水库管理区调整了部分耐盐碱植物种类；结合现场地形条件，对水库管理区增加了换填土、微地形设计等；按照环库道路设置的工程需要，调整了坝后弃土区顶部植物种类和栽植株行距。

在管理方面，双王城水库园林绿化由专业公司负责维护管理，双王城水库管理处进行动态监管，按照水土保持维修养护标准实施并进行考核。2020年，完成白蜡、冬青等树木补植工作；完成围坝外坡草皮修剪、浇水，树木刷白、剪枝、浇水等养护工作；通过几年来的管理实践，养护模式基本成熟，园区面貌有了极大的改善和提高。（贾永圣）

【工程现场管理】　2020年，胶东管理局深入开展工程现场管理，持续推动“清单式管理、项目化推进”工作模式。制度清单方面，开展了“制度学习月”活动，为每名职工定制3项制度进行精读细研，每周集体学习都拿出半个小时的时间交流心得，月末组织闭卷摸底考试，考试结果直接与12月绩效考核挂钩，收到了较好的效果。问题清单方面，坚持跟踪督导、消号验收，上级检查发现问题全面得以整改落实；对需要立项解决的问题，加快制订实施方案，基本都已列入2021年度预算。项目清单方面，各项目组成员边干边学，既加快了工程进度、保证了工程质量，又提升了自身业务能力。

截至2020年年底，专项项目（9个）合同金额3135万元，已累计完成2207万元，完成比例为70%。其中，双王城水库运行管理标准化建筑装饰，水库坝坡灌溉升级改造，水库技术供水，电子围栏，水库1号和3号水泵机组大修及叶轮、叶轮室部件维修采购项目已经完成；水库防汛抢险及安全观测道路按计划完成40%。渠道水闸闸门大修项目按计划完成。淄博处外墙防水及闸室内部修缮项目

基本完成。日常维修养护项目（6个）合同金额为1292万元，累计完成787万元，完成比例为61%。（宋丽蕊）

济　南　段

【工程概况】 南水北调东线山东干线有限责任公司济南管理局（以下简称"济南局"）所辖工程是南水北调东线山东干线胶东输水干线工程的重要组成部分。工程范围自济平干渠渠首引水闸至大沙溜节制闸枢纽下游济南市与滨州市交界处（济东明渠段桩号38+868），全长156.979km，途经泰安市东平县、济南市平阴县、长清区、槐荫区、天桥区、历城区和章丘区。由济平干渠工程、济南市区段工程、东湖水库工程三个设计单元及济东明渠输水工程济南段组成。

济平干渠工程是南水北调东线一期工程的重要组成部分，也是向胶东输水的首段工程。其输水线路自东平湖渠首引水闸引水后，途经泰安市东平县、济南市平阴县、长清区和槐荫区至济南市西郊的小清河睦里庄跌水，输水线路全长90.055km，工程等别为一级。其主要建筑物为一级，主要包括输水渠道工程、输水渠堤防工程、输水渠两岸排水工程、河道复垦工程、输水渠上建筑物工程、水土保持工程等。全线设计输水流量为$50m^3/s$，加大流量为$60m^3/s$。济平干渠工程是国家确定的南水北调首批开工项目之一，工程总投资150241万元。2002年12月27日举行了工程开工典礼仪式，2005年12月底主体工程建成并一次试通水成功，2010年10月通过国家竣工验收，是全国南水北调第一个建成并发挥效益、第一个通过国家验收的单项工程。

济东渠道管理处所辖工程是胶东输水干线西段工程的关键性工程，包括济南市区段工程和济东明渠段工程，工程范围西起济平干渠工程末端睦里庄节制闸，东至济东明渠段济南与滨州交界处，全长66.877km。其中济南市区段工程西起济平干渠末端睦里庄跌水，东至济南市东郊小清河洪家园桥下，横穿济南市区，全长27.914km，包括睦里庄节制闸、京福高速节制闸、出小清河涵闸等控制性建筑物。其中自睦里庄跌水至京福高速公路段利用小清河河道输水，长4.324km；自出小清河涵闸至小清河洪家园桥下，在小清河左岸新辟输水暗涵，长23.59km；全线自流输水。济东明渠段工程西接济南市区段工程洪家园桥暗涵出口，东至济东明渠段济南与滨州交界处，输水线路长38.963km，包括赵王河闸、遥墙闸、南寺闸、傅家闸和大沙溜枢纽等控制性建筑物。工程设计流量为$50m^3/s$，加大流量为$60m^3/s$。

东湖水库是南水北调东线一期胶东输水干线工程的重要调蓄水库，位于济南市历城区与章丘区交界处，为围坝型平原水库。水库围坝轴线全长8125m，最大坝高13.7m，水库设计最高蓄水位30.10m，相应最大库容5609万m^3/s，死水位18.50m，死库容678万m^3/s，调蓄库容4905万m^3/s，水库占地8073.56亩。主要建筑物包括水库围坝、分水闸、穿小清河倒虹、入库泵站、入（出）库水闸、放水洞、湖心岛、排渗泵站及截渗沟等。

入库泵站安装立式混流泵4台，泵站总装机容量2700kW，主厂房内安装1400HLB－9.5型立式混流泵2台，扬程范围为12.7～8.78m，流量范围为5.2～6.8m^3/s，配套电机型号为TL900－16/900kW，900HLB－9.5型立式混流泵2台，扬程范围为13.1～9.25m，流量范围为2.35～3.07m^3/s，配套电机型号YL560－10/450kW。设计入库泵站最大设计流量为11.6m^3/s、最大出库流量为22.0m^3/s，济南、章丘方向出库流量分别为3.47m^3/s、0.54m^3/s。主要任务是调蓄南水北调东线分配给济南市、滨州和淄博等城市的用水量。

东湖水库设计年入库水量为15685万m^3/s，其中长江水8785万m^3/s、黄河水6900万m^3/s，年总供水量为14997万m^3，其中向济南市年供水12650万m^3（其中济南市区方向10950万m^3，章丘区方向1700万m^3/s），向滨州和淄博方向等城市年供水量2347万m^3。

（李品　王晓燕　于丽）

【工程管理】　山东干线公司于2014年2月正式成立济南局，分别设立平阴渠道管理处和长清渠道管理处，济东渠道管理处、东湖水库管理处作为三级管理机构正式运行。

三级管理机构即管理处与管理局签订安全生产责任书，管理处与辖区内的管理站、各代维单位签订安全生产责任书，落实安全生产责任；各管理处每年制定安全生产网格，完善安全生产体系。

2020年，各管理处紧抓工程质量，从渠道的内外坡、堤身、堤肩、堤坡、道路到渠系建筑及衬砌石混凝土桥梁管理设施，均严格按照合同管理、规范施工。针对维修养护工作零散且难预测的特点，专人跟进，实行全过程跟踪，包括询价、定额测算、工程量现场认定等。对合同内未涉及项目全程跟踪并按照实际发生据实结算，有理有据，做到合同双方共同认可。其间工程运行安全平稳，未发生纠纷事件及安全事故，渠道工程整体运行管理良好。主要从以下几方面保障了通水的顺利进行。

通水前各管理处组织对现场各渠段、各闸室进行全面的工程隐患排查及整改。排查内容包括机电设备、工程运行情况、调度管理系统、视频监控系统等；对显示故障的闸室启闭机的显示器进行更新。

通水前运行科人员现场采集流量计信息、校核电子水尺等，保障通水数据的正确性。管理处组织各闸站负责人对年度通水应急预案等进行学习，并向各闸站管护员发放《机电设备安全操作手册》等规程，由站长组织学习。

管理处加强巡查并监督各管理站巡查，组织各管理站长、管护员全线巡查，要求巡查人员佩戴红袖章，携带救生圈（衣）、救生绳、电动车捆绑巡查小红旗，特别加强早、中、晚3个时间段的巡查。对巡查中发现的问题限期整改。

全年统筹安排，根据不同季节和时间节点，悬挂宣传条幅于重要节点或者交通桥；山东干线公司总部和管理处印发的安全公告和南水北调条例也沿渠道周边村庄张贴；巡逻车不定期在渠道播放南水北调条例；与渠道沿线各中小学校加强联系，将安全手册发放到位，做好安全宣传。为全年通水工作营造良好的运行环境。

东湖水库管理处按照南水北调工程安全监测技术要求，结合实际情况制定安全监测计划，做好渗流监测和表面变形监测工作，按月编制安全监测报告归档并上报济南局。2020年，对水库大坝及建筑物进行垂直位移观测4次、水平位移观测4次，及时统计水库渗流监测数据；对水库截渗沟、入库泵站、济南放水洞、章丘放水洞等重点部位加强巡视检查；对2020年各断面渗流监测资料初步分析结果表明，库内外观测设施水位未出现明显异常，调水期间未出现管涌及浸没现象，水库运行安全。

东湖水库管理处组织编制并及时上报《2020年东湖水库工程日常维修养护计划》。2020年，东湖水库管理处圆满完成截渗沟清淤、下游坝坡环库道路及护坝地养护土方、水库坝顶道路维修、围坝下游混凝土台阶维修、围坝下游坝坡纵横向排水沟维修、围坝草皮修剪、树木开穴浇水修剪打药养护等日常维修养护工作。在项目实施过程中，加强安全管理，严格投资控制，经验收，已完成的各维修养护项目工程质量优良。管理处高度重视设备维修养护工作。对各闸室启闭机、电动葫芦、配电柜、控制柜、金属结构、机电设备等进行专项巡视检查，并定期进行维护保养。定期对工程设施进行巡视巡查，建立自查自纠巡查台账，及时处理巡查问题。对东湖水库重要建筑物、景观、设施、苗木绿化进行管理看护，定期对东湖水库安全监测设施、设备进行自检自查，确保监测设备的正常运行。设立安全警示牌，并对地下电缆光缆及管道设标识桩，针对巡查中发现的防护网缺失或损坏等问题，安排工程养护单位及时进行修补。

安全生产管理以“八大体系 四大清单”为框架，做好安全生产标准化工作。根据水利部颁布的《安全生产标准化评审标准》，细化工作分工，责任落实到人。不断健全规章制度，夯实安全生产管理基础，认真开展安全生产标准化建设工作。全员签订2020年安全责任书，每月召开安全生产例会，组织开展《安全生产条例》

《安全生产法》及相关法律法规和制度的培训学习，开展安全隐患大检查及落实整改。先后组织2020年防汛应急演练和消防演练活动，通过实战提高危机意识和应急处理能力。严格保证安全生产费用支出规范，确保资金用在安全生产工作上。　（王自民）

【运行调度】　为确保安全高效地完成2020年度调水工作任务，确保调度运行工作安全平稳可控。济南局坚决贯彻执行山东干线公司调度中心要求的“二级调度、三级管理”调度模式，组织全体职工积极学习调度运行有关技术，熟悉并掌握“二级调度、三级管理”调度模式。济南局和各管理处分别成立调水运行管理领导小组，执行山东省调度中心传达的调度指令，负责济南段工程调水运行管理。细化分工、明确责任，将各环节及各项工作明确落实到各单位责任人。各管理处结合工程实际制定并完善工程调水调度运行相关制度并严格按照相关规定及要求执行，确保调水运行期间24小时有值班人员在岗在位，及时掌握调水情况。确保各项制度落实到位。落实巡视检查责任制，对输水渠道、控制性建筑物、水库进行安全巡视检查，及时消除各种安全隐患。加强工程安全监测工作，按照有关规定进行检测，及时分析整理观测数据，并作出预测预警。对沿线节制闸和分水闸中金结、机电设备调度运行加强管理，保证闸门启闭、拦污栅提升灵活，确保发电、配电系统运行正常。定期对各闸室、泵站、清污机逐一进行隐患排查，对于发现的调水隐患及时进行处理。

2019年11月12日14时济平干渠渠首闸开启，开始2019—2020年度调水引水运行工作。2019年11月12日至2020年5月10日，济南局所辖工程调水引水安全运行共计181天，经渠首闸累计引水39344.75万m^3，详见表1。

表1　济南局2019—2020年度调水自东平湖引水情况

控制建筑物	调水开始时间	调水结束时间	累计运行天数/d	累计过水量/万m^3
渠首闸	2019年11月12日14时（调度运行2019—2020年度3号令）	2020年5月10日12时（调度运行2019—2020年度123号令）	180.25	39344.75

2019年11月16日10时济南局所辖工程末端大沙溜倒虹涵闸开启，济南局所辖渠道段工程进入2019—2020年度向胶东供水运行工作。2019年11月12日至2020年5月10日，济南局所辖工程调水供水安全运行共计181天，经渠首闸累计引水39344.75万m^3。其中向济南供水

8299.47万m³（见表2），向胶东供水30538.55万m³（见表3）。

表2　济南局2019—2020年度调水向济南供水情况

序号	供水方向	控制建筑物	调水开始时间	调水结束时间	累计运行天数/d	累计过水量/万m³
1	向济南市玉清湖水库供水	玉清湖分水闸	2019年11月14日14时（调度运行2019—2020年度7号令）	2020年5月1日20时30分（调度运行2019—2020年度115号令）	107.6	4611.60
2	向济南市济南市贾庄泵站供水	贾庄分水闸	2019年11月14日10时（调度运行2019—2020年度7号令）	2020年5月10日16时（调度运行2019—2020年度123号令）	174.7	3210.88
3	向济南市章丘配套工程供水	章丘放水洞闸	2019年10月1日8时（电话指令）	2020年5月10日16时	223	476.99
合　计					505.3	8299.47

表3　济南局2019—2020年度调水向胶东供水情况

供水方向	控制建筑物	调水开始时间	调水结束时间	累计运行天数/d	累计过水量/万m³
向胶东段供水	大沙溜倒虹闸	2019年11月16日10时（调度运行2019—2020年度9号令）	2020年5月10日6时（调度运行2019—2020年度122号令）	175.8	30538.55

2019—2020年，济南分调中心共收到38份调度指令，均严格按调度指令要求执行，无一偏差，圆满完成年度调水任务。（陈鹏）

【环境保护与水土保持】　济南局始终坚持“绿水青山就是金山银山”的发展理念，在生态文明建设和南水北调水质保障方面不断研究探索，进一步提升南水北调水质保障工作能力。健全完善长效机制，毫不懈怠抓好各项工作落实，加强渠道巡查力度，落实各项措施，杜绝发生影响水质安全的事件，加强政策机制研究，不断推进南水北调事业发展，确保济平干渠工程发挥生态效益和社会效益。

1. 生态绿化　济平干渠工程沿线90.055km，共植树56万余株，树种包括柳树、白蜡、国槐、五角枫、杨树、法桐等，绿化草皮超过300万m²，形成了近90km长、100m宽的景观绿化带，打造了一条绿色长廊和生态长廊，为改善地方生态环境发挥了一定的积极作用。

2020年，济平干渠工程沿线完成树木补植、病虫害防治、林木修剪、打药除害、树木扩穴保墒、水土保持草管理等生态管理等工作，水土保持效果良好。

济东渠道管理处所辖工程共有明渠工程 43.287km，沿线共植树 4.8 万余株，树种包括柳树、白蜡、国槐、五角枫、杨树、法桐等，绿化草皮超过 80 万 m^2，形成了美丽的景观绿化带。

2. 规划与绿化　2020 年，济平干渠辖区内各管理站对各自的管理区进行了整体规划，并对渠道沿线林木进行轮伐，营造了较好的工作生活环境，院内绿化效果良好。2020 年，济东渠道管理处所辖区内各管理区进行了整体规划，并对渠道沿线林木进行部分轮伐，水土保持效果良好。

东湖水库管理处特别重视库区水土保持和管理区绿化美化工作。近几年东湖水库管理处新栽植和补植各类苗木总计 30 多个品种 6000 余棵，围坝及护堤地的水土保持情况大大改善，管理区形象面貌不断提升。

（李品　王晓燕　于丽）

【验收工作】　2020 年 10 月 27 日，完成济南市区段工程的法人验收工作。11 月 10 日，山东省水利厅受水利部委托，组织完成南水北调东线一期工程济南至引黄济青段济南市区段输水工程设计单元工程完工验收。

济南局组织完成《平阴渠道管理处刁山坡管理区道路改造及环境整治项目》《南水北调济南段部分桥梁环保安全设施隐患整治及维修加固工程施工 2 标》《南水北调济南段部分桥梁环保安全设施隐患整治及维修加固工程施工 1 标》《南水北调东线山东干线济南管理局渠道衬砌板、闸墩桥墩翼墙及堤顶道路混凝土维修工程施工合同》等合同验收工作。

2020 年 10 月东湖水库济南市扩容增效工程完成单位工程验收和蓄水验收。　（李品　王晓燕　吴亚敏）

【工程建设】　2020 年 11 月 16 日，东湖水库微型（自动）气象站试点项目完工。2020 年 7 月 30 日，运行管理标准化标识标牌建设项目开工。9 月 21 日，东湖水库管理区外东北侧防冲护砌工程及东湖水库坝脚巡视路改造工程开工。12 月 7 日，东湖水库扩容增效初期蓄水入库泵站开机运行。　（吴亚敏　葛源博　孙秋婷）

聊　城　段

【工程概况】　聊城段工程是南水北调东线一期工程的重要组成部分。途经聊城市的东阿县、阳谷县、江北水城旅游度假区、东昌府区、经济技术开发区、茌平县、临清市等 7 个县（市、区）。由小运河工程、七一・六五河段六分干工程组成。主要工程为输水渠道及沿线各类交叉建筑物。工程范围上起穿黄隧洞出口，下至师堤西生产桥，接七一・六五河段工程。聊城段工程渠道全长 110.0km，其中小运河段长 98.3km，设计流量 $50m^3/s$，利用现状老河道 58.2km，新开挖河道 40.1km；临清六分干段长 11.7km，设计流量25.5～21.3m^3/s。新建交通管理道路111.1km。输电线路全长40.9km。工程沿线包括各类建筑物（含管理用房）479处（座），其中水闸232座（节制闸13座、分水闸8座、涵闸188座、穿堤涵闸23座）、桥梁153座、倒虹吸44座、渡槽12座、穿路涵10座、暗涵4座、涵管2座、管理用房21处、水质监测站1处。（于靖）

【工程管理】 南水北调东线山东干线有限责任公司聊城管理局（以下简称"聊城局"）负责聊城段工程的运行管理工作。聊城局内设综合岗、工程管理岗、调度运行岗、东昌府渠道管理处和临清渠道管理处。聊城段工程按管辖范围划分为上游段工程和下游段工程，上游段工程由东昌府渠道管理处管辖，下游段工程由临清渠道管理处管辖。

东昌府渠道管理处所辖工程上起穿黄隧洞出口，下至马颊河倒虹吸中段，桩号为0＋000～66＋243。跨越东阿县、阳谷县、东昌府区、江北水城旅游度假区、经济技术开发区、茌平县等6个县（市、区）。渠道全长66.2km。输电线路长31.99km。包括各类建筑物351座。其中桥梁107座，倒虹吸39座，节制闸7座，分水闸6座，涵闸128座，穿堤涵闸23座，渡槽12座，穿路涵10座，涵管2处，暗涵2座，管理用房15处。

临清渠道管理处所辖工程，上起马颊河倒虹吸中段，下至师堤西生产桥，桩号为66＋243～110＋006。跨越东昌府区、临清市等2个县（市、区）。渠道全长43.8km。输电线路长6.87km。包括各类建筑物128座。其中桥梁46座，倒虹吸5座，节制闸6座，分水闸2座，涵闸60座，暗涵2座，管理房6处，水质监测站1处。

现场依据山东干线公司2018年修订的渠（河）道工程现场管理千分制考核标准，对现场三级管理处开展工程管理运行情况"千分制"考核，每半年进行一次。管理处对照考核标准，每月进行一次自查。现场局依据考核标准，每季度对管理处开展一次自检。

两个管理处每月依据考核标准进行自查，针对自查发现的问题，及时组织人员进行整改，并形成相关整改资料存档。两个管理处对现场管理工作及历次检查发现问题整改情况进行自检，针对自检发现的问题，两个管理处及时进行整改，并将相关整改资料上报归档。

由山东干线公司总部有关部门及专家组成的考核小组，对东昌府渠道管理处及临清渠道管理处分别开展季度千分制考核。考核组依据相关标准，重点对综合管理、工程管理、运行管理、安全管理等4个类别分项目进行考核。针对考核检查发现的问题，两个渠道管理处及时进行整改落实，并将相关整改资料上报归档。

（于靖　方丽）

【运行调度】

1. 调水计划　根据《南水北调东线总公司关于印发〈南水北调东线一期工程2019—2020年度水量调度实施方案〉的函》（东线调度函〔2019〕139号）、山东干线公司《2019—2020年度鲁北干线水量调度实施方案》，聊城段工程2020年度运行时间为2020年3—5月，计划自东平湖引水9280万m^3，向聊城供水3660万m^3，聊城段工程水量调度运行具体时间按照山东省调度中心指令及实际需求确定。

2. 输水运行　根据南水北调工程东线一期工程水量调度计划，本次通水时间定为2020年3月18日10时开启穿黄埋涵出口闸，标志着2019—2020年度聊城段工程调水工作正式启动，5月18日14时30分关闭阳谷莘县分水闸，标志着聊城段工程提前完成2019—2020年度调水任务。聊城段工程本年度调水历时62天，累计调引长江水8705万m^3，向聊城各县（区）分水3591.8万m^3（含东阿分水口974万m^3），通过市界节制闸向德州段引水5076万m^3。

根据山东干线公司工作安排，聊城局2019—2020年度调水启用位于东昌府渠道管理处院内的聊城调度分中心，通过闸泵站监控系统远程调节沿线各控制闸门、分水闸，实现聊城段工程自动化调度的目标。在调水前，聊城局对调度分中心所需的打印机、空调、传真机、窗帘等物资进行采购安装，对LED大屏、各应用系统等进行调试，对运行值班模式及值班人员进行明确，对沿线启闭机开度仪、PLC进行现场调试，对每座节制闸、分水闸进行了远程控制测试，保证远程控制的精度及安全性，保证调水工作的顺利开展。

3. 分水运行　2019—2020年度调水工作开始前，聊城局提前与地方相关部门联系沟通泄水及分水事宜，3月24日，组织召开聊城段工程沿线各县（市、区）调水工作座谈会，明确了聊城市各县（区）分水口门分水量及分水时间，形成《2019—2020年度聊城市分水计划》，沟通确定充渠弃水方式，确定工作联络机制，为聊城段工程水量调度提供参考。

调水过程中，东昌府、临清渠道管理处根据《2019—2020年度聊城市分水计划》，及时与辖区内各分水单元相关单位进行对接，进一步明确分水量、分水时间、分水流量及工作流程等。分水过程中管理处人员加强巡查，及时与受水单位沟通协调，核实分水流量。分水结束后，及时与各受水单元进行水量确认。

聊城段工程供水计量严格按照山东干线公司规定流程，分水前由受水单位提交供水申请，供水申请批复后及时与各分水单元相关责任人进行流量计底数确认、拍照，根据山东省调度中心下达的调度指令及时分水。分水结束后由管理处人员与各受水单元对流量计读数进行确认、拍照，计算出分水量后进行水量确认（见表1），签字盖章后形成水量确认单并报送山东省调度中心。

4. 经验总结

（1）积极协调，提前完成调水任务。按照山东省调度中心《2019—2020年度鲁北干线水量调度实施方案》要求，考虑北延应急供水工程施工要求，2020年度鲁北干线提前进行调水，4月底前完成向德州段供水。为保证完成年度调水任务，聊城局提前谋划，于3月5日及16日两次组织召开调水前工作会议，部署调水前期准备工作。3月24日，组织召开聊城段工程沿线各县（市、区）调水工作座谈会，协调各县（市、区）提前引水，尤其是对影响北延工程施工的高唐县、茌平县、冠县、临清市，通过积极协调，均在4月底前完成分水任务。4月29日，市界节制闸完成向德州段供水任务后关闭，崔庄以下渠道转入非调水期，比历年提前了1个月的时间，为北延应急供水工程汛前施工提供了条件。

表1　2019—2020年度聊城段工程水量确认情况

序号	分水口	分水时段	确认水量/万 m^3	备注
1	东阿		974	由泰安局管理
2	阳谷	4月8日至5月16日	200.40	
3	莘县	5月3日至5月18日	259.00	
4	度假区	4月13日至4月20日	500.40	
5	茌平	4月16日至4月21日	100.50	
6	冠县	4月8日至4月29日	300.00	
7	临清	3月30日至4月19日	1257.50	
合计			3591.80	

（2）科学调度，用好自动化调度系统平台。科学调度闸门，根据闸门上下游水位与闸门开度，采用水力学公式科学计算调整到目标流量所需的闸门开度，科学调度闸门，尽量减少闸门调整的次数，保持渠道水位平稳变化。改变以前单纯依靠经验试调闸门的做法，提高了调整闸门的效率。明确调度权限，聊城段工程节制闸、分水口较多，为保证通水、分水的要求，闸门调度较为频繁。聊城段工程全长110km，控制性建筑物较多，现场保障尤为重要。调水前，聊城局在实施方案中明确了调水期调度权限全部收归调度分中心，明确调度分中心、管理处职责分工，调度分中心通过闸（泵）站监控系统远程控制闸门，管理处负责现场保障及应急处置，避免了调度指令层层传达，提高了工作效率，也避免了特殊工况下的调度延误。全面运用自动化调度系统平台，根据山东干线公司重点工作安

排，聊城段工程2020年度调水期间，启用聊城调度分中心，全面应用各调度业务系统。调水前组织相关人员进行培训，在调水过程中通过信息监测与管理系统上报每日8时、16时水情数据，通过闸（泵）站监控系统远程控制现场节制闸、分水闸，实时查看水位、流量及闸门开度等监测信息，通过视频监控系统巡查工程现场情况，通过调度电话与现场人员进行沟通联系。

（3）广泛开展调水宣传。聊城局调水前组织管理处向工程沿线村庄、街道等人员密集场所发放1000余份《致广大家长朋友的一封信》，普及防溺水及南水北调知识。在工程沿线节制闸、分水闸、涵闸、桥梁及村庄附近张贴300余份《南水北调聊城段工程调水运行安全告知书》，告知工程调水运行安全有关事项。在我国第三十三届“中国水周”期间，聊城局组织东昌府渠道管理处、临清渠道管理处各自在管辖渠段内开展志愿宣传活动。活动紧紧围绕“坚持节水优先，建设幸福河湖”宣传主题，采取现场散发宣传册、张贴标语条幅、发放纪念品等形式进行广泛宣传。在散发宣传册的同时，安排专人向群众普及有关水法律、法规知识，增强广大群众的水法规意识，为调水工作营造良好社会氛围。

（4）加强安全管理，保证调水安全。聊城局一直重视安全生产工作，调水期间的安全管理更为重要。调水前组织管理处逐一排查机电设备及重点建筑物，保证各设备均处于良好工作状态；调水前及调水期间，加强调水安全宣传，通过张贴通水告知书、发放宣传材料、悬挂宣传标语横幅、开展志愿者活动等一系列手段，营造安全生产氛围；明确分工，调水期间管理处主抓工程现场，每天对建筑物、重点渠段进行巡查，及时发现安全并处置安全隐患，制止不安全行为，保证工程运行安全。通过采取一系列安全管理手段，聊城段工程2020年度调水工作未发生安全事故。

（5）广泛开展业务培训。调水前针对山东干线公司刚刚完成综合改革，部分人员调水及信息自动化经验不足等情况，聊城局及时按照培训计划组织相关业务培训。调水前，聊城局于3月5日组织全体人员进行调水业务培训，宣贯调水实施方案，强调调水注意事项；于2月27日及3月10日组织调度运行人员进行信息自动化培训及调水各业务系统使用培训，使系统管理员熟悉现场自动化设备运行状况及故障处置方法，使调水值班人员掌握各业务系统及调度分中心设备的使用方法，为调水工作打下坚实的基础。（李修虎）

【环境保护与水土保持】 聊城局毫不懈怠抓好各项工作落实，加强渠道巡查力度，落实各项措施，杜绝发生影响水质安全的事件，加强政策机制研究，确保工程发挥生态效益和社会效益。

（1）为配合做好南水北调聊城段工程的水质保障工作，聊城局明确了局分管领导、聊城局水质保障工作人员、各管理处水质保障工作人员及市界节制闸水质监测站的具体负责人，保障了聊城段工程水质监测工作的顺利进行及市界节制闸水质监测站的正常运转。

（2）结合安全生产标准化工作，聊城局组织所辖两个渠道管理处制定并印发《水质污染事故专项应急预案》。对事故风险分析、应急指挥机构及职责、应急处置程序、应急处置措施等进行明确，保证聊城段工程发生水质污染事故时能够及时响应，科学处置，减轻事故对水质的影响，保证工程安全平稳运行。

（3）东昌府渠道管理处及临清渠道管理处分别结合各自工程实际，制定《水质污染事故现场处置方案》。方案对事故风险分析、应急机构职责、应急处置及处置时的注意事项等进行明确，使各渠道管理处在发生水质污染事故时能够有效组织事故应急处置，及时按照处置程序进行信息上报，保障工程水质安全达标，减少人员伤亡及财产损失。

（4）为保障调水期间水质达标及水质自动监测站的正常运行，聊城局在《南水北调东线聊城段工程2020—2021年度调水工作实施方案》中对水质监测及应急处置措施等进行明确规定。

（5）根据山东干线公司相关制度及文件要求，东昌府渠道管理处及临清渠道管理处按照“调水期每天巡查两次、非调水期每周巡查一次”的频次要求对工程现场进行巡查，其中输水环境是工程巡查的重要组成部分，对工程现场取土、偷水、排污、钓鱼、放牧、倾倒垃圾等非法行为进行制止，并按要求在渠道日常巡视检查记录本中进行详细记录。

（6）聊城局所辖明渠段工程沿线约110km共植树6万余株，绿化草皮287hm^2，形成宽近30m、长110km的景观绿化带，逐步打造一条绿色长廊和生态长廊，为改善地方生态环境发挥了一定的积极作用。

2020年，东昌府渠道管理处和临清渠道管理处完成树木修剪、打药除害、草皮修剪、对不合格的树木进行补植替换等管理工作。各管理处对管理区进行整体规划，营造了较好的工作和生活环境。　（李修虎　于靖）

【灌区影响处理工程】

1. 工程概述　南水北调东线一期鲁北段输水工程，利用流经夏津县、武城县及临清市境内的七一·六五河输水，从而使七一·六五河失去原有的灌溉功能，打破原来的灌排体系。灌区影响处理工程兴建的目的是消除南水北调东线一期工程利用地方原有河道输水对灌区带来的不利影响。

聊城段灌区影响处理工程即临清市灌区影响处理工程，是鲁北段输水工程的一个重要组成部分。其主要任务是通过调整水源、扩挖（新挖）渠道、改建（新建）建筑物等措施，满足因南水北调东线一期鲁北段输水工程利用临清市境内的七一·六五河段输水而受其影响的58.8万亩灌区的灌溉供水需求。工程主要建设内容包括：开挖河道8条，总长度30.5km，新建公路桥9座、生产桥29座，新建水闸11座、泵站1座。

2. 运行管理　临清市灌区影响处理工程运行管理机构是临清市灌区排灌工程管理处。临清市灌区排灌工程管理处隶属于临清市水务局，负责临清市引黄及其他工程的运行管理和工程管护，该机构组织健全、管理体系完整。临清市灌区影响处理工程只对灌区进行渠系调整，并不扩大灌区规模，没有加重灌区管理任务，因此临清市灌区影响处理工程仍由临清市灌区排灌工程管理处管理。

3. 工程效益　临清市灌区影响处理工程已按照设计内容建设完成。输水渠道已于2012年2月开始承担春灌放水任务，水闸工程已发挥作用，桥梁工程运行正常，改善了当地交通条件。

（方丽）

德　州　段

【工程概况】　德州段工程主要包括夏津渠道工程和大屯水库工程。夏津渠道工程全长65.218km；大屯水库围坝坝轴线总长8913.99m。工程总占地面积9732.9亩。

德州段夏津渠道工程自聊城、德州市界节制闸下游师堤西生产桥至大屯水库附近的草屯桥（桩号110＋006～175＋224），渠道全长65.218km，沿河设8处管理所。共有各类建筑物128座，其中节制闸8座、穿干渠倒虹吸3座、涵闸76座、橡胶坝1座、桥梁40座（生产桥33座、人行桥5座、公路桥2座）。设计输水规模为21.3～13.7m^3/s；工程防洪和排涝标准分别为“61年雨型”防洪（对应防洪标准为20年一遇）、“64年雨型”排涝（对应除涝标准为5年一遇），六分干及涵闸排涝标准为5年一遇。

大屯水库工程位于山东省德州市武城县恩县洼东侧，距德州市德城区25km，距武城县城区13km。水库围坝大致呈四边形，南临郑郝公路，东与六五河毗邻，北接德武公路，西侧为利民河东支。工程总占地面积9732.9亩，水库围坝坝轴线总长8913.99m。主要工程内容包括围坝、入库泵站、德州供水洞和武城供水洞、六五河节制闸、进水闸、六五河改道工程等。大屯水库工程完工后，2013年11月15日至12月10日首次蓄水，蓄水量达3400万m^3。2019年4月24日，南水北调东线一期北延应急试通水工程首次向河北、天津供水；2020年6月20日北延应急试通水圆满结束，六五河节制闸调出水量6868万m^3，大屯水库作为省界重要节点参与工程联合调度。

（崔彦平　邱占升　鲁英梅）

【工程管理】 南水北调东线山东干线有限责任公司德州管理局（以下简称“德州局”）作为现场派出机构，负责德州段的干线工程运行管理工作。德州局下设夏津渠道管理处、大屯水库管理处，具体负责渠道工程和大屯水库工程运行管理工作。

1. 工程管理机构　作为三级管理机构，夏津渠道管理处具体负责德州段渠道工程（桩号110＋006～175＋224）及管理范围内工程的运行管理工作。内设综合岗、工程管理岗和调度运行岗，现有正式职工10人（包括主任、副主任及综合岗、工程管理岗和调度运行岗副主管各1人）。

大屯水库管理处具体负责大屯水库工程及管理范围内工程的运行管理工作。内设综合岗、工程管理岗和调度运行岗，现有正式职工17人（包括主任、副主任、专职工程师及综合岗、工程管理岗和调度运行岗副主管各1人）。

2. 工程管理基本情况

（1）稳步有序推进专项项目建设。2020年，夏津渠道管理处共监管实施了11个专项维修养护项目，项目总投资5423.5万元，涉及土建、水保、金结机电、供电线路、信息与自动化等多个专项，共有监理、设计、施工、运维等各参建单位20余家。大屯水库管理处共监管实施了12个专项维修养护项目，项目总投资2648.02万元，共有监理、设计、施工、运维等各参建单位20余家，主要专项包括土建项目、土壤改性及绿化项目、坝坡灌溉工程项目、防汛抢险及安全观测道路项目、入库泵站清污设施功能完善项目、盘柜及线缆整理试点项目等。在抗击新冠肺炎疫情的严峻形势下，主动对接地方疫情防控部门，协助办理复工手续后，开拓思路、多措并举，克服项目多、占线长、管理人员不足、技术力量薄弱及管理协调难度大等困难，稳步有序推进了项目建设。到2020年年底，夏津渠道管理处累计完成投资4864.8万元，占总投资额的90％，大屯水库管理处累计完成投资1810.42万元，占总投资额的68％。未发生安全事故，总体受控。

（2）强化业务学习和培训指导。为提升职工业务能力和管理水平，德州局认真贯彻落实山东干线公司“制度建设年”活动，在全面梳理和审查的基础上，根据公司修订、新发的52项规章制度，不断完善和规范德州局各项规章制度，并认真加以落实，形成职能明确、监督有力、程序规范的管理控制体系。为职工购买《公路水泥混凝土路面设计规范》《公路工程施工安全技术规范》《公路路基施工技术规范》《公路桥涵施工技术规范》《公路工程质量检验评定标准》等现行规范标准，并组织有关人员对照设计文件进行全面学习。组织对监理和施工单位工程现场试验检测人员进行工程现场常用试验检测培训。业务学习和培训效果显著，在2020年度山东省水利行业职业技能竞赛中，大屯水库管理处刘鸿五、邵在栋分别荣获水工闸门运行工第一名和第三名。

（3）做好工程防护及边界管理工作。在渠道沿线防护网增设了PVC材质安全警示牌300余块；将七一河左岸管理道路外侧路肩与外侧征地红线间悬空地带回填夯实，厘清七一河段征地边界，及时制止越界种植、违规建设等行为的发生，确保管理边界清晰。

（4）加强日常巡视和专项检查，做好稽察、自查整改落实工作。将渠道划分为3段、管理人员分为3组，通过分段分组“交叉互查”方式，不定期开展日常巡视检查或专项检查工作；建立问题清单台账，明确责任单位和整改时限，制定整改措施及时整改。调水期将渠道巡护及扬水站巡哨工作委托给地方安保公司，保护范围内取土、管理范围内越界种植和违规建设及调水期抽水等行为被有效制止。

（5）定期进行安全监测。管理处定期组织人员对渠道、水库各项安全监测项目进行监测，定期巡查监测设施设备，确保齐全完好，定期对监测资料整理分析并形成报告。

3. 安全生产管理基本情况

（1）做实做细疫情防控管理，保障工程安全有序推进。新冠肺炎疫情发生后，管理处将各参建单位纳入现场管理范围，组织印发疫情防控及复工预案，建立健全了防控体系，编制并宣贯了防控方案及应急预案，配足配齐了防疫物品，对进驻人员行动轨迹及健康状况实施了动态管控；协助各参建单位分别与夏津、武城两县疫情防控领导小组办公室及当地政府、水利主管部门进行联系沟通，办理复工手续，保障专项工程的安全有序推进；转入疫情防控常态化以后，延续排查报告制度，严格落实各项疫情防控措施。

（2）细化目标，强化制度落实。按照2020年度安全生产工作总体部署及目标要求，细化安全生产目标，签订安全生产责任书，形成层层抓落实的安全生产管理格局；严格执行安全生产标准化体系规定，建立健全风险防控与隐患排查治理双重预防体系，积极开展质量、环境、职业健康安全体系认证，组织开展各项安全生产专项活动；按时召开安全生产工作会议，传达学习上级部门会议精神和文件通知；利用信息平台，及时发布高空、临空、临水和有限空间作业及临时用电等安全生产知识；不定期开展全线安全隐患排查工作、检查安全生产任务落实情况。

（3）严格落实防汛责任主体责任。德州段渠道全部借用地方既有老河道输水，且七一·六五河是夏津、武城两县主要的行洪排涝河道，汛期完全服从夏津、武城两县防汛部门的调度管理。夏津渠道管理处工作人员分3段负责南水北调德州段渠道工程巡查管理，并配合地方防汛部门做好沿线闸门的启闭及渠道工程防汛抢险等工作；渠道治安办公室负责渠道沿线工程治安协调工作；养护单位负责现场工程维护及应急抢险工作。大屯水库成立防汛工作组，按要求制定度汛方案及防汛预案；防汛物资设备按规定备全备足，开展防汛抢险队伍及防汛预案培训；及时组织开展汛前、汛中和汛后检查，确保发现问题及时处理，安全顺利度过汛期。

（4）加强安全生产培训和宣传力度。对闸站值班人员持续开展金结机电设备设施操作流程、注意事项、维修养护要求和事故应急处理等现场操作指导；组织开展《国家安全法》《安全生产法》等法律学习，观看《辉煌中国》《安全从我做起》等系列国家安全及警示教育片；开展经常性安全生产教育培训12期，相关方作业人员安全教育培训1期，外来检查人员安全告知8批；积极开展2020年“安全生产月”活动及安全生产宣誓、火灾逃生演练等活动，组织职工学习职业健康管理制度，参加全国水利安全生产知识网络竞赛、“水安将军”安全生产知识趣味等活动。

（5）做好现场安全管理工作。建立闸门、启闭机等主要设备台账和安全技术档案，明确各自安全鉴定、检测时间。完善现场安全设施，重要建筑物醒目位置增设安全警示牌，维护涵闸临空栏杆，闸门吊物孔加设不锈钢格栅盖板等。

4. 年度预算管理工作　根据预算管理、招标和非招标项目采购管理办法规定，做好2020年度预算、采购计划和采购方案的报告编报工作。建立预算执行信息台账，做好预算项目跟踪管理工作，积极推进2020年度预算项目执行及前期年度预算项目收尾工作。　（邱占升　王晓　鲁英梅）

【运行调度】

1. 水量调度　圆满完成2019—2020年度调水、供水工作，德州段2019—2020年度调水工作自3月28日至4月30日，累计调水入库3483.44万m^3，水库达到设计水位29.80m，顺利完成年度调水工作。持续做好向德州市德城区和武城县城区供水工作，自2020年1月1日至12月31日，累计供水3151.46万m^3，其中向德州市供水2140.45万m^3，向武城县供水1011.01万m^3。

2. 调度运行管理

（1）做好调水前准备工作。编报调水实施方案和调水应急预案、开展全员培训；采购油料、备品备件等应急抢险物资；成立调水运行工作小组；对渠道沿线、水库工程及周边可能影响调水的各类因素进行全面排查、整改；对闸站值班人员进行培训和现场操作指导；积极与地方水利、公安、环保等相关部门协调沟通，建立了联动机制。

（2）做实调水安全宣传工作，增设了安全警示牌、警示标语，联合夏津县公安局南水北调治安办公室、大屯水库派出处在调水前向渠道沿线、水库工程周边发放《关于配合做好2020年度调水工作的函》；在渠道沿线和水库工程周边村庄、学校等人员密集场所发放《调水告知书》和《山东省南水北调条例》等材料，并利用语音播报设备播放。

（3）实现闸门远程控制。随着德州调度分中心建成启用，在2019—2020年度调水工作中，为适应山东干线公司“三级管理、两级调度”要求及自动化调度发展趋势，在确保工程安全、按期完成调水任务的前提下，水量调度仍以人工为主，工程调度逐步由人工方式过渡至自动化方式。工程调度指令由调度分中心统一制定，调水前期下发管理处执行，调水中后期通过闸（泵）站监控系统远程控制闸门启闭。德州段渠道工程运行主要采用闸前常水位控制模式，以控制蓄量法为辅。

（4）做实调水期各项工作。严格按照调度指令启闭闸门，24小时领导带班，开展巡查及水质隐患点排查，确保水质、工程运行及人员安全。

七一·六五河为地方行洪排涝主要河道，非调水期沿线闸门启闭接受地方调度。结合地方启闭闸门，做好启闭设备的运行保养。

（李庆涛　邱占升　鲁英梅）

【环境保护与水土保持】

1. 夏津渠道工程　2020年，夏津渠道管理处对公路部门实施的夏津县境内的G308国道跨渠桥、S323省道西外环跨渠桥、S323省道仁育官庄跨渠桥，以及武城县境内的侯王庄、户王庄及草屯桥的危化品收集设施运行情况进行监管；对未安设危险化学品泄漏收集设施的桥梁，调水期采用膨胀泡沫胶对桥面排水孔进行临时封堵，确保渠内水质的安全。

根据《水质安全监测管理办法》（鲁调水企发〔2016〕12号），管理处编制《水质安全监测管理实施细则》和《水质污染事故现场处置方案》。调水期间，开展水质巡查工作，及时发现并组织清理外运渠道沿线及闸前后垃圾，配合水质监测部门完成水样采集等工作。

根据批复的经营开发预算项目，做好渠道沿线及管理区苗木补植栽植工作。

2. 大屯水库工程　大屯水库管理区内土壤盐碱化严重、土质回填压实度高，苗木成活率低，景观效果差。为提高管理区苗木成活率和景观绿化效果，实施管理区土壤改性及绿化调整项目，通过采取深翻土壤、掺加改良肥改良土壤、增加导渗排盐碱设施和敷设喷灌管道等措施改善园区土壤透水性、透气性，降低土壤盐分，改善植物生长条件；实施大屯水库坝后喷灌项目，大屯水库坝坡无灌溉设施，人工灌溉费时费工，且无法保证及时灌溉，直接影响围坝的安全，坝后喷灌项目为保护坝坡植被、水土提供了保障。

（邱占升　昝圣光　鲁英梅）

【工程效益】 2019—2020年度调向夏津白马湖水库分水200万m^3，发挥了良好的生态效益。德州段渠道工程汛期不调水，但承担原有的行洪排涝任务，发挥了良好的经济效益、社会效益。（邱占升　王晓　鲁英梅）

【验收工作】 2020年4月23日，通过2019年度德州局移植长清玉符河苗圃树木项目初步验收。

2020年6月4日，分别通过2017年度德州局冬季树木补植栽植及土地整理工程项目合同项目竣工验收、变更项目初步验收，以及2017年度德州局春季树木补植栽植及土地整理工程项目竣工验收。

2020年9月16日，南水北调东线一期2017年度部分预算项目工程德州局施工1标通过合同项目完成验收。

2020年10月16日，通过德州局2018年度预算工程环境面貌规范化部分项目水土保持部分初步验收。

2020年4月14日，南水北调东线北延应急试通水德州大屯水库环境整治整体项目通过合同项目完成验收。

2020年6月3日，大屯水库管理区土壤改性及绿化调整通过单位工程和合同项目完成验收。

2020年6月3日，南水北调东线一期工程大屯水库融冰机事故排油及刺绳安装项目通过合同项目完成验收。

2020年12月10日，南水北调东线一期工程山东段大屯水库坝坡灌溉工程通过水源工程分部验收。

专项工程

江苏段

【工程概况】 南水北调东线江苏段专项工程包括江苏省文物保护工程、血吸虫北移防护工程、东线江苏段调度运行管理系统工程、东线江苏段管理设施等4个专项工程，其中江苏省文物保护工程、血吸虫北移防护工程已完成工程建设及验收。

1. 调度运行管理系统工程　2011年，原国务院南水北调办以《关于南水北调东线一期江苏境内调度运行管理系统工程初步设计报告的批复》（国调办投计〔2011〕231号）批复江苏省境内调度运行管理系统工程初步设计，批复总投资58221万元，主要建设内容包括信息采集系统、通信系统、计算机网络、工程监控与视频监视系统、数据中心、应用系统、实体运行环境、网络信息安全等。2020年，信息采集系统完成水质实验室设备采购；工程监控与视频监视系统基本完成建设任务；应用系统完成监控安全应用软件一期需求系统开发，正在开展调度运行管理应用软件系统开发；实体运行环境完成宿迁分公司数据中心机房工程。年度完成投资6528万元。截至2020年年底，信息采集系统完成水质及部分水量信息采集建设；通信系统和计算机网络完成自建及租用骨干环网光缆敷设、传输设备及计算机网络设备部署；工程监控与视频监视系统基本完成建设任务；数据中心完成南京调度中心云平台建设；应用系统完成OA办公系统、档案管理系统，完成监控安全应用软件一期需求系统开发；实体运行环境完成省公司调度中心、江都备调中心、分公司实体环境建设；累计完成投资55721万元，占概算总投资的95.71%。

2. 管理设施专项工程　2011年，原国务院南水北调办以《关于南水北调东线一期江苏境内工程管理设施专项工程初步设计报告的批复》（国调办投计〔2011〕220号），批复江苏省境内管理设施专项工程初步设计，批复总投资44505万元。工程建设内容包括一级机构江苏水源公司南京总部和二级机构扬州（含维修检测中心）、淮安（含金湖站、洪泽站生活办公区）、宿迁（含水文水质监测中心及泗洪站生活办公区）、徐州等4个分公司的办公和辅助生产等用房、调度中心、工程档案管理用房及其他各类用房，三级机构中6个交水断面管理所管理用房等。管理设施专项工程2012年12月开工，2020年9月完工。2020年主要完成南京一级管理设施、徐州、淮安、扬州、宿迁二级管理设施装饰工程，南京及扬州后续装饰工程，并通过合同项目完成验收。

管理设施专项工程已移交相应单位。具体情况为：南京一级管理设施于2018年9月移交江苏水源公司后勤服务中心管理；扬州二级管理设施于2020年5月移交扬州分公司管理；淮安二级管理设施于2017年4月移交淮安分公司管理；宿迁二级管理设施于2020年7月移交宿迁分公司管理；徐州二级管理设施于2019年11月移交徐州分公司管理；扬淮市界交水断面管理用房于2014年12月移交扬州分公司管理；宿徐市界交水断面管理用房于2014年12月移交宿迁分公司管理；江都-高邮县界、高邮-宝应县界、淮宿市界交水断面管理用房于2015年11月移交扬州分公司管理；泗阳-宿城及宿豫县界交水断面管理用房于2015年11月移交宿迁分公司管理。

管理设施专项工程的建成投运，为江苏省南水北调一期工程各级管理单位对输水沿线提水泵站、河道、水资源控制建筑物等工程的运行管理提供了保障。（王晨）

【验收工作】

1. 调度运行管理系统工程　建设内容包括信息采集系统、通信系统、计算机网络、工程监控与视频监视系统、数据中心、应用系统、实体运行环境等。2020年，信息采集系统完成水质实验室设备采购；工程监控与视频监视系统基本完成建设任务；应用系统完成监控安全应用软件一期需求系统开发，正在开展调度运行管理应用软件系统开发；实体运行环境完成宿迁分公司数据中心机房工程。年度完成投资6528万元，总累计完成投资55721万元，占概算总投资的95.71%。

2020年，调度运行管理系统工程计算机网络设备系统集成总承包、省公司数据中心机房工程总承包、分公司数据中心机房工程总承包、数据中心服务器设备采购等4个合同项目完成验收。

2. 管理设施专项工程　管理设施专项工程的主要任务和作用是为南水北调江苏省境内工程各级管理单位提供办公、辅助生产、调度中心、工程档案及其他相关管理用房及设施设备，实现对输水沿线提水泵站、河道、水资源控制建筑物等工程的运行维护，以利于统一调度、统筹兼顾、协调发挥工程综合效益。主要批复内容包括：一级机构江苏水源公司（南京），二级机构江淮、洪泽湖、洪骆、骆北等4个直属分公司（扬州、淮安、宿迁、徐州）及2个泵站应急维修养护中心（扬州、宿迁），三级机构泗洪站、洪泽站、金湖站等3个泵站河道管理所和19个交水断面管理所。工程批复总投资44505万元，2020年，管理设施累计完成投资44505万元，占工程总投资的100%，已完成全部建设任务。

2020年，管理设施专项工程南京一级机构后续装饰工程、扬州二级机构后续装饰工程、宿迁二级机构装饰工程等3个合同项目完成验收。

（花培舒）

山　东　段

【工程概况】

1. 调度运行管理系统　2011年9月，南水北调东线一期山东省境内调度运行管理系统工程初步设计获得原国务院南水北调办正式批复，主要建设内容包括通信系统、计算机网络系统、闸（泵）站监控系统、信息采集系统、应用系统等。运用先进的信息采集技术、自动监控技术、通信和计算机网络技术、数据管理技术、信息应用与管理技术，建设一个以采集输水沿线调水信息为基础（包括水位、流量、水量等水文信息、水质信息、工程安全信息及工程运行信息等），以通信和计算机网络系统为平台，以闸（泵）站监控系统和调度运行管理应用系统为核心的南水北调东线山东段调度运行管理系统，保证南水北调东线山东干线工程安全、可靠、长期、稳定的运行，实现安全调水、精细配水、准确量水。

2. 管理设施专项工程　南水北调东线一期山东省境内工程管理设施专项工程一级机构管理设施包括一级机构办公楼建设、办公家具及设施项目、档案室加固项目、山东省调度中心装饰装修施工项目、新办公楼综合布线延伸至桌面工程项目及南水北调东线山东省调度中心调度室、会商室、接待室专项改造施工项目。

（1）工程主要建设内容。管理设施专项工程一级机构管理设施办公楼建设主要内容包括：主楼1～5层作为山东干线公司办公用房及水质监测用房，附楼及部分裙房1～3层为山东干线公司办公用房、档案用房、调度中心、200人会议室；地下室主要作为职工食堂、地下停车库、机电用房等。

（2）工程投资。一级管理机构山东干线公司办公和辅助生产等用房、调度中心、工程档案管理用房及其他各类用房的总建筑面积为14592m^2（包括地上、地下），管理用地面积为18亩。其中221号文件批复投资为17741万元，308号文件批复一级机构管理设施增加投资7920万元，共计25661万元；实际完成投资17269万元。

二级管理机构济南管理局征地4亩，建筑面积2404m^2；济南应急抢险分中心征地8亩，建筑面积2492m^2（含车间904m^2）；其中221号文件批复济南管理局投资为1457万元，济南应急抢险中心投资为847万元；308号文件批复济南管理局增加投资1760万元，批复济南应急抢险中心增加投资3520万元，合计增加5280万元；共计7584万元。实际完成投资为济东渠道管理处院内机修车间300万元。

一级机构管理设施与济南管理局、济南应急抢险中心办公部分批复在同一城市，可结合实施，面积共计18584m^2。山东干线公司、济南管理局、济南应急抢险中心共批复征地及管理房屋资金29328万元，现地实施的维修车间投资300万元；一级机构管理设施完成投资17269万元。

（3）主要工程量和总工期。一级机构管理设施办公楼建设工程施工内容已按合同和施工图纸要求完成，所有分部分项工程验收合格。管理设施专项工程一级机构管理设施办公楼建设工程于2016年7月25日开工，2018年4月15日完工。　（黄茹　孙阳）

【工程管理】

1. 调度运行管理系统

（1）管理机构。为切实做好调度运行系统建设管理工作，2009年4月22日成立了山东省南水北调管理信息系统建设项目领导小组，全面负责协调、指导山东省南水北调调度运行管理和机关电子政务等系统工程的信息化建设管理工作；同时成立了山东省南水北调管理信息系统建设项目办公室（以下简称“信息办”）作为领导小组的办事机构，负责领导小组的日常工作。

山东省南水北调工程建设管理局于2012年5月17日下发《关于明确调度运行管理系统项目建设组织机构及岗位职责的通知》（鲁调水办字〔2012〕22号），明确“成立项目建设领导小组和项目建设领导小组办公室，项目建设由领导小组统一领导协调，具体实施以项目建设领导小组办公室、各现场建管机构（运行管理机构）分工合作为主，各处室、干线公司各部门密切配合，各市南水北调办事机构协助协调施工环境。”各现场建管机构（运行管理机构）成立调度运行管理系统建设项目组，具体负责各自工程范围内及相关区域调度运行管理系统的现场组织实施与协调工作。

2014年，因主体工程由建设管理转向运行管理，管理人员调整较大，为进一步做好调度运行管理系统建设管理工作，山东省南水北调工程建设管理局于9月5日下发《关于调整调度运行管理系统项目建设组织机构成员的通知》（鲁调水局办字〔2014〕35号），对调度运行管理系统组织机构成员进行调整。2019年根据组织机构调整，建设管理后期工作由调度运行与信息化部负责，济南应急抢险（信息自动化）中心配合。

（2）工程建设情况。截至2020年年底，调度运行管理系统累计完成投资79434万元（含安全防护体系）。完成初设批复的全部建设内容，完成所有标段完工结算、合同验收工作。建成安全可靠的计算机网络系统，稳定运行全线语音调度系统，实现OA综合办公系统、外网门户等办公应用软件和信息监测与管理系统、视频监控系统、三维调度仿真系统、闸（泵）站控制系统、水量调度系统等调度相关业务软件的上线使用；实现泵站、水库、渠道运行信息的集中展示、远程监视、控制等各种业务的功能承载及应急会商支持。

（3）运行维护管理情况。2020年，自动化调度系统的运行维护管理工作进一步规范化，自动化调度系统运行稳定性逐渐提升，基本建成“统一组织、分级管理”“自主维护和专业代维相结合”的运行维护管理体系，逐步推进核心业务自主运维。

2. 管理设施专项工程

（1）施工准备。

1）南水北调东线一期山东省境内工程管理设施专项工程一级机构管理设施办公楼建设。根据2015年3月13日山东省南水北调工程建设管理局局长办公会决定，一级机构管理设施总体上采取购买方式结算，购买的优惠政策可采取联建协议的方式解决。2016年3月22日，与山东水利置业有限公司签订《联合建设协议》，按照协议条款约定组织项目实施。

2）南水北调东线一期山东省境内工程管理设施专项工程一级机构管理设施办公家具采购项目。2018年9月10日与中标单位分别签订《南水北调山东境内工程管理设施专项工程一级机构办公家具及设施项目采购合同》，按照合同条款约定组织项目实施。

3）南水北调东线一期山东省境内工程管理设施专项工程一级机构管理设施档案室加固项目。2018年12月3日，以竞争性磋商的方式确定济南固德建筑加固工程有限公司为施工单位并正式签订档案室加固施工合同。陆续完成项目部组建及施工准备工作。并于2019年1月签订补充协议。

4）南水北调东线一期山东省境内工程管理设施专项工程一级机构管理设施山东省调中心装饰装修施工项

目。2018年7月15日，南水北调东线山东省调中心装饰装修施工项目的设计、监理合同签署完毕。2018年7月25日，山东干线公司召开施工图审查会，完成施工图设计、审查、设计交底等工作。2018年8月1日，出版《南水北调东线山东省调中心工程装饰设计附楼三层调度中心装饰施工图》设计文本。2018年10月26日，与深圳市维业装饰集团股份有限公司签署南水北调东线山东省调度中心装饰装修施工项目的施工合同，施工现场已具备施工条件。

5）南水北调东线一期山东省境内工程管理设施专项工程一级机构管理设施新办公楼综合布线延伸至桌面工程项目。2018年11月，参建方积极进行开工的准备工作；11月6日签订合同；11月7日施工单位对项目人员设计和安全交底，并提交开工申请，设备材料到货；11月8日山东干线公司信息办签发工程开工令，工程开工。

6）南水北调东线山东省调度中心调度室、会商室、接待室专项改造施工项目。2018年10月15日，南水北调东线山东省调度中心调度室、会商室、接待室专项改造施工项目的设计、监理合同签署完毕；11月5日，参建各方积极进行开工准备工作，施工现场已具备施工条件；11月6日，与深圳市维业装饰集团股份有限公司签署南水北调东线山东省调度中心调度室、会商室、接待室专项改造施工项目的施工合同；11月7日山东干线公司召开施工图审查会，完成施工图设计、审查、设计交底等工作。

（2）工程施工分标情况。管理设施专项工程一级机构管理设施办公楼建设施工分标情况详见表1。

表1　南水北调东线一期山东境内工程管理设施专项工程一级机构管理设施办公楼建设施工分标情况汇总

序号	招标项目	招标方式	中标单位	中标金额/万元	计价方式	开标时间/委托时间	定标时间	合同签订情况
1	总包单位招标资料汇编及合同	公开	中建八局第一建设有限公司	26776.2837	清单	2016年4月18日	2016年	已签订
2	水发大厦精装工程施工招标及补充协议	公开	一标段：深圳南利装饰集团股份有限公司；二标段：深圳市维业装饰集团股份有限公司	一标段：576.2812；二标段：262.0582	清单	2017年7月25日	2017年	已签订

续表

序号	招标项目	招标方式	中标单位	中标金额/万元	计价方式	开标时间/委托时间	定标时间	合同签订情况
3	空调风系统招标资料	公开	中建八局第一建设有限公司	858.9034	清单	2017年3月21日	2017年5月8日	已签订
4	智能化施工招标资料	公开	中建八局第一建设有限公司	1090.9069	清单	2017年6月27日	2017年7月21日	已签订
5	市政园林工程	公开	山东水利建设集团	842	清单	2017年11月10日/2017年12月21日	2017年	已签订
6	消防工程施工招标	公开	济南圣奥消防工程有限公司	1258.5353	清单	2017年2月27日	2017年	已签订
7	幕墙工程施工	公开	一标段：山东天石集团有限公司；二标段：山东津单幕墙有限公司	一标段：1944.2104；二标段：938.0103	清单	2017年3月7日	2017年5月26日	已签订
8	电梯招标资料	公开	奥的斯电梯（中国）有限公司	619.6	清单	2017年1月11日	2017年1月24日	已签订
9	空调新风机组	公开	山东金雷诺冷暖设备有限公司	285.225	清单	2017年5月23日	2017年	已签订
10	精装修石材（澳洲米黄）	公开	福建省南安市盛达石业有限公司	785.08	清单	2017年12月21日	2017年12月29日	已签订

（黄茹　孙阳）

【运行调度】

1. 调度运行管理系统　2020年通水运行期间，调度运行与信息化部结合实际、统筹安排，严肃通水运行期间的巡视检查制度和值班纪律，安排专人7×24小时值班，每天定时巡检，保证系统运行正常。调度运行管理系统整体运行良好，调度管理行为规范，保证整个系统能够平稳安全运行。

2. 管理设施专项工程　2020年，施工单位根据《南水北调东中线第一期工程档案管理规定》文件要求，对工程建设管理档案进行收集、整理、保管。按照南水北调档案归档要求对档案资料进行整理，资料相对齐全，满足验收条件。截至2020年年底，南水北调东线一期山东省境内工程管理设施专项一级机构管理设施工程共形成工程档案203卷，其中建设管理（含前期）文件材料（G类）48卷（含光盘档案1卷、照片档案4卷）、监理文件材料（J类）24卷（含光盘档案2卷、照片档案2卷）、施工文件材料（S类）99卷（含光盘档案3卷、照片档案3卷）、设备采购文件材料（D类）36卷；其中包括建筑竣工图42卷302张、建筑装修竣工图10卷175张。（黄茹 孙阳）

【工程效益】 南水北调东线一期工程山东段调度运行管理系统实现了现地流量、水位、开度等水情信息的远程采集、上传、存储和处理；实现了水量调度系统、信息监测与管理系统、工程管理系统、视频监控系统、闸（泵）站监控系统等应用系统在山东省调度中心、已建分中心、备调中心及各管理处的集中展示；实现了输水渠道闸站远程精准控制、调度运行数据实时监测等功能；实现了语音调度、网络通信、30个站点视频会议；实现了调度中心、分中心（备调中心）对各闸（泵）站的远程监控与视频监视。（黄茹）

【验收工作】 2020年7月30—31日，南水北调东线一期山东省境内工程管理设施专项工程通过山东干线公司组织的工程档案专项验收项目法人自验；

12月30日，工程通过山东干线公司组织的设计单元工程完工验收项目法人验收。（张东霞）

治污与水质

江苏境内工程

【环境保护】 江苏省南水北调工程输水沿线处于工业化、城镇化快速发展期，同时又位于淮河、沂沭泗流域下游，承受着自身发展和上游过境客水污染的双重压力，水环境保护压力巨大。江苏省高度重视南水北调输水沿线环境保护，将水质保护工作放在突出位置，着眼于建立长效机制，确保输水水质稳定达标。

1. 落实法治保障 2020年11月27日，江苏省第十三届人民代表大会常务委员会第十九次会议通过的《江苏省水污染防治条例》，着重强调南水北调水质保护。2020年12月19日，扬州市人民政府第45次常务会议通过《扬州市南水北调水域船舶污染防治办法》。

2. 加强水生态保护 将南水北调水源区域、引江河长江入河口及沿线重要清水通道、湿地、林地等划为生态红线管控区，实施分级分类管理。一级管控区严禁一切形式的开发和建设活动，二级管控区严禁有损主导生态功能的开发建设活动。采取水源涵养、生态清淤等综合措施，切实保护水生态系统完整性；实施退圩还湖，拆除圈圩、围网养殖，保护湖泊水生态环境。

3. 推进综合治理 抓住中央环保

督察反馈意见整改的契机，着力解决影响区域水生态环境安全的突出问题。在工业污染防治方面，坚持将南水北调沿线地区作为产业结构调整的重点区域，提高环保准入门槛，专项整治重污染行业，淘汰一批产业层次低、资源消耗高、环境污染重、安全风险大的劣质企业。在生活污染防治方面，不断加大资金投入力度，持续推进环境基础设施建设。在农业污染防治方面，南水北调沿线431个村被纳入覆盖拉网式农村环境综合整治试点范围。

4. 严格监管执法　持续组织对沿线地区开展专项执法检查，发现问题立即督促地方整改。按照《江苏省环境保护督察方案》，陆续对徐州、扬州、宿迁、淮安和泰州开展督查，排查梳理环境问题和风险隐患，交办和查处各类环境问题和违法行为，推进了沿线重点区域、行业污染治理。

5. 实施水环境区域补偿　按照“谁达标、谁受益，谁超标、谁补偿”的原则和“合理、公平、可行”的总体要求，制定实施《江苏省水环境区域补偿实施办法》，实施上下游区域双向补偿，补偿断面涵盖南水北调重点断面，有力调动各地治水保水积极性，推进了沿线水环境质量的改善。

（聂永平）

【治污工程进展】

1. 尾水（截污）导流工程建设　国家南水北调治污规划确定的第一阶段102个治污项目中包含4项截污导流工程项目，分别为徐州、江都、淮安、宿迁市截污导流工程，已全部建成并投入使用。江苏省政府为确保干线水质稳定达标批复的第二阶段203个治污项目中包括4项尾水导流工程项目，分别为丰县沛县、新沂市、睢宁县和宿迁市尾水导流工程。截至2020年年底，丰县沛县、睢宁县尾水导流工程完成竣工验收并投入运行；新沂市尾水导流工程完成竣工验收技术性初步验收，正在开展竣工验收准备工作；宿迁市尾水导流工程完成工程建设，累计完成投资5.41亿元，正积极开展各项专项验收准备工作。

2. 尾水（截污）导流工程运行管理　江苏省南水北调沿线建有尾水导流工程的4市17县（市、区）加强对已投运7项尾水（截污）导流工程的运行和安全生产监管，2020年下达省级维修资金179.5万元。为强化一线岗位人员的能力素质，集中组织工程运行管理培训。徐州、宿迁、江都等地截污导流工程2020年实现导流尾水超1.8亿m^3，农灌和企业中水回用约1.0亿m^3，效益充分发挥。

3. 城镇污水处理设施建设　2020年，江苏省调水沿线地区新增城镇污水处理能力24.8万m^3/d，截至2020年年底，江苏省调水沿线地区城镇污水处理能力达375.7万m^3/d。科学指导沿线各地实施城镇污水处理提质增效精准攻坚“333”行动，开展雨污水管网普查、检测评估和修复改造，推进污水处理提质增效达标区建设，完善污水收集管网，提升污水处理设施运行效能。全年对苏中、苏北地区建制镇污水处理设施全运行予以资金补助，共计下达资金约 0.34 亿元。全年对沿线地区下达城镇污水处理提质增效资金约 0.19 亿元。（聂永平）

【水质情况】 自 2020 年 1 月起，江苏省生态环境厅为与生态环境部水质断面相统一，经与生态环境部水生态环境司、监测司及环境监测总站协调，将江苏省境内调水、规划及内控断面水质统一发布，水质断面由 15 个增加至 22 个。例行性监测数据显示，2020 年 22 个控制断面年均水质全部达标。同时，江苏省环境监测部门根据全省生态环境监测方案要求，2019—2020 年度调水期间，江苏省环境监测中心对江苏段调水沿线 14 个监测断面实施加密监测，共计 15 天，共出具 1817 个监测数据，各断面各次监测水质均达到调水要求。

（聂永平）

山东境内工程

【工程效益】 南水北调中水截蓄导用工程是南水北调东线一期工程的重要组成部分，是贯彻“三先三后”原则的重要措施。山东省共 21 个中水截蓄导用项目，分布在主体工程干线沿线济宁、枣庄等 7 个地级市、30 个县（市、区）。工程建设的主要目的是将达标排放的中水进行截、蓄、导、用，使其在调水期间不进入或少进入调水干线，以确保调水水质。2012 年工程全部通过竣工验收并投入运行。

2020 年 5—6 月，山东省水利厅成立 7 个专家组，联合相关市水行政主管部门对南水北调截蓄导用工程开展防汛检查工作，印发《关于做好南水北调续建配套和中水截蓄导用工程防汛检查发现问题整改工作的通知》（鲁水南水北调函字〔2020〕27 号），要求市水行政主管部门督促做好问题整改落实工作，督促责任单位进一步做好工程管理工作。印发《关于印发山东省南水北调续建配套工程和中水截蓄导用工程安全运行监管责任人和安全运行责任人的通知》（鲁水南水北调函字〔2020〕28 号），进一步完善安全运行责任体系，明确中水截蓄导用工程安全运行监管责任人和安全运行责任人。（孙玉民）

【临沂市邳苍分洪道中水截蓄导用工程】 临沂市南水北调中水截蓄导用工程主要包括邳苍分洪道截蓄导用工程和引祊入涑工程两部分，是南水北调东线一期工程的附属工程。工程 2008 年 10 月开工，2012 年 10 月竣工，工程总投资 3.94 亿元，其中邳苍分洪道截蓄导用工程投资 1.2 亿元，引祊入涑工程投资 2.74 亿元。该工程位于临沂市兰山区、罗庄区、郯城县、兰陵县（原苍山县）等 4 区（县）境内，共有 14 座主要水工建筑物。工程类型主要为橡胶坝、拦河闸、节制闸、泵站等，年设计拦蓄中水 35350km^3，为沿线 51.34 万亩农田提供灌溉用水，同时向武河湿地、城内河道等提供生态补水。

管理处于 2008 年 11 月成立，为正县级水管单位，内设综合科、工程科、调度科、罗庄管理所、苍山管理所、郯城管理所、引祊入涑管理办等 7 个正科级科所办。2013 年 3 月临沂市南水北调中水截蓄导用工程管理移交至工程管理处，工程正式进入日常运行管理阶段。

重点抓好工程运行维护，保障出省断面水质安全。进一步完善各项日常管理制度，对值班、养护、巡查等各项管理制度进行完善补充，重点理顺各所办绿化、养护项目验收的制度和流程。强化机电设备、管理环境等硬件设施配套。对各所办的机电设备、电力操作柜、视频监控系统进行维护保养。做好工程管理区饮水安全工作。每年按时提报“半年、全年调度运行情况”。

着力抓好安全生产工作，保障工程安全运行。管理处早启动、早部署，狠抓安全生产工作落实，安全生产形势良好，未发生安全事故。开展安全生产大检查，汛前、汛后专项检查和季度安全检查，查摆安全隐患，建立问题台账，实行销号制度，问题整改一项销号一项。加强值班值守，责任到人。各所办每天都组织人员到工程沿线巡查至少一次，并做好巡查记录。重要节假日和特殊时期，强化安全排查和巡查，确保工程正常运行。对机电设备进行安全维护和检测。强化规范工程招投标，规范工程维修养护招标。经临沂市财政部门批准，管理处严格按照政府采购程序和要求，委托专业招标中介机构具体负责工程招标工作。

临沂市南水北调工程管理处与市环保部门沟通协调，密切关注出境断面水质情况，按照上级批准的调度运行方案运行，充分发挥中水截蓄导用工程效用，保障出境断面水质安全。通过科学调配中水，减少中水下泄量，为工程沿线群众提供了良好的生态环境。

（孙玉民）

【宁阳县洸河截污导用工程】 宁阳县洸河中水截蓄导用工程位于南四湖主要入湖河流洸府河上游，涉及宁阳县境内洸河、宁阳沟两条河流。工程总体布局为：在洸河的后许桥、泗店和宁阳沟的纸房、古城建设 4 座橡胶坝，拦蓄污水处理厂及沿线工矿企业达标排放的中水及当地径流，通过扩挖洸河 8.93km、宁阳沟 6.16km，增加拦蓄量，4 座橡胶坝可一次性拦蓄中水 162 万 m^3；新建泗店、古城两座提水泵站，铺设泗店至东疏输水管道 6.7km，古城至乡饮输水管道 9.5km。工程总动用土方 156 万 m^3、砌石 2.34 万 m^3、混凝土及钢筋混凝土 1.84 万 m^3，工程总投资 5956 万元，建设工期 2 年。工程于 2007 年 12 月开工建设，2009 年 10 月竣工，2011

年 10 月通过竣工验收。

（1）加强工程养护，确保设施良好运行。2020 年 3 月，对古城泵站机电设备进行了全面检修，发现并排除多处故障，确保了设备运转正常，为随时供水做好准备。

（2）加强日常巡查，及时处置安全隐患。2020 年 5 月，在例行巡查中发现古城橡胶坝机房进水，淹没电机与排水设施，立即组织人员进行排水，并拆除电机进行维修，及时恢复相关设施，保证机房正常运转。

（3）积极完善防汛措施，加强工程防汛安全。2020 年 5 月，做好迎接山东省水利厅南水北调工程防汛工作第一检查组对工程设施进行汛期检查的准备。根据检查组指示要求，修订完善 2020 年工程防汛预案，进一步健全各项规章制度，对橡胶坝机房进行全面整修，更新机电设备，更换消防设施，维修泗店橡胶坝电缆，更新安全警示标志，改善环境卫生。工程面貌得到改观，防汛措施进一步加强。

（4）认真做好工程截蓄导用工作。科学合理调度水量，保障水质安全，确保洸府河和宁阳河下泄水量水质达标。积极配合宁阳县环保局对洸河和宁阳河进行观测，及时升降橡胶坝袋，保证流入下游水质安全，为南水北调东线一期工程安全调水提供保障。积极应对汛期状况，确保安全度汛。严格落实防汛制度和防汛预案，抓好安全生产工作。在 2020 年汛期到来前，加强设施巡查力度，仔细排查安全隐患，及时处置问题状况，实时关注河道水情，根据气象情况提前对橡胶坝进行放水，确保河道通畅，防止对河道两岸构成威胁。

2013 年 9 月南水北调东线干线工程正式通水后，宁阳县洸河中水截蓄导用工程全面投入运行。在南水北调干线工程输水期间，全面发挥工程截、蓄、导、用功能，拦蓄污水处理厂及沿线工业企业达标排放的中水，90%以上的中水由上游分流和利用，大大减少了 COD、NH_3-N 等入河量，达到了南水北调调水水质规定指标要求，切实保障了南水北调干线输水水质。工程河道防洪能力由 5 年一遇提高到 20 年一遇，沿途生态环境得到持续改善，农田灌溉面积不断扩大，经济、社会效益十分显著。

（孙玉民）

【枣庄市薛城小沙河控制单元中水截蓄导用工程】　枣庄市薛城小沙河控制单元中水截蓄导用工程位于滕州市新薛河、薛城区小沙河和薛城区大沙河流域。工程主要包括：薛城小沙河新建朱桥橡胶坝 1 座，扩挖薛城小沙河回水段和小沙河故道回水段，开挖堤外截渗沟 2000m；薛城大沙河新建挪庄橡胶坝 1 座，建华众纸厂中水导流管；新薛河小渭河新建渊子崖橡胶坝 1 座，小渭河河道回水段局部扩挖。工程概算总投资 5675.63 万元。工程于 2008 年 11 月开工建设，2012 年 10 月完成竣工验收。

2020年上半年，枣庄市薛城小沙河控制单元中水截蓄导用工程由枣庄市城乡水务事业发展中心负责，委托枣庄市智信瑞安水利工程管理有限公司实施工程运行管理和维修养护工作。根据2020年5月9日枣庄市政府专题会议纪要要求（专纪字〔2020〕7号），将朱桥、挪庄2座橡胶坝工程和资产移交给薛城区政府，将渊子崖橡胶坝工程和资产移交给滕州市政府；6月24日，枣庄市城乡水务事业发展中心在枣庄市财政局和枣庄市城乡水务局的监督下，完成工程资产现场移交工作；8月12日，将工程移交协议书经各方签字盖章后，分别送交各有关单位存档，完成工程资产的移交工作。

薛城小沙河控制单元中水截蓄导用工程在拦蓄中水、排涝、抗旱、生态环境改善等方面发挥了重要作用，改善了自然环境，产生了良好的经济效益、社会效益和生态效益。薛城小沙河故道河道的开挖，改善了当地的水质条件和周边村民的生活环境，改变了沿线脏、乱、差的局面，扩大了河道库容和水面面积，为中水截蓄导用提供硬件支持。通过截蓄中水，保证了调水期间输水干线水质，同时为上游各泵站提水创造条件，在抗旱中发挥了重要作用。（孙玉民）

【枣庄市峄城大沙河中水截蓄导用工程】 枣庄市峄城大沙河中水截蓄导用工程位于峄城大沙河上。主要包括在峄城大沙河桩号0+500处新建大泛口节制闸，拦蓄水量86.4万m^3；在峄城大沙河桩号30+850处新建裴桥节制闸，拦蓄水量199.9万m^3；在峄城大沙河分洪道桩号12+000处新建良庄橡胶坝，拦蓄水量11.8万m^3；对峄城大沙河桩号13+638处已建红旗闸进行改造，增加拦蓄库容23.6万m^3；对峄城大沙河已建贾庄节制闸进行维修；铺设3000m管道将台儿庄区中水排放改道入峄城大沙河。工程概算总投资4465.88万元。于2009年3月开工建设，2012年10月完成竣工验收。

2020年上半年，枣庄市峄城大沙河中水截蓄导用工程由枣庄市城乡水务事业发展中心负责，委托枣庄市智信瑞安水利工程管理有限公司实施工程运行管理和维修养护。根据2020年5月9日枣庄市政府专题会议纪要要求（专纪字〔2020〕7号），将裴桥节制闸工程和资产移交给峄城区政府；6月24日，在枣庄市财政局和枣庄市城乡水务局的监督下，完成工程资产现场移交工作；8月12日，将工程移交协议书经各方签字盖章后，分别送交各有关单位存档，完成工程资产的移交工作。

峄城大沙河截污导流工程在拦蓄中水、排涝、抗旱、生态环境改善等方面发挥了重要作用，改善了自然环境，产生了良好的经济效益、社会效益和生态效益。裴桥节制闸及大泛口节制闸工程为保证调水期间输水干线水质、河道安全度汛和调节河道水位发挥了工程作用；通过截蓄中水，为上游各泵站提水创造条件，在抗旱中发挥了重要作用。中水泵站及管道工程改善了当地的水质条件和周边村民生活环境，改变了过去脏、乱、臭的局面。　（孙玉民）

【滕州市北沙河中水截蓄导用工程】
滕州市北沙河中水截蓄导用工程主要内容为：在北沙河干流新建邢庄、刘楼、赵坡、西王晁4座橡胶坝，河道扩挖治理8.3km；在4座橡胶坝上游各新建灌溉泵站1座及中水回用配套渠系。工程于2008年11月开工建设，2011年11月7日完成竣工验收。

2013年，工程验收后交付滕州市河道管理处（现更名为滕州市河湖长制事务中心）进行运行管理。在新建橡胶坝安排专人值守，汛期实行24小时值班制度，严格执行《河道巡查制度》，密切监视工程运行状况，每日填写《河道工程运行管理记录表》，切实做到有源可究、有档可循。为合理利用拦蓄河水、充分发挥工程效益，建立了河水优先使用、地下水控制使用原则；优化了调蓄方式，加强了全河网联动调蓄能力，完善了各河道自上而下逐级调蓄衔接制度；做好统筹协调工作，在下游主灌区用水高峰期间，加大上游橡胶坝河水下泄量，在统筹下游主灌区用水的同时协调好上游用水需求。有力保障了沿河各灌区粮食安全。

滕州市北沙河中水截蓄导用工程在拦蓄中水、排涝、抗旱、生态环境改善等方面发挥了重要作用。2020年，共拦蓄下泄中水383万m^3，其中干线输水期间拦截下泄中水227.13万m^3，总回用量1812.5万m^3，其中灌溉回用1812.5万m^3。2020年，累计灌溉面积10万亩，通过中水灌溉回用，减少COD入河量351t，减少NH_3-N入河量52t。　（孙玉民）

【滕州市城漷河中水截蓄导用工程】
滕州市城漷河中水截蓄导用工程位于城漷河流域滕州市境内。工程主要内容为：新建6座橡胶坝，其中城河干流新建东滕城、杨岗橡胶坝2座；漷河干流新建吕坡、于仓、曹庄橡胶坝3座；城漷河交汇口下游新建北满庄橡胶坝1座；维修城河干流洪村、荆河、城南橡胶坝3座，漷河干流南池橡胶坝1座；在东滕城、杨岗、北满庄、吕坡、于仓、曹庄6座橡胶坝上游新建灌溉提水泵站各1座；在曹庄橡胶坝上游漷河左岸和杨岗橡胶坝上游城河左岸设人工湿地引水口门各1处；河道扩容开挖工程10.7km。工程于2008年11月开工建设，2011年11月7日完成竣工验收。

2013年，工程验收后交付滕州市河道管理处（现更名为滕州市河湖长制事务中心）进行运行管理。在新建橡胶坝安排专人值守，汛期实行24小时值班制度，严格执行《河道巡查制度》，密切监视工程运行状况，每日填写《河道工程运行管理记录表》，切实做到有源可究、有档可循。为合理利用拦蓄河水，充分发挥工程效益，建立了河水优先使用、地下水控制使用原则；优化了调蓄方式，加强了全河网联动调蓄能力，完善了各河道自上而下逐级调蓄衔接制度；做好统筹协调工作，在下游主灌区用水高峰期间，加大上游橡胶坝河水下泄量，在统筹下游主灌区用水的同时协调好上游用水需求。有力保障了沿河各灌区粮食安全。

滕州市城漷河中水截蓄导用工程在拦蓄中水、排涝、抗旱、生态环境改善等方面发挥了重要作用。2020年，共拦蓄下泄中水1987.96万m^3，其中干线输水期间拦截下泄中水1342.7万m^3，总回用量4713.28万m^3，其中灌溉回用4424.23万m^3，工企业回用289.05万m^3。2020年，累计灌溉面积52万亩，通过中水灌溉回用，减少COD入河量1133.1t，减少NH_3-N入河量98.7t。（孙玉民）

【枣庄市小季河中水截蓄导用工程】 枣庄市小季河截污导流工程位于枣庄市台儿庄区境内、南水北调输水干线韩庄运河段北侧。工程于2008年12月开工建设，2010年10月完成。2011年11月工程通过竣工验收。工程主要内容为：小季河、北环城河、台兰干渠河道疏浚、清淤、扩宽；新建季庄西拦河闸1座、生产桥6座；新建中水回用泵站4座、改建1座；维修赵村防洪闸1座；建设截污导流工程管理所1处。工程等别为Ⅳ等，河道工程和主要建筑物级别为4级，次要建筑物级别为5级，临时建筑物级别为5级。

工程由台儿庄区水务事业发展中心统一管理、调度，工程运行管理单位为台儿庄区水务事业发展中心，实现区域产生的中水在南水北调调水期间不进入调水干线，确保调水水质。调水期间由台儿庄区水务事业发展中心调度，非调水期间（汛期、用水期）服从区防汛抗旱指挥部统一调度，区城乡水务局具体实施小季河、兰祺河沿线闸坝管理，通过苍庙节制闸、季庄西拦河闸、赵村站防洪闸协调调度，拦蓄中水和上游产水、来水，壅高、控制水位；在调水期间及非调水期间为农业灌溉以及城区生态景观提供水源。

2020年工程拦蓄中水620万m^3。利用中水回用泵站提水灌溉水稻1.2万亩、冬小麦1.5万亩，实现了工程中水回用、防洪、排涝、生态、交通等社会预期效益。小季河截污导流工程实施完成后，地方政府投资相继建设了小季河湿地、小季河南堤沥青混凝土路，并对小季河全线进行了绿化。

（孙玉民）

【菏泽市东鱼河中水截蓄导用工程】 工程位于菏泽市开发区、定陶、成武和曹县境内的东鱼河、东鱼河北支及团结河，包括新建雷泽湖水库、入库泵站、中水输水管道，扩挖东鱼河北支，在东鱼河北支新建张衙门、侯楼、王双楼拦河闸，利用袁旗营、刘士宽、杨店、马庄、邵堂、裴河、楚楼、肖楼拦河闸，在团结河新建后王楼、鹿楼拦河闸，利用东鱼河干流徐寨、张庄、新城拦河闸，拦蓄总库容 32166km^3。灌溉回用工程为：在雷泽湖水库新建李楼、贵子韩提水站，在东鱼河北支新建雷楼、侯楼、邵家庄、周店提水站，在团结河新建宋李庄、前朱庄、欧楼、鹿楼提水站，并开挖疏通站后输水渠道，维修涵洞 1 座。实际控制总灌溉面积 132.4 万亩，改善农田灌溉面积 62.4 万亩。工程于 2008 年 9 月开工建设，2011 年 10 月完成竣工验收。

按照创建规范化闸管所要求，在建立健全工程运行管理制度的基础上，不断完善管理考核和责任追究制度，加强对工程运行的日常监测和巡查；落实相关责任人，坚持“谁检查，谁签字，谁负责”；对于检查发现的问题，实行问题台账式管理，落实责任人，限期完成整改，及时消除隐患，确保工程运行安全。

利用工程的“截、蓄、导、用”功能，充分发挥工程经济社会及生态环保效益，在确保南水北调干线输水期间水质达到规定要求的同时，当地的水源得到涵养，水生态环境也得到改善。（孙玉民）

【金乡县中水截蓄导用工程】 工程位于金乡县境内的大沙河、金济河、金鱼河，主要利用金济河、金马河、大沙河分别建设橡胶坝、拦河闸，拦蓄达标排放的中水及地表径流，并用于灌溉回用。非调水期间开闸泄水，从而保证南水北调工程水质。新增库容 486 万 m^3，新增灌溉面积 2666.67hm^2。核定概算总投资为 2738.35 万元。2008 年 10 月开工建设，2009 年 11 月完成全部工程。

金乡县截污导流工程达到设计功能要求，设计实际灌溉面积 5933.33hm^2，库容 1159.1 万 m^3。污水处理厂可满足运行管理要求，污水处理量 3 万 t/d，设计回用 1.36 万 t/d。金乡县南水北调服务中心负责工程管理，运行正常。

工程竣工验收以来运行良好，效益显著。金乡县县城区的工业和生活污水，经过管道网络直接输入金乡县污水处理厂，处理后的中水再经过输水管道和提水泵站排入中水水库，发展农业灌溉，为农业生产提供了充足的水源。满足城区景观用水，利用南水北调中水截蓄导用工程引水入城，实现金乡县城区水系贯通，水活流清，改善城区环境，具有显著的社会效益和环境效益。（孙玉民）

【曲阜市中水截蓄导用工程】 工程位于曲阜市境内泗河支流沂河下游，分别在曲阜市沂河郭家庄、杨庄新建橡胶坝各 1 座，在橡胶坝上游分别新建提水泵站各 1 座，新增拦蓄库容 127.1 万 m^3，新增灌溉面积 5133.33hm^2。工程于 2008 年 7 月 1 日开工，2009 年 9

月完成全部工程建设，已完成竣工验收，投入运行使用。

工程设计功能已达到。设计灌溉面积 5133.33hm²，实际灌溉面积 5133.33hm²，总调蓄库容 253.1 万 m³，新增拦蓄库容 127.1 万 m³。污水处理厂设计规模为 3 万 t/d，截污导流工程在干线输水期间需拦截 770 万 m³。工程竣工验收后，交曲阜市沂河管理所管理和运行。

曲阜市截蓄导用工程上游有 2 处污水处理厂，处理后的中水引入到沂河公园、蓼河公园、人工湿地作为公园景观用水。满足公园用水后的下泄水进入截蓄导用工程并由郭庄橡胶坝拦截，启动提水泵站进行灌溉；在不灌溉时，下泄水进入截蓄导用工程并由杨庄橡胶坝拦截，打开橡胶坝上游涵闸自流入平原水库，上游来水全部截蓄导用。自此截蓄工程没有下泄水排入输水干线。（孙玉民）

【嘉祥县中水截蓄导用工程】 工程位于嘉祥县中部前进河、洪山河，涉及嘉祥县马村镇、万张镇、卧龙山镇、马集镇、嘉祥街道办事处等 5 镇（街）。嘉祥县截污导流工程新建河道型蓄水库，库容为 202 万 m³，改善灌溉面积 1666.67hm²。主要建设内容为：疏通治理前进河、洪山河两条河道 21.1km，扩挖洪山河低洼区 13.4hm²，新建前进河拦河闸、改建曾店涵闸、洪山河涵闸。批准概算投资 2629.53 万元。工程于 2008 年 6 月 30 日开工，2009 年 11 月全部完工，2012 年 10 月竣工验收。

工程设计功能已达到“截、蓄、导、用”目标，设计灌溉面积 1666.67hm²，实际灌溉面积 1766.67hm²，库容 202 万 m³，实际拦蓄 280 万 m³。污水处理厂尾水已全部截住，污水处理厂设计规模为 4 万 t/d，设计回用为 1 万 t/d，剩余 3 万 t 应由截污导流工程拦蓄。嘉祥县南水北调干线灌排影响处理工程，涉及梁宝寺、黄垓、老僧堂、孟姑集、大张楼、马村等 6 个镇（街），赵王河以北区域 35 万亩农田满足浇灌要求，同时增加了赵王河以北区域的滞蓄能力。运行机构为嘉祥县水利事业发展中心，为县水务局所属的正科级单位，核定编制 55 人，经费实行财政全额预算管理，运行情况良好。工程主要建设内容为：扩挖金庄引河 4.3km；新建及改建建筑物 8 座，新建新杨节制闸（泵站）1 处。项目批复投资 3995.39 万元，其中工程部分投资 3403.74 万元，移民环境补偿投资 591.65 万元。该工程于 2018 年 11 月开工，2019 年 12 月 29 日合同完工验收。

利用本工程建设的前进河拦河闸、曾店涵闸、洪山涵闸，拦截郓城新河、红旗河、赵王河来水，充分发挥各沿河提水站作用，合理调配全县境内水源，鼓励群众利用中水进行农业灌溉。嘉祥县建设有前进河、洪山河、龙祥河景观工程，最低水深不低于 1.5m，促进了生物的多样性，保证了沿线景观效果。为更好地回用中水，利用嘉祥县第一污水处理厂处理中水，通过洪山河分别向其补水，作为景观用水使用。为绿化城市及周边环境，利用中水对沿河绿化带进行浇灌，为沿线绿化用水提供了便利条件。

（孙玉民）

【济宁市中水截蓄导用工程】　济宁市中水截蓄导用工程新增库容 836.4 万 m^3，新增灌溉面积 1333.33hm^2。工程建设内容包括：利用兖矿集团 3 号井煤矿采煤塌陷区蓄存中水，蓄水区扩挖工程、新建排水泵站 1 座，出入蓄水区涵洞 1 座；在济宁市污水处理厂附近新建中水加压站 1 座，并铺设 5.95km 中水输出管道；为拦蓄济宁城区、高新区污水处理厂中水，在廖沟河、小新河、幸福河支沟、幸福河上新建节制闸各 1 座；新开挖小新河与幸福河支沟之间的明渠；新建穿铁路涵洞 1 座；新建明渠、幸福河支沟上交通桥 2 座、生产桥 4 座。工程总投资 18603 万元，于 2010 年年底完成主体工程建设，基本具备“截、蓄、导、用”功能，运行正常。

工程设计功能已基本达到，设计灌溉面积 1333.33hm^2，实际灌溉面积 1933.33hm^2，调水期间拦蓄中水 1200 万 m^3，库容 836.4 万 m^3，实际库容达 1300 万 m^3。设计任务内污水处理厂尾水已全部截住。济宁污水处理厂设计规模为 20t/d，设计回用 8 万 t，工程截污 12 万 t；高新区污水处理厂 9 万 t/d，设计回用为 2 万 t/d，工程截污 7 万 t。截污导流工程截蓄济宁市污水处理厂和高新区污水处理厂共计 19 万 t/d。工程采用政府购买服务方式运行，已经运行三个运行期（每个运行期为 3 年）。

工程有效解决中水排入到南水北调东线干线输水渠道问题，设计工程已经全部完成，设计功能基本达到。城区的工业和生活污水，经过管道网络直接输入污水处理厂，处理后的中水再经过输水管道和提水泵站排入中水水库，一方面抬高了水库水位、增加了库容、改善了生态环境；另一方面为农业灌溉提供水源，节约地下水资源，对缓解水资源紧缺状况起到了积极作用。将中水引入北湖湖畔的老运河人工湿地，营造了一座近 3000 余亩的大型湿地公园，有效改善了城市周边的水生态环境，逐渐成为附近居民休闲、娱乐、健身的首选地。洸府河人工湿地、蓄水区人工湿地生态效益正凸显成效，蓄水区内的稳定塘水质已稳定达到Ⅲ类水，可建设水上娱乐项目。

（孙玉民）

【微山县中水截蓄导用工程】　微山县中小截蓄导用工程新增库容 167.5 万 m^3，新增灌溉面积 1866.67hm^2。工程主要建设内容包括：老运河渡口桥至杨闸桥段 0＋239～10＋570 河槽扩挖工程，10＋570～16＋443 杨庄闸至三孔桥下游综合治理工程；新建渡口充水式橡胶坝，坝长 22m；新建三河口枢纽工程，包括三河口节制闸和倒虹；拆除重建三孔桥节制闸；维修夏镇航道闸；维修加固杨闸桥、南外环桥、渡口桥，拆除重建东风桥、小闸口桥、纸厂桥，新建南门口桥。工程总投资6489万元，已于2010年年底完成，2011年年底进行试运行，目前运行正常。

工程设计功能已达到，设计灌溉面积1866.67hm^2，实际灌溉面积1866.67hm^2，库容167.5万m^3。污水处理厂尾水已全部截住，污水处理厂设计规模为4万t/d，实际运行2万t/d；设计回用为1万t/d。运行机构为微山县水利事业发展中心，为县水务局所属的正科级单位，核定编制34人，经费实行财政全额预算管理，运行情况良好。

调水期间用水量应为610.8万m^3，已回用。截污导流工程实际蓄存中水576.6万m^3。（孙玉民）

【梁山县中水截蓄导用工程】 梁山县中水截蓄导用工程新增库容330万m^3，新增灌溉面积3000hm^2，主要建设内容包括：对梁济运河邓楼闸至宋金河入口28.472km的河道进行开挖；自污水处理厂至梁济运河铺设输水管道500m；新建龟山河提水站；维修加固龟山河闸；拆除重建任庄、郑那里、东张博等3座危桥。工程全部完成，总投资5561万元，2010年完成竣工验收，投入运行使用。

工程设计功能已达到，设计灌溉面积3000hm^2，需拦蓄730万m^3，设计库容330.6万m^3。污水处理厂尾水已全部截住，设计规模为5万t/d，运行正常，回用设施运行基本正常。运行机构为梁山县南水北调项目工程维护中心，为县水务局所属的副科级事业单位，核定编制6人，经费实行财政全额预算管理，运行情况良好。工程无尾工，需对沿河排灌站及骨干灌溉工程进行维修及配套。

工程的正常运行为梁济运河、流畅河下游两岸农业灌溉提供了有力的水源保障。通过与流畅河湿地、运河湿地、梁山泊旅游区山北水库结合，进一步深度处理蓄存的中水水质，从而为生态景观旅游、改善局部小气候建设提供了物质基础，也是中水截蓄导用工程的延续和提升。通过生态景观的改善，增加了旅游景点，扩大了梁山的知名度，为梁山的经济、社会发展提供了良好的生态保障。

（孙玉民）

【鱼台县中水截蓄导用工程】 工程建设内容包括中水输水管道、唐马拦河闸及回用水工程。鱼台县中水截蓄导用工程新建唐马拦河闸（东鱼河干流桩号11+100）、维修郭楼林庄两处涵洞，铺设玻璃钢输水管道等建筑物。核定工程总投资为4214万元。工程于2008年12月29日正式开工建设，2010年1月完成全部工程建设内容，完成竣工验收，投入运行使用。

工程设计功能已达到，设计灌溉

面积 5066.67hm^2，实际灌溉面积 5186.59hm^2，库容 760 万 m^3。污水处理厂尾水已全部截住，污水处理厂设计规模为 3 万 t/d，实际 2 万 t/d；设计回用为 1 万 t/d。目前，回用工程已完成，但未运行；工程实际蓄存中水 764 万 m^3。运行机构为鱼台县南水北调工程建设管理局，经费落实，运行情况良好。

鱼台县污水处理厂和企业达标排放的中水通过中水管道全部蓄存于唐马拦河闸上游，利用河道的自净能力对中水进行再处理，美化区域环境，提高水质标准；通过现有排灌设施灌溉农田，改善了农田灌溉条件，提高了农田灌溉保证率，增加了工程所在地的防洪效益、除涝效益、灌溉效益、生态效益及城乡景观效益；同时在一定程度上改善了当地的基本生活设施，提高了当地居民的生活水平，推动了当地的经济发展，也有利于维护鱼台县经济、社会的稳定和发展，具有十分显著的经济效益、社会效益和环境效益。（孙玉民）

【武城县中水截蓄导用工程】 武城县中水截蓄导用工程位于山东省德州市的武城县和平原县境内。工程利用武城县六六河和利民河东支、赵庄沟等建闸拦蓄中水，并经河道沿岸灌溉回用工程引水灌溉，在南水北调调水期间保证中水不进入六五河，非调水期间将中水泄入减河。工程内容包括：六六河及马减竖河清淤工程，新建重建拦河闸 5 座、节制闸 6 座、交通桥 2 座，维修 9 座涵闸 5 座生产桥，新建倒虹吸 1 座、穿涵 1 座。总投资 2905.96 万元，已于 2011 年完工。

工程共拦蓄水量 1052.83 万 m^3，其中回用中水量 890.32 万 m^3，用于农业灌溉 751.41 万 m^3，生态 138.91 万 m^3。既能保证七一·六五河水质长期稳定达到Ⅲ类地表水水质标准，又能解决水资源短缺与水环境严重污染的尖锐矛盾，做到节水、治污、生态保护与调水相统一，形成“治、截、用”一体化的工程体系。

（孙玉民）

【夏津县中水截蓄导用工程】 夏津县中水截蓄导用工程将县污水处理厂处理后的中水经三支渠输送到城北改碱沟及青年河，利用河道上的节制闸对中水实现层层拦蓄，形成竹节水库，在农田灌溉季节实现中水灌溉回用。主要工程建设内容包括：清挖三支渠 6.23km，重建桥梁 16 座、提水泵站 2 座、涵管 12 座、节制闸 3 座，维修节制闸 1 座，工程等级为Ⅳ等，抗震强度为 6 度。核定工程总投资 2505.86 万元，工程已于 2011 年完工。

2020 年夏津县截污导流工程共调节水量 94.03 万 m^3，回用 37.77 万 m^3 并全部用于农业灌溉，共计灌溉面积 5587 亩。

既能保证七一·六五河水质长期稳定达到Ⅲ类地表水水质标准，又能解决水资源短缺与水环境严重污染的

尖锐矛盾，做到节水、治污、生态保护与调水相统一，形成“治、截、用”一体化的工程体系。（孙玉民）

【临清市汇通河中水截蓄导用工程】

临清市汇通河中水截蓄导用工程位于临清市城区。主要工程建设内容包括：新建红旗渠入卫穿堤涵闸1座；北大洼水库至大众路口铺设管线长度417m（单排ϕ2000mm管），顶管管线长度85.15m（双排ϕ1500mm管）；大众路口至石河铺设管线长度2159.25m（双排ϕ2000mm管）；红旗渠4.03km河道清淤疏浚及红旗渠纸厂东公路涵洞、红旗渠纸厂1号公路涵洞、红旗渠纸厂2号公路涵洞、红旗渠纸厂3号公路涵洞等4座过路涵洞改建。工程2008年12月27日开工，2010年7月30日完工，2011年12月30日通过验收。新增工程主要是在临清十八里干沟入口及临夏边界建设节制建筑物，主要包括：十八里干沟入口闸工程，西支渠北朱庄闸工程，中支1渠小屯西闸工程，中支2渠小屯闸工程，东支渠柴庄闸工程，相关沟渠清淤11.42km。2016年6月5日开工建设，2017年12月13日通过完工验收。

工程由山东省南水北调工程建设管理局委托临清市南水北调工程建设管理局为项目法人。工程建成后，由临清市市政管理处实际运行管理，纳入整个城市公共设施管理范围，机构改革后，市政管理处隶属临清市综合行政执法局（临清市城市管理局）。2020年，工程运行正常，闸门启闭正常，渠道、管道、水库水流平稳，2020年度拦蓄、导用中水2190万m^3。

工程的建成，使污水处理厂处理后的中水，通过红旗渠、北大洼水库、北环路埋管、大众路埋管、汇通河（小运河）、胡家湾水库连成一体，形成城区大水系，既改善了城区水环境，富余水量又可灌溉周围农田，削减污染物，使其在调水期间不进入调水干线，确保了调水水质。（孙玉民）

【聊城市金堤河中水截蓄导用工程】

聊城市金堤河中水截蓄导用工程位于山东省聊城市南部，途经阳谷县、东阿县和东昌府区（后因区划变为度假区、高新区和开发区）。其基本任务是：为避免由河南省下排入金堤河、小运河的污废水污染南水北调输水干线——小运河，将上游下泄的污水进行改排。

该工程于2008年12月底开工，2011年4月完工，2012年11月通过省级竣工验收。截至2011年年底，工程共完成河道土方挖运81.48万m^3，土方填筑1.11万m^3，混凝土或钢筋混凝土0.77万m^3、砌石1.68万m^3，完成钢筋制作安装244.9t。完成新建马湾节制闸和排水闸各1座，改建油坊穿涵工程1座、公路桥2座、生产桥33座，完成渡漕10座、涵闸6座、排涵10座、倒虹吸1座，以及新建工程管理所1处。完成投资3896.59万元。

为加强工程管理和中水回用力度，使其更好地发挥综合效益，利用工程招标结余资金和基本预备费实施了工程后续治理项目。工程于2012年10月开工，2015年5月完工。完成河道衬砌治理长度1.62km、河道清淤2.32km，新建、改建生产桥4座、涵闸7座、排水涵洞33座，新建液压坝1座，建设管理道路7.8km。工程完成投资1326.59万元。

工程全长约65km，涉及聊城市的阳谷县、东阿县、江北水城旅游度假区、经济技术开发区和高新技术产业开发区等5个县（区）。运行管理工作按照属地管理原则，由市（县）南水北调办事机构分级管理，即由市南水北调局负责总体协调调度管理，导流渠道管道沿线县（区）南水北调办事机构进行日常管理。

2020年南水北调送长江水期间，金堤河中水截蓄导用工程服从省（市）南水北调局调度，汛期由聊城市防汛抗旱指挥部统一调度。同时5县（区）具体负责对导流渠道输水水质、水位、流量等项目进行检测，并对堤防和建筑物进行管护和维修等。工程在南水北调干线输水期间导用中水300万m^3。

聊城市金堤河中水截蓄导用工程属于非营利性工程，经过几年来的长期运行，个别河段出现了淤积，有的建筑物需要维修，为使工程更好地发挥综合效益，特申请山东省南水北调专项资金用于维修和运行管理经费。

2020年，按照运行调度原则，利用聊城市金堤河中水截蓄导用工程及其续建项目，将金堤河、小运河上游来水拦截并导流排入徒骇河，保障了南水北调工程输水干线水质。通过对河道的新挖、扩挖及提防的加固和生产桥的建设，扩大了河道的过水能力，提高了当地的防洪标准，也给沿岸群众的交通运输带来了便利，改善了沿河农田灌溉用水条件。（孙玉民）

陆　中线一期工程

概　述

【工程管理】 2020年是中线工程全线通水第六年，中线建管局进一步贯彻落实“水利工程补短板、水利行业强监管”的水利改革发展总基调，提出“精准定价、精细维护”理念，推动工程管理向精细化转变。

（1）落实“精准定价、精细维护”理念，规范维修养护项目全过程管理。为实现“精准定价”工作目标，中线建管局进一步完善维修养护定额，推行项目预算清单制和费用标准定额制，提高预算编制的精准度，不断加强造价管理的规范性和准确性。

为实现“精细维护”工作目标，中线建管局从维修养护项目排查、方案编制、维修单位的选择、过程质量认定（评定）、进度、安全文明施工等环节上求精、求细，进一步提升维修养护质量。结合标准化建设工作，中线建管局组织编制完成《南水北调中线干线工程建设项目安全设施“三同时”管理办法（试行）》，规范了中线干线工程新建、改建、扩建工程项目安全设施管理；在河南、河北分局开展标准化渠道试点建设，为规范渠道维修养护标准提供参考依据，推动工程管理向精细化转变。

（2）以问题为导向，补齐工程短板。2020年，中线建管局开展了穿黄隧洞（A洞）检查维护、北京段PCCP停水检修、总干渠部分渠段水下衬砌板损坏修复处理等项目，集中解决了一批影响工程运行和供水安全的问题隐患；针对总干渠部分建筑物存在淡水壳菜附着问题，开展了淡水壳菜侵蚀影响及防治措施研究工作；为提高工程形象面貌，防范可能存在的隐患，开展了渠道及建筑物表面变黑原因及处理措施研究工作，不断补齐工程短板，提高工程运行安全。

（3）开展工程年度安全评估工作。为做好南水北调中线干线工程安全鉴定工作，规范其技术工作内容、方法及安全准则，科学研判工程安全状况，优化调度方案，明确检修方式，保证工程安全运行，中线建管局继续组织编制《南水北调中线干线工程安全评价导则》，作为《南水北调中线干线工程安全鉴定管理办法》配套的技术标准使用，并通过了南水北调专家委咨询。同时，中线建管局组织开展了南水北调中线干线工程2020年度安全评估工作，为了解全线工程安全状况，发现安全隐患，合理安排维修养护和检修计划，做到积极主动的事前安全管理和风险管控，也为定期安全鉴定工作提供基础。

（余梦雪）

根据原国务院南水北调工程建设委员会批复的南水北调工程项目法人组建方案，2004年8月，水利部组建了南水北调中线水源有限责任公司。作为南水北调中线水源工程项目法人，在工程建设期负责丹江口大坝加高工程、丹江口库区征地移民安置工程和中线水源供水调度运行管理专项3个设计单元的建设管理。2014年12月，中线一期工程正式通水。2020年，中线水源公司在继续履行好项目法人职责的同时，落实好水源工程运行管理的主体责任，全面完成年度工作任务，保证了工程安全、库区安全、供水安全和国有资产的保值增值。（米斯）

【运行调度】　2020年，中线水源公司全面推进丹江口大坝加高工程运行维护管理、水库运行管理、工程安全质量监管，认真履行供水主体责任，与汉江集团公司、中线干线局协调配合做好水量调度实施工作，全力保障供水安全。2020供水年度实际完成供水量87.6亿m^3，是水利部下达70.84亿m^3计划供水量的123%。

各级输水调度人员不分昼夜，时刻坚守在调度生产一线，立足岗位、尽职尽责。2020年中线工程利用丹江口水库腾库迎汛的有利时机，于4月29日至6月20日实施了首次加大流量输水工作，整个过程历时53天，成功实现了54个断面加大流量过流，累计供水18.56亿m^3。完成惠南庄泵站应急工况桌面推演，以及切换备调度中心应急演练工作。配合完成北京段PCCP管道首次60m^3/s加大供水试验。组织开展全线各渠段水面线计算及输水建筑物水头损失分析，并整理编制成果报告。组织开发输水调度App，首次实现在外网条件下查看全线水情，并在全线成功试用。对现有自动化调度系统深度试用，紧密结合调度需求，推进专网自动化调度相关系统整合，进一步推动中线调度向智慧化迈进。2020年全年累计下达调度指令51863次，日常精准调度，冰期、汛期特殊调度科学有效，确保全年输水调度安全、平稳。

（中线建管局总调度中心）

【经济财务】

1. 生产经营情况分析　截至2020年12月31日，中线水源公司资产总额454.30亿元。2020年实现营业收入7.94亿元，营业总成本为14.57亿元，营业成本为12.03亿元。

2. 基建投资情况　截至2020年12月31日，中线水源工程累计批复概算548.93亿元，累计到位资金548.93亿元，累计完成支出543.77亿元。

3. 水费情况　截至2020年12月31日，公司当年应收水费11.19亿元，实收水费8.33亿元（含陈欠水费2亿元），累计应收水费56.02亿元，实收水费41.43亿元，水费收取率74%。公司在保证工程运行维护的基础上，累计偿还银团贷款本金12.18亿元。（都瑞丰）

4. 水费收入　在北京市停水检修半年无法供水，水费收入受限，同时受新冠肺炎疫情影响，经济下行压力加大，地方财政收支矛盾加剧，重点保居民就业、保基本民生、保市场主体、保基层运转，水费收取难度持续加大的情况下，采取了以下措施。

（1）根据各省（直辖市）实际情况有针对性地制定水费收取工作方案，细化水费收取时间节点和工作步骤，及时了解掌握水费收缴过程中出现的有关问题，特别是新冠肺炎疫情影响对地方缴纳水费带来的影响。

（2）动态跟踪各省（直辖市）水费筹措落实进展情况，按时完成水量计量双方确认，按照合同约定的水费交纳时间节点，及时发函告知供水情况及水费交纳事宜。

（3）紧紧依托水利部南水北调司、监督司的大力支持和局领导的靠前指挥，建立和强化领导层面和工作层面的沟通协调机制，及时向水利部报告各省（直辖市）城市供水与生态供水水费交纳情况，探索水费收取和水量调度挂钩形成水费催收传导压力。2020年，收取水费77.74亿元，其中生产生活用水73.86亿元，生态补水3.88亿元，是年度下达任务的130%，为工程正常运行维护和按期还贷提供了充足的资金保障。

5. 资金拨付

（1）建设资金。中线建管局按照资金结算和支付程序，结合已核准完工财务决算，严把建设期工程尾款支付和质保金回退审核关，对外支付9.83亿元。

（2）运行资金。根据各分局上报的资金计划，按照确有必要的原则，严格对照年度下达预算，全年累计拨付分局运行资金28.51亿元；根据合同完成情况，拨付直属公司进度款5.32亿元。

6. 资金筹措　根据水利部贯彻落实国务院南水北调后续工程工作会议精神工作方案，成立工作专班，抓好“一线两库”中线后续工程建设资金筹措事宜。

（1）及时跟踪中线后续工程规划及相关前期工作，准确掌握工程总投资和年度建设资金需求。

（2）梳理有关政策和调研情况，从融资期限、成本、额度、程序及前提条件等方面进行比较分析，研究提出了采取银行贷款方式为主进行融资的工作建议。

（3）根据“谁受益、谁分摊”的原则，对引江补汉工程投资分摊方式进行了深入研究。

（4）加强与国家开发银行、农业发展银行、工商银行、建设银行、中国银行和农业银行的沟通洽商，结合两库一线实际，根据最大融资能力，初步形成了“1＋4＋N”融资初步建议方案，充分利用开发性政策性金融工具等国家各方面有利政策，研究提出中线后续工程建设资金筹措方案，合理安排资金结构，尽可能降低资金成本。

（5）及时将建设资金筹融资研究成果有机结合到雄安调蓄库和引江补

汉工程可行性研究报告中。

7. 贷款偿还

（1）根据中线一期工程银团贷款协议，中线建管局全年偿还本金12亿元和支付利息12.77亿元。

（2）银团贷款调整。利用银团贷款定价基准转换有利时机，利用中线后续工程贷款作为杠杆，经与国家开发银行等6家银团成员行洽商，同意中线一期主体工程银团贷款在平转的基础上，在政策范围内下调最大幅度0.208%，据此测算累计减少利息支出3.85亿元。

8. 预算管理　落实“精准定价，精细维护”工作要求，将深化全面预算管理作为铸精品工程的重要抓手，不断推进全面预算管理往深里去、往实里去、往细里去。

（1）严格落实《关于进一步加强预算管理工作的通知》（中线局预〔2019〕28号）有关要求，调整维修养护项目预算申报审批程序，强化专业管理部门和中介机构审查力度，重点加强视同日常管理的专项项目和专项项目的立项审查、预算申报审查，严格控制维修养护支出。

（2）对预算执行监控信息系统进行优化升级，初步实现项目预算在线申报审批功能以及项目立项、预算申报、执行监管（采购、结算、进度）和执行情况考核等全过程管理，并与计划合同系统、财务系统互联互通、共享数据。

（3）进一步完善预算考核评价体系，实行日常考核与年终考核相结合方式，考核内容包括预算编报质量、预算执行、项目后评价3个方面，将预算考核评价结果纳入年度经营责任制考核体系，并与下一年度预算审批、监督检查和绩效奖金挂钩，充分激发预算执行单位内在动力。

9. 资产管理　严格落实局长专题办公会提出的“要以最高标准建设成具有中线干线工程特点的资产管理体系”的有关要求，按照资产管理体系建设总体方案实施步骤，扎实推进资产管理体系建设，取得了初步成效。

（1）积极开展调研，及时调整思路，顺利完成资产分类标准与代码体系建设，形成了资产统一身份编码技术规范，固定资产实物管理、价值管理分类标准与代码，无形资产资分类标准与代码，物资分类标准与代码五套标准。

（2）制定资产全面清查实施方案，编制资产全面清查指导手册，积极推进资产清查试点，完成31个设计单元工程资产全面清查工作。

（3）根据资产管理实际情况和资产全面清查的技术需求，组织研发出了资产清查管理数据平台，对资产清查过程和结果做到了数据全局可控、过程实时跟踪、状态及时反馈、数据关联可溯。

10. 完工财务决算　2020年，共有23个完工财务决算通过水利部完工财务决算审计并重新修订报水利部，提前完成水利部下达督办任务。

中线干线工程应编报完工财务决算86个，已编报完成84个。

（杨君伟　张卫红　赵伟明　方红仁　陈蒙）

【工程效益】　2020年是南水北调中线一期工程通水后的第六个年度，入汛以来，中线水源公司严格落实工程防汛责任，及时进行隐患排查处理，汛期水库水位严格按照汛限水位控制，工程运行平稳，安全度汛；在超额完成全年供水任务的情况下，水库最高蓄至164.76m，确保了工程安全、供水安全，充分发挥了工程防洪、供水、生态等综合利用效益。

1. 经济效益　南水北调中线工程自全线通水以来，直接受益人口已达7900万人。通水后，中线由规划的补充水源实际已成为受水区众多城市的主要水源，北京市、天津市等大中城市缺水情况得到极大缓解，同时中线工程为京津冀协同发展、雄安新区建设等重大国家战略的实施提供了可靠的水资源保障。

2. 生态效益　南水北调中线工程深入贯彻落实习近平总书记生态文明思想，积极探索破解华北地区地下水超采问题，在保障京津冀协同发展、雄安新区、北京城市副中心战略实施及改善区域环境的同时，全面提升水安全水平，积极做好向受水区河流实施生态补水工作，助力黄淮海平原尤其是华北地区生态修复与地下水超采综合治理，充分发挥工程生态效益。

河南省境内白河、贾鲁河、淇河、安阳河等25条河流水清岸美，成为沿线群众娱乐休闲的好去处。河北省滏阳河、滹沱河、七里河等13条河流保持长流水，缓解了海河流域“有河皆干、有水皆污”的困局，特别是邢台市七里河下游的狗头泉、百泉干涸了18年，2020年实现了稳定复涌；生态补水恢复了河道基流，形成有水河段长度超过1200km，比海河的总长度多了200km。天津市海河水位升高，城区段河道水质明显改善。

3. 社会效益　随着社会经济和城乡一体化发展，中线工程供水范围和供水目标已经扩大至城市郊区，部分农村地区也用上了南水北调水，生态补水的比重也在日益加大且成为常态化。中线工程由原规划的补充水源成为受水区城市供水不可或缺的主力水源。　（中线建管局总调度中心）

【科学技术】　2020年，贯彻落实创新驱动发展理念，坚持问题导向和目标引领，克服新冠肺炎疫情影响，创新体制机制，紧贴工程实际需要，从完善科技创新体系、国家级课题和局级课题实施、科技成果总结推广、专项设计方案编制、穿跨越项目技术方案审查等方面做好科技创新管理工作，为保障工程安全、平稳、高效运行提供了坚实的技术基础。

（高森　李玲）

南水北调工程申报国家科学技术进步奖工作办公室成立后，中线水源公司作为报奖工作办公室成员单位之一，按照水利部调水局的工作要求，积极参与南水北调中线一期工程报奖有关工作。

完成对各主要参建单位在中线一期工程获省部级科技奖励情况、知识产权（发明专利、专著、论文）、标准规范等梳理工作，积极做好南水北调工程国家科学技术进步奖申报材料的编制工作，将主要创新内容（或方向）提交长江设计集团有限公司，配合长江设计公司开展整个项目工程创新点提炼、提名书编写等工作。

（米斯）

【创新发展】 2020年中线建管局积极配合做好中国南水北调集团有限公司组建的相关工作，并根据工作要求和现实条件，推进改制方案、公司章程起草报批等公司制改制工作。

1. 抽调专人配合集团公司组建 按照集团公司及中线建管局统一部署安排，抽调多人参与集团公司成立大会筹备工作。高质量完成了筹备大会工作方案的起草等各项既定工作目标，建立了运行有序的工作协调机制，确保了集团公司成立大会的顺利召开。

2. 修订公司章程（草案）

（1）按照《中国共产党国有企业基层组织工作条例（试行）》有关要求，对公司章程（草案）进行了修改，加入公司党组织章节，进一步明确了党组织的职责权限、机构设置、运行机制、基础保障等重要事项，明确了党组织研究讨论是董事会、经理层决策重大问题的前置程序，落实党组织在公司治理结构中的法定地位。

（2）参照集团公司章程，进一步修改完善中线建管局改制所需的公司章程（草案）。

3. 完善改制工作方案 结合有关工作要求和中线建管局实际，进一步修改完善了中线建管局的改制工作方案，梳理提出了“两步走”的改制路径、分阶段的改制目标以及近期改制相关的产权结构设置、公司治理安排、债权债务处理、劳动人事分配等事项。12月3日，组织召开中线建管局公司制改制工作方案专家咨询会，与会领导、专家和局属有关部门对有关边界问题和具体内容进行交流研讨，并向局领导进行3次专题汇报，按照会议讨论精神进一步修改完善了中线建管局改制工作方案和公司章程（草案）。 （武晓芳 李文斌 黄跃）

【生产安全】 2020年，是充满挑战的一年，也是振奋精神、砥砺意志的一年。南水北调中线建管局紧紧围绕水利部“水利工程补短板、水利行业强监管”水利改革发展总基调，强化底线思维，坚持问题导向，推动水利安全生产标准化一级达标创建，加大安全风险管控、监督检查和问题整改力度，高标准、高起点、严要求，确保工程安全、供水安全、水质安全，全线无生产安全事故。

（1）水利安全生产标准化一级达标。根据《水利工程管理单位安全生产标准化评审标准》，结合工程运行安全管理需要，新印发管理标准32项、技术标准72项、岗位标准36项、规章制度51项，修订完善安全生产规章制度42项，基本涵盖了运行管理全过程，实现了制度建设标准化。通过对制度化管理、现场管理、风险隐患管理等安全管理内容的梳理分析和完善，进一步强化了安全管理的系统性，顺利完成水利安全生产标准化一级达标创建。

（2）开展安全风险管控，彻查整改安全隐患。组织开展安全风险辨识、分级和评估，编制完成《建（构）筑物及生产设备设施安全风险清单》《作业活动安全风险清单》《安全风险管理清单》，经评估，全线固有重大风险801项、较大风险6307项、一般风险10072项，经采取相关措施后，全部降低为可接受的低风险。严格按照“两个所有、双精维护”的要求，持续有效开展问题自主查改工作。2020年度，现地管理处问题自主发现率和自查问题整改率分别达到99.56%和99.06%，有效地控制了小问题转换为大问题，消除了事故隐患。

（3）对场内道路交通安全改造升级进行研究。从人、车、路、环境4个层面，坚持以问题为导向，针对驾驶人员及相关工作人员管理、车辆管理、交通安全防护设施、监测设备设施、渠道自然及运营环境等开展全方位综合研究。制定了场内道路交通安全防护设施的布设原则，完善了相关管理措施及方案等。

（4）建设有中线特色的安全文化。探索安全生产诚信制度，确立中线建管局安全生产和职业病危害防治理念，构建包括安全价值观、安全愿景、安全使命、安全目标的安全理念体系。

（5）加强监管，严格责任追究。在总结全线通水运行6年来取得经验教训和统计分析历年监督检查发现问题的基础上，对高处作业、临边孔口作业、高边坡深基坑作业等易造成人员伤亡的12类现场作业加强监管，编制印发了《关于进一步加强现场作业监管和加重责任追究的通知》，52项违规行为一律按严重和特别严重问题进行追究，对责任单位按照严重问题2000元/项，特别严重问题3000元/项进行经济处罚；对屡改屡犯的运行维护单位清退出场且三年内禁止参加南水北调中线干线工程运行维护活动。

（李硕）

干线工程

【工程概况】 南水北调工程是缓解

我国北方地区水资源严重短缺局面的重大战略性基础设施，中线一期工程是南水北调工程的重要组成部分，通水6年来，有效缓解了受水区水资源短缺的状况，有力支撑了受水区经济社会发展，有效推动了受水区地下水压采进程，显著改善了受水区人民的用水品质以及受水区过度开发水资源带来生态环境问题。

中线一期工程以2010年为规划水平年，工程任务为“向北京、天津、河北、河南四省（直辖市）的受水区城市提供生活、工业用水，缓解城市与农业、生态用水的矛盾，将城市挤占的部分农业、生态用水归还农业与生态”。

中线工程从位于丹江口库区的陶岔渠首枢纽引水，输水总干渠沿唐白河平原北部及黄淮海平原西部布置，经伏牛山南麓山前岗垅与平原相间的地带，沿太行山东麓山前平原及京广铁路西侧的条形地带北上，跨越长江、淮河、黄河、海河四大流域。

中线总干渠采用明渠单线输水、建筑物多槽（孔、洞）输水的总体布置方案。总干渠陶岔渠首至北拒马河段主要采用明渠输水，北京段采用管涵加压输水与小流量自流相结合的方式输水，天津干渠自河北省徐水县西黑山村北总干渠上分水向东至天津外环河，采用明渠与箱涵相结合的无压接有压自流输水方式。总干渠全长1432km，其中陶岔渠首至北京团城湖全长1277km，天津干线从西黑山分水闸至天津外环河全长155km。

陶岔渠首设计流量为350m^3/s，加大流量为420m^3/s。总干渠渠首设计水位147.38m，北京段末端的水位为48.57m，总水头98.81m。

陶岔渠首枢纽工程和中线总干渠包含众多建筑物，其中中线总干渠共有各类建筑物2387座，包括：输水建筑物159座（其中，渡槽29座、倒虹吸104座、暗渠17座、隧洞8座、泵站1座）；穿越总干渠的河渠交叉建筑物31座；左岸排水476座；渠渠交叉建筑物128座；控制建筑物304座；铁路交叉建筑物51座；公路交叉建筑物1238座。

（中线建管局工程维护中心）

【工程投资】

1. 投资批复

（1）项目批复情况。截至2020年年底，中线建管局建管的中线干线9个单项76个设计单元工程的初步设计报告已全部批复。其中，批复土建设计单元工程67个，自动化调度系统、工程管理等专题或专项设计单元工程9个。

批复的设计单元工程按时间划分：2003年批复2个、2004年批复9个、2005年批复1个、2006年批复4个、2007年批复2个、2008年批复16个、2009年批复22个、2010年批复19个、2011年批复1个，分别占批复总量的2.63%、11.84%、1.32%、5.26%、2.63%、21.05%、28.95%、

25％、1.32％。

（2）投资批复情况。截至2020年年底，中线干线9个单项工程批复总投资1556.40亿元。按投资类型和时间划分详情如下。

1）按投资类型划分。静态投资1256.85亿元，动态投资299.55亿元。动态投资中贷款利息86.54亿元，价差132.16亿元，重大设计变更51.70亿元，征迁新增投资12.65亿元，待运行期管理维护费6.09亿元、防护应急工程4.93亿元、京石段漕河渡槽和邢石段槐河（一）渠道倒虹吸防护动用特殊预备费0.53亿元，中线干线安防系统4.95亿元（2014年批复、2019年下达计划）。

2）按时间划分。2003年批复投资8.26亿元，2004年批复166.15亿元，2005年批复36.06亿元，2006年批复25.59亿元，2007年批复9.81亿元，2008年批复195.71亿元，2009年批复379.24亿元，2010年批复455.33亿元，2011年批复45.92亿元，2012年批复52.67亿元，2013年批复74.92亿元，2014年批复35.01亿元，2015年批复15.99亿元，2016年批复5.46亿元，2017年批复9.47亿元，2018年批复40.82亿元。各年度批复投资分别占批复概算总投资的比例为：0.53％、10.68％、2.32％、1.64％、0.63％、12.57％、24.37％、29.26％、2.95％、3.38％、4.81％、2.25％、1.03％、0.35％、0.61％、2.62％。

3）按项目划分。京石段应急供水工程批复投资231.13亿元，漳河北—古运河南段工程批复投资257.11亿元，穿漳河工程批复投资4.58亿元，黄河北—漳河南段工程批复投资260.13亿元，穿黄工程批复投资37.37亿元，沙河南—黄河南段工程批复投资315.81亿元，陶岔渠首—沙河南段工程批复投资317.15亿元，天津干线工程批复投资107.41亿元，中线干线专项工程批复投资25.20亿元，利用特殊预备费工程批复投资0.53亿元。各项目批复投资分别占批复总投资的比例为：14.85％、16.52％、0.29％、16.71％、2.40％、20.29％、20.38％、6.90％、1.62％、0.03％。

2. 投资计划下达　截至2020年年底，国家累计下达中线干线工程投资计划1556.40亿元，占批复投资的100％。

（1）按资金来源划分。中央预算内投资114.27亿元，中央预算内专项资金（国债）80.85亿元，南水北调工程基金180.20亿元，银行贷款329.71亿元，重大水利工程建设基金851.37亿元。各资金来源下达投资计划占累计下达投资计划的比例分别为7.34％、5.19％、11.58％、21.18％、54.70％。

（2）按时间划分。2003年下达投资2.30亿元，2004年下达投资35.69亿元，2005年下达投资48.51亿元，2006年下达投资71.52亿元，2007年下达投资72.10亿元，2008年下达投资 100.75 亿元，2009 年下达投资 114.02 亿元，2010 年下达投资 181.34 亿元，2011 年下达投资 227.21 亿元，2012 年下达投资 344.12 亿元，2013 年下达投资 234.80 亿元，2014 年下达投资 45.81 亿元（含水利部下达的前期工作经费 3.15 亿元），2015 年下达投资 16.62 亿元，2016 年下达投资 0.53 亿元，2017 年下达投资 15.14 亿元，2018 年下达投资 37.13 亿元，2019 年下达投资 8.80 亿元。各年度下达投资计划分别占累计下达投资计划的比例为：0.15%、2.29%、3.12%、4.60%、4.63%、6.47%、7.33%、11.65%、14.60%、22.11%、15.09%、2.94%、1.07%、0.03%、0.97%、2.39%、0.57%。

（3）按项目划分。京石段应急供水工程下达投资计划 231.13 亿元，漳河北—古运河南段工程下达投资计划 257.11 亿元，穿漳河工程下达投资计划 4.58 亿元，黄河北—漳河南段工程下达投资计划 260.13 亿元，穿黄工程下达投资计划 37.37 亿元，沙河南—黄河南段工程下达投资计划 315.81 亿元，陶岔渠首—沙河南段工程下达投资计划 317.15 亿元，天津干线工程下达投资计划 107.41 亿元，中线干线专项工程下达投资计划 25.20 亿元，利用特殊预备费项目下达投资计划 0.53 亿元。各项目下达投资计划分别占累计下达投资计划的比例为 100%。

3. 投资完成　截至 2020 年年底，中线干线工程累计完成投资 1547.30 亿元，占批复总投资的 99.53%，占累计下达投资计划的 99.53%。其中，2020 完成投资 1.84 亿元。

（1）按时间划分。2004 年完成投资 1.91 亿元，2005 年完成投资 3.60 亿元，2006 年完成投资 73.69 亿元，2007 年完成投资 62.23 亿元，2008 年完成投资 33.00 亿元，2009 年完成投资 111.10 亿元，2010 年完成投资 208.10 亿元，2011 年完成投资 231.03 亿元，2012 年完成投资 387.14 亿元，2013 年完成投资 312.22 亿元，2014 年完成投资 48.41 亿元，2015 年完成投资 10.29 亿元，2016 年完成投资 1.88 亿元，2017 年完成投资 13.89 亿元，2018 年完成投资 38.97 亿元，2019 年完成投资 9.84 亿元。各年度完成投资占累计完成投资（下达计划）的比例分别为：0.12%、0.23%、4.76%、4.02%、2.13%、7.18%、13.45%、14.93%、25.02%、20.18%、3.13%、0.67%、0.12%、0.90%、2.52%、0.64%。

（2）按项目划分。京石段应急供水工程完成投资 233.23 亿元，漳河北至古运河南段工程完成投资 252.12 亿元，穿漳工程完成投资 4.25 亿元，黄河北至漳河南段工程完成投资 267.29 亿元，中线穿黄工程完成投资 36.62 亿元，沙河南至黄河南段工程完成投资 312.38 亿元，陶岔渠首至沙河南工程完成投资 314.92 亿元，天津干线工程完成投资 103.55 亿元，中线干线专项工程完成投资24.45亿元，利用特殊预备费工程完成投资0.35亿元。各项目完成投资占累计完成投资（下达计划）的比例分别为：100.91%、98.06%、92.85%、102.75%、97.99%、98.91%、99.30%、96.40%、97.02%、66.67%。（宋广泽　陈海云　李腾）

【工程验收】 2020年是南水北调中线干线工程验收工作高峰之年、关键之年，同时面临新冠肺炎疫情考验，验收任务艰巨。中线建管局高度重视，根据水利部整体验收计划安排，积极应对，创新工作方式，尽量克服受新冠肺炎疫情影响无法现场查看、集中开会讨论等实际困难，通过电话沟通、视频会议、查看电子验收资料、录制现场视频等形式推动验收工作有序开展。2020年验收任务体量大，作为水利部督办事项，要求完成30个项目法人验收、24个技术性初步验收、24个完工验收，验收工作周周有安排，月月有验收，经常会有全线各段验收同时开展，中线建管局组织各分局提前谋划、统筹安排，进一步细化验收任务，不定期协调验收存在问题，将验收任务责任到人，做到全线验收工作按计划步步推进，确保2020年验收工作顺利开展。

2020年度完成7个设计单元工程档案验收，完成1个设计单元工程档案验收质量评定及5个新增项目档案项目法人验收以及1个设计单元工程档案项目法人验收；消防验收工作已基本完成；编报完成24个设计单元工程完工财务决算；完成33个项目法人验收、28个技术性初步验收、28个完工验收，提前超额完成水利部验收任务，为后期验收工作提供了可靠保障和宝贵经验。

2020年积极协调各方，继续推动跨渠桥梁竣工验收工作，通过主动与各级桥梁主管部门沟通，建立互联互通机制，多角度多途径推动桥梁竣工验收顺利开展。2020年度完成118座跨渠桥梁竣工验收。截至2020年12月底，1238座跨渠桥梁累计完成竣工验收1213座，完成率达97%。

（张阔）

【工程审计】 （1）健全规章制度，提升内部审计规范化、标准化水平。

1）修订印发《南水北调中线干线工程建设管理局内部审计工作规定》《南水北调中线干线工程建设管理局直属单位主要领导人员经济责任审计规定》。

2）编制印发《南水北调中线干线工程建设管理局审计发现问题责任追究办法（试行）》。

3）制定“一手册两清单”，即内部审计工作手册和审计内容清单、审计发现的常见问题清单。“一手册两清单”用于指导审计人员实施内部审计，确保不同审计组对同类审计对象、审计事项的审计内容、审计方法、审计深度和广度等基本一致；指导被审计单位对照“两清单”自查自纠，从源头上减少或避免问题和风险；为审计报告编制、审计责任追究、审计考核等提供标准化问题清单和文书格式。

（2）完善机制措施，夯实“逢事必审”工作体系。

1）丰富审计类型，实现审计全覆盖。通过年度审计、巡查审计、重点项目跟踪审计、经济责任审计和经济财务活动关键环节风险防控等方式，有效提升了审计发现问题和防范风险事项的能力。

2）实行审计问题清单制，确保审计发现的问题依据充分、定性准确。建立《内部审计常见问题清单》为审计发现问题的定性提供了依据。

3）狠抓整改机制措施，确保整改到位，取得实效。建立审计整改协同机制、复核审计机制、整改销号机制、案例警示机制确保问题快速整改到位。

4）严肃责任追究，强化落实管理责任。出台审计发现问题责任追究办法，对直接责任人、领导责任人、直接责任单位、主管责任单位等实施责任追究，方式主要包括警示约谈、通报批评、经济处罚等。

（3）全面实施内部审计，充分发挥“经济体检”作用。2020年共开展内部审计21批次，审计的资金规模约37.6亿元，发现和整改问题803个，提出管理性建议86条，挽回经济损失772万元，促进新建管理制度9个，修订完善制度9个，优化完善业务流程49个。

（4）创新审计模式，加大过程审计力度。为进一步落实“逢事必审”，在全面开展年度例行审计的同时，创新实施日常巡查审计和重点项目跟踪审计。巡查审计方面，自8月以来，对渠首、河南省、河北省、天津市、北京市五个分局的机关及下属16个现地管理处进行了巡查审计；重点项目跟踪审计方面，根据项目进展情况进场审计2批次。提升了审计监督的时效性，对经济财务活动实施过程中的倾向性、苗头性问题，及时向被审计单位提出预警和建议，从而起到“防未病”作用。

（5）健全审计协同机制，强化审计整改和成果应用。充分发挥局领导审计联席会、总审计师协调会、审计配合协同、审计整改协同、内部监督协同等工作机制的作用，营造良好的审计工作氛围，推动内部审计顺利开展。

（6）紧盯关键环节，加强日常经济财务风险防控。按照局预算、采购、合同等管理规定，认真履行项目立项、预算、采购、合同签订等环节的监督职责，参与预算下达会签38次、采购文件审查6次、采购监督3次、非招标项目采购评审14次、合同会签156次，过程中与有关业务主管部门积极沟通、密切协同，提出建设性意见和建议，有效防范和化解外部审计风险。

（7）精心组织，紧密配合外部审计。2020年，组织局属各部门、各单位配合审计署对水利部部长实施经济责任审计1次，提交审计资料49套，回复审计取证单1份，印发配合审计工作动态15期，建立了审计资料提供审核机制；并接受审计署内部审计指导监督司检查1次，提供有关资料21套，回复检查意见2份。（宋湘）

【运行管理】 南水北调中线输水调度的原则为“统一调度、集中控制、分级管理”。在调度管理上，从制度标准到岗位职责建立了一套调度规范化管理体系；在调度技术上，取得多项研究成果并成功应用于调度实践，同时推进自动化调度系统不断完善，目前已基本实现自动化调度；在调度能力上，建立了人员能力提升机制，培养出一支高素质输水调度专业队伍。

1. 输水调度管理机构情况　南水北调中线干线工程输水调度采用三级管理模式。其中，一级调度管理机构为总调度中心，设在北京；二级调度管理机构为5个分局的分调度中心；三级调度管理机构为沿线44个现地管理处中控室。此外，在郑州设立了备调度中心，其设备设施、环境等与总调度中心类似。备调度中心处于热备状态，当总调度中心因突发事件导致功能失效时，备调度中心将自动启用，承担指挥全线输水调度任务。

2. 供水计划制定与执行　根据《南水北调工程供用水管理条例》，中线工程水量调度年度为每年11月1日至次年10月31日。每年10月底，水利部根据长江水利委员会提出的中线工程年度可调水量及受水区各省（直辖市）年度用水计划建议，组织编制并下达下一年度水量调度计划（包括四省（直辖市）年度供水总量及各月供水量）。

为确保年度水量调度计划顺利完成，中线建管局于供水年度初编制年度水量调度实施方案，每月与地方沟通协调，编制下月水量调度方案及具体实施方案，过程中实时关注渠道工情、水情，及时配合地方完成供水计划的临时调整，确保输水调度平稳有序。此外，时时关注丹江口水库来水情况，与水源保持顺畅沟通，把握汛期等水量丰沛时机，根据水利部工作部署，积极与沿线协调，努力实现多供水。

3. 规范化管理情况

（1）建立一套较为完善的输水调度管理标准体系。

自全线通水以来，根据调度生产和管理需要，不断完善输水调度相关制度和标准，形成了四大类15项标准制度。其中，《南水北调中线干线工程输水调度暂行规定》是中线输水调度技术性纲领文件；《输水调度管理标准》是中线输水调度生产的核心管理标准，涵盖了日常调度生产的各项业务要求和工作流程。

（2）建立规范长效的能力提升机制。

1）加强宣贯培训，定期或不定期组织轮训、集中培训、宣贯、技术交流、技能比武等多种形式能力提升活动，确保各级调度人员能够充分掌握安全生产所需的各项业务技能。

2）开展多种形式的应急调度演练，包括模拟总调度中心失效，备调度中心指挥全线输水调度的演练；模拟总调度中心、备调度中心失效，在分调度中心或中控室调度的演练模拟自动化系统失效，人工实施调度的演练等，不断提升调度演练的实战性和模拟工况的复杂性，着实检验全线的应急管理和人员的应急响应能力。

（中线建管局总调度中心）

【规范化管理】 2020年，中线建管局全面强力推进标准化规范化建设，截至2020年年底初步构建了职责、流程、标准、风控、考核“五要素协同”的企业标准化管理体系；完成闸站、中控室、水质自动监测站的工程实体达标建设，开展了创优争先评比活动，同时有序推进标准化渠道试点建设和信息化建设。初步实现了“管理水平有提升、实体建设有成效、安全生产有保证”的阶段性目标。

1. 标准化管理体系初步构建

（1）职责体系。完善了中线运行管理业务模型，梳理形成了涵盖局机关、分局和现地管理处三个管理层级的一体化业务名录。

（2）流程体系。完善了中线运行管理业务流程体系，组织完成主要业务流程图近百项，并将各节点与工作岗位进行匹配。

（3）标准体系。形成运行管理制度标准317项（含技术标准101项、管理标准51项、规章制度128项、岗位标准37项），其中191项运行管理标准已于2020年6月正式出版，分四大系列、9个分册，涉及19个专业，共532万字；完成《长距离大型引调水渠道工程运行管理规程》团体标准立项；梳理形成中线适用法律法规（179项）、指导标准（含国家、行业、地方、团体相关标准共452项）、上级有关文件（129项）清单等。

（4）风控体系。完成《安全风险分级管控管理标准》《生产安全事故隐患排查治理管理标准》等标准编制工作，初步建立中线建管局安全风险分级管控体系，并形成建（构）筑物及生产设备设施、作业活动和安全风险管理清单。

（5）考核体系。通过绩效考核导向作用压实管理责任，经多次调研座谈和征求意见，对局机关和各分局绩效考核指标进行了修订完善，使绩效考核指标更加契合工作任务实际。

2. 工程实体标准化建设有序推进　完成闸站、中控室、水质自动监测站的工程实体达标建设，开展了创优争先评比活动，评选出优秀中控室15个、优秀水质自动监测站8个、“四星级”闸站21座。同时有序推进标准化渠道试点建设，完成河南分局宝丰管理处2.7km试点，安阳管理处4.5km试点，以及河北分局石家庄管理处1段0.5km试点，2段1.248km试点的建设。 （王峰）

【信息机电管理】 2020年是南水北调中线信息科技有限公司（以下简称“信息科技公司”）全面自主接管信息机电各专业运维工作的第一年。信息科技公司全面有序地开展信息机电日常维护工作，确保信息机电系统安全稳定运行。

1. 全面接管南水北调中线工程机电运维工作 优化维护工作流程，完成机电、电力技术标准及制度修编工作。信息科技公司自有人员全面驻守沿线63座需值守的闸站，对闸站机电、电力消防和自动化设备进行7×24小时待命值守，完成规定的巡视、操作工作以及应急操作；组织开展2020年度供配电系统春检试验工作，保证供配电系统运行正常；全面接管全线消防设备设施的运行维护工作，开展消防值班、日常巡视、检测、维修、保养等工作，确保全线消防系统运行正常。推进闸（泵）站标准化建设，组织开展2020年度闸（泵）站标准化建设工作，经管理处自检和初验后，共授予21座闸（泵）站“四星级闸（泵）站”称号。开展沿线冰期输水前期防冰冻设备设施全面检查工作，确保沿线设备设施运行正常，保障冰期输水安全。开展南水北调中线干线工程闸门及启闭机设备管理等级评定工作。积极组织开展闸门和启闭机安全检测工作，建立南水北调中线干线工程闸门和启闭机安全检测周报制度。积极培育和弘扬工匠精神，通过组织筹办职业技能竞赛，激励员工学习充电，提高业务水平，选拔出水利水电高技能人才，推进人才队伍建设。

2. 持续提升信息化保障能力

（1）建设统一数据管理、数据开放、视频能力、数据分析能力的物联网平台。实现终端与应用的解耦，推动终端的标准化，实现终端与应用的无缝对接，在平台部署设备温湿度监控系统、物联网智能锁与人员信息管理系统，实现对全线大部分电气自动化机柜内设备的温湿度情况，沿线渠道内人员进出状态、人员数量、车辆的实时监控。

（2）动环监控系统扩容升级项目。通过对全线各类蓄电池进行实时监测，将小型UPS设备、冲馈电柜等设备接入动环监测采集设备，并将数据对接进入综合监控平台，使运维人员更直观的掌握全线通信电源系统运行情况，提高对全线通信电源的监控力度，减少监控盲区，降低人工巡查巡视的成本。

（3）智慧中线应用架构管控体系建设一期项目。在明确智慧中线建设策略基础上，按照标准先行的原则，信息科技公司开展了南水北调智慧中线应用架构管控体系建设一期项目，编制完成了《南水北调智慧中线应用架构管控体系》，形成了完整的智慧中线应用架构管控标准，用于指导中线的应用系统立项、设计实施及运维环节的工作开展，同时对应用架构管控组织、职责及运作模式、应用系统项目管控流程进行了全生命周期设计。

（4）组织完成信息科技公司一体化运营平台开发建设。通过该平台建立一套与企业发展相匹配的管控信息化体系，制定统一的业务数据标准，将管理思想和业务管理流程固化在系统中，实现业务管理流程化、流程管理信息化，最终实现数据共享、资源整合和精细化管理的目标。

（5）组织完成京石段网络提升项目。先后组织7次割接，完成对局机关业务外网、业务内网、控制专网共79台网络设备的升级更换，包括核心路由器、核心交换机、汇聚交换机、接入交换机，对网络结构进行优化调整。完成NTP设备、室外天线的安装部署，完成业务内网DNS系统的部署。

（6）全力夯实网络安全。

1）开展信息安全加固项目，通过在专网安装CA证书认证系统、IP-SEC加密网关、终端准入以及SSL VPN等采用国产密码技术的加密设备，实现网络安全传输并提供证书管理和密钥管理功能，支撑信息安全加固后的用户身份鉴别，保障网络数据的传输保护，实现调水控制系统和控制专网的高强度安全防护，提升自主可控安全能力，从而有效保障南水北调工程自动化调度系统的安全可靠稳定运行。

2）组织开展互联网应用专项整治行动。对中线建管局互联网应用进行梳理、整治，重点检查面向互联网提供服务、通过互联网接收数据、与互联网有业务交互的应用系统及相关信息资产。共清理弱口令、无效账号218个，清理信息泄露107条，修复系统漏洞46个，下线老旧系统2个，有效提升了中线建管局信息系统安全防护水平。

3）“HW2020”攻防演习顺利结束。中线建管局作为水利部协防单位参与公安部“HW2020”行动，信息科技公司组织对业务进行安全风险评估，制定整改和修复计划。开展安全整改，修复系统风险和漏洞，完善现有系统的安全防护策略，升级系统补丁，修改安全防护策略，做好安全防护。护网期间系统运维稳定，未发生重大安全事件，全力支撑水利部护网行动的开展。

（7）积极推进信息化建设及运维工作。自主开发完成中线建管局订餐系统App，并投入使用；自主开发信息科技公司食堂信息管理系统，系统功能已开发完成；自主开展日常调度系统、工程防洪系统日常维护工作。

3. 全力抓好安全监测业务

（1）顺利接手安全监测自动化系统维护工作。以问题为导向，狠抓问题整改，提升安全监测自动化系统运行稳定性；建立与总工办、各分局、各管理处、各层级的对口联系机制，开展专业培训等措施，保障各项工作稳步有序开展。

（2）顺利完成外观测量监督评价项目与接管准备工作。贯彻落实强监管工作思路，顺利开展2020年第三、第四季度外观测量监督评价工作，为顺利接手外观测量工作奠定基础。编制并上报《2021年度安全监测外观测量接管实施方案》，为信息科技公司承接外观测量业务提供决策支持，确保2021年外观测量平稳过渡、顺利交接、优化实施和高效推进。

（3）启动北斗技术应用研究。为保障南水北调中线工程安全运行，提高工程安全监测自动化、数字化、智能化水平，促进北斗在南水北调工程中的应用，信息科技公司于2020年启动“北斗＋传感器”外观监测自动化试验研究。积极同武汉大学、北京邮电大学、中科院等科研机构，千寻位置网络有限公司、北京迅腾智慧科技有限公司等企业开展技术交流，并探索建立合作机制，初步拟定试验方案，以验证北斗自动化监测精度及技术可行性，以期为南水北调中线工程外观监测实现“北斗＋5G”自动化采集提供经验和支撑。

2020年，信息科技公司顺利取得ISO 9001质量管理体系认证证书、ISO 14001环境管理体系认证证书、ISO 45001职业健康安全管理体系认证证书等，标志着信息科技公司管理基本步入正轨，服务趋于标准。

（姜斯妤）

【档案创新管理】

1. 工程档案专项验收

（1）督促验收整改进度、加强验收协调管理。根据年度验收计划，落实档案验收时间节点及督办任务，通过召开全线专项工程档案专题会等形式，督促参建各单位加快整改进度，提高整改质量。先后配合水利部办公厅完成2020年档案验收重点督办任务施工控制网测量工程、双洎河渡槽工程、中线干线自动化调度与运行决策支持系统等三个设计单元工程档案政府验收工作；完成河北段其他工程档案迎验检查。

（2）积极推进后续新增专项工程项目法人验收工作。根据验收工作要求，加强对后续新增专项工程档案检查验收工作。

1）根据南水北调工程档案管理规定，结合工程建设实际，制定了后续新增专项工程项目档号，并报水利部备案。

2）克服疫情影响，采取远程视频的方式开展电子文件审查，同时根据疫情发展，适时组织专家对档案实体进行现场检查，确保档案验收质量。

2020年先后完成邓上沟排水倒虹吸防洪防护工程、邢石段槐河（一）渠道倒虹吸防洪防护工程、辉县段峪河暗渠穿河段防护加固工程、PCCP管道大石河护砌应急抢险和汛后加固工程、河北境内其他工程、石家庄至北拒马河段生产桥工程、工程维护及抢险设施物资设备仓库建设项目（渠首分局、河南分局、河北分局、天津分局、北京分局）、总干渠沿渠35kV

供电系统无功补偿项目及边坡不稳定弃渣场加固项目（渠首分局、河南分局、河北分局）等15个后续新增专项工程档案法人验收，并全部报水利部备案。

2. 档案信息化工作

（1）优化档案信息化管理平台建设。完善档案信息化平台一期建设有关功能并于2020年11月12日顺利完成验收，并已将会计档案、部分设计单元工程档案及运行档案导入系统，约15万卷；深入优化档案系统资源配置、检索速率、归档及借阅流程；梳理整合原服务器中约30万条目录资源，筛查处理涉密条目，并将原始数据导入信息化平台。

做好现有档案管理系统的运行维护工作，优化档案借阅流程及权限分配，确保档案管理系统的平稳安全运行，为工程档案验收提供支撑。

（2）开展了数字化加工试点工作，实现档案信息数字化和档案查询电子化。中线建管局档案馆保存的档案信息形态主要以纸质形式存在，档案信息资源的经济价值和社会价值难以充分实现，不能满足中线建管局信息化建设的要求，档案馆按照“档案信息化建设项目总体规划”的建设目标，开展纸质档案数字化加工试点工作。已完成20万页馆藏档案数字化加工工作，构建电子档案数据库并与新开发的档案信息化管理平台对接，实现档案信息数字化和档案查询电子化，方便档案检索、档案查阅以及异地利用。

（3）深入调研，制定数据存储策略。档案馆在整理全部历史档案数据中发现，在数据传输、数据存储和数据交换过程中，系统失效、数据丢失或遭到破坏不可避免。

2020年12月8日档案馆在制定数据存储策略时，针对档案信息安全要求高、使用频率相对较低等特点，综合考虑在线和离线等存储方式的技术特点和投资情况等因素，将离线存储方式作为中线建管局海量档案电子数据的存储策略。考虑到数据的安全存储、灾备、定期的介质监管等一系列需求，前往有关单位深入调研硬盘离线存储柜，用于档案数据备份。

3. 档案业务管理工作

（1）档案业务管理与培训指导。组织召开2020年度机关、各分局档案归档会及工程档案验收推动会，为开展2021年档案工作提前做好准备；有序开展计划发展部、水质保护中心、总调中心、财务资产部等各部门档案整编业务指导工作。

按照2020年年初统一部署及档案业务实际，认真开展培训工作：组织各分局、现地管理处，通过视频会等形式召开全线专项工程档案专题会提高档案管理业务技能水平；在馆长带领下组织相关人员参加国家档案局组织的大数据时代数字档案馆（室）建设培训班（在线）业务培训；通过档案验收对南水北调中线干线工程各参建单位、各分局、现地管理处档案整编等进行指导与培训。

合理组织开展大流量输水期间文件材料的收集、整理和归档工作，确保归档的专项资料完整、准确、系统，最大化发挥档案资源的基础支撑作用。

(2) 保密管理工作。根据中线建管局安全保密总体工作要求及部署，档案馆作为局重要保密管理部门，全面系统梳理档案馆各项保密管理工作、制度、规范及配套设备设施，对已归档馆藏档案实体及数据逐卷、逐件进行细致排查并整改到位，同时购置完善相应保密管理工作配套设备设施，积极配合并顺利通过中线建管局各项保密检查工作，不定期开展内部保密培训，以确保各项保密管理工作规范、有序、常态化。做好馆藏涉密档案解密，跟进后续整改工作。

(3) 做好库房日常巡查、维护，保证档案安全。完成日常库房设施设备安全检查及维护工作，基本满足“八防”安全管理要求。

完善库房管理制度，规范库房管理人员工作规范及要求。定期组织安全检查，确保档案库房实体安全。

(4) 做好档案借阅与利用工作，服务工程验收及运行维护。2020 年，馆藏档案资料合计 113105 卷（件），其中科技档案 88705 卷，文书档案 8788 件，实物档案 101 件，资料 15511 件。截至 12 月 31 日累计借阅纸质档案资料 875 余人次，涉及 1908 余卷（件），24298 页复印量。

积极有效配合中线建管局完成水利部巡视组检查、专项审计、各类专项验收及各部门项目管理工作。

(5) 做好档案移交接收工作，确保档案集中统一保管。召开北京段档案移交接收沟通协调会，就北京段工程档案移交接收等工作进行协商，确保满足使用需要，为移交接收做准备。

做好京石段釜山隧洞等 4 个设计单元工程档案移交准备工作；完成渠首分局的镇平县段、淅川县段、湍河渡槽，河南建管局的郑州 2 段、漕河段、卫辉段，北京建管中心的北京段下穿铁路立交、西四环暗涵穿越五棵松地铁站、北京段西四环暗涵，北京水利建管中心的永定河倒虹吸等 10 个设计单元工程档案移交检查工作。做好北京段下穿铁路立交、西四环暗涵穿越五棵松地铁站两个设计单元工程档案进馆上架工作。

完成机关档案 4500 余卷（件）档案移交接收审核与入库上架工作。

(6) 开展馆藏实体档案盘点工作。根据项目合作合同，开展馆藏档案盘点及库架调整工作。根据项目工作内容系统梳理汇总档案实体及数据问题，结合馆内库房实际调整库架。

（陈斌　王浩宇）

【防汛应急管理】 2020 年，中线建管局思想上高度重视，严格落实防汛责任制，提早安排部署，结合新冠肺炎疫情防控要求，汛前组织开展全线防汛视频专项检查、局领导分片防汛督查、防汛检查回头看，参与水利部、流域机构和地方政府防汛工作检查。汛前、汛中和“七下八上”关键期多次召开防汛专题会，及时传达落实各级防汛指示精神和部署防汛工作。修订中线工程防汛风险项目分级标准，组织全面系统排查防汛风险项目，编制2020年工程度汛方案、防汛应急预案和超标洪水防御预案。强化风险管控，保证工程设施设备汛期安全运行。汛期严格执行值班管理制度，实行防汛值班抽查制度，密切关注天气预报及水文汛情信息，保证汛情、工情、险情信息及时汇总传递。分析研判，及时发布预警、启动应急响应会商。强化汛期巡查排险，发现险情及早处置。2020年，面对加大流量输水与汛期叠加和多次局部强降雨影响的严峻供水形势，中线建管局积极应对，科学组织、精准调度，有效保障了汛期的输水调度安全。保证沿线用水户需要。

2020年，结合水利安全生产标准化一级达标创建工作，建立应急预案定期评估修订制度，逐年对中线建管局现有急预案进行评估修订。建立分局应急抢险突击队，落实应急抢险队伍组建及抢险物资、设备的配备及防汛保证水位以下现场备料点物资倒运工作，实施主汛期现场驻汛，汛期发布预警响应通知，结合实际提前安排抢险人员、设备入驻重要风险点，提前就近布设抢险物资。开发完善防汛管理App系统，实现防汛物资、设备、队伍信息化实时动态管理。制定2020年突发事件应急演练计划，开展防汛应急演练培训，突击进行跨区域调动拉练，不断提高各级人员应急抢险处置能力，保证在发生险情时能够快速进行处置。强化突发事件信息报告制度，积极应对各类突发事件及事后调查处理工作。组织与河南省和河北省地方政府的防汛应急联合演练，强化各级运行管理与沿线省、市、县防汛应急部门的联动机制建设，充分依靠地方政府做好防汛应急工作，包括汛前联合检查、联合召开防汛会议、共享水文气象信息、抢险物资保障、汛情险情信息通报、抢险救援机制等。（金泉　马晓燕）

【工程抢险】　2020年，采用应急项目方式处置的工程为渠首分局退水闸退水渠应急处置。加大流量输水期间，白河退水闸退水渠末端砌石护底及两侧护坡局部塌陷、潦河退水闸退水渠海漫段末端砌石护底局部塌陷、湍河退水闸海漫段防护和底板浆砌石发生淘刷现象，现场采用铅丝石笼、宾格石笼、块石、混凝土等进行处置，及时消除隐患，保障工程安全。

（金泉　马晓燕）

【运行调度】　全线输水调度人员严格按照输水调度值班制度做好日常调度值班工作。履职尽责，科学调度，确保全年输水调度安全、平稳。

（1）科学制定月水量调度方案及

调度实施方案，编制生产业务指导手册，明确和细化业务流程；探索建立总调度中心考核机制，推进量化考核。

（2）2020年4月29日至6月20日实施了首次加大流量输水工作，整个过程历时53天，成功实现了54个断面加大流量过流。此次加大流量输水工作对中线工程质量、输水能力等进行了一次全面检验，积累了大流量输水调度的宝贵数据和运行经验，并为后续工程总体验收打好基础。

（3）在全线加大流量输水同时，配合完成北京段PCCP管道首次$60m^3/s$加大供水试验，并成功恢复年度向北京$50m^3/s$正常供水。

（4）2020年9月7—18日，完成总调度中心切换备调度中心应急演练，演练期间全线水情分析、调度指令下发和操作、视频监控等工作全部在备调度中心完成。

（5）结合北京段PCCP加压实验，组织北京调水中心、北京分调度中心、惠南庄泵站3家单位，通过视频会议形式，完成惠南庄泵站应急工况桌面推演工作。

（6）积极推进中线调度智慧化。组织开发输水调度App，将业务专网数据安全摆渡至外网，首次实现在外网条件下查看全线水情，在加大流量输水过程中成功运用。

（7）组织开展全线各渠段水面线计算及输水建筑物水头损失分析，同时完成典型渠段历年水面线计算成果对比分析，整理编制成果报告，为全线水情分析提供调度依据。

（8）汛期在全线各级调度机构全体值班人员中间开展输水调度“汛期百日安全”专项行动。通过此次专项行动的开展，规范了调度值班操作，增强了输水调度人员的业务素质，强化了应急处置能力，有效保障了汛期的输水调度安全。

（中线建管局总调度中心）

【工程效益】 中线工程通水至今，南水北调水已成为京津冀豫沿线24个大中城市地区主要水源。受益人口连年攀升。从根本上改变了受水区供水格局，改善了城市用水水质，提高了沿线受水区的供水保证率。

1. 社会经济效益

（1）受益人口。自中线工程全线通水以来，直接受益人口已达7900万人，其中北京市1300万人，天津市1200万人，河北省3000万人，河南省2400万人。

（2）保障人民饮水安全。在北京市，南水北调水占城区日供水量的70%左右，全市人均水资源量由原来的$100m^3$提升至$150m^3$，有充足的南水保障后，中心城区供水安全系数（城市日供水能力/日最高需水量）由1.0提升至1.2。密云水库蓄水量屡创新高，蓄水量近25亿m^3，增强了北京市的水资源储备，提高了首都供水保障程度。

在天津市，长期以来的“依赖

性、单一性、脆弱性”的供水风险得到有效化解，形成了一横一纵、引滦引江双水源保障的新供水格局，近两年由于引滦水质恶化，南水北调水占城市日供水的95%，几乎已成为天津城市供水的唯一水源。

同时，优良的水质也满足了沿线老百姓对美好生活的向往，受水区对南水的欢迎度十分显著。输水水质保持Ⅱ类水质及以上标准，水质pH值在7.8左右，有益身体健康。例如，河北黑龙港流域9县开展城乡一体化供水试点，沧州地区400多万人告别了长期饮用高氟水、苦咸水的历史。

2. 生态效益　实施生态补水，置换出被城市生产生活用水挤占的农业和生态用水，有效缓解了地下水超采的局面，使地下水位逐步上升，区域生态环境得到有效改善修复，补水河湖生态与水质得到改善，社会反响良好。

（1）地下水位明显回升。河南省受水区地下水位平均回升0.95m。其中，郑州市最大回升25m，许昌市最大回升15m，安阳市回升了2.76m，新乡市回升了2.2m。河北省受水区浅层地下水位回升1.41m；与2019年年底相比，2020年年底浅层地下水回升0.52m，深层地下水回升1.62m。北京市应急水源地地下水位最大升幅达18.2m，平原区地下水埋深与2015年同期相比回升4.02m，地下水位实现连续5年回升。天津市2020年较2015年同期比，深层地下水水位累计回升约3.9m。

（2）河湖水质明显提升。在对北方地区多条河流实施生态补水后，为河湖增加了大量优质水源，提高了水体的自净能力，增加了水环境容量，一定程度上改善了河流水质。在对华北地区多条河流实施生态补水后，白洋淀入淀水质由劣Ⅴ类提升至Ⅱ类，滹沱河、滏阳河、南拒马河等部分河流水质明显提升。

（3）生态环境明显改善。自华北地区生态补水实施以来，沿线河湖生态环境明显改善，绝迹多年的鱼虾重现河流，消失已久的白鹭飞回湖畔。曾经一度成为石家庄北部主要沙尘污染源的滹沱河，如今已是碧波荡漾、鸟语花香。实现了以水生态环境的修复带动整个河道与沿线地区发展，发挥了滹沱河的生态引领作用。为当地百姓营造了优美的亲水环境，人民群众获得感、幸福感和安全感显著增强。　（中线建管局总调度中心）

【环境保护】　积极配合黄委、海委完成穿黄工程、漳河北至古运河南段水土保持验收核查工作。组织选取两个永久弃渣场（西邵明和S4弃渣场）开展安全监测工作，实时监控渣场情况，按年分析评价弃渣场安全状态，提前预警弃渣场安全风险，保障总干渠工程持续安全通水。

针对日常巡查发现的水源保护区内固体废物、生活垃圾、工厂及养殖场等污染源问题，开展深入细致排查，逐一登记在册，及时掌握污染源动态，并上报地方政府备案，多方协调解决，定期跟踪进展情况，营造好的输水外部环境。（马万瑶）

【水质保护】 开展水质常规监测，2020年获得278690组水质数据，其中人工监测数据19880组、自动监测数据258810组。仅大流量输水期间就获得人工监测数据4858组、自动监测数据69738组。监测数据表明：中线一期工程2020年水质稳定达到或优于地表水Ⅱ类标准，明显好于《关于印发南水北调中线一期工程水量调度方案（试行）的通知》（水资源〔2014〕337号）“中线总干渠水质按地表水Ⅱ～Ⅲ类水质标准控制，不低于Ⅲ类水标准”的水质目标，水质安全有保障。

开展藻类监测，将藻类监测纳入日常监测范畴，2020年浮游藻类密度年度均值为424万个/L（显著低于藻类预警值3000万个/L），密度较低，总体可控，水体清澈。开展地下水监测，2020年获得监测数据2300多组，了解了总干渠内排段地下水水质状况及变化趋势，掌握了对总干渠水质影响，保障了供水安全。开展自动监测，2020年获得监测数据30多万组，及时掌握总干渠水质变化趋势，为供水水质提供实时预警服务。

做好大流量输水期、汛期等关键期水质安全保障工作。2020年组织各分局开展突发水污染事件应急演练共48次，特别是11月10日天津分局在西黑山组织开展的应急演练，利用三维可视化应急处置决策支持系统，实现应急智能化决策，切实提高应急工作信息化水平及应急处置效率，有效推进应急管理补短板工作。

开展水生态采样监测专业技能培训、分子生物学检测技能培训，拓宽水生态指标监测技能，为开展水生态监测工作奠定基础；积极开展关键监测指标高锰酸盐指数监测能力比武活动，考察各分局实验室人工监测和自动站在线检测高锰酸盐指数的准确度和精密度水平，提高各实验室高锰酸盐指数检测的准确度和精密度水平。采购完成超高分辨率磁选共振质谱，结合总干渠特性，逐步建立总干渠水体特征图谱库，不断提高环境未知物质的检测能力。做好水质监测自动站运行管理工作，实时监控水质。以问题为导向，编制完成了《水质监测管理标准》（Q/NSBDZX 205.01—2018）等5个管理标准、《水环境日常监控技术标准》（Q/NSBDZX 105.01—2018）等5个技术标准、水质保护岗位工作标准（Q/NSBDZX 332.30.03.02—2018）1个岗位标准；修订完善了《水污染事件应急预案》（Q/NSBDZX 409.20—2021）、《水体藻类防控预案》（Q/NSBDZX 409.21—2021）；开展水质自动监测站试点达标建设工作，编制完成《水质自动监测站生产环境标准化建设技术标准》（Q/NSBDZX 105.07—2018），指导全线水质保护工作。

立足管理、结合实际，开展水生

态防控科研工作。全面加快开展国家“十三五”水体污染控制与治理科技重大专项“南水北调中线输水水质预警与业务化管理平台”课题研究工作；为有效防范总干渠藻类生长、底泥淤积等问题，完成郑州十八里河全断面智能拦藻装置安装和试运行；完成渠道边坡除藻设备研发工作；持续开展底泥清理工作，优化移动式清淤设计方案，开展第二套移动式清淤设备研制工作；持续推进“以鱼净水”等水生态调控试验；组织编制《南水北调中线干线水质与环境保护“十四五”规划》，从水质类别、监测体系、保障体系、风险防控体系、科技支撑能力、管理机制体制等6个方面谋划2021—2025年水质与环境保护工作。

创新开展国家“十三五”水体污染控制与治理科技重大专项“南水北调中线输水水质预警与业务化管理平台”课题研究，开创中线建管局牵头组织开展国家重大水专项科学研究的先例，课题研究任务已基本完成实现了以下创新：

（1）管理方式创新：利用三维可视化应急处置决策支持系统，实现应急智能化决策，切实提高应急工作信息化水平及应急处置效率，有效推进应急管理补短板工作。

（2）技术创新：联合研发了着生藻类、浮游藻类在线监测设备；实现中线输水水质的预警预报功能，有效提高中线输水水质保障能力。

（3）处置方式创新：优化应急处置、强化监测巡查，开发水质水量联调——原、异位协同处置风险防范模式，提高供水保证率。

（4）协作机制创新：建立了中线输水水质信息共享机制，实现了供水方、用水方水质信息共享，有效提升了中线输水水质保障水平。（黄绵达）

【科学技术】　2020年，贯彻落实创新引领发展理念，坚持问题导向，克服新冠肺炎疫情影响，强化需求牵引，精心部署，加强协调，创新体制机制，紧贴工程实际需要，推进科技管理工作全面提升。

1. 科技创新体系研究　组织开展了科技创新体系研究，重点围绕科技创新制度体系架构、激励机制建设、科技人才培养、科技交流平台搭建等方面开展工作，并于12月底提交了初步成果，为中线建管局科技创新体系建设和完善提供了方向指引。

2. 国家重点研发计划项目组织实施

（1）中线建管局如期完成了牵头承担的“南水北调工程运行安全监测与检测体系融合技术研究及检测设备和预警系统示范项目”典型建筑物安全监测与检测体系融合技术方法研究，以及调水工程监测系统评价标准和监控指标研究试点报告，通过了项目中期检查。

（2）密切跟踪“南水北调中线输水水质预警与业务化管理平台”课题研究进展情况。

（3）积极参与“应急抢险和快速修复关键技术与装备研究项目”相关工作。

3. 中线建管局年度重点科技项目管理和实施　及时对各直属单位等提出的科技项目进行立项和实施方案审查。完成了11个科技项目实施方案的审查，批复了输水渡槽流态优化试验研究、基于无人机的渡槽外观检测技术研究、总干渠水体特征与溯源分析研究等6个项目的实施方案。克服新冠肺炎疫情影响，顺利完成了冬季输水能力提升关键技术研究、总干渠输水能力复核和输水潜力研究、典型输水倒虹吸出口异响及水位异常波动研究、总干渠全物质通量监测及关键指标控制项目、南水北调中线干线工程生态环境效益指标体系及影响评估等科研项目实施。

4. 科技成果总结及奖项申报　配合开展水利部关于南水北调工程创新点凝练工作和中线技术总结报告编制工作。首次组织中线建管局科技创新成果申报2020年度水利先进实用技术重点推广指导目录。其中“复杂条件下长距离地下有压箱涵不断水渗水修复技术”被收录。申报水利技术示范项目并通过水利部科技推广中心组织的立项审查。

5. 技术研讨和交流　通过视频会和现场座谈等形式组织开展内部技术交流，积极拓展外部交流，组织参与水库大坝新技术推广研讨会、中国水利学会2020学术年会、大坝工程学会2020年学术年会、第十七届国际水利先进技术推广视频会等技术交流活动。

6. 技术方案审查审批　组织完成了中线向永定河生态补水设计报告、雄安新区1号水厂供水取水口设计方案、复核退水闸退水能力并制定退水闸改造试点方案、北京段工程管理设施设计报告、PCCP停水检修实施方案等项目的审查工作。组织对穿越跨越邻接管理规定、技术要求和导则3个规范性文件进行修订。全年完成75个穿跨邻项目审查，上报水利部备案41项。

7. 安全监测管理　克服新冠肺炎疫情影响，紧急部署上线了安全监测App，实现了自动化采集数据的实时查看。实现远程提取监测数据，进行分析和研判，加强新冠肺炎疫情防控期间对工程工作性态的监控。

在安全监测异常数据问题专题研判方面，对安全监测异常数据问题进行了系统梳理，开展了安全监测专项管理工作，针对新列的测斜管自动化改造、测压管自动化改造、陶岔监测系统升级改造、淅川和天津干线段INSAR变形监控项目的采购、工作大纲审查及实施情况进行跟踪。

（李乔　高林　郝泽嘉）

【移民征迁】　北京段工程管理设施用地土地征迁工作任务艰巨、时间紧迫、情况复杂、极具挑战性，中线建管局积极协调水利部相关司局及北京市委办局纳入中央在京重点建设项目。2020年7月，北京市组织召开项目评审会，同意该项目纳入2020年中央在京重点建设项目，采取“一会三函”方式推进项目开工。北京市住房与城乡建设委员会正式印发中央在京重点建设项目确认函（前期工作函，一函），中线建管局于10月20日向北京市规划及自然资源委员会正式报审“二函”。北京段工程管理设施用地在积极商请北京市区、乡政府，以及规划及自然资源委员会、住房城乡建设等部门及多次与权属人、属地政府协商的情况下，最终达成一致，于2020年12月15日实现先行供地进场开工建设，12月31日正式签订征地补偿框架协议，标志着历时十余年的北京段工程管理设施用地土地征迁工作圆满完成。

按照完工决算要求，全面梳理建设期征迁、水土保持、环境保护等200余个建设期合同，为全线征迁财务决算及设计单元完工验收奠定了基础。本着依法合规和实事求是的原则，完成河南省境内压矿补偿兑付工作，妥善处理安阳中州路桥引桥征地问题等征迁遗留问题。（刘洋洋）

水 源 工 程

【工程概况】 南水北调中线一期水源工程由丹江口大坝加高工程、丹江口库区征地移民安置工程和中线水源供水调度运行管理专项三个设计单元组成。其中，丹江口大坝加高工程于2013年8月29日通过蓄水验收。设计单元工程中418个合同的合同验收已完成。2017—2018年丹江口水库移民安置先后通过湖北、河南两省和非地方项目总体验收初验和国家技术性验收。2019年12月，水利部组织丹江口水库移民安置行政验收，验收通过。中线水源供水调度运行管理专项中的右岸管理码头、武警营房、视频监控系统、安全防护设施、丹江口大坝安全监测整合及自动化系统建设等基本完成。工程管理用房建设项目主体结构通过验收。管理码头趸船项目和综合管理信息系统建设项目稳步推进。（米斯）

【工程投资】

1. 批复概算投资情况　截至2020年年底，已批复中线水源工程概算总投资5489284万元。其中，丹江口大坝加高工程批复317925万元，丹江口库区征地移民安置工程批复5160003万元，中线水源供水调度运行管理专项工程批复11356万元。截至2020年年底批复概算投资计划已全部下达。

2. 投资完成情况　截至2020年年底，水源工程累计完成投资5445064万元，其中：大坝加高工程311197万元（实际完成投资中冲减了贴息收入和存款利息收入5319万元及右岸施工营房清理处置回收资金)，库区征地移民安置工程5125726万元(存款利息收入5731万元冲减投资，两省按批复概算投资计列)，调度运行管理专项工程8141万元。(赵伽)

【建设管理】 2020年，中线水源公司全力推进水源工程未完工程建设。

1. 丹江口大坝加高设计单元 大坝缺陷检查与处理项目除右岸土石坝与混凝土坝连接段沉降变形尚未收敛待择机处理外，其余均已按照计划于2020年6月20日前全部完成。丹郧路化工厂段防洪闸口工程建设，丹江口市政府已督促相关部门完成了施工图设计，预计2021年汛前开工。

2. 中线水源运管系统设计单元 受新冠肺炎疫情防控影响，工程管理用房建设项目于2020年3月25日经丹江口市批准后恢复施工。9月主体结构分部已全部通过验收，各专业安装工程主干管路基本安装到位，其他室内外装饰、安装支线管路等正按计划推进中；提前完成了水利部2020年度督办任务目标。

管理码头趸船建造项目按照中国船级社(CCS)图纸要求已完成下料、小件拼焊及船台搭建，进入趸船主船体拼装阶段。综合管理信息系统总体框架包含应用系统、资源共享服务、工程监控、系统保障环境和系统运行环境等，已纳入丹江口水库综合管理平台第一阶段建设项目一起实施。

(米斯)

【工程验收】 (1) 2020年，中线水源公司完成主标合同变更索赔处理、左岸主标合同验收、右岸主标合同验收、大坝缺陷检查与处理项目及主标监理合同验收。大坝加高工程设计单元418个合同的验收已基本完成。2020年12月11日，顺利通过水利部调水局组织的大坝加高设计单元工程档案专项验收。完成了水库建设征地移民安置环境保护(生态修复、水质监测、环境科研部分)竣工验收。完成管理码头工程、大坝安全监测系统整合及自动化系统建设合同项目完工验收；工程管理用房建设项目完成主体结构分部工程验收，提前完成水利部、长江委督办的工程管理用房本年度建设任务。

(2) 水利部于2020年3月核准了中线水源公司上报的丹江口库区征地移民安置工程(中线水源公司组织实施部分)完工财务决算。中线水源公司着手进行丹江口大坝加高工程和运行管理系统专项工程的完工财务决算编制工作。完成了大坝加高工程各项合同及结算情况的清理、核对及投资执行情况分析工作。同时委托相关单位正在开展丹江口大坝加高工程概算投资执行情况分析报告编制工作。

(米斯 都瑞丰 赵伽)

【运行管理】

1. 工程维护管养 2020年，中

线水源公司通过与运维单位签订运行维护管理工作委托协议，明确相关责任，督促各运维单位抓好工程日常巡查和工程管养维护，加强水文水情测报、大坝安全监测、大坝强震监测等工作，做好监测和数据分析，密切监视工程运行工况。严格落实工程防汛责任，及时进行隐患排查处理。按照委托合同要求联合长江委河湖保护与建设运行安全中心组织开展中线水源工程运行维护管理月度、年度考核，形成考核报告。2020 年 11 月，在长江委组织的 2019 年度丹江口水库管理考核中评分为 945 分。

2. 库区安全运行　加强对丹江口水库 14 个地震自动监测站管理，汛期加密分析研判频次，实时监控库周地震情况；开展蓄水诱发地灾隐患点监测和预报，对 45 处蓄水诱发地灾隐患点开展日常监测管理，增加监测周报，及时共享信息，会同地方政府现场协调处置郧阳区、丹江口市 2 起涉库地灾信访事件，加强群测群防和沟通疏导，保障库周安全稳定。编制上报了《丹江口库区受蓄水影响地质灾害防治专题报告》。

新冠肺炎疫情期间，两次组织水库现场巡查，及时掌握防疫期间水库水域、岸线、消落区现状和库区监测设施、设备安全运行状况。配备了无人机等专业巡查设备，巡查结合卫星遥感提前解译分析，及时发现并现场制止违规利用消落区事件，并向相关部门报告违规行为，配合长江委政法局跟踪协调整改落实。核查处置河南库区网箱养鱼敏感舆情事件，形成专报上报水利部。

开展鱼类增殖放流和遗传档案库建设。中线水源公司完成 162.5 万尾鱼苗年度放流任务，取得遗传档案库信息管理系统软件著作权证书，按期完成长江委督办的 2020 年增殖放流任务。

中线水源公司组织相关单位对库区六县（市、区）未达成共识区进行补充调查，形成管理和保护范围划界实施方案提交长江委。库区征地已取得划拨决定书面积共 40.36 万亩，占批复征地补偿面积 46 万亩的 87%。

3. 陶岔渠首供水计划与执行情况

（1）供水量计划与完成情况。根据水利部（水南调函〔2019〕197 号）通知，丹江口水库 2019—2020 年度陶岔渠首计划供水量 70.84 亿 m^3。2020 年 7 月，水利部（办南调函〔2020〕494 号）调减河南省 2019—2020 年度计划水量 3.18 亿 m^3，折算后陶岔年度供水计划水量减少约 3.32 亿 m^3，陶岔年度正常供水计划调整为 67.52 亿 m^3。

按照水利部办资管函〔2020〕145 号、水利部南调司南调便函〔2020〕22 号及水利部有关安排，2019—2020 年度南水北调中线工程受水区生态补水计划为 11.5 亿 m^3，折算后陶岔年度生态补水计划约为 13.2 亿 m^3。

综上，2019—2020 年度水利部下

达陶岔计划水量80.72亿m^3，其中正常供水计划67.52亿m^3，生态补水计划13.2亿m^3。

2019—2020年度，陶岔实际供水87.56亿m^3，较年度计划80.72亿m^3多8.5%，顺利完成了水量调度计划。月计划执行良好，各月计划完成比例86.9%～135.6%，

2020年度实施了加大供水。2020年3月19日陶岔渠首入干渠供水量达到设计正常供水流量上限350m^3/s，40天后即4月29日开始实施加大供水，5月9日达到设计加大供水流量上限420m^3/s，6月22日开始由420m^3/s逐步下调至350m^3/s，350m^3/s以上加大供水历时54天。

本供水年度共接收调度函指令47份，根据计划和用水情况共调整流量44次，调度目标流量最大420m^3/s，最小150m^3/s，平均290m^3/s。监测1＋300断面实际流量最大432.19m^3/s，最小143.04m^3/s，平均287.62m^3/s。

正式通水以来累计供水342.04亿m^3。水资源的配置目标初现，政治、社会、经济、生态效益显著。

（2）水量监测断面与监测数据共享传输情况。按照水利部（办南调函〔2019〕57号）文要求，陶岔渠首入干渠水量监测断面位置由干渠桩号0＋300切换为1＋300，2019—2020年度中线水源公司按水利部、长江委的要求继续保留了对0＋300监测断面的周期监测。

2020年，中线水源公司以合同方式委托长江委三峡院承担实行24小时水量监测和监测数据实时在线传输、月度报告，为工程运行管理、供水科学调度提供了基础数据信息支撑。

为确保水量监测数据传输系统陶岔渠首段信息稳定传输，公司与中线干线渠首分局多次协商，组织编制和审定了《陶岔渠首枢纽坝址区数据传输光缆敷设改造方案》，对该区域的3根光缆进行了安全防护加固和规范性改造。该光缆改造于11月初通过了中线水源公司供水管理部及陶岔渠首管理处共同组织的完工验收。

（3）水库运行水位情况。2020年2月底水库水位消落至162.5m。3—6月，中线水源公司配合开展了南水北调中线一期工程加大输水调度，陶岔、汉江中下游、清泉沟供水同步增加，水库水位消落加快，6月11日降至最低157.97m。

进入主汛期后，流域连续发生3场洪水，最大入库洪峰流量8620m^3/s（8月20日）。水库实施优化调度，按照长江委调度指令分别于7月23日至8月2日、8月7—14日泄洪，弃水15.22亿m^3。7月底水库水位上涨至161.58m，8月底涨至163.65m。

9月、10月水库来水偏枯，水库及时调减汉江中下游供水流量。10月底水库水位蓄至164.76m，该水位对应死水位以上蓄水量110.04亿m^3。

（米斯　张乐群　黄朝君）

【征地移民】　完成库区移民安置工程98个合同涉及2089卷档案整编移交入库。2020年8月，完成中线水源公司库区移民安置工程档案自验，10月通过了水利部调水局档案验收复核，全面完成公司丹江口库区移民安置工程档案专项验收工作。（张乐群）

【环境保护】　中线水源公司克服新冠肺炎疫情影响，5月下旬组织召开了丹江口水库移民安置环境保护（生态修复、水质监测、环境科研部分）专项竣工环境保护验收会，按规定在网站向社会公示20个工作日。6月29日，中线水源公司按要求在国家环境影响评价指定平台填报公开信息，并向水利部及湖北省、河南省环境保护部门行文报备，按原定目标按期完成竣工验收任务。（张乐群）

【水质保护】　中线水源公司作为丹江口水库运行管理单位之一，在水质保护方面主要负责对丹江口水库尤其是陶岔渠首水质进行监测报告。

水质监测包括陶岔渠首每日定点监测［监测断面位于陶岔渠首上游63m，主要监测水温、pH值等9项常规水质监测指标，依据《地表水环境质量标准》（GB 3838—2002）对pH值、溶解氧、氨氮、高锰酸盐指数、总磷等5项进行综合评价］、丹江口库区以及入库河流的31个人工断面基本项目、15个库中断面补充5项、透明度及叶绿素a等每月例行监测、9个断面的年度底质监测、5个断面的水生生物监测和生物残毒等季度监测、3个断面的109项年度监测及7个自动站的每日自动监测。

参考《地表水环境质量标准》（GB 3838—2002），通过对监测数据的整理、分析、比较和评价，结论如下：

（1）库中15个监测断面按年度评价全年整体水质优良，符合Ⅰ～Ⅱ类水质标准，达到Ⅰ类水质标准的断面占33.3％，符合Ⅱ类水质标准的断面占66.7％。达到Ⅰ类水质标准的断面占比已由2019年的53.3％下降为2020年的33.3％。库中总氮年均浓度为1.02～1.43mg/L，和2019年的1.16～1.42mg/L相比保持稳定。参照《湖泊富营养化调查规范》，每月对库中15个断面的水体营养状态进行评价，结果表明，2020年水库水体总体呈中营养状态。15个断面的年均综合营养状态指数值范围为30.4～39.6，低于2019年的30.7～44.4。

（2）入库支流河口16个断面中除神定河年度均值水质评价为Ⅳ类外，其他15个断面的年度均值水质评价结果均符合Ⅰ～Ⅲ类水质标准。其中，满足及优于Ⅲ类水质标准的断面占93.8％（其中符合Ⅰ类水质标准的断面占25.0％，Ⅱ类水质标准的断面占50.0％，Ⅲ类水质标准的断面占18.8％），Ⅳ类水质标准的断面占6.2％。与2019年相比，符合或优于Ⅲ类水质标准的断面总数略有上升，上升幅度为6.2％。

(3) 陶岔渠首断面全年水质优良。按日评价结果统计，符合Ⅰ类水质标准的有267天，占全年的73.0%；符合Ⅱ类水质标准的有99天，占27.0%；按月度评价结果统计，陶岔渠首断面每月水质符合Ⅰ～Ⅱ类水质标准；按年度评价结果统计，陶岔渠首断面水质符合Ⅱ类水质标准；总氮含量基本稳定保持在0.89～1.09mg/L。

(4) 库区底质有机磷农药和有机氯农药各组分未检出；总磷和重金属（总砷、总汞、总铜、总铅、总镉等）在各样点分布情况不一，其中总磷测值最低的为汉库中心，最高的为浪河口下；总砷测值最低的为神定河口，最高的为丹库中心；总汞测值最低的为堵河河口右，最高的为丹库中心；总铜、总铅测值最低的均为神定河口，最高的均为浪河口下；总镉测值最低的为神定河口、堵河河口左、堵河河口右，最高的为天河河口。

(5) 丹江口水库浮游植物种类丰富，2020年共检测出浮游植物7门168种，且有明显季节差异，2020年3月以隐藻和蓝藻为主；6月以硅藻、绿藻和隐藻为主；9月以蓝藻和绿藻为主，藻密度最高；12月以硅藻和隐藻为主，藻密度最低。从浮游植物密度组成年际变化来看，2020年藻密度年均值高于2019年藻密度年均值。

丹江口水库水体共检测出浮游动物107种（含桡足幼体和无节幼体），其中原生动物占绝对优势。9月浮游动物密度最高，12月浮游动物密度最低。从浮游动物密度年际变化来看，2020年浮游动物年均值大于2019年。

(6) 丹江口水库30组不同食性鱼的鱼体残毒分析显示，2020年鱼体中有机氯、有机磷、金属铅均未检出；镉只在部分鱼体内检出，且含量很低；铜、砷和汞在所分析的鱼体样本中均有检出，汞的含量随着鱼营养级逐级增加，铜和砷的累积效应不明显。

(7) 汉库中心、丹库中心和陶岔3个断面的109项检测结果中，补充5项和特定80项指标评价结果均合格，且有检出项目测值远低于标准限值。综合评价，陶岔断面和丹库中心满足Ⅰ类水质标准，汉库中心满足Ⅱ类水质标准。

(8) 水质自动监测站监测结果表明，按全年监测频次评价结果统计，丹库和汉库7个水质自动监测站对应断面水质符合Ⅰ～Ⅱ类水水质标准；按月均值评价，丹库和汉库的7个水质自动监测站对应断面的水质均为Ⅰ～Ⅱ类；总氮含量基本保持稳定，丹库总氮的浓度变化范围为0.86～1.26mg/L，汉库总氮的浓度变化范围为0.93～1.34mg/L；按年均值评价，丹库和汉库7个水质自动监测站对应断面水质均为Ⅰ类水。

(9) 2020年全年库区及上游支流无突发水污染事故发生，共组织开展1次突发事件应急监测演练。

2020年年初，新冠肺炎疫情期间，中线水源公司按照水利部、长江委要求及时组织开展加密监测，制订了水质应急加密监测方案并实施，对库中15个人工监测断面监测频次由每月1次增加到每月3次，监测指标除常规24项指标外，增加了新冠肺炎疫情特征性指标余氯和生物毒性；7个自动监测站监测频次由每4小时一次调整为每3小时一次，监测结果表明丹江口库区水质未受疫情影响，保证了新冠肺炎疫情期间的供水安全。 （黄朝君）

【丹江口水库来水情况】

1. 降水情况　2019—2020年度，丹江口水库以上流域降水量903.6mm，与多年均值基本持平。枯水期（2019年11月至2020年4月，下同）降雨185.3mm，较多年均值偏多14%，汛期（2020年5—10月，下同）降水量718.3mm，与多年均值基本持平。

2. 来水情况　2019—2020年度，丹江口水库入库水量353.33亿m^3，与多年均值持平，来水总体正常。3月来水偏多明显，为1974年建库以来第二高值，5月、9月、10月偏枯明显，较多年均值偏少30%以上。

3. 来水与预测情况对比分析　2019—2020年度计划中丹江口水库预测来水中值321亿m^3，采用预报下限277.43亿m^3进行计划制定。与预测来水中值比，实际来水偏多10.1%，其中枯水期偏多32.5%，汛期持平。与采用的预报下限比，实际来水偏多27.4%，其中枯水期偏多51.8%，汛期偏多20.2%， （黄朝君）

汉江中下游治理工程

【工程概况】　丹江口水库多年平均入库径流量为388亿m^3，南水北调中线工程首期调水95亿m^3，丹江口水库每年将减少近1/4的下泄流量，为缓解中线调水对汉江中下游的影响，国家决定兴建汉江中下游4项治理工程：兴隆水利枢纽筑坝，形成汉江回水76.4km，缓解调水对汉江中下游的影响；引江济汉工程年引31亿m^3长江水为汉江下游补水；改造汉江部分闸站，保障农田灌溉；整治汉江局部航道，通畅汉江区间航运。

（湖北省水利厅）

【工程投资】　截至2020年年底，汉江中下游治理工程累计完成投资112.01亿元，占批复总投资98%，占累计下达投资计划的98%。其中，兴隆水利枢纽34.24亿元，引江济汉工程67.66亿元，部分闸站改造工程5.14亿元，局部航道整治4.61亿元，汉江中下游文物保护0.36亿元。

（湖北省水利厅）

【工程管理】

1. 坚持以效益发挥为主线，强化工程运行安全监管　密切配合、科学调度，顺利实施2019—2020年度南水北调工程水量调度计划，制订2020—2021年水量调度计划。强化安全生产监管，推进安全生产标准化达标，落实工程防洪度汛措施，保障工程安全度汛。2020年7月7日以来长湖持续超保证水位，防汛形势十分严峻。为发挥工程作用，协调丹江口水库减少下泄，对兴隆枢纽和引江济汉工程实施联合调度，利用引江济汉干渠将长湖、拾桥河洪水排入汉江。7月14—18日共计为长湖撇洪4343.73万m^3，降低长湖最高运行水位约22cm，大大缓解了长湖的防汛压力。

2. 坚持以节点目标为导向，扎实推进验收决算工作　克服2020年新冠肺炎疫情影响，积极开展疫后重振。

（1）协调指导项目法人积极组织复工复产，督促加快尾工建设。

（2）全面梳理验收任务，进一步细化验收计划、压实责任。

（3）加强与水利部相关司局的沟通协调，调整验收工作计划已获水利部批复。

（4）强化在建工程质量监督，指导协调工程验收与核备工作，严把工程质量关。

（5）持续加强督导，对影响验收、决算的重难点问题进行协调与指导。

（湖北省水利厅）

【工程验收】　2020年完成了14个单位工程验收、22个合同项目验收，合同验收总体完成率达到97.9%；商定了41个合同完工结算，合同结算的总体完成率达到96.6%。通过各方努力，完成了2020年度水利部验收考核目标任务。编报了兴隆枢纽、引江济汉主体工程和引江济汉工程自动化调度运行管理系统3个完工财务决算报告。

（湖北省水利厅）

【工程效益】　截至2020年年底，兴隆水利枢纽工程电站全年完成发电量2.41亿kW·h，完成年度计划发电量1.85亿kW·h的130%，超额完成全年发电任务；船闸年累计过船数7052艘；枢纽库区内灌溉水源保证率在100%以上，水位保证率达到90%。

截至2020年年底，引江济汉工程已累计调水232.55亿m^3，其中向汉江补水184.06亿m^3，向长湖、东荆河补水45.22亿m^3，向荆州古城护城河补水3.27亿m^3，有效缓解了汉江中下游生产生活用水矛盾，改善了长湖等流域和荆州古城生态环境。通航方面，已累计通航船舶42802艘次，船舶总吨3207万t。其中，2020年通航船舶6852艘次，船舶总吨573万t。

（湖北省水利厅）

工　程　运　行

京石段应急供水工程

【工程概况】　京石段应急供水工程

起点位于石家庄市西郊田庄村以西古运河暗渠进口前，起点桩号970＋293，终点至北京市团城湖，终点桩号为1277＋508。渠线长307.215km。其中明渠长度201km（全挖方渠段长86km，半挖半填渠段长102km，全填方渠段长13km），建筑物长度26.34km（建筑物共计448座，其中控制性建筑物37座，河渠交叉建筑物24座、隧洞7座，左岸排水建筑物105座，渠渠交叉建筑物31座，公路交叉建筑物243座，铁路交叉建筑物1座）。渠段始端古运河枢纽设计流量为170m^3/s，加大流量200m^3/s；渠道末端北拒马河中支设计流量为60m^3/s，加大流量为70m^3/s。

京石段工程沿线共布置13座节制闸、7座控制闸、13座分水闸、11座退水闸、37座检修闸。通水运行管理期间，通过闸站联合调度，实现渠道输水水位和流量控制、突发事件应急处置退水及建筑物检修隔离等功能。此外，工程沿线还布置了29座排水泵站，定时抽排渠道高地下水位段集水，保护渠道衬砌板不受扬压力破坏。京石段工程沿线共布置安全监测1万多个观测基点，4200多个工程埋设内观测点。南水北调中线建管局河北分局和北京分局负责京石段应急供水工程（部分）运行管理工作。

（河北分局　北京分局）

【工程管理】

1. 河北分局

（1）土建及绿化维护。2020年年初，根据南水北调中线建管局预算下达情况将土建绿化日常项目预算分解至各管理处并通过公开招标选定16个土建绿化日常维护队伍，全面开展工程范围内土建维护项目，确保了2020年度京石段应急供水工程正常发挥功用。为落实“高效干事不出事、凡事必审”的工作要求，探索审计稽查程序前置、贯穿于项目实施过程的新办法，针对安全风险大、技术要求高、工期任务紧、协调关系多的工程维护项目，抽调职能处、管理处骨干人员，组建了水下衬砌板修复、管理处办公楼及闸站建筑物立面改造、石家庄管理处隔离网改造等专项土建维护项目部，提高了项目建设管理水平，闯出了一条符合通水运行期项目管理的新路子。

绿化工作中，完成了京石段工程渠道各部位除草及草体修剪；乔木、灌木、绿篱色块、地被植物浇水、修剪等日常养护；绿化区域场地整理、垃圾清理等工作。京石段树种更新项目完成验收，并开始养护期养护。

成立了土建工程水下衬砌板修复管理分部，实施河北分局邢台至保定段水下衬砌板修复项目，为更好地指导水下衬砌板修复方案，河北分局绘制《水下衬砌板修复项目》施工图纸及技术要求，并印发实施。2020年

11月30日全部完成水下衬砌板修复约4500m²，完成工程投资约2365万元。12月29日通过合同验收，修复后效果满足合同要求。

（2）安全生产。疫情就是命令，防控就是责任。面对突如其来的新冠肺炎疫情，河北分局以确保职工人身安全、工程通水安全为原则，春节前未雨绸缪部署应对措施、紧急储备物资，大年初五分局党委召开专题会议进行研究部署。河北分局成立了应对新冠肺炎疫情工作领导小组，中心组成员分工负责片区疫情防控工作，严格落实属地管理职责。根据疫情防控形势变化，及时动态调整防控方案，突出抓好组织领导、压实举措、作风保障调度三点发力，增设视频巡查岗，全力落实各项保障措施。全体干部职工坚守通水一线，主动补位顶岗，以一以贯之的工作力度，做好疫情关键期阻击和常态化防控工作，无疑似病例、无确诊病例，实现了疫情防控无死角、通水运行不断档、供水补水有保障。

1）全年安全生产形势总体平稳，未发生生产安全事故，安全生产监管保持高压态势。

a. 进一步健全安全生产责任制，分解落实中线建管局40余项制度标准，构建了清晰完整的安全生产责任体系。

b. 进一步做实现场安全生产监管，建立起常态化安全生产督导检查机制，每周抽调专人，以全覆盖视频检查和现场抽查“双结合”的形式开展联合循环检查。

c. 进一步加强安全生产教育培训，组织土建绿化维护单位240余人、分局各级负责人及安全员200余人，开展安全生产专项培训，更换9名考核不合格的项目管理人员。

d. 进一步严明安全生产奖罚机制，出台了严重安全问题报告和举报奖励办法、土建和绿化维修养护项目相关方安全生产奖励办法和处罚办法。

e. 进一步加固重大关键期安全管控方案，安全措施落实到位，未发生影响工程安全运行或造成不良社会影响的问题。

f. 积极开展“安全生产月”、一把手讲“安全生产公开课”、集中安全警示教育、预防溺水专项宣传等活动30余场次，组织各专业应急演练24场次，有力保障了工程安全、人员安全。

2）全局上下高度重视水利安全生产标准化一级达标创建工作，按照“统一部署、逐级落实、全员参与、协同配合”的原则，制定了达标创建工作计划，健全安全生产管理制度体系。

a. 按期完成管理文件编制任务，通过知识竞赛、考试考核、座谈研讨、视频会议等形式开展宣贯学习，做到全员覆盖。

b. 扎实推进标准实施运行及整改，统筹安排模板编制、培训课件、考核题库、经验总结等具体创建任务，完成了先行先试成果50余件。

c. 积极开展自评及改进工作，按时完成安全风险辨识评估，开展达标创建自评“互查联改”活动，组织有关专家进行为期15天的专项检查，梳理典型问题，统一整改要求。

d. 建立处、科、专业的样板评选机制，达标创建工作纳入年度绩效考核及维护单位综合评价，提升各方深度参与安全生产标准化建设的积极性。

（3）问题查改。分局及管理处坚持以责任段与责任区建设、段长制与站长制考核为主要抓手，不断完善全员查改的长效机制和监管机制。

1）建立健全长效机制，深入调研“两个所有”实施中遇到的问题，从组织形式、职能定位、机制完善、监督落实、考核评比等方面，优化全员查改工作方案，在石家庄管理处开展“两个所有”责任制试点。

2）推进视频巡查轮值，新冠肺炎疫情防控关键期在分调度中心及各管理处中控室设立视频巡查专岗，编制了《视频重点监控手册》，通过视频线上巡查累计发现问题750余项。

3）开展联查促改专项行动，班子成员分别带队、相关职能处人员组成检查组，现场检查与视频巡查结合，常态化开展线上自查和互查。

4）强化重点风险监管，在疫情防控、加大流量输水、防汛备汛接续上阵的情况下，及时调整“两个所有”重心，适时开展专项查改活动，合其时、应其需，围绕中心工作，精准发挥效能。

（4）防汛与应急。河北分局防汛工作实行一把手负责制，从分局到各管理处，均由各单位一把手对防汛负总责。2020年，河北分局组织对京石段影响工程度汛安全的各种工程隐患进行了全面排查，并对查出的问题逐一登记备案，动态监控，及时组织处理。按照南水北调中线建管局五类三级的划分原则，排查梳理出京石段工程防汛风险项目9个，均为3级，其中：大型河渠交叉建筑物6座，左岸排水建筑物1座，全填方渠段1段，全挖方渠段1段。按照工程防汛风险项目排查结果，河北分局按照南水北调中线建管局编制大纲要求，完成了“两案”编制，首次编制超标准洪水防御预案并报河北省应急厅和水利厅备案。京石段各管理处将“两案”报送地方有关防汛机构备案。

对内，积极备防，组织检查整改。河北分局通过招标选择了河北省水利工程局作为应急抢险保障队伍。汛前组织维护队伍对防洪信息系统、无线电应急通信系统等设备设施进行全面排查和维修保养，在京石段新乐、定州、保定管理处布各置了一部卫星电话，确保了汛期雨情测报和应急通信系统的正常运行。组织机电服务、35kV管理维护队伍及各管理处进行一次电力供应和备用发电机及其连接电缆、配电箱、应急光源、燃油储备等的安全检查，保证汛期及其应急电力供应安全可靠；对通信光缆进行全面检查，发现问题及时抢修。汛期各运维单位对所辖段内的供电线路和固定、移动发电机组进行定期检查维护，保证处于良好状态。为进一步确保应急抢险的供电需要在新乐、定州、保定管理处各配备了一台120kW应急发电车。各管理处按照南水北调中线建管局印发的《南水北调中线干线工程应急抢险物资设备管养标准（试行）》，物资仓库保持通风、整洁，并建立健全防火、防盗、防水、防潮、防鼠等安全、质量防护措施；应急抢险物资设备按要求分类存放，按要求进行汛前和汛后等检查保养，有破损或损坏及时维修和更换；超过存储年限的及时更新。对于影响工程安全的防汛隐患，分局积极开展风险治理工作，制订了专项处理方案，提高工程抗风险能力。2020年完成了新乐35kV塔基防护、新乐沙河（北）退水渠水毁应急修复工程，对工程防洪度汛起到重大作用。

对外，加强与地方联系互动。河北省防办将南水北调工程列入河北省防汛重点，同时将南水北调各管理处列为河北省防汛成员单位。分局参加2次河北省防指召开的南水北调工程防汛专题调度会，组织召开2次防汛专题会议，重点推进大江大河及高风险左排建筑物的防洪影响治理工作，主要解决了以下3项防汛问题：①砍伐放水河渡槽主河道内树木，削平陡坎；②砍伐曲逆北支排洪涵洞上下游主河道内树木进行；③清除韩庄西沟倒虹吸出口下游土坎，伐除河道内林木。分局联合河北省水利厅组织完善各级政府与南水北调各级管理机构联络沟通机制，协调制定工程沿线省、市、县、乡、村五级联络协调体系，明确相关责任人。确保在汛情预警、水库泄洪时及时通报，在抢险时能够互助联动。

河北分局及各管理处对周边社会物资和设备进行调查，建立联系，以应对突发险情。如遇有紧急情况，自有防汛物资储备不足时，分局防汛指挥部将对自有防汛物资进行统一调配，并向当地政府及防汛指挥机构汇报并请求物资支援。

2020年汛期暴雨洪水未对工程运行造成影响，工程通水运行正常。水毁项目主要为冲沟、雨淋沟等一般问题，河北分局组织各管理处对水毁问题及时进行处置，做到抢护及时，措施得当。

（5）水质监测。6月中旬，渠道水体藻类含量明显上升，河北水质监测中心积极应对，制订处置方案，加密监测频次，实战检验了水质应急监测能力。12月，水质监测中心不畏艰辛，跋山涉水，较好地完成了水利部委托的农村供水工程水质状况抽检监测任务。2020年，河北分局与河北省检察院、石家庄市检察院建立联络机制，定期召开联席会议，开展了“南水北调沿线生态环境综合整治”检察公益诉讼专项活动，共立案办理公益诉讼案件53件，先后清理垃圾8055t、搬迁养殖场52家、关停非法排污企业4家、拆除违建6600m²、绿化土地21718m²，水质风险管控成效显著。

（6）安全监测。对各管理处安全监测月报进行初审，对异常问题提出处理方案，并监督落实。对咨询标月报审核意见进行落实。

完成计划合同系统和预算监管系统数据录入工作。完成安全监测专业预算编制和预算执行。在2020年总干渠大流量输水运行期间及加大流量输水至正常输水过渡期，加强内、外观数据采集及监测频次、提高监测自动化系统运行维护工作等级、加大信息资源共享与互动，强化数据异常分析和处置，分局及各管理处相关人员24小时保持通信畅通处于待命状态。组织《南水北调中线干线运行期安全监测项目安全监测V标合同》验收。组织实施《南水北调中线干线漕河渡槽工程槽身底部与槽墩变形监测项目》项目。组织对监测自动化应用系统中的历史数据进行完整性和准确性检验，对历史数据粗差进行处理。组织安全监测自动化系统硬件维护移交工作，审查信息科技公司提交的《2020年安全监测自动化系统运维实施方案》。参加安全监测内观数据采集工作协调视频会、安全监测数据异常问题研判会、安全监测运维工作座谈会、安全监测自动化系统升级改造项目阶段验收会、安全监测运行监控指标讨论会、安全监测系统评价标准咨询会、基准网建设及测量成果评审会等会议。签订《南水北调中线建管局河北分局借用人员延期补充协议》及《南水北调中线干线工程运行期河北分局安全监测项目补充协议》。

（7）技术与科研。漕河渡槽新增排冰闸水工模型试验项目通过验收。通过现场制作大比例尺模型，开展各种工况的水工模型试验研究，比较各种排冰闸布置方案的排冰效果，确定排冰闸最佳布置方案，验证和确定合理的排冰闸闸门形式，为南水北调中线工程漕河渡槽排冰闸工程布置和闸门选型提供技术支撑。

基于无人机的渡槽外观检测技术研究项目和南水北调中线干线特征与溯源分析研究项目获中线建管局批复，并开展科研工作。

2. 北京分局

（1）土建及绿化维护。2020年年初，根据中线建管局预算下达情况将土建绿化日常项目预算分解至各管理处，并通过公开招标选定5个土建绿化日常维护队伍，全面开展工程范围内土建维护项目，确保了2020年度工程设施正常发挥工用。

为了全面落实“双精”维护工作要求，北京分局相关负责同志多次带队组织现场排查，确定重点维护项目，根据中线建管局下发的工程量清单及单价组织编制年度预算，维护过程中，管理处安排专人现场监管，确保工程质量满足运行管理要求。针对安全风险大、技术要求高的工程维护项目，北京分局采用定期检查和不定期抽查方式对施工质量进行监督检查，管理处委派专人对工程质量全面负责，保证了质量管理体系运行持续、有效，工程质量安全可靠。

完成了易县涞涿段总干渠渠道衬砌板修复、惠南庄泵站前池清淤、水北沟渡槽出口渗水处理、易县管理处东楼山西桥下游段深挖方渠道边坡修复、惠南庄泵站主厂房建筑屋面修缮等专项项目，对工程隐患进行了集中处理，及时消除了工程隐患，确保了工程安全。应地方政府要求，组织在北拒马河退水渠下游0＋400处新建一条应急补水通道，将生态补水直接引入北拒马河中支河道，保证了地方的补水安全。

完成惠南庄泵站2019—2020年全面检修及工程完善项目，主要完成设备检修、备件采购、系统升级改造三方面，16个大项、55个分项、141个小项工作。

（2）防汛应急。北京分局调整了防汛指挥部，建立了分局领导分片督导制度，将防汛责任落实到位。加强与地方水利等相关部门的联动和配合，各管理处对上游河道、水库等进行了排查，同时与地方防汛办、水文、气象、乡村等建立了联系，能及时掌握汛情信息，了解度汛隐患，制定应对措施。汛期，分局将继续利用“冀汛通”App，实时了解雨水情信息，研判汛情发展态势。组织各管理处对防汛风险项目进行了认真排查。经排查，北京分局辖区内防汛风险项目22个，其中2级2个、3级20个（大型河渠交叉建筑物4座，左岸排水建筑物2座，全填方渠段12段，全挖方渠段4段）。组织修订完善了工程度汛方案和防洪应急预案，上报地方备案。首次开展了超标准洪水防御预案编制工作，着力防范和应对可能发生的流域性大洪水。采购了卫星电话、升降平台等应急抢险物资、设备。组织对现场备料点防汛块石和沙砾料进行了排查和倒运。完成“防汛管理”App系统基本资料录入和使用培训。配备了应急保障队伍1支，以应对防汛突发事件的应急保障任务。加大流量输水期间，抢险队伍在易县管理处进行驻守；汛期，抢险队伍分别在易县和涞涿管理处进行驻汛。成立了分局自有人员防汛应急抢险突击队。完成了防洪系统硬件维护工作和相关考核，并顺利交接给信息科技公司。开展防汛应急演练3次，其中联合涞水县人民政府在南拒马河倒虹吸开展了超标准洪水防汛应急演练1次。开展汛期应急拉练2次。邀请专家采取视频连线方式进行防汛知识培训，进一步提高员工应急抢险意识和防汛业务水平。汛期，接到中线建管局汛情预警共5次，分局领导坚守一线指导工作，各管理处人员全部到岗，严格执行24小时防汛值班和领导带班制度，加密工程巡查频次，加强值守力量。8月11日晚，临时增加4个驻守点，确保有险情发生时能够及时发现并快速响应。

组织编制了《北京分局突发事件综合应急预案》。2020年开展各类应急演练20次。12月20日，易县管理处在巡查过程中发现东留召桥上游48m处有衬砌板塌陷。在接到报告后立即按照流程进行上报，组织相关队伍做好抢险应急准备，并积极开展先期处置，截至12月31日，塌陷部位已基本完成临时处理。

（3）冰期输水。北京分局2020—2021年冰期岸冰总长达86.103km（包括左、右岸），冰盖总长31.116km，其中冰盖长度占辖区工程总长43.27%。分局针对冰期输水风险点编制印发了冰期输水工作方案，各管理处编制了冰期输水应急处置方案。分局加强对渠道沿线结冰情况的巡查，组织采购可加热高压水枪3台，于现场配备破冰、捞冰工具及应急抢险车。组织在易县和惠南庄管理处安排应急队伍进行冰期驻守，每个驻守点配有挖掘机1台（惠南庄管理处驻点配备长臂反铲挖掘机），20t自卸汽车1台，驻守人员8名。组织开展了冰期应急抢险演练1次，应急队伍拉练1次。组织对扰冰、拦冰、融冰、破冰设施设备进行了检查维护。12月，北京分局承办了中线建管局冰期应急抢险设备技能比武活动，共有19支队伍参加了此次技能比武活动。比赛设有应急抢险车操作、高压热水枪融冰、油锯切冰、长臂反铲挖掘机打捞浮冰4个项目，进一步提升了现场应急处置水平，确保冰期输水安全。

（4）安全监测。2020年，内观数据人工采集由管理处安全监测人员承担，人工观测频次为3次/月，安全监测自动化系统数据采集频次为1次/天，其中147支测压管未接入安全监测自动化系统，观测频次为1次/周，外观变形观测委托中水东北勘测设计有限责任公司承担，其中易县管理处与涞涿管理处采集频次为少部分高填方渠道断面、输水建筑物和左排建筑物1次/月，大部分建筑物1次/季度。各管理处每月对安全监测数据进行初步分析，形成安全监测月报，并提交分局及安全监测咨询单位审查，对异常数据分析研判，最终形成安全监测简报，其中确定存在的异常问题将列入异常问题台账，进行重点关注。在加大流量输水期间，为及时、准确发现安全隐患，按照中线建管局要求，北京分局对内、外观观测数据采集频次进行加密，加强数据异常分析和处理，分局及各管理处相关人员24小时保持通信畅通处于待命状态。2020年安全监测发现北京分局辖区内一般异常问题3项，未发现危及工程安全的重要异常问题，对辖区存在的异常问题，北京分局组织开展了专项分析讨论，通过加密观测、增设测压管、地球物理探测、现场勘察等手段，排除了中易水倒虹吸出口闸室右岸绕渗测点PR2－CZ渗透压力逐步增大、201+383断面渗压计SUP-1、SUP-2水位快速上涨2项异常问题，现存釜山隧洞洞身1号断面顶拱（M1-1-1）和左拱肩（M1-2-1）围岩变形量逐年递增问题，经专家论证和现场查勘，认为此处无重大安全风险，应继续重点关注。为全面实现安全监测内观数据自动化采集，北京分局组织编制并审查了《北京分局人工观测测压管自动化改造方案》，计划将147支测压管接入安全监测自动化系统。

（5）技术与科研。2020年北京分局组织对基于BIM技术的惠南庄泵站及北拒马河暗渠工程运行维护管理系统研究项目进行了验收，项目建设的惠南庄泵站及北拒马河暗渠工程BIM模型已基本达到使用条件，可通过模型对惠南庄泵站及北拒马河暗渠建设、运行、维护情况进行清晰的记录，为将来工程维护提供了技术支持。组织召开了“十三五”国家重点研发计划“排洪建筑物应急抢险快速修复关键技术与装备研究”的专题四“建筑物淤堵清除关键技术与设备研发”和专题五“自动和流程化快速清污关键技术及装备研发”专题装备现场示范应用技术咨询会，初步确定了下一步现场示范应用地点，并对装备设计方案提出了意见和建议。

（6）水质监测。加大流量输水前对影响过流的水质设施进行拆除；加大流量输水期、加大流量输水调减期加密水体日常监控及巡查，水质自动监测站监测频次加至6次/天，密切关注水体变化情况，2020年水质总体保持稳定。惠南庄泵站检修完成后于5月26日恢复惠南庄水质自动监测站运行。配合做好河北水质移动检测车京、津、冀区域内功能测试、实战演练及水质自动监测站联合比对工作。中易水水质自动监测站、坟庄河水质自动监测站、惠南庄水质自动监测站评为中线局优秀水质自动监测站。

（郭海亮　王海燕　张利勇　尹聪辉
邵桦　刘建深　袁思光
崔铁军　王海燕）

3. 天津分局

（1）土建及绿化维护。2020年度，土建维护项目全面落实“双精管理”要求，不断提升工程形象。在做好新冠肺炎疫情防控的同时，合理配置资源、优化施工安排，主汛期来临前完成岗头隧洞出口、釜山隧洞进口及节制闸下游左岸边坡喷护共计1.96万m^2，确保了汛期边坡稳定。准确抓住北京段停水低水位运行的有利时机，采取水下围堰等措施，完成节制闸后渠段破损衬砌板修复工作，消除安全隐患。完成了渠道各部位除草及草体修剪，乔木、灌木、绿篱、地被植物浇水、修剪等绿化养护工作。

（2）防汛与应急。天津分局成立防汛指挥部，统一指挥分局防汛工作，对防汛负总责。汛前，对工程度汛安全的各种工程隐患进行了全面排查，并对查出的问题逐一登记备案，动态监控，及时组织处理。按照南水北调中线建管局五类三级的划分原则，排查梳理出天津分局京石段工程防汛风险项目12个，均为3级，其中左岸排水建筑物4座，全填方渠段4段，全挖方渠段4段。组织编制防汛应急预案和工程度汛方案并报送地方有关防汛机构备案。

通过招标选择应急抢险保障队伍，现场驻守在西黑山管理处防汛驻守点。汛前组织应急队伍对抢险设备进行全面排查和维修保养，汛中组织开展雨中、雨后巡查。组织南水北调中线信息科技有限公司天津事业部开展信息机电自动化设备安全检查，保证设备设施处于良好状态。按照有关要求进行应急抢险物资设备管理，及时更新台账。完成岗头隧洞出口、釜山隧洞进口和西黑山节制闸下游边坡喷锚防护项目，防护网基础混凝土挡墙项目，高边坡坡脚混凝土块护砌项目，部分截流沟修复项目，对工程安全防洪度汛起到重大作用。

加强与地方联系互动。协调保定市防汛抗旱指挥部办公室将南水北调工程列入防汛重点，同时将天津分局列为保定市防汛抗旱成员单位，确保人员、机械、物资、设备以及雨情、水情、汛情等信息共享。2020年汛期暴雨洪水未对工程运行造成影响，工程通水运行正常。

（3）水质监测。扎实做好水质保护工作，在大流量输水期间，严格落实上级要求，及时拆除拦藻、拦油设施，增加水体巡查密度、监测及采样频次，确保水质稳定达标。通过在西黑山水质自动监测站增设竖屏展示系统，将水质类别、水质站信息、预警信息、上下游多站对比信息等内容进行集中展示，并实现数据图表化，使得各类数据变化趋势一目了然，为有效应对突发性水污染事件、工程调度决策、保障供水安全提供强有力的技术支撑，西黑山水质自动监测站被评为优秀水质自动监测站。

（4）穿跨越项目。组织开展了两个穿跨越项目的施工监管工作，分别为：雄安新区建材运输通道容城至易县公路建设工程跨越南水北调中线干线河北段其他工程，该项目墩柱、桩基、承台已全部浇筑完成，箱梁浇筑完成88%；雄安新区建材运输通道容城至易县公路（S106）建设工程跨越南水北调中线干线河北段其他工程35kV专用线路迁建工程，已完成塔杆支设。

（5）安全监测。及时汇总编制安全监测月报，对异常问题提出处理方案，并监督落实。在总干渠大流量输水运行期间及加大流量输水至正常输水过渡期，加强内、外观数据采集及监测频次，提高监测自动化系统运行维护工作等级，加大信息资源共享与互动，强化数据异常分析和处置。组织对监测自动化应用系统中的历史数据进行完整性和准确性检验，对历史数据粗差进行处理。定期召开安全监测数据异常问题研判会，分析解决安全监测系统数据异常问题。

（6）安全生产。

1）全年安全生产形势总体平稳，未发生生产安全事故，安全生产监管保持高压态势。①进一步落实安全生产责任制，及时调整了安全生产领导小组成员。②进一步加强现场安全生产监管，建立起常态化安全生产检查机制，每周以视频检查和现场检查相结合的形式开展联合检查。③加强安全生产教育培训，组织开展各级安全生产培训280人次。④严格执行安全生产奖惩机制，健全安全违规行为责任追究办法，对施工现场安全违规行为进行相应处罚。⑤加强重大关键期安全加固工作，及时编制加固方案并督促落实。⑥积极开展“安全生产月”、一把手讲“安全生产公开课”、集中安全警示教育、预防溺水专项宣传等活动5场次，组织各专业应急演练4场次，有力保障了工程安全、人员安全。

2）积极推进水利安全生产标准化一级达标创建工作。按照“统一部署、逐级落实、全员参与、协同配合”的原则，制订了达标创建工作计划，健全安全生产管理制度体系。①按期完成管理文件编制任务，通过知识竞赛、考试考核、座谈研讨、视频会议等形式开展宣贯学习，做到全员覆盖。②扎实推进标准实施运行及整改，统筹安排模板编制、培训课件、考核题库、经验总结等具体创建任务。③积极开展自评及改进工作，按时完成安全风险辨识评估，对上级检查发现的问题及时进行整改，梳理典型问题，统一整改要求。

（徐旸　张钧　赵松　李根
赵跃彬　宋彦兵　刘晓垒）

【运行调度】

1. 河北分局　2020年，河北分局及京石段各现地管理处在运行调度方面按照“统一调度、集中控制、分级管理”的原则，全面提升调度环境面貌及调度管理信息化、科学化水平。河北分局分调度中心以中控室、闸站达标创建为支撑，通过开展“两个所有”“强基础、促提升”“全员轮值”等活动，努力提升员工综合素质，确保运行调度系统、信息自动化、金结机电及永久供电系统整体运行平稳，2020年度内未发生设备系统运行安全事故。圆满完成年度供水任务。

（1）水量调度。截至2020年年底，总干渠入京石段断面输水总水量148.24亿m^3，出京石段岗头隧洞断面输水总水量131.75亿m^3。2020年内河北分局京石段输水调度工作正常，其中洨河倒虹吸出口节制闸因高地下水位影响，运行水位控制在设计水位以上0.10m，其余节制闸控制在设计水位附近运行。河北分局京石段8座节制闸均参与调度，2020年远程调度指令门次共5865条，指令执行成功率达99.35％以上。各处值班人员调度台账填写规范，指令执行到位，遵守时限；闸控系统报警接警、现场核实、警情分析及消警工作有序、规范，全年未发生运行调度违规行为。输水调度总体平稳安全，有序开展。在2020年4月28日至6月20日实施加大流量输水阶段，河北分局京石段各现地管理处进一步严格值班纪律、严密调度监控、加强预警响应，配合其他部门有效提升大流量输水工况下的调度运行管控力度，确保了输水安全。2020年6月28日至7月15日，根据中线建管局要求继续加大流量输水工作，7月2—4日河北分局辖区19座输水建筑物进行了过加大流量输水试验，期间全线运行平稳，渠道及各类建筑物、设备设施运行正常，对中线工程质量、输水能力等进行了一次全面检验，积累了大量输水调度的宝贵数据和运行经验。

优化推进分调度中心、中控室职能，打造为“调度运行、安全监管、应急指挥”三位一体的综合管理中心，规范开展全方位、全覆盖的视频动态巡查，编织一张线上与线下同步、人工与科技结合的现场安全监管网络，实现了人力和技术资源的高效利用。

为保证输水调度运行安全，河北分局积极开展“百日安全”活动和“两个所有”等工作，做好各种工况下的调度值班工作，狠抓学习，强化应急，积极组织应急调度业务知识培训，熟练掌握预案，适时开展演练。加强风险管控警示，严密监控水情、工情，确保输水安全。

根据中线建管局统一部署，河北分局持续推进全员值班工作，提高各级输水调度值班人员业务水平。以培养复合型人才为目标，探索实施调度运行岗位一专多能，一岗多责模式，结合各管理处实际情况，在河北分局京石段各管理处中控室推行全员调度值班。通过组织培训、考核等不同形式，提高输水调度值班人员业务水平。

河北分局分调度中心加强日常检查及考核工作。利用电话、视频设备、现场检查等方式加强河北分局京石段各处日常业务自查工作，利用各自动化系统加强辖区内水情数据的审核工作，发现异常及时上报并组织核实整改。

2020年汛期，各现地管理处按要求组织编制各处2020年度防汛值班表，严格执行防汛值班不间断值守、每日报表、天气情况掌握与预警上报工作，积极与分局机关及工程所在地县（市）级政府建立良好沟通机制，做到了各类报表按时报送，信息传达及时准确，防汛预警应对得当。

2020年水量确认工作圆满完成，全部分水口的确认单均由管理处按时确认完成，退水闸生态补水的确认单交由分调度中心，由分调度中心和水利厅调水管理处共同确认。2020年度分水确认量水量与会商系统统计数据完全一致。

（2）调度实体环境改造。2020年6月，河北分局组织实施了闸站标准化建设项目，针对闸站重点开展了闸门防腐、园区照明更换、自动化防鸟网等项目，通过标准化项目实施，进一步提升了闸站标准化建设水平。2020年11月，中线建管局组织了“四星闸站”达标验收，河北分局辖区京石段漠道沟节制闸、放水河节制闸、蒲阳河节制闸、岗头节制闸4座闸站顺利通过验收，其余闸站全部通过“三星闸站”达标验收；为进一步提高中控室标准化、规范化水平，充分调动和发挥现地管理处的积极性和主动性，树立典型、打造“高标准样板”，促进中控室调度生产管理工作的整体提升，保障输水调度安全运行，根据中线建管局统一安排部署，河北分局组织京石段各处开展了中控室标准化建设创优争先工作，2020年认定京石段各现地管理处“达标中控室”称号。

（3）冰期输水。河北分局京石段为冰期重点区段，2020年全段未形成冰封，冰期输水工作顺利完成。河北分局对京石段各管理处冰期准备工作进行了1次彻查，各现地管理处在重要建筑物进口前增设了拦冰索，对全段融冰设备进行了一次连续加热2小时测试，对排冰闸进行了全方面的检查与维护，及时发现冰期设备设施运行存在的问题，并要求管理处及时组织整改，保障了冰期输水工作顺利进行。

（4）调度轮值探索与实践。河北分局率先在分调度中心进行人员轮岗方案试行，以强化调度值班安全保障质量及逐步培养优秀复合型人才为目的，按照“所有人负责所有工作”原则设计轮值具体形式与排班方案，将所有人员分成三组，其中两组负责分调大厅值班工作，一组负责分调中心日常管理工作，三组定期轮换。2020年对值班方案又进行了优化，将所有人员分成七组，夜班七组轮值，其中五组白班轮值。在现地管理处中分阶段、分批次中控室全员轮值工作开展，截至2020年年底，河北分局京石段管理处已经实现全员轮值。2020年4—9月，河北分局通过组织举办输水调度“强基础、促提升”活动，以全员轮值后续问题为导向，以提升运行管理能力为主线，进一步强化了输水调度监管，全面提升调度人员业务素质，达到了预期的效果，京石段评选出优秀管理处2个，成绩突出个人5名，并对优秀管理处及个人颁发了奖杯和证书。

2. 北京分局　2019—2020调水年度，北京分局所辖工程累计向北京供水6.84亿m^3，超额完成供水计划1.53亿m^3，完成比例达128.81%，圆满完成输水调度任务。利用辖区瀑河退水闸、北易水退水闸、北拒马河退水闸，向河北累计补水约1.98亿m^3，有效发挥了生态补水功能。

2020年4月30日至6月20日，北京分局配合完成了总干渠$420m^3/s$加大流量输水，并以$50m^3/s$流量持续向北京供水，日供水量约430万m^3。

2020年5月31日12：00—20：00开展了惠南庄泵站 $60m^3/s$ 设计流量试运行。编制印发《南水北调中线工程 $420m^3/s$ 加大流量输水北京分局工作方案》《惠南庄泵站设计流量6机联合试运行方案》，保证调度的精准实施，克服辖区内所有节制闸过水流量达到加大流量、水位达到设计的加大水位的极端运行情况。（吕权）

3. 天津分局

（1）输水调度。2019—2020调度年度，累计向北京供水10.72亿 m^3，西黑山节制闸年度调度606门次，成功率达98%以上。2020年4月30日至6月20日，西黑山节制闸经受了最高瞬时 $149m^3/s$ 的超大流量考验，圆满完成输水调度任务。

为切实提高值班人员输水调度业务水平及突发事件应急调度响应能力，结合实际出台了《中控室调度生产检查与考核制度》《全员参与中控室调度值班工作方案》。

持之以恒加强调度队伍建设，推进调度人员考试考核常态化，以考促学、以学促进、以进促改，按月组织调度人员培训考试，集中开展业务能力考核，持续推行调度人员持证上岗，通过组织输水调度微论坛、业务知识竞赛等活动，搭建学习交流平台，进一步提升调度业务水平。把"强监管"贯穿调度运行全过程，通过月度自查自纠、不定期抽查、汛期冰期集中检查等多种方式，综合运用现场、电话、视频等检查手段，对各级调度值班工作持续加力，切实提高调度人员责任意识。不断强化调度防控能力，牢牢守住安全运行底线。

（2）闸站标准化建设。按照中线建管局工作部署，把闸站标准化建设作为重点工作持续推进。按照《闸（泵）站生产环境技术标准（修订）》、《关于做好中线建管局2020年度闸（泵）站达标建设工作的通知》（中线局信机〔2020〕25号）的相关要求，对辖段内岗头隧洞出口检修闸、刘庄分水口、西黑山节制闸、西黑山进口闸、釜山隧洞进口检修闸进行全面标准化建设。本着"高标准、严要求"的原则，重点对建筑设施、标识系统、闸站日常环境、生产工器具、消防设施等进行逐步提高和完善，大大提高了辖段内闸站标准化水平。西黑山进口闸通过验收，获评"四星闸站"，其余闸站全部通过"三星闸站"达标验收，西黑山管理处中控室获得"优秀中控室"荣誉称号。

（3）冰期输水。针对冰期运行存在冰塞、冰坝、设备故障、冻胀破坏等冰冻灾害风险，不断完善冰期输水工作方案和应急预案，对融冰、扰冰、拦冰、排冰、捞冰等设备设施进行全面检修、保养及调试，做好冰期应急队伍的备防和拉练，及早排查处理各类隐患。加强冰情观测研判，及时应对突发情况，确保冰期输水安全。积极参加中线建管局2020年冰期应急抢险设备技能比武活动，获得油锯切冰项目一等奖，应急抢险车操作项目三等奖，高压热水枪融冰项目优秀奖。

（4）设备设施管理。西黑山管理处先后完成了动环监控系统扩容升级、通信机房UPS主机升级改造、物联网设备温湿度监控、计算机系统网络扩容、高压配电柜更换等，提高设备运行稳定性。并结合现场工作实际，进一步完善了《信息自动化专业突发事件应急处置方案》《金结机电突发事件应急处置方案》《起重机械突发事件应急处置方案》，使相关预案方案更加符合现场实际。

（吕睦　王培坤　张希鹏　赵松）

【工程效益】 南水北调中线已成为京津冀沿线地区的主力水源，是受水区生活用水、生态补水的生命线。2019—2020供水年度，河北分局辖区用水量需求快速增长，河北分局京石段段共开启分水口和退水闸13座，累计分水10.63亿m^3，其中累计通过5座退水闸（分水口）为河北沿线生态补水7.23亿m^3。按计划满足地方供水要求且通过生态补水大幅改善了区域水生态环境，石家庄市、保定市、衡水市主城区供水量占75%以上，沧州达到了100%，受益人口800多万人。黑龙港流域500多万人告别了高氟水、苦咸水，为打赢脱贫攻坚战提供了支持。通过向滹沱河、南拒马河、白洋淀等河湖生态补水，地下水回补影响范围达到河道两侧近10km，沿河地下水位显著提升，河湖生态功能逐步恢复。水利部门统计数据显示，滹沱河沿河两侧10km范围内地下水位平均高出周边区域6.03m，南拒马河两侧10km范围内地下水位平均高出周边区域0.46m。干涸多年的试点河道，恢复了水清、岸绿、景美的良好水生态环境，彰显了南水北调工程的良好效益。

实施生态补水，有力修复改善区域生态环境，更是形成了多方协作的强大合力。生态补水前，受水河段沿线各市、县有关部门清理河道垃圾、障碍物和违章建筑，治理非法采砂问题，整治河道边坡及沙坑，封堵排污口，为生态补水和地下水回补提供稳定、清洁的输水廊道，促进了河长制、湖长制落地见效。河北省制定了地下水超采量全部压减、地下水位全面回升的总体目标，还把开展节水增效行动、引足用好外调水、持续推进补水蓄水等纳入工作重点，助力供给侧结构性改革，利用长江水置换地下水，将脱贫攻坚和高氟水问题同步解决。

京石段工程工程持续生态补水，助力沿线建立起功能完善、环境优美、人水和谐的城市水生态。在石家庄市，滹沱河生态修复后成为市民休闲娱乐的后花园；在雄安新区，白洋淀重放光彩，增强了地方人民的获得感、幸福感、安全感。（吕权）

【环境保护与水土保持】　定期对沿线两侧保护范围进行污染源专项排查，巡查有无新增污染源，跟踪已有潜在污染源变化情况。截至 2020 年年底，北京分局辖区内污染源共计 10 个，其中易县段 5 个，涞涿段 5 个。定期梳理水污染应急物资储备使用情况，对消耗的物资及时进行补充。截至 2020 年年底，北京分局辖区内水污染应急物资包括活性炭 13t，吸油毡 1480kg，PVC 围油栏 780m，吸油索 380m。开展 3 次水污染突发事件应急演练。修订并印发北京分局水污染应急预案。北京分局在三岔沟分水口布设完成拦漂导流防淤堵装置，并投入运行。组织开展藻类防控培训、水质管理岗位培训。配合中线建管局完成南水北调工程保护范围管理专项检查工作。（北京分局）

【验收工作】　5 月，完成了北拒马河暗渠工程竣工验收消防备案。7 月，受中线建管局委托，北京分局组织完成了西四环暗涵工程和永定河倒虹吸设计单元工程完工验收项目法人验收。9 月，配合北京市水务局完成了永定河倒虹吸工程、西四环暗涵工程设计单元工程完工验收技术性初步验收。（北京分局）

【尾工建设】

1. 河北分局　积极推进保定管理处调度指挥中心项目主体工程建设工作。2020 年 4 月 29 日取得建设项目开工许可证，12 月 18 日完成了项目主体建设工作。保定管理处调度指挥中心项目位于保定市满城经济开发区漕河科技创新示范园内，占地面积 2700m²，设计内容包括调度指挥中心、综合楼和警卫室，总建筑面积 2898m²，其中调度指挥中心为五层框架结构，建筑面积 2807m²，综合楼和警卫室均为单层砖混结构，建筑面积分别为 75m² 和 16m²。2020 年 5 月 2 日正式开始基础开挖，标志调度指挥中心项目正式开工。2020 年 5 月 25 日完成了调度指挥中心基础分部工程，经保定市满城区质量监督站组织联合验收，基础分部工程验收结论为合格。2020 年 7 月 26 日完成了主体框架结构，9 月 6 日完成主体二次结构工程，9 月 30 日经保定市满城区质量监督站组织联合验收，主体分部工程验收结论为合格，标志保定调度指挥中心主体工程完工。2020 年 10 月开始进行调度指挥中心主体装修和附属工程的施工，河北分局针对保定地区的大气污染治理要求和低温季节施工的特点，多次组织召开现场进度协调会，压实施工计划和责任。经参建各方努力，2020 年 12 月 18 日完成了调度指挥中心主体建设工程任务。

保定管理处调度指挥中心项目为京石段工程管理专题设计单元最后一个开工建设项目，其顺利完成标志着历时多年原国务院南水北调办和国家发展改革委批复意见及上级领导指示要求的任务顺利完成，为京石段工程管理专题工程建设、验收等工作奠定了基础提供了保障。规划新建的应急备防辅助用房将为提升冰期汛期气象灾害应急处置能力，确保总干渠输水安全提供有力保障。调度指挥中心建成后将为保定管理处职工提供固定的办公场所及良好的办公环境，为更好的实施南水北调工程运行管理工作的规范化、标准化提供保证。

2. 北京分局　南水北调中线北京段工程管理设施项目经多方协调，被纳入“北京市 2020 年第二批中央在京重点项目”，开始履行北京市“一会三函”建设程序。同时北京分局完成了设计招标，组织完成了项目方案设计、地质勘察、初步设计、施工图设计。完成了施工、监理招标，进行了施工前准备，为 2021 年施工建设打好了基础，保障项目按时完成相关验收工作。（郭海亮　北京分局）

【工程检修】　利用北京段 PCCP 管道停水检修的时机，北京分局开展了惠南庄泵站全面检修与功能完善、易县与涞涿段水下衬砌板修复等工作。编写《关于北京分局辖区工程水下衬砌板修复需调度配合有关事宜的请示》《北京分局水下衬砌板修复应急处置措施》《关于转发〈关于印发北京分局辖区水下衬砌板修复调度配合专项方案〉的通知〉的通知》等，建立涵盖三级调度人员的调度联络群，为检修工作创造条件，确保检修工作按期完成。（北京分局分调中心）

漳河北—古运河南段工程

【工程概况】　南水北调中线工程总干渠河北省漳河北—古运河南段工程，起自冀豫交界处的漳河北，沿京广铁路西侧的太行山麓自西南向北，经河北省邯郸市、邢台市，穿石家庄市高邑、赞皇、元氏三县，至古运河南岸，线路全长 238.546km，共分为 12 个设计单元。该渠段设计流量为 235 ～ 220m^3/s，加大流量 265 ～ 240m^3/s。

漳河北—古运河南段工程共布设各类建筑物 457 座。其中，大型河渠交叉建筑物 29 座、跨路渠渡槽 1 座、输水暗渠 3 座、左岸排水建筑物 91 座、渠渠交叉建筑物 19 座、控制性建筑物 53 座、公路交叉建筑物 253 座、铁路交叉建筑物 8 座。

南水北调中线建管局河北分局为漳河北—古运河南段工程运行管理单位。

（郭海亮　王海燕　张利勇　刘建深）

【工程管理】

1. 土建绿化及维护　2020 年年初，根据中线建管局预算下达情况将土建绿化日常项目预算分解至各管理处并通过公开招标选定 16 个土建绿化日常维护队伍，全面开展工程范围内土建维护项目，确保了 2020 年度工程设施正常发挥功用。

漳河北—古运河南段绿化工程采用合作绿化方式，日常养护完成草体维护 1230 万 m^2；已有乔、灌木养护

29 万株，绿篱 2.1 万 m^2，草坪地被 12 万 m^2。通过绿化工程日常养护，防止了渠道两侧水土流失，涵养了水源，提高了绿化率，保障了输水水质安全。

石家庄、邢台、邯郸 3 个主城区段绿化提升项目完成养护期满验收，正式移交现场管理处开展后期养护。

成立了土建工程水下衬砌板修复管理分部，实施河北分局水下衬砌板修复项目，为更好指导水下衬砌板修复方案，河北分局绘制《水下衬砌板修复项目》施工图纸及技术要求，并印发实施。2020 年 11 月 30 日全部完成水下衬砌板修复约 2100m^2，完成工程投资约 1100 万元。12 月 30 日通过合同验收，修复后效果满足合同要求。

2. 安全生产　疫情就是命令，防控就是责任。面对突如其来的新冠肺炎疫情，河北分局以确保职工人身安全、工程通水安全为原则，春节前未雨绸缪部署应对措施、紧急储备物资，大年初五分局党委召开专题会议进行研究部署。分局成立了应对新冠肺炎疫情工作领导小组，中心组成员分工负责片区疫情防控工作，严格落实属地管理职责。根据疫情防控形势变化，及时动态调整防控方案，突出抓好组织领导、压实举措、作风保障调度三点发力，增设视频巡查岗，全力落实各项保障措施。全体干部职工坚守通水一线，主动补位顶岗，以一以贯之的工作力度，做好疫情关键期阻击和常态化防控工作，无疑似病例、无确诊病例，实现了疫情防控无死角、通水运行不断档、供水补水有保障。

(1) 全年安全生产形势总体平稳，未发生生产安全事故，安全生产监管保持高压态势。

1) 进一步健全安全生产责任制，分解落实中线建管局 40 余项制度标准，构建了清晰完整的安全生产责任体系。

2) 进一步做实现场安全生产监管，建立起常态化安全生产督导检查机制，每周抽调专人，以全覆盖视频检查和现场抽查“双结合”的形式开展联合循环检查。

3) 进一步加强安全生产教育培训，组织土建绿化维护单位 240 余人、分局各级负责人及安全员 200 余人，开展安全生产专项培训，更换 9 名考核不合格的项目管理人员。

4) 进一步严明安全生产奖罚机制，出台了严重安全问题报告和举报奖励办法、土建和绿化维修养护项目相关方安全生产奖励办法和处罚办法。

5) 进一步加固重大关键期安全管控方案，安全措施落实到位，未发生影响工程安全运行或造成不良社会影响的问题。

6) 积极开展“安全生产月”、一把手讲“安全生产公开课”、集中安全警示教育、预防溺水专项宣传等活动 30 余场次，组织各专业应急演练

24场次，有力保障了工程安全、人员安全。

（2）全局上下高度重视水利安全生产标准化一级达标创建工作，按照“统一部署、逐级落实、全员参与、协同配合”的原则，制定了达标创建工作计划，健全安全生产管理制度体系。

1）按期完成管理文件编制任务，通过知识竞赛、考试考核、座谈研讨、视频会议等形式开展宣贯学习，做到全员覆盖。

2）扎实推进标准实施运行及整改，统筹安排模板编制、培训课件、考核题库、经验总结等具体创建任务，完成了先行先试成果50余件。

3）积极开展自评及改进工作，按时完成安全风险辨识评估，开展达标创建自评“互查联改”活动，组织有关专家进行为期15天的专项检查，梳理典型问题，统一整改要求。

4）建立处、科、专业的样板评选机制，达标创建工作纳入年度绩效考核及维护单位综合评价，提升各方深度参与安全生产标准化建设的积极性。

3. 问题查改　分局及管理处坚持以责任段与责任区建设、段长制与站长制考核为主要抓手，不断完善全员查改的长效机制和监管机制。

（1）建立健全长效机制，深入调研“两个所有”实施中遇到的问题，从组织形式、职能定位、机制完善、监督落实、考核评比等方面，优化全员查改工作方案，在石家庄管理处开展“两个所有”责任制试点。

（2）推进视频巡查轮值，疫情防控关键期在分调度中心及各管理处中控室设立视频巡查专岗，编制了《视频重点监控手册》，通过视频线上巡查累计发现问题750余项。

（3）开展联查促改专项行动，班子成员分别带队、相关职能处人员组成检查组，现场检查与视频巡查结合，常态化开展线上自查和互查。

（4）强化重点风险监管，在新冠肺炎疫情防控、加大流量输水、防汛备汛接续上阵的情况下，及时调整“两个所有”重心，适时开展专项查改活动，合其时、应其需，围绕中心工作，精准发挥效能。

4. 防汛与应急管理　河北分局防汛工作实行一把手负责制，从分局到各管理处，均由各单位一把手对防汛负总责。2020年河北分局组织对漳河北—古运河南段工程影响工程度汛安全的各种工程隐患进行了全面排查，并对查出的问题逐一登记备案，动态监控，及时组织处理。按照南水北调中线建管局五类三级的划分原则，排查梳理出工程防汛风险项目18个，其中2级5个、3级13个；大型河渠交叉建筑物2座，左岸排水建筑物4座，全填方渠段2段，全挖方渠段10段。按照工程防汛风险项目排查结果，河北分局完成了“两案”编制，首次编制超标准洪水防御预案并报河北省应急厅和水利厅备案。漳河北—

古运河南段各管理处将“两案”报送地方有关防汛机构备案。

对内，积极备防，组织检查整改。

（1）河北分局通过招标选择了邢台水利工程处作为应急抢险保障队伍。

（2）汛前组织维护队伍对防洪信息系统、通信基站接地等设备设施进行全面排查和维修保养，在漳河北—古运河南段的磁县、永年、沙河和临城管理处布各置了一部卫星电话，确保了汛期雨情测报和应急通信系统的正常运行。组织机电服务、35kV管理维护队伍及各管理处进行一次电力供应和备用发电机及其连接电缆、配电箱、应急光源、燃油储备等的安全检查，保证汛期及其应急电力供应安全可靠；对通信光缆进行全面检查，发现问题及时抢修。汛期各运维单位对所辖段内的供电线路和固定、移动发电机组进行定期检查维护，保证处于良好状态。为进一步确保应急抢险的供电需要在磁县、邢台、高邑元氏管理处各配备了一台120kW应急发电车。

（3）各管理处按照中线局印发的《南水北调中线干线工程应急抢险物资设备管养标准（试行）》，物资仓库保持通风、整洁，并建立健全防火、防盗、防水、防潮、防鼠等安全、质量防护措施；应急抢险物资设备按要求分类存放，按要求进行汛前和汛后等检查保养，有破损或损坏及时维修和更换；超过存储年限的及时更新。

（4）对于影响工程安全的防汛隐患，分局积极开展风险治理工作，制定了专项处理方案，提高工程抗风险能力。2020年完成了磁县讲武城南桥右岸上游高填方渠道坡脚防护、邢台中宅阳沟排水倒虹吸出口干砌石护坡工程，对工程防洪度汛起到重大作用。

对外，加强与地方联系互动。

（1）河北省防办将南水北调工程列入河北省防汛重点，同时将南水北调各管理处列为河北省防汛成员单位。

（2）河北分局参加2次河北省防指召开的南水北调工程防汛专题调度会，组织召开2次防汛专题会议，重点推进大江大河及高风险左排建筑物的防洪影响治理工作，主要解决了以下5项防汛问题：①伐除洺河渡槽上下游河道树木；②拆除洺河退水闸下游部分鱼塘保证应急退水；③扩挖渚河北支倒虹吸出口下游过水通道；④拆除南沙河倒虹吸南段河道内飞龙牧业场区楼房基础；⑤挖除南沟排水倒虹吸下游堆土。

（3）分局联合河北省水利厅组织完善各级政府与南水北调各级管理机构联络沟通机制，协调制定工程沿线省、市、县、乡、村五级联络协调体系，明确相关责任人。确保在汛情预警、水库泄洪时及时通报，在抢险时能够互助联动。

河北分局及各管理处对周边社会物资和设备进行调查，建立联系，以应对突发险情。如遇有紧急情况，自有防汛物资储备不足时，分局防汛指挥部将对自有防汛物资进行统一调配，并向当地政府及防汛指挥机构汇报并请求物资支援。

2020年汛期暴雨洪水未对工程运行造成影响，工程通水运行正常。水毁项目主要为冲沟、雨淋沟等一般问题，河北分局组织各管理处对水毁问题及时进行处置，抢护及时，措施得当。

5. 水质监测　6月中旬，渠道水体藻类含量明显上升，河北水质监测中心积极应对，制定处置方案，加密监测频次，实战检验了水质应急监测能力。12月，水质监测中心不畏艰辛，跋山涉水，较好地完成了水利部委托的农村供水工程水质状况抽检监测任务。2020年，河北分局与河北省检察院、石家庄市检察院建立联络机制，定期召开联席会议，开展了“南水北调沿线生态环境综合整治”检察公益诉讼专项活动，共立案办理公益诉讼案件53件，先后清理垃圾8055t、搬迁养殖场52家、关停非法排污企业4家、拆除违建6600m^2、绿化土地21718m^2，水质风险管控成效显著。

6. 安全监测　对各管理处安全监测月报进行初审，对异常问题提出处理方案，并监督落实。对咨询标月报审核意见进行落实。完成计划合同系统和预算监管系统数据录入工作。完成安全监测专业预算编制和预算执行。在2020年总干渠大流量输水运行期间及加大流量输水至正常输水过渡期，加强内、外观数据采集及监测频次、提高监测自动化系统运行维护工作等级、加大信息资源共享与互动，强化数据异常分析和处置，分局及各管理处相关人员24小时保持通讯畅通处于待命状态。组织实施《河北分局磁县高填方渠段探测及沉降变形数据异常原因分析》项目。组织对监测自动化应用系统中的历史数据进行完整性和准确性检验，对历史数据粗差进行处理。组织安全监测自动化系统硬件维护移交工作，审查信息科技公司提交的《2020年安全监测自动化系统运维实施方案》。参加安全监测内观数据采集工作协调视频会、安全监测数据异常问题研判会、安全监测运维工作座谈会、安全监测自动化系统升级改造项目阶段验收会、安全监测运行监控指标讨论会、安全监测系统评价标准咨询会、基准网建设及测量成果评审会等会议。签订《南水北调中线建管局河北分局借用人员延期补充协议》及《南水北调中线干线工程运行期河北分局安全监测项目》补充协议。

7. 技术与科研　2020年继续开展病虫害绿色防控技术研究，对磁县管理处辖区内树木病虫害进行现场防控。

（邵桦　尹聪辉　袁思光
崔铁军　王海燕）

【运行调度】 2020年，河北分局及漳河北—古运河南段各现地管理处在运行调度方面按照“统一调度、集中控制、分级管理”的原则，全面提升调度环境面貌及调度管理信息化、科学化水平。河北分局分调度中心以中控室、闸站达标创建为支撑，通过开展“两个所有”“强基础、促提升”“全员轮值”等活动，努力提升员工综合素质，确保运行调度系统、信息自动化、金结机电及永久供电系统整体运行平稳，2020年度内未发生设备系统运行安全事故。圆满完成了年度供水任务。

1. 水量调度 河北分局漳河北—古运河南段辖区共包含11座节制闸，6座控制闸，21座分水口，11座退水闸。截至2020年年底，总干渠入漳河北断面输水总水量210.92亿m^3，出古运河南段断面输水总水量148.24亿m^3。2020年度内河北分局漳河北—古运河南段输水调度工作正常，其中南沙河北段倒虹吸进口节制闸因高地下水位影响，运行水位控制在设计水位以上0.10m，其余节制闸控制在设计水位附近运行。河北分局漳河北—古运河南段11座节制闸均参与调度，2020年远程调度指令门次共8696条，指令执行成功率达99.44%以上。各处值班人员调度台账填写规范，指令执行到位，遵守时限；闸控系统报警接警、现场核实、警情分析及消警工作有序、规范，全年未发生运行调度违规行为。输水调度总体平稳安全，有序开展。2020年4月28日至6月20日实施加大流量输水阶段，河北分局京石段各现地管理处进一步严格值班纪律、严密调度监控、加强预警响应，配合其他部门有效提升大流量输水工况下的调度运行管控力度，确保了输水安全。2020年6月28日至7月15日，根据中线建管局要求继续加大流量输水工作，7月2—4日河北分局辖区19座输水建筑物进行了过加大流量输水试验，期间全线运行平稳，渠道及各类建筑物、设备设施运行正常，对中线工程质量、输水能力等进行了一次全面检验，积累了大量输水调度的宝贵数据和运行经验。

根据中线建管局统一部署，河北分局持续推进全员值班工作，提高各级输水调度值班人员业务水平。以培养复合型人才为目标，探索实施调度运行岗位一专多能，一岗多责模式，结合各管理处实际情况，在河北分局漳河北—古运河南段各管理处中控室推行全员调度值班。通过组织培训、考核等不同形式，提高输水调度值班人员业务水平。

为保证输水调度运行安全，河北分局组织了取证考试，各处调度运行人员均通过了南水北调中线建管局持证上岗考试，值班人员职责明确，设备巡视到位；调度运行期间积极开展“百日安全”“两个所有”等活动，值班间隙认真做好学习笔记。根据总调度中心统一要求，做好各种工况下的调度值班工作，狠抓学习，强化应急，积极组织应急调度业务知识培训，熟练掌握预案，适时开展演练。加强风险管控警示，严密监控水情、工情，确保输水安全。

河北分局分调度中心加强日常检查及考核工作。利用电话、视频设备、现场检查等方式加强河北分局邯石段各处日常业务自查工作，利用各自动化系统加强辖区内水情数据的审核工作，发现异常及时上报并组织核实整改。

2020年汛期，各现地管理处按要求组织编制各处2020年度防汛值班表，严格执行防汛值班不间断值守、每日报表、天气情况掌握与预警上报工作，积极与分局机关及工程所在地县（市）级政府建立良好沟通机制，做到了各类报表按时报送，信息传达及时准确，防汛预警应对得当。

2020年水量确认工作圆满完成，全部分水口的确认单均由管理处按时确认完成，退水闸生态补水的确认单交由分调度中心。由分调度中心和水利厅调水管理处共同确认。2020年度分水确认量水量与会商系统统计数据完全一致。

2. 调度实体环境改造　2020年6月，河北分局组织实施了闸站标准化建设项目，针对闸站重点开展了闸门防腐、园区照明更换、自动化防鸟网等项目，通过标准化项目实施，进一步提升了闸站标准化建设水平。2020年11月，中线建管局组织了“四星闸站”达标验收，河北分局漳河北—古运河南段辖区内午河节制闸、槐河（一）节制闸2座闸站顺利通过验收，其余闸站全部通过“三星闸站”达标验收；为进一步提高中控室标准化、规范化水平，充分调动和发挥现地管理处的积极性和主动性，树立典型、打造“高标准样板”，促进中控室调度生产管理工作的整体提升，保障输水调度安全运行，根据中线建管局统一安排部署，河北分局组织京石段各处开展了中控室标准化建设创优争先工作。2020年认定漳河北—古运河南段邯郸管理处、永年管理处、沙河管理处、邢台管理处4个现地管理处“优秀中控室”称号，其余管理处“达标中控室”称号。

3. 冰期输水　顺利完成2019—2020年度冰期输水任务，期间漳河北—古运河南段工程全线未形成冰封，冰期输水工作顺利完成。入冬以来，漳河北—古运河南段各现地管理处，在重要建筑物进口前增设了拦冰索，对全段融冰设备进行了一次连续加热2小时测试，对排冰闸进行了全方面的检查与维护，及时发现冰期设备设施运行存在的问题，并要求管理处组织整改，保障了冰期输水工作顺利进行。

4. 调度轮值探索与实践　河北分局率先在分调度中心进行人员轮岗方案试行，以强化调度值班安全保障质量及逐步培养优秀复合型人才为目的，按照“所有人负责所有工作”原则设计轮值具体形式与排班方案，将所有人员分成三组，其中两组负责分调大厅值班工作，一组负责分调中心日常管理工作，三组定期轮换。2020年对值班方案又进行了优化，将所有人员分成七组，夜班七组轮值，其中五组白班轮值。在现地管理处中分阶段、分批次中控室全员轮值工作开展，截至2020年年底，河北分局漳河北—古运河南段管理处已经实现全员轮值。2020年4—9月，河北分局通过组织举办输水调度“强基础、促提升”活动，以全员轮值后续问题为导向，以提升运行管理能力为主线，进一步强化了输水调度监管，全面提升调度人员业务素质，达到了预期的效果，漳河北—古运河南段评选出优秀管理处4个，成绩突出个人8名，并对优秀管理处及个人颁发了奖杯和证书。（吕权）

【工程效益】 南水北调中线已成为京津冀沿线地区的主力水源，是受水区生活用水、生态补水的生命线。2019—2020供水年度，河北分局辖区用水量需求快速增长，河北分局漳河北至古运河段共开启分水口和退水闸27座，累计分水21.34亿m^3，其中累计通过9座退水闸（分水口）为河北沿线生态补水8.11亿m^3。按计划满足地方供水要求且通过生态补水大幅改善了区域水生态环境，石家庄、邯郸主城区供水量占75%以上，受益人口700多万人。通过向滏阳河、七里河等河湖生态补水，地下水回补影响范围达到河道两侧近10km，沿河地下水位显著提升，河湖生态功能逐步恢复。水利部门统计数据显示，滏阳河沿河两侧10km范围内平均高出周边区域1.82m，干涸多年的试点河道，恢复了水清、岸绿、景美的良好水生态环境。

实施生态补水，有力修复改善区域生态环境，更是形成了多方协作的强大合力。生态补水前，受水河段沿线各市、县有关部门清理河道垃圾、障碍物和违章建筑，治理非法采砂问题，整治河道边坡及沙坑，封堵排污口，为生态补水和地下水回补提供稳定、清洁的输水廊道，促进了河长制湖长制落地见效。河北省制定了地下水超采量全部压减、地下水位全面回升的总体目标，还把开展节水增效行动、引足用好外调水、持续推进补水蓄水等纳入工作重点，助力供给侧结构性改革，利用长江水置换地下水，将脱贫攻坚和高氟水问题同步解决。

漳河北—古运河南段工程持续生态补水，助力沿线建立起功能完善、环境优美、人水和谐的城市水生态。2017年11月，邯郸市、邢台市成为首批国家水生态文明城市。在邢台市，南水充盈的七里河横贯东西，已从昔日的荒河滩建设成为国家级水利风景区，荣获中国人居环境范例奖。在邯郸市，南水相融的滏阳河成为水生态文明建设“一线三区多点”总体

布局的亮丽景观水线。（吕权）

【环境保护与水土保持】 2020年实施完成了2019年弃渣场加固治理工作中，因季节原因尚未完成的东石山取土场、张窑处取土场、S4弃渣场、西邵明弃渣场、新3号弃渣场和西南城截流沟弃渣场加固工程中的植物措施。

2020年10月9—12日，配合水利部海河委员会开展的漳河北—古运河南渠段水土保持设施自主验收核查现场检查工作；10月30日，配合水利部海河委员会开展的漳河北—古运河南渠段水土保持设施自主验收核查内业检查工作。至此，漳河北—古运河南渠段水土保持设施核查工作基本完成。（赵小明）

【验收工作】 按照水利部验收工作计划安排，2020年共完成漳河北—古运河南段8个设计单元工程完工验收。

2020年3月完成南水北调中线一期工程总干渠磁县段、永年县段、鹿泉市段3个设计单元工程完工验收项目法人验收。2020年4月完成南水北调中线一期工程总干渠南沙河渠道倒虹吸、邢台市段、邢台县—内丘县段、临城县段4个设计单元工程完工验收项目法人验收。2020年5月完成南水北调中线一期工程总干渠邯郸市—邯郸县段、洺河渡槽、沙河市段、高邑县—元氏县段、石家庄市区段5个设计单元工程完工验收项目法人验收。

2020年8—9月南水北调中线一期工程总干渠邯郸市—邯郸县段、永年县段、沙河市段、邢台县—内丘县段、临城县段、鹿泉市段、石家庄市区段7个设计单元工程通过了河北省水利厅组织的技术性初步验收和完工验收。2020年7—10月南水北调中线一期工程总干渠磁县段、洺河渡槽、南沙河渠道倒虹吸、邢台市段、高邑县—元氏县段5个设计单元工程通过了南水北调工程设计管理中心组织的技术性初步验收。2020年11月南水北调中线一期工程总干渠磁县段、洺河渡槽、南沙河渠道倒虹吸、邢台市段、高邑县—元氏县段5个设计单元工程通过了水利部组织的完工验收。

（孟佳）

【供水安全保障】 协调南水北调中线建管局及北京市、天津市、河北省等地的三个分局，与河北省水利厅密切配合，建立联动机制。对涉及影响村庄或企业的防洪河渠交叉建筑物、高填方深挖方渠段、左排工程和排水沟渠等问题逐项逐地全面检查，排查梳理工程度汛风险点和隐患问题，全面通报整改事项，采取"一市一单"的方式加强整改督导，有力保障了总干渠供水安全。（胡景波）

【引调江水】 按照水利部批复的年度水量调度计划和河北省政府确定的江水消纳任务，认真制定和严格落实月度供水计划，实时做好中线干线口门水量调度与协调事宜，实行水量跟踪统计通报制度，确保调令畅通，维护供水秩序。2020年完成引江调水37.09亿m^3，其中：城镇生活和工业供水19.58亿m^3，完成河北省政府江水消纳任务的107.3%；河道生态补水17.51亿m^3，完成水利部批复年度计划的175.1%。　（胡景波）

【地下水超采综合治理】　结合河北省地下水超采现状，统筹生活、生产和生态用水需求，优化引江水、引黄水和本地地表水配置，全面推进城市、农村、农业水源置换，最大程度替代地下水。截至2020年年底，南水北调受水区累计压减地下水超采量38.53亿m^3。2020年，南水北调受水区新增压减地下水超采量6.04亿m^3，其中城区新增压减地下水超采量2.88亿m^3，完成年度目标任务的107%，非城区新增压减地下水超采量3.16亿m^3。据监测评估，截至2020年年底，河北省超采区深层、浅层地下水位，同比分别平均上升1.19m和0.24m，超过2/3的县实现地下水位止降回升，地下水位下降趋势得到初步扭转，引江水起到了重要作用。

（胡景波）

【农村生活水源江水置换】　2020年，利用地下水超采综合治理、农村饮水安全巩固提升和市、县自筹资金40.57亿元，在6市44个县实施农村生活水源江水置换，受益人口达518万人。截至2020年年底，南水北调受水区的枣强县、东光县等25个县（市、区）完成全域江水置换任务，实现了城乡供水一体化。　（胡景波）

【生态补水】　自2018年实施生态补水以来，河北省统筹引江水、引黄水和当地地表水，以8条常态化补水河道为重点，向滹沱河、滏阳河、南拒马河、唐河、沙河等河道累计实施生态补水60.4亿m^3，入白洋淀水量为13亿m^3。2020年，向河北省55条河道补水36.17亿m^3，其中引江水17.51亿m^3、黄河水7.4亿m^3、当地地表水11.26亿m^3。编制印发《白洋淀水位保持及补水方案》，2020年向白洋淀上游河道补水14.78亿m^3，入白洋淀水量为5.56亿m^3，淀区水位保持在6.75m以上，最高达到7.30m。形成最大有水河长2579.3km，水面面积175.52km^2，入渗率达到60%～70%，补水河道沿线两侧地下水位回升明显，河湖水生态环境明显改善。　（胡景波）

【江水直供】　组织开展南水北调受水区江水直供企业情况调查统计。2020年8月，河北省人民政府办公厅印发《关于全面推进南水北调受水区水源置换工作的通知》，明确了河北省全面推进江水直供工作的要求。为贯彻落实通知精神，河北省水利厅制定工业企业江水直供工程建设实施方案编制大纲，细化工作任务，完成衡水市、保定市、石家庄市、邢台市、邯郸市等5个市工业企业江水直供建

设实施方案审定工作。（胡景波）

【经济财务】 积极配合南水北调工程管理司派出第三方审计机构，做好南水北调中线天津干线、邯石段、文物专项等3个征迁安置项目完工决算复核审计，推进审计发现问题整改工作。2020年10月30日，水利部核准了河北省南水北调天津干线工程征迁安置项目完工决算。（胡景波）

【遗留问题处理】 妥善解决遗留问题，协调中线建管局完成高邑县交通路恢复跨河建桥梁方案审定和赞皇县拆迁门市补偿工作，解决了邯郸市境内冀南新区生产路恢复和渚河北支倒虹吸应急度汛工程整治等遗留问题。（胡景波）

【规划设计】 组织编制《河北省南水北调配套工程补充规划》，开展现场专家咨询和专家函审，征求受水区各市水行政主管部门和厅机关有关处室意见。提出《引江补汉工程规划》《南水北调东线二期工程规划报告》《南水北调中线在线调蓄工程方案的反馈意见》反馈意见，会同河北省有关单位研究提出《南水北调东线二期工程有关要件工作方案》。组织对东线二期工程线路布局、监管体制、北三县供水等问题进行研究。（胡景波）

黄河北—漳河南段工程

【工程概况】 穿黄工程起点位于河南省黄河南岸荥阳市新店村东北的A点，桩号474＋285；终点为河南省黄河北岸温县马庄东的S点，桩号493＋590。渠线长19.305km，其中输水隧洞长4.709km、明渠长13.900km。输水建筑物2座，其中输水隧洞1个、倒虹吸1座。穿黄工程段跨（穿）总干渠建筑物共18座，其中渡槽2座、倒虹吸2座、公路桥9座、生产桥5座。该段共有控制工程2座，其中节制闸1座、退水闸1座。

黄河北—漳河南段起点位于河南省温县北张羌村总干渠穿黄工程出口S点，桩号493＋590，终点为安阳县施家河村东、豫冀两省交界的漳河交叉建筑物进口，桩号730＋664。渠线长237.074km，其中明渠长220.365km。输水建筑物37座，其中渡槽2座、倒虹吸30座、暗渠5座。该段有穿总干渠河渠交叉建筑物2座（倒虹吸）。该段有左岸排水建筑物77座，其中渡槽15座、倒虹吸60座、隧（涵）洞2座。该段有渠渠交叉建筑物23座，其中渡槽7座、倒虹吸16座。该段有控制建筑物58座，其中节制闸10座、退水闸10座、分水口门15座、检修闸19座、事故闸4座。该段有铁路交叉建筑物14座。该段有公路交叉建筑物238座，其中公路桥154座、生产桥84座。

穿漳工程起点位于河南省安阳市安丰乡施家河村的漳河南，起点桩号730＋664，终点位于冀豫交界处河北省邯郸市讲武城的漳河北，终点桩号731＋746。渠线长1.082km，其中明渠长 0.313km。穿漳河倒虹吸 1 座、节制闸 1 座、退水闸 1 座、排冰闸 1 座、检修闸 4 座。

土建绿化工程现场管理机构为穿黄、温博、焦作、辉县、卫辉、鹤壁、汤阴、安阳（穿漳）等 8 个管理处，负责现场土建和绿化工程日常维修养护项目的管理。年度日常维护项目涉及渠道、各类建筑物及土建附属设施的土建项目维修养护；渠道及渠道排水系统、输水建筑物、左岸排水建筑物等的清淤；水面垃圾清理；渠坡草体修剪（除草）、防护林带树木养护、闸站保洁及园区绿化养护；桥梁日常维护等内容。截至 2020 年年底日常维护项目基本已完成，剩余的日常维护项目为按月进行计量的固定总价合同。现场维修养护项目开展全面、措施得当、预算执行合理有效，工程形象得到进一步提升，工程安全得到进一步保证。

2020 年年初，河南分局利用冬季输水小流量供水时机，完成了穿黄隧洞（A 洞）的检查维护。对隧洞内衬及防渗系统进行全面检查，加强防渗系统，减少隧洞渗漏量和渗透压力；增补必要的监测设施，实现对隧洞运行状态更有效监测；规范开展精准维护，组织科研攻关，建立隧洞维护标准。

2020 年 10 月，河南分局启动孤柏嘴控导工程剩余段及中铝取水补偿工程建设，项目建设管理委托河南黄河河务局工程建设中心，参建各方克服工程建设时间紧、任务重、征迁环境复杂、新冠肺炎疫情防控等不利影响，加大资源投入，部分时段昼夜连续施工，经多方共同努力，工程建设顺利，工程建设进度可控。（李珺妍）

【工程管理】

1. 工程应急管理　调整完善河南分局防汛指挥部人员组成，建立分局领导分片包干制度，责任到人。督促辖区管理处成立安全度汛工作小组，明确各小组人员及岗位职责。加强了与河南省水利厅、应急管理厅等政府部门的联络，认证落实地方政府部署的工作任务；辖区段各管理处主动与当地政府和有关部门的建立互动联系，互通组织机构、防汛风险、物资设备、抢险队伍，发现汛情、险情及时报告。配合中线建管局研究制定 2020 年防汛风险项目划定标准；根据防汛风险项目标准，结合工程运行管理情况，组织排查、梳理、上报河南分局辖区段防汛风险项目，河南分局结合 2020 年工程运行管理情况，黄河北—漳河南段共排查 26 个风险项目，其中防汛风险 1 级项目 0 个，2 级项目 1 个，3 级项目 25 个。根据辖区段防汛风险项目情况，4 月 16 日重新修订了《河南分局防汛应急预案》，4 月 24 日编制完成了《河南分局 2020 年工程度汛方案》，7 月编制完成了《河南分局超标准洪水防御预案》，会同分局“两案”向河南省水利厅进行了报备。2020 年组织防汛抢险演练 5 次，其中桌面推演 1 次、实战演练 4

次。组织应急抢险队伍应急调动拉练3次。2020年汛前补充了块石、砂砾料、吸水膨胀袋等应急抢险物资；现地管理处储备有急电源车、新购脱钩器、电焊机等应急抢险设备，进一步做好汛期抢险物资保障工作。

2. 科研项目

（1）穿黄隧洞内外衬间排水垫层物探检测方法研究。在穿黄隧洞内衬回填灌浆过程中，部分水泥浆浆液可能灌入排水垫层中，造成排水垫层堵塞、排水不畅，致使隧洞外衬承受排水层传递的内水压力，从而导致穿黄隧洞在通水运行过程中存在安全风险。因此，查明穿黄隧洞排水垫层堵塞部位，给设计处理提供依据，对确保南水北调工程安全运行具有重要意义。河南分局开展了穿黄隧洞内外衬间排水垫层物探检测方法研究，通过概化模拟排水垫层不同堵塞形式，制作内外衬间排水垫层堵塞状态物探试验模型，通过地球物理无损方法检测试验，检测模型中排水垫层堵塞情况下，分析不同物探方法检测数据的异常特征、分布及表现形式，选择适用的物探方法、正确的数值模型、合理基本参数及识别准则，研究通过物探手段对穿黄隧洞排水垫层堵塞状况进行快速有效检测。

（2）穿黄隧洞工程常态化精准维护项目。通水运行五年来，工程运行安全平稳，穿黄隧洞未曾进行停水检查维护。考虑到穿黄工程的重要性、衬砌结构的特殊性和复杂性以及高水压条件下监测设备长期稳定运行的需要，为保障其运行工况持续良好，参考国内外大型输水工程的运行经验，中线建管局决定利用2019年冬季冰期输水小流量时段对穿黄隧洞（A洞）开展检查维护工作。检查维护的主要任务是：对内衬表面和防渗系统进行全面检查，对局部缺陷进行修复，对防渗系统进行加强，增补必要的安全监测设施。

在此基础上，河南分局开展了穿黄隧洞工程常态化精准维护项目研究，主要包括：基于全景影像的引水隧洞结构缝检测方法及应用研究、南水北调中线穿黄隧洞钢板黏结无损检测技术研究、大直径输水隧洞维护特种施工设备研发与制造和南水北调中线穿黄隧洞工程防渗体系技术研究4个方面内容。

（3）基于“BIM＋”的大直径输水隧洞精准维护三维可视化技术研究。以BIM模型载体，贯穿穿黄隧洞（A）洞精准维护项目设计、施工、科研、管理全过程，形成具有“BIM＋N”的技术模式与管理体系。计划开展衬砌面板裂缝修复材料效果对比试验项目和典型输水建筑物水工模型试验研究项目。

（魏红义　李乐　徐永付　李建锋　侯艳艳）

【运行调度】

1. 运行调度工作机制　南水北调中线干线工程按照“统一调度、集中控制、分级管理”的原则实施。由总调度中心统一调度和集中控制，总调度中心、分调度中心和现地管理处中控室按照职责分工开展运行调度工作。

2. 运行调度主要工作　2020年运行调度工作以安全生产为中心，以问题为导向，以督办为抓手，以规范化和信息化为手段，补短板、强监管，规范内部管理，创新工作方法，提高人员素质，上下联动，圆满完成年度各项工作任务。

（1）积极开展“两个所有”专项活动，对事故闸阻水、闸门启闭、水位计偏差、控制闸空爆、退水通道等提出整改措施建议并跟踪处理进展。

（2）从组织机制、人员安排、风险防范、业务学习、应急能力等方面组织开展输水调度汛期百日安全行动。

（3）完成大流量输水工作，3月18日至4月29日、4月29日至6月20日、6月28日至7月15日，总干渠分别开展了大流量及加大流量输水，5月10日陶岔入渠流量达到420m³/s。期间黄河北—漳河南段工程段内穿黄、济河、淇河、汤河、安阳河、漳河节制闸均通过了加大流量的检验。

（4）开展备调启用演练，首次在汛期启用备调度中心，首次由备调度中心独立执行调度任务，首次由备调度中心独立完成调度相关成果文件编制工作，首次在备调度中心开展输水调度工作量化考核。

（5）深入开展渠道流态优化试验研究工作，完成了试验段选取、导流罩安装前后水情观测和试验效果评价等工作。

（6）严格落实新冠肺炎疫情防控，保证调度值班正常开展。

2020年，黄河南—漳河北段工程累计接收总调度中心指令操作闸门8198门次，工程全年运行平稳、安全，自通水运行以来，工程已累计安全运行2211天。　（王志刚）

【工程效益】　截至2020年12月31日，辖区工程累计过流244.57亿m³，其中2020年度过流74.45亿m³。3—7月先后通过闫河、峪河、黄水支河、香泉河、淇河、汤河、安阳河等7座退水闸向地方生态补水11270.31万m³。取得了良好的社会和生态效益，较好地发挥了中线工程的供水效益。

2020年1—12月辖区工程累计向地方分水56571.74万m³，其中生态补水11270.31万m³，极大改善了工程沿线的供水条件，优化了受水区水资源分布，保障了工程沿线居民生活用水，而且提高了当地农田的灌溉保证率，促进了受水区的社会发展和生态环境改善，因缺水而萎缩的湖泊、水系重现生机，生态环境恶化趋势得到遏制，并在逐步恢复和改善。

（王志刚）

【环境保护与水土保持】

1. 环境保护　运行单位按照制定

的运行管理规定，成立相应的管理部门，在工程沿线建立了固定实验室，负责日常常规监测；在水质变化敏感区及各分水口门附近，设置了自动监测站，实时监控水质状况；同时设置固定监测断面，由监测实验室人员承担应急监测任务，以及日常水质监测工作，并且组织编制了《南水北调中线干线工程水污染应急处置物资储备库选择及配置规划》《中线干线工程水污染应急处置技术手册》等一批技术规定，为应急处置提供技术支撑。

同时与地方政府和生态环境主管部门联动，加强对南水北调主干渠周边地表水和地下水污染的控制，严格水质管理，避免污染事件影响干渠和周边水源地的供水安全。工程建设期采取的永久污染防治设施、水土保持措施和生态保护措施有效，对总干渠区域生态环境起到了很大的改善作用。

2. 水土保持　该段工程各类工程措施和植物措施有机结合，利用工程措施、植物措施和土地整治措施蓄水保土，保护新生地表，实现有效防治水土流失、绿化美化周边环境的目的，水土保持效果良好，充分发挥了控制性和实效性作用，遏制了水土流失。

进入初期运行以来，运行单位按照制定的运行管理规定，成立相应的管理部门，安排专职人员各司其职负责防治责任范围内的各项水土保持设施的管理和维护，确保工程措施安全稳定和植物措施的成活率。同时设置专人负责绿化洒水、施肥、除草等工作，并不定期检查清理截排水沟道内淤泥，充分落实了水土流失防治责任。

截至2020年年底，本工程水土保持设施试运行已经过将近6个雨季，水土保持设施的功能正常、有效。土地整治工程及植被建设工程运行安全、林草覆盖率较高，水土保持效果较好，有效的防治了工程区水土流失。　（李志海　董平）

【验收工作】

1. 施工合同验收

（1）2020年12月3日，南水北调中线一期穿黄工程退水洞灌浆项目工程通过了河南分局组织的合同项目完成验收。

（2）2021年2月5日，南水北调中线一期穿黄工程退水洞退水渠出流综合治理项目通过了河南分局组织的合同项目完成验收。

（3）2021年3月3日，南水北调中线一期穿黄工程安全监测标通过了河南分局组织的合同项目完成验收。

（4）2021年3月4日，南水北调中线一期穿黄工程ⅡA标通过了河南分局组织的合同项目完成验收。

（5）2021年3月5日，南水北调中线一期穿黄工程ⅡB标通过河南分局组织的合同项目完成验收。

2. 设计单元工程完工验收　2020年南水北调中线一期工程穿漳河、安阳段设计单元工程通过了水利部组织的设计单元完工验收。

2020年南水北调中线一期工程辉县段、新乡和卫辉段设计单元工程通过了河南省水利厅组织的设计单元完工验收。

3. 跨渠桥梁竣工验收

（1）概况。自南水北调中线工程跨渠桥梁建成通车以来，已经试运行将近7年，黄河南—漳河北段总计涉及各类跨渠桥梁253座，其中国省干线21座、农村公路214座、城市道路17座、厂区道路1座，分布于河南省焦作市、新乡市、鹤壁市、安阳市等4个地市的17个县（区）。上述桥梁除新乡市辖区59座农村公路跨渠桥梁于2015年开展过竣工验收以外（手续还需完善），其他桥梁均需对接相对应的职能主管部门、管养单位开展竣工前桥梁及引道病害处治、检测鉴定后才能正式竣工验收。

（2）竣工开展情况。黄河南—漳河北段跨渠桥梁竣工验收作为南水北调中线干线工程完工验收的重要组成部分，中线建管局、河南分局高度重视，自2019年年初开始，开展了包括与河南省交通运输厅定期座谈讨论工作布置，与专业设计、检测单位签订合同开展桥梁病害处治检测和设计工作，组织管理处积极对接辖区交通主管单位开展病害处治委托、桥梁建设档案整编等，2020年总计完成14座国省干线、1座农村公路等类型跨渠桥梁竣工验收。过程中桥梁病害处治采用委托建管模式与县（区）签订协议7份，河南分局自行组织实施的施工项目9个，完成桥梁竣工检测15座次。

（李志海　刘阳）

【尾工建设】　2020年完成了南水北调中线一期穿黄工程退水洞退水渠出流综合治理项目施工。

2020年南水北调中线一期穿黄工程孤柏嘴控导工程剩余段及中铝河南分公司取水补偿工程开展建设。

穿黄隧洞（A洞）检查维护顺利完成，利用冬季冰期小流量时段对穿黄隧洞（A洞）开展精准检查维护工作，克服了技术复杂、工期紧迫、新冠肺炎疫情防控等困难，经过前期准备、精准维护、精研方案、精细管理、科研支撑及参建各方共同努力，于3月13日，穿黄隧洞（A洞）精准检查维护项目比原计划提前8天完成施工恢复过流供水，运行后渗漏量仅为0.35L/s，远远小于90L/s控制指标，维护效果良好，达到预期效果。

（李志海　张茜茜）

沙河南—黄河南段工程

【工程概况】　沙河南—黄河南段工程起点位于河南省鲁山县薛寨村北，桩号239＋042（分桩号SH－0＋000），终点为河南省荥阳市新店村东北，与穿黄工程段进口A点相接，桩号474＋285（分桩号SH－234＋746）。渠线长235.243km，其中明渠长度215.892km。输水建筑物28座，其中渡槽6座、倒虹吸21座、暗渠1座。该段有穿总干渠河渠交叉建筑物7座，其中渡槽2座、倒虹吸5座。该段有左岸排水建筑物91座，其中渡槽19座、倒虹吸59座、隧（涵）洞13座。该段有渠渠交叉建筑物15座，其中渡槽8座、倒虹吸7座。该段有控制建筑物41座，其中节制闸13座、退水闸9座、分水口门14座、检修闸4座、事故闸1座。该段有铁路交叉建筑物9座。该段公路交叉建筑物254座，其中公路桥174座、生产桥80座。（李珺妍）

【工程管理】

1. 土建绿化维护　现场管理机构为鲁山、宝丰、郏县、禹州、长葛、新郑、航空港区、郑州、荥阳、穿黄等10个管理处，负责现场土建和绿化工程日常维修养护项目的管理。年度日常维护项目涉及渠道（包括衬砌面板、渠坡防护、运行维护道路、渠外防护带等）、各类建筑物（河渠交叉建筑物、左岸排水建筑物、渠渠交叉建筑物、控制性工程等）及土建附属设施（管理用房、安全监测站房、设备用房等）的土建项目维修养护；渠道及渠道排水系统、输水建筑物、左岸排水建筑物等的清淤；水面垃圾清理；渠坡草体修剪（除草）、防护林带树木养护、闸站保洁及园区绿化养护、桥梁日常维护等内容。主要完成的土建绿化日常维修养护项目有警示柱刷漆、路缘石缺陷处理、排水系统清淤及修复、左排排洪通道疏浚、雨淋沟修复、闸站及场区缺陷处理、渠道边坡草体修剪及除杂草、防护林带绿化树木养护、闸站及渠道环境保洁等。

2. 工程应急管理　调整完善河南分局防汛指挥部人员组成，建立分局领导分片包干制度，责任到人。督促辖区管理处成立安全度汛工作小组，明确各小组人员及岗位职责。加强了与河南省水利厅、应急管理厅等政府部门的联络，认证落实地方政府部署的工作任务；辖区段各管理处主动与当地政府和有关部门的建立互动联系，互通组织机构、防汛风险、物资设备、抢险队伍，发现汛情、险情及时报告。配合中线建管局研究制定2020年防汛风险项目划定标准；根据防汛风险项目标准，结合工程运行管理情况，组织排查、梳理、上报河南分局辖区段防汛风险项目，河南分局结合2020年工程运行管理情况，沙河南—黄河南段组织排查梳理了52个风险项目，其中防汛风险1级项目0个、2级项目3个、3级项目49个。根据辖区段防汛风险项目情况，4月16日重新修订了《河南分局防汛应急预案》，4月24日编制完成了《河南分局2020年工程度汛方案》，7月编制完成了《河南分局超标准洪水防御预案》，会同分局“两案”向河南省水利厅进行了报备。2020年组织防汛抢险演练5次，其中桌面推演1次、实战演练4次。组织应急抢险队伍应急调动拉练3次。2020年汛前补充了块石、沙砾料、吸水膨胀袋等应急抢险物资；现地管理处储备应急电源车、新购脱钩器、电焊机等应急抢险设备，进一步做好汛期抢险物资保障工作。

2020年7月19日，响应河南省水利厅号召，河南分局从叶县、宝丰、禹州管理处抽调10名突击队员组成抢险小分队，调集应急电源车，连夜奔赴400km前往固始淮河南岸开展应急抢险支援行动。2020年汛期新郑管理处双洎河渡槽进口裹头浆砌石冲刷塌陷和梅河支沟管身段淤堵，河南分局立即组织应急抢险队伍进行疏通处置。

3. 科研项目　长葛段地面沉降研究。通过对南水北调中线长葛段地面沉降问题研究，为地面沉降的防治提供技术依据，保证南水北调工程安全运行。综合运用工程地质学、构造地质学、地球物理勘探、岩石力学、采矿工程、人工智能、系统科学和安全工程等多学科及其交叉前沿理论，采用资料收集与整理、现场勘查、现场试验、室内试验、物理模拟、理论分析、数值模拟等多种方法，开展系统的理论和方法研究，深刻认识地质、水文地质基础，建立较为完善的理论体系，并通过实测沉降数据进行拟合校正，从而预测未来地面沉降的发展趋势。

（魏红义　徐永付　李建锋　侯艳艳）

【运行调度】

1. 运行调度工作机制　南水北调中线干线工程按照“统一调度、集中控制、分级管理”的原则实施。由总调度中心统一调度和集中控制，总调度中心、分调度中心和现地管理处中控室按照职责分工开展运行调度工作。

2. 运行调度主要工作　2020年运行调度工作以安全生产为中心，以问题为导向，以督办为抓手，以规范化和信息化为手段，补短板、强监管，规范内部管理，创新工作方法，提高人员素质，上下联动，圆满完成年度各项工作任务。

（1）积极开展“两个所有”专项活动，对事故闸阻水、闸门启闭、水位计偏差、控制闸空爆、退水通道等提出整改措施建议并跟踪处理进展。

（2）从组织机制、人员安排、风险防范、业务学习、应急能力等方面组织开展输水调度汛期百日安全行动。

（3）完成大流量输水工作，3月18日至4月29日、4月29日至6月20日、6月28日至7月15日，总干渠分别开展了大流量及加大流量输水，5月10日陶岔入渠流量达到420m^3/s。期间沙河南—黄河南段工程段内澎河、沙河、玉带河、北汝河、兰河、颍河、小洪河、双洎河、梅河、丈八沟、索河节制闸均通过了加大流量的检验。

（4）开展备调启用演练，首次在

汛期启用备调度中心，首次由备调度中心独立执行调度任务，首次由备调度中心独立完成调度相关成果文件编制工作，首次在备调度中心开展输水调度工作量化考核。

（5）深入开展渠道流态优化试验研究工作，完成了试验段选取、导流罩安装前后水情观测和试验效果评价等工作。

（6）严格落实新冠肺炎疫情防控，保证调度值班正常开展。

2020年，沙河南—黄河南段工程累计接收总调度中心指令操作闸门13451门次，工程全年运行平稳、安全，自通水运行以来，工程已累计安全运行2211天。（李效宾）

【工程效益】 截至2020年12月31日，辖区工程累计过流290.16亿m^3，其中2020年度过流76.19亿m^3。3—7月先后通过澎河、沙河、北汝河、颍河、沂水河、双洎河、十八里河、贾峪河、索河等9座退水闸向地方生态补水16108.41万m^3。取得了良好的社会和生态效益，较好地发挥了中线工程的供水效益。

2020年1—12月辖区工程累计向地方分水56571.74万m^3，其中正常分水40463.33万m^3，生态补水16108.41万m^3，极大改善了工程沿线的供水条件，优化了受水区水资源分布，保障了工程沿线居民生活用水，而且提高了当地农田的灌溉保证率，促进了受水区的社会发展和生态环境改善，因缺水而萎缩的湖泊、水系重现生机，生态环境恶化趋势得到遏制，生态环境在逐步恢复和改善。

（李效宾）

【环境保护与水土保持】

1. 环境保护　运行单位按照制定的运行管理规定，成立相应的管理部门，在工程沿线建立了固定实验室，负责日常常规监测；在水质变化敏感区及各分水口门附近，设置了自动监测站，实时监控水质状况；同时设置固定监测断面，由监测实验室人员承担应急监测任务，以及日常水质监测工作，并且组织编制了《南水北调中线干线工程水污染应急处置物资储备库选择及配置规划》《中线干线工程水污染应急处置技术手册》等一批技术规定，为应急处置提供技术支撑。

同时与地方政府和生态环境主管部门联动，加强对南水北调主干渠周边地表水和地下水污染的控制，严格水质管理，避免污染事件影响干渠和周边水源地的供水安全。工程建设期采取的永久污染防治设施、水土保持措施和生态保护措施有效，对总干渠区域生态环境起到了很大的改善作用。

2. 水土保持　该段工程各类工程措施和植物措施有机结合，利用工程措施、植物措施和土地整治措施蓄水保土，保护新生地表，实现有效防治水土流失、绿化美化周边环境的目的，水土保持效果良好，充分发挥了控制性和实效性作用，保证了遏制水土流失。

进入初期运行以来，运行单位按照制定的运行管理规定，成立相应的管理部门，安排专职人员各司其职负责防治责任范围内的各项水土保持设施的管理和维护，确保工程措施安全稳定和植物措施的成活率。同时设置专人负责绿化洒水、施肥、除草等工作，并不定期检查清理截排水沟道内淤泥，充分落实了水土流失防治责任。

该段工程水土保持设施试运行已经过将近6个雨季，水土保持设施的功能正常、有效。土地整治工程及植被建设工程运行安全、林草覆盖率较高，水土保持效果较好，有效地防治了工程区水土流失。（李志海　董平）

【验收工作】

1. 设计单元工程完工验收　2020年南水北调中线一期工程鲁山北段、沙河渡槽、双洎河渡槽、荥阳段设计单元工程通过了水利部组织的设计单元完工验收。

2020年南水北调中线一期工程宝丰至郏县段、郑州1段、潮河段设计单元工程通过了河南省水利厅组织的设计单元完工验收。

2. 跨渠桥梁竣工验收

（1）概况。自南水北调中线工程跨渠桥梁建成通车以来，已经试运行将近7年，沙河南—黄河南段总计涉及各类跨渠桥梁264座，其中高速公路2座，国省干线30座，农村公路171座，城市道路61座，分布于河南省平顶山市、许昌市、郑州市等3个地市的14个县（区）。上述桥梁除许昌市辖区54座农村公路跨渠桥梁、郑州市辖区39座城市道路跨渠桥梁于2015—2016年开展过竣工验收以外，其他桥梁均需对接相对应的职能主管部门、管养单位开展竣工前桥梁及引道病害处治、检测鉴定后才能正式竣工验收。

（2）竣工开展情况。沙河南—黄河南段跨渠桥梁竣工验收作为南水北调中线干线工程完工验收的重要组成部分，中线建管局、河南分局高度重视，自2019年年初开始，开展了包括与河南省交通运输厅定期座谈讨论工作布置，与专业设计、检测单位签订合同开展桥梁病害处治检测和设计工作，组织管理处积极对接辖区交通主管单位开展病害处治委托、桥梁建设档案整编等，2020年总计完成12座国省干线、44座城市道路等类型跨渠桥梁竣工验收。桥梁病害处治采用委托建管模式与县（区）签订协议1份，河南分局自行组织实施的施工项目10个，完成桥梁竣工检测12座次。

（李志海　刘阳）

【桥梁墩柱流态优化试验项目】　为改善桥墩局部水流态，降低桥梁墩柱壅高，减小水头损失，2020年5月初，中线建管局成立南水北调中线工程渠道流态优化试验研究项目领导小组，河南分局成立现场实施工作组，项目主要对新郑段的郜庄北等5座跨渠桥梁进行流态优化试验研究。

现场工作组通过数值模拟流速、流场对比分析，研究确定导流罩体型设计，并采取产研结合的方式，设计研发出实现南水北调中线渠道桥梁墩柱流态优化的导流设施。6月初，桥梁墩柱流态优化试验研究项目进入现场实施阶段；9月底，桥梁墩柱导流罩完成安装。通过增加导流罩，试验渠段流态明显改善，水流平顺，试验研究项目取得明显成效。

（崔金良　刘洋）

陶岔渠首—沙河南段工程

【工程概况】 陶岔渠首—沙河南段为南水北调中线一期工程的起始段，该段起点位于陶岔渠首枢纽闸下，桩号0+300；终点位于平顶山市鲁山县杨蛮庄桩号239+042处。沿线经过河南省南阳市的淅川县、邓州市、镇平县、方城县4县（市）及卧龙区、宛城区、高新区、城乡一体化示范区4个城郊区和平顶山市的叶县、鲁山县。陶岔—沙河南段线路长238.742km，其中渠道长226.597km，输水建筑物长约10.935km。起点段设计流量350m^3/s，加大流量420m^3/s；终点段设计流量320m^3/s，加大流量380m^3/s。

陶岔渠首—沙河南段建设过程中共划分为11个设计单元，分别为淅川段、镇平段、南阳段、方城段、叶县段、鲁山南1段、鲁山南2段、湍河渡槽、白河倒虹吸、澧河渡槽、膨胀土（南阳）试验段，其中淅川段、湍河渡槽、鲁山南1段、鲁山南2段为直管项目，镇平段、叶县段、澧河渡槽为代建项目，南阳段、方城段、白河倒虹吸、膨胀土（南阳）试验段为委托项目。

南水北调中线干线工程建设管理局渠首分局（以下简称“渠首分局”）负责淅川段至方城段185.545km工程运行管理工作。

淅川县段为陶岔渠首—沙河南单项工程中的第1单元，线路位于河南省南阳市淅川县和邓州市境内。渠段起点位于淅川县陶岔闸下游消力池末端公路桥下游，桩号0+300，终点位于邓州市和镇平县交界处，桩号52+100，淅川县段线路长50.77km（不含湍河渡槽工程），其中占水头的建筑物累计长1.2km，渠道累计长49.57km。

湍河渡槽工程位于河南省邓州市冀寨村北，距离邓州市26km。起点桩号36+289，终点桩号37+319，总长1030m，主要由进口渠道连接段113.3m、进口渐变段41m、进口闸室段26m、进口连接段20m、槽身段720m、出口连接段20m、出口闸室段15m，出口渐变段55m、出口渠道连接段19.7m组成。工程主要建筑物级别为1级，设计流量350m^3/s，加大流量420m^3/s，槽身为相互独立的三槽预应力现浇混凝土U形结构，共18跨，单跨40m，单跨槽身重量达1600t，采用造桥机现浇施工。

镇平段工程位于河南省南阳市镇平县境内，起点在邓州市与镇平县交界处严陵河左岸马庄乡北许村桩号52＋100；终点在潦河右岸的镇平县与南阳市卧龙区交界处，设计桩号87＋925，全长35.825km，占河南段的4.9％。渠道总体呈西东向，穿越南阳盆地北部边缘区，起点设计水位144.375m，终点设计水位142.540m，总水头1.835m，其中建筑物分配水头0.43m，渠道分配水头1.405m。全渠段设计流量340m^3/s，加大流量410m^3/s。

南阳市段工程位于南阳市区境内，涉及卧龙、高新、城乡一体化示范区等3行政区7个乡镇（街道办）23行政村，全长36.826km，总体走向由西南向东北绕城而过。工程起点位于潦河西岸南阳市卧龙区和镇平县分界处，桩号87＋925，终点位于小清河支流东岸宛城区和方城县的分界处，桩号124＋751。南阳段工程88％的渠段为膨胀土渠段，深挖方和高填方渠段各占约1/3，渠道最大挖深26.8m，最大填高14.0m。

膨胀土试验段工程起点位于南阳市卧龙区靳岗乡孙庄东，桩号100＋500；终点位于南阳市卧龙区靳岗乡武庄西南，桩号102＋550，全长2.05km。试验段渠道设计流量为340m^3/s，加大流量为410m^3/s。渠道设计水深7.5m，加大水位深8.23m，设计渠底板高程134.04～133.96m，设计渠水位141.54～141.46m，渠底宽22m。最大挖深约19.2m，最大填高5.5m。

白河倒虹吸工程位于南阳市蒲山镇蔡寨村东北，起点桩号115＋190，终点桩号116＋527，总长度为1337m。设计洪水标准为100年一遇，校核洪水标准为300年一遇。工程设计流量为330m^3/s，加大流量为400m^3/s，退水闸设计退水流量165m^3/s。白河倒虹吸埋管段水平投影长1140m，共分77节，为两孔一联共4孔的混凝土管道，单孔管净尺寸6.7m×6.7m。其中，白河倒虹吸管身、进口渐变段、进口检修闸、出口节制闸及退水闸等主要建筑物为1级建筑物，退水渠、防护工程、附属建筑物等次要建筑物为3级建筑物。

方城段工程涉及方城县、宛城区等两个县（区），起点位于小清河支流东岸宛城区和方城县的分界处，桩号124＋751，终点位于三里河北岸方城县和叶县交界处，桩号185＋545，包括建筑物长度在内全长60.794km，其中输水建筑物7座，累计长2.458km，渠道长58.336km。方城段工程76％的渠段为膨胀土渠段，累计长45.978km，其中强膨胀岩渠段2.584km，中膨胀土岩渠段19.774km，弱膨胀土岩渠段23.62km。方城段全挖方渠段19.096km，最大挖深18.6m，全填方渠段2.736km，最大填高15m；设计输水流量330m^3/s，加大流量400m^3/s。

南水北调中线渠首分局和河南分

局负责辖区内运行管理工作。

（王朝朋　李珺妍　李建锋）

【工程管理】

1. 渠首分局　渠首分局辖区渠道长176.718km，建筑物长8.827km。渠道工程以明渠为主，跨越沿线河流、公路等建筑物以渡槽、倒虹吸等形式立体交叉。工程沿线地质条件复杂，其中深挖方渠段58.411km，最大挖深达47m，开口最大391m；高填方渠段全长33.69km，最大填高17.2m；膨胀土渠段全长149.47km。沿线布置各类渠系建筑物119座，跨渠桥梁185座。内邓、沪陕、南阳绕城、许平南4条高速跨越总干渠；宁西、焦柳、浩吉、郑渝（高铁）4条铁路跨越总干渠。

积极克服新冠肺炎疫情影响，实现全员安全有序复工复产，无一例确诊或疑似病例。聚焦补齐工程安全短板。组织实施了一批水下衬砌面板修复、陶岔渠首枢纽工程标准化建设、部分渗水点处理、部分河道整治及防护、跨渠桥梁病害处理、部分楼梯间纠偏处理、陶岔电厂专项检修等重要项目，及时对陶岔渠首枢纽工程安全监测系统进行升级并对深挖方段测斜管实施自动化改造，扎实推进日常维修养护、绿化、穿跨越项目监管等工作，不断提升工程安全运行系数。渠首分局调度生产用房项目，2020年6月11日成功竞得项目建设用地并办理完成土地使用证、建设用地规划许可证和建设工程规划许可证，12月19日举办了项目奠基仪式。

渠首分局工程沿线布置节制闸9座、控制闸7座、分水闸10座、退水闸7座。继续完善工程实体建设标准。在全部中控室实现三星级达标创建基础上，南阳管理处和邓州管理处中控室被中线建管局认定为“优秀中控室（四星级）”。新增15座闸站通过三星级闸站达标创建，严陵河退水闸、淇河节制闸、白河退水闸3座闸站成功通过中线建管局“四星级闸站”评审授牌。推进陶岔水质自动监测站达标创建工作，已制订仪器设备补充更新专项方案。

强效推进安全生产达标创建。牢牢守住三条“红线”，高效配合中线建管局顺利通过水利安全生产标准化一级达标创建。分局成立专门的达标创建办公室，定期召开会议会商推进，搜集标准化创建相关意见和建议100余条，召开创建办工作例会9次，开展检查17次，配合中线建管局修编制度40余项，分局层面修编制度、预案13项。建立风险分级管控和隐患排查治理双重预防机制，形成安全风险三张清单，并实现动态管控。

2. 河南分局

（1）土建绿化工程维护。现场管理机构为叶县和鲁山2个管理处，负责现场土建和绿化工程日常维修养护项目的管理。年度日常维护项目涉及渠道（包括衬砌面板、渠坡防护、运行维护道路、渠外防护带等）、各类建筑物（河渠交叉建筑物、左岸排水建筑物、渠渠交叉建筑物、控制性工程等）及土建附属设施（管理用房、安全监测站房、设备用房等）的土建项目维修养护；渠道及渠道排水系统、输水建筑物、左岸排水建筑物等的清淤；水面垃圾清理；渠坡草体修剪（除草）、防护林带树木养护、闸站保洁及园区绿化养护，桥梁日常维护等内容。结合现场情况，已完成输水建筑物结构缝渗水处理、闸站园区改造、土建绿化日常维护等项目。现场维修养护项目开展全面，措施得当，预算执行合理有效，工程形象得到进一步提升，工程安全得到进一步保证。

（2）工程应急管理。调整完善河南分局防汛指挥部人员组成，建立分局领导分片包干制度，责任到人。督促辖区管理处成立安全度汛工作小组，明确各小组人员及岗位职责。加强了与河南省水利厅、应急管理厅等政府部门的联络，认证落实地方政府部署的工作任务；辖区段各管理处主动与当地政府和有关部门的建立互动联系，互通组织机构、防汛风险、物资设备、抢险队伍，发现汛情、险情及时报告。配合中线建管局研究制定2020年防汛风险项目划定标准；根据防汛风险项目标准，结合工程运行管理情况，组织排查、梳理、上报河南分局辖区段防汛风险项目，河南分局结合2020年工程运行管理情况，陶岔渠首—沙河南段组织排查梳理了8个风险项目，均为3级风险项目。根据辖区段防汛风险项目情况，4月16日重新修订了《河南分局防汛应急预案》，4月24日编制完成了《河南分局2020年工程度汛方案》，7月编制完成了《河南分局超标准洪水防御预案》，并一起向河南省水利厅进行了报备。2020年组织防汛抢险演练5次，其中桌面推演1次、实战演练4次。组织应急抢险队伍应急调动拉练3次。2020年汛前补充了块石、沙砾料、吸水膨胀袋等应急抢险物资；现地管理处储备应急电源车、新购脱钩器、电焊机等应急抢险设备，进一步做好汛期抢险物资保障工作。

（3）科研项目。开展桥梁墩柱流态优化试验和穿黄隧洞出口流态水工模型试验研究。

在工程运行过程中，不同直径和布置方式的入水桥梁墩柱部位均存在局部水流态紊乱，桥墩壅水现象。经初步分析，桥梁墩柱壅水增大了渠道水头损失，特别是桥梁密集渠段，水头损失超过了设计水头损失。为摸清渠道流态变化规律，准确分析和调整沿程水头损失和局部水头损失，河南分局开展了南水北调中线工程桥梁墩柱流态优化试验研究工作，深入分析总干渠沿线桥墩附近流态变化和阻水特性，提出流态优化方案，实施优化措施。通过采取流态优化试验研究并采取相应的工程措施，解决桥梁墩柱流态紊乱问题，降低墩柱壅水，攻克高流速、高水深条件下带水作业难题，为南水北调中线渠道全线流态优化积累经验，为南水北调中线渠道水上检查维护作业奠定基础，也为类似工程项目结构设计和水上工作平台设计提供经验参考。

（4）开展输水渡槽流态优化项目研究。中线工程通水以来，沿线部分输水建筑物进出口部位局部水流态紊乱，特别是加大流量输水以来，部分输水渡槽进出口流态紊乱加剧，局部出现壅水或跌水，出口段合流出现周期性摆动，槽身段水位呈现周期性大幅度震荡，水头损失较大，制约进一步提升工程输水能力，影响工程运行安全，增大了流量控制和调度管理难度。为摸清输水渡槽水流态变化规律，以澧河渡槽为例开展南水北调中线工程输水渡槽流态优化试验研究，通过实施工程措施，减少渡槽进出口涡流紊乱，有效改善水流态，保证工程运行安全。

（魏红义　徐永付　侯艳艳）

【运行调度】　2019—2020 供水年度入渠流量达到 350m³/s 及以上运行共计 112 天，维持入渠 420m³/s 加大流量运行共计 43 天。自 2020 年 4 月 29 日启动加大流量输水，5 月 9 日入渠流量首次达到加大流量 420m³/s 并持续至 6 月 21 日，结束期间，渠首段累计开展 5 次过流试验，辖区 9 座节制闸流量均达到加大流量。渠首分局管辖着中线工程起始段，过流流量最大。作为迎接工程全面检验的第一站，渠首分局成立现场工作组，组织召开专题讨论会，围绕辖区工程实际细化制订工作方案，通过实施陶岔渠首水电联合调度、强化调度巡查维护人员培训交底、及时拆除水面阻水设施、加密巡查监测频次、深入村镇开展安全宣传等方式，为工程安全平稳运行奠定了良好基础。期间针对湍河退水闸出口段退水渠应急处置情况，迅速成立工作组并开展了 72 小时现场处置，及时确保湍河退水闸恢复过流能力。

按照《关于开展中线局与河南、河北两省水量计量差异有关事宜协商解决工作的通知》，解决了计量争议。开展输水调度“汛期百日安全”专项行动。自 6 月 23 日，按照专项行动工作方案，组织集中学习 48 次，开展集中相关专业知识培训 20 次，开展应急调度演练 4 次。　（王朝朋）

【工程效益】　通水以来至 2020 年 12 月 31 日，渠首分局向南阳市累计供水 44.01 亿 m³（含生态补水 5.40 亿 m³），其中 2019—2020 年度供水 10.77 亿 m³，主要满足南阳市生活用水、生态用水和引丹灌区农业用水，供水范围覆盖市中心城区、新野、镇平、社旗、唐河、方城及邓州，受益人口达 310 万人。陶岔电厂财税体制基本理顺，购售电合同、并网协议手续顺利变更，年度累计发电量 2.15 亿 kW·h，总累计发电量 4.32 亿 kW·h。极大改善了工程沿线的供水条件，优化了受水区水资源分布，保障了工程沿线居民生活用水，而且提高了当地农田的灌溉保证率，促进了受水区的社会发展和生态环境改善，因缺水而萎缩的湖泊、水系重现生机，生态环境恶化趋势得到遏制，并在逐步恢复和改善，较好地发挥了中线工程的供水效益。

2020年1月1日至12月31日，辖区共开启分水口门8个、退水闸7个，其中肖楼分水口分水73128.52万 m^3，刁河退水闸分水1945.36万 m^3，望成岗分水口分水3486.05万 m^3，湍河退水闸分水3631.62万 m^3，彭家分水口分水23.80万 m^3，严陵河退水闸分水395.04万 m^3，谭寨分水口分水1315.98万 m^3，潦河退水闸分水1622.16万 m^3，田洼分水口分水3503.23万 m^3，大寨分水口分水1757.49万 m^3，白河退水闸分水4602.96万 m^3，半坡店分水口分水2979.32万 m^3，清河退水闸分水6632.46万 m^3，十里庙分水口分水1024.20万 m^3，贾河退水闸分水545.38万 m^3。 （王朝朋 李效宾）

【环境保护与水土保持】

1. 环境保护 运行单位按照制定的运行管理规定，成立相应的管理部门，在工程沿线建立了固定实验室，负责日常常规监测；在水质变化敏感区及各分水口门附近，设置了自动监测站，实时监控水质状况；同时设置固定监测断面，由监测实验室人员承担应急监测任务，以及日常水质监测工作，并且组织编制了《南水北调中线干线工程水污染应急处置物资储备库选择及配置规划》《中线干线工程水污染应急处置技术手册》等一批技术规定，为应急处置提供技术支撑。

同时与与地方政府和生态环境主管部门联动，加强对南水北调主干渠周边地表水和地下水污染的控制，严格水质管理，避免污染事件影响干渠和周边水源地的供水安全。工程建设期采取的永久污染防治设施、水土保持措施和生态保护措施有效，对总干渠区域生态环境起到了很大的改善作用。

2. 水土保持 该段工程各类工程措施和植物措施有机结合，利用工程措施、植物措施和土地整治措施蓄水保土，保护新生地表，实现有效防治水土流失、绿化美化周边环境的目的，水土保持效果良好，充分发挥了控制性和实效性作用，保证了遏制水土流失。

进入初期运行以来，运行单位按照制定的运行管理规定，成立相应的管理部门，安排专职人员各司其职负责防治责任范围内的各项水土保持设施的管理和维护，确保工程措施安全稳定和植物措施的成活率。同时设置专人负责绿化洒水、施肥、除草等工作，并不定期检查清理截排水沟道内淤泥，充分落实了水土流失防治责任。

本工程水土保持设施试运行已经

过将近6个雨季，水土保持设施的功能正常、有效。土地整治工程及植被建设工程运行安全、林草覆盖率较高，水土保持效果较好，有效地防治了工程区水土流失。（李志海　董平）

【验收工作】

1. 渠首分局　深入推进工程验收阶段任务。辖区191座跨渠桥梁竣工验收除朱营西北跨渠公路桥外，其他190座竣工验收任务全部完成。3月组织完成淅川县段、镇平县段两个设计单元工程完工验收项目法人验收自查；8月配合水利部完成了镇平县段设计单元工程完工验收技术性初步验收和淅川县段设计单元工程完工验收技术性初步验收条件核查；9月配合水利部完成了淅川县段设计单元工程完工验收技术性初验；10月配合水利部完成淅川县段、镇平县段两个设计单元工程完工验收；11月组织完成南阳市段、方城县段两个设计单元工程完工验收项目法人验收自查。

2020年3月25日，南水北调中线干线工程维护及抢险设施物资设备仓库建设项目（渠首分局）、河南段（渠首分局）抢险储备物资采购项目档案通过项目法人验收；2020年4月17日，南水北调中线一期工程总干渠沿渠35kV供电系统无功补偿项目（渠首分局）档案通过项目法人验收；2020年4月28日，南水北调中线渠首分局辖区段局部边坡不稳定弃渣场加固项目档案通过项目法人验收。2020年7月渠首分局辖区7个设计单元工程档案全部完成专项验收问题整改并移交中线建管局档案馆，其中淅川县段、湍河渡槽和镇平县段3个设计单元工程档案一、三套案卷存放于黄河档案馆代管，南阳市段、方城段、膨胀土试验段、白河倒虹吸工程等4个设计单元工程档案一、三套案卷存放于中线建管局档案馆。

积极协调完工决算遗留问题。按照建设期投资收口工作会要求，完成淅川段、镇平段设计单元遗留问题处理及验收配合相关工作，配合完成南阳段、方城段设计单元合同完工结算相关工作。建设期遗留问题基本全部得到处理。

2. 河南分局

（1）设计单元工程完工验收。2020年南水北调中线一期工程鲁山南2段设计单元工程通过了水利部组织的设计单元完工验收。

（2）跨渠桥梁竣工验收。

1）概况（叶县至沙河南段）。自南水北调中线工程跨渠桥梁建成通车以来，已经试运行将近7年，沙河南—黄河南段总计涉及各类跨渠桥梁54座，其中高速公路1座，国省干线2座，农村公路51座，分布于河南省平顶山市的2个县（区），均需对接相对应的职能主管部门、管养单位开展竣工前桥梁及引道病害处治、检测鉴定后才能正式竣工验收。

2）竣工开展情况。叶县至沙河

南段跨渠桥梁竣工验收作为南水北调中线干线工程完工验收的重要组成部分，中线建管局、河南分局高度重视，自2019年年初开始，开展了包括与河南省交通运输厅定期座谈讨论工作布置，与专业设计、检测单位签订合同开展桥梁病害处治检测和设计工作，组织管理处积极对接辖区交通主管单位开展病害处治委托、桥梁建设档案整编等，2020年未进行桥梁竣工验收。 （李志海 刘阳）

【水质保护】 在原有“水质实验室、自动监测站、固定监测断面”水质监测体系基础上，配备无人采样机、水下观测机器人、移动实验室等，基本构建“陆海空”三栖采样监测渠道。保质保量完成年度藻类、地表水和地下水等52次监测任务，出具17期水质检测分析报告；持续开展辖区内河渠交叉水体水质摸排，出具监测数据288组；利用视频监控、无人机、便携监测等设备，开展水质安全巡查、沿线污染源专项排查；联合河南省、南阳市生态环境部门现场督导污染源问题，解决污染源9处，辖区污染源仅剩3处；总结2017—2019年辖区水质保护工作，完成南水北调中线渠首段水质保护工作调研报告编制及上报。

利用大流量输水时机，采样分析坝前不同深度水样藻类指标情况，完成高锰酸盐指数和水深、叶绿素a等指标的相关性分析，提出大流量输水对渠道水质的影响因素；进行大气干湿沉降对中线河南段水质影响研究，完成项目成果验收，构建大气干湿沉降与水质关系动力模型。开展多形式的除藻控藻研究试验：在南阳管理处余庄西公路桥下游左岸开展边坡清藻机清藻效果试验，编制边坡清藻机清藻实施方案；开展低能量超声波除藻控藻研究，探索超声波除藻控藻设备对渠道内不同藻种生长的抑制效果。开展成坝前拦漂设备、原子荧光光度计、水下机器人、便携式多光谱扫描仪、实验室日常消耗品、水质专用设备设施运行维护、移动实验室运行维护、超声波控藻除藻设备、水质专项培训等预算项目。编报了水质自动监测站仪器设备补充更新专项方案。

（王朝朋）

【安全生产】 积极应对实现度汛安全。2020年发生“7·21” “8·7” “8·21”三次强降雨，辖区工程最大24小时降雨量达212.4mm，渠首分局首次编制了超标准洪水防御预案，配齐配强应急保障队伍、物资、设备设施，严格防汛值班值守，加强与地方防汛体系融合对接，与交叉河道上游15座水库管理单位、14座河道站、4座水文站和170座雨量站建立联络机制。2020年6月23日，联合南阳市政府举办了“长江流域南阳市南水北调中线白河倒虹吸工程防汛应急大型演练”，第一次采用全过程云直播形式进行网络播放，直接受众约70

万次。综合运用调度措施预防高地下水渠段衬砌板隆起，实现了度汛安全。

将16个专业143类问题进行整理汇总。要求各单位结合现场实际在已建清单的基础上进行完善和补充，分专业系统的梳理典型问题，狠抓“两个所有”（所有人查所有问题专项活动）贯彻落实。2020年利用巡查系统上传问题共6.6万余项，其中自主发现率为95.5%，问题整改率为99.7%。编制了涵盖16个专业143类典型问题清单和专业知识题库，严格“查、认、改、罚”工作机制，及时约谈相关责任单位，加大责任追究，举一反三做到立行立改、限期整改。

2020年年初签订安全生产责任书377份，安全生产承诺书369份。编制印发了《渠首分局安全操作规程（试行）》《渠首分局安全生产奖惩办法（试行）》等安全管理制度办法，深入开展安全生产专项整治三年行动，通过签订责任书、加重处罚、约谈等多种方式强化安全责任落实，全年对辖区90余家合同相关方履约情况累计抽查3次。结合安全专项整治三年行动“2＋8”部署，全年开展安全生产检查10余次，共下达处罚文件60份，罚款12万元，对责任单位约谈14次，对3个现地管理处进行约谈。渠道安装物联网智能锁，部分渠段安装雷达测速系统，推进“安全监管＋信息化”建设。充分调动安全保卫和警务力量，保障特殊时期安全加固升级。组织1期特种作业安全培训、2期安全管理培训、7期脚手架安全知识培训及安全交底知识等专题培训。常态化开展“防溺水”安全宣传活动，覆盖沿线24个乡镇、80余所中小学校，累计发放安全宣传材料12万份，发送安全宣传公益短信307万条。

（王朝朋）

【科研创新】 运用创新手段解决实际问题。在2020年度评选中，渠首分局荣获中线建管局科技创新奖一等奖2项、二等奖1项、三等奖2项，其中扶坡廊道式钢结构装配围堰修复水下衬砌板技术研究项目及南水北调中线工程十二里河渡槽大流量运行水面超常波动研究项目获得一等奖。北斗自动化变形监测系统应用试点、基于INSAR技术的膨胀土深挖方渠段滑坡风险排查试点项目等将进一步提升安全监测能力，有利于实现对深层工程安全隐患的早发现、早预警、早处置。10月20日，在南水北调中线工程通水六周年之际，按照中线建管局统一部署，渠首分局举办以“智慧中线 安全调水”为主题的2020年工程开放日活动，邀请政府机关、工程建设者代表、劳动模范代表、高校师生代表、媒体记者等社会各界人士50余人参与，《光明日报》、中国经济网、《中国财经报》、《北京日报》、河南电视台、南阳广播电台等媒体记者参加现场报道。

（王朝朋）

天津干线工程

【工程概况】 天津干线工程西起河北省保定市徐水区西黑山村附近的南水北调中线一期工程总干渠西黑山进口闸，东至天津市外环河西。起点桩号XW0＋000，终点桩号XW155＋305，全长155.305km。途径河北省保定市的徐水区、容城县、雄县、高碑店市，雄安新区的容城、雄县，廊坊市的固安县、霸州市、永清县、安次区和天津市的武清区、北辰区、西青区，共11个县（区）。

天津干线工程以现浇钢筋混凝土箱涵为主，主要建筑物共268座，其中通气孔69座、分水口门9处，控制建筑物17座、河渠交叉建筑物49座、灌渠交叉建筑物13座、铁路交叉建筑物4座、公路交叉建筑物107座。

根据初步设计，天津干线工程设计流量50～18m^3/s，加大流量60～28m^3/s。工程建成后，多年平均向天津市调水10.15亿m^3（陶岔水量），向天津市供水8.63亿m^3（口门水量），向河北省供水1.2亿m^3（口门水量）。（杨炳炎）

【工程管理】

1. 土建及绿化维护 2020年土建以重点场区和渠道日常维护为主，土建主要维护项目有渠道排水沟截流沟修复、安全防护网维修、场区保洁、建筑物场区维护、通气孔维护等。完成了西黑山管理处节制闸下游渠道衬砌板维修、12座现地生产用房项目维修、容雄管理处倒虹吸维护、郎五庄分水口管道焊缝渗漏加固等项目。绿化日常项目主要是西黑山管理处渠道边坡除草和原水质站及新建水质监测站绿化补充、霸州管理处辖区内补植、各现地管理处绿化维护等。完成了西黑山管理处岗头隧洞出口和釜山隧洞进口闸站及边坡维修、天津干线8个渗水处理专项项目。

2. 技术管理 组织编制《南水北调天津干线大清河倒虹吸工程安全评价报告》《南水北调中线天津干线大清河倒虹吸防护工程专题设计报告》《天津干线廊坊市段箱涵邻接五街村北取土坑边坡加强防护专题设计报告》《南水北调中线一期工程天津干线通气孔管理道路设计方案复核报告》《南水北调中线一期工程天津干线通气孔管理道路建设方式变更报告》《箱涵变形缝内部处理生产性试验设计方案》《南水北调中线天津干线子牙河北分流井退水闸升级改造初步设计报告》，并完成审查。组织编制《天津干线尹华山取土坑箱涵防护边坡加固实施方案》《天津干线Rt32通气孔下游400米取土坑箱涵防护边坡加固实施方案》《天津干线大庄取土坑箱涵防护边坡加固实施方案》，并全部实施。

3. 科研管理 完成其他工程跨越南水北调天津干线箱涵工程安全控制研究项目。该项目通过对天津干线箱涵跨越工程进行典型调查研究，分析影响箱涵结构安全的成因，研究满足箱涵各种检修工况下的安全控制限界，提出跨越工程预留限界，指导跨越工程管理。

4. 防汛应急

（1）健全组织机构。天津分局成立了应急指挥部、防洪度汛领导小组，明确了岗位职责，定期召开会议，安排部署2020年度防洪应急工作。成立了现场抢险处置小组，明确防汛联系人，强化责任落实。

（2）开展汛前检查。开展汛前拉网式排查和风险项目专项检查，建立问题台账，配合上级单位开展汛前检查。汛前完成了容雄管理处大庄取土坑、32号通气孔下游400m取土坑和霸州管理处尹华山取土坑边坡防护加固工作。

（3）编制防汛"三案"。组织编制《天津分局2020年工程度汛方案》《天津分局2020年防洪度汛应急预案》《天津分局2020年超标洪水防御预案》，并上报所属地方政府部门备案。与河北省、天津市防汛抗旱指挥部办公室、应急办等单位建立联动机制。按照中线建管局防汛风险项目分级标准，天津分局防汛风险项目共15个，全部为Ⅲ级风险项目。

（4）组建应急队伍。组建1支应急抢险队伍，备防人员20人，设备5台（套）。组织对应急抢险物资设备开展日常维护，确保物资设备正常运行。成立了防汛应急抢险突击队，参加有关防汛应急专业的培训和演练，切实提升应急处置能力，确保度汛安全。

（5）采购应急物资设备。补充采购了玻璃钢船、遥控复合式脱钩器、土工滤垫、救生衣、防护服等应急设备和物资。分局主要防汛物资共12种，含块石、反滤料、沙子、复合土工膜、土工布、钢丝笼、救生圈、救生衣等。设备主要有15种，含移动式发电机、水泵、应急照明灯、无人机等。

（6）组织防洪系统维护。组织信息科技公司天津事业部开展工程防洪信息系统硬件维护，确保设备正常运行。

（7）开展应急演练拉练。5月15日，组织应急抢险队伍进场，开展为期1个月的汛前抢险技术训练。汛前、汛中共组织开展防汛演练3次、防汛应急拉练2次。

（8）加强特殊时期备防及驻守。应急保障队伍配备6名专职人员和1台应急保障车，随时了解现场交通情况、工程情况，负责日常备防、巡查及抢险设备的维护。分局分别在西黑山公路桥和堂二里取土坑设置2个驻汛点。

（9）严格应急值班。分调中心和各现地管理处中控室负责24小时防汛值班，每日报送防汛日报和应急值班记录。各现地管理处负责管辖工程沿线汛情收集，及时报送防汛信息。

（10）强化汛期预警备防。汛期共接收汛期预警及响应信息19次，其中中线建管局预警信息8次、天津市预警信息6次、天津市响应信息2次、天津分局汛期临时备防信息3次。接到预警及响应信息后，分局和现地管理处及时在内部进行通报，并启动相应预警及响应。

（11）加大汛期巡查排险。积极开展雨前、雨中、雨后巡查。2020年度中雨及以上级别降雨30余次，降雨量25～156.4mm，组织自有人员及驻汛、工巡人员开展雨中、雨后巡查50余次。

（12）开展防汛应急培训。组织防汛应急培训2次，参加中线建管局组织的防汛业务视频培训4次。

5. 工程巡查　2020年度进一步加强了新入场工程巡查人员安全教育和业务培训，及时宣贯工程巡查管理标准和考核办法，规范安全巡查工作，组织工程巡查人员业务知识考试，持续提高工程巡查人员业务水平。

监督检查各现地管理处工程巡查管理，及时更新工程巡查手册，加强现场检查，督促整改工程巡查管理中存在的问题，进一步规范了巡查人员着装、任务执行和问题传输等环节，各现地管理处每月对工程巡查人员进行考核。建立工程巡查工作群，巡查人员及时交流巡查管理问题及整改经验，提高了问题整改效率。

大流量输水期间和2020年国庆期间，工程巡查重点加强了风险隐患部位、重要穿跨越部位、已发生过险情部位和参与调度的退水闸和分水口部位的巡查工作，实施“零”报告制度，各现地管理处巡查人员通过工巡群进行报送，工程处每周通过工巡App或巡查现场检查加固措施落实情况，确保各项巡查措施落实到位。

6. 穿跨越邻接项目　2020年，天津分局完成穿跨邻接工程项目技术方案、施工图、施工方案、第三方安全监测实施方案审核16项，受中线建管局委托审核穿跨邻接工程项目专题设计报告和安全影响评价报告8项，参加中线建管局穿跨邻接工程项目专项设计报告和安全影响评价报告审核10项。

组织规范穿跨邻接工程项目监管交流学习，进一步规范了穿跨邻接项目审核程序和监管实施。指导穿跨越单位按程序规范报送穿跨越项目相关文件，配合中线建管局开展穿跨邻接项目设计方案审查，组织审核穿跨邻接项目的工程技术方案、施工方案、施工图以及第三方监测方案，并组织签订监管协议，施工完成验收后签订运管协议。组织各现地管理处对穿跨邻接项目实施进行全过程管理。

不定期对现场施工进行抽查，对重要工序进行旁站，实时监控穿跨邻接项目实施情况。组织工程巡查人员加强穿跨邻接部位现场巡视，保证穿跨邻接项目规范安全实施，每月监督检查各现地管理处穿跨邻接项目监管工作情况，及时更新穿跨邻接项目台账。

对于工程难度大、工期长的项目，组织专业单位进行现场监管，不仅解决了管理处因人员不足监管不到位的问题，而且能及时发现并制止施工违规行为，确保了天津干线工程安全和输水运行安全。

7. 安全监测　共完成内观数据采集333万余点次，外观数据采集8千余点次，共发现数据异常问题7项，经分析研判，未出现影响工程运行安全的异常问题，各建筑物和渠道运行状态总体正常。组织开展基于卫星InSAR技术的区域性地面沉降监测项目；完成安全监测自动化系统维护工作移交信息科技公司；组织完成加大流量输水期间安全监测数据加密采集、数据分析、水位观测工作；组织完成安全监测自动化系统数据核查工作；组织完成安全监测异常问题复核和风险排查。

8. 水质保护　2020年，天津分局水质监测中心每月围绕6个（其中天津干线4个、北京段2个）监测断面持续开展36项参数检测，截至12月底共计出具32份36项全指标监测报告，监测结果显示，各断面水体呈现Ⅱ类及以上地表水状态。完成原子吸收分光光度计、原子荧光光谱仪、气相分子吸收光谱仪、COD_{Mn}自动分析仪、应急分光光度计的购置购工作，检测能力进一步得到提升。主动参加水利部组织的能力验证活动，参与的“水中高锰酸盐指数的测定”获得“满意”结果，表明水质监测中心的检测能力持续满足认证工作要求，对工程水质保障提供良好的检测服务支撑。圆满完成南水北调中线突发水污染事件应急演练，水质应急保障体系进一步健全完善。

西黑山及外环河两个水质自动监测站每天开展针对12参数的4次监测，总体运行状态平稳，全年辖区内水质数据平稳。5月21日天津干线流量达到设计最大流量$60m^3/s$，其后逐步降低流量。受中线加大流量冲刷渠道边坡及底泥至下游的影响，与其他输水期相比，大流量输水期间水质自动监测站监测结果变动较大，主要是西黑山、外环河、惠南庄断面悬浮物、浊度、叶绿素a和高锰酸盐指数等藻类相关数据有较大波动，6—7月持续维持高水平运行。水质自动监测站根据大流量输水期间水头水质变动情况，进行水头过境前后的水质比对分析工作，6—7月水质自动监测站持续加强监测频次，取得设计最大流量调节期下的第一手水质相关资料。西黑山水质监测自动站和外环河水质自动监测站在2020年度中线建管局水质自动监测站标准化建设达标及创优争先考核评定中被评为“优秀水质自动监测站”。（屈亮　刘运才　开小三）

【运行调度】

1. 调度特点　天津干线参与调度任务的建筑物主要有地下箱涵、西黑山进口闸、分水口门、王庆坨连接井、子牙河北分流井等，全线采用首闸（西黑山进口闸）控制，全箱涵无压接有压自流方式进行调度供水，调度任务重点在天津干线的首尾两端。

天津干线设计流量为 $50m^3/s$，加大流量为 $60m^3/s$。其中河北省境内工程设有 9 个分水口门向河北省供水，分水口最小设计流量为 $0.1m^3/s$，最大设计流量为 $2.1m^3/s$，总分水规模为 $7.5m^3/s$，同时分水流量不超过 $5m^3/s$，多年平均口门供水量为 1.2 亿 m^3；天津市境内工程通过子牙河北分流井、外环河出口闸向天津市供水，设计流量为 $45m^3/s$，加大流量为 $55m^3/s$，多年平均口门供水量为 8.63 亿 m^3。

天津干线 2019 年开始向王庆坨水库供水，实现了王庆坨水库的“在线”调节功能，进一步保证了天津市供水安全。

2. 调度模式　天津干线工程按照“统一调度、集中控制、分级管理”的调度要求开展运行调度工作。中线建管局设置总调度中心（一级调度机构），天津分局设置分调度中心（二级调度机构），负责天津干线工程运行调度管理工作。沿线设置西黑山管理处、徐水管理处、霸州管理处、容雄管理处、天津管理处等 5 个调度中控室（三级调度机构），负责各辖区内运行调度管理工作，分调度中心、中控室实行 24 小时调度值班制度。

3. 调度安全

（1）提升人员专业素质。

1）开展日常学习，每周组织学习制度文件，每月中旬及月底以现场问答形式，对调度值班人员进行业务知识考核。

2）组织集中培训，每季度进行集中培训，以专人对输水调度相关制度办法进行再宣贯、再落实，现场讲解工程、金结机电相关业务知识等方式强化人员业务素质。

3）在冰期和汛期前组织工作专题会，剖析可能发生的风险，制定相关应对措施。

（2）做好日常调度安全管理。

1）做好调度安全检查工作。

a. 分调度中心、各现地管理处自查自纠，每月检查自身在工作中的不足并及时整改。

b. 分调度中心采取定期现场检查、电话抽查的方式对各现地管理处输水调度工作进行检查。

c. 分调度中心在冰期、汛期前组织专人进行集中检查，发现问题形成清单并及时督促整改，确保在特殊时期的调度安全。

2）落实各项专项安全活动。

a. 贯彻执行输水调度“汛期百日安全”专项行动，通过组织学习业务知识，提升业务水平，加强调度风险管控。

b. 开展“两个所有”活动，全面查摆问题，规范调度工作，提升形象面貌。

c. 根据天津分局实际情况，落实总干渠大流量输水运行方案，制定安全保障措施，保障大流量运行期间调度安全工作。

d. 做好冰期汛期等特殊时期调度安全管理工作，确保供水安全平稳。

3）加强调度应急管理工作。

a. 组织开展天津干线大流量输水期间突发事件应急调度演练，提升人员应急能力。

b. 加强输水调度、应急（防汛）值班管理工作，做好调度数据监控和视频监控工作，及时做好重要调度数据分析和突发事件信息上报工作。

c. 做好闸站监控系统接警、消警工作，强化调度值班人员安全意识，时刻保持高敏感，确保输水运行安全。

4）配合做好输水调度的硬件、软件保障工作。

a. 配合做好天津干线流量计检修工作，确保水量计量准确。

b. 针对日常调度系统过程中出现的问题提出相关建议，汇总形成清单并及时监督整改，确保报送各项水情信息及时准确。

c. 做好闸站监控系统报警功能调试工作，减少误报、漏报的情况发生。

d. 做好调度设备设施检修维护的调度配合工作。（许兆雨）

【工程效益】

1. 工程效益　截至2020年年底向河北省累计供水1.28亿m^3；向天津市累计供水已达到59.03亿m^3，其中2014—2015调水年度供水3.31亿m^3，2015—2016调水年度供水9.10亿m^3，2016—2017调水年度供水10.41亿m^3，2017—2018调水年度供水10.43亿m^3，2018—2019调水年度供水11.02亿m^3，2019—2020调水年度供水12.91亿m^3（含0.72亿m^3生态补水），2020—2021调水年度供水1.85亿m^3（2020年11—12月）；工程效益发挥显著。

2. 社会效益　"南来之水"已成为天津市民用水的主力水源，直接受益人口超千万，有效缓解了天津市水资源短缺局面，使天津市水资源保障能力实现了战略性的突破，改善了水系环境质量，为建设"美丽天津"提供了有力支撑，发挥了显著的经济、社会和生态环境效益。（李成）

【环境保护与水土保持】　根据中线建管局环境保护、水土保持相关规章制度，进一步加强环境保护、水土保持管理工作，对辖区内污染源、可能引发水土流失的薄弱部位进行了排查和处理。天津分局组织现地管理处开展水质巡查和水环境的日常监控，定期巡查、重点排查，确保水质安全。

在绿化方面，积极组织员工开展义务植树活动；组织绿化维护单位对枯死树苗进行了更换、补植，对绿化工程进行了提升和改造，工程形象进一步提升。（哈达）

中线干线专项工程

陶岔渠首枢纽工程

【工程概况】　陶岔渠首枢纽工程位

于河南省南阳市淅川县九重镇陶岔村，是南水北调中线总干渠的引水渠首，也是丹江口水库的副坝。初期工程于1974年建成，承担着引丹灌溉任务。2010年3月南水北调中线一期工程陶岔渠首枢纽工程于下游70m处重建，坝顶高程由162.00m提高到176.60m，正常蓄水位由原来的157.00m提高到170.00m，历史最高蓄水位166.98m。陶岔渠首枢纽工程由引水闸和电站两部分组成，工程主要任务是引水、灌溉兼顾发电，担负着向河南、河北、天津、北京等省（直辖市）输水的任务。工程设计引水流量为350m^3/s，加大流量为420m^3/s，年设计供水量95亿m^3。枢纽工程设计标准为千年一遇设计、万年一遇加20%校核。工程主要包括上游引水渠、挡水建筑物（混凝土重力坝、引水闸及电站）、下游水闸消力池及尾水渠、护坡工程等内容。混凝土重力坝总长265m，引水闸坝段布置在渠道中部右侧，采用3孔闸，孔口尺寸7m×6.5m（宽×高），底板高程140.00m。渠首枢纽工程2010年开工建设，主体工程2013年年底完工。2014年12月12日正式向北方输水。

陶岔电厂为河床灯泡贯流式发电机组，装机容量为2×25MW，水轮机设计水头为13.5m，正常运行水头范围为6.0～24.86m，水轮机直径5.10m，电站设计最大过水能力420m^3/s。陶岔电厂接入国家电网（南阳），出线电压等级为110kV，陶岔电厂设计年平均发电量2.4亿kW·h。2010年3月电厂厂房主体开始建设，2014年机组安装完成，2018年6月通过水利部机组启动验收。

（中线建管局）

【工程管理】

1. 组织机构　陶岔电厂和陶岔管理处作为陶岔渠首枢纽工程的运行管理机构，是南水北调中线工程建设管理局渠首分局所辖现地管理机构。陶岔电厂和陶岔管理处下设综合科、合同财务科、安全科、工程科、运行维护科、调度科6个科室，现地运行管理工作人员37人。陶岔电厂管辖范围为电厂、110kV送出工程、坝顶门机、坝后门机等。陶岔管理处管辖范围为枢纽区工程（含管理处园区、大坝、引渠、渠首引水闸、消力池、总干渠、边坡、排水沟等）、大坝上游2km引渠、大坝下游至刁河节制闸下游交通桥下游侧总干渠。陶岔电厂负责陶岔渠首枢纽工程水电站的运行管理，陶岔管理处负责引水闸、肖楼分水口和刁河节制闸、退水闸的调度运行管理。

2. 安全管理　陶岔电厂和陶岔管理处2020年积极开展水利安全生产一级达标创建工作。共召开达标创建工作会8次，专家到管理处指导创建工作7次。顺利完成年度安全生产目标，其中重大事故和人员伤亡起数为零，安全隐患整改率为100%，特种作业持证人数33人，特种作业持证上岗率为100%。召开安全生产领导小组会4次；签订员工安全承诺书50份；签订员工安全责任书50份；开展各专业、各类型安全生产培训40余次，建立员工培训档案50份；开展安全宣传8次，宣传覆盖3000余人次。组织日常检查、定期检查和专项检查共计检查85次。与进场运行维护单位签订安全协议25份、签订安全交底53份、开具危险作业票480份。为进一步完善安全生产防控体系，全面排查了工程区域各类危险源和风险点，促使安全检查和隐患排查工作全面到位。开展防恐应急演练2次，溺水救援演练1次。

3. 陶岔电厂维护　2020年，完成陶岔电厂专项检修项目，完成1号主变应急检修工作，完成10kV九陶线电缆改造，完成10kV专用线路输电设备、导体、连接线缆、线路保护通道等部位维护及检修，完成110kV日常消缺维护、专业巡检及例行试验，完成陶岔电厂自动化升级改造、电厂防误闭锁系统安装和安全工器具柜安装、闸站自动化消缺改造等项目，完成陶岔电厂自动化计算机监控系统升级改造。

4. 标准化建设　为满足闸站、电站运行管理过程中标准化问题，2019年3月，陶岔渠首枢纽工程（含电站）标准化建设工作纳入水利部2019年督办事项。陶岔渠首枢纽工程（含电站）标准化建设工作主要包括三部分：电站及厂区整治（包括设备设施）、大坝工程区整治、枢纽区绿化及照明整治。

（1）电站及厂区整治。2020年完成陶岔电厂机组密封供水、噪声监测、双电源切换、等电位接地网、通信电源系统整治、更衣室衣柜、厂内照明改造、厂房除湿改造、大坝廊道除湿改造、引水闸电缆沟、油管沟整治、渗水点处理、柜门修复、挡土墙、混凝土喷涂、园区供水等项目施工建设。

（2）大坝工程区整治。2020年完成工程区安全设施整治中不锈钢护栏1200m施工，完成引水渠整治护坡浇筑混凝土250m^3，完成火烧石铺设2140.22m^2，镀锌角钢3139.12m，左岸拦污坎C20混凝土浇筑15m^3、C30混凝土浇筑30m^3。完成1号、3号、4号、5号门安装，完成电缆沟和油管沟整治混凝土盖板移除及玻璃钢盖板安装130m^2、坝顶排水系统整治止水条拆除及安装130m、既有道路沥青铺装和坝顶道路沥青铺装、园区排水沟混凝土盖板移除700m、新增道路完成546m^2、左岸新增道路排水沟C20混凝土浇筑16m^3、柴油机房及油泵房、坝顶栏杆喷涂735m^2、大坝右岸下游侧氟碳喷涂1500m^2、弹性涂料内墙喷涂397m^2、坝顶门机轨道漆240m、门机轨道明沟室外地坪漆刷涂370m^2。

（3）枢纽区绿化及照明整治。绿化苗木种植2399株、苗木迁移265株、绿篱移栽229m^2、绿篱拆除

220m²、绿篱种植 700m²。完成园区梯道铺装、景墙、旗台基础、种植池砖砌体墙项目，完成步道铺设 450m²。

（中线建管局）

【运行调度】 本调水年度（2019 年 11 月 1 日至 2020 年 10 月 31 日）调水量 87.6 亿 m³，占年度调水计划 71.16 亿 m³ 的 123.1%。截至 2020 年 12 月 31 日，累计入总干渠水量 351.74 亿 m³，年度发电量 2.09 亿 kW·h，累计发电量 4.19 亿 kW·h，累计安全运行 2211 天。

（中线建管局）

【工程效益】 截至 2020 年 12 月 31 日，累计向北京、天津、河北、河南四省（直辖市）调水超 350 亿 m³，为受水区经济社会可持续发展提供了有效支撑，已成为北京市、天津市、石家庄市、郑州市等沿线大中城市的供水“生命线”。工程惠及四省（直辖市）24 个大中城市、130 个县，6900 万人直接受益，改善了供水水质，增强了人民群众的获得感和幸福感，社会效益显著。受水区减少了地下水开采及地表水使用，置换了被挤占的生态和农业用水，地下水位明显回升，河湖水面面积明显增加，地表水水质明显好转，生态环境明显改善。北京密云水库蓄水量由 2015 年 8.2 亿 m³ 增加至 2020 年 26.8 亿 m³，华北地区回补达 49.64 亿 m³。中线沿线 47 条河流得到生态补水，天然河道重现往日生机，河湖水质明显改善，同时大大增加了特殊干旱年份水资源的供给保障能力和沿线湖泊生态安全。

（中线建管局）

【环境保护与水土保持】

1. 土建绿化　2020 年完成年度预算下达渠首枢纽场区相关小专项的采购。完成坝前引渠护栏、办公区护栏及 0＋300 交通桥桥头加装警示标牌；完成坝前引渠护栏清理刷漆、坝前 2km 处加装界牌；完成坝前左右岸一级坡面新建排水沟、二级马道纵向排水沟砂浆找平；完成左岸交通桥下安装钢大门及不锈钢栏杆；完成办公楼二楼卫生间和宿舍楼一楼走廊防水修复；完成西侧园区步道面层混凝土砖集中更换及办公区破损白色瓷砖更换。每日对坝前漂浮物进行打捞，枢纽工程区卫生保洁；定期对坝顶引张线管沟、消防管沟进行清理。完成总干渠沿线渠坡草体修剪、高杆草拔除以及绿篱造型字的维修养护，完成绿植补植小专项，完成渠首枢纽园区缺株和缺失绿篱补植，完成乔木刷白和冬季集中修剪。

2. 水质保护　陶岔渠首枢纽工程运行平稳，水质稳定达到或优于Ⅱ类，Ⅰ类水占比逐年提高。在总干渠桩号 0＋900 处设立有陶岔水质自动监测站，建筑面积 825m²，于 2015 年底建成，2017 年 1 月进入稳定运行阶段。陶岔水质自动监测站是一个可以实现自动取样、连续监测、数据传输的在线水质监测系统，共监测 89 项指标，涵盖了地表水 109 项检测指标中的83项指标，主要监测一些水质基本项目、金属重金属、有毒有机物、生物综合毒性等项目，共有监测设备25台。陶岔水质自动监测站每天进行4次监测分析，是以在线自动分析仪器为核心，能够实现实时监测、实时传输，及时掌握水体水质状况及动态变化趋势，对输水水质安全提供实时监控预警，在发生水质突发事件后能够及时监测水质变化情况。陶岔电厂和陶岔管理处成立水质保护工作组，编写管理处突发水污染事件应急预案和藻类防控预案，新建刁河水质物资仓库，补充水质应急物资，开展水污染事件应急演练，从体系建设、物质保障等日常备战到应急实战演练等各环节全面加强应急管理。组织开展突发水污染事件应急演练。每月对辖区内污染源进行现场巡查、排查，形成污染源专项巡查记录并及时更新污染源台账。全年共发现新增污染源3处，复发污染源2处，原有污染源1处。经过与地方相关部门的持续沟通和跟踪处理，2020年度共消除各类污染源4处。（许凯炳）

丹江口大坝加高工程

【工程概况】 丹江口大坝加高工程是在原丹江口水利枢纽基础上培厚加高。加高后的坝顶高程176.60m（原枢纽为162.00m），丹江口大坝加高工程自2013年8月29日通过蓄水验收后，正常蓄水位由157.00m抬高至170.00m，校核洪水位174.35m，总库容达到339.1亿m^3。电站装机容量为6台15万kW机组，升船机由150t扩增为300t。工程任务以防洪、供水为主，结合发电、航运等综合利用。近期实现调水95亿m^3，后期实现调水120亿～130亿m^3，汉江中下游防洪能力自20年一遇提高到100年一遇。（米斯）

【工程管理】 由于工程运管体制尚未完全明确，丹江口大坝加高工程整体的运行管理仍由工程的建设管理单位中线水源公司承担。2020年，中线水源公司继续委托汉江集团公司承担丹江口大坝加高工程运行维护工作，加高工程主要金结机电设备由汉江集团公司丹江口水力发电厂运行维护。大坝安全监测、强震与地震监测、水文等其余项目分别委托长江空间信息技术工程有限公司、长江三峡勘测研究院有限公司、长江委水文局运行维护。

2020年，中线水源公司按照委托合同要求联合长江委河湖保护与建设运行安全中心组织开展工程运行维护管理月度、年度考核，形成了考核报告。（米斯）

【运行调度】 按照水调服从电调的原则，水调服从水利部、长江委调度，按照水利部下发的供水计划执行。电调服从湖北电网的调度。

（米斯）

【工程效益】 2020年丹江口水库来水355.587亿m^3，与多年（1956—

2010年）均值362.63亿m^3基本持平，来水总量正常，但年内分布严重丰枯不均：夏汛期6—8月来水偏丰，秋汛期水库来水特枯。水库共发生3场入库洪峰大于$5000m^3/s$的洪水，均为常遇洪水，最大入库洪峰流量$8620m^3/s$。整个汛期水库最大出库流量为$3680m^3/s$，充分发挥了水库的拦洪削峰作用；有效缓解了汉江中下游的防洪压力，汛期汉江中下游河道水势平稳，安全度汛，枢纽防洪效益显著。同时汛末11月1日水库成功蓄水至164.76m，为下一年度供水计划的顺利实施奠定了坚实基础，充分发挥了工程防洪、供水、生态等综合利用效益。（米斯）

【验收工作】

（1）2020年，丹江口大坝加高工程完成主标合同变更索赔处理、左岸主标合同验收、右岸主标合同验收、大坝缺陷检查与处理项目及主标监理合同验收。丹江口大坝加高设计单元418个合同的验收已基本完成。2020年12月11日，顺利通过水利部调水局组织的设计单元工程档案专项验收。

（2）2020年5月，中线水源公司组织召开了丹江口大坝加高工程水土保持设施验收会，按规定完成网上公示后向水利部报备。2020年6月30日，公司收到水利部水土保持司验收报备回执，该项水利部督办任务按原计划目标如期完成。2020年12月，通过了长江委水土保持局组织的坝区水土保持自主验收的核查。

（3）2020年，中线水源公司着手进行丹江口大坝加高工程和运行管理系统专项工程的完工财务决算编制工作。完成了大坝加高工程各项合同及结算情况的清理、核对及投资执行情况分析工作。同时委托相关单位开展丹江口大坝加高工程概算投资执行情况分析报告编制工作。

（米斯　张乐群　都瑞丰　赵伽）

【尾工建设】　（1）2020年，中线水源公司较好地完成了丹江口大坝加高工程扫尾工作。大坝缺陷检查与处理项目除右岸土石坝与混凝土坝连接段沉降变形尚未收敛待择机处理外，其余均已按照计划于6月20日前全部完成。通航设施项目经向水利部、长江委请示汇报后，已委托长江设计公司对通航设施尾工项目进行优化设计，待设计方案报湖北省交通运输厅港航管理局同意后再行实施。

（2）2020年年初，在湖北省公共资源电子招投标交易平台受新冠肺炎疫情影响关闭的情况下，为保证疫情后尽快复工复产，委托相关招标公司采用全程电子化、不见面招投标系统，有序开展各项招标工作。完成了运行管理码头趸船建设、供水调度运行管理专项综合管理信息系统建设、管理用房暖通空调设备采购及安装、管理用房及配套工程弱电智能化系统、丹江口水库库区地形观测与库容复核等项目的公开招投标工作。

（3）编制了右岸营房处置初步方案，并将右岸营地临时用房资产评估情况及后续处置方案专题报告长江委。根据长江委主任专题会议纪要精神，长江委财务局已向水利部报备。根据部有关司局反馈意见，按照2020年第43期长江委主任专题会议纪要精神，已首批处理完毕23栋房屋，正在开展剩余10栋后续处理工作。

（4）克服新冠肺炎疫情影响，2020年5月上旬完成大坝加高工程水土保持剩余尾工项目汤家沟营地水土保持项目施工，为完成坝区水保专项验收打下坚实基础。2020年6月，启动调度运行管理专项工程综合管理信息系统建设，12月底具备预上线条件。（米斯　赵伽　张乐群）

汉江中下游治理工程

【兴隆水利枢纽工程】

1. 工程概况　兴隆水利枢纽位于汉江下游湖北省潜江、天门市境内，上距丹江口水利枢纽378.3km，下距河口273.7km。其作为南水北调汉江中下游四项治理工程之一，是南水北调中线工程的重要组成部分，其开发任务是以灌溉和航运为主，兼顾发电。

该工程主要由泄水闸、船闸、电站、鱼道、两岸滩地过流段及交通桥等组成。水库库容约4.85亿m^3，最大下泄流量19400m^3/s，灌溉面积327.6万亩，规划航道等级为Ⅲ级，电站装机容量为40MW。工程静态总投资30.49亿元，总工期4年半。

2009年2月26日，兴隆水利枢纽工程正式开工建设。2014年9月26日，电站末台机组并网发电，标志着兴隆水利枢纽工程全面建成，其灌溉、航运、发电三大功能全面发挥，工程转入建设期运行管理阶段。

2. 工程管理

（1）疫情防控工作。2020年年初，根据湖北省水利厅发出的新冠肺炎疫情防控紧急通知，湖北省汉江兴隆水利枢纽管理局迅速组建成立新型冠状病毒防控领导小组，召开紧急会议传达通知，部署护控措施。按照湖北省水利厅要求，严格落实疫情期间政务值班和运行值班工作，每天对职工的去向和健康状况进行排查登记，定时向湖北省水利厅报送相关情况，做到全面覆盖，不落一人；开展疫情防控知识宣传和全面消杀工作，定期对办公区和生活区人员容易聚集的地方进行全面消杀，对工作桥实施了长达65天的封闭管理，做到内防扩散，外防输入；筹措资金发放口罩、消毒液等防疫物资，开展全员核酸和抗体检测，2020年全局取得了零感染的疫情防控阶段性胜利。

（2）安全生产管理。制定出台了安全生产专项整治三年行动实施方案，积极构建风险分级管控和隐患排查治理双重预防体制，定期不定期排查安全生产工作中存在的安全隐患，邀请专家现场指导运行管理中的隐患排查工作，2020年共组织了各类安全生产隐患排查8次，发现安全隐患82项，已整改完成81项，另1项列入下年计划。建立隐患管理台账，落实专项整改资金20万元，并及时将隐患情况上报全国安全生产信息系统。大力宣贯安全生产法规和安全知识，在"安全生产月"和"消防日"活动期间开展应急演练和安全生产知识竞赛，编制了管理局第一期安全生产期刊，起到了良好的效果。持续推进安全生产标准化体系建设，对安全生产制度进行了修订，健全了安全生产标准化体系，完成了安全生产标准化二级达标文件评审和现场评审工作。

（3）防洪度汛。建立了防汛指挥机构和责任体系，并在枢纽辖区进行挂牌公示；完善了防汛联动机制，组织召开了2020年第一次指挥长会议，进一步压实防汛责任，强化沟通会商，落实防汛保障。完成《兴隆水利枢纽2020年度防洪度汛预案》修编，加强防汛抢险人员配备，防汛应急抢险队人数由34人增加至40人，充实了防汛抢险力量；开展巡查排险，汛前及时修复了泄水闸下游柔性海墁冲坑，组织了防汛应急演练，提高了防汛应急处置能力；严格执行湖北省水利厅调度指令，配合长湖成功撇洪，为引江济汉撇长湖洪水发挥了重要作用。

（4）完成小水电整治与划界确权工作。按照湖北省水利厅工作要求，兴隆水利枢纽管理局小水电整治平台统计问题均已整改到位；完成了工程管理区域确权划界上图工作。管理区范围已取得潜江市、天门市国土部门颁发的土地证。对已确权划界的土地开展上图工作，目前已将数据上传至"水利一张图"等数据库并通过水利厅审查，界桩埋设工作已完成。

（郑艳霞　全浩　江盛威）

3. 运行调度

（1）推进运行管理标准化创建。各运管单位对各类规程规范、管理表单进行了修订完善，创建了标准化示范区、示范岗，组织标准化学习培训和互动交流，取长补短，共同提高。依据《水利工程运行管理监督检查办法（试行）》，每月不定期开展"四不两直"检查，2020年共开展了9次检查，发现问题95项，根据检查问题等级，下达整改通知书，约谈负责人，目前问题全部整改完成。

各直属单位建立了工程维修养护项目管理卡，安排专人进行督办，定期在工作群通报执行情况，确保检修维护项目按计划实施完成。出台了《资产处置管理办法》，首次完成了工程临时配电设施国有资产产权转让。

（2）逐步实施补短板项目。组织编制完成了兴隆枢纽以改善运行管理条件、完善相关功能和生态环境提升为目标的补短板方案设计报告；修订完善电站责任区管理制度，以责任区工作质量考评为抓手，对部分墙体和设备设施进行了外观修整和美化；完成了水情测报系统与湖北省水利厅水情中心数据库的连接，测报做到“不迟报、不漏报、不错报”；推进枢纽安全监测自动化改造项目，完善了枢纽大坝安全监测系统；对水工建筑物、金结机电设备进行维修养护，消除隐患、补齐短板。编制出台了《兴隆水利枢纽智慧化运行建设规划方案》，做好兴隆信息化建设顶层设计。

4. 生态调度　根据长江水利委员会《汉江流域水量调度方案》，兴隆水利枢纽最小下泄流量为500m^3/s，同时与引江济汉工程配合，确保汉江下游仙桃断面流量达标。兴隆管理局严格按照相关要求，合理制定运行调度计划，通过科学管理、规范操作，连续多年较好地完成了既定目标。

5. 工程效益　兴隆水利枢纽电站安装4台套灯泡贯流式水轮发电机组，单机容量10MW，总装机容量40MW，设计多年平均利用小时数为5646h，多年平均发电量2.25亿kW·h。2013年10月28日电站首台机组发电，截至2020年12月31日，兴隆电站年累计发电量达2.40亿kW·h，完成年度发电目标2.25亿kW·h的106%，为区域经济高质量发展，提供了稳定的清洁能源和支撑。

兴隆水利枢纽库区有天门罗汉寺灌区、兴隆灌区、沙洋引江灌区等大型灌区，现有灌溉面积近300万亩。自2013年4月1日枢纽下闸蓄水以来，上游水位长年保持在36.20m左右，兴隆灌区水位保障率达到100%，控制范围内灌溉水源保证率达到设计要求。

兴隆水利枢纽蓄水后，渠化汉江航道76km，将原Ⅳ级航道（500吨级）提高至Ⅲ级（1000吨级），提高了库区航运速度和运载能力，促进了汉江航运的发展。2013年4月10日船闸正式通航，截至2020年12月31日，船闸年累计过船7052艘，载货量4070633t。

汉江中下游部分闸站工程共实施改造项目185处，其中较大闸站31处，小型泵站154处。工程完工后，稳定发挥排灌效益，为两岸农业发展和粮食稳产高产提供了有力支撑。东荆河倒虹吸工程将谢湾灌区30万亩农田灌溉调整为自流灌溉，使潜江市自流灌溉达90%以上。徐鸳口泵站承担着仙桃、潜江两市共180万亩农田灌溉任务，多次在抗旱排涝的关键时刻，发挥重要作用。

6. 环境保护与水土保持　兴隆水利枢纽围绕“长江大保护”、建设“幸福河”目标，全力保生态，做足水文章。

（1）保障供水。枢纽工程使周边29条河流等湖泊水质整体提升，天门、潜江城区用水得到保障。其中天门市引水能力达136m^3/s，受益人口120多万人。

（2）推进垃圾分类工作。按照新标准重新配置垃圾分类设施32组（套）。规范生活垃圾处理工作，委托潜江市高石碑镇村镇建设服务中心处理生活垃圾。

（3）保护生物。有计划敞泄，为鱼类洄游产卵创造条件，2020年开展增殖放流活动共计投放团头鲂、南方鲶、黄颡鱼、蒙古鲌、翘嘴鲌、鳜鱼、草、鲢、鳙、鳊等珍稀特有鱼类及经济类鱼苗41万尾，保护汉江水生物多样性。坚持扫黑除恶，打击汉江非法捕捞。

（4）启动生态监测。开展了生产区污水排放改造工作，实现了生产区生活污水零排放；启动了为期三年的生态监测，包含水质、水生物监测内容。

（5）实施绿化喷灌与节水系统改造项目，对管理园区绿化灌溉管网进行完善升级，节约绿化用水。

7. 验收工作

（1）2020年1月7日，湖北省汉江兴隆水利枢纽管理局主持召开蓄水影响整治工程天门崩岸、排渗沟项目单位工程验收，质量评定为合格。

（2）2020年1月7日，湖北省汉江兴隆水利枢纽管理局主持召开蓄水影响整治工程天门农田排水沟项目单位工程验收，质量评定为合格。

（3）2020年4月28日，湖北省汉江兴隆水利枢纽管理局主持召开电站工程单位工程验收，质量评定为优良。

（4）2020年5月13日，湖北省汉江兴隆水利枢纽管理局主持召开南水北调中线一期兴隆水利枢纽蓄水影响整治工程（潜江部分）施工合同项目完成验收，质量评定为合格。

（5）2020年5月19日，湖北省汉江兴隆水利枢纽管理局主持召开蓄水影响整治工程沙洋部分一单位工程验收，质量评定为合格。

（6）2020年5月21日，兴隆水利枢纽泄水闸土建及金结、机电安装工程合同项目档案通过验收。

（7）2020年5月22日，湖北省汉江兴隆水利枢纽管理局主持召开南水北调中线一期兴隆水利枢纽蓄水影响整治工程（钟祥部分）施工合同项目完成验收，质量评定为合格。

（8）2020年5月26日，湖北省汉江兴隆水利枢纽管理局主持召开南水北调中线一期兴隆水利枢纽蓄水影响整治工程（天门部分）施工合同项目完成验收，质量评定为合格。

（9）2020年6月17日，湖北省汉江兴隆水利枢纽管理局主持召开南水北调中线一期工程汉江兴隆水利枢纽新建管理用房工程合同项目完成验收，质量评定为合格。

（10）2020年6月19日，兴隆水利枢纽监理1标工程档案通过验收。

（11）2020年6月29日，湖北省汉江兴隆水利枢纽管理局主持召开南水北调中线一期工程汉江兴隆水利枢纽泄水闸土建及金结、机电安装工程合同项目完成验收，质量评定为优良。

（12）2020年6月30日，湖北省汉江兴隆水利枢纽管理局主持召开南水北调中线一期兴隆水利枢纽蓄水影响整治工程（沙洋部分一）施工合同项目完成验收，质量评定为合格。

（13）2020年7月28日，湖北省汉江兴隆水利枢纽管理局主持召开南水北调中线一期工程汉江兴隆水利枢纽电站土建及金结安装工程合同项目完成验收，质量评定为优良。

（14）2020年8月21日，湖北省汉江兴隆水利枢纽管理局主持召开蓄水影响整治工程沙洋监狱部分单位工程验收，质量评定为合格。

（15）2020年8月25日，湖北省汉江兴隆水利枢纽管理局主持召开南水北调中线一期工程汉江兴隆水利枢纽船闸土建及金结、机电安装工程合同项目完成验收，质量评定为合格。

（16）2020年9月28日，湖北省汉江兴隆水利枢纽管理局主持召开电站上游隔流堤及尾水渠右侧边坡水毁修复工程单位工程验收，质量评定为优良。

（17）2020年11月6日，南水北调中线一期兴隆水利枢纽蓄水影响整治工程（天门部分、钟祥部分、沙洋监狱管理局部分）施工监理工程档案验收通过。

（18）2020年11月11日，湖北省汉江兴隆水利枢纽管理局主持召开湖北省汉江兴隆水利枢纽电站上游隔流堤及尾水右侧边坡水毁修复工程合同项目完成验收，质量评定为优良。

（19）2020年11月12日，湖北省汉江兴隆水利枢纽管理局主持召开南水北调中线一期兴隆水利枢纽蓄水影响整治工程（沙洋监狱管理局部分）施工合同项目完成验收，质量评定为合格。

（20）2020年11月29日，湖北省汉江兴隆水利枢纽管理局主持召开蓄水影响整治工程沙洋蔡咀泵站工程单位工程验收，质量评定为优良。

（21）2020年11月29日，湖北省汉江兴隆水利枢纽管理局主持召开蓄水影响整治工程姚集中闸泵站工程单位工程验收，质量评定为优良。

（22）2020年12月7日，湖北省汉江兴隆水利枢纽管理局主持召开兴隆水利枢纽泄水闸倒垂线、引张线监测自动化系统完善项目合同项目完成验收，质量评定为优良。

截至2020年年底，兴隆枢纽32个单位工程已全部通过验收，36个施工项目合同中35个已完成验收（仅剩余蓄水影响整治6标）。

8. 尾工建设

（1）兴隆水利枢纽蓄水影响整治工程。兴隆水利枢纽开始蓄水后，由于各种原因，库区部分地区仍然出现堤外岸坡崩塌、堤内低洼积水及排涝不畅等问题。蓄水影响涉及潜江市、天门市、钟祥市、沙洋县及沙洋监狱管理局等，为保障库区人民生命安全、改善农业生产基础条件，2017年8月，原国务院南水北调办批复同意实施南水北调中线一期兴隆水利枢纽蓄水影响整治工程。兴隆水利枢纽蓄水影响整治工程包括崩岸治理工程、排渍（渗）水系工程和闸站改扩建工程三大部分，共划分为6个施工标段。2019年蓄水影响整治工程陆续开工。2020年先后完工并开展了验收工作。

（2）南水北调中线一期汉江中下游部分闸站改造工程完善项目。南水北调中线一期汉江中下游部分闸站改造工程包括31处单项设计的闸站改造，通过几年的运行，工程总体情况良好，同时也发现一些问题，比如进、出泵站的交通道路等工程管理设施需进一步完善；部分泵站外江取水口受河势影响发生冲淤变化，需采取一定的工程措施，进行冲刷防护或避免淤积，利于工程安全和正常发挥效益。2020年闸站改造完善项目主体工程已完工。

（郑艳霞　姜晓曦　朱乔航　陈奇）

【引江济汉工程】

1. 工程概况　引江济汉工程主要是为了满足汉江兴隆以下生态环境用水、河道外灌溉、供水及航运需水要求，还可补充东荆河水量。引江济汉工程供水范围包括汉江兴隆河段以下的潜江市、仙桃市、汉川市、孝感市、东西湖区、蔡甸区、武汉市等7个市（区），及谢湾、泽口、东荆河区、江尾引提水区、沉湖区、汉川二站区等6个灌区，现有耕地面积645万亩，总人口889万人。工程建成后，可基本解决调水95亿m^3对汉江下游“水华”的影响，解决东荆河的灌溉水源问题，从一定程度上恢复汉江下游河道水位和航运保证率。

工程从长江荆州附近引水到汉江潜江附近河段，工程沿线经过荆州、荆门、潜江等市，需穿越一些大型交通设施及重要水系，部分线路还将穿越江汉油田区，涉及面广，情况复杂，同时，工程连接长江和汉江，受三峡、丹江口两处大型水利工程影响较大，规划设计条件十分复杂。

引江济汉工程进水口位于荆州市李埠镇龙洲垸，出水口为潜江高石碑。在龙洲垸先建泵站，干渠沿东北向穿荆江大堤、太湖港总渠，从荆州城北穿过汉宜高速公路，在郢城镇南向东偏北穿过庙湖、海子湖，走蛟尾镇北，穿长湖后港湖汊和西荆河后，在潜江市高石碑镇北穿过汉江干堤入汉江。渠道全长67.23km，设计流量350m^3/s，最大引水流量500m^3/s，其中补东荆河设计流量100m^3/s，补东荆河加大流量110m^3/s，多年平均补汉江水量21.9亿m^3，补东荆河水量6.1亿m^3。进口渠底高程26.50m，出口渠底高程25.00m，设计水深5.72～5.85m，设计底宽60m，各种交叉建筑物共计78座，其中涵闸16座、船闸5座、倒虹吸15座、橡胶坝3座、泵站1座、跨渠公路桥37座、跨渠铁路桥1座，另有与西气东输忠武线工程交叉一处。穿湖长度3.89km，穿砂基长度13.9km。渠首泵站装机6×2100kW，设计提水流量200m^3/s。

国家批复引江济汉工程总投资为69.85亿元（不含通航工程分摊投资），实际完成投资67.66亿元。截至2020年12月31日，共到位资金69.85亿元，资金到位率为100%。

2. 运行管理

（1）安全生产工作常抓不懈。湖北省引江济汉工程管理局积极响应中央、水利部和湖北省水利厅要求，结合工程实际积极推进风险管控和隐患治理双重预防机制建设，不断健全“双重预防”长效机制。围绕水利行业安全生产标准化创建达标工作，建立健全规章制度，完善安全管理体系，规范过程控制，通过自查自评推进现场管理持续改进。2020年12月，湖北省水利厅安标评审专家组对引江济汉局进行了水利安全生产标准化二级达标的网上初审及现场核查评审。以“安全生产月”为推手，积极开展各类安全教育培训，强化日常安全监管，加强隐患排查，组织进行全线防汛应急演练，不断提高全员安全素质和安全监管人员管理水平。全年未发生一起等级以上安全事故。

（2）全面推动标准化工作提档升级。2020年引江济汉局在结合标准化工作近年来的开展情况编制印发了《湖北省引江济汉工程管理局运行管理标准化建设实施工作实施方案》《湖北省引江济汉工程标准化建设检查督办考核办法（试行）》等文件，规范了运行管理、安全生产、站所容貌等监督检查工作，建立了管理安全责任监督检查体系，明确了相关管理制度。同时，在原有运行管理标准化专班基础上进一步完善了组织架构，成立了标准化建设工作领导小组，研究解决标准化建设过程中的重大事项和疑难问题，收集意见建议共189条，根据相关意见完成了标准化管理系列材料的再次修订。同时重视标准化硬件建设管理，在2020年度预算中计列了标准化建设专项资金，实施了无线传输系统扩容、监控设施与无线传输系统融合完善、渠堤示范段、标准化标识标牌、安全风险分级管控体系建设等项目，完成了荆州段渠堤局部缺陷处理，打造渠堤示范段提升渠道整体形象，完成了工程全线现场管理标识标牌的制作安装，完善了渠道沿线监控设施。通过多形式全方位工作推进实现标准化工作“软硬件”再升级，夯实管理基础。

（3）多措并举除险度汛保安全。引江济汉局在2020年3月，根据近年来长江、汉江和长湖的汛情特点，结合历年防汛经验，于4月中旬完成了汛期运用调度计划，并完善了超标准洪水防御预案。针对不同的建筑物、防汛重点部位，制定不同的防汛措施、演练计划，于4月15日在工程全线拉开，4月底前各分局基本组织完成防汛演练，涵盖闸门启闭和抢修、管涌险情抢护、发电机紧急供电等内容。经过几年来的努力，引江济汉局与地方防汛组织形成“各司其职、协调联动、齐抓共管”的防汛抗灾工作格局。2020年引江济汉局单位负责人被列为荆州市防汛抗旱指挥部成员，工程沿线防汛均根据属地原则纳入了所属地防汛工作系统。面对来势凶猛的汛情，引江济汉局迅速启动防汛工作机制，协调通航部门，做好行船调度确保防汛期间通航安全；协调工程沿线公安部门，做好安全巡逻，确保防汛期间人民生命财产安全；协调当地水利等职能部门，做好信息对接，确保防汛期间水雨情信息及时畅通。在迎战2020年夏季大洪水过程中，引江济汉局坚持24小时不间断现场值班，观测水情、巡视查险，严防死守。通过专题会议等方式研判防汛形势，应急处突，开展多轮隐患检查，边查边改，立查立改，确保度汛安全。

3. 工程验收　截至2020年年底，引江济汉主体工程（不含马羊洲右汊护岸两个项目）102个单位工程、72个合同验收已全部完成；自动化调度运行管理系统10个单位工程、9个合同项目已全部完成验收。水土保持、环境保护、消防设施、征地补偿和拆迁安置等4个专项验收已按水利部下达的时间节点顺利完成；引江济汉工程自动化调度运行管理系统设计单元先后完成了完工验收法人验收、初步技术性验收、工程档案专项验收及完工验收工作。引江济汉主体工程设计单元档案专项验收申请也已按时间节点要求提交水利部。

截至2020年年底，引江济汉主体工程（不含尾工项目马羊洲右汊护岸）72个项目完工结算已全部完成，自动化调度运行管理系统9个项目完工结算已全部完成。

4. 工程效益　引江济汉工程全年调水37.11亿m^3，超额完成年度调水任务；干渠安全通航船舶42802艘次，船舶总吨3207万t，并助力长湖战胜了50年一遇洪水，为保障汉江中下游供水及水生态安全作出了积极贡献。

5. 尾工建设　马羊洲右汊护岸工程第一标段，合同金额3565.47万元，截至2020年年底，完成投资约3201万元，工程建设基本完成。马羊洲右汊护岸工程第二标段，合同金额2382.98万元，截至2020年年底，完成投资约2143万元，工程建设基本完成。　（余红枚　付泾泽　金秋）

【部分闸站改造工程】　汉江中下游部分闸站改造工程由谷城至汉川汉江两岸31个涵闸、泵站改造项目组成。工程范围分布于襄阳市（谷城县、樊城区、宜城市）、荆门市（钟祥市、沙洋县）、潜江市、天门市、仙桃市、孝感市（汉川市）境内，总占地面积117.16hm^2。项目于2011年11月开工，2016年3月完工。工程对因南水北调中线一期工程调水影响的闸站进行改造，恢复和改善汉江中下游地区的供水条件，满足下游工农业生产的需水要求。

2018年12月14日，原项目法人湖北省南水北调管理局主持召开了南水北调中线一期汉江中下游部分闸站改造工程竣工环境保护验收会。2019年3月14日，现项目法人湖北省汉江兴隆水利枢纽管理局将验收成果在湖北省水利厅门户网站上予以公示，并向湖北省生态环保厅报备。

2018年12月14日，原项目法人湖北省南水北调管理局在武汉市主持召开了南水北调中线一期汉江中下游部分闸站改造工程水土保持设施验收会议。2019年4月30日，现项目法人湖北省汉江兴隆水利枢纽管理局在湖北省水利厅门户网站上将验收成果予以公示，并向水利部水土保持司报备。

2019年8月26—30日，湖北省水利厅主持召开了南水北调中线一期汉江中下游部分闸站改造设计单元工程完工验收技术性初步验收会。

2019年10月29—30日，湖北省水利厅主持进行了南水北调中线一期汉江中下游部分闸站改造设计单元工程完工验收。验收委员会一致同意通过设计单元工程完工验收。（郑艳霞）

【局部航道整治工程】 根据南水北调中线工程规划，局部航道整治工程作为汉江中下游四项治理工程之一，是南水北调中线一期工程重要组成部分，是为解决丹江口水库调水后汉江中下游航运水量减少、通航等级降低，恢复现有500吨级通航标准的一项补偿工程，全长574km。其中丹江口至兴隆河段384km按Ⅳ航道标准建设，兴隆至汉川长190km河段结合兴隆至汉川1000吨级航道整治工程按Ⅲ航道标准建设。根据各河段特点，其主要工程内容是采用加长原有丁坝和加建丁坝及护岸工程、疏浚、清障和平堆等工程措施，以维持500吨级航道的设计尺度，达到整治的目的。

局部航道整治工程兴隆至汉川段（与汉江兴隆至汉川段1000吨级航道整治工程同步建设）于2010年5月开工建设，2014年9月施工图设计的工程项目全部完工，并通过交工验收，工程进入试运行，基本达到1000吨级通航标准。

局部航道整治工程丹江口至兴隆段于2012年11月开工建设，截至2014年7月施工图设计的工程项目分7个标段全部按照设计要求建设完成，并通过交工验收，工程进入试运行。交工验收后，委托设计单位对全河段进行了多次观测，根据观测资料及沿江航道管理部门运行维护情况分析，库区部分河段仍存在出浅碍航、航路不畅或航道水流条件较差状况，根据航道整治“动态设计、动态管理”的原则，湖北省南水北调局又对不达标河段进行了2次完善设计，已于2017年3月底完工。

2018年8月14—15日，湖北省南水北调管理局在襄阳市主持召开了南水北调中线一期汉江中下游局部航道整治工程竣工环保验收会。10月16日，湖北省南水北调局召开汉江中下游局部航道整治工程设计单元工程项目法人验收会议。11月27—28日，湖北省南水北调办在钟祥市主持召开了南水北调中线一期工程汉江中下游局部航道整治设计单元工程完工验收技术性初步验收会议。11月29日，湖北省南水北调办在钟祥市组织召开了南水北调中线一期工程汉江中下游局部航道整治工程设计单元工程完工验收会议。

航道整治程概算总投资4.61亿元，截至2018年年底，已到位资金4.61亿元，已完成投资4.61亿元，本项目已经完成完工决算，且已经过水利部审核通过。（郑艳霞）

生 态 环 境

北京市生态环境保护工作

【南水北调工程执法保护】　2020年，以贯彻落实水土保持法律法规为重点，不断加强对南水北调等建设项目水土保持监督检查工作力度，着力推进建设项目水土保持行业发展和规范化建设。先后完成北京市南水北调配套工程东水西调改造工程和北京市南水北调配套工程河西支线工程建设项目“双随机”检查工作，检查结果均为“合格”。其中东水西调改造工程已经完成水土保持设施验收工作；河西支线工程尚未完工，已办理水土保持补偿费免缴手续，开展水土保持监测、监理等工作，现场落实表土剥离、植被恢复等水土保持措施，总体效益较好。相关检查结果已及时填报双随机系统、北京市政府执法平台、水利部执法信息填报系统和国务院“互联网＋监管”系统，检查结果向社会公示。

2020年，北京市南水北调工程执法大队开展行政检查2662次，人均检查量83次。全年累计出动巡查人员8000余人次，派出巡查车辆2800余车次，行驶里程16万余km。共查处各类行政违法案件21起，其中简易处罚2起，一般处罚18起，不予处罚1起，罚款金额23.28万元，行使行政处罚职权6项。交北京市水务局法制处审核案件1起，拟处罚款10万元，正在办理案件2起。同时，近些年来通过“走沿线、到乡村、入街道、进社区、向校园”的方式，在工程沿线进行普法宣传教育，违法行为数量逐年下降。（赵宇　袁红琳）

天津市生态环境保护工作

【概况】　截至2020年年底，南水北调中线一期工程累计向天津安全输水58.6亿m^3，在有效缓解天津水资源短缺问题、改善城镇供水水质的基础上，大大提升了城市水生态环境，对加快地下水压采进程起到了强大助推作用。（孙甲岚）

【城市水生态环境】 2020年，累计利用引江水向中心城区及环城四区生态调水12.85亿m^3，其中2020年引江生态补水2.93亿m^3。同时，由于引江水有效补给了城市生产生活用水，替换出一部分引滦外调水，有效补充农业和生态环境用水，同时水系循环范围不断扩大，水生态环境得到有效改善。2020年1—12月，全市20个国考断面优良水体比例55%，较2019年同比上升5个百分点；劣Ⅴ类水体比例为0，较2019年同比下降5个百分点。截至2020年年底，全市12条入海河流全部实现消劣，达到历史最佳水平。（鲁刚 孙甲岚）

【地下水压采】 地下水曾是天津最为可靠的供水水源之一，历史上开采量最高曾达到10亿m^3。引江通水以来，天津加快了滨海新区、环城四区地下水压采进程，2015—2017年累计压采地下水6400万m^3，到2016年，全市深层地下水开采量已降至1.76亿m^3，提前完成了《南水北调东中线一期工程受水区地下水压采总体方案》中明确的“天津2020年深层地下水开采量控制在2.11亿m^3”的目标。同时，地下水压采一定程度上对减缓地下水位起到了积极作用，截至2020年，天津共设有地下水基本监测井639眼，54.9%的监测井水位有所回升，35.6%的监测井水位基本保持稳定，全市整体地下水位呈稳定上升趋势，局部地区水位下降趋势趋缓。

（艾虹汕）

河南省生态环境保护工作

【邓州市】 2020年，持续加强干渠保护范围内环保，严格执行审查准入制度，否决对干渠可能产生水质影响项目2个。联合环保、畜牧等部门对干渠保护范围内开展污染源排查整治，处理3起违规养殖问题。

（司占录 张博 卢卓）

【漯河市】

1. 地下水压采 2015—2020年，省定漯河市任务是压采地下水量1735万m^3，其中浅层水压采77万m^3。编制完成《漯河市南水北调受水区地下水压采实施方案》，制定各受水区浅层地下水和中深层承压水年度压采目标，并将年度压采计划和封井任务分解到各县区。截至2020年，全市共关闭自备井607眼，压采地下水量4114万m^3，超额完成省定任务。

2. 地下水管控体系 2020年，加强地下水监测，按时完成70眼地下观测井的资料整编任务，并定期对地下观测井进行维护。加强地下水计量监控，对重点取用水户全面完成在线实时监控，落实取水计量设施的安装与监督。规范取用地下水行为，对自备井取水户实行台账登记制度，建立取水许可档案，实现一井一证一档；变更、核销取水许可证提前在网上公示。建立巡查制度，对焊封铅封的自备井进行不定期巡查；实行取水许可限批政策，公共管网覆盖范围内不再审批，高耗水行业不符合产业政策的不再审批，在超采区范围内的限制审批，在饮用水源地保护范围内的不再审批。落实责任到位，漯河市将地下水压采目标列入《漯河市水污染防治碧水工程行动计划》考核内容，组织督导组定期进行检查评估。

3. 地下水压采成效 根据市区地下水水位统一调查资料显示，2020年全市平原区80%的浅层地下水观测井水位出现回升，地下水位平均上升0.97m；95%的深层承压水观测井水位出现回升，地下水位平均上升2.0m。推进城乡一体化水源地表化，漯河市城乡一体化示范区为全省饮用水地表化试点。 （张洋）

【焦作市】 2020年，焦作南水北调中心配合河南省水利厅、焦作市水利局、焦作市生态环境等部门，持续深入开展南水北调中线干线焦作段两侧保护区范围内污染风险源排查整治活动，整治保护区专项检查问题13处，其中涉及示范区4处、温县2处、马村区4处、修武县2处、中站区1处。

（王惠）

【安阳市】 2020年，安阳南水北调中心配合市环境攻坚办、市生态环境局，会同相关县（区）环保、农业、南水北调等部门和单位，加大督导检查力度，持续保持高压态势，对水源保护区范围内的违法行为和违法设施发现一起查处一起，发现一处拆除一处，重点督促解决汤阴县盖族沟清淤和龙安区活水村生活污水截流问题，封填保护区内违规打井11处，避免新增水污染风险源。

（孟志军 董世玉）

【栾川县】

1. 概况 洛阳市栾川县南水北调中线工程水源区位于丹江口库区上游栾川县淯河流域，包括三川、冷水、叫河3个乡镇，流域面积320.3km²，区域辖33个行政村，370个居民组，人口6.6万，耕地2133hm²，森林覆盖率达82.4%。

2. “十三五”规划任务完成情况 栾川县涉及“十三五”规划水污染防治和水土保持项目13个，总投资1.43亿元，使用中央预算内资金6310万元，截至2020年年底全部完工。包括叫河镇污水处理设施及管网建设项目、冷水镇污水管网建设项目、三川镇污水收集处理工程建设项目、栾川县众鑫矿业有限公司庄沟尾矿库综合治理项目、栾川县瑞宝选矿厂尾矿库综合治理项目、栾川县诚志公司石窑沟尾矿库综合治理项目、栾川县丹江口库区农业粪污资源化利用工程、三川镇农村环境综合整治项目、叫河镇农村环境综合整治项目、冷水镇农村环境综合整治项目、三川镇生态清洁小流域项目、叫河镇生态清洁小流域项目、冷水镇人工湿地项目。

项目完成后，污水处理设施完

备，水源区三乡镇累计建设污水管网78.9km，显著改善水源区整体环境。尾矿库综合治理取得明显效果，覆土种草保护植被，减少细粒尾砂污染，进一步改善工业环境。农村面源治理成效显著，在水源区三川、冷水、叫河三个乡镇建设物理性病虫害防治、智能水肥一体化、农业废弃物收储利用中心、畜禽养殖污染治理、地表径流污水净化利用工程、农业环境监测体系等。在水源区推广沼气、平衡施肥、发展经济作物等水源区农业面源污染综合治理试点项目，开展农村面源整治。累计在水源区建设粪便收集池、储粪场10座，太阳能杀虫灯1360个，有机堆肥场2座及相关污水处理设施。农村人居环境整治常态长效。全县完成农户改厕20560座，完成目标任务的102.8%，农村生活污水处理率达到44%。完成廊道绿化提升154.5km；村庄绿化104个；进一步完善农村供水设施改善饮水质量。

（栾川县发展和改革委）

【卢氏县】

1．概述　2020年卢氏县持续开展水源地保护攻坚战，推进重点流域环境保护。联合水利部、农业农村部、住房城乡建设部等部门，按照“乡镇自查、部门核查”原则，在全县范围开展黑臭水体排查识别，未发现黑臭水体现象。申报水污染防治中央项目储备库2个，其中淇河流域治理项目资金已经下达1929万元。推进县级水生态保护“十四五”规划编制工作，完成现场调研和资料收集开始规划编制。

2．全面贯彻落实河长制　全面贯彻落实河长制，建立断面周边环境整治网格化管理机制、部门联动机制，围绕水环境问题治理，开展入河排污口排查整治、河湖“清四乱”、全域清洁河流、汛期水污染防治“百日行动”等专项行动，分类整治和精准施治，保障地表水环境质量安全。提高污水治理能力，不断提升城乡污水处理设施及配套管网建设水平，督促五里川、朱阳关等南山六乡镇污水处理厂完成技改并通过验收，提升污水处理设施稳定运行能力，出水水质稳定达到一级A标准。

3．加强饮用水源地保护　2020年推进饮用水源地规范化建设工作，投资270余万元，完成26个乡镇及4个农村“千吨万人”饮用水水源保护区规范化建设，采购和安装界标157个，宣传牌114个，交通警示牌91个，设置隔离栏6550m。加强饮用水水源地监控监管能力建设，定期开展对县城集中式饮用水水源地和4个农村“千吨万人”饮用水源地的水质监测，完成26个乡镇集中式饮用水源地的水质全分析监测。

4．推进农村污染防治工作　2020年结合农村人居环境改善工作，协同推进“厕所革命”、畜禽养殖粪污综合处置、农村生活污水治理工作，完成年度20个村庄农村环境综合整治任务，达到生活污水治理率60%以上、生活垃圾无害化处理率70%以上、饮用水卫生合格率90%以上、畜禽粪污综合利用率70%以上。推动示范工程建设，按照生活污水、生活垃圾“五统一”原则，在文峪乡大石河村至香子坪村沿线和沙河乡张家村开展农村环境综合整治先行先试示范工程项目建设，投资2316.56万元，因地制宜建设处理规模为0.6～30m^3/d的污水处理设施92套，配套改水改厨改厕791户，主支管网建设5.96km；建设日处理10t生活垃圾一体化高温热解汽化消纳焚烧厂2座，配套垃圾收集转运车35辆。（催杨馨）

湖北省生态环境保护工作

【水土流失治理开展情况】 2020年，湖北省统筹协调发展改革、自然资源、农业农村、林业等部门实施具有水土流失治理功能的石漠化治理、土地复垦、土地整理、农业综合开发、巩固退耕还林、精准灭荒等项目建设，突出加强对生产建设项目的监管，督促生产建设项目业主开展人为水土流失的恢复治理，重点抓好水利行业水利发展资金水土保持项目和坡耕地水土流失综合治理工程建设，水利行业全年共争取中央投资计划2.56亿元，其中中央投资2.25亿元，落实省级配套资金0.17亿元。同时，以此带动和吸引民营资本1.26亿元投入水土流失综合治理，全年共实施9个县的坡耕地水土流失综合治理、32个县的水利发展资金水土保持治理，推进2个水土保持工程以奖代补试点工程建设。始终坚持多措并举、综合治理，突出清洁型小流域治理重点，工程、生物和耕作措施优化配置，不断提高水土流失综合防治能力。2020年实施坡改梯47.18km^2，种植水保林272.24km^2、经果林125.48km^2，种草32.76km^2，封禁治理及其他955.34km^2。2020年全省新增治理水土流失1433km^2，占年度计划任务的119.41%。水土流失重点治理区普遍呈现产业结构调整，农业增产、农民增收，农村面源污染有效控制，生态环境得到极大改善的可喜局面。

（湖北省水利厅）

【重点小流域治理情况】 2020年，湖北省在32个水利发展资金项目县开展了33条小流域建设，累计治理水土流失520km^2。其中，坡改梯134.76hm^2，经果林2016.79hm^2，水保林1401.85hm^2，种草366.4hm^2，封禁治理和其他措施47248.13hm^2。建设小型水利水保工程140处。各地在重点小流域治理过程中，在措施设计、工程实施上主动与新农村整村推进、扶贫攻坚工作对接，扩大了水土流失防治的效果。蕲春县在小流域建设以奖代补试点建设过程中，将治山治水与脱贫致富相结合，综合治理山、水、田、林、路，使流域内生态环境和老百姓的生产、生活条件得到

明显改善。（湖北省水利厅）

【水土保持示范工程建设情况】 2020年，湖北省结合国家水土保持重点工程建设和生产建设项目水土保持恢复治理开展了水土保持示范工程建设。随州市曾都区结合国家坡耕地水土流失综合治理工程的实施开展了水土保持科技示范园的建设。随州市丰年水土保持科技示范园占地2.4km²，园区改造坡耕地近3000多亩，配套了蓄水池、沉沙池、截排水沟等坡面水系及田间道路，建成了核桃、油茶、石榴等特色经济果林，建成了风力发电、龙王坳水景园、登山游步道、国家种质资源圃等设施或特色区域，配建了清洁能源、水土保持、林业种质、环境保护等专题科普教育展馆，已建成为湖北省具有特色的生态产业型水土保持科技示范园，2020年年底获得省级科技示范园命名。孝感市中广核湖北大悟大坡顶风电场工程2020年也被水利部命名为生产建设项目国家水土保持生态文明工程。

（湖北省水利厅）

【南水北调中线水源地保护情况】 湖北省十堰市作为南水北调中线核心水源区，在环境治理、水土涵养、自然生态保护方面做出巨大努力，共治理小流域385条，建设生态河道130多km，建成清污分流管网2500多km，设立省级以上自然保护区、森林公园和湿地公园34个，保护面积150.8万hm²，占全市国土面积的67%。2020年，十堰市地表水水质总体为“优”，断面达标率由2013年的82.4%上升为100%，17座县级以上集中式饮用水水源地水质均达到Ⅲ类以上，消除黑臭水体79个，丹江口水库水质95%达到Ⅰ类水，干线水质连续多年优于Ⅱ类标准。（湖北省水利厅）

陕西省生态环境保护工作

【概况】 陕西地处我国内陆腹地，跨越黄河与长江两大流域，处于承东启西，连接南北的战略地位。全省总土地面积20.56万km²，秦岭以南属长江流域，总面积7.21万km²，占全省面积的35.1%，其中汉江、丹江流域在陕西省流域面积6.27万km²，是我国水资源配置的战略水源地。丹江口水库总入库水量中有70%源自陕西境内，在实现经济社会发展的同时，切实保护好水资源，做好水污染防治和水土保持工作，是陕西省将长久面对的任务，也是义不容辞的职责。

（陕西省水利厅 吴冠宇 惠波）

【南水北调中线工程陕西段水土保持工作】 2020年，陕西省水利厅紧紧围绕水土流失治理和水源区水质保护中心，在国家大力支持下，南水北调中线工程水源区各项工作取得明显成效，汉丹江出境断面水质始终稳定保持在Ⅱ类标准。

（1）突出水源区保护治理。新修订颁布实施《陕西省秦岭生态环境保护条例》，制定《陕西省水污染防治工作方案》，各级各部门合力推动南水北调中线工程水源区保护工作。截至2020年，省财政十年期间整合资金投入33.35亿元，用于陕南三市污水垃圾处理设施建设及水土保持项目。陕西省发展改革委安排资金8.62亿元推进110个项目，加快垃圾污水处理设施建设和提标改造。水源区城镇垃圾无害化处理率达到98%以上，城区污水处理率达到88%以上。

（2）大力推动水保生态建设。印发《陕西省秦岭水土保持专项规划》，在秦岭功能区基础上结合区域水土流失特点提出水土保持总体布局。以国家水土保持重点工程等为抓手，持续推进水源区水土流失综合治理。据全口径统计，2020年累计完成水土流失治理面积968.91km²，综合治理小流域43条，完成水保总投资约3.79亿元。依据水利部2020年水土流失动态监测成果，陕南三市2020年水土流失面积比2019年减少213km²，实现了水土流失面积和强度“双下降”。不断加强人为水土流失监管，构建完善省、市、县三级监督管理系统，实现生产建设项目实时动态监管全覆盖。

（3）全面开展河流整治。深化河长制湖长制，陕南3市共设立河湖长7755名，实现省、市、县、乡四级河湖长全覆盖。先后开展汉江清澈行动、“携手清四乱、修复母亲河”等多个专项行动，共核查销号水利部、省河长办交办问题204个。加快重要支流和中小河流治理。截至2020年，累计实施汉江重点段防洪工程80余项，完成投资61.6亿元，建设堤防（护坡）389.93km。实施丹江干流防洪工程15项，完成投资5.81亿元，建设堤防56.6km。“十三五”期间，累计实施中小河流治理项目36项，综合治理河长180.4km。结合防洪保安，同步推进生态环境治理，沿岸水生态环境显著改善。

（4）推进生态补偿。建立重点生态功能区转移支付。2020年省财政下达陕南3市重点生态功能区转移支付资金29.9亿元，占到全省80.33%，用于基本公共服务和生态环境保护，探索流域水污染补偿机制。开展省内重点流域上下游污染补偿，参照渭河流域做法，凡辖区出境水质超过污染物控制指标值的市，向省财政缴纳污染补偿资金。

（陕西省水利厅　惠波　李苏航）

【汉江、丹江流域水资源开发利用保护情况】　紧紧围绕确保水质安全和持续改善水环境质量两大目标，突出“预防为主、防治结合”原则，全面推进水污染防治水质保护工作。

（1）强化水质保障。“十三五”以来，陕西省以丹江口水库饮用水水源地保护为中心，开展饮用水水源保护区规范化建设，全面削减各类污染负荷，治理不达标入库河流，强化水污染风险管控。以“出境断面水质安全达标”为目标，全面落实各项治理措施，减少人为生产活动对水源地生态环境影响。截至2020年年底，陕南地区城镇集中式水源地保护区45个，国家“水十条”考核陕西省市级水源地水质达标率为100%。

（2）加大水污染防治。加强工业污染防治，通过制定严格的环境准入政策，加强重点行业和工业集聚区污染防治。推进城镇污水垃圾处理设施建设，“十三五”期间依托津陕对口协作机制支持，建成完工污水处理设施项目36个，新增工业或生活污水处理能力35.03万m^3/d，出水水质达到一级A标准。

（3）推进农业农村污染防治。加强农村污水垃圾处理设施建设，实施农村环境综合整治工程。提升农业种植面源污染治理水平，化肥农药零增长，大力推广清洁生产，促进农业循环发展。积极推广运用秸秆综合利用技术，提升秸秆利用率。推广农膜回收利用，减少农业投入品对耕地环境造成的污染。加强畜禽养殖业污染治理，全面推进畜禽粪污资源化利用和污染防治技术。

（4）加大水土流失治理力度。严格落实秦岭生态环境保护相关法律法规，禁止在核心保护区、重点保护区开发矿产资源和在封山育林、禁牧区域内开垦、采石、采砂、取土。“十三五”期间，以国家水土保持重点工程、坡耕地水土流失综合治理及省级水利发展资金水土保持项目为主渠道。以生态清洁小流域建设、创建水保示范园等为抓手，实行“山水田林路村”综合治理，减少坡面冲刷、泥沙下泄，涵养水源、保护水质。据全口径统计，累计完成水土流失治理面积6077km^2，落实投资19.69亿元，建成国家级水保科技示范园4个，省级示范园4个。

（5）提升应急监测管理能力。持续强化风险防控，科学处置突发事件，全面排查清理整顿污染隐患，对破坏汉丹江水质和对汉丹江水源造成污染的行为“零容忍”。汉中市在境内主要流域建成投运7个国控监测站和4个水质自动监测站，启动汉江流域水环境热点网格监管项目，编制汉江流域突发环境事件应急预案。安康市建成南水北调环境应急处置指挥中心，接入485个重点视频监控点位，108个重点污染源企业在线监测点位。

（陕西省水利厅　李苏航　惠波）

征　地　移　民

河南省征地移民工作

【丹江口库区移民】

1. 完成投资计划调整和使用意见报批　2020年，河南省移民办与项目法人签订总体包干协议后，编制投资计划调整和有关投资总体使用意见，经河南省水利厅厅长办公会议讨论通过，由省政府主管省长签发执行。

2. 配合开展完工财务决算有关工作　河南省移民办督促有关市、县加大审计问题整改力度，5 月底整改工作全部完成，8 月水利部对河南省完工财务决算予以核准。

3. 开展地质灾害防治工作　2020 年向南阳市政府和南水北调中线工程水源公司发函，催促履行地质灾害防治责任；组织在郑州召开淅川县丹江口库区地质灾害防治工作座谈会，就先行实施两个移民安置点地灾防治达成初步意见。截至 2020 年年底，南阳市、淅川县正在进行组织编制实施方案。组织南阳市进行丹江口水库地质灾害监测预警，保障受影响移民群众生命财产安全。

4. 示范引领全省美好移民村建设　拟定南水北调丹江口库区第二批 33 个示范村名单，下达建设补助 10296 万元，督促指导各地加快推进第一批 16 个示范村项目实施见效。南水北调丹江口库区移民南阳、许昌等市统筹推进示范村建设，取得较好成效。2020 年 9 月 1—2 日，河南省移民办在平顶山市召开全省征地移民安置工作会议，观摩郏县马湾和宝丰县马川两个南水北调丹江口库区移民村的移民安置、生产发展和美好移民村建设等情况。

5. 信访稳定工作　加强工程建设意义和征地移民政策宣传，做好征地移民的教育引导，营造良好舆论氛围。信访稳定工作按照“属地管理、分级负责”“谁主管、谁负责”的原则，开展矛盾纠纷排查化解活动，及时协调解决征地移民有关问题，把矛盾化解在基层，保持社会大局和谐稳定。打赢 5 起涉法涉诉案件，有效解决缠访闹访问题。

6. 移民文化建设　编撰出版《河南省南水北调丹江口水库移民志》。经多次修订完善，专家审查和通稿，2020 年出版发行。（邱型群　焦中国）

【干线征迁】　2020 年，河南省开展南水北调中线完工财务决算编制及审计配合工作，分别在南阳市、许昌市、焦作市召开财务决算推进会，督促审计问题整改。协调进行水利部组织的决算审计配合工作，督促指导及时整改审计问题；配合完成南水北调中线文物保护财务决算编制及审计工作；开展南水北调中线压矿补偿工作，完成压矿补偿专项验收；及时处理安阳段中路引桥、冀村废渣场等征迁有关征迁问题。（邱型群　焦中国）

湖北省征地移民工作

【总体概况】　2020 年湖北省水库移民工作深入贯彻习近平总书记“节水优先、空间均衡、系统治理、两手发力”的治水思路和关于扶贫工作重要论述，紧紧围绕“水利工程补短板、水利行业强监管”的水利工作总基调，努力克服新冠肺炎疫情影响，积极服务水利工程建设，扎实推进移民安稳发展，强化移民工作监管，维护库区安置区稳定，圆满完成全年各项目标任务。（郝毅）

【做好移民乡村振兴工作】

（1）深入推进乡村振兴战略，制定

了《湖北省2020年移民美丽家园省级示范村考评工作方案》，印发了《湖北省2020年移民美丽家园省级示范村评分细则》，按照县级自评、市州初评、省级复核的方式，对综合评定省级移民美丽家园示范达标的南水北调移民村给予每个村200万元以奖代补资金。

（2）把推动移民产业扶持转型升级作为南水北调移民工作的重要内容，着力培植移民特色产业，积极探索移民资金投入和分配机制，鼓励发展移民物业经济、飞地经济，不断壮大移民村集体经济。

（3）加大移民培训。通过开展移民实用技术和劳动技能培训，增强了移民创业就业增收致富能力。（郝毅）

【加大移民矛盾纠纷排查化解力度】 在全省开展移民矛盾纠纷大排查、大化解工作。通过下基层走访调研，倾听移民呼声，详细了解移民诉求，努力把问题和矛盾解决在基层，化解在萌芽状态。认真处理移民来信来访，对向下交办的信访件要求在规定时间内办结并反馈湖北省水利厅；对情况复杂的问题，湖北省水利厅采取发函督办、重点跟踪和现场调查的办法抓落实；对不按时办结的，则通报批评，限期整改。（郝毅）

【移民资金计划情况】

1. 移民投资包干协议情况 在原国务院南水北调办公室与湖北省人民政府签订的南水北调主体工程建设征地补偿和移民安置责任书的框架下，按照《南水北调工程建设征地补偿和移民安置暂行办法》及《南水北调工程建设征地补偿和移民安置资金管理办法（试行）》等规定，南水北调中线水源有限责任公司与湖北省移民局签订了投资包干协议。

（1）大坝加高工程。南水北调中线水源有限责任公司与湖北省移民局经协商达成了协议，大坝加高工程包干总额为18448.13万元，其中2005年包干协议总额为15731.39万元，2007年追加1163.19万元，2011年追加了1314.8万元，2018年追加了238.75万元。

（2）库区和外迁安置区。2018年年底，南水北调中线水源有限责任公司和湖北省移民局签订了移民投资包干协议，协议包干总投资2730007.42万元，扣减国务院南水北调办动用预备费用于丹江口水库建设征地永久界桩测设费用3281.1万元，协议包干资金为2726726.32万元。

2. 移民投资计划下达情况 截至2020年年底，湖北省共下达南水北调移民投资计划2733265.48万元（含坝区）。其中2020年下达106783.06万元。（郝毅）

文　物　保　护

河北省文物保护工作

【文物保护验收工作】 河北省南水

北调中线总干渠涉及文物保护项目99处，批复投资13777.5万元，均为地下文物保护项目。根据国家文物局、原国务院南水北调办公室印发的《关于做好南水北调东、中线一期工程文物保护验收工作的通知》要求，11月25—28日河北省南水北调中线一期工程（河北段）文物保护项目由河北省文物局会同河北省水利厅召开文物保护验收会议，会议形成了验收意见书并通过验收，文物保护验收工作完成。同时将河北省中线干线文物验收情况报水利部，并向中线建管局备案。（胡景波）

河南省文物保护工作

【概述】　2020年，河南省文物局南水北调办开展受水区供水配套工程文物保护项目验收，同时进行南水北调文物保护的审计、报告出版、档案整理等后续工作。（王蒙蒙）

【配套工程文物保护项目验收】　整理自2009年以来开展受水区供水配套工程文物保护工作出台的规章、制度、文件等材料，编制验收综合性资料。整理2020年验收被抽查的8个地下文物保护项目的协议书、开工报告、中期报告、完工报告、验收报告、文物清单、发表成果等材料，编制每个项目的验收汇报材料。完成受水区33个文物保护项目发掘资料的移交。完成受水区已移交考古发掘资料的整理建档与集中存放工作。2020年11月通过受水区供水配套工程文物保护初步验收，并根据验收专家意见完善资料，准备受水区文物保护项目的最终验收。（王蒙蒙）

【南水北调文物保护项目管理】　2020年，配合会计师事务所完成对干渠文物保护项目的审计工作。加强南水北调丹江口库区消落区文物保护，与郑州大学、南阳市文物考古研究所签订协议，对狮子岗墓地、下集老村遗址等6处位于消落区的文物点进行抢救性清理。完成“南水北调中线工程河南段出土人骨的体质人类学研究”等4项课题的结项工作并颁发结项证书。干渠文物保护项目汤阴五里岗、平高台遗址、南阳取土区、羑河墓地、吉庄龙山，受水区供水配套工程文物保护项目陈郎店遗址、风头岗遗址、武陟万花遗址等8个项目通过专家组验收。

2020年出版考古发掘报告《淅川马川墓地战国秦汉墓》《淅川下王岗2008—2010年考古发掘报告》，《漯河临颍固厢墓地》交出版社印制，《淅川沟湾遗址》《禹州崔张、酸枣杨墓地》报告完成校稿。加强档案整理，聘请专业档案公司对南水北调2019年文书档案和2020年移交的文物保护项目的发掘资料进行标准化整理。文书档案和受水区文物保护项目已移交的考古发掘资料均完成标准化整理并存放入档案室。（王蒙蒙）

对口协作

北京市对口协作工作

【落实对口协作项目】 2020年年初配合市扶贫支援办参与审定2020年度南水北调对口协作项目计划，坚持对口协作项目"保水质"类项目资金占比不低于30%不动摇，确保北京协作资金在水质保护上的作用发挥。8月，赴水源区开展对口协作工作调研，实地调研和查看年度对口协作项目实施进展情况，谋划"十四五"期间南水北调对口协作工作。持续发挥水利行业在"保水质"上的专业优势，开展"2020年度南水北调对口协作项目（保水质）实施情况和水源区水质水生态保护工作开展情况调研"课题，为全面了解水源区水质保护和对口协作工作情况提供数据资料。

克服新冠肺炎疫情影响，于2020年9—10月先后为湖北十堰市和神农架林区水利部门开设4期水利干部培训班，共计有140余人参加培训，通过培训工作增进双方联系，密切援受双方关系，助推水源区水利事业发展。10月13—16日，北京市水务局派出7名专家赴湖北十堰为其开展《十堰市"十四五"期间水安全发展规划》专家咨询活动，为完善规划提出多条建设性意见。

（朱向东）

天津市对口协作工作

【概况】 根据《天津市对口协作陕西省水源区"十三五"规划（2016—2020年）》要求，2020年1月19日，天津市及时足额拨付津陕对口协作资金3亿元，用于天津市对口协作陕西省水源区项目建设。

2020年6月，根据陕西省发展改革委发来的《关于报送〈2020年津陕对口协作资金项目投资计划〉的函》，经认真核实比对，天津市扶贫协作和支援合作工作领导小组办公室研究，并报天津市扶贫协作和支援合作工作领导小组同意，函复陕西省发展改革委实施。2020年，天津市安排对口协作陕西省水源区实施项目38个，其中生态环境类项目19个，投资1.786亿元；产业转型类项目8个，投资0.764亿元；社会事业类项目9个，投资0.39亿元；经贸交流类项目2个，投资0.04亿元。同时安排陕西省发展改革委0.02亿元，用于编制津陕对口协作"十四五"规划等工作。

（任江海）

【合作对接】 为推动天津市对口协作陕西省水源区工作再上新水平，2020年5月13—15日，天津市合作交流办领导率领市财政局、市生态环境局、市水务局相关业务负责同志，赴宝鸡市、汉中市学习考察，深化津陕两地交流合作、促进双方互利共赢；为全面做好"十三五"收官之年各项工作，确保津陕对口协作工作开展以来的各项任务如期完成，2020年11月30日至12月5日，由天津市合作交流办会同市财政局、陕西省发展改革委组成三个联合工作小组，对天津对口协作陕西省水源区4市25个县（区）的项目进行督导调研。

（任江海）

【项目建设进展】 自2014年以来，天津市已累计安排对口协作资金19.2亿元，共支持生态环境建设、社会事业、产业转型发展、经贸交流等各类项目324个，对于提高水源区水涵养功能、保护水质安全、促进产业结构优化和改善民生等发挥了积极作用。2020年汉江、丹江、嘉陵江流域水质持续为优，陕南森林覆盖率达到65%以上，宝鸡市太白县森林覆盖率达到91%，凤县森林覆盖率达到80%，水源区各市、县实现垃圾污水处理全覆盖，汉中、安康、商洛垃圾无害化处理率及污水集中处理率分别达到97%和94.6%、96%和89.3%、92.84%和91.65%。 （任江海）

河南省对口协作工作

【栾川县对口协作】

1. 对口协作项目 2020年栾川县申请到南水北调对口协作项目6个，总投资3016万元，使用协作资金2416万元。其中保水质项目3个，计划投资2850万元，使用协作资金2250万元。分别是投资950万元的三川镇生态环境综合治理项目、总投资900万元的叫河镇生态旅游村建设项目和总投资1000万元的樊营村生态环境治理项目。交流合作类项目3个，总投资166.45元，全部使用协作资金，分别是干部双向挂职项目、南水北调对口协作经贸洽谈活动和结对区县协作项目。

叫河镇生态旅游村建设、樊营村生态环境治理、三川镇生态环境综合治理等3个建设类项目完工，南水北调对口协作经贸洽谈活动因新冠肺炎疫情原因，将于2021年择期举办。

2. 对口帮扶项目 2020年申请到北京市昌平区对口帮扶项目4个，总投资1083万元，使用对口帮扶资金440万元，分别是昌平职业学校栾川班项目补贴学习费用238万元，栾川县石庙镇庄科村食用菌反季节香菇种植使用帮扶资金40万元，狮子庙镇食用菌种植扶贫产业基地建设项目使用帮扶资金40万元，冷水镇人工湿地建设项目使用帮扶资金120万元。2020年年底项目全部完工。京豫对口协作和昌平区援助项目的实施，对持续改善水源区生态环境、保护水质、提升公共服务能力、促进当地经济社会发展具有重要意义。

3. 交流互访 2020年因新冠肺炎疫情影响，栾川县与北京市昌平区合作与交流开展较往年稍晚，但双方互访交流不断，合作办学成效显著，经贸合作另辟蹊径。

5月2—3日，北京市驻南阳市

市委常委、副市长孙昊哲带队一行共11人到栾川县督导考察对口协作工作。6月1—2日，北京市支援合作办、昌平区及河南省、南阳市发展改革委领导一行到栾川县调研对口协作项目。8月30日至9月2日，栾川县常务副县长王宏晓、副县长王玉莹带队，发展改革委、投资促进局等一行7人到北京市昌平区开展两地对口协作经贸对接洽谈活动。9月25日，栾川县副县长王玉莹带队参加昌平区对口帮扶县旗消费扶贫产品产销对接推介会，展示玉米糁、猴头菇、柿子醋等栾川印象品牌产品32种。10月15—17日，昌平区政务服务管理局局长李怀来一行到栾川县调研对口协作项目，并向陶湾镇中心小学捐赠爱心图书价值15万元。11月28日至12月4日，栾川县发展改革委及水源区6人在北京师范大学昌平校区参加河南省对口协作业务能力提升培训班。

4. 职业教育合作　2016—2020年第一轮合作期间，栾川县中等职业学校与北京市昌平职业学校合作，开设河南栾川中职班，招收栾川籍学生进京学习，截至2020年共招收栾川学生265名、毕业学生100名，在京安置栾川学生29名。2016—2020年第一轮合作到期后，又签订第二轮教育合作。昌平区教育部门为栾川县中等职业学校申请到价值2300万元的教育设施，为栾川县中职产教融合园项目提供有力支撑。

5. 经贸合作　2020年年初以来，为缓解企业产品滞销状况，栾川县紧密依托京豫对口协作机遇，扩展农特产品销售通道，为企业滞销产品谋出路。建立“特色农产品名录”。多方调研，广泛收集更新农特产品名录。涵盖以“栾川印象”品牌为主的高山杂粮、食用菌等6大系列81款产品，纳入《2020年昌平区消费扶贫产品名录》。推荐农产品参加集中采购。先后上报槲包、玉米糁、菌菇、花草茶、柿子醋等16种农产品，参加由北京市扶贫支援办组织的商贸流通企业、机关企事业单位集中采购活动。继续依托“双创中心”推介产品。自2019年1月入驻双创以来，共上架栾川印象品牌32种产品，涉及4家企业。2020年，因新冠肺炎疫情影响，双创中心于4月3日恢复正常营业状态，农产品纳入大宗采购大礼包内。参加昌平区对口帮扶县旗消费扶贫产品产销对接推介会，展示玉米糁、猴头菇、柿子醋等栾川印象品牌产品32种。引导企业参加北京市扶贫支援办和北京市商务局联合举办的扶贫产品直播促销活动，直播网络带货。2020年以各类平台及集中采购和直播带货等途径销售农产品100余万元。　（栾川县发展和改革委员会）

【卢氏县对口协作】

1. 协作资金　卢氏县将蜂产业列为产业扶贫的一项重点特色产业，通过近两年的发展，北京市扶贫支援办及省发展改革委领导对蜂产业发展给予充分肯定，并与北京市支援合作办、河南省发展改革委协商加大对口协作资金投入，最终确定2020年对口协作援助项目3个，对口协作资金总额5840万元，比2019年增加2094.2万元，同比增长55.91%，其中蜂产业提质增效工程获得资金5240万元。

2. 项目进展　2020年全面完成2019年对口协作项目投资计划的年度审计，及时发现项目建设过程中存在的问题，督促项目单位整改落实，全年下达项目督办通知6份，实地督导10余次。2020年卢氏县实施对口协作项目3个，其中，交流合作类项目1个，为结对区县协作项目，使用协作资金100万元，用于组织开展京豫协作支部党建结对活动、基层干部培训、项目招商推介、委托第三方年度项目审计。保水质项目1个，为汤河乡大坪村水环境综合治理项目，使用协作资金500万元；建造水体景观坝2000m，生态护堤402m，绿化带改造640m²，公厕2座，20m×8m产业大棚20个。助扶贫项目1项，为卢氏县蜂产业提质增效工程项目，使用协作资金5240万元，建设蜂产品加工标准化厂房、研发中心及中蜂、意蜂养殖基地，种植洋槐、椴树等卢氏本地特色优质蜜源。3个项目建设基本完成近期组织验收。

3. 交流互访　2020年卢氏县加强京豫对口协作，增进两地行业协会、政府部门以及知名企业之间的交流互信，取得阶段性成果。

6月2—3日，北京市扶贫支援办二级巡视员赵振业、四处处长孙德康、怀柔区发展改革委科长何霞波及河南省发展改革委二级巡视员徐跃峰一行到卢氏县开展对口协作项目调研、及党支部共建活动。8月、9月北京健康中国50人论坛组委会、北京新安贞医疗团队分别受邀到卢氏县调研重点项目企业和大健康产业，并召开座谈会商讨合作事宜。10月12日卢氏县委书记王清华带领发展改革委、商务局、工信和科技局负责人到北京市怀柔区对接对口协作相关事项，并与怀柔区领导展开座谈。10月31日，卢氏县受健康中国50人论坛组委会邀请，由县委副书记韩际东带队到怀柔区参加雁栖湖健康发展论坛2020，在多个分论坛上演讲交流，进行招商推介活动，并与北京新安贞医院签订战略合作协议。与北京市怀柔区发展改革委对接，2020年申报怀柔区级帮扶资金210万元用于卢氏县脱贫攻坚领域项目。　（催杨馨）

湖北省对口协作工作

【积极争取新一轮对口协作】　2020年是南水北调对口协作“十三五”规划收官之年，也是深入开展京鄂对口协作承上启下的关键之年，湖北省水利厅会同湖北省发展改革委、十堰市、神农架林区，积极向省委、省政府汇报，将启动新一轮对口协作纳入省政府重点支持事项。抢抓国家支持湖北疫后重振一揽子政策的机遇，加强与国家发展改革委、水利部、北京市扶贫办、水务局的沟通协调，初步明确“十四五”期间继续开展南水北调对口协作。

【切实加强对口协作项目实施】 2020年共实施对口协作项目63项，其中保水质项目10项、扶贫项目9项、公共服务项目3项、交流合作项目41项，总投资57915.4万元，使用对口协作资金2.5亿元。截至2020年年底，项目已全部开工，资金拨付率达到80%以上。十堰市组织开展了2017—2019年度对口协作项目资金审计工作，督导各地及时对审计问题进行整改。制定印发《十堰市对口协作项目资金申报及评审办法》，进一步规范对口协作项目申报和评审工作。

【创新对口协作示范引领工程】 十堰市落实市委、市政府关于“聚焦大项目，按照看得见、摸得着、有成效来安排项目计划”的要求，组织申报了首批以“三区两园两院一中心”8个专项为重点的对口协作示范引领工程项目，进一步聚焦重点、统筹资金、每年支持1～2个具体项目，利用3～5年时间，将其打造成南水北调对口协作示范引领工程。

【发挥对口协作优势共抗疫情】 2020年发生新冠肺炎疫情，十堰市充分发挥与北京市对口协作平台优势，积极对接、加强联络、热心服务，最大限度争取北京市社会各界支持。第一时间向北京市扶贫支援办反映，请求给予支援。同时，广泛发动北京挂职干部团队、驻京商协会、在京十堰籍企业家等积极为十堰捐资捐物，全力做好物资发运、接收、分发等相关协调工作。争取北京社会各界先后为十堰捐赠防疫资金和各类抗疫物资60余批次，价值4313万元，为十堰市打赢疫情阻击战发挥了积极作用。

【大力开展消费扶贫促进农民增收】

(1) 积极搭建网上销售平台，通过抖音、快手等直播平台开展“为爱拼单 助湖北重启”“北京挂职干部六县联播”“十堰农产品品牌周”等活动，为京鄂两地消费扶贫助力加油。仅5月3次直播活动累计观看量达1200万人，线上线下销售十堰农产品累计达527.6万元。

(2) 积极推行线上销售。推荐十堰市82家企业457个品种进入北京市消费扶贫目录，国家部委、北京市机关踊跃采购十堰市农特产品7162万元。其中，中宣部、交通运输部、中国人民保险公司等采购橄榄油70t、1600多万元。

(3) 积极发挥北京、十堰两地对口协作双创中心平台作用，促进十堰农副产品进京销售。北京市总工会、一轻集团、公交集团、京能集团、外企集团等 30 多家机关企事业单位积极采购十堰滞销产品。截至 2020 年年底，北京市通过对口协作平台帮助十堰市销售农特产品价值 5300 余万元。

（苏道伟）

柒　中线后续工程

在线调蓄工程

【前期工作组织】 2019年8月，河北省发展改革委印发《关于同意开展南水北调雄安调蓄库工程前期工作的函》，明确中线建管局作为项目法人开展前期工作，会同部有关司局、河北省及雄安新区等有关各方，有力推进了雄安调蓄库项目前期各项工作顺利实施，2020年年底前实现了项目核准等关键节点目标。

（1）细化目标任务。梳理出项目核准阶段、初步设计阶段、施工前准备阶段和专项事项等4类91项任务清单，制定详细工作方案，倒排工期，明确各项任务节点目标和负责人员，实行周报和日报制度，倒排工期，挂图作战。

（2）提早复工复产完成勘察设计。新冠肺炎疫情期间积极协调地方政府，在满足核酸检测、隔离观察、防疫备案等疫情防控要求下，实现了雄安调蓄库工程设计和地勘工作提早复工复产，组织勘察设计人员现场封闭、集中办公，编制完成了设计成果报告。

（3）重大技术问题严格把关。针对雄安调蓄库总体设计方案比选、主坝坝型比选、上库岩溶渗漏及防渗措施、沉藻沉沙工程措施研究等重大技术问题组织编制完成专题研究报告，委托水利部水利水电规划设计总院和南水北调工程专家委员会进行了4次技术咨询，保证了设计成果质量，为项目顺利取得项目核准批复提供了技术保障。

（4）加速协调跑办前期要件。通过专人负责、多方协调、积极跟进和逐个击破等措施，取得了雄安调蓄库选址规划意见、用地预审意见、抽水蓄能选点规划批复意见、社会稳定风险评估意见、征地移民安置规划审核意见等项目核准所需的重要前期要件，并协调解决了压覆矿处置、占压军事设施处置和占压文物处置等关键问题。

（5）取得项目核准批复。2020年12月，河北省水利厅组织对雄安调蓄库工程设计方案进行了复审，并将有关意见反馈河北省发展改革委，12月30日河北省发展改革委对雄安调蓄库工程进行了项目核准批复，原则同意建设雄安调蓄库工程项目，建设单位为中线建管局。（乔婧　刘洋）

【工程概况】

1. 调蓄工程建设的必要性和迫切性　南水北调中线一期工程自2014年12月12日全线正式通水，至2020年12月12日通水6周年，累计调水348亿m^3，为沿线24个大中城市及130多个县的7900万群众提供了优质水源，显著提升了北方地区资源环境承载能力，有效改善了沿线群众的饮水质量，有力推进了华北地下水超采综合治理和沿线河湖生态环境修复，发挥了显著的社会效益、经济效益和生态效益。随着供水规模的不断加大，受益范围的不断扩大，受益人口的不断增多，受水区对中线水源的需求量也与日俱增，中线工程供水地位已由“辅”变“主”，成为北京市、天津市、郑州市等重要城市不可替代的主力水源。2019—2020供水年度，中线工程向沿线四省、市实际供水86.22亿m^3，首次超过了中线工程口门多年平均规划供水量85.4亿m^3，标志着工程运行6年即达效。

但受来水丰枯不均、总干渠停水检修和事故应急等因素制约，中线工程供水保障能力不足的短板日益凸显。特别是随着京津冀协同发展、黄河流域生态保护和高质量发展等国家战略的实施以及沿线社会经济的快速发展，受水区对中线水资源需求呈进一步增加的趋势，中线总干渠运行6年来一直无法实施停水检修，部分工程缺陷和风险隐患长期得不到根治，可能给供水、水质和工程安全带来重大风险。加快建设中线在线调蓄工程，优化配置北调水量，有效应对总干渠停水检修和事故应急情况，全面提高中线工程供水保障能力十分必要且非常紧迫。

（1）调节来水丰枯不均，提高供水保证率。受丹江口水库径流的不均匀性和其调节性能影响，中线来水存在丰枯不均，当遭遇汉江连续枯水年或极端枯水年，丹江口水库可调水量少，供水保障率较低，相较于95亿m^3多年平均调水量，特枯年份可调水量只有约53亿m^3，对受水区的水安全保障影响巨大。建设在线调蓄水库可有效调节总干渠的供水过程，通过蓄丰补枯优化调度，满足沿线受水区用水需求，提高受水区的供水保障率。

（2）总干渠停水检修期间，提供水源保障。总干渠淤积、衬砌板损坏、渠道及建筑物上附着淡水壳菜等，会使总干渠糙率加大，直接影响总干渠输水能力。根据《南水北调中线一期工程总干渠停水检修规划实施方案》，总干渠每8—10年就需进行分渠段停水检修，每次检修时长约3个月。中线总干渠明渠段为单线输水，上游任一渠段的停水检修，将导致检修渠段及其下游总干渠面临停水，对沿线受水区供水安全和生产生活产生重大影响。建设在线调蓄库，可保障总干渠3个月停水检修期间在线调蓄库下游沿线受水区生产生活用水需求，提高中线供水保障能力。

（3）提升总干渠突发事件期间应急供水能力。中线工程跨越四大流域，穿越众多河流，沿线地质条件复杂，运行中一旦发生自然灾害、突发事故、水质污染和社会安全事件等，将导致总干渠中断输水，对受水区生产生活带来重大影响。建设在线调蓄库，突发事件期间可快速应急响应输水，保障突发事件影响总干渠3个月断水期间受水区生产生活所需应急用水安全。

（4）提升总干渠冰期供水保障能

力。中线总干渠安阳以北渠段，冬季受冰情影响输水能力大幅下降，仅为设计流量的40%左右，仅能保障沿线冬季基本用水需求。在总干渠冬季输水期间，可研究利用沿线调蓄水库存水温度高于总干渠输水温度的特点，由调蓄库向总干渠补水，调节总干渠冰期输水水温，提升总干渠冰期输水能力。

南水北调工程事关战略全局、事关长远发展、事关人民福祉。建设中线调蓄工程对提高中线工程供水保障能力，充分发挥中线工程战略性基础性功能，更好保障工程沿线地区经济社会发展和生态文明建设具有十分重要的意义。为深入贯彻落实习近平总书记“节水优先、空间均衡、系统治理、两手发力”的治水思路和南水北调“四条生命线”的重要指示精神，中线建管局按照水利部工作部署，深入分析中线工程面临的新形势、新任务，根据中线工程高质量发展要求和供水保障能力建设需要，正在重点推进在线调蓄工程建设，其中雄安调蓄库工程已取得项目核准批复即将全面开工建设，观音寺调蓄库工程正在抓紧推进前期工作，中线其他调蓄工程也在会同地方统筹谋划推进相关工作。

2. 雄安调蓄库工程进展情况　设立雄安新区是千年大计、国家大事。2018 年 4 月，中共中央、国务院批复《河北雄安新区规划纲要》，提出依托南水北调等区域调水工程，完善新区供水网络；2018 年 12 月，国务院批复《河北雄安新区总体规划（2018—2035 年）》，提出建设南水北调调蓄水库；2019 年 5 月，京津冀协同发展领导小组会议将雄安调蓄库列入雄安新区 2019 年 67 个重点项目建设计划。2019 年 8 月，河北省发展改革委印发《关于同意开展南水北调雄安调蓄库工程前期工作的函》，明确中线建管局作为项目法人开展前期工作。中线建管局会同水利部有关司局、河北省及雄安新区等有关各方，有力推进了雄安调蓄库项目前期各项工作顺利实施。

（1）完成项目核准批复。先后取得了雄安调蓄库选址规划意见、用地预审意见、抽水蓄能选点规划批复意见、社会稳定风险评估意见、征地移民安置规划审核意见等项目核准所需的重要前期要件，2020 年 12 月河北省水利厅组织对雄安调蓄库工程设计方案进行了复审，12 月 30 日河北省发展改革委对雄安调蓄库工程进行了项目核准批复。

（2）骨料加工系统实现投产。利用调蓄下库开挖产生的弃料可加工生产约 4 亿 t 砂石骨料，既可满足雄安新区建筑骨料需求，同时节约下库开挖建设成本。经多方沟通协调、多轮协商谈判，中线建管局会同雄安集团、徐水区政府联合成立河北南水北调中线调蓄库建材有限公司负责下库开挖和砂石骨料生产销售，其中中线建管局占股 20%。2020 年 9 月 15 日建材有限公司骨料加工系统正式投产，10月16日雄安调蓄库建材通道西黑山收费站正式通车运行，具备向雄安新区运输骨料的能力，10月23日开始调蓄下库爆破开挖和骨料加工。

（3）开展调蓄库灌浆试验。雄安调蓄库上库库盆蓄水后存在向低邻谷及沿断层渗漏的风险，且雄安调蓄库防渗要求高，帷幕灌浆工程量大，技术复杂。根据南水北调工程专家委员会咨询意见和相关规范要求，组织在调蓄上库开展现场灌浆试验，并采用灌浆试验与调蓄库永久灌浆工程相结合的方式。按程序确定了灌浆试验的施工和监理单位后，于2020年11月25日开始实施。

根据水利部工作部署和工作进度安排，中线建管局正在积极有序推进雄安调蓄库工程环评、水保、使用林地等专项审批，抓紧开展征迁移民和先行用地手续办理，争取早日实现项目全面开工建设。（乔婧）

【投资计划】 雄安调蓄库主要任务是优化配置北调水量，满足雄安新区正常稳定供水要求，保障新区在总干渠停水检修、突发事故停水期间的应急供水，兼顾提高总干渠下游用水户应急供水能力，为提高总干渠冰期输水能力创造条件；建设抽水蓄能电站，保障河北南网供电安全；实现总干渠在线沉藻，保护供水水质；同时兼顾开挖骨料利用、矿山修复等综合效益，并为新能源利用、大数据中心建设创造条件。本工程投资估算按2020年1季度价格水平编制，工程总投资约164.79亿元，其中工程静态总投资139.78亿元（水库部分97.06亿元，蓄能电站部分42.72亿元），工程建设期融资利息25.01亿元。

（乔婧）

【调蓄库布局方案】 雄安调蓄库工程作为南水北调中线后续重点工程，是保障雄安新区供水安全、提高中线供水保障能力的重大基础设施项目，项目建设地点位于保定市徐水区南水北调中线总干渠西侧，距雄安新区约50km，距北京市约120km，距天津市约150km。工程地理位置优越，交通便利，成库条件好，水质有保障。雄安调蓄库工程为Ⅰ等工程，调蓄总库容2.34亿m^3，主要建设内容为调蓄上库、调蓄下库、联通工程及抽水蓄能电站等。调蓄上库利用三面环山天然地形条件筑坝成库，正常蓄水位234m，主坝最大坝高133m。下库库盆结合骨料开挖形成，正常蓄水位75m。下库与总干渠之间经联通工程（含沉藻池）相接。利用上库和下库之间约150m水头差建设抽水蓄能电站，装机规模600MW。（乔婧）

【环境保护】 根据地质勘探和实验检测结果，项目规划选址区域白云岩储量丰富、品质优良，满足雄安新区建筑骨料指标要求。利用调蓄下库开挖产生的弃料可加工生产砂石骨料，既可满足雄安新区及周边地区建筑骨料的需求，又可有效减少弃渣数量，同时还可引导带动周边区域矿山资源集中开采利用，通过填水成库破解矿山修复难题。雄安调蓄库建成蓄水后可形成7000余亩水面面积，一方面可修复目前被矿山开挖破坏的生态环境，另一方面水库蒸发下渗可改善局部气候环境。位于调蓄上库与调蓄下库之间的主坝下游环境整治工程设三级拦水坝增加该区域水面面积，结合建筑景观对该区域进行环境整治，可改善该区域原本较差的生态环境。

（乔婧）

【水质保护】 因总干渠流速较缓、光照条件好及长距离输水等因素影响，总干渠中的藻类生长及重点部位藻类夹杂泥沙的沉积物已成为影响中线水质和工程运行安全的重要风险源，尤其是总干渠和各类建筑物交叉的特殊部位、水流相对静止或者底部有挡坎的分水口门、退水闸等部位沉积较为严重。总干渠尚无专门藻类清理工程措施，对藻类及其沉积物主要通过短时开启退水闸大流量冲刷，以及潜水员人工对廊道底板及壁上淤泥进行冲洗和扰动抽排等方式进行清理。这些措施不仅费时费力，且不能从根本上、系统上解决问题。

为进一步改善提升中线水质，保障工程运行安全，雄安调蓄库工程利用下库优越地理位置条件，结合下库开挖建设沉藻池并与总干渠连通，实现在线降速沉藻。沉藻池有效工作面积约36万m^2，有效容积约320万m^3，拟采用干地清淤与湿地清淤相结合方式进行沉藻池清淤处理，集中收集处置沉积物，在运行过程中进行藻类等淤积物的无害化处理，消减总干渠藻类。此举有助于提升下游供水水质，降低藻类对西黑山以北总干渠沿线地区的供水和运行安全造成的影响。

（乔婧）

【专题研究】 组织设计单位编制完成雄安调蓄库工程总体设计方案比选报告，并委托水规总院进行方案咨询。同时，针对雄安调蓄库设计中上库坝型比选、上库岩溶渗漏及防渗措施等重大技术问题组织设计单位编制专题研究报告，委托南水北调工程专家委员会进行技术咨询，不断优化完善设计方案。

沉藻、灌浆及运行调度等关键技术研究取得进展。

（1）合理选择实验场地，高标准开展沉藻工程措施研究。研究过程中克服了新冠肺炎疫情的影响，积极开展水质取样分析，局部物理模型搭建，数值模拟分析工作。为进一步研究藻类和泥沙混合物沉降规律，在滹沱河退水闸开展了实体降流速沉藻现场试验并形成技术成果报告，经南水北调工程专家委员会技术咨询把关后，2021年年底前完成了项目验收，相关试验成果为下一步调蓄库沉藻池优化布置和工程运用提供关键技术参数。

（2）确保工程安全，积极开展现场灌浆试验。为合理确定防渗设计参数、指导工程施工，组织实施现场灌浆试验工程及研究项目。根据规范要求和专家委咨询意见，编制完成雄安调蓄库工程现场灌浆试验研究方案，采用了灌浆试验大部分工程与调蓄库永久灌浆工程相结合的方式，其中A区场地针对F173断层及其影响带进行灌浆试验，B区场地针对Z2t地层和趾板薄盖重灌浆试验。按程序完成灌浆试验工程及研究项目招标工作后，灌浆试验于11月25日正式开工。

（3）积极谋划调蓄库工程运行调度方案研究、覆盖建设和运行阶段的调蓄库智慧管理平台开发，深入开展大坝智能碾压监控、防渗灌浆智能控制等水库智能建造技术调研，为今后调蓄库工程建设实施和高效运行提供技术支撑。（乔婧）

【重大事件】 2020年1月3日，中线建管局局长于合群、党组书记李开杰与雄安集团总经理助理杨忠一行就雄安调蓄库有关事宜进行座谈交流。

2020年3月24日，取得了自然资源部出具的雄安调蓄库用地预审复函，通过了工程建设用地预审。

2020年3月25日，中线建管局与雄安集团、徐水区政府签署合作协议，授权下属公司共同组建弃渣综合利用项目公司。

2020年3月28日，雄安新区党工委副书记、雄安集团董事长田金昌到雄安调蓄库项目现场调研建设情况。

2020年4月20日，将南水北调中线雄安调蓄库项目前期工作推进及开发利用有关情况报送水利部。

2020年5月6日，河北省水利厅李洪卫副厅长带队赴雄安调蓄库现场调研并召开项目推进会。

2020年5月7日，中线建管局党组书记李开杰、副局长孙卫军赴调蓄库现场实地查勘，重点查勘了砂石骨料加工系统、坝后压坡、地下厂房、二道坝和大数据中心等选址。

2020年5月20日，中线建管局党组书记李开杰和保定市副市长王月衡到雄安调蓄库工程现场考察并召开座谈会。

2020年5月26日，南水北调专家委组织召开《南水北调中线雄安调蓄工程上库主坝坝型比选专题报告》技术咨询会，并出具了咨询意见。

2020年6月2日，水利部南水北调司司长李鹏程调研雄安调蓄库项目。

2020年6月3日，国务院南水北调专家委现场调研雄安调蓄库工程，中线建管局党组书记李开杰、总工程师程德虎陪同。专家组查勘了雄安调蓄上下库，并组织召开座谈会，就雄安调蓄库库盆防渗、大坝抗震、经济效益等问题进行了交流讨论。

2020年6月10日，保定市委副

书记闫继红到雄安调蓄库现场调研。

同日，取得国家能源局出具的河北抽水蓄能电站选点规划调整成果的复函，同意徐水站点（拟装机 60 万 kW）作为河北抽蓄规划调整推荐站点。

2020 年 7 月 7 日，南水北调工程专家委员会组织召开视频会议，对《南水北调中线雄安调蓄库工程上库岩溶渗漏及防渗措施优化专题研究报告》进行技术咨询，并出具了咨询意见。

2020 年 7 月 20 日，中线建管局局长于合群、党组书记李开杰共同会见国网新源公司董事长侯清国一行，就调蓄水库抽水蓄能电站开发建设方面加强合作进行了座谈交流。

2020 年 7 月 21 日，雄安集团党委副书记、总经理刘中林到雄安调蓄库下库骨料加工系统参加“项目一线百日行”活动。

2020 年 9 月 9 日，南水北调中线实业发展有限公司河北分公司注册成立。

2020 年 9 月 23 日，河北省人民政府批复雄安调蓄库工程建设征地移民安置规划大纲。

2020 年 10 月 14 日，水利部副部长、南水北调集团董事长蒋旭光调研雄安调蓄库项目建设情况。

2020 年 10 月 23 日，河北南水北调建材公司开始了下库爆破开挖和骨料加工，这标志着建材公司砂石骨料开发取得初步成效，也标志着下库开挖正式施工。

2020 年 11 月 11 日，南水北调工程专家委员会组织召开雄安调蓄库沉藻沉沙工程措施研究报告技术咨询会，并出具技术咨询意见。

2020 年 11 月 18 日，河北省水利厅厅长位铁强带队调研雄安调蓄库项目。

2020 年 11 月 19 日，河北省省委副秘书长、河北省省委雄安新区规划建设工作领导小组办公室副主任王建军参观调研雄安调蓄库项目。

2020 年 11 月 25 日，南水北调集团副总经理孙志禹参观调研雄安调蓄库工程现场。

同日，实业发展公司举行雄安调蓄库灌浆工程开工动员会，中线建管局党组书记李开杰出席动员会并宣布工程开工。

2020 年 12 月 10 日，河北省水利厅出具南水北调中线雄安调蓄库工程建设征地移民安置规划报告审核意见。

2020 年 12 月 23 日，保定市委书记党晓龙参观调研雄安调蓄库项目进展。

2020 年 12 月 23 日，时任河北省省委副书记、河北雄安新区党工委书记、管委会主任陈刚到雄安调蓄库项目建设现场调研。

2020 年 12 月 24 日，河北省水利厅组织召开南水北调中线雄安调蓄库工程设计方案复审会，形成了设计方案复审意见。

2020年12月30日，河北省发展和改革委员会出具关于南水北调中线雄安调蓄库工程项目核准的批复。

（乔婧）

【重要会议】 2020年2月12日上午，中线建管局局长于合群、党组书记刘春生、党组书记李开杰听取实业发展公司关于雄安调蓄库工程总体设计方案和多功能开发利用方案汇报，并对有关工作进行了研究部署。

2020年2月23日，党组书记李开杰参加由雄安集团、中线建管局和徐水区政府共同召开的南水北调中线雄安调蓄库弃渣综合利用项目公司组建协调专题会，研究进一步加快项目公司组建等相关工作。

2020年2月28日上午，河北省人民政府组织召开雄安调蓄库项目工作专班协调会，专题调度项目建设占用国防工事、占压文物、压覆矿产、下库开采审批手续等工作。

2020年3月1日，党组书记李开杰、副局长孙卫军参加雄安集团组织召开的雄安调蓄库弃渣综合利用项目视频专题会，研究讨论弃渣综合利用项目合作事宜。

2020年3月13日，河北省水利厅组织召开雄安调蓄库项目协调推进视频会。

2020年3月19—20日，水利部水规总院组织召开南水北调中线雄安调蓄库工程总体设计方案比选报告咨询网络视频会。

2020年3月25日，雄安集团、中线建管局、徐水区政府共同召开雄安调蓄库弃渣综合利用项目公司股东大会，审议通过了项目公司股东协议、公司章程等文件。

2020年4月3日，党组书记李开杰参加中国国际工程咨询有限公司组织召开的南水北调中线在线调蓄工程方案评估视频会议。

2020年5月26日，南水北调专家委组织召开《南水北调中线雄安调蓄工程上库主坝坝型比选专题报告》技术咨询会。

2020年6月3日，党组书记李开杰召开会议，听取设计单位关于雄安调蓄库初步运行调度方案的汇报。

2020年7月7日，南水北调工程专家委员会组织召开视频会议，对《南水北调中线雄安调蓄库工程上库岩溶渗漏及防渗措施优化专题研究报告》进行技术咨询。

2020年9月7日，河北省水利厅组织召开南水北调中线雄安调蓄库项目相关工作协调推进会，重点研究了调蓄库骨料生产、国防工事处置、压覆矿产和使用林地相关工作。

2020年11月11日，南水北调工程专家委员会组织召开雄安调蓄库沉藻沉沙工程措施研究报告技术咨询会。

2020年11月23日，河北省水利厅在石家庄组织召开南水北调中线雄安调蓄库工程建设征地移民安置规划报告审查会。

2020年11月30日至12月1日，中线建管局在北京组织召开南水北调中线雄安调蓄库可行性研究报告审查会。

2020年12月24日，河北省水利厅组织召开南水北调中线雄安调蓄库工程设计方案复审会。（中线建管局）

捌　配套工程

北 京 市

【投资计划】 2020年，北京市南水北调配套工程完成固定资产投资43000万元，建安投资40000万元。2020年累计落实资金81633万元，其中市政府固定资产投资3633万元、一般政府债券40000万元、其他市级财政资金38000万元。（朱向东）

【资金筹措和使用管理】 2020年，为保障南水北调中线一期工程正常运行，北京市财政批复全市南水北调工程运行维护资金共计2.75亿元；按照中线一期工程总体安排，完成中线干线北京段的检修工作，概算总投资1.65亿元，有效提升工程的安全输水能力。2020年度，北京市财政安排南水北调调水资金19.7亿元，6月恢复供水后总调水量达到6.8亿m^3，完成年度调水计划的128%，充分发挥南水北调工程效益。（杨锋）

【南水北调北京配套工程建设】

1. 大兴支线工程 大兴支线工程位于北京市大兴区及河北省固安县，连通南干渠与河北廊涿干渠。大兴支线连通管线采用1根DN2400球墨铸铁管，全长约46km，设计输水流量6.1m^3/s；新机场水厂连接线采用2根DN1800管线，全长约14km，设计输水流量4.9m^3/s。大兴支线构建南水进京第二通道，主要为首都新机场区域及南部地区供水，进一步支撑北京东南部重点区域的发展建设。根据《京津冀协同发展规划纲要》中关于加强区域间水资源统筹配置和水量调度的要求，工程建设可直接连通北京市和河北省的南水北调配套工程，为区域水资源优化配置、高效利用创造工程条件，在京津冀协同发展水资源利用方面进行有益探索，可增加外调水量并保障首都供水安全。该工程于2017年3月开工建设，2019年12月主体工程完成，2020年7月完成南干渠—廊涿干渠连通管线水压试验。

2. 河西支线工程 河西支线工程自房山大宁调蓄水库取水，新建3座加压泵站，输水管线终点为门头沟区三家店，规划为丰台河西第三水厂、首钢水厂、门城水厂供水，为丰台河西第一水厂、城子水厂及石景山水厂提供备用水源。工程将重点解决丰台河西及门头沟地区的用水需求，提高石景山地区的供水安全保障，也是北京市规划第二道南水北调水源环线的一部分，可有力促进非首都功能向郊区疏解。工程设计规模10m^3/s，自大宁调蓄水库取水，管线终点为三家店调节池，总长18.8km，采用1根DN2600管道；于大宁调蓄水库中堤、东河沿村、坝房子村新建3座加压泵站；沿线为丰台河西第一水厂、丰台河西第三水厂、首钢水厂、门城水厂、城子水厂设5处分水口。截至2020年12月底，卢沟桥村段已顺利进场施工，中堤泵站、园博泵站（含调度中心）

已完成主体结构，正在进行设备安装，中门泵站正在进行临建搭设，河西支线工程主管线施工已完成13234m，约占总量18656m的70%。

3. 亦庄调节池扩建工程　东干渠亦庄调节池扩建工程位于北京市东南部南海子公园以东，已建亦庄调节池（一期）工程的东侧和北侧，承担第十水厂、亦庄水厂等水厂的水源切换任务和近期通州水厂的应急调蓄任务。扩建调节池调节容积207.5万m^3，工程完工后，亦庄调节池调蓄量可达到260万m^3。调节池的扩建，将为东南城区水资源联合调度创造条件，显著提高城市东南部特别是城市副中心的供水安全，有效改善区域周边生态、生活环境。2019年，亦庄调节池扩建工程主体工程已完成，2020年9月完成蓄水验收，已具备蓄水条件。

4. 团城湖—第九水厂输水工程（二期）　团城湖—第九水厂输水工程（二期）是北京市南水北调配套工程的重要组成部分，承担着向第九水厂、第八水厂、东水西调工程沿线水厂供水的任务。本工程是配套工程"一条环路"中的最后一段未建工程，该工程建成后，环路将会实现贯通，全线闭合。工程位于北京市海淀区颐和园与玉泉山之间，紧邻京密引水渠，隧洞从团城湖调节池环线分水口末端取水，终点与团城湖—第九水厂输水工程一期龙背村闸站预留的接口连接，总长度约为4.0km。隧洞工程主体采用盾构法施工，输水隧洞为1条内径4700mm的钢筋混凝土双层衬砌结构。沿线布置有排气阀井4座，排空阀井1座，东水西调分水口、龙背村进水闸改造、团北取水闸站及相关管理用房。截至2020年12月底，盾构掘进累计完成2976m，完成该部分工程量的75%；二衬施工累计完成2153m，完成该部分工程量的54%。

（马翔宇）

【南水北调中线干线北京段工程停水检修】

1. 停水检修时间　经北京市委、市政府和水利部批准，南水北调中线干线北京段工程于2019年11月1日开始进行停水检修。于2020年5月31日圆满完成停水检修工作，2020年6月1日开始进行南水北调水源与密云水库水源切换工作，2020年6月5日基本完成。

2. 停水检修目的　工程从开始通水至今，已运行十余年，运行过程中发现了一些影响工程安全运行的问题，实际最大输水流量43m^3/s。为尽早解决有关问题，给下一步安全稳定输水和加大流量输水提供条件。

3. 停水检修主要内容　包括隧洞排水检查、PCCP断丝问题处理、隧洞缺陷处理、老化损坏设备设施维修更换等。隧洞排水检查后确定的维修工程量主要有：PCCP内加固174019m^2、PCCP外加固18根、暗涵伸缩缝处理3823条。

4. 停水检修步骤　①干线北京

段工程退出供水系统（1天）；②进行 $50m^3/s$ 设计流量输水试验（5天）；③进行工程排水，总排水量195万 m^3，排向大宁水库和附近河道（65天）；④对工程现状进行检查，包括对主体结构进行人工检查和对PCCP断丝进行电磁法探测（60天）；⑤根据检查情况对工程进行维修处理（105天）；⑥进行工程充水，进行 $60m^3/s$ 加大流量输水调试（12天）；⑦干线北京段工程恢复供水（1天）。

5. 检修主要技术　此次干线北京段工程停水检修的重点是对PCCP断丝进行处理，主要采用预应力外加固和碳纤维内加固两种处理方式。

（1）PCCP预应力外加固的工作原理是通过给钢绞线施加的预应力作为加固管道的结构约束力，用特制张拉设备对钢绞线进行张拉力的控制，以特制锚具及钢绞线的缠绕方式帮助管周均匀受力，使管外附加钢绞线受力替换管内预应力钢丝受力，对断丝管节起到加固作用。该方法是联合柳州欧维姆机械股份有限公司研制的新技术，应用于PCCP加固属国内首次。

（2）PCCP碳纤维内加固的工作原理是通过在PCCP内壁粘贴1层或多层碳纤维片材，再在碳纤维片材表面刮聚脲涂层封闭处理，形成PCCP＋碳纤维材料＋环氧涂层形成联合受力体，从而增强PCCP的抗压能力。此次检修最多粘贴7层碳纤维片材，属国内首次。

6. 检修工作经验

（1）前期准备工作从2018年年底开始筹备，成立干线北京段工程停水检修领导小组和工作专班，研究制定检修技术方案和工作方案，明确职责和任务，定期协调督办，停水检修准备工作稳步开展。全面梳理与工程交叉的铁路、高速、河道、房屋等关键节点，制订应急预案，及时完成检修临时占地和有关招标工作，为检修实施打好基础。水利部成立PCCP（预应力钢筒混凝土管）工程检修工作领导小组和专家组，协调解决有关重大问题。

（2）检修工作分两步实施：第一步全面体检，采用人工普查与设备检测互相结合、互相验证的方法，准确掌握工程存在的问题。特别是针对PCCP，采用电磁法检测和AFO（测声光纤）实时监测两种方法，对全线22029节PCCP逐节逐缝进行检查分析，为制定维修处理方案提供了坚实的依据，也为工程积累了宝贵的基础数据；第二步确定维修方案，针对PCCP在国内首次应用、缺乏检修经验的实际，会同南水北调中线建管局组织有关专家，根据检查结果，反复研究讨论，大胆创新，确定并细化钢绞线预应力外加固和碳纤维内加固两种方法，分类对PCCP进行加固。为保证处理质量，先期开展PCCP检修1：1模型试验，熟练掌握相关施工工艺，验证加固效果。

（3）克服困难，创新工作措施。检修高峰期正值新冠肺炎疫情高发期，为确保检修按期完成，采取春节不停工、提前加大施工投入等办法，确保540名施工人员及时、安全到岗；采用“军事化”管理和“分区划片不交叉”的工作方式，加强过程管控，确保疫情防控措施落实落地；加强监管，“四不两直”对检修进行检查，严控检修质量。

（4）加压测试，检验检修成果。维修处理完成后，开展$50m^3/s$和$60m^3/s$大流量联合调试工作，对PCCP检修成果进行检验。通过优化调试程序，加大流量前先对工程进行静态水压测试，同时加强值守，调试期间安排7支保障队伍、共428人，对工程沿线进行24小时不间断巡查和看护，确保调试安全有序进行。2020年5月31日，PCCP管道加大流量联合调试成功，工程性能指标符合规范及设计要求，为大流量调水奠定工程安全基础。（马翔宇）

【运行管理】　（1）开展干线检修，实现提前通水。南水北调中线干线北京段检修工作比计划提前1个月完工，顺利完成PCCP管线充水、加大流量联合调试、本地水源和南水切换以及市内配套工程输水路由“掉头”调度等工作。

（2）规划南水北调配套水厂建设持续推进，水厂利用南水量不断增加。2020年5月惠南庄泵站恢复加压运行，惠南庄入京流量由检修前的$45m^3/s$增加到$50m^3/s$。新建投入运行的黄村水厂和良乡水厂，也增强了利用南水北调来水的能力。

（3）为落实《华北地区地下水超采综合治理方案》，增加河道生态补水，涵养水源地。北京市利用工程检修后多调入的南水，加大向密云、怀柔、顺义、海淀山前等地下水源区及平原区河道生态环境补水力度，取得一定成效。2020年9月末，北京市平原区地下水平均埋深22.49m，与2019年同期相比，地下水位回升0.50m。

（4）增加本地水资源战略存蓄水量。由于2019年11月至2020年5月中线干线北京段断水检修，用水缺口约3亿m^3全部由密云水库和怀柔、平谷等地下应急水源替代。南水北调干线恢复供水后，北京市利用密云水库调蓄工程，向密云水库，怀柔水库，密云、怀柔、顺义地下水源地存补南水北调水，恢复首都水资源战略储备保障能力。

（5）指导工程管理单位建立完善各项运行管理制度，构建完成运行管理标准化制度体系。加强制度的动态更新，不断提升制度的科学性、适宜性、有效性。以“场区文明、人员行为规范、工程运行安全”三项工作为抓手，将运行管理制度标准要求落到实处。工程管理单位做到场区干净整洁、绿化美化、标识标牌规范；人员岗位职责明确、能力素质达标、言谈举止文明、着装统一规范；建筑物、设备设施维护良好，工程形象稳步提升，工程运行平稳安全。

（6）落实监管责任，建立北京市水务局、工程管理单位、现地管理所不同层级的运行监管机制，定期开展工程运行管理监督检查，不定期进行抽查；强化问题整改和责任追究，对问题责任人进行经济处罚。开展运行管理标准化考核评比。组织开展运行管理标准化建设年度考核，各管理单位考核成绩进行排名、公示，并纳入全市水务系统党组织书记月度点评会，增强各单位加强运行管理工作的积极性；制定印发《运行管理标准化达标站点评定标准》，创新开展达标站点评定，促进各项管理要求在基层的落实落地。开展南水北调工程防汛工作检查、420m³/s加大流量输水安全管理工作检查、退水闸及退水通道运行管理情况检查；针对“两会”、重大节日、冰期等重点时段，进行运行管理情况抽查。（张松）

【质量管理】 2020年，结合南水北调工程实际，梳理完善监督检查清单及工作用表，丰富检查内容，做到监督全覆盖；修订《质量监督总计划》《年度质量监督计划》《质量监督交底》，推进质量监督工作有序开展。建立质量安全监督月报机制，每月总结、分析质量安全动态；坚持质量监督月例会制，传达上级文件精神及工作要求，通报监督检查结果，分析质量问题，研究解决措施，进一步落实参建各方责任。对大兴支线工程、亦庄调节池扩建工程、河西支线工程、团城湖—第九水厂输水二期工程等共组织质量抽查350余次，开展质量体系、冬雨季施工等专项检查20余次，质量大检查2次，对钢筋、混凝土等进行监督检测150余组次，参加分部、单位等各类验收50余次，针对检查中发现的问题，督促责任单位进行整改。2020年市内配套工程未发生质量事故。（赵天瑞）

【文明施工监督】 加强质量监督文明施工监管。坚持高频次质量检查，2020年共组织质量大检查2次、质量抽查147次，检查出质量问题122个，已全部整改。每月组织南水北调质监站和建设单位召开质量例会，对发现的质量问题进行通报、点评，监督整改。2020年未发生质量事故。督促建设单位严格落实工地扬尘管控等文明施工有关规定，做好“六个百分百”“门前三包”等管控措施，工地扬尘治理持续向好。（马翔宇）

【防汛工作】 结合开展配套工程质量监督，加强安全生产工作检查。针对安全检查工作任务，认真谋划、专题研究南水北调配套工程安全监督工作安排，多次邀请专家组织“施工现场临时用电安全管理”“地下暗挖施工安全”等专题培训，提升监督人员工程安全检查业务能力。先后对在建工程安全用电、起重机械设备、消防安全、脚手架搭设等进行专项检查8次，安全抽查160余次，发现安全问题238个，并加强督促整改，及时消除安全隐患。

2020年，调整组建北京市南水北调各工程管理单位水旱灾害防御组织机构，签订责任书，落实防御责任；修订防汛应急预案，排查隐患和重点部位；落实水泵、发电机、抢险舟、救生衣等9种1万余件物资；落实10支259人专业抢险队伍；开展12次应急演练、8次技术培训。召开防御特大洪水工作会、水库安全度汛工作会。5月1日，大宁调蓄水库汛期运用应急防汛工程钢模围堰项目开工，5月20日完工。汛期，北京市南水北调各工程管理单位，强化雨情监测、值班值守和部署调度，全力应对强降雨，成功应对了“7·2”“7·31”“8·9”“8·12”“8·23”等强降雨，确保大宁水库无超汛限情况发生，南水北调各工程运行正常。（杨静超　穆伟）

【征地拆迁】 2020年，完成干线征地补偿安置承诺出具及补充协议签订28份。河西支线、团城湖—第九水厂输水二期工程剩余施工场地完成移交；大兴支线泵站外电源项目拆迁工作全部完成；新机场水厂连接线项目榆垡段现场清登完成，礼贤段拆迁补偿及场地移交完成；全年完成通信缆线改移42条，电力改移1处。完成河西支线、团城湖—第九水厂输水二期工程、大兴支线泵站外电源工程、大兴新机场水厂连接线等工程所涉及的临时占用绿隔、绿地、林地、树木伐移及延期手续20余项。解决密云水库调蓄工程埝头泵站耕地占补平衡事宜，完成征地组卷准备；完成密云水库调蓄工程怀柔段全部征地补偿安置协议签订和密云段权属审查现场调查工作。完成征地拆迁投资3027.06万元，完成大兴支线工程新机场水厂连接线专项设施迁建工程监理和施工项目（第二标段）招投标工作。

（马美莹）

天　津　市

【建设管理】

1. 2020年天津市南水北调市内配套工程　西河泵站—凌庄水厂红旗路线DN2200原水管道重建工程、管理信息系统工程、南水北调配套凌庄水厂供水保障工程（南干线—凌庄水厂原水管线）。

（1）西河泵站—凌庄水厂红旗路线DN2200原水管道重建工程。项目总投资27260万元。工程于2019年10月完成招标及合同签订工作，正在推动征迁单位开展工程征迁、专项切改等工作，同时组织施工单位做好施工准备等工作。本年完成投资0万元；累计完成投资11800万元，占总投资（27260万元）的43.3%。

（2）管理信息系统工程。项目总投资9500万元。2020年，完成实体环境建设、部分设备安装、子系统软件开发工作。本年完成投资1500万元，占本年投资任务指标（1500万元）的100%；累计完成投资4300万元，占总投资的45.26%。

(3) 南水北调配套凌庄水厂供水保障工程（南干线—凌庄水厂原水管线）。凌庄水厂是保障中心城区供水安全的三大水厂之一，设计供水能力60万m^3/d。凌庄水厂的原水由西河原水枢纽泵站通过咸阳路和红旗路下各铺设1条直径2.2m管道同时输送。考虑到事故工况下，管道检修抢修时间长、难度大，单根管道水量水压保障率低，管理单位提出实施引江南干线—凌庄水厂原水管线工程，以提高供水保障率。该管线建设后，可提高即将实施的凌庄水厂红旗路线管道重建工程施工期间的供水保障。同时，按照《天津市供水规划（2020—2035年）》，2025年以后，引江中线停供时，现有引滦管线能力不能满足中心城区水厂需求，规划安排引江东线水经南干线保障中心城区三座水厂用水需求，该管线的建设可以保障水厂部分用水需求。2020年8月21日，天津市水务局批复了该工程初步设计，核定工程初步设计概算总投资7021.68万元。2020年9月4日，天津市水务局下达年度投资计划2000万元，资金来源为水投集团自筹。截至2020年年底，已取得环评、水保、规划批复，按要求完成勘察设计、代建管理、监理招投标工作，已发施工、管材采购招标公告。已完成丽川道明开段绿化实物量确认。本年完成投资0万元，累计完成投资0万元，占总投资（7021.68万元）的0%。

2. 天津市南水北调市内配套工程建设管理　根据《水利水电建设工程验收规程》（SL 223—2008）等有关要求，天津市水务局6月19日主持召开天津市南水北调中线市内配套工程引江向尔王庄水库供水联通工程竣工验收会议，并顺利通过竣工验收。6月3—4日，主持召开了天津市南水北调中线市内配套工程宁汉供水工程泵站工程机组启动验收会议，11月19日主持召开宁汉供水工程管线工程（A0＋000～A43＋850段）、宁汉供水工程管线工程（宁河及汉沽支线）通水验收会议，12月4日主持召开武清供水工程管线工程（A0＋000～A32＋880段）、武清供水工程管线工程（A32＋880～武清规划水厂段）通水验收会议，截至2020年年底各项工程均已投入运行，为天津市经济社会发展发挥着重要作用。

（贾云娇　高啸宇）

【运行管理】　天津市配套工程主要包括：中心城区供水工程的西干线、西河原水枢纽泵站，负责向中心城区供水；滨海新区供水工程的曹庄泵站、南干线，负责向滨海新区供水；尔王庄水库—津滨水厂供水工程的引滦入津滨管线，负责向环城区域供水；北塘水库完善工程的北塘水库、塘沽水厂供水泵站、开发区水厂供水泵站，负责向滨海新区供水；引江向尔王庄水库供水联通工程的永清渠管线、永清渠泵站，负责向北部地区供水，尔王庄向武清供水的武清管线、武清泵站；尔王庄向宁河、汉沽供水的宁汉管线、宁汉泵站。

2019—2020年度（2019年11月1日至2020年10月31日），水利部批复天津市引江调水总量12.04亿m^3（《水利部关于印发南水北调中线一期工程2019—2020年度水量调度计划的通知》）。中线建管局向天津市输水量12.91亿m^3（中线建管局王庆坨连接井进口流量计表读数），完成调水计划的107%。

为确保安全运行，调度人员24小时在岗值守，密切关注上游来水情况及沿线各用水户用水情况，依照年度调水计划及时与中线建管局沟通，调整引江上游来水流量和下游供水模式，并适时调控天津干线向天津市各分水口门引江输水流量，确保全市原水供给平衡。同时，针对2020年各特殊时期，诸如元旦、春节、全国两会、新冠肺炎疫情等，专门制定了安全供水调度保障措施，确保期间全市供水充足平稳。随着新建成的南水北调天津市配套工程王庆坨水库成功蓄水，2020年年初王庆坨水库、尔王庄水库、北塘水库三库正式开始联调运行，最大限度发挥出三座水库应急调蓄能力，天津市城市供水保障率和调蓄能力又得到了进一步提升。

（贾云娇）

【质量管理】　天津市南水北调工程2020年加强制度建设，审定了《水利工程项目划分编制管理规范》（DB12/T 915—2019）地方标准，于2020年1月1日实施。牵头组织编制了《天津市水利工程质量检测管理办法》，按程序正在进行法审。牵头组织编制了《市水务局关于2020年水利工程建设市场主体信用信息在政府投资项目招投标中应用工作的通知》《天津市水利建设市场主体信用信息管理实施细则》《市水务局关于印发水利建设市场主体不良行为记录信息认定和信用修复工作流程的通知》，进一步强化了水利市场监督管理，为提高水利工程事前监管水平奠定了坚实基础。

（高啸宇）

【安全生产及防汛】

1. 安全生产　2020年，组织签订《安全生产责任书》。在法定节假日、全国全市重要安全生产会议召开等重要时间节点，加大巡视巡查力度，加强养护力量，确保安全供水工作落地见效。每月召开安全生产例会。定期开展安全生产培训，主要从行车安全、预防硫化氢中毒、安全用电、有限空间作业等方面进行培训学习。组织开展了消防演练、反恐演练、防汛演练及防硫化氢中毒演练活动，全员安全生产意识得到提高。

2. 防汛　开展了汛前、汛中、汛后检查，重新梳理了防汛物资，更新了应急职责，完善了防汛物资使用台账，定期对防汛应急设备进行保养，在重点区域安装储备潜水泵、电缆及电闸箱等设施设备，保障防汛应急安全。加强值班值守力度，落实汛期24

小时防汛值班制度，认真做好汛情、雨情、险情的上传下达工作，保障汛期安全。签订了《汛期安全责任书》，增强职工防汛意识。组织开展防汛演练，通过演练进一步强化全体职工的应急处置能力，保障汛期安全运行。

（贾云娇）

【征地拆迁】 天津市南水北调中线工程宝坻引江供水工程：2020年，天津市水务局向宝坻区政府致函，请宝坻区政府确定该工程征迁机构并负责征迁实施工作，宝坻区政府回函明确成立工程征地拆迁领导小组，办公室设在宝坻区水务局。之后，工程项目法人与宝坻区水务局签订完成征迁补偿协议。宝坻区水务局已组织完成现场实物量复核工作。

天津市南水北调中线工程静海引江供水工程：该工程涉及武清区、西青区、静海区。2020年，天津市水务局分别向该三个区政府致函，请各区政府确定该工程征迁机构并负责征迁实施工作，各区政府回函明确成立工程征地拆迁领导小组，办公室设在各区水务局。之后，工程项目法人与各区水务局完成签订征迁补偿协议工作。

（刘彤）

河　北　省

【前期工作】

1．翠屏山迎宾馆供水项目　完成了翠屏山迎宾馆供水项目前期工作，方案审批、招标方案审批等已经完成。已对厂区内的南水北调取水点进行开挖，先期节点工程已开始实施，翠屏山迎宾馆供水项目实现开工建设。

2．雄安新区供水保障　多次赴保定市实地调研雄安新区供水保障工作，专题研究落实保障雄安新区生产生活用水有关事项，研究提出了《关于雄安干渠及骨干输水工程规划的反馈意见》和近期天津干线河北境内水量调剂方案。协调配合做好1号水厂天津干线供水口门改造专题设计报告技术讨论和专家审查工作等，10月水利部批复了1号水厂取水口工程方案。

（王腾）

【资金筹措和使用管理】 河北省南水北调水厂以上配套工程概算总投资283.49亿元。按照40%资本金，60%贷款进行资金筹措。截至2020年年底，累计落实建设资金242.124亿元；项目资本金共筹集落实94.314亿元，其中：中央补助资金21亿元、省级预算资金45.764亿元、受水县（市、区）22.65亿元、省建投出资4.9亿元。2020年河北省财政安排预算资金1.766亿元。贷款资金共落实147.81亿元，其中，国开行长期贷款92.73亿元，国家专项建设基金41.88亿元，河北银行贷款13.2亿元。河北水务集团根据基本建设财务管理相关要求，制定了《河北省南水北调水厂以上配套工程建设资金使用管理办法》《河北省南水北调水厂以上配套工程项目资本金使用管理办法》《河北省南水北调水厂以上配套工程价款结算管理办法》等11个配套管理制度，保障了配套工程建设资金使用管理的规范、安全。截至2020年年底累计完成投资229.77亿元，2020年完成价款资金支付2.11亿元。（王腾）

【建设管理】

1. 尾工建设

（1）大力推进固安支线工程建设。12月15日固安支线工程具备通水条件，完成了河北省政府、河北省水利厅重点督导目标任务。

（2）督促加快解决尾工遗留问题。为准确摸清底数，精准施策，从各建管单位和各市管理处两个途径分别梳理配套工程建设尾工和遗留问题，逐一进行对接，建立工作台账，提出处理意见并督促落实，先后解决了石家庄西北泵站旋转滤网安装、衡水滨湖新区站连接路等20多个尾工遗留问题，为配套工程验收和运行安全创造了条件。

（3）督导推进5个管理处工程建设。督促设计单位完成了邯郸、邢台、衡水、沧州、石家庄5个管理处方案设计变更及重新报规，正在督促落实土地规划手续。

（4）督促完成石津干渠市区段护栏建设。经各方努力，全长11km的市区段草白玉护栏基本完成。

（5）组织完成第二批柴油发电机供货和项目合同验收，与自动化项目部一起，协调开展了自动化系统工程建设。

2. 工程管理

（1）完成并移交总调中心建设，实现了保定市雄安新区周边现地站、保沧干渠、傅家庄泵站等主要现地站与总调中心的通讯和信息传输，以及石津灌区的水情和监控信息与总调中心的信息共享。

（2）积极推进翠屏山供水工程建设。组织完成翠屏山供水工程初步设计和报批，完成集团与鹿泉区政府建管和征迁委托协议签订，督导组建现场项目部并拨付启动资金200万元，指导开展先期节点工程建设，目前土建单位已进场施工。

（3）按程序办理高速公路、天然气管道跨穿项目复函66项，指导供水公司完善了跨穿简化程序工作。

（4）完成各市申请增设分水口现场调研及征求意见复函8项，组织审查增设企业直供和农村集中供水分水口设计方案13项，其中审批12项，取消实施1项。

（5）汇总全省配套工程征地组卷存在主要问题，并与河北省水利厅、各市一起通过现场调研，解决占地遗留问题。

（6）按程序完成配套工程专项验收第三方技术服务机构招标和供水公司提升改造、维护、抢险等项目招标分标方案审核，招标文件上报和审批共计29项。

（7）严格审核工程资金拨付，共审核154笔，资金2.42亿元。

（8）现场指导完成平乡至巨鹿输水管线应急抢险工作，组织制定了抢修方案。

（9）按照规定录入集团综合电子档案管理系统文件，整理存档2020年度文件397件33盒。检查指导阀门厂家、监理单位和施工单位工程档案共计173卷。

3. 验收工作　针对配套工程验收工作，深入有关县（市）实地进行调研，发现影响验收工作症结所在，坚持科学分类突出重点精准施策。督导地方政府加快南水北调配套工程土地组卷工作，同时积极协调国土部门加快工作进度。协调河北水务集团合理调配人员，积极推进征迁档案整理和验收准备工作，全力加快南水北调配套工程验收工作。印发了《河北省南水北调配套工程设计单元工程完工验收计划表》，组织验收工作分单元、分阶段、分步骤有序开展。督促各市加快配套工程合同验收和专项验收。全省土建合同190个，已验收189个，完成率为99.5%。石家庄市南水北调建设中心作为水保和环保专项验收试点，已完成水保专项验收和报备；档案验收试点单位邯郸市南水北调办相关工作正在有序推进。（王腾）

【运行管理】　（1）实施配套工程改造提升行动。

1）审核完成2020年度运行管理中工程维护项目预算，为统筹安排年度管理设施提升和标准化建设奠定了基础。

2）制定印发了《河北省南水北调配套工程运行维护项目实施管理办法（试行）》，进一步规范了配套工程维护项目审批程序。

3）审批完成供水公司10个管理处2020年管理设施提升改造项目共计5396.23万元。审批变更项目2项，总投资736.49万元。

4）先后深入保定、沧州、邢台、石家庄等管理设施提升改造工程现场，对工程建设质量、进度等进行现场督导检查。组织完成2020年上半年提升改造项目完工验收。

5）组织开展廊涿干渠运用调度改造工程项目断丝检测招标、合同签订及现场管理工作，并组织完成廊涿干渠断丝管节处理项目设计报告编制及审查。

6）督促完成石津灌渠军齐至傅家庄段隔离网栏项目变更设计及报批工作。

（2）构建“智慧供水”体系。2020年年内制定了30项管理制度及维护技术标准；购买2台大型无人机用于工程巡查；开发工程运行信息化管理平台、水泵智能监测系统、水泵风机运行故障报警装置，推动运行管理向智能化、信息化、规范化管理转变。全年调度指令执行顺畅，反馈及时，实现了年度调度工作安全运行无事故，保障了南水北调配套工程运行安全和供水安全。组织开发水量数据填报平台，实现水量填报数据自动化，工作效率和质量大大提高。编制调度日报357期和水量结算报告9期，为领导科学决策提供可靠的数据支撑。完成135台末端流量计率定工作，为减小或消除与供水目标水量结算计量偏差，实现从两套数据到一套数据的目标奠定了基础。

（3）圆满完成调水年度任务。2019—2020调水年度共输供引江水36.5亿m^3，较2018—2019年度25.6亿m^3增加了42.6%。其中生活和工业引水总量19.19亿m^3，完成调水年度批复计划的100.53%；生态补水总量17.32亿m^3，完成任务的173.2%，20余条常年干涸的河道重现生机。

（4）石津干渠引江水与水库水叠加供水期间，调整水质检测频次、增加检测指标。对较为关注的硫酸盐进行预测，编制《岗黄水库水与江水混合后硫酸盐变化预测分析》《岗黄水库来水水质监测报告及与江水混合后硫酸盐变化分析》。组织检测机构开展水质检测13次，利用应急检测设备每月开展水质检测2次，确保引江水质安全达标。（王腾）

【文明施工监督】 根据当地新冠肺炎疫情情况，2020年4月复工以来，建管处进行现场督导9次，召开建设进度、质量、安全协调会议8次，约谈施工、监理、设计单位3次，进行汛前安全检查2次。（王腾）

【安全生产及防汛】

1. 安全生产

（1）河北水务集团分别与集团5个处室、建管局（引黄局）、供水公司、水电公司、石津建管中心9家单位签订了2020年安全生产目标责任书，压实了各单位安全生产责任。

（2）针对2020年特殊的新冠肺炎疫情，制定集团复工复产安全生产大检查实施方案，积极开展安全生产大检查，对管理处进行突击检查和随机抽查，查出的问题全部整改。

（3）制定并印发《河北水务集团安全生产专项整治三年行动实施方案》和《安全生产风险分级管控与隐患排查治理管理手册》，要求各单位对安全风险、隐患进行全面排查，及时整改，并到保定管理处、衡水管理处进行现场指导。

（4）组织完成集团"双控"机制建设，为安全生产建立防护屏障。

（5）组织召开季度安全生产会4次，制定印发《河北水务集团2020年"安全生产月"活动实施方案》，召开"安全生产月"动员会，开展了各类安全宣传、防汛消防演练、安全大讲堂等活动。组织全体员工参与全国水利安全生产知识网上答题活动，集团参与率达100%。

（6）及时上报"一标三清单"报表和有关安全信息，共计上报水利部信息采集系统安全隐患及整改信息70多条。

（7）组织上报集团安全生产标准化建设实施方案和标准化建设统计表，有序推进集团安全生产标准化建设开展。

2. 防汛工作　召开应急管理专题会议，修订完善应急预案。多次开展防汛检查，排查统计薄弱风险点，并建立台账逐项整改。新采购PCCP管道26套、管道修补器191套、排水泵车3台，目前库存各类备品备件13819台套，基本满足应急需要。全年共开展防汛、防火应急演练12场（次），参加演练人员500余人次。通过演练提高了职工的事故救援与处置能力。（王腾）

河　南　省

【前期工作】

1. 政府管理　2020年，河南省水利厅南水北调工程管理处工作以扩大供水范围、提高南水北调效益为目标，较好地完成目标任务。运行管理进一步健全制度规范管理，加强人员培训和运行监管。制定配套工程验收计划推进验收工作。加大力度催缴水费，致函有关省辖市、直管县（市）政府，督促按时足额交纳水费，解决历史欠费问题。新增供水项目建设以“城乡供水一体化”为目标，协调加快工程建设。2020年3次向水利部申请生态用水指标，利用大流量输水时机，扩大生态补水效益，全年生态补水5.99亿m^3。2019—2020调水年度，河南省供水29.96亿m^3（其中生态补水5.99亿m^3），占计划23.86亿m^3的125.6%，超额完成年度用水计划。

2. 运行管理　2020年，组织修订《配套工程水费征缴及使用管理办法》《运行管理预算定额标准》《运行维护预算定额标准》。10月12—16日，举办“2020年南水北调工程运行管理培训班”，共63人参加培训。委托第三方对配套工程运行管理进行巡查，全年巡（复）查11次，新发现问题367个，印发《巡（复）查报告》23份。坚持问题导向，跟踪问题整改，规范运行管理，及时消除隐患。加强新冠肺炎疫情防控，贯彻落实水利厅党组疫情防控各项要求，统筹开展疫情防控和复工复产工作，落实“六稳六保”要求，加强安全生产监督检查，确保生产安全、供水安全。2020年参加南水北调运行管理项目招投标监督9次，没有发生不良影响。

3. 工程验收　2020年组织河南省南水北调建管局编制《2020年配套工程施工合同验收计划》，制订并印发水利厅《2020年配套工程政府验收计划》（豫水办调〔2020〕3号）。加强配套工程验收工作监管，对少数泵站因受水水厂未建成而无出水通道，或因受水水厂受水能力不足而影响泵站联合调试问题，依据验收导则基本规定解决相关问题，促进配套工程验收。

截至2020年年底，输水线路合同项目验收基本完成，调度中心及管理处所合同验收基本完成，自动化系统和流量计合同验收加快进行；通水验收累计完成52条线路，占总数63条的82.5%；泵站启动验收累计完成22座（剩余鹤壁金山泵站），占总数23座的95.6%；设计单元档案预验收累计完成11个，占总数17个的64.71%；征迁验收县级自验累计完成36个，占总数79个的45.57%，南阳的市级验收10月12日完成；调度中心完工结算评审完成，濮阳、焦作、漯河结算评审正在进行。

4. 新增供水目标　以“城乡供水一体化”为目标，协调加快新增配套供水工程建设。2020年舞钢市、淮阳县、驻马店四县、安阳市西部以及内乡县、平顶山市城区、新乡市“四县一区”南线等南水北调供水配套工程开工建设。项城县、沈丘县、新乡市“四县一区”东线等南水北调供水配套工程正在开展前期工作。郑开同城东部供水进行点状开工建设。

郑开同城东部供水工程分两期建设：一期工程从20号口门取水，解决郑州东部和开封近期用水问题，20号口门新增年供水量1.76亿m^3，其中分配郑州市0.76亿m^3、开封市1亿m^3。二期工程为改造十八里河退水闸，新建取水口，解决郑州市东部和开封市用水问题，开封市年供水量2亿m^3。二期工程建成后，20号口门不再向开封市供水。

5. 水费收缴　2020年加大力度催缴水费，保证工程运行和还贷所需。在全省南水北调工作会议上通报相关情况，专题部署，提出明确要求；致函有关省辖市、直管县（市）政府《关于缴纳南水北调水费的函》（豫水调函〔2020〕7号），督促按时足额交纳水费，解决历史欠费问题；印发《关于缴纳南水北调水费的通知》，明确各市、直管县2019—2020供水年度上半年基本水费、计量水费及生态补水水费应缴金额；印发《关于南水北调水费征缴情况的通报》至11个省辖市、2个直管县（市）政府，通报历史欠缴情况；对欠缴水费的市县，采取“暂停审批新增供水项目与供水量”措施。

截至11月26日，全省应收水费84.79亿元，实际收水费56.77亿元，完成比例66.95%；前五个调水年度应交纳南水北调中线建管局水费46.71亿元，实际交纳37.26亿元，完成比例79.8%。

6. 生态补水　2020年3月18日，水利厅以《关于报送2020年第一批南水北调生态补水计划的函》（豫水调函〔2020〕4号），向水利部申请对河南省实施50m^3/s的生态补水。同月，水利部向河南省实施生态补水近

1亿 m^3，取得良好的生态效益和社会效益。4月15日，河南省水利厅以《关于报送2020年第二批南水北调生态补水计划的函》（豫水调函〔2020〕6号），再次向水利部申请实施 $64.39m^3/s$ 的生态补水。全年累计生态补水5.99亿 m^3。

（孙向鹏　雷应国　刘豪祎　张明武）

【投资计划】

1. 自动化与运行管理决策支持系统建设　2020年河南省全部完成自动化系统通信线路施工及设备安装，实现各受水省辖市、直管县市运行管理机构与省调度中心的联网运行。完成除自动化1标（泵阀监控、水量调度、安全监测）外的自动化系统测试、调试及子系统验收。完成流量计安装。河南省南水北调建管局和各省辖市、直管县市南水北调中心（办）成立自动化运行调度工作小组，自动化调度系统开始试运行。

2. 投资管控　2020年基本完成南水北调配套工程变更索赔处理，截至12月底，累计完成变更索赔处理2028项，占总数的98.54%；委托5家咨询机构全面开展配套工程结算工程量核查。严控变更索赔审批、严控工程量结算，全省配套工程预计结余资金10.25亿元。

3. 穿越配套工程审批　2020年组织完成《其他工程穿越邻接河南省南水北调受水区供水配套工程设计技术要求（试行）》《其他工程穿越邻接河南省南水北调受水区供水配套工程安全评价导则（试行）》的修订。组织完成《其他工程连接河南省南水北调受水区供水配套工程设计技术要求》《其他工程连接河南省南水北调受水区供水配套工程安全评价导则》编制。2020年，共完成其他工程穿越邻（连）接配套工程专题设计和安全评价报告审查22个，批复14个。

4. 新增供水工程　2020年，完成驻马店市南水北调供水工程，内乡县南水北调供水工程，郑州市侯寨水厂工程，焦作市大沙河、新河生态补水工程连接南水北调配套工程专题设计和安全评价报告的审批；完成郑汴一体化郑州东部区域南水北调供水工程、新乡市“四县一区”南水北调配套工程东线项目连接配套工程专题设计和安全评价报告审查，设计单位正在根据审查意见对报告进行补充修改完善。

（王庆庆）

【资金筹措和使用管理】

1. 资金到位与使用　截至2020年年底，河南省配套工程累计到位资金144.54亿元，其中省、市级财政拨款资金57.02亿元，南水北调基金49.14亿元，中央财政补贴资金14亿元，银行贷款24.38亿元。2020年拨入资金0.08亿元。全省南水北调配套工程累计完成基本建设投资130.85亿元，其中完成工程建设投资97.49亿元、征迁补偿支出33.36亿元。全省货币资金余额11.06亿元，其中河南省南水北调建管局本级货币资金余额4.62亿元，各地市、县货币资金余额6.44亿元。

2. 水费收缴 截至2020年年底，共收缴南水北调水费57.24亿元。其中：2014—2015供水年度收缴8.25亿元水费，2015—2016供水年度收缴6.85亿元水费，2016—2017供水年度收缴1.08亿元水费，2017—2018供水年度收缴12.77亿元水费，2018—2019供水年度收缴13.95亿元水费，2019—2020供水年度收缴14.34亿元水费。截至2020年累计上缴中线建管局水费39.47亿元。其中：2014—2015供水年度上缴水费5.99亿元，2015—2016供水年度上缴水费2.01亿元，2016—2017供水年度上缴水费4亿元，2017—2018供水年度上缴水费7亿元，2018—2019供水年度上缴水费8.6亿元，2019—2020供水年度上缴水费11.87亿元。

3. 财政评审及完工财务决算 召开专题会、视频会，现场督导，加快变更索赔处理及征迁实施规划调整，要求所有设计单元2020年年底前具备财政评审条件；加强与河南省财政评审中心协调沟通，申请早日把南水北调配套工程列入评审计划；做好配套工程竣工（完工）财务决算编制准备，组织编制配套工程竣工（完工）财务决算编制细则及编制模板。截至2020年年底，配套工程调度中心项目完成财政评审，焦作、濮阳、漯河3市评审工作正在进行。

4. 运行资金管理 组织编制2020年度运管费收支预算。按照“量入为出、适度从紧，突出重点、保障优先”原则，根据2019年度预算执行情况，组织编制全省11个省辖市、2个直管县市2020年度运行管理费支出预算，报河南省水利厅厅长办公会核准后执行。预算执行过程中，每季度对各省辖市、直管县市运行管理费收支情况进行监督审核。2020年度运行管理支出预算17.72亿元，实际支出15.33亿元。

5. 审计与整改 2020年委托中介机构对省南水北调建管局局本级及11市2个直管县（市）建账以来运行管理费使用情况进行全面审计，发现的问题全部整改到位；组织完成2019年河南省南水北调建管局财政资金的内审和整改；完成2019年度河南省审计厅联网审计核查。

11月中旬于南阳市淅川县南水北调干部学院举办南水北调系统配套工程运行管理财务干部培训班。（王冲）

【建设管理】 河南省南水北调供水配套工程输水线路总长1053.98km，2020年对未完成输水线路尾工和管理处、所、中心加快推进建设。及时协调解决剩余工程建设中存在的问题，全面排查梳理，对问题登记造册建立台账，逐一提出解决办法、实施方案和计划安排，制定进度保证措施，细化任务，责任到人，保证节点目标任务按期完成。2020年春节后，组织协助各省辖市开展新冠肺炎疫情防控应对准备，保证工程尽早复工。对郑州21号口门尖岗水库向刘湾水厂供水工程尾工进展缓慢问题，到施工现场协调解决环境问题，商定资金供应、变更处理、抢险索赔的处理方案，制定节点监控及纠偏措施，推进施工进度。

1. 尾工建设

（1）输水线路剩余尾工基本完成。2020年初输水线路共剩余3项尾工。截至2020年12月底，焦作27号分水口门府城输水线路全部完工；郑州21号口门尖岗水库出水口工程剩余尾工基本完成；21号口门尖岗水库向刘湾水厂供水工程隧洞衬砌和顶管施工完成，正在进行隧洞和顶管连接段管件的焊接。

（2）管理处所中心建设按计划推进。河南省配套工程规划建设51处（62座）管理处、所、中心。截至2020年12月底，累计建成44处（50座），占比86.3%。正在建设2处（4座），其中黄河南仓储和维护中心合建项目主、配楼主体工程完成，室外设施、附属建筑及室外厂区平整完成98%，因室外图纸优化调整和扬尘管控暂停施工；安阳市管理处、市区管理所合建项目主体工程完成，剩余室外道路及绿化未完成。其余5处（8座）未开工，其中焦作市博爱县管理所招标准备工作基本完成，计划2021年1月发布招标公告；平顶山市管理处、新城区及石龙区管理所合建项目，漯河临颍县管理所、舞阳县管理所，新乡市管理处、市区管理所合建项目正在办理土地使用手续。

2. 工程验收　2020年初制订印发《河南省南水北调受水区供水配套工程2020年度施工合同验收计划》（豫调建建〔2020〕8号），配合水利厅编制《2020年河南省南水北调受水区供水配套工程政府验收计划》（豫水办调〔2020〕3号），指导河南省配套工程验收工作。继续实行配套工程验收月报制度，到验收工作进展相对落后的郑州、新乡调研现场解决问题，委派专业技术人员到现场指导帮助参建单位整理验收资料。

（1）输水线路工程施工合同验收。河南省配套输水线路工程共有150个施工合同项目，划分为160个单位工程。截至2020年12月底，河南水建集团承建的郑州21号口门尖岗水库至刘湾水厂输水线路剩余1个单位工程和1个合同项目未完成，不具备验收条件。全年完成配套输水线路单位工程验收13个、合同项目完成验收11个。

（2）管理处所中心单位工程验收。2020年全省51处（62座）管理处、所、中心完成验收37处（42座）。周口市商水县管理所购买的小产权房，不在验收范围。除未开工建设的5处（8座）外，还有9处（12座）因工程未完工。平顶山市宝丰县、郏县、鲁山县、叶县管理所，周口市管理处和市区管理所合建项目，鹤壁市黄河北维护中心、淇县管理所，黄河南维护中心及仓储中心2处合建项目，安阳市管理处、市区管理所合建项目，未完成单位工程验收。2020年共完成管理处、所、中心分部工程验收31个、单位工程验收9个。

(3) 泵站机组启动验收。全省南水北调配套工程共23座泵站。截至2020年12月底，累计完成泵站机组启动验收22座，占比95.7%，其中2020年完成泵站机组启动验收15座，剩余1座泵站（鹤壁金山泵站）因下游规划水厂暂未建设，无法开展泵站启动验收。

(4) 单项工程通水验收。需进行单项工程通水验收的输水线路共63条。截至2020年12月底，累计完成通水验收56条，占比82.5%，其中2020年完成通水验收36条。剩余7条输水线路未进行通水验收。其中，周口1条、新乡3条，计划2021年1月验收；清丰1条，具备通水验收条件正在协调验收事宜；郑州1条（21号口门尖岗水库至刘湾水厂输水线路），因工程未全部完工，未进行通水验收；鹤壁1条（36号口门金山水厂支线）因下游规划水厂未建，无法开展通水验收。

3. 安全生产　2020年6月在全国第19个“安全生产月”组织开展以“消除事故隐患，筑牢安全防线”为主题的安全生产月系列活动。6月10日召开安全生产主题动员大会，组织全体员工观看警示教育片《义马气化厂“7·19”重大爆炸事故》；6月19日，对全体干部职工进行安全生产主题教育培训，学习贯彻《习近平总书记关于安全生产重要论述》和《安全生产法宣讲》，观看有限空间作业安全知识宣教片和逃生绳使用宣教片；6月24日，印发《河南省南水北调配套工程安全生产专项整治三年行动实施方案》；以“消除火灾隐患，防范重大风险”为主题，开展防灾减灾及火灾警示宣传教育培训；组织全体员工参与河南省安委办举办的第十二届“安全河南杯”安全知识竞赛和水利部监督司举办的全国水利安全生产知识网络竞赛活动。2月3日春节后上班第一天印发《关于做好疫情防控期间我省南水北调配套工程供水运行和安全防范工作的通知》，对全省南水北调系统疫情防控和配套工程运行管理进行安排部署。督促各市配套工程建管、运管单位加大汛期巡查力度，及时报告和处置险情，确保工程度汛安全。（刘晓英）

【运行管理】

1. 职能职责划分　2020年河南省进一步优化和规范全省南水北调配套工程运行管理的职能职责。河南省南水北调建管局负责南水北调配套工程运行管理的技术工作及技术问题研究；组织编制工程技术标准和规定；协调、指导、检查省内南水北调配套工程的运行管理工作；提出河南省南水北调用水计划；负责配套工程基础信息和巡检智能管理系统的建设；负责科技成果的推广应用；负责与其他省配套工程管理的技术交流相关事宜；负责调度中心运行管理，按照全省南水北调年度调水计划执行水量调度管理。

各省辖市、省直管县（市）南水北调中心（办、配套工程建管局）负责辖区内配套工程具体管理工作。负责明确管理岗位职责，落实人员、设备等资源配置；负责建立运行管理、水量调度、维修养护、现地操作等规章制度，并组织实施；负责辖区内水费收缴，报送月水量调度方案并组织落实；负责对河南省南水北调建管局下达的调度运行指令进行联动响应同步操作；负责辖区内工程安全巡查；负责水质监测和水量等运行数据采集、汇总、分析和上报；负责辖区内配套工程维修养护；负责突发事件应急预案编制、演练和组织实施。

2. 制度建设　2020年河南省南水北调建管局制定印发《河南省南水北调配套工程会议费管理办法》（豫调建建〔2020〕23号）、《河南省南水北调配套工程职工教育培训管理办法》（豫调建建〔2020〕23号）、《河南省南水北调配套工程运行维护用车使用管理办法》（豫调建建〔2020〕23号），进一步规范南水北调配套工程会议、职工培训教育和车辆使用管理，合理使用各项经费，提高资金使用效益。现行水利行业定额和河南省地方定额缺乏适用于配套工程管道及闸阀维修养护的定额标准，维修养护项目经费核算困难，河南省南水北调建管局组织编制完成《配套工程维修养护定额标准》和《配套工程运行管理预算定额标准》待河南省水利厅批准印发。

3. 业务培训　按照年度培训计划安排，河南省南水北调建管局组织开展两期专题培训班，全省配套工程调度管理、运行管理、巡视检查、维修养护人员共210人次参加培训。2020年7月22—30日，河南省南水北调建管局在郑州分两期举办河南省南水北调配套工程基础信息、巡检智能管理系统试运行工作培训班，并对试运行工作进行动员部署；11月23日至12月4日，河南省南水北调建管局委托河南水利与环境职业学院在郑州市分两期举办南水北调配套工程运行管理培训班，对南水北调配套工程标准化管理和运行管理巡查常见问题及整改进行培训，学习安阳、濮阳配套工程运行管理经验，现场观摩干线安阳管理处和安阳市配套工程站区环境、线路巡查等标准化管理。

4. 计划管理　河南省2019—2020年度计划用水量27.04亿m^3（含南阳引丹灌区6亿m^3）。各省辖市、省直管县（市）南水北调中心（办、配套工程建管局）编报月水量调度方案，河南省南水北调建管局制定全省月用水计划，报河南省水利厅并函告中线建管局。2020年受新冠肺炎疫情影响，各地用水量有所下滑，计划完成情况未达预期。按照水利厅要求，河南省南水北调建管局于6月2—4日对（差额1000万以上，执行率70%以下）焦作、许昌、南阳、鹤壁、邓州进行督导检查，并配合水利厅南水北调处申请调减河南省2019—2020年度用水计划。7月2日，水利部办公厅发文同意河南省2019—2020年度计划用水量由27.04亿m^3调减至23.86亿m^3（含南阳引丹灌区6亿m^3）。截至2020年12月31日，全省共有39个口门及25个退水闸开闸分水。2019—2020年度供水23.97亿m^3，为年度计划23.86亿m^3的100.5%，完成年度水量调度计划。

按照水利厅安排2020年3月18日至6月25日，通过南水北调干渠24座退水闸和1号肖楼口门向工程沿线8个省辖市和邓州市生态补水5.99亿m^3，完成同期生态补水计划3.94亿m^3的152.0%。

5. 水量调度　河南省南水北调配套工程设2级3层调度管理机构：省级管理机构、市级管理机构和现地管理机构。省级管理机构负责全省配套工程的水量调度，市级管理机构负责区域内供水调度管理，现地管理机构执行上级调度指令，实施配套工程供水调度操作。2020年，上报月计划执行情况12份，编发运行管理月报12份，向中线建管局发调度函80份，向各市级管理机构发调度专用函117份。

6. 水量计量　2020年，配套工程流量计安装启用滞后于线路供水运行，河南省南水北调建管局建设管理处组织各省辖市、省直管县（市）南水北调中心（办、配套工程建管局）每月按时与干线工程管理单位、用水单位进行水量签认，留存水量计量资料统计汇总。依据中线建管局口门流量计率定成果和2018—2019年度暂结水量，河南省南水北调建管局复核2014—2019年度计量水量，提出历史认定水量和口门流量计修正系数建议，配合水利厅与中线建管局完成《南水北调中线向河南省供水水量计量有关事宜协调会纪要》（中线局纪要〔2020〕119号），12月17日，河南省南水北调建管局将2014—2019年度供水暂结水量确认为已结算水量；2019—2020年度供水结算水量为181950.80万m^3，生态补水结算水量为33377.13万m^3；与中线建管局2014—2020年度供水结算水量按纪要双方认定水量确认；2018—2019年度生态补水双方认定水量14901.52万m^3按结算水量确认，有争议及涉及口门生态补水结算水量另行协商确认。

7. 维修养护　2020年7月5日，河南省南水北调配套工程2017—2020年度维修养护合同到期。河南省南水北调建管局公开招标选择两家配套工程维修养护单位，7月27日签订维修养护合同，7月31日召开进场专题会组织布置进场对接和交接工作，10月20日批复服务方案，省辖市、省直管县（市）南水北调中心（办、配套工程建管局）组织维修养护单位开展维修养护工作。2020年，维修养护单位按照合同约定完成日常维修养护任务，完成各项专项维修养护项目18项、应急抢险项目5项。

8. 工程基础信息与巡检智能管理系统建设　2020年原省南水北调办（省南水北调建管局）公开招标选定的河南省南水北调受水区供水配套工程基础信息管理系统及巡检智能管理系统建设项目承担单位和监理单位，完成南水北调受水区供水配套工程的阀井、管理房、泵站定位测量；完成配套工程自动化系统数据资源规划与建设、硬件支撑环境及平台的补充完善、基础信息管理系统和巡检智能管理系统的建设。6月2日，系统建设项目5个子系统全部通过验收，7月30日系统开始试运行，巡检智能管理系统配置342台移动巡检仪和物联网卡。

9. 工程病害防治管理系统开发应用　2020年省南水北调建管局委托省水利勘测有限公司开发配套工程病害防治管理系统，解决配套工程病害信息散见于飞检报告、巡查报告、稽察报告及整改报告不便运管人员全面准确掌握并及时处理等问题。7月30日系统建成并投入试运行，11月23日系统通过合同验收。

10. 配套工程站区环境卫生专项整治　河南省南水北调建管局2020年10月30日以豫调建建〔2020〕22号文印发通知，全面开展配套工程站区环境卫生专项整治活动。12月22—25日组织两支暗访组，对平顶山、漯河、许昌、郑州、新乡、鹤壁等6市配套工程站区环境卫生专项整治活动情况进行暗访，并对暗访发现较差站区及责任追究情况进行通报。

11. 供水效益　截至2020年12月31日，河南省累计有39个口门及25个退水闸开闸分水，向引丹灌区和85座水厂供水，向6座水库充库，向南阳市、漯河市、周口市、平顶山市、许昌市、郑州市、焦作市、新乡市、鹤壁市、濮阳市和安阳市11个省辖市和邓州市生态补水，累计119.75亿m^3，占中线工程供水总量的35.6%，日供水量最高达2029万m^3，全省受益人口2300万人，农业有效灌溉面积120万亩。2020年3月18日至6月25日，干渠24个退水闸和1号肖楼口门向南阳、平顶山、许昌、郑州、焦作、新乡、鹤壁、安阳等8个省辖市和邓州市的24条河流生态补水5.99亿m^3。　（庄春意）

【档案管理】　2020年河南省加快推进南水北调配套工程档案验收进度，先后组织配套工程档案验收8次，完成配套工程档案检查指导16次，预验收问题复查3次，完成配套工程档案培训2次。11—12月组织协调郑州建管处、新乡建管处向中线建管局移交潮河段工程、新乡和卫辉段工程、郑州2段工程档案合计约2万卷。

1. 档案验收　5月19日组织进

行平顶山配套工程档案预验收；5月25日组织进行许昌鄢陵支线配套工程档案预验收；6月9日组织进行清丰县配套工程档案预验收；6月29日组织进行漯河配套工程档案预验收；7月27日组织进行博爱配套工程档案预验收；8月24日组织进行鹤壁配套工程档案预验收；9月8日组织进行周口配套工程档案预验收；11月30日组织进行安阳配套工程档案预验收。（宁俊杰）

2. 工程档案管理　印发《关于印发2020年南水北调供水配套工程档案验收工作计划的通知》（豫调建综〔2020〕002号），编纂印制《河南省南水北调配套工程档案管理培训资料》；编纂印制《档案验收进展情况工作简报》5期；紧急印发《关于做好2020年汛期档案安全管理工作的紧急通知》；协助水利厅对全省南水北调配套工程档案知识进行培训；9月开始分别对调度中心、自动化参建单位进行档案整编培训；10月完成配套工程档案管理系统（网络版）调试与安装，并对全省配套工程档案员通过网络进行操作培训。

3. 机关档案管理　重新整理原南水北调办移交水利厅文书档案14828件，并与河南省水利厅对接，编制移交方案与说明；组织完善档案管理制度并上墙；加强库房安全措施，安装库房窗帘共23间，购置温湿度计，修封2楼库房空隙，更换灭火器；组织整理机关2019年档案1624件，发文汇编412件，整理补充历年未归档插件3793件；档案室提供150人/次档案借阅，其中工程档案3086卷，文书77件；参与干线设计单元工程完工验收、外委项目合同验收6次。协助焦作南水北调方志馆资料收集，复制档案资料约4800张，书籍36套80本，挂图1张。（张涛）

4. 机要管理　河南省南水北调建管局机要室2020年共接收和各类文件1200余份，办理发文400份，并向档案室移交2019年文件。公文运转从收拆、登记、阅批、办理到终结处理，不积压、不丢失、不泄密。严格按照程序规定使用、保管及养护印章。

5. OA系统维护

（1）流程调整。在日常公文流转中经常会出现各处室公文的交叉办理、公文运转中的签批错误、文件的更换调整，机要室对相关问题随时解决。

（2）软件调试。由于OA系统对计算机的部分功能有所要求，平时办公中经常会出现电脑系统重置、下载软件与OA系统部分功能冲突，机要室随时对办公楼内电脑进行现场调试。对各省辖市南水北调机构进行远程支持。

（3）突发情况处理。遇到断网、服务器故障等突发情况，机要室都在第一时间通知相关部门检修并告知所有用户。

6. OA系统与档案系统对接　2020年河南省南水北调建管局内部以

及与各省辖市、直管县（市）管理机构通过OA办公系统线上运转公文，实现线上公文的流转和审批。但OA系统与档案系统是两套独立运行的系统，办公系统中产生的已经审批完成的公文文件，只能由人工从办公系统下载后，再逐个上传到档案管理系统逐个上传并归档，操作繁琐低效。2020年机要室与档案室，通过综合办公系统定制接口开发，将综合办公系统产生的需要归档的公文、签报直接推送到档案管理系统，按照河南省南水北调建管局统一的档案管理办法与其他途径产生的档案统一保存，实现两个系统无缝衔接，OA产生的电子档案也可以在档案系统中完成全文索引，方便后续电子档案的查询和借阅。（宁俊杰　高攀）

江　苏　省

【前期工作】 2020年，江苏省根据省政府关于一期配套工程建设批复中所明确“工程建设要按照‘突出重点、远近结合、先急后缓、分步实施’”的要求，结合地方实际，进一步做好纳入一期配套工程的有关项目前期工作研究。（薛刘宇　卢振园）

【投资计划】 江苏省南水北调一期配套工程年度建设投资计划为：宿迁市尾水导流工程，2020年度计划投资0.95亿元；郑集河输水扩大工程，2020年度计划投资1.32亿元。

（薛刘宇　卢振园）

【资金筹措和使用管理】 江苏南水北调一期配套工程规划中先期实施的4项尾水导流工程，建设资金主要由省级财政投资和地方配套组成，其中省级投资约67%，地方配套约33%。宿迁市尾水导流工程省级投资计划3.6065亿元已全部下达，地方配套资金已到位1.5029亿元。

郑集河输水扩大工程批复概算总投资8.3亿元，其中省级财政资金采取定补形式投资5.36亿元，其余建设资金由工程所在地徐州市及所属区县地方财政自行筹措、配套到位。截至2020年年底，该工程已下达投资计划8.3亿元，其中省级投资计划已下达5.36亿元。（薛刘宇　卢振园）

【建设管理】 江苏南水北调一期配套工程规划中的4项治污工程，其中新沂市尾水导流工程、丰县沛县尾水资源化利用及导流工程、睢宁县尾水资源化利用及导流工程等3项，均全部建成并移交管理运行，丰县沛县尾水资源化利用及导流工程、睢宁县尾水资源化利用及导流工程2项工程通过竣工验收，总计完成投资15.05亿元；宿迁市尾水导流工程于2017年6月开工建设，2020年完成施工06标完工验收，完成施工07标7座泵站土建工程及水泵、阀门、电气、自动化设备安装，2020年完成投资0.95亿元，累计完成投资5.41亿元。

郑集河输水扩大工程2018年10月正式开工，2020年年底基本建设完成，2020年度完成投资1.32亿元，累计完成投资8.32亿元。

（薛刘宇　卢振园）

【运行管理】　2020年，江苏南水北调一期配套工程运行管理工作，主要体现在已完建的尾水导流工程中。

（1）推进管理机构组建落实。截至2020年，江苏南水北调一期配套工程规划中的4项治污工程，其中已完成的3项工程均已落实了运行管理单位，管理人员基本到位，管理责任体系和规章制度逐步健全完善；丰沛尾水导流工程中县区交界的闸站由徐州市截污导流工程运行养护处运行管理，其余工程由丰县、沛县水利部门成立管理所进行管理；睢宁尾水导流工程由睢宁县尾水导流工程管理服务中心负责运行管理；新沂市尾水导流工程由新沂市尾水导流管理所负责运行管理。

（2）抓好管理能力建设。2020年，江苏省南水北调办公室组织有关尾水导流工程运行管理单位，举办江苏南水北调尾水导流工程运行管理培训班，努力提升投运项目管理单位的人员工程管理能力和技术应用水平。

（3）协调督促工程运行及效益发挥。2020年，江苏南水北调一期配套工程中已完建的有关尾水导流工程与东线一期江苏境内主体工程中的其他4项截污导流工程共同参与了2019—2020年度江苏南水北调工程向省外调水运行，为江苏境内输水干线的水质保障起到了重要作用。

（薛刘宇　卢振园）

山　东　省

【前期工作】　2015年6月底，山东省续建配套工程38个供水单元工程已全部完成前期工作。（于锋学）

【建设管理】　截至2020年年底，山东省南水北调配套工程已建成。列入山东省南水北调配套工程建设考核的37个供水单元（不包括引黄济青改扩建工程）总投资213亿元，已全部完成，分别为：济南市区、章丘，青岛市区、平度，淄博市区，枣庄市区、滕州，东营广饶、中心城区，烟台市区、招远、龙口、蓬莱、莱州、栖霞，潍坊寿光、昌邑、滨海开发区，济宁邹城、高新区、兖州、曲阜，威海市区，德州市区、武城、夏津、旧城河，聊城冠县、莘县、临清、高唐、阳谷、东阿、茌平、东昌府区，滨州邹平、博兴，菏泽巨野。（于锋学）

【配套工程受益效益发挥情况】　2019年9月，水利部批复下达了《水利部关于印发南水北调东线一期工程2019—2020年度水量调度计划的通知》（水南调函〔2019〕182号），明确2019—2020年度山东省计划用水4.34亿m^3，包括枣庄、济宁、聊城、德州、济南、滨州、淄博、东营、潍坊、青岛、烟台、威海12个受水城市；考虑调水损耗水量后，台儿庄泵站调入山东省境内水量7.03亿m^3。

2020年度累计向各受水市供水4.597亿m^3。各受水市供水量分别为：枣庄3600万m^3、济宁2680万m^3、聊城3758.76万m^3、德州2861.0074万m^3、济南8346.179万m^3、滨州904.31万m^3、淄博1000万m^3、东营520.54万m^3、潍坊3812.4576万m^3、青岛11597.0303万m^3、烟台4778.122万m^3、威海2111.9135万m^3。

配套工程有效补给了工程沿线各水厂、水库水量，保障了城市居民生活用水、工业用水，同时向工程沿线受水区补源，置换当地地下水水源，逐步彰显了工程的社会、生态和经济效益。截至2020年年底，山东省南水北调总受益人口达3384.7万人。

（徐瑞华）

【安全生产及防汛】 2020年5—6月，山东省水利厅成立七个专家组，联合相关市水行政主管部门对南水北调续建配套工程开展了防汛检查工作，印发《关于做好南水北调续建配套和中水截蓄导用工程防汛检查发现问题整改工作的通知》（鲁水南水北调函字〔2020〕27号），要求市水行政主管部门督促做好问题整改落实工作，督促责任单位进一步做好工程管理工作。印发《关于印发山东省南水北调续建配套工程和中水截蓄导用工程安全运行监管责任人和安全运行责任人的通知》（鲁水南水北调函字〔2020〕28号），进一步完善了安全运行责任体系，明确了南水北调续建配套工程安全运行监管责任人和安全运行责任人。

（孙玉民）

玖　党建工作

水利部相关司局

【政治建设】 紧紧抓住政治建设这个根本，引领和推动管党治党责任落实落到位。

（1）狠抓理论学习，提升政治力。高强度组织开展支部学习，水利部副部长蒋旭光以普通党员身份参与支部组织生活，并为全体党员干部讲授专题党课。全年处级以上干部全员讲党课（业务课）开展17次，开展主题党日14次，利用周例会、月度联席会学习超30次，党员年人均学习超280学时。及时跟踪学习成效，开展6次专题测试，2次网络测试，保证学有所获，促进党员干部进一步增强“四个意识”，坚定“四个自信”，做到“两个维护”。

（2）狠抓履职尽责，提升凝聚力。支部负责人真抓部署、严抓落实，逢会必谈党建、必安排党建工作，全年组织并参与各类涉党建工作会、专题学习、主题活动等超60次，关键领导作用发挥有力；各班子成员结合自身分管处室工作，党建和业务齐抓共管、保证实效；各支委在纪律检查、组织人事、宣传工作、群团工作等方面分别发挥指导带头作用，支部凝聚力持续增强。

（3）狠抓组织建设，提升战斗力。坚决贯彻民主集中制，严格执行组织生活会、谈心谈话等党内生活制度，充分利用好批评与自我批评武器，召开1次组织生活会，开展谈心谈话80人次，支部战斗堡垒作用有效发挥。严格按照相关规定，转出党组织关系2人，转入党组织关系6人。全体党员按月足额交纳党费，全年共缴纳党费32542.53元。进一步规范支部“三会一课”，做到每次活动有完整记录、有深度参与、有实际成效，支部战斗力不断增强。

（4）促帮扶共建，提升影响力。深入推进帮扶机制、双联系双服务及结对共建机制，激发党员干部队伍活力。与结对帮扶单位湖北十堰郧阳区挂职党员干部交流交心，参与组织现场调研、专题座谈等各类主题活动。与水利部三峡司、巡视办等党组织联合开展收看保密形势教育专题片活动，增进团结，凝聚共识，支部影响力持续提升。 （南水北调司）

【模范机关创建】 开展模范机关创建是中央和国家机关贯彻落实习近平总书记重要讲话精神的重要工作部署。部党组就2020年度在水利系统开展模范机关先进单位创建工作作出具体安排，南水北调司结合实际，认真贯彻落实。

（1）高度重视模范机关创建工作，支部负责人明确提出要求，组织安排布置。对照工作办法，结合南水北调实际，细化落实措施和责任，紧盯工作进展和成效，确保了创建工作有力有效。

（2）始终坚持问题导向，以主题教育、“灯下黑”专项整治、党建督查等发现问题整改为契机，及时列出问题清单、明确整改措施、责任人和责任处室、完成时限等，对标对表标杆，在补齐短板中夯实根基，在加强管理上提升质效，实现创建工作有量的提升、有质的突破。

（3）加强制度建设，针对学习管理、党费管理、新冠肺炎疫情期间工作纪律管理等制定了7项相关规定，分别细化了相关管理措施和要求，确保了各项工作任务清、责任明、措施实，支部制度化建设不断加强，战斗堡垒作用得到有效巩固，模范机关创建有特色有亮点。经部模范机关创建工作领导小组评定，南水北调司成功创成水利部模范机关先进单位。

（南水北调司）

【党建品牌建设】　立足支部工作实际，在充分吸收借鉴的基础上，及时把支部实践的有效探索上升到机制层面和理论层面。

（1）积极推行支部“1633”工作法，即创新“一个红色品牌”以搭建支部建设平台、聚焦“六个红色目标”以引领支部工作方向、突出“三个红色主体”以建强支部班子队伍、建立“三个红色机制”以健全支部建设制度，支部建设更有抓手、更显层次。

（2）创新实施“红水滴”品牌，有机融合党建“红”与南水北调“水”，在红色基因、红色初心、红色力量、红色精神、红色作风、红色团队等方面不断注入新理念、新内涵。

（3）加强品牌与其他相关工作的结合，以党建品牌为依托，深度融入工程管理和助力湖北郧阳脱贫攻坚各项工作，实现党建工作“脱虚向实”，业务工作“党味更浓”，为建设“高标准样板”工程示范引航，依托国之重器，为其他党组织做好党建工作提供了有益的实践探索和经验借鉴。

（南水北调司）

【推进党建业务融合】　把抓好党建作为推进南水北调工作的前提和基础，把抓好党建和业务深度融合作为推动党建业务双促进双提升的根本抓手，以高质量党建促进高标准业务、以高标准业务强化高质量党建。

（1）制度化开展党建业务联席会，坚持“月联席、周例会”，月度联席会全员参与，布置月度党建和业务重点工作；周工作例会处级以上干部参与，安排每周党建和业务具体工作，利用该机制，做到了党建和业务工作常态化同部署、同推进、同检查，成效明显，以支部工作经验形成的调研报告获水利部党建办公室二等奖，有效推进了支部标准化、规范化建设。

（2）高质量党建推进工程管理工作持续提质增效，党建工作抓得越紧，业务工作落得越实。有力的党建工作有效推进了南水北调工程管理各项工作。截至2020年12月底，南水北调东、中线一期工程全面通水6年多来，已累计调水近400亿m^3，1.2亿人直接受益。工程运行安全高效，综合效益显著，得到习近平总书记等党和国家领导人的充分肯定。

（南水北调司）

【党风廉政建设】 始终把党风政风建设摆在突出的位置上，树立清正、廉洁、勤政、务实的机关党员干部良好形象。

（1）加强警示教育。充分利用重大节庆日节点，组织开展典型违纪违法案例通报、集体参与警示教育大会、围绕警示教育组织党员干部代表谈感受、谈体会等，以经常性警示教育为抓手，以集中督查因公出差交纳有关费用为突破口，全员签订廉洁承诺书、全员发放《公务出差明白卡》，做到警钟长鸣。

（2）注重家风教育。在建党日前后，围绕传承良好家风、继承红色传统，分别就毛泽东、习仲勋等老一辈无产阶级革命家的家风故事，组织开展2次讲家风故事宣传教育活动，党员干部对家风家训家教的认识更加深刻、理解更加全面。

（3）开展主题教育。组织党员干部参观纪念抗美援朝出国作战70周年大型主题展，在革命精神、斗争精神、奉献精神等红色优良传统的熏陶洗礼下，党员干部思想境界进一步提高。

（4）重视团队建设。发挥青年和女性干部作用，积极参加水利青年干部践行总基调比赛并获得优胜奖，组织做好关爱贫困地区儿童编制、巾帼创建、节假日关怀慰问困难职工和党员、健步走等活动，党员干部职工的干劲、活力进一步激活。2020年度，全司党员干部作风正、干劲足，未发生违规违纪违法问题。（南水北调司）

有关省（直辖市）南水北调工程建设管理机构

北 京 市

【政治建设】 2020年，北京市水务局党组坚持以习近平生态文明思想和习近平总书记对北京重要讲话精神为根本遵循，坚持以党的政治建设为统领，强化理论武装，引导全局各级党组织和广大党员树立“四个意识”、坚定“四个自信”、做到“两个维护”。严肃党内政治生活，严格执行《关于新形势下党内政治生活的若干准则》，坚持民主集中制原则。落实意识形态工作责任制，强化责任意识、阵地意识、忧患意识，加强意识形态阵地的建设和管理。坚持在思想认识与工作落实上与中央和市委、市政府要求对标对表，确保中央和市委、市政府决策部署不折不扣在全市水务系统落地见效。北京市水务局党组定期研究南水北调配套工程建设工

作，克服新冠肺炎疫情影响，确保干线检修及市内项目建设任务如期完成，有力保障供水安全。　（张凤丽）

【组织机构及机构改革】

1. 北京市水务局　主要职责第九条指导监督本市水务工程建设与运行管理。组织实施南水北调北京段干线及市内配套工程运行和后续工程建设与运行管理。组织协调水利工程征地拆迁工作。负责水利建设市场的监督管理，组织实施水利工程建设的监督。组织开展水利工程建设安全、质量监督工作。

2. 南水北调工程建设处（机关处室）　负责北京市南水北调工程建设管理工作。编制南水北调工程建设年度计划并组织实施。组织北京市南水北调工程竣工决算、工程验收有关工作。

3. 北京市南水北调工程建设管理中心（局属事业单位）　主要职责是受南水北调中线干线工程建设管理局的委托，承担南水北调中线干线北京段工程建设管理任务；受北京市南水北调办公室的委托，行使南水北调中线北京段输水配套工程的项目法人职责。

4. 北京市南水北调工程拆迁办公室（局属事业单位）　主要职责是负责南水北调中线北京段市内配套工程征地拆迁的组织实施工作。

5. 北京市南水北调工程质量监督站（局属事业单位）　主要职责是负责南水北调中线干线北京段工程和市内配套工程的质量监督工作。

6. 北京市南水北调信息中心（局属事业单位）　主要职责是拟订南水北调中线北京段配套工程信息化建设规划并实施；收集、整理、研究、分析北京市南水北调相关信息；建设与维护办公自动化系统；负责信息与网络安全；管理南水北调中线北京段信息系统。

7. 北京市南水北调调水运行管理中心（局属事业单位）　主要职责是配合有关部门拟订南水北调中线北京段调水、配水计划，承担南水北调中线北京段调水、配水计划的组织实施，负责南水北调中线北京段供水水质、水量监测工作。

8. 北京市南水北调南干渠管理处（局属事业单位）　主要职责是负责工程运行期的运行管理；负责工程设备设施调适、运行、维护、保养；负责工程沿线安全巡查及监测等工作；负责辖区范围内水资源保护与配置、水环境维护；负责汛期防汛抢险。

9. 北京市南水北调大宁管理处（局属事业单位）　主要职责是负责工程运行期的运行管理；负责工程设备设施调适、运行、维护、保养；负责工程沿线安全巡查及监测等工作；负责辖区范围内水资源保护与配置、水环境维护；负责汛期防汛抢险。

10. 北京市南水北调团城湖管理处（局属事业单位）　主要职责是负责工程运行期的运行管理；负责工程

设备设施调适、运行、维护、保养；负责工程沿线安全巡查及监测等工作；负责辖区范围内水资源保护与配置、水环境维护；负责汛期防汛抢险。

11. 北京市南水北调东干渠管理处（局属事业单位） 主要职责是负责南水北调东干渠工程运行期的运行管理；负责工程设备设施调试、运行、维护、保养；负责工程沿线安全巡查及监测等工作；负责辖区范围内水资源保护与配置、水环境维护；负责汛期防汛抢险。

12. 北京市南水北调干线管理处（局属事业单位） 主要职责是受南水北调中线干线工程建设管理局的委托，负责南水北调中线惠南庄泵站以下北京段干线工程的运行管理；负责组织工程沿线安全巡查及监测；负责辖区范围内水资源保护与配置、水环境维护；负责组织汛期防汛抢险。

13. 北京市南水北调水质监测中心（局属事业单位） 主要职责是承担北京市南水北调水质监测、分析及相关工作，业务上接受北京市水文总站的行业管理。

14. 北京市南水北调工程执法大队（局属事业单位） 主要职责是受北京市水务局委托，负责所管辖水工程保护范围内的执法监察和水行政处罚工作。 （孙志伟）

【干部队伍建设】 2020年，北京市水务局围绕“一个中心”，坚持“四个引领”，抓好“四个注重”，把握“四个环节”，确保干部队伍建设服务于中心工作。突出讲政治要求，坚持把政治素质作为任职的首要条件，注重政治素质考察与测评，加强政治素质评价。严格落实党管干部原则，加强干部工作的分析研判和年度统筹，严格执行“三重一大”制度，全年研究干部议题36个。研究制定相关制度6个，涉及干部选拔任用4个、涉及人事管理2个，完善干部考核评价机制，细化规范干部选拔、任用、调动、借用程序，人事教育工作制度化、规范化水平明显提高。开展选调生、社招公务员、事业单位人员等共8批次的招聘选调；着眼班子建设和干部发展，组织干部调任4批次、交流3批次、职务晋升3批次、职级晋升9批次。全年调整交流任职15人次、职务晋升3批12人次、职级晋升9批93人次、调任4人、试用期满考察3批46人次。 （孙志伟）

【纪检监察工作】 2020年，北京市水务局党组和驻局纪检监察组建立工作对接机制，形成监督合力。明确对问题线索、信访举报等对接方式、流程和移交时限，继续完善案件线索信息沟通、案件查办协同、办案成果深化机制。开展“以案为鉴、以案促改”警示教育活动，在局系统警示教育大会上点名批评12名受到处理的违纪违法干部。开展信访举报形势及问题线索处置情况分析，深化执纪成果运用。信访举报件及问题线索总数较2019年都有较大下降。经查后，对失实反映予以正名，对存在轻微问题约谈整改。全年有效运用监督执纪“四种形态”，批评教育和处理干部80人。对2019年北京市水务局绩效考评存在的问题，分管局领导对相关责任处室进行批评教育。在对党员实施党纪处分后，机关纪委利用身边的事开展了警示教育活动。（张凤丽）

【党风廉政建设】 2020年，将全面从严治党工作纳入推进水务高质量发展，北京市水务局进行全面总结梳理，召开局系统“不忘初心、牢记使命”主题教育总结大会和2020年北京市水务系统全面从严治党暨党风廉政建设会议，总结局系统“不忘初心、牢记使命”主题教育开展情况，部署全市水务系统全面从严治党和党风廉政建设工作。印发《2020年市水务局深化全面从严治党加强党风廉政建设工作要点和党建工作要点》，明确全年工作的目标要求。制定2020年局党组落实全面从严治党主体责任清单，各项责任均明确责任部门、完成时限；局党组书记、每名局领导班子成员均按照工作实际制定个性化的责任清单。对局属单位党组织和主要负责人全面从严治党主体责任清单进行审核把关，一一反馈修改意见，督促完善清单内容，切实将责任分解细化。坚持全面从严治党（党建）基层工作月度点评会。结合新冠肺炎疫情防控形势，科学制定点评计划，坚持以评促改、以评促建。每月局领导班子成员汇报落实“一岗双责”情况。注重发挥点评的倒逼促进功能，点评会后第一时间反馈点评意见、汇总各单位整改报告、挂账销账督办，发挥好督察整改功能，真正做到“真点、严点，点到位、改到位”。（张凤丽）

【作风建设】 2020年，制定北京市水务局2019年全面从严治党（党建）工作考核结果暨政治生态分析研判问题清单反馈问题整改方案，明确责任处室和责任人，建立整改台账，项目化推进问题整改落实。针对整改工作积极推进党建调研，在整改中总结经验、举一反三，切实提高整改成效。将监督检查融入常态化工作中，组织开展2019年度基层党组织书记书面述职考核评议，结合日常调研、节日期间“四风”问题监督检查等进行现场督查，督促全局各级党组织落实全面从严治党（党建）工作责任。成立三个巡察组，采取“一拖二”的方式，对北京市水政监察大队、节水中心等6家单位开展常规巡察。细化巡察整改任务清单，对整改完成的问题从严把关、从严销号。将各单位巡察整改情况在内网公开，实行全过程监督，一张清单量到底。坚决执行中央八项规定及其实施细则精神，重点监督检查“四风”问题，坚持跟踪问效抓好问题整改。力戒形式主义，严格控制会议文件数量，同比减少约

5.6%。拓展完善北京市水务局办公系统功能30余项，并延伸至区水务局和相关企业，提高行政办公效率。

（张凤丽）

【群众性精神文明创建】 （1）强化理论武装。制定《中共北京市水务局党组理论学习中心组2020年学习重点内容安排计划》。全年组织局党组理论学习中心组学习41次，对北京市南水北调东干渠管理处、北京市南水北调干线管理处等单位中心组理论学习进行现场督导，带动党员干部职工的理论水平不断提升。

（2）抓好思想教育。加强正面宣传报道，强化对系统干部职工的思想教育，严控意识形态领域思潮波动。2020年年初针对新冠肺炎疫情期间的舆情态势，北京市水务局党组制定印发《关于进一步加强市水务局系统意识形态工作的意见》，阐明意识形态工作的极端重要性、压实压紧意识形态工作责任制。

（3）开展形势政策宣传教育。深入学习宣传贯彻党的十九届四中、五中全会精神，分级分类组织学习培训。做好"十三五"收官和"十四五"开局宣传，把思想和行动统一到中央、市委以及局党组的重大决策部署上来。

（4）推进网络文明建设。加强网络阵地建设，办好管好用好北京市水务局内、外网和"水润京华"微博、抖音、微信公众号。广泛开展网络文明行为引导行动，发展积极健康的网络文化，引导干部职工提升网络文明素养。

（5）深化理想信念教育和公民道德建设。加强中国特色社会主义和中国梦宣传教育，积极搭建职工技能竞赛平台，开展"劳动光荣"主题教育、"人水和谐美丽京津冀"创新大赛、北京市水文勘测工大工匠挑战赛和青年技能大赛等活动。

（6）推进新时代水利精神宣传贯彻。积极挖掘宣传先进典型，常态化开展道德模范、时代楷模、最美水利人、身边好人推选和学习宣传活动，积极参与《中国水利人（五）》先进人物、集体典型事迹征集。

（7）开展培育文明风尚行动。贯彻落实《关于在水利精神文明创建活动中深入开展爱国卫生运动的工作方案》，适应新冠肺炎疫情防控常态化，丰富爱国卫生运动内涵，倡导绿色环保理念，普及健康知识，提倡健康饮食文化，全面推行垃圾分类，促进干部职工养成文明健康生活方式。北京市南水北调团城湖管理处被评为"2019—2020年节约型公共机构示范单位"。

（8）积极推动群众性文明创建。以创建文明行业、文明单位、青年文明号为抓手，进一步提高精神文明创建水平。北京市南水北调拆迁办被授予"2018—2020年度首都文明标兵单位"，北京市南水北调建设管理中心、北京市南水北调团城湖管理处再次获得“首都文明单位”荣誉称号，北京市南水北调东干渠管理处工程科获得“北京市青年安全生产示范岗”。

(9) 下沉社区助力抗“疫”。在“抗疫情、保运行”的同时，积极选派干部下沉昌平区、大兴区、海淀区的6个社区（村）的40个岗位参与社区新冠肺炎疫情防控工作。广泛动员党组织和党员结合新冠肺炎疫情防控到社区“双报到”。北京市南水北调南干渠管理处许振军同志被评为“北京市抗击新冠疫情先进个人”。

(10) 深化志愿服务活动。结合党团员回社区报到工作，动员干部职工参与首都基层治理，常态化推进“节水优先水务先行”“垃圾分类我先行，水务党员在行动”等志愿服务行动，努力打造“河长制”“清河行动”“清管行动”“学雷锋”等品牌志愿服务，进一步树立北京水务良好形象。北京市南水北调团城湖管理处、北京市南水北调大宁管理处、北京市南水北调东干渠管理处等管理单位充分利用南水北调工程设施，积极开展宣传科普活动。

(11) 广泛开展群众文化活动。把单位文化建设融入到治水管水之中，加强对干部职工读书学习的引导，推动读书活动全面开展。活跃和丰富职工精神文化生活，举办北京市水务局首届文化体育节，各单位积极开展职工主题文艺表演、主题演讲等活动，营造积极健康向上的文化环境。

（巢坚　于玥）

天　津　市

【政治建设】　紧紧围绕习近平新时代中国特色社会主义思想，深入落实全面从严治党主体责任，切实贯彻党的十九大及十九届二中、三中、四中、五中全会、市委十一届九次全会会议精神，全面落实“一岗双责”，开拓进取，创新竞进，政治建设成效显著。深入开展“使命、奋斗”大讨论活动、“转理念改作风勇担当”警示教育月活动。充分利用“三会一课”制度，积极贯彻落实党的十九届四中、五中全会精神，加深了对《习近平谈治国理政》的理解，加深了对习近平总书记在中央和国家机关党的建设工作会议上的重要讲话、关于新冠肺炎疫情防控工作重要讲话和指示批示精神、提出的“节水优先、空间均衡、系统治理、两手发力”的治水思路以及在黄河流域生态保护和高质量发展座谈会上重要讲话精神的理解，思想上进一步明确了建设“笃信笃行的学习机关”的目标，从而进一步强化了“四个意识”、坚定了“四个自信”，提升了“两个维护”的政治自觉。（高啸宇）

【纪检监察工作】　坚持以习近平新时代中国特色社会主义思想为指导，认真落实党中央和市委、市纪委要求，坚持问题导向，聚焦违纪违法行为易发领域，党组织书记是第一责任人，切实加强对自查自纠整改等工作的领导。结合“不忘初心、牢记使命”主题教育，结合精准惩治腐败要求，结合水务部门特点，加大宣传教育力度，既要开展正面宣传，又要营造风清气正的政治环境，推动水务全面从严治党向纵深发展。（高啸宇）

【党风廉政建设】 坚持把党风廉政建设与建设、管理工作紧密结合，做到同研究、同部署、同检查、同考核。充分利用“三会一课”平台，全面贯彻落实天津市水务局警示教育大会精神，认真开展“转理念改作风勇担当”主题警示教育月活动，组织全支部党员积极关注“海河清风”微信公众号，不定期学习违纪违法典型案例，通过丰富多彩的学习教育，使党风廉政工作不断深入人心。（高啸宇）

【作风建设】 开展警示教育活动，定期剖析本地党员干部违法违纪案例，推动廉洁教育全覆盖、无遗漏。深入开展李福明严重违纪违法问题警示教育，引导广大党员持续加强政治生态建设，严肃党内政治生活，坚决破圈子、拆码头，坚决破关系网、斩利益链，涵养积极健康的政治文化。学习贯彻《党委（党组）落实全面从严治党主体责任规定》，坚决把党的政治建设摆在首位，开展创建《让党中央放心让人民群众满意的模范机关”的实施方案》，把政治标准、政治要求贯彻到中心工作全过程和事业发展各方面。（高啸宇）

【精神文明建设】 深入开展精神文明建设工作，紧密结合中办《党委（党组）落实全面从严治党主体责任规定》，积极贯彻市级机关处长大会精神。采取理论学习中心组学习、“三会一课”等形式，强化政治理论素养的提升，切实履行第一责任人责任，坚持以上率下、带头学习、示范引领，做好立“三观”、破“三官”、平“三关”，把学习成果转化为推动精神文明建设的实际效果。（高啸宇）

河　北　省

【政治建设】 （1）加强政治引领。始终坚持把党的政治建设作为从严治党的根本要求和重要环节，持续加强党员干部教育管理，有效提升党员干部政治思想水平，教育引导党员干部严守政治规矩，切实提升党员干部政治执行力、政治领悟力和政治执行力。

（2）领导高度重视。领导干部充分发挥领导带头作用，始终坚持率先垂范、以上率下，切实做到先学一步、学深一层，引导全体党员将政治学习引向深入，教育广大党员增强“四个意识”、坚定“四个自信”、做到“两个维护”，切实把学习成效贯穿业务工作全过程，以先进的学习成果推动南水北调工作持续向好发展。

（3）加强理论学习。坚持用习近平新时代中国特色社会主义思想武装头脑，认真学习《习近平谈治国理政（第三卷）》《中国制度面对面》等重要教材，重点学习党的十九大、十九届二中、三中、四中、五中全会精神及习近平总书记视察南水北调东线江都水利枢纽时重要讲话等，引领全体党员自觉主动学，及时跟进学、联系实际学、系统深入学、笃信笃行学，把总书记的要求内化于心，外化于行，做到知行合一，政治上对党忠诚，思想上紧跟核心，行动上维护核心。

（4）拓宽学习渠道。坚持线上线下相结合的学习方式，深入开展集体学习研讨、心得体会交流和支部书记讲党课，扎实推进“两学一做”“不忘初心、牢记使命”学习教育，持续开展“看红色电影、强理想信念”“强化政治意识，提高政治站位”“读原著、悟心得”“保安全、促发展”等系列主题活动，充分发挥微信推送党建文章、网络党建知识竞赛、网络展示等新媒体优势，结合“学习强国”“河北干部网络管理学院”“机关党建云平台”等网络讲堂，做好党员教育培训工作，增强学习的便利性、趣味性和实效性。（胡景波）

【干部队伍建设】（1）着力提高政治素质。按照习近平总书记关于“信念坚定、为民服务、勤政务实、敢于担当、清正廉洁”的“好干部”标准，全力加强干部队伍建设，把政治合格作为对党员干部第一位的要求，教育引导党员干部坚决维护党中央权威，自觉忠诚于党，忠诚于党的事业，忠诚于以习近平同志为核心的党中央。

（2）着力优化干部结构。严格执行《党政领导干部选拔任用工作条例》和河北省水利厅党组关于选拔干部的各项要求，向厅党组推荐优秀干部，向上组部门推荐16名水利、水保等方面的专家。指导河北供水有限责任公司按照程序选举产生了董事会、监事会及公司经理层，选拔聘任基层管理干部109名，优化了干部结构，增强了队伍活力。

（3）着力加强干部管理。对集团副处级以上干部有效证件、因私出国（境）证件进行核查并上报省委组织部；对集团干部人事档案“三龄两历一身份”进行复查，并指导河北供水公司第一批核查。加强干部教育培训，组织各类政治、业务培训120余次，培训人员3350余人次，强化了干部的担当意识和奉献精神。

（胡景波）

【党风廉政建设】（1）明确分工，压实各级领导责任。召开党风廉政建设工作会议，专题部署党风廉政建设工作。党委书记与各支部（总支）书记签订了责任书，压实各级领导干部的主体责任。印发《2020年党风廉政建设工作要点及任务分工》，明确26项重点工作，细化了40项具体措施，做到党风廉政建设有任务、有目标、有措施。

（2）完善制度，规范党员干部行为。建立了涉及行政管理、工程管理、财务管理等8个方面63项规章制度、55项工作流程图。修订完善了《河北水务集团工作规范》，总计15万字，增加了《河北水务集团党委议事决策规则》《河北水务集团OA系统运行管理办法》等内容，扎紧了制度的笼子。

（3）严格管理，细化廉政防控措施。组织党员干部学习《中国共产党党章》《中国共产党廉洁自律准则》等党内法规、观看警示片、召开警示教育会、进行革命传统教育等，强化党员干部的党性观念，增强廉洁意识。全面加强对公务用车、办公用房使用等工作的监督。严格执行中央“八项规定”，坚决克服“四风”，着力构建不想腐、不能腐、不敢腐的体制机制。

（4）全面落实，深入开展作风建设。认真落实“三会一课”、民主生活会等制度，扎实开展纠正“四风”、作风纪律专项整治行动，“三重一大”事项全部由党委会研究，班子集体决策。通过持续加强作风建设，严明政治纪律和政治规矩，党员干部廉政意识始终在政治上、思想上、行动上与党中央保持高度一致。（胡景波）

【精神文明建设】 面对突如其来的新冠肺炎疫情，河北水务集团主动作为，群策群力，迎难而上，坚持防控、发展两手抓，两手硬，疫情防控成效显著。河北水务集团第一时间成立疫情防控领导小组，领导坚守岗位，协调调度，解决难题；干部职工克服困难，坚守一线，确保疫情期间供水安全。河北水务集团千方百计采购口罩20000余个、消毒液6000余份，满足运行管理防疫需要。在做好自身防控的同时，抽调12名党员参加社区防控，广大党员干部踊跃捐款31500元支援抗疫，其中非党员捐款7750元。1名职工居家期间，为当地街道办事处捐款5000元，受到街道表彰。河北供水公司9个党支部成立“党员冲锋队”，补充一线岗位，50余名后方管理人员向组织递交“请战书”，30余名群众递交“火线入党申请书”，200余名基层管理人员连续奋战30余天，保证了全省近3000万人疫情期间饮水安全。（胡景波）

河　南　省

【组织机构及机构改革】 2020年原河南省南水北调办（建管局）机关承担的事业性职能暂由5个区域建设管理机构（南阳、平顶山、郑州、新乡、安阳南水北调工程建设管理处）在原工作职责不变情况下分口接续负责。其中，南阳南水北调工程建设管理处负责南阳市南水北调干线186km、渠首工程和配套工程160km的建设管理工作同时，接续原南水北调办（建管局）投资计划处有关职责；平顶山南水北调工程建设管理处在负责平顶山、漯河、周口3市南水北调干线116km、沙河大渡槽和配套工程275km的建设管理工作同时，接续原南水北调办（建管局）建设管理处有关职责；郑州南水北调工程建设管理处在负责郑州、许昌2市南水北调干线193km、穿黄工程、穿越京广与京珠铁路（高速公路）交叉工程和配套工程241km的建设管理工作同时，接续原南水北调办（建管局）综合处、机关党委、基建处、审计监察室有关职责；新乡南水北调工程建设管理处在负责新乡、焦作2市南水北调干线147km、石门河倒虹吸工程、穿市区工程和配套工程135km的建设管理工作同时，接续原南水北调办（建管局）环境与移民处、监督处、法学会有关职责；安阳南水北调工程建设管理处在负责安阳、鹤壁、濮阳3市南水北调干线93km、穿漳工程安阳倒虹吸工程和配套188km的建设管理工作同时，接续原南水北调办（建管局）经济与财务处有关职责。

（樊桦楠）

【党风廉政建设】　2020年，河南省南水北调建管局5个党支部在河南省水利厅党组的领导下按照以党建促业务、以业务助发展的工作思路，学习贯彻习近平新时代中国特色社会主义思想和党的十九大精神，在机构改革过渡期，持续巩固和深化党建工作成效，将党的政治优势和组织优势转为提质增效、稳定队伍的工作成效，为南水北调中心工作提供了坚强的组织和队伍保障。

（1）以习近平新时代中国特色主义思想为指导，全面加强党的建设。结合各处室工作实际，提升党建工作科学化、规范化管理水平。贯彻落实中央、省委重大部署。学习贯彻习近平新时代中国特色社会主义思想和党的十九大及历次全会精神，增强“四个意识”、坚定“四个自信”、做到“两个维护”。巩固和深化“不忘初心、牢记使命”主题教育成果。严格执行“三会一课”、民主集中制、民主评议党员等制度，党支部书记带头上党课，班子成员带头开展批评和自我批评，党员自觉强化党章意识、规矩意识，自觉加强理论修养。加强意识形态工作，党支部书记落实党管意识形态原则，带头抓思想理论建设和意识形态工作，带头管阵地把导向强队伍，重要工作亲自部署、重要问题亲自过问、重大事件亲自处置。与党员干部谈心谈话，加强思想交流和沟通，了解党员干部思想状况，把握意识形态工作局面。贯彻执行民主集中制，重大问题集体研究、集体决定，推进决策民主化、科学化。党支部班子成员以身作则、互相支持、密切配合，推动班子和干部队伍形成一心一意谋工作的良好氛围。加强党支部自身建设，抓好党员队伍管理，做好党费收缴工作，经常性组织开展支部党员学习讨论，参加水利厅组织的基层党组织观摩交流活动，促进学习，增强政治素质，推进党支部标准化规范化“三基”建设。

2020年，郑州建管处党支部召开支委会14次，党员大会2次，支部书记讲党课1次；组织支部党员学习23次；专题研究意识形态工作2次；专题研究党风廉政会议4次；专题研究精神文明建设工作3次。

（2）机构改革过渡期顾全大局、勇挑重担，党建与业务工作深度融合。在机构改革过渡期，郑州建管处勇挑重担，在完成好本处各项工作的同时，还发挥河南省南水北调建管局机关“参谋部”“通联站”作用。文件运转及时高效，承担OA系统管理及文件收发工作，2020年全年共收文855份，发文492份。严格遵守公章管理办法，实行公章使用登记制度。加强机要保密工作，规范管理涉密计算机等相关设备，定期自查，消除安全隐患。舆论宣传效果显著，在河南累计供水100亿m^3的关键节点，组织《河南日报》记者采访、刊发《南水北调工程向河南省供水100亿m^3》的新闻，并被国内多家主流媒体转发。对河南省建管局官方网站进行改版升级，更好地为河南省南水北调宣传服务，得到河南省南水北调系统干部职工的广泛认可。承办河南省水利厅科普知识讲解大赛，取得圆满成功。牵头南水北调建管局节水机关建设，制作节水宣传品、宣传册，开展节水宣传进社区活动，营造良好舆论氛围。后勤服务保障有力，加强物业管理，对水电管理和设施设备维修保养，营造安全、优美、有序的办公环境，保障机关办公楼安全有效运行；对监控及信息综合管理系统进行升级改造，协调辖区派出所在河南省南水北调建管局设立警务室，保障办公楼院环境安全和职工工作安全。人事管理严格规范，完成年度考核、工资薪级调整、技术职称申报、劳务派遣人员管理等日常人事工作。组织全局干部职工赴南水北调干部学院参加培训，着力提升全局干部职工政治理论素养。新冠肺炎疫情防控持续有力。在疫情最严重时期，郑州建管处负责全局疫情防控工作，成立新冠肺炎疫情防控工作领导小组，组建疫情防控临时党支部，成立疫情防控党员突击队，防范化解各种疑难险重问题。在疫情防控物资最紧缺的关键阶段，想方设法购置4万余元的口罩、酒精、测温枪、消毒液等防疫物资，为机关正常工作提供强有力的后勤保障。在疫情防控一线，涌现出一批主动作为、勇于担当的先进典型。节水型机关建设完工。组织成立节水型机关建设领导小组，制定相关规范、制度11项，科学合理编制节水机关建设规划方案，强力推进节水机关建设。通过加强节水宣传，更换节水用水器具，建设雨水收集利用系统、污水处理回用及智能绿化浇灌系统等措施，2020年节水量约5000t，节水率达50%以上，节水效果显著。《河南河湖大典·南水北调篇》基本完成。郑州建管处勇挑重担，编纂人员克服身兼数职、新冠肺炎疫情影响等困难，通过视频会议、网上汇稿、线下培训、现场指导等多种方式推进工作，2020年各编纂单元的初稿全部完成，报河南省水利厅编纂办公室进行四级评审。预计成稿约25万字。精神文明建设工作稳步推进。郑州建管处牵头全局精神文明建设工作重任，处领导高度重视，配备精神文明专干，设立专项经费，引领全局形成共建共创共享的和谐局面。持续开展理想信念教育、社会主义核心价值观教育和思想道德教育，以学雷锋志愿服务活动、节水宣传、爱国卫生运动及群众性文体活动为抓手，持续开展“最美家庭”“文明处室”“文明职工”等多项评选活动，用实际行动夯实文明建设成果。扎实推进工程建设管理。除保障局机关工作正常运转外，选派精兵强将科学管理，尾工建设及档案验收工作整体推进。完成配套工程8个设计单元工程的档案预验收工作，完成干线工程4个设计单元工程的档案移交工作。全年整理机关2019年档案1624件，整理待移交文书档案14828件。黄河南仓储维护中心完成砌体、粉刷、门窗、地板、水电等项目施工，实现了场区供电、供水与市政管网的连通，项目进展接近尾声。郑州1段、郑州2段、潮河段、新郑南段完工财务决算工作顺利推进中，投资基本可控。

（3）加强组织领导，认真落实意识形态工作责任制。筑牢组织阵地，抓履职夯实责任。意识形态工作决定一个单位的政治方向，体现一个单位政治责任感、敏锐性。贯彻落实中央和省委关于意识形态工作的决策部署，保持南水北调系统意识形态领域总体形势向上向好。党支部明确要求领导班子对意识形态工作负主体责任，落实党管意识形态原则，支部书记是第一责任人，带头抓思想理论建设和意识形态工作，带头管阵地把导向强队伍，重要工作亲自部署、重要问题亲自过问、重大事件亲自处置。其他班子成员，坚持“谁主管、谁负责”的原则，根据班子成员分工，按照“一岗双责”的要求，将党支部意识形态工作进行细化分解，做到人人肩上有担子，工作有压力。把意识形态工作贯穿于“三会一课”、主题党日活动等党建工作，保持意识形态工作常态化。将意识形态工作纳入党支部学习的重要内容，及时传达学习党中央和厅党组关于意识形态工作的决策部署及指示精神，大力培育和践行社会主义核心价值观，牢牢把握正确的政治方向，严守政治纪律和政治规矩，严守组织纪律和宣传纪律，在思想上行动上同党中央保持高度一致。制定党支部理论学习计划，加强学习制度建设，采取集中与自学相结合的方式，本着“闲时集中学，忙时重自学”的原则，坚持从学习的度和量上进行把握，有效的保证学习的质量和效果。深入组织开展“不忘初心、牢记使命”主题教育，推进学习教育走心走实，实现理论学习党员全覆盖。持续加强党员的日常学习教育，以主题党日活动为载体，结合微信工作群、学习强国App、河南水利机关党建网、“水润中原微党建”微信公众号等新媒体手段，组织党员干部及时跟进学、全面系统学、深入细致学。

（4）持续保持反腐倡廉高压态势，着力贯彻落实党风廉政建设责任。常抓实抓党风廉政建设，强化忧患意识，坚决反对和抵制“四风”，注重监督执纪“四种形态”的运用，坚持从小处着眼，从细节入手，对苗头性、倾向性问题，及时预警、及时纠正，防止问题升级和蔓延。

1）严格执行党的各项纪律。把严守政治纪律摆在首位，以政治纪律为纲，推动纪律作风逐步走向“严紧硬”。组织党员干部学习并贯彻执行《中国共产党纪律处分条例》《关于新形势下党内政治生活的若干准则》《中国共产党党内监督条例》等，定期组织开展警示教育，经常提醒、经常警示，使广大党员干部时刻绷紧廉洁自律这根弦，严守政治纪律和政治规矩，教育引导干部职工自重、自省、自警、自励，从反面典型案例中吸取教训，始终保持清醒头脑，筑牢拒腐防变的思想防线。

2）强化廉洁自律。组织党员深入学习贯彻《中国共产党廉洁自律准则》，全面贯彻执行中央八项规定及实施细则精神和省委、省政府20条意见等。学习传达贯彻水利厅“一体推进不敢腐不能腐不想腐深化以案促改工作警示教育大会”精神，深入开展“以案促改”工作，通报4起涉水违法违纪典型案例，以案说理、以案明纪，进一步扎牢制度笼子、规范权力运行，加强党性教育、提高思想觉悟，一体推进不敢腐、不能腐、不想腐，充分发挥以案促改在深化标本兼治中的综合效应，引导党员干部增强纪律观念、底线意识，促使党员干部强化自我监督。

3）加强工作作风整治。严格落实中央八项规定精神，不断巩固群众路线教育实践活动、“三严三实”专题教育活动和“两学一做”学习教育成果，防止“四风”问题反弹。组织党员干部经常性的查找“四风”问题，加强督促检查，真正做到执纪严明，坚持不懈，化风成俗。坚决整治形式主义、官僚主义，规范干部职工言行，增强立党为公、执政为民的自觉性和坚定性。（崔堃）

【精神文明建设】 2020年，河南省南水北调建管局以习近平新时代中国特色社会主义思想为指导，贯彻“节水优先、空间均衡、系统治理、两手发力”的治水思路，落实“水利工程补短板、水利行业强监管”水利工作总基调，统筹南水北调业务工作和精神文明建设工作，实现南水北调发展新跨越，开创精神文明建设新局面。

1. 理想信念教育　将学习贯彻

习近平新时代中国特色社会主义思想列入各支部学习计划，并作为一项长期政治任务，贯穿各项工作和创建活动全过程。推进“两学一做”常态化制度化，开展“不忘初心、牢记使命”主题教育。在南水北调干部学院举办为期5天的“党的十九届四中全会精神暨职业道德提升培训班”，进行全员培训，树牢“四个意识”，坚定“四个自信”，做到“两个维护”。成立河南省南水北调建管局青年理论学习小组，定期开展理论学习活动，参加水利厅组织的青年干部培训班，青年理论学习全覆盖。推进社会主义核心价值观教育，设置宣传栏、网站、微博专题宣传社会主义核心价值观。组织观看专题宣教片、知识答题、主题党日、网上云祭扫、诚信宣传进工地活动，组织开展核心价值观、爱国主义、诚实守信、良好家风宣传实践活动。“国家安全日”开展国家安全法宣传教育普及率达100%。

2. 价值观引领活动　开展道德讲堂、新时代水利精神和南水北调精神宣讲主题实践活动。组织干部职工开展张富清、申六兴、余元君先进典型专题学习。组织开展“弘扬新时代水利精神”教育学习和以提升职业道德为主题的职工专题教育培训。持续开展“身边好人”“文明处室、文明职工、文明家庭”评先评优活动，2020年对获奖的5个文明家庭、5名文明职工和2个文明处室进行表彰，并在大会上进行先进事迹交流学习。开展以“文明使用公勺公筷”为主题的文明餐桌倡议活动，以“祖国山河美如画、出游文明你我他”为主题的文明旅游教育，以“推进生态文明、建设美丽河南”为主题的环保知识讲座，以“争做文明交通践行者”为主题的文明交通实践活动，发放倡议书250余份。在2020年国家网络安全宣传周，组织开展“普及网络安全知识、营造文明上网环境”为主题的文明上网活动，并组织干部职工到郑州网络安全科技中心进行体验式学习。

3. 扩大文明建设成果

（1）持续开展学雷锋志愿服务活动。组织开展“春季绿植养护”志愿活动，开展“倡导绿色生活，反对铺张浪费”“夏季防溺水”志愿宣传活动，发放倡议书宣传品260余份；配合商都路办事处开展全城大清洁活动5次，参与活动70余人次；组织开展“抗击疫情、为爱逆行”义务献血活动；组织志愿服务队到帮扶村驻马店确山肖庄村开展“山洪防御和夏季防溺水宣传”志愿服务活动，发放宣传品100余份；组织职工注册河南志愿网，在职干部职工和在职党员注册率达到双百。

（2）开展节水型机关建设。建立节水用水规章制度10余项，投资200余万元建设雨水收集利用系统、污水处理回用系统，开发建设智慧节水信息管理平台，加强用水科学管理；开展节水倡议、节水知识讲座、节水知识进社区节水宣传活动；承办“全省水利系统节水知识讲解大赛”并获二等奖和优秀组织奖。

（3）开展爱国卫生运动。邀请专家举办“卫生健康知识宣传讲座”；定期开展环境卫生大整治，建立卫生自查互评机制；开展“文明就餐·公勺公筷·杜绝浪费”和“文明健康、有你有我”公益宣传；发放“拒绝浪费”倡议书80余份，进店发放“文明就餐”宣传海报30余份；到帮扶村开展清除白色垃圾宣传实践活动。

（4）开展群众性文体活动。组织开展“我们的节日”主题活动，包括春节“写对联、送祝福”、清明节“网上云祭扫”、五四青年节“乒乓球友谊赛”、端午节“粽飘香、端午情”包粽食粽、中秋节月饼DIY活动。组织开展“书香机关、阅读人生”“学习强国”答题挑战赛。组建乒乓球、羽毛球、篮球业余爱好者微信群，定期开展交流。

4. 加强疫情防控　成立新冠肺炎疫情防控工作领导小组，成立疫情防控临时党支部，组建疫情防控党员突击队，制定防控措施近30条，编印发放疫情防控手册120余册，先后购置5万余元的口罩、酒精、消毒液；通过河南省南水北调建管局门户网站、宣传栏、微信群宣传疫情防控知识；组织开展“疫情防控爱心款捐赠”活动，先后为社区送去3500余元紧缺防疫物资、防疫手册和慰问品。疫情防控期间未出现“新冠肺炎”疑似、确诊病例，职工思想稳定，工作秩序井然。

5. 夯实文明建设基础　坚持“两手都要抓、两手都要硬”方针，精神文明建设工作是南水北调年度工作重要内容，水利厅党组副书记、副厅长王国栋多次组织召开厅长办公会安排部署重点任务。成立以厅党组副书记、副厅长为组长的精神文明建设工作领导小组，下设办公室，配备精神文明工作专职人员，精神文明建设专项经费列入预算，建立精神文明建设工作提醒、通报机制，形成领导、文明办、各处室、全体职工共建共创共享的创建氛围。（龚莉丽）

湖 北 省

【政治建设】　2020年是极不平凡、极为特殊的一年，湖北省面临着打好战疫、战洪、战贫三场硬仗，挑战前所未有、斗争艰苦卓绝、成效好于预期。厅直机关各级党组织在省委直属机关工委和厅党组的正确领导下，坚持以习近平新时代中国特色社会主义思想为指导，全面贯彻落实新时代党的建设总要求，认真学习贯彻习近平总书记在中央和国家机关党的建设工作会议上的重要讲话精神，围绕水利中心工作，聚焦贯彻落实《南水北调工程供用水管理条例》，全面加强党的建设，努力为湖北“建成支点、走在前列、谱写新篇”提供坚实可靠的水安全保障。2020年6月，厅直属机关党委被省委党的建设工作领导小组授予“2018—2019年度全省党建工作示范单位”的荣誉称号。

(1) 紧扣“一条主线”，坚持贯穿始终，政治机关意识进一步增强。湖北省水利厅突出政治建设为统领，以学懂弄通做实习近平新时代中国特色社会主义思想为主线，不断增强政治机关意识。全年共开展厅党组理论学习中心组学习11次，举办了党的十九届四中全会精神和《习近平谈治国理政（第三卷）》的专题学习，召开了五中全会精神省委宣讲团报告会，深入学习党章和民法典等重要内容，每月初定期安排支部主题党日学习内容，及时跟进学习习近平总书记重要讲话精神，将总书记重要讲话精神融入到年度党建工作要点、党建项目清单和学习计划之中，将“两个维护”“三个体现”落实到水利各项工作之中。

(2) 打好“两场战役”，取得决定成果，党员先锋作用进一步突显。积极组织动员厅直机关各级党组织和广大党员干部全力以赴地迎战防疫防汛“双考”，在打好“两场战役”中践行共产党员的初心使命，充分展示了水利人的精神风采。其中，在新冠肺炎疫情防控期间，水利厅机关先后有362名党员下沉211个社区（村委会），成立了1个党支部，1个工作组，5个突击队，共协调各类防控物资4.07万件，捐款67.56万元。在防汛救灾会战中，水利厅直机关约有210个党支部1580多名共产党员主动担当，积极配合，科学调度，精准施策，全力以赴防大汛、抢大险、救大灾，用实际行动守护着人民群众的生命财产安全。

(3) 开展“三大活动”，营造干事氛围，干事创业激情进一步激发。为充分激发和调动厅直机关干部干事创业激情，同时又守住清正廉洁的底线，先后开展了以案说纪党风廉政警示教育，联系水利系统部分单位开展了“让党旗在抗疫阵地上高高飘扬”的精神文明建设主题活动，大力弘扬新时代水利精神，组织厅机关党支部书记和党员代表参观全省抗击新冠肺炎疫情展览，隆重举行了庆祝建党99周年暨“七一”表彰活动，在厅机关大楼设置专栏集中展示30个先进基层党组织、25名优秀党务工作者和71名优秀共产党员的风采，引导大家见贤思齐、比学赶超，建功水利新时代。

(4) 牵头“四项工作”，扎实有序推进，基层组织力进一步提升。坚持线上与线下相结合，圆满地完成了十九届四中全会精神的宣教活动，目前正在持续开展十九届五中全会精神和省委十一届七次、八次全会精神的学习宣传；坚持“零反馈不等于零问题”，举一反三，定期调度，中央脱贫攻坚巡视反馈问题整改取得阶段性进展；坚持“社区吹哨、党员报到”，党员下沉社区常态化工作有序开展，有力发挥了牵头单位作用；认真对接配合完成了省委巡视工作，目前正在按照省委巡视反馈的意见，成立工作专班，建立问题清单，坚持上下联动，有力推进问题整改，确保如期完成。

（5）落实“五个制度”，更加科学规范，主体责任进一步强化。认真贯彻落实中央和省委有关部门先后出台和修订的中国共产党党和国家机关基层组织工作条例、选举工作条例，党委（党组）落实全面从严治党主体责任、抓基层党建工作述职评议考核办法以及第一形态的管理办法等制度规定，坚决扛起管党治党的政治责任，先后召开了2019年度厅直机关党委（党支部）书记抓基层党建工作述职评议会暨2020年党建工作会议，全省水利系统2020年度党风廉政建设工作视频会议等，压紧压实党建主体责任，研究制定了2020年厅直机关党建工作要点和项目清单，双月召开机关党委会议研究机关党建工作，分四批下达党建问题整改清单，及时督导厅直机关按期换届选举，启动了厅智慧党建系统移动端开发，向2019年政治巡察单位反馈整改意见，进一步提升党建工作科学化、规范化水平。

（湖北省水利厅）

【组织机构及机构改革】

1. 湖北省水利厅机构设置情况

（1）厅机关内设机构20个，分别是办公室（行政审批办公室）、规划计划处、政策法规处（水政执法处）、财务处、人事处、水文水资源处、节约用水处（省节约用水办公室）、建设处、河道处、湖泊处、水库处、河湖长制工作处（省河湖长制办公室）、水土保持处、农村水利水电处、移民处、监督处、水旱灾害防御处、三峡工程管理处、南水北调工程管理处、科技与对外合作处。机关党委、离退休干部处、水利工会按有关规定设置。

（2）厅直属事业单位29家，其中公益一类24个，分别是湖北省水利事业发展中心、省农村饮水安全保障中心、厅科技与对外合作办公室、省水政监察总队（厅河道采砂管理局、省水利规费征收总站）、省水土保持监测中心、省水利经济管理办公室、厅机关后勤服务中心、厅宣传中心、省防汛抗旱机动抢险总队（厅大坝安全监测与白蚁防治中心）、厅预算执行中心、省南水北调监控中心、鄂北地区水资源配置工程建设与管理局、省水文水资源中心、省汉江河道管理局、省漳河工程管理局、省高关水库管理局、省王英水库管理局、省富水水库管理局、省吴岭水库管理局、省樊口电排站管理处、省田关水利工程管理处、省金口电排站管理处、省汉江兴隆水利枢纽管理局、省引江济汉工程管理局。公益二类5个，分别是湖北省水利水电科学研究院、湖北水利水电职业技术学院、省水利水电规划勘测设计院、省三峡工程及部管水库移民工作培训中心、省碾盘山水利水电枢纽工程建设管理局。

2020 年 12 月，湖北省委机构编制委员会办公室下达军转干部行政编制 2 名，核定湖北省水利厅行政编制为 159 名。

2. 厅党组班子主要情况　2020 年 7 月，湖北省水利厅党组成员、副厅长郑应发、徐少军 2 名同志晋升一级巡视员。2020 年 9 月，湖北省纪委监委派驻湖北省水利厅纪检监察组组长、党组成员徐长水同志离任调出。2020 年 10 月，廖志伟同志任厅党组副书记、副厅长（正厅长级）。2020 年 11 月，王勇同志挂职任厅党组成员、副厅长。2020 年 12 月，厅党组成员、副厅长李静同志晋升一级巡视员。

2020 年 12 月，厅党组班子成员 7 名：周汉奎，厅党组书记、厅长；廖志伟，厅党组副书记、副厅长（正厅长级）；丁凡璋，厅党组成员、副厅长；焦泰文，厅党组成员、副厅长；唐俊，厅党组成员、副厅长；王勇，厅党组成员、副厅长；刘文平，厅党组成员（副厅级）。（湖北省水利厅）

山　东　省

【政治建设】　（1）坚决做到“两个维护”强化政治机关属性，持续巩固主题教育成果，开展主题教育整改任务落实情况“回头看”。认真学习贯彻习近平总书记重要讲话和重要指示批示精神，严格贯彻落实“第一议题”制度，定期调度习近平总书记重要指示批示贯彻落实情况，推动党中央重大决策部署和习近平总书记重要指示批示精神不折不扣贯彻落实。

（2）积极开展模范机关建设将建设模范机关作为全年党建工作主线，制定创建实施方案，细化 68 条落实措施，明确责任分工，建立工作督导机制，召开工作推进会，把“讲政治、守纪律、负责任、有效率”要求落实到党建和业务工作各方面全过程，提出“目标、领导、任务、载体、典范、实效、氛围、保障”八个方面要求，明确“理论提升、强根固基、一线服务、先锋攻坚、创新争优、正风提效”六大行动，持续推动创建工作走深走实。党组书记刘中会同志以《争创模范机关为水利改革发展提供坚强政治保证》为题，在《机关党建》发表署名文章，介绍工作做法。

（3）全面压实从严治党主体责任出台《关于加强新时代党建工作的实施意见》，修订全面从严治党责任清单，制定年度全面从严治党责任清单，开展责任落实情况查摆整改。厅领导班子成员带头到基层党组织调研督导，带头讲党课、参加双重组织生活，为各级领导干部树立高标杆。

（高雁　徐妍琳）

【组织机构及机构改革】　《中共山东省委山东省人民政府关于山东省省级

机构改革的实施意见》（鲁发〔2018〕42号）精神，将山东省南水北调工程建设管理局并入山东省水利厅，其承担的行政职能一并划入山东省水利厅。山东省水利厅加挂山东省南水北调工程建设管理局牌子。山东省水利厅《关于印发山东省水利厅机关各处室主要职责的通知》（鲁水人字〔2019〕13号），明确了厅有关处室关于南水北调工作的相关职责。南水北调工程管理处目前在职人员12人。

（徐妍琳）

【纪检监察工作】 持续保持高压态势，加强协作配合，每月向驻厅纪检监察组通报信访举报线索情况，定期沟通交流掌握线索情况，共同形成监督合力。加强问题线索处置，完善线索处置流程，及时处置领导批示、信访部门移送、群众来信来电反映的问题线索，对涉及违规违纪问题的，坚决予以查办。加强机关纪委自身建设，组织纪检工作人员认真学习纪检工作业务，购置学习资料，举办水利厅纪检干部培训班，提升专业能力。

（高雁　徐妍琳）

【党风廉政建设】 加强廉政风险防控，健全廉政风险防控体系，组织各级党组织深入查摆廉政风险点，制定防控措施，分层次建立完善干部廉政档案。围绕打造廉洁工程、放心工程，对水利重点工程招投标、工程建设等重点环节进行重点监督。加强廉政教育，召开党风廉政建设会，开展警示教育活动，组织观看警示教育片。加强正反典型教育，对山东省水利系统典型违纪案件集中进行通报，用身边事教育身边人。刘中会同志代表厅党组在全国水利党风廉政建设工作视频会上作典型发言。

（高雁　徐妍琳）

【作风建设】 （1）构建完善监督体系健全党建监督机制，制定督查工作办法，形成日常监督与重点督查相结合，内部督查与外部督查相结合的监督体系。强化日常监督。春节、中秋等节日期间，进行廉政提醒，防止“节日腐败”。畅通信访举报渠道，设立举报电话、举报信箱，受理群众投诉。深入开展巡察。对2019年巡察的3个单位逐个进行反馈，督促抓好问题整改。调整巡察工作领导小组，充实巡察工作力量，对4个厅直属单位进行巡察。深入开展放大巡视整改效应有关问题整改，坚决做好巡视“后半篇文章”。严把选人用人政治关、廉政关，对拟提拔任用的领导干部进行严格廉政审查。

（2）持续整治“四风”深入开展形式主义官僚主义专项整治，厅党组带头整改8个突出问题。广泛开展坚持勤俭节约，反对铺张浪费活动，主动压减经费支出。认真践行为民服务理念，严格落实联系群众制度，厅领导班子成员带头建立8个联系点，深化双联共建，帮助双联共建村社区企业拓展市场。加强与所在社区联系，开展节水宣传进社区等活动10余次，获街道社区“双报到”先进集体表彰。

（高雁　徐妍琳）

【精神文明建设】　山东省水利厅文明委制定印发《山东省水利厅2020年精神文明建设工作要点》《山东省水利厅贯彻落实〈新时代爱国主义教育实施纲要〉工作方案》《山东省水利厅贯彻落实〈新时代公民道德建设实施纲要〉工作方案》《深入开展爱国卫生运动工作方案》。

组织完成了山东省直机关第六届全国文明单位申报考核和现有全国文明单位复查工作，水利部第六届全国文明单位申报考核和现有全国文明单位复查工作，山东省直文明办2019年度省级、省直文明单位检查考核等。

组织开展春节、元宵节、清明节、中秋节等我们的节日系列活动，发布山东省水利厅《文明过节倡议书》《文明祭扫·共同战疫倡议书》《厉行节约·反对浪费倡议书》，弘扬中华民族优秀传统文化。组织学习贯彻习近平总书记给郑州圆方集团职工回信精神、给北京大学援鄂医疗队全体“90后”党员的回信精神。积极开展等先进典型评选宣传，组织“身边人讲身边事”、“巾帼心向党·建功新时代”道德讲堂、“向郑守仁同志学什么”读书活动，参观中国科学家精神主题展等。开展山东省水利厅道德模范选树，表彰山东省水利厅道德模范15名，有2名同志被选树为第三届省直机关道德模范。组织开展第三届水工程与水文化有机融合案例征集、省直机关“中国梦·新时代·话小康”百姓宣讲等活动。组织开展“学雷锋”志愿服务月、“庆三八”女职工抗疫作品展、抗击疫情爱心捐款、“热血守初心 战疫担使命”无偿献血、下沉社区防控疫情、“水利抗疫故事”主题作品征集等活动，积极助力疫情防控工作。积极开展社区“双报到”“双联共建”，组织除冰扫雪、文明交通、“关爱山川河流·保护母亲河”全河联动等多项志愿服务活动。组织抗击新冠肺炎疫情最美志愿者和最佳服务组织推选，评选山东省水利厅抗击新冠肺炎疫情最美志愿者10名，抗击新冠肺炎疫情最佳志愿服务组织3个；获得山东省直机关抗击新冠肺炎疫情最美志愿者2名，抗击新冠肺炎疫情最佳志愿服务组织1个。

（高雁　徐妍琳）

江　苏　省

【政治建设】　江苏省南水北调办公室党支部为江苏省水利厅机关党委直属党支部，全年严抓支部党员理论学习和组织生活，切实提高党员干部的政治思想理论水平。

（1）加强理论武装，根据厅党组专题学习计划，全年开展14个专题理论学习，坚持原原本本学、联系实际学，利用“主题党日”集中学习的机会，由支部书记组织领学，每位党员同志结合学习谈认识、谈体会，在学习研讨中筑牢思想根基。

（2）强化意识形态教育，开展意识形态教育专题学习，深入学习领会习近平总书记关于意识形态工作的重要论述，党员之间、领导与职工间按时开展谈心谈话，及时关注党员群众的思想状况。

（3）推进党建与业务融合，落实厅党组“五抓五促”专项行动，在年初新冠肺炎疫情防控压力最大的时期，动员全体党员，一手抓疫情防控，一手抓安全稳定，深入调水工作一线，指导督查疫情防控和安全生产工作，确保调水出省工作保质保量按时完成。 （倪效欣）

【组织机构及机构改革】 2004年3月，江苏省成立江苏省南水北调工程建设领导小组办公室（苏编〔2004〕6号），作为江苏省南水北调工程建设领导小组的日常办事机构，挂靠江苏省水利厅。2014年11月，江苏省南水北调工程建设领导小组办公室增挂江苏省南水北调工程管理局牌子，内设4个处室。2019年机构改革后，江苏省南水北调办公室保留原有建制。 （倪效欣）

【干部队伍建设】 江苏省南水北调办公室核定编制20名，截至2020年年底，在编人数15名，在年度工作中，重视干部队伍建设。

（1）强化干部学习，组织全体处级干部完成江苏省干部在线学习平台课程，积极组织干部职工参加各类专题讲座、干部培训和学习研讨等各类培训教育活动，年内组织参加脱产培训2次、省级机关公务员大讲堂2次，提高党员干部业务素质和专业能力。

（2）加强工作考核，根据江苏省水利厅要求，出台《江苏省南水北调办公室工作人员平时考核实施细则（试行）》《江苏省南水北调工程建设领导小组办公室年度综合考核实施细则（试行）》等工作制度，组织做好公务员平时考核和年度综合考核。

（3）完成人事变更，按时完成1名处级干部转任、4名干部职级晋升、1名军转干部人事手续。 （倪效欣）

【党风廉政建设】 始终绷紧党风廉政建设这根弦，按照全面从严治党要求，积极开展廉政警示教育，引导党员干部充分认识加强党风廉政建设的重要性，加强廉政文化建设，营造风清气正的良好氛围。

（1）组织支部7名处级以上干部签订党风廉政建设责任书、承诺书，严格监督责任书、承诺书落实情况。

（2）用好工作群，围绕身边事、行业事、热点事，开展典型案例学习讨论和党纪党规专题警示教育活动，强化党风廉政教育，让遵纪律守规矩在党员干部队伍的意识中潜移默化。

（3）根据廉政风险点控制要求，强化节假日前的廉政操守的警示与提醒，落实节假日后的遵规守纪情况报告。

（4）认真开展形式主义、官僚主义集中整治问题排查和整改。

（倪效欣）

【精神文明建设】　大力弘扬社会主义核心价值观，引导广大党员干部自觉以先锋模范为榜样，进一步增强“四个意识”、坚定“四个自信”、做到“两个维护”。

（1）完善党员之家建设，按照要求进一步增补制度上墙内容和学习书籍，提升硬件条件。

（2）开展处级领导干部读书调研活动，在自主学习中撰写学习体会，并结合自身分管工作，撰写调研报告。

（3）开展支部结对共建，与徐州水文分局第一支部结对共建，一同前往红色教育基地，接受革命传统教育。

（4）组织青年理论学习小组学习，围绕马列经典理论、党的创新理论和中国经典文学等著作，在40周岁以下青年中开展多种形式学习。

（5）开展党员志愿服务活动，赴南京市雨花台区天后社区开展水环境保护志愿服务活动，党员干部主动参与社会新冠肺炎疫情防控、红色党史故事讲解等志愿服务活动。（倪效欣）

项目法人单位

南水北调中线干线工程建设管理局

【政治建设】　2020年，中线建管局以习近平新时代中国特色社会主义思想为指导，深入学习贯彻习近平总书记关于治水工作的重要论述精神，坚持以党的政治建设为统领，坚定不移加强党的全面领导，推动全面从严治党向纵深发展。

（1）坚持以政治建设为统领中线建管局党组深入贯彻落实新时代党的建设总要求，以政治建设为统领，明确建立“不忘初心、牢记使命”工作机制，印发强化政治机关意识教育方案，开展主题学习研讨、党员领导干部围绕“强化政治机关意识，走好第一方阵”讲党课、开展“七一”主题活动、专题培训，教育引导全局党员干部认清肩负的责任和使命，把旗帜鲜明讲政治的要求融入工程运行管理和企业改革发展各项工作中。

（2）加强政治理论武装2020年年初制定《局党组理论学习中心组2020年学习计划》，突出党的政治建设学习，明确学习专题和形式，印发通知实化学习要求，全年共集体学习7次，党组书记带头，在深入学习习近平总书记“3·14”“9·18”“1·03”重要讲话精神的基础上，集中学习研讨《中共中央关于加强党的政治建设的意见》《增强推进党的政治建设的自觉性和坚定性》《中央和国家机关党员工作时间之外政治言行若干规定（试行）》，专题学习水利部《强化政治机关意识教育方案》，并组织局属党组织持续开展读原著、学原文、悟原理活动，推动学习贯彻习近平新时代中国特色社会主义思想往深里走、往心里走、往实里走。同时，托中线智慧党群系统开展应知应会测试，实现了政治理论学习常态化的目标，更好为南水北调中线运行管理各项工作提供坚实保障。

（3）严肃党内政治生活以国有企业基层组织工作条例作为基本遵循，认真开展贯彻落实情况自查整改，逐条逐项自查，梳理问题5项。印发党建督查工作方案，2020年5—8月对94个基层党组织进行了“全覆盖”式检查，总结问题200余个。统筹推进主题教育整改落实“回头看”“灯下黑”问题专项整治，建立问题清单台账，针对“政治机关意识不强”等问题，认真推进整改。严格落实“三会一课”制度，高标准开好民主生活会、组织生活会，切实提高了党内政治生活质量。

（4）加强思想政治工作高度重视做好干部职工思想政治工作，深化谈心谈话制度，持续组织开展党支部书记与党员“心连心”，通过座谈、谈心等方式，进行问题收集、整理、归纳，建立问题清单和思想动态情况表，认真执行《水利部直属机关干部职工思想状况调查分析暂行办法》。发挥好群团组织的政治作用，保障职工权益，做好困难职工帮扶工，聚焦巾帼风采，将1名女职工推选为全国三八红旗手并上报至水利部。精心组织各类文体活动，完成推优评先，进一步激发职工建功新时代的热情。

（5）严明党的政治纪律 2020年年初召开廉政工作会，制定全面从严治党主体责任清单，明确了局党组7个方面68项重点工作任务，做到工作任务、责任领导、负责部门及完成时限“四明确”。局党组与各直属单位、各分局与基层管理处分别签订《党风廉政建设责任书》，层层传导压力、明确责任。召开教育警示大会通报违纪违法典型案例，刀尖向内深查突出问题，进一步增强广大党员干部的纪律意识和规矩意识。

（6）夯实政治建设责任建立健全党的政治建设工作体系并强化执行，党组书记李开杰亲力亲为抓党的政治建设，党组成员按照责任分工推进落实有关工作。直属机关党委和纪委各司其职、各负其责，局属各级党组织逐级传导压力，形成书记抓、抓书记、一级抓一级，层层抓落实的工作格局。2020年年初召开党组会，印发《中共南水北调中线建管局党组2020年工作要点》《中线建管局直属机关党委2020年党建工作安排》，对全年党建重点工作进行统一部署安排，对加强党的政治建设作出重点部署；2020年年末组织党建述职考核评议，对各级党组织书记加强政治建设情况全面考察。注重对党员领导干部开展培训，增强党的政治建设的自觉性坚定性。

（刘雅天）

【组织机构及机构改革】 2020年，中线建管局完成了南水北调中线信息科技有限公司、南水北调中线实业发展有限公司三定方案的审定，以及南水北调中线工程保安服务有限公司组织机构及人员编制的调整，在现有基础上进一步明确了3个直属公司的组织机构和人员编制，印发《关于明确实业发展公司组织机构设置等有关事宜的通知》（中线局人〔2020〕20号）、《关于明确信息科技公司组织机构设置等有关事宜的通知》（中线局人〔2020〕21号）、《关于保安公司组织机构设置等有关事宜的批复》（中线局人〔2020〕34号），核定3个直属公司人员编制1597人，进一步规范对直属公司的管理。

根据工程全线安全检测工作需要，及时调整了稽察大队职能配置及人员编制。组织编制《引江补汉工程建设管理机构组建建议方案》并上报水利部，为后续工程建设争取组织机构保障。（闫海）

【干部队伍建设】

1. 干部选拔任用

（1）部管干部。2020年3月27日，水利部党组决定：任命李开杰同志为中共南水北调中线干线工程建设管理局党组书记（试用期一年），免去刘春生同志的中共南水北调中线干线工程建设管理局党组书记职务。

2020年6月24日，水利部党组决定：免去刘宪亮同志的南水北调中线干线工程建设管理局副局长、党组成员职务。

2020年10月19日，水利部党组决定：任命孙卫军、田勇同志为南水北调中线干线工程建设管理局副局长（试用期一年）、党组成员，免去鞠连义同志的南水北调中线干线工程建设管理局副局长、党组成员职务。

（2）局管干部。2020年5月25日，中线建管局党组决定：任命于澎涛为中线建管局引江补汉工程建设领导小组办公室主任（部门正职级），免去其河南分局局长、党委书记职务；任命王志文为河南分局局长、党委书记，免去其综合部主任职务；任命曹玉升为综合部主任，免去其总调度中心主任职务。

2020年6月1日，中线建管局党组决定：任命陈晓楠为总调度中心主任，免去其人力资源部副主任职务。

2020年11月2日，中线建管局党组决定：因达到国家法定退休年龄，免去刘德雄总法律顾问职务，批准退休。

2020年11月23日，中线建管局党组决定：因达到国家法定退休年龄，免去庞敏副总工程师职务，批准退休。

（3）其他干部。各部门、直属单位完成了处室（内设机构）正副职103名干部的选拔任用工作。

2. 干部考核组织　修订了各部门、各分局及相关员工的绩效考核指标，更好地促进了管理理念的贯彻落实和年度核心目标的实现。将河南分局作为试点探索建立末位绩效考核机制，强化了绩效考核结果的运用，真正发挥奖勤罚懒、奖优罚劣、奖罚分明的激励作用，持续提升基层干部员工干事创业的积极性。根据直属公司的功能定位和经营管理特点，结合初步发展阶段实际情况，完成了直属公司考核办法制定，压实了对直属公司的激励约束和监督管理。

3. 人才队伍建设　组织完成了局机关和在京直属单位高校毕业生、社会在职人员及留学回国人员招录，择优录用15名优秀毕业生、5名社会在职人员和7名海外留学人员；协调水利部批准了9名非京籍员工的北京户口落户计划；同时指导各分局认真开展人员管理工作。合理编制全年培训工作计划，督促各部门、各分局深入开展多层次、多专业、多领域、广覆盖的员工教育培训，配合各部门、各单位克服新冠肺炎疫情影响开展多层次、多专业的各类培训共计1万多人次，组织干部员工积极参加水利部组织的水利改革发展总基调研讨班、部管干部任职培训班等重点培训项目，组织开展了中层干部能力提升培训、新入职员工培训、人力资源系统专业培训等，不断提升全局各层级员工的综合素质。积极开展各类高层次人才申报推荐工作，组织员工积极参加百千万人才工程国家级人选、全国创新争先奖评选、创新人才推进人选及团队、享受政府特殊津贴人选等申报工作，协同总工办（科技管理部）积极申报博士后科研工作站设站。组织完成了年度职工职称评审及认定工作，完成全局92名正高级工程师确认，组建了南水北调中线干线工程建设管理局高级工程师职称评审委员会和专家库并完成230人的工程系列中高级职称评审，组织43人参加水利部及委托职称评审。　（贾斌　陈弋）

【纪检监察工作】

1. 突出政治监督，聚焦疫情防控、脱贫攻坚等重点工作

（1）全力抓好疫情防控工作。及时对标对表，把贯彻落实习近平总书记关于做好新冠肺炎疫情防控的重要指示批示精神和党中央决策部署纳入监督范围。印发《关于严明纪律要求、做好疫情防控工作的通知》，督促局属各级党组织、全局党员干部贯彻落实习近平总书记重要指示批示精神和党中央决策部署。迅速传达学习新冠肺炎疫情防控工作的有关要求，第一时间通报全国各级纪委监委公开曝光的新冠肺炎疫情防控工作中部分违规违纪问题典型案例，严明政治纪律，协助党组统筹推进新冠肺炎疫情防控工作与复工复产工作。及时有效作为，通过组织召开视频会议和小范围现场会议等方式，分析研判新冠肺炎疫情防控和复工复产形式；通过电话询问、视频会议、视频检查、查看监控等方式，检查局属各部门、各单位新冠肺炎疫情防控工作开展情况；督促相关部门防范杜绝违规使用防疫物资采购资金等违纪行为发生；监督

局属各部门、各单位抓紧抓实抓细各项防控工作；督促全体干部职工加强体温监测、信息报告、居家隔离等。

（2）聚焦做好水利脱贫攻坚监督工作。通过健全监督机制、开展专项监督、暗查走访、“背靠背”谈话、设立监督举报牌等方式做实做细水利脱贫监督工作，督促有关部门做好贫困户劳动力就业帮扶、贫困户产业帮扶工程、采购帮扶、劳务扶贫项目帮扶、贫困村定点帮扶和“送温暖献爱心”捐款活动。截至2020年年底，帮扶总支出为438.38万元。其中，贫困户劳动力就业支出工资301.14万元；贫困户产业帮扶工程共支出50万元；采买郧阳区农产品共支出61.11万元；劳务扶贫项目共支出20万元；“送温暖献爱心”共捐款6.13万元。在脱贫攻坚工作开展中，实施全过程监督，对重点人员进行盯防，均未发现问题。

2. 深化运用“四种形态”，严肃执纪问责

（1）加强监督及早纠正违纪苗头。坚持严字当头，广泛运用检查抽查、列席民主生活会、受理信访举报、督促专项检查整改等多种方式方法，发现苗头性、倾向性问题及时红脸出汗、教育提醒，做到看见苗头就提醒、听到反映就过问、存在问题就处理。

（2）不断提高执纪审查工作能力。在部直属机关党委、纪委的检查和指导下，组织力量开展了执纪审查专项整改工作，深入查找执纪审查工作中存在的问题和薄弱环节，及时加以整改落实，进一步推动了执纪审查工作的规范化、制度化、标准化。同时，结合南水北调中线干线工程建设管理局纪检组织机构现状，为严格执行审查审理相分离的工作要求和对直属单位案件审查工作的监督管理，纪检部对各直属单位负责立案审查的案件进行统一审理。

（3）严肃处理违规违纪行为。坚持严格执纪，依纪依规处置问题线索。2020年，共收到并处置受理范围内的问题线索14件，其中驻部纪检组转来5件。始终坚持“凡举必查，凡事必究”，不护短不手软，对违纪问题发现1起、查处1起。2020年，共给予谈话提醒3人，批评教育4人，责令检查1人，通报批评3人，诫勉谈话2人，给予政纪警告0人，党内警告3人，留党察看1人。

3. 强化制度建设，编制完善纪检工作相关制度办法

（1）制定“两清单一办法”。按照水利部要求，制定了《中线建管局执纪审查工作程序清单》《中线建管局执纪审查工作职责清单》《中线建管局关于违反执纪审查有关规定的处理办法》（简称“两清单一办法”），进一步明确执纪审查工作程序和人员职责，确保执纪审查工作程序规范、责任清晰、工作到位。

（2）制定《中线建管局纪检信访举报管理办法》，进一步提升纪检举

报受理管理水平，提高举报件的办理质量和效率。

（3）制定《中线建管局直属机关纪委工作规则》，对领导体制、组织结构与职责、监督检查工作、执纪审查工作、检举、控告和申诉工作、工作制度、监督管理与责任追究等方面进行规定。

4. 推进建立联动机制，以“三驾马车”保障“三个安全”　根据工作需要，适时组织召开纪检联席会议，加强与审计、稽察的联动，形成监督、核查与飞检的长效监管机制，及时研究发现的廉政风险、资金风险和工程隐患，制定相应的防范措施。同时，积极推动审计工作，从事后审计变事前、事中过程审计，有效预防了工程运行维护中的资金使用风险和违规违纪行为的发生。　（周梦　李飞）

【党风廉政建设】

1. 持续纠治四风，坚决整治形式主义官僚主义问题

（1）组织开展纪检信访举报处理过程中形式主义官僚主义专项整治工作。深入开展了自查自纠和专项检查，系统梳理出中线建管局在纪检信访举报处理工作中存在的5个方面问题，各级纪检组织以问题为导向，以执纪审查专项整改为契机，对照检查、深入整改，取得良好成效。

（2）抓好中央重大决策部署落实工作中的形式主义官僚主义整治工作。新冠肺炎疫情发生后，局直属机关纪委重点检查疫情防控中不担当、不作为、乱作为，推诿扯皮、消极应付等形式主义官僚主义问题，确保党中央重大决策部署落实落地。

（3）聚焦重点领域，坚决防范脱贫攻坚工作中出现的形式主义、官僚主义问题。

（4）积极推动水利部党组《关于整治形式主义官僚主义突出问题的若干措施（试行）》的落实工作，牵头办理，印发文件，细化分工，推动工作落地落实。

2. 强化作风建设，持之以恒落实中央八项规定精神　以党建督查“全覆盖”为契机，对局属各级党组织执行中央八项规定精神情况进行检查，重点检查办公用房管理、公务用车管理、公务接待、福利发放等方面情况。把出差人员交纳伙食费交通费作为作风建设的重要抓手，组织开展出差人员交纳伙食费、市内交通费情况自查检查，督促全体党员干部从严落实相关规定，检查结果按要求上报水利部。

3. 创新形式手段，积极开展警示教育活动　创新形式，大力开展警示教育“四个一”活动，即召开一次专题组织生活会、开展一次主题征文、拍摄一组廉洁教育短视频、开展一次“廉云直播”活动，活动受到了水利部领导表扬，形成征文199篇（其中家风题材37篇）、廉政视频6个，教育引导党员干部知敬畏、存戒惧、守底线。组织召开2020年全局警示教

育大会，用身边人身边事教育身边人，充分发挥反面典型的警示教育作用，以案促治，进一步加强和改进广大干部职工工作作风。

4. 强化权力约束，持续紧盯“三重一大”民主决策制度　推动局属各单位建立健全“三重一大”民主决策制度，通过会议宣贯研判、定期报告、下沉监督、专项检查等形式，紧盯各分局、现场管理处重大事项决策、重要干部任免、重要项目安排、大额资金的使用，防止和杜绝个人独断，强化对“一把手”的监督；对于“三重一大”民主决策制度落实工作中发现的相关问题，要求各基层党组织立行立改、严抓严改。按照驻水利部纪检监察组和水利部直属机关纪委要求，把“三重一大”民主决策落实与形式主义官僚主义专项整治、“不忘初心、牢记使命”主题教育、全面从严治党专项检查、党建督查等重点工作相结合，全面加强党的领导，不断强化权力约束，让权力在阳光下运行。

5. 加强廉政风险防控体系建设　按照水利部廉政办公室的指导意见，对廉政风险防控手册进行修订完善，从人事管理、资金管理等13个方面认真查找廉政风险点129个，逐项制定风险防控措施，确保既要把廉政风险漏洞堵住、做到廉政风险防控基本覆盖，又要精简实用、增强风险防控的针对性和实效性。　（周梦　王泽）

【作风建设】　2020年，中线建管局始终坚持与党中央和上级党组织对标，扎实推进党的政治建设，着力落实管党治党主体责任，持之以恒正风肃纪，不断扎紧制度笼子，作风建设取得了显著成效。

（1）全面落实中央巡视整改和水利部巡视整改各项工作中线建管局党组坚持“两个务必”压实主体责任。每周一局领导例会必安排部署巡视整改工作，每次局党组织会必研究巡视整改事项。成立局巡视整改工作领导小组，制定巡视整改工作方案，建立督导联络工作和周报机制，针对水利部巡视反馈的“四个落实”16项51个问题制定巡视整改工作清单，定期召开专题党组会，统筹推进巡视整改中需要审议决策等各项任务。

（2）扎实开展集中整治形式主义官僚主义工作紧盯“说话”“做事”两个方面，通过多种形式深入查找出15个方面的形式主义官僚主义问题，研究制定整改措施31项；各直属单位根据局党组查找出的问题清单，分解出7类24项主要问题，对照相关问题梳理出91条整改措施，进一步改进了干部作风，营造了干事创业、风清气正的良好氛围。

（3）大力开展廉政警示教育采取多种形式开展党章教育、纪律教育和警示教育，把警示教育纳入局党组中心组学习，进一步增强广大党员干部的党章意识、纪律意识、规矩意识。

（杨魏恺）

【精神文明建设】 2020年，中线建管局精神文明建设坚持以习近平新时代中国特色社会主义思想为指导，深入学习贯彻党的十九大以来历次全会精神和习近平总书记关于治水工作的重要讲话批示精神，大力培育和践行社会主义核心价值观，弘扬新时代水利精神，为持续推动南水北调中线工程安全运行提供强大精神力量。

2020年5月，中线建管局开展2020年“幸福工程——救助贫困母亲行动”捐款活动，组织全局15个部门、8个直属单位进行捐款，在短短两天时间里，共有2664名员工捐款125625.8元，用实际行动践行了新时代水利精神，也诠释了南水北调中线工程的绿色、公益形象。2020年7月，中线建管局成功申报2018—2020年首都文明单位，并在旗帜网上公示。

2020全年，中线建管局组织开展“一起来光盘，杜绝舌尖上的浪费”主题志愿服务活动、爱国卫生运动活动、“关爱山川河流·保护母亲河”志愿服务活动等，用实际行动响应号召，全面加强精神文明创建。

2020年，中线建管局精神文明建设坚持以党建带群建，注重整合力量，形成群团工作合力。开展“跳”战疫情、“毽”舞飞扬活动，赛事精彩纷呈，展示了中线人积极向上、奋勇拼搏的精神面貌，营造了团结和谐的企业氛围。开展安全生产建言献策活动，征集好点子、好建议，助力中线工程安全平稳运行。（孙子淇）

南水北调东线总公司

【政治建设】 （1）加强理论武装提升政治能力深入学习十九届五中全会、中央财经第六次会议精神、《习近平谈治国理政（第三卷）》等热点重点内容，把握目标导向、问题导向，开展针对性的研讨式学习。党委中心组全年开展了10次涵盖25个专题的集中学习研讨，重点发言48人次，用习近平新时代中国特色社会主义思想武装头脑，不断提升政治判断力、政治领悟力、政治执行力。支部层面认真落实“三会一课”、主题党日等制度。在做好新冠肺炎疫情防控基础上，不停工不停学，以多种形式、灵活多样地开展支部学习活动，不同部门之间的联合主题党日促进了支部间的深入交流，推动了党建、业务在支部层面的融合，确保支部活动有党味、有效果、有收获。

（2）压实全面从严治党政治责任精心研究制定公司党委2020年度《全面从严治党主体责任清单》《党建重点工作任务分解一览表》以及重点督办事项，明确各级党组织责任和任务。党政主要负责人带头落实第一责任人职责，班子成员及各级领导干部认真履行“一岗双责”。加强党建带群建，召开群团工作会研究指导群团工作并给予支持和指导。结合支部调整情况，完善并落实公司党委班子成员党建工作联系点制度，党委委员共参加联系点支部活动33次，参加所在支部活动21次，党支部组织生活质量进一步提升。

（3）坚决完成政治任务做好政治巡视“后半篇”文章，优质完成水利部巡视问题、党建督查反馈问题整改任务。坚持稳中求进总基调，在2020年疫情、汛情、霾情三重不利条件下，精心组织、攻坚克难、打赢了北延应急供水工程建设这场非同寻常、不容有失的政治仗、攻坚仗、形象仗，体现了公司“两个维护”的政治坚定性。（史宇　柴艳娟）

【组织机构及机构改革】 2020年1月7日，南水北调东线总公司召开总经理办公会、党委会，审议同意按照水利部批复意见公司总部人员编制内部调剂给北延建管部临时使用。7月9日，南水北调东线总公司召开总经理办公会、党委会，审议同意公司内部审计职能由财务审计部调整至纪检监察部，3名人员编制一并划转，财务审计部相应更名为财务部，编制由13名调减至10名，纪检监察部相应更名为纪检审计部，编制由5名调增至8名。（杨阳）

【干部队伍建设】 2020年1月7日，公司决定聘任谢华为直属分公司副经理（主持工作）、赵明根为北延建管部副主任（主持工作）、李振兼任北延建管部副主任。1月13日，公司决定聘任孙建华为北延建管部副主任。2月21日，公司审议同意纪检监察部副主任张攀调往河湖中心工作。4月13日，根据水利部《关于曹雪玲任职的通知》（部任〔2020〕19号），经试用期满考核合格，任命曹雪玲为南水北调东线总公司总工程师。7月17日，经试用期满考核合格，任命范勇为人力资源部副主任，金秋蓉、陈绍军为计划合同部副主任，郭绍坤为党委办公室副主任，于迪为总调度中心副主任，刘秀娟为档案中心副主任。7月17日，经试用期满考核合格，任命裴旭东、张亮为直属分公司副经理。10月16日，公司决定聘任原正团职军转干部胡文新为工程管理部高级经理（部门副职级）。

2020年4月23日，按照《南水北调东线总公司总部员工职位管理办法》《南水北调东线总公司关于促进年轻干部成长成才的实施意见》，经研究，对赵波等25名同志的岗位职级进行了调整晋升。9月29日，按照《南水北调东线总公司总部员工职位管理办法》，经研究，对钟萍等16名同志的岗位职级进行了调整晋升。

2020年2月21日，公司审议通过《干部选拔任用办法》《干部选拔任用工作纪实暂行办法》。3月30日，根据《选派年轻干部基层锻炼工作方案》，结合北延应急供水工程建设管理需要，选派5人赴基层锻炼。6月4日，根据《水利部人事司关于选派专业技术人员“组团式”援助那曲、阿里的通知》，刘晓杰自2020年7—9月援派阿里。8月20日，根据《选派年轻干部基层锻炼工作方案》，结合北延应急供水工程建设管理需要，选派5人赴基层锻炼。（杨阳）

【纪检监察工作】

1. 做实政治监督，推动巡视整改　提高政治站位，自觉将落实巡视整改任务、监督巡视整改情况作为强化"四个意识"、落实"两个维护"的具体行动，作为解决自身问题、改进提升工作的重大契机。主动认领整改任务，细化整改措施，明确落实整改的任务书、时间表、路线图，确保件件有回应、事事有落实。督促各级党组织强化政治担当，对照巡视发现问题，主动认账、认领问题，做到不回避、不遮掩，并逐条逐项细化实化整改内容、措施、期限和目标。把巡视整改监督工作纳入日常监督工作范围，始终坚持问题导向，紧盯巡视发现问题、尤其是重点难点问题不放，督促各责任主体切实抓好整改，确保落到实处、取得实效。

2. 做实日常监督，保障中心工作　按照《水利部党风廉政建设领导小组关于印发水利部直属系统出差人员交纳伙食费和市内交通费专项核查工作方案的通知》（水廉政〔2020〕1号）要求，认真检视公司收取伙食费和市内交通费的制度规定和执行情况，并成立工作专班，6—8月对公司总部和直属分公司出差人员交纳伙食费和市内交通费情况进行认真核查，同时部署北延建管部开展自查。1月15日，组织对公司公务用车加油卡管理情况，尤其是主卡和子卡的保管情况、主卡加油记录的完整规范情况以及管理部门履行监督审核职责情况等进行专项监督检查，提出改进工作、强化监管的意见建议，并通过督促整改进一步巩固作风建设成果。严格按照《南水北调东线总公司招标采购工作监督暂行办法》有关规定，派员对全年的历次招标工作进行全程跟踪监督，尤其是紧盯抽取专家和开标、唱标、评标工作中廉政风险易发多发的关键环节，对招标代理机构操作是否合规、评标专家评审过程是否规范等重点问题强化监督，确保严格公正，杜绝廉政风险，增强监督实效。

3. 持续纠治"四风"，营造良好氛围　7月21日，印发《关于以警示教育为主题召开专题组织生活会的通知》，督促各党支部召开好以警示教育为主题的专题组织生活会，充分发挥反面典型的警示教育作用，引导公司广大党员干部职工心有所畏、言有所戒、行有所止，进一步强化纪律意识和规矩意识。9月15日，组织召开纪委工作会议，传达学习习近平总书记关于制止餐饮浪费行为的重要指示精神，督促广大党员干部职工从我做起、从小事做起，自觉践行勤俭节约、艰苦朴素作风。同时，采取不定期抽查的方式，对干部职工在食堂用餐时是否存在餐饮浪费行为进行监督，发现问题及时提醒纠正，大力培养厉行节约的思想自觉和行动自觉，积极倡导餐饮节约新风尚。7 月 23 日，利用党支部联合主题党日活动，组织观看警示教育视频、领学违纪典型案例，进一步提高广大党员干部职工的政治觉悟，督促严守思想防线、廉洁底线，严格遵守党纪党规、法律法规，做到自警自省自重。（徐飞华）

【党风廉政建设】

1. 深化党内监督　党内监督第一责任人带头深入各支部，深入群团组织，深入群众，主动听取对党委班子成员的监督意见；定期了解掌握广大党员尤其是青年党员的意识形态、思想状况和工作状态，突出政治监督，及时引领正确政治方向，纠正错误倾向。支持纪委履行专责监督职责，针对新冠肺炎疫情防控责任落实和复工复产疫情防控，组织纪检监察干部下沉疫情防控一线，对落实水利部和公司应对疫情工作领导小组安排部署情况以及疫情防控期间开展表彰奖励、干部提拔、津贴补贴发放情况进行监督检查。

2. 严格落实中央八项规定精神　对出差人员交纳伙食费和市内交通费情况进行全面检查，同时进一步健全管理机制，规范公务接待、完善收交费登记管理。公司全年未发生责任落实不到位，疫情防控工作不认真、不负责、不作为等失职失责行为；未出现制造、散播谣言，干扰疫情防控工作大局的行为；也未出现不及时上报、瞒报、漏报等弄虚作假行为，以及负面舆情等。

3. 突出日常性纪律教育　人人读《中国纪检监察报》活动坚持下来，广大党员的政治觉悟不断提高，纪律意识持续增强，优秀心得体会刊入《党建交流》，公司党委为每名党员请了一位监督员，立了一面正衣镜，点了一盏指路灯。在清明、五一、端午、中秋、国庆等“四风”问题易发多发的关键节点，发送廉洁提醒短信，坚持每季度至少一次警示教育，通报典型案例，始终保持警钟长鸣的高压态势。（史宇　柴艳娟）

【作风建设】

1. 大力弘扬新时代水利精神　组织学习最美水利人先进事迹，邀请最美水利人、全国劳动模范等先进典型作报告，参加“我心中的新时代水利精神”演讲比赛。开展“向郑守仁同志学什么”读书活动，在公司内部刊物《党建交流》中刊发“最美工地人”优秀事迹等，新时代水利精神深深植根于广大党员干部心中，成为干部职工共同的价值观念和精神追求。新冠肺炎疫情防控以来，党员积极发挥先锋模范作用，总部及两个现场管理单位未出现一起疑似病例，在自愿捐款支持新冠肺炎疫情防控工作中公司全部党员（102 名）和 16 名非党员同志主动自愿捐款，共计捐款 19850

元全额上交至部直属机关党委，3名女职工的抗疫事迹也在水利部网站上登载。

2. 问题整改体现政治担当　紧盯集中整治形式主义、官僚主义查摆问题清单、“不忘初心、牢记使命”主题教育检视问题清单、巡视反馈意见等整改工作。形式主义、官僚主义问题整改任务16项，全部完成整改；主题教育问题整改任务22项，全部完成整改，其中11项长期坚持落实；巡视整改任务70项，已完成整改56项，限期完成的14项已取得阶段性成果。（史宇　柴艳娟）

【精神文明建设】　(1) 坚持用习近平新时代中国特色社会主义思想武装头脑。组织职工特别是青年理论学习小组深入学习十九届四中、五中全会精神，加强对党章党规等政策文件的学习，树立终身学习理念，不断提高政治理论素质，自觉践行“忠诚、干净、担当，科学、求实、创新”的新时代水利精神，把理论与实践相结合，将理论知识运用到指导业务工作开展的各方面，汇集智慧和力量。

(2) 发挥群团组织优势，员工获得感幸福感安全感逐步增强。工青妇组织发挥自身优势，又注重整合资源，形成合力，在活跃职工文化生活、保障职工权益、发挥青年活力、促进青年成长、继承传统美德、推进家风建设、关爱女职工、公益献爱心等各方面积极探索，员工获得感幸福感安全感逐步增强，向心力量得到有效凝聚。（史宇　柴艳娟）

南水北调东线江苏水源有限责任公司

【政治建设】　强化政治建设，提升思想引领力。

(1) 明确制度学习新思想。谋划出台党委理论学习中心组学习制度，全年围绕十九届四中全会、安全生产、《习近平谈治国理政（第三卷）》、十九届五中全会、省委十三届九次会议等专题组织集体学习共计12次，年度学习计划完成率超一倍，紧跟党的理论创新步伐，确保公司上下增强“四个意识”，坚定“四个自信”，做到“两个维护”。

(2) 创新方式学习新思想，印发《“新时代新思想新作为·大家说”活动方案》，明确活动内容，创新活动平台，紧扣工作实际和员工需求，举办读书分享、主题征文、思想引领系列访谈等学习活动，认真开展新思想学习调研活动和课题研究，发挥理论指导实践作用，努力在学懂弄通做实上下工夫，推动新思想在公司各级领导班子、基层站所、青年骨干中落地生根。组织全体党员用好“学习强国”平台，公司参与稳定度长期保持95%以上，学习排名稳居省属企业排名前三。

（张卫东）

【组织机构及机构改革】　优化机构

职能，建立健全董事会工作机构，新设立战略与投资委员会、审计与风控委员会、薪酬与考核委员会等3个董事会专委会，明确相关工作细则及组成人员，推进外部董事赴调水运营一线调研，为公司科学决策提供更好帮助，提高董事会决策能力和治理成效；建立健全党委组织部、党委宣传部、党委办公室、董事会办公室、党委巡察办等5个内设机构设置，有效提高了机构整体运作效率。（王晨）

【干部队伍建设】 （1）重视抓好人才队伍建设。深化“五突出五强化”选人用人机制，修订印发公司中层人员管理、专务岗位管理等办法，为人才多通道培养搭建平台。2020年内组织完成6名中层人员、7名助理选拔任用工作，组织完成54名科级人员职务晋升工作，80后、90后占本次提拔人数的77.8%，其中，在调水运营、涉水经营、新冠肺炎疫情防控一线等重大项目上破格提拔4名科级人员，真正把公司需要的素质好、作风正、评价高的优秀青年骨干选出来、用起来。目前，公司中层管理人员70后、80后占比65%，中层正、副职中40岁左右人员，占相应层级总数的13.6%和29.8%，均高于省委组织部明确的1/8和1/7目标值，“789”干部选任工作要求得到很好的落实。

（2）重视抓好高素质人才引进培育。组织2名“333”和“双创”高层次人才参加江苏省国有资产监督管理委员会“爱国·奋斗·奉献”精神主题培训，开展学习贯彻十九届四中全会精神、党务干部、中层干部领导力、入党积极分子和新党员等培训、学习、交流活动，推荐江苏省水利学会、江苏省水资源协会等行业协会兼职，联合扬州大学等开展学历教育，加强人才横向培养。推动博士后工作站建设，明确泵站智能技术、水环境两个研究方向，研究制定博士后管理考核制度，与南京水利水电科学研究院联合开展人才培养，加速科研平台孵化作用。集中开展1次校园招聘活动，按计划引进新员工34名，引进急需专业人才6名，其中，博士1人，硕士3人，增强了技术中坚力量，优化了人才结构。（王晨）

【纪检监察工作】

1. 落实纪委监督责任

（1）督促公司党委压实主体责任。督促公司党委认真学习贯彻党章党规，党委书记与分子公司党总支（直属支部）签订全面从严治党责任清单，推动分子公司党总支（直属支部）书记、纪检委员签订党风廉政建设责任清单。

（2）加强“一岗双责”履责纪实。2019年共向省纪委报送公司党委、纪委履责信息341条。

（3）增强党员干部廉洁和纪律意识。统筹安排基层党组织上、下半年各1次在公司警示教育活动室开展警示教育活动；协助公司党委通过自学和集中学习的方式开展公司领导人员预防职务犯罪专题系列教育活动。

2. 深化线索处置，加强执纪力度

（1）组织开展信访举报自查。根据省纪委要求，组织对公司“2017—2019年信访举报工作情况”进行了全面梳理总结，形成台账资料并完成自查报告和自评表上报。

（2）提升信访办理质效。在公司选拔干部考察期间收到3件举报件，及时审慎提出函询的处置建议，做到快查、快处，并及时出具了廉洁意见；对1件在手的问题线索，制定详细的工作方案和安全预案，严格立案审批手续，向江苏省纪律检查委员会十四室进行汇报并报批，经审理后给予1名中层干部纪律处分。

（3）注重受处分党员回访教育。对2020年受到处分或处理的2名党员干部开展回访教育，同步建立健全回访谈话记录、工作档案等动态管理机制。截至2020年年底，3件线索已按程序了结。全年立案1起，对1名中层干部予以党纪处分，对1名党员予以诫勉谈话。（贲俊）

【党风廉政建设】 坚持层层加压，全面落实责任。

（1）印发《党组织书记抓基层党建工作责任清单》和《分子公司党总支（直属支部）纪检委员全面从严治党监督责任清单》，不断完善指标体系和工作机制；组织召开4次纪检监察工作会暨基层党组织纪检委员座谈会和5次纪委会议，推动全面从严治党主体责任和监督责任落到实处。

（2）公司党委与各党总支、直属支部签订全面从严治党责任书，推动各级党组织书记切实履行本单位党建“第一责任人”责任，班子其他成员履行“一岗双责”。

（3）开展党风廉政建设责任制考核。将党风廉政建设责任制落实情况作为公司年终考核的重要内容。以考核促进各分子公司切实履行“两个责任”，推动党风廉政建设向纵深推进。

（王晨）

【作风建设】 （1）加强“关键少数”日常监督。对公司中层干部填报《领导干部个人有关事项报告表》开展专项督查，动态更新50余名中层管理人员廉洁档案，对党委拟提拔干部出具廉洁意见14份；对4家承接公司内部业务的重点企业和重要业务主要负责人及纪检委员开展提醒谈话。

（2）加强专项监督。积极主动协调公司安办开展3次安全生产专项督查；加强新冠肺炎疫情防控监督，多次赴分子公司及基层站所现场查看疫情防控情况。加强“三重一大”决策监督。组织40余次对本级招标代理选取、招聘面试和分子公司“三重一大”等重点事项开展现场监督，对不符合要求的议题现场提出否决意见。

（3）加强作风建设常态化监督。

及时传达上级节假日作风建设要求，编发节假日廉洁短信522条。组织对公司“三公经费”使用情况、无房困难职工租房补贴、车辆使用管理情况进行专项督查。

（4）制定公司《政治生态监测评估工作实施办法（试行）》，组织开展2020年度政治生态评估工作形成评估报告，提出6个方面存在的问题和5个方面整改建议。

（5）落实监督工作联动机制。组织召开纪检、审计法务部门联动协调小组会议，共同研究提出问题查处和源头治理的办法措施。（贾俊）

【精神文明建设】（1）充分发挥群团组织作用。党委专题研究职代会、团代会方案和新一届团委人选，组织召开公司第一届职（工）代会第五次会议和第二次团员代表大会，指导工会完成基层组织建设，制定工会会费管理细则，指导公司团委完成换届工作，配强新一届团委班子。组建并指导开展“节水护水”青年学习社活动11次，成立“水源红”职工合唱团，开展篮球、羽毛球、乒乓球兴趣小组，倡导快乐工作、健康生活理念。组织开展了公司第一届“水源红”杯趣味运动会，并组队参加省国资委趣味运动会取得了团体第六的好成绩，充分展示了江苏水源人团结拼搏、奋发进取的精神风采。

（2）塑造提炼企业精神文化。践行社会主义核心价值观，大力弘扬新时代水利精神，认真履行国有企业责任，组织开展党员自愿捐款、无偿献血、义务植树等活动，参加支援西部农产品促销会，赴青海等地开展扶贫慰问活动，主动采购扶贫产品，积极参与省五方挂钩扶贫慈善捐赠活动，全力支持“万企联万村、共走振兴路”行动，全年公司对外捐赠达300万元。（张卫东）

南水北调东线山东干线有限责任公司

【政治建设】　南水北调东线山东干线有限责任公司党委下属党支部18个，现有在册党员238名、含预备党员43名。公司党委认真落实厅党组的部署安排，紧密结合山东南水北调工程特点及年度重点工作任务，坚持以党建为引领，努力促进党建与业务工作的深度融合，为公司高质量发展提供了有力保证。

1. 压实党建责任，把牢政治方向

认真学习领会习近平总书记对国有企业党建工作的重要指示精神，党建工作领导小组定期研究部署党的建设、精神文明建设工作，切实发挥公司党委把方向、管大局、保落实的作用。坚持从严治党，强化“党政同责、一岗双责”，做到党建工作与业务工作同部署、同检查、同考核，层层传导压力。进一步修订公司党委会议事规则、总经理办公会议事规则，做到规范、科学决策；印发《2020

年党的建设工作要点》《履行全面从严治党主体责任清单》，召开党建专题会议、意识形态专题会议，严格执行民主集中制、个人事项报告、领导干部基层联系点等制度，形成了重实干、勇担当、善作为的良好风气。

2. 强化理论武装，筑牢思想根基

坚持把政治理论学习和思想政治教育摆在首位，坚持党委理论中心组学习制度，扎实开展“不忘初心、牢记使命”主题教育，截至2020年年底，按照学习计划组织党委理论中心组集体学习18次，交流发言71人次；深化“不忘初心、牢记使命”教育，广泛开展“我来讲党课”。七一前夕党委书记为全体党员讲党课，到所在支部和基层联系点讲党课2次，班子成员和支部书记讲党课达50场；积极组织参观党性教育基地、廉政教育基地和开展红色教育培训，以及党支部联学联做活动，与东线总公司组织50名党务干部赴井冈山开展“不忘初心、牢记使命”红色教育培训。利用“灯塔—党建在线”、“学习强国”App开展自学，通过走出去、请进来，线上+线下多种形式，实现集中学习的上下联动、同频共振，使公司党员干部职工进一步树牢“四个意识”，坚定“四个自信”，自觉同党中央保持高度一致。

3. 加强组织建设，夯实基层基础

（1）党员发展取得突破，2020年预备党员转正27名；接收预备党员14名；确定发展对象60名；入党积极分子65名；另有67人递交了入党申请书。

（2）加强党务培训。举办2020年基层党支部书记和党务骨干培训班，每季度开展党建考核，组织党务工作者互查党支部档案资料，相互学习、共同提高。

（3）加快党支部标准化和模范机关建设。严格按照《山东省水利厅党支部标准化建设及示范支部争创指标体系》，制定《党支部党建工作台账》和《支部标准化建设归档清单》，印发《关于实施党支部建设规范提升行动的工作方案》，并组织各党支部开展规范提升行动，按照“每月一抽查、每季度检查”的模式，指导各党支部积极开展党支部标准化建设和梯级创建工作。18个党支部全部达到标准要求，安全质量部党支部、聊城局党支部获“山东省水利厅第二批示范党支部”称号。

（4）规范党内组织生活。落实“三会一课”、谈心谈话、民主评议党员等制度，规范主题党日和党内生活记录管理，做好党费收缴、“e支部”系统信息维护和党内统计工作，各支部开展主题党日开展主题党日835次。

（晁清）

【组织机构及机构改革】 南水北调东线山东干线有限责任公司（以下简称“山东干线公司”）设董事会、监事会和经理层，实行董事会领导下的经理层负责制。

山东干线公司一级机构内设党群工作部（加挂党委办公室）、行政法务部、工程管理部、调度运行与信息化部、财务与审计部、资产管理与计划部、质量安全部（加挂安全生产办公室）、技术委员会办公室8个部门。二级机构设立济南、枣庄、济宁、泰安、德州、聊城、胶东7个管理局，济宁应急抢险中心、济南应急抢险中心、聊城应急抢险中心、水质监测预警中心和南四湖水资源监测中心5个直属分中心。三级机构设立3个水库管理处、7个泵站管理处、9个渠道管理处、1个穿黄河工程管理处共20个管理处，按属地分别由7个管理管辖。（杨捷）

【干部队伍建设】

1. 稳妥地推进山东干线公司综合改革　为畅通公司员工职业发展通道，实行岗位管理，在原有设立管理岗、专业技术岗、技能操作岗三类的基础上，进一步细化专业技术岗的岗位、职级设置。岗位选拔任用坚持公开透明，程序公正、过程公开、结果公平、择优聘任；坚持德才兼备，既注重学历、职称、资格，更注重个人品德及工作经验和工作业绩；坚持人岗相适，个人申请与岗位需求相结合，严格选拔任用条件，人选必须满足岗位工作要求；坚持轮岗制度和工作连续的需要，坚持向现场一线、特殊岗位倾斜，提拔交流。

2. 调整绩效考核办法　建立以履行岗位职责为基础，突出运行管理质量指标体系的绩效考核（KPI）评价体系，主要分为三个层级考核［包括公司层级，部门（单位）层级和员工层级］，切实增强员工积极性和主动性，提高工作效率和质量。

（1）坚持以工作计划为依据、以岗位说明书为基础。按照岗位月度、年度工作计划和临时工作完成情况，并结合岗位说明书具体职责规定进行考核。

（2）坚持日常考核、周期清算。从2020年1月1日起，全员填写工作日志，对每项主要工作完成后都要及时做好记录和考核工作，保证考核及时性，考核周期结束做好统一清算。

（3）坚持持续改进。通过员工绩效考核，及时发现和评估员工绩效存在问题，并持续进行改进，不断提升员工业绩水平。

3. 做好日常管理工作　完成了本年度职称评审工作，共评审通过正高级工程师3人、高级工程师8人、高级审计师1人、工程师30人；认真做好公司员工基本养老关系转移、医疗保险关系转移、社保关系户、社保费补缴、工伤保险申报、异地医院住院备案、生育保险报销、社会保险卡办理领取等服务工作；2020年度完成人事档案整理工作，并做好日常的档案收缴、转移等工作；完成了残疾人就业保障金缴纳、党费缴纳基数核算、各类年报统计等工作；对中层副职以上人员及财务特岗人员的因私护照进行统一管理；做好公司全体人员年休假督促落实、跟踪统计工作。

4. 有的放矢开展员工教育培训工作　为更好地适应公司综合改革和高质量发展的要求，本着按需实施实效化、形式灵活多样化的原则，2020年度组织1期井冈山党性教育、各季度的安全生产培训、1期法律知识及预防职业犯罪讲座、1期扬州大学技能培训班和技能大赛赛前集训，1期信息化建设及智慧化管理方面的培训，1期驾驶员转岗培训，以及根据公司三标体系认证需要，就相关知识进行2期专题培训等，实现了全员参训。内容涵盖党建、企业管理、运行管理、专业技能、信息化管理等。培训计划制定科学周密，培训过程管理严格，达到了预期的培训效果。（杨捷）

【纪检监察工作】　2020年，山东干线公司纪委坚持把监督放在前面，依规依纪依法开展监督，不断提升监督质效。

（1）做实日常监督。强化监督专责，推动定位向监督聚焦、责任向监督压实、力量向监督倾斜。深化运用监督执纪“四种形态”，强化党员干部日常监督管理，完善干部廉政档案，严格落实项目和合同与廉政合同双签制度，用好谈话函询，做深做细监督基础工作。

（2）深化基层监督。坚持哪里有党组织、哪里就有纪检监督，充分发挥基层党组织和纪检委员的监督作用，切实把问题发现在基层、解决在基层。

（3）加强重点监督。完善廉政风险防控体系，加强对重点领域、关键环节和关键岗位的监督，深入分析、查摆、梳理在岗位职责、业务流程和思想道德等方面可能发生的廉政风险点，并制定具有针对性的防控措施。畅通信访举报渠道，实现人人参与监督、人人受到监督。（李秋香）

【党风廉政建设】　2020年是山东干线公司发展转变的关键之年，公司党委深刻认识落实全面从严治党主体责任、做好党风廉政建设和反腐败工作的重要性，狠抓“两个责任”不放松，坚定不移推进党风廉政建设各项工作，努力营造风清气正的政治生态。

（1）强化日常教育。突出政治纪律和政治规矩教育，党委理论中心组带头，进一步深入学习贯彻习近平新时代中国特色社会主义思想和十九届五中全会精神，主动对标对表，切实把思想行动统一到党中央决策部署上来。发挥各级党组织的政治核心引领作用，加强党章党规党纪教育，引导党员干部职工自觉做到廉洁从业。结合上级要求和公司党风廉政建设工作开展情况，定期开展以案释德、以案释纪、以案释法活动，加大警示教育力度，筑牢思想法纪防线。

（2）加强对权力运行的监督制

约。确定 2020 年为“制度规范建设年”，重新修订了公司《党委会议事规则》《党风廉政建设工作制度》等制度 63 项，进一步扎紧制度笼子。紧盯“关键少数”、关键岗位，围绕权力运行各个环节，完善发现问题、纠正偏差、精准问责有效机制，以公开促公正、以透明保廉洁。以强化党内监督为主导，促进党内监督与民主监督、群众监督和舆论监督贯通融合、协调协同，形成对权力运行的全方位监督。

（3）严格执纪问责。坚持有案必查、违纪必究、执纪必严，严肃查处违规违纪违法行为，确保底线常在。加大对违规违纪问题追责问责力度，并举一反三，充分发挥问责的威慑作用。开展了兼职取酬、出资办企业和职业资格证书外挂等专项清理整治，组织公司全体干部职工签订未出资办企业或在企业兼职（任职）、挂证取酬公开承诺书，记入干部廉政档案；对存在兼职、挂证行为的职工进行了批评教育、谈话警示，进一步强化干部职工廉洁自律意识。（李秋香）

【作风建设】 山东干线公司把落实中央八项规定精神、纠正“四风”作为重要政治任务。

（1）坚持“无禁区、全覆盖、零容忍”。紧盯工程建设领域突出问题，加大对党的十八大以来不收敛不收手的，问题线索反映集中、群众反映强烈，政治问题和经济问题交织的腐败案件，违反中央八项规定精神问题等典型案件通报曝光力度，实现惩处极少数、教育大多数的政治效果和震慑效果。

（2）坚持问题导向，精准纠治“四风”。坚持全面从严、一严到底，对职工高度关注、反映强烈的公款吃喝、餐饮浪费、公车私用现象露头就打、反复敲打。对形式主义、官僚主义要毫不妥协，全面检视、靶向纠治。集中治理贯彻党中央决策部署只表态不落实、维护群众利益不担当不作为、困扰基层的形式主义等突出问题，严防改头换面、明减暗增等新的形式主义产生。盯住会议文件效率不高、督查检查考核过多过频、日常管理过度留痕等突出问题，加大治理力度，做好基层减负工作。

（3）研究完善干部监督工作制度和措施。坚持一案一总结、一案一剖析、一案一警示，做好核查调查“后半篇文章”，深挖细查案件背后存在的管理漏洞、制度空隙、监督缺位，提出有效管用的整改措施。建立案件“回头看”制度，跟进了解相关单位的整改情况，加强对移交问题线索处置情况的督查督办，推动以案为鉴、以案促改。（李秋香）

【精神文明建设】 （1）深入培育和践行社会主义核心价值观和“中国梦”宣传教育通过网站、电子屏幕、展板标语、报纸、微信公众号等平台，对社会主义核心价值观进行全方位、多角度的宣传，营造浓厚的创建氛围。完成企业文化理念识别系统和行为识别系统的制定，通过各种形式的培训，充分发挥出企业文化在凝心聚力、锤炼队伍、鼓舞士气、强化管理、促进企业发展方面的作用。举办红色经典诵读、中秋国庆文艺汇演等主题实践活动，唱响主旋律。党支部持续开展“微党课”“三述”等活动。张慧清、田莹、于涛等3名同志的党课被评选为“山东省水利厅优秀党课”。加强诚信文化和遵纪守法教育，邀请法学专家、法律顾问法律知识专题讲座和民法典专题法讲座，出台《职工诚信考核评价制度》。积极培树身边的先进典型。设立“善心义举榜”，开展“我推荐、我评选身边道德模范活动”，郭桂邹、陈霞同志荣获“山东省水利厅道德模范”称号。通过创建党员先锋岗、划分党员责任区，为党员过“政治生日”“做一件公益事”，微信公众号连载11期“战‘疫’系列报道”，有力提升了党员的党性意识和宗旨观念。共创建党员先锋岗50个。

（2）践行志愿服务精神，弘扬志愿服务新风以南水北调干线公司志愿服务队为抓手，持续抓好志愿服务工作制度化常态化，努力打造具有山东南水北调特色的志愿服务活动品牌。组织社区“双报到”，参与创建文明城市，开展义务植树、义务献血、“希望小屋”捐赠、“关爱山川河流保护母亲河”、学雷锋志愿服务月等公益宣传活动。截至2020年年底，深化社区“双报到”59次，已累计开展志愿者服务项目36项，累计志愿服务时长达26446小时。公司荣获“2019年度优秀双报到单位”称号；双王城水库获精神文明建设工作“优质服务单位”称号；郭桂邹同志荣获“山东省水利厅抗击疫情最美志愿者”称号；刘辉同志荣获“山东省直机关最美职工”称号。

（3）创建载体扎实，文体活动丰富组织开展职工趣味运动会，篮球赛、秋游等健康向上的文体活动。开展春节困难职工送温暖，“夏送清凉”、金秋助学、大病救助、工会会员生日、婚丧嫁娶，使职工切实感到集体的关怀和温暖。加强青年思想政治工作，成立青年理论学习小组，每季度开展读书活动。开展“南水北调一线行”，给大家提供互相交流技术、运行管理经验的平台。公司胶东局团支部、长沟泵站管理处获得“山东省直青年文明号”，枣庄局创新工作室获得“山东省青年文明号”。黄雪梅同志荣获“山东省水利厅最美家庭”称号。（晁清）

南水北调中线水源有限责任公司

【政治建设】 （1）压实主体责任公司党委深入贯彻落实《中共中央关于加强党的政治建设的意见》，切实增强“四个意识”，坚定“四个自信”，做到“两个维护”。召开2020年党建和党风廉政建设工作会议，部署2020年工作任务，制定《2020年党建和党风廉政建设工作要点》《2020年党建和党风廉政建设工作责任清单》，明确年度重点任务76项；制定《公司临时党委落实全面从严治党主体责任清单》，明确了公司党委及班子成员的主体责任和“一岗双责”，加强对公司全面从严治党各项工作的领导；修订公司党委工作规则，规范党委前置程序，充分发挥了党的领导在公司发展中“把方向、管大局、保落实”的作用；举办“党建及党风廉政建设培训班”，进一步贯彻落实全面从严治党新形势新要求。

（2）强化理论武装坚持以习近平新时代中国特色社会主义思想武装头脑、指导实践、推动工作。深化对党的十九届四中、五中全会精神的学习宣贯，2020年开展党委中心组理论学习14次；参加各类专题讲座、专题党课等143人次，推动学习教育入脑入心；印发各类学习资料9期，购置发放学习书籍及资料390册，以支部主题党日为抓手，抓好党员干部的经常性学习教育；对3名学习标兵和7名积极分子进行表彰，进一步激发学习热情，促进良好学习氛围。

（3）强化组织建设贯彻落实《中国共产党国有企业基层组织工作条例（试行）》，以在公司重点工作中充分发挥基层党组织作用和党员作用为目标，强化组织建设，筑牢坚强战斗堡垒。加强组织建设，全面推进党支部标准化规范化建设。开展“三级联述联评联考”和年终述职述廉。坚持“三会一课”、主题党日、组织生活会、民主评议党员、谈心谈话等制度。围绕工程验收，组织开展了“创建模范机关、让党旗在工程验收工作中迎风飘扬”专项活动。开展党员下沉社区活动。（张奥洋）

【组织机构及机构改革】 按《长江水利委员会关于南水北调中线水源有限责任公司内设机构及处级干部职数的批复》（长人事〔2019〕685号），公司内设办公室、计划部、财务部、党群工作部（人力资源部）、工程管理部、供水管理部、库区管理部7个部门。

长江委核定公司部门领导干部职数18名，其中，部门正职7名，按正处级干部配备；部门副职11名，按副处级干部配备。公司纪委可配备副书记1名，按正处级干部配备。2020年12月，《长江水利委员会关于南水北调中线水源有限责任公司增设副总工程师的批复》（长人事〔2020〕604号）同意公司增设1名副总工程师，按正处级配备。

2020年1月开展了员工上岗双向选择工作，依照“精简高效、边界清晰、有序衔接、权责对应”的原则，5月印发公司部门职责，顺利完成了机构调整工作。（杨硕）

【干部队伍建设】

1. 干部选拔任用 2020年，公司开展三批次干部选拔任用工作，选任部门正职（正处级）干部1名、副总工程师（正处级）1名、部门副职

（副处级）干部4名，推荐任丹江口水库库区管理中心副主任1名；综合考虑岗位需要和干部能力素质，对2名副处级干部进行了内部轮岗交流；对4名试用期满处级干部进行了考核续聘。

2. 人才队伍情况　截至2020年12月31日，公司共有从业人员68人，其中：在岗职工67人，其他从业人员1人；经营管理人员46人（男性38人、女性8人），非经营管理人员21人（男性12人、女性9人）。

46名经营管理人员中：公司领导4人（正局级1人、副局级3人），中层管理人员17人（正处级8人、副处级9人），科员25人（主任科员16人，副主任科员5人，其他科员4人）；博士研究生学历1人，硕士研究生学历7人，大学本科学历37人，大学专科学历1人；正高级职称4人，副高级职称34人，中级职称4人，初级职称4人。大学本科及以上占到97.83%。副高级及以上占到82.61%。（杨硕）

【纪检监察工作】

1. 推动政治监督具体化常态化　深入推动政治监督的具体化、常态化。加强对落实习近平总书记关于新冠肺炎疫情防控工作指示精神的监督检查，通过理论中心组学习、支部主题党日活动，确保党中央指示精神及时传达到每一个党员，坚定党员干部战胜新冠肺炎疫情的信心和决心。加强对复工复产工作和新冠肺炎疫情防控的监督检查，确保各项防控措施落到实处，不断巩固新冠肺炎疫情防控工作成果。强化对扶贫工作的监督检查，督促责任部门认真落实扶贫工作计划，助力打赢脱贫攻坚战。严明了支部调整工作的纪律要求，确保支部选举等项工作程序到位、群众认可。加强对上级部门督办事项的再监督，配合库管部对“河南省淅川县丹江口库区河汉结网养鱼”问题进行了核查取证，协调地方相关部门解决，网箱养鱼和拦网库汉设施已全部清除。加强了对汛期值班值守情况的监督检查，保证了工程安全度汛。

2. 压牢压实主体责任　牢牢抓住主体责任这个牛鼻子，积极协助公司党委落实好党风廉政建设的主体责任。党委专题听取纪委工作汇报，专题研究2020年纪检工作。制定了党建和党风廉政建设责任清单、纪委工作清单。督促党委不断巩固和深化不忘初心牢记使命主题教育成果，开展“不忘初心弘扬家风”主题党日活动，引导党员干部树立红线意识、底线思维，以良好的家风带动党风政风转变。对16名中层领导干部2020年党风廉政建设工作情况进行了考核。举办了党务和纪检干部培训班，对支部书记、党务干部、纪检干部进行了专题培训，提高了业务能力和水平。

3. 抓实抓细日常监督　坚持抓早抓小，贯通运用监督执纪四种形态，做好工程建设、运行管理、库区管理等监督检查，重点加强对关键部门、重要环节的监督检查；加强新冠肺炎疫情防控监督，重点关注公司防控方案的执行落地情况，及时发现、排查存在的薄弱环节和风险隐患。严格落实习近平总书记的指示精神，聚焦餐饮浪费，开展专项监督检查。认真落实湖北省纪委《关于加强对危险化学品安全生产监管工作再监督的意见》，督促相关部门加强对危险化学品的管理，对水质监测实验室危化品管理进行了监督检查。严把选人用人关，对5名新提拔干部进行了廉政考试和廉政鉴定，为新提拔的2名中层干部建立了廉政档案。根据机构和岗位调整情况，对廉政风险防控手册进行了修订，梳理各类风险点160个，制定相应的防控措施。

4. 不断深化作风建设成果　坚持力度不减、尺度不松、标准不降，贯彻落实好中央八项规定精神，元旦、春节、清明、“五一”、端午、中秋、国庆都下发通知，重申节日期间的纪律要求，对节日期间的贯彻落实中央八项规定精神工作进行重点监督检查。继续做好整治形式主义官僚主义的监督检查工作，开展了集中整治形式主义官僚主义自查活动，确保公司梳理的6个方面14个问题整改落实到位。按照直属机关纪委的要求，开展出差人员交纳伙食费、交通费的自查活动。按时上报了贯彻落实中央八项规定报表、纪检干部违纪违法案件情况表、运用监督执纪四种形态统计表、信访举报及问题线索统计表。

5. 打造忠诚干净担当的纪检干部队伍　根据机构调整情况，及时对支部进行了调整，除退休职工党支部外，支部书记和纪检委员均由部门主任、副主任担任，未设纪检委员的支部设立纪检联络员，实现部门业务工作与党风廉政建设的融合。组织支部书记、纪检委员7人次参加了“贯彻全面从严治党要求，坚持完善党和国家监督体系”专题培训班。选派4人次参加部、委纪检监察干部培训班。组织纪检人员学习了《水利部纪检监察干部二十禁止》，通报了长江委十九大以来查处的违纪违法典型案件，收看了《扣问初心信仰之失》专题片，增强了纪检人员拒腐防变的意识。

（黎伟）

【党风廉政建设】　公司开展全面从严治党工作，严格落实履职谈话和廉政谈话制度，开展了领导干部集体约谈暨新提拔领导干部廉政谈话。把对党忠诚教育摆到突出位置，深入开展党性、党纪教育，把党章党规党纪纳入党员干部教育重要内容，召开了党风廉政宣传教育月活动推进会，制定《2020年党风廉政建设宣传教育月活动实施方案》。集中开展“学、讲、考”活动、“创建模范机关、让党旗在工程验收工作中迎风飘扬”专项活动、警示教育系列活动、建设“廉洁好家风”活动、先进典型宣传活动和

"廉政文化云学习"活动。（张奥洋）

【作风建设】 坚持力度不减、尺度不松、标准不降，贯彻落实好中央八项规定精神，逢节下发通知，重申节日期间的纪律要求，对节日期间的贯彻落实中央八项规定精神工作进行重点监督检查；开展了集中整治形式主义官僚主义自查活动，确保公司梳理的6个方面14个问题整改落实到位；开展了出差人员交纳伙食费、交通费的自查活动。（张奥洋）

【精神文明建设】 坚持党管意识形态，印发了《中线水源公司临时党委关于落实〈党委（党组）意识形态工作责任制实施办法〉责任分工的通知》，严格落实意识形态工作主体责任，加强公司内网、微信群、QQ群等线上工作平台管理，开展了复工复产后职工思想状况调研与分析，引入员工心理服务项目，积极稳妥做好热点敏感问题舆论引导；以创建委级文明单位为抓手，一手抓管理，一手抓创建，逐步建立文明单位创建激励机制；全面加强思想道德建设，开展道德讲堂，组织"最美水利人"事迹宣传，以主题党日、宣传展板、郑守仁同志事迹读书活动等持续弘扬新时代水利精神和长江委精神，引导干部职工树立正确的价值观、事业观、单位观，在全公司唱响主旋律、汇聚正能量；扎实做好群团工作，不断提升群团组织履职能力和服务水平，凝聚职工群众的智慧力量，为公司高质量发展作出更大贡献。（张奥洋）

湖北省引江济汉工程管理局

【政治建设】 （1）以思想政治建设为统领，增强"四个意识"，坚定"四个自信"，做到"两个维护"。强化政治理论学习，举行中心组集体学习8次，班子成员累计讲党课9次，撰写调研文章4篇，超额完成了干部在线学习任务，"学习强国"人均积分超过3万分，运用理论解决各种复杂问题的能力不断提升。巩固深化"不忘初心、牢记使命"主题教育。开展了知识竞赛、红歌赛、普通党员讲党课等活动共计8场。现场聆听张富清、郑守仁等先进事迹报告会和新时代水利精神宣讲会。牢牢把握意识形态工作的领导权，成立了意识形态工作领导小组，每半年开展1次思想动态分析，与干部职工谈话20余人次。

（2）以全面建成小康社会目标为己任，圆满完成脱贫攻坚任务。大力推进定点帮扶和结对共建工作，签订结对共建协议书，组织职工参与徐东社区志愿活动，组织党委书记到徐东社区讲党课，深入到各分局驻地村开展扶贫慰问、关爱留守儿童等活动。

（3）紧扣主题主线，进一步提升服务民生工程的履职本领。建立党员干部上讲台的学习交流机制，2020年选派230余人次参加了运行管理、安全生产、信息化、档案管理等各类业务培训，不断丰富知识架构，延展理论学习边界。开展赴丹江口水源地学习实践等活动，激发党员干部干好水利的工作热情。

（4）以全面从严治党为主线，落实党建主体责任。进一步夯实基层组织建设。发展新党员7人，党员人数达到在编人数的71%。积极组织35人次参加了支部书记、党务暨纪检干部、入党积极分子和发展对象培训。严格落实“支部工作法”“红旗党支部”创建考评标准等党内组织生活制度。持之以恒正风肃纪。扎实开展党风廉政宣教月系列活动，在全局开展不担当不作为专项治理和反对形式主义、官僚主义突出问题专项整治等活动。严格落实党内政治生活制度。全年召开局党委会8次、各支部全年共开展“三会一课”20余次、交心谈心50余次，支部主题党日60余次、思想动态分析12次，全局党内政治生活严格规范井然有序。此外，创新群团工作，进一步展现良好精神风貌。组织开展演讲比赛、知识竞赛、摄影比赛、素质拓展等一系列特色文体活动，新建党员活动中心、职工书屋，采购健身器材等文体设施，并以“道德讲堂”等活动为平台，组织党员干部职工赴丹江口大坝、陶岔渠首工程、武汉客厅等地开展学习实践活动。开展“文明职工”“最美家庭”和技能大比武等活动，激发广大干部职工的干事创业热情，为工程运管标准化建设提供了坚强的组织保证。

（吴永浩　魏鹏　金秋）

【组织机构及机构改革】　湖北省引江济汉工程管理局前身为湖北省南水北调引江济汉工程建设管理处，2010年3月经湖北省机构编制委员会办公室批准成立。2019年1月机构改革，整体并入湖北省水利厅，为直属正处级公益一类事业单位。主要职责是承担引江济汉工程运行管理、设备设施维修检修以及工程运行安全等工作，协调处理工程水事、环保、减灾等工作。机关设综合科、党群科、财务科、管理与计划科、信息化科、安全生产和经济发展科等6个科室，下设荆州、沙洋和潜江3个分局。湖北省编办批复湖北省引江济汉工程管理局人员控编数为205名，首次设置人员控制数为138名。截至2020年12月，现有在编职工85人。

（吴永浩　魏鹏　金秋）

【干部队伍建设】　2020年，在湖北省水利厅党组的坚强领导下，湖北省引江济汉工程管理局完成了1名副处级干部的选聘工作，加强了班子队伍建设。现有人员85人，其中副处级以上干部6名、科级干部20名，其他工作人员59名；本科及以上学历人员78人，占比91.76%；中级及以上专业技术人员43人，占比50.59%，其中高级职称8人；35岁以下人员60人，占比70.59%。单位人员基本稳定，人才结构日趋合理。组织干部参加各类培训12批次，培训人数达310

余人次。6 月，组织基层支部书记、党务干部和发展对象开展党建业务培训；8 月，组织专业技术骨干赴丹江口大坝和陶岔渠首工程现场参观学习；10 月，组织开展高低压电工和安全员培训。注重能力培养和业务技能培训，认真做好干部日常管理和监督，干部队伍中干事创业氛围愈加浓厚。对 4 名副科级和 1 名副处级试用期满的干部开展了试用期满考核工作。不断完善干部人事工作机制，干部队伍整体素质明显提高。

（吴永浩　魏鹏　金秋）

【纪检监察工作】　注重抓早抓小，持续巩固反腐倡廉和反“四风”成果。严格落实“三重一大”制度，坚决实行集体决策，规避廉政风险。认真学习贯彻中纪委和省纪委会议精神，定期传达违反中央八项规定精神通报。党委书记带头讲廉政党课，开展集体廉政谈话。扎实开展党风廉政宣传教育月系列活动，筑牢廉洁自律思想防线，全年没有发生违反廉洁纪律的问题。认真落实监督执纪“第一种形态”，在元旦、春节等重要节点前发出严明作风纪律通知，确保党员干部廉洁过节。制定印发了整治形式主义官僚主义工作方案，班子成员带头坚持开短会、讲短话、简办事，文风会风进一步好转，干事创业风气更加浓厚。2020 年，湖北省引江济汉工程管理局共实施政府采购项目 5 项、工程招投标项目 3 项，纪律检查委员会指派纪检专员对引江济汉工程运管项目开标现场进行了 3 次跟踪监督，未发生一起违纪违规问题。坚持信息公开透明，坚持从党费收缴、党员发展以及工程招投标、干部任免、岗位聘用、扶贫捐款、公车使用、政务值班等工作入手，对相关事项进行公开公示，扩大群众知情权，接受群众监督。

（吴永浩　魏鹏　金秋）

【党风廉政建设】　明确工作思路，抓好“一岗双责”。制定并印发了湖北省引江济汉工程管理局 2020 年党风廉政建设工作要点。签订年度党风廉政建设和反腐败斗争目标责任书。发放党员干部家属廉政倡议书和家庭助廉承诺书，层层落实责任，确保党风廉政建设主体责任落到实处。全年共组织理论中心组学习会 8 次，7 个党支部分别组织开展主题党日活动 12 次，不定期学习廉政文化等相关内容，坚持廉政谈话制度，坚定党员干部廉洁信念。注重宣传，营造廉政氛围。组织开展“楚韵清风”党纪法规知识测试，利用宣传橱窗、电子显示屏等，各分局在单位门口、大厅、走廊等宣传栏位置，张贴、播放上级部门党风廉政建设最新时政精神，拍摄党员宣传片《引江济汉人的初心——守护》，宣传干部职工的先进典型事迹，传播单位职工的正能量。扎实开展党风廉政建设宣教月活动。加强制度建设，不断增强正风肃纪。修订完善了引江济汉标准化管理制度规程，重新梳理完善党建、行政管理、人事管理、财务管理、工程管理等7方面55项工作制度，坚持用制度管人、管物、管事。认真落实党内监督和党内民主，严格监督执纪，深入自查自纠，切实落实党建和党风廉政建设检查考评机制。（吴永浩　魏鹏　金秋）

【作风建设】　习近平总书记强调，党的作风就是党的形象，关系人心向背，关系党的生死存亡。湖北省引江济汉工程管理局党委持之以恒加强作风建设，坚持和发扬党的优良传统和作风，坚持抓常、抓细、抓长，认真开展“不忘初心、牢记使命”主题教育。加强组织领导，明确工作职责。认真学习中央八项规定和省委有关作风建设的文件精神，定期召开作风建设专题会议，研究部署相关工作。建立健全作风建设工作机制，大力整治形式主义、官僚主义问题。深入学习践行“忠诚、干净、担当，科学、求实、创新”新时代水利精神，以优良的党风提振干部职工干事创业“精气神”，在工程运行管理、新冠肺炎疫情防控、防汛抢险等工作中，充分展现了引江济汉人敢于担当、顽强拼搏、不怕牺牲的良好工作作风。

（吴永浩　魏鹏　金秋）

【精神文明建设】　加强对工会、团委、妇女联合会工作的领导和支持，累计投入资金60余万元，用于引江济汉工程现场4个管理所的篮球场和羽毛球场改造建设以及健身器材采购，为职工开展文体活动提供了便利。组建队伍参加了湖北省水利厅“水利青年杯”篮球赛。举办了篮球赛、羽毛球赛以及健步走、踏青等活动。选派3名同志参加湖北省水利厅“中国梦·劳动美”网络宣讲赛并取得较好成绩。弘扬伟大抗疫精神，组织到武汉客厅参观抗击新冠肺炎疫情展览，收听收看全国、全省抗疫表彰大会。弘扬新时代水利精神，组织聆听郑守仁先进事迹报告会。切实抓好法治建设，开展宪法、水法、民法等普法宣传教育，发放法律书籍220余册。湖北省引江济汉工程管理局被武昌区评为2019—2020年度区级“最佳文明单位”，1名同志被评为全省水利系统先进工作者。

（吴永浩　魏鹏　金秋）

湖北省汉江兴隆水利枢纽管理局

【政治建设】　湖北省兴隆水利枢纽管理局始终坚持把党的政治建设摆在首位，不断加强政治立场、政治本色教育，认真贯彻执行党中央《关于加强党的政治建设的意见》和省委具体措施，落实坚定维护党中央权威和集中统一领导的各项制度。同时牢牢把握意识形态主动权，定期开展形势分析研判和职工思想动态分析，教育引导党员干部职工进一步提高政治站位，坚定政治立场。不断巩固深化“不忘初心、牢记使命”主题教育成果，坚持在学懂弄通做实上下功夫。系统学习习近平总书记系列重要讲话特别是考察湖北以及在长江经济带发展座谈会上的重要讲话精神，开展了十九大、党的十九届历次全会精神、《党章》和《习近平谈治国理政》等专题培训，补足精神之钙、把稳思想之舵。（王小冬　陈奇　郑艳霞）

【组织机构及机构改革】 2018年12月27日，湖北省汉江兴隆水利枢纽管理局由原湖北省南水北调管理局划入湖北省水利厅管理。2019年2月23日，承担兴隆枢纽、部分闸站改造和局部航道整治工程项目法人职责。根据原湖北省南水北调管理局《关于省汉江兴隆水利枢纽管理局机构设置和人员配置方案的批复》，机关内设综合科、党群科、财务科、管理与计划科、信息化科、安全生产和经济发展科6个科室；下设电站管理处（副处级）、泄水闸管理所、船闸管理所、后勤服务中心4个直属单位。

（王小冬　陈奇　郑艳霞）

【干部队伍建设】 根据湖北省编办《关于兴隆水利枢纽和引江济汉工程运行管理机构的批复》，兴隆水利枢纽管理局人员控制数为117名，其中局机关26名。领导职数1正3副，分别按相当正、副处级选配；总工程师1名，按相当副处级选配；下设兴隆水电站管理处，正职按相当副处级选配。截至2020年12月底，共有工作人员92名。

2020年，兴隆水利枢纽管理局深入学习贯彻《党政领导干部选拔任用工作条例》和《湖北省事业单位领导人员管理办法（试行）》，扎实做好干部选拔任用工作。

（1）择优选拔，提拔任用了5名科级干部，其中正科级1名，副科级4名，进一步壮大干部队伍。

（2）加强交流轮岗，1名直属单位值班长交流到机关科室任副科长，促进干部成长。

（3）严格考核，完成2名直属单位班子成员试用期满转正考核。持续抓好干部职工教育培训。贯彻落实《干部教育培训工作条例》，制定年度培训计划，计划组织开展大坝安全监测、防汛、档案、公文、财务等方面19批次培训、考察和调研，根据新冠肺炎疫情情况安排。督促处级干部在线学习，参学率达100%。注重提升业务能力。推荐1名职工上派湖北省水利厅政策法规处学习深造，拓宽视野、改进思维，不断提升综合素质。

（王小冬　陈奇　郑艳霞）

【纪检监察工作】 始终坚持严格监督执纪问责，推动形成全面从严治党新常态。针对党的建设、工程建设与运行管理过程中出现的形式主义和官僚主义问题，兴隆水利枢纽管理局纪委运用“四种形态”，先后3次对支部记录不规范、运行管理巡查不认真、问题整改不到位、安全生产不重视等问题进行约谈，限期要求整改，为工程安全运行管理保驾护航。

在新冠肺炎疫情防控期间，严格纪委监督检查，党员干部真下沉、真干事，不存在抗击疫情的形式主义现象。此外，纪委不定期开展职工劳动纪律和工作作风情况明察暗访和专项检查，公开通报检查结果。制定了纪检工作检查清单，从全面从严治党、干部职工履职尽责、纪检监察干部队伍建设等方面开展检查，对查出问题限期整改到位。

（王小冬　陈奇　郑艳霞）

【党风廉政建设】　严格落实中央八项规定实施细则精神以及湖北省委实施办法要求，紧盯重大节假日，防控节日腐败。尤其是新冠肺炎疫情防控期间，严防抗击疫情形式主义现象。开展党风廉政建设宣教月活动，组织廉政党课、廉政集体谈话、推送廉政微语、观看警示教育片、发布廉洁好家风倡议书等一系列活动，加强对党员干部的党纪党规教育。不定期开展防汛纪律、日常工作纪律监督检查，确保各项工作纪律严明。在全局持续开展形式主义官僚主义专项整治，及时上报反馈兴隆水利枢纽管理局整改情况，在全局营造风清气正政治生态。　（王小冬　陈奇　郑艳霞）

【作风建设】　兴隆水利枢纽管理局坚持加强党风廉政宣传教育，推动“十进十建”工作，筑牢拒腐防变思想防线。

（1）常念“紧箍咒”。纪委扩大会上传达学习中纪委、省纪委通报曝光典型案例。春节、端午、中秋等节前组织集体廉政谈话，开展第二十一个党风廉政建设宣传教育月活动，严防“四风”反弹回潮。

（2）加强教育培训。举办1期党务暨纪检干部培训班，多次请省直机关党校老师讲授党章党规党纪等党内法规，集体学习“鄂纪励十二条”，制定《2020年形式主义、官僚主义问题集中整治工作方案》，对党员干部上发条、敲警钟。

（3）弘扬廉政文化，更新宣传橱窗展板4块，开展道德讲堂4次，让党员干部接受文化熏陶，对标对表、向上向善。（王小冬　陈奇　郑艳霞）

【精神文明建设】　以“我的战疫故事”“扎根基层，争做优秀共产党员”等为主题，按照“六个一”流程，举办了4期道德讲堂。清明节前，发出“文明祭扫”倡议书，倡导文明、绿色、低碳、安全的祭扫新风尚。群团组织积极开展青年读书分享活动、“清理白色垃圾，共建绿色兴隆”环保活动、“七夕寻缘爱在兴隆”青年人才联谊会等。兴隆水利枢纽管理局党委到十堰市竹溪县水坪镇纪家山村帮扶贫困户家里开展了实地走访慰问，为贫困户送去了慰问金，并发动职工自愿购买贫困地区袜子、香菇等土特产，传达了党组织的关怀和温暖，用实际行动助力扶贫事业发展。

（王小冬　陈奇　郑艳霞）

拾　统计资料

投资计划统计表

南水北调东、中线一期设计单元项目投资情况

（截至2020年年底）

序号	工程名称	在建设计单元工程总投资/万元	累计下达投资计划/万元	2020年下达投资计划/万元	累计完成投资/万元	投资完成比例/%	2020年完成投资/万元
总计		**27047104**	**27047104**		**26568069**	**98**	**52021**
东线一期工程		**3394110**	**3394110**		**3376769**	**99**	**10402**
江苏水源公司		**1156156**	**1156156**		**1153628**	**100**	**6500**
一	**三阳河、潼河、宝应站工程**	**97922**	**97922**		**97922**	**100**	
二	**长江—骆马湖段2003年度工程**	**109821**	**109821**		**109821**	**100**	
1	江都站改造工程	30302	30302		30302	100	
2	淮阴三站工程	29145	29145		29145	100	
3	淮安四站工程	18476	18476		18476	100	
4	淮安四站输水河道工程	31898	31898		31898	100	
三	**骆马湖—南四湖段工程**	**78518**	**78518**		**78518**	**100**	
1	刘山泵站工程	29576	29576		29576	100	
2	解台泵站工程	23242	23242		23242	100	
3	蔺家坝泵站工程	25700	25700		25700	100	
四	**长江—骆马湖段其他工程**	**710961**	**710961**		**710961**	**100**	
1	高水河整治工程	16256	16256		16256	100	
2	淮安二站改造工程	5832	5832		5832	100	
3	泗阳站改建工程	34759	34759		34759	100	
4	刘老涧二站工程	24078	24078		24078	100	
5	皂河二站工程	30567	30567		30567	100	
6	皂河一站更新改造工程	13854	13854		13854	100	
7	泗洪站枢纽工程	61928	61928		61928	100	
8	金湖站工程	41421	41421		41421	100	
9	洪泽站工程	53325	53325		53325	100	
10	邳州站工程	34450	34450		34450	100	

续表

序号	工程名称	在建设计单元工程总投资/万元	累计下达投资计划/万元	2020年下达投资计划/万元	累计完成投资/万元	投资完成比例/%	2020年完成投资/万元
11	睢宁二站工程	26908	26908		26908	100	
12	金宝航道工程	103632	103632		103632	100	
13	里下河水源补偿工程[①]	184639	184639		184639	100	
14	骆马湖以南中运河影响处理工程	12924	12924		12924	100	
15	沿运闸洞漏水处理工程	12252	12252		12252	100	
16	徐洪河影响处理工程	28133	28133		28133	100	
17	洪泽湖抬高蓄水位影响处理江苏省境内工程	26003	26003		26003	100	
五	**江苏段专项工程**	**118929**	**118929**		**116401**	**98**	**6500**
1	江苏省文物保护工程	3362	3362		3362	100	
2	血吸虫北移防护工程	4959	4959		4959	100	
3	江苏段调度运行管理系统工程	58221	58221		55693	96	6500
4	江苏段管理设施专项工程	44505	44505		44505	100	
5	江苏段试通水费用[②]	4010	4010		4010	100	
6	江苏段试运行费用[②]	3872	3872		3872	100	
六	**南四湖水资源控制、水质监测工程和骆马湖水资源控制工程**	**17240**	**17240**		**17240**	**100**	
1	姚楼河闸工程[③]	1206	1206		1206	100	
2	杨官屯河闸工程[③]	4164	4164		4164	100	
3	大沙河闸工程[③]	6793	6793		6793	100	
4	南四湖水资源监测工程[③]	1996	1996		1996	100	
5	骆马湖水资源控制工程	3081	3081		3081	100	
七	**南四湖下级湖抬高蓄水位影响处理（江苏）**	**22765**	**22765**		**22765**	**100**	
	安徽省南水北调项目办	**37493**	**37493**		**37089**	**99**	
一	**洪泽湖抬高蓄水影响处理工程安徽省境内工程**	**37493**	**37493**		**37089**	**99**	

续表

序号	工程名称	在建设计单元工程总投资/万元	累计下达投资计划/万元	2020年下达投资计划/万元	累计完成投资/万元	投资完成比例/%	2020年完成投资/万元
	东线公司④	**22579**	**22579**		**22431**	**99**	**1846**
一	**东线其他专项**	**22579**	**22579**		**22431**	**99**	**1846**
1	苏鲁省际工程管理设施专项工程	3793	3793		3793	100	
2	苏鲁省际工程调度运行管理系统工程	14461	14461		14313	99	1480
3	东线公司开办费	4325	4325		4325	100	366
	山东干线公司	**2177882**	**2177882**		**2163621**	**99**	**2056**
一	**南四湖水资源控制、水质监测工程和骆马湖水资源控制工程**	**46879**	**46879**		**46840**	**100**	**100**
1	二级坝泵站工程	33168	33168		33168	100	
2	姚楼河闸工程③	1206	1206		1326	110	
3	杨官屯河闸工程③	1650	1650		1692	103	
4	大沙河闸工程③	4927	4927		4849	98	
5	潘庄引河闸工程	1497	1497		1591	106	
6	南四湖水资源监测工程③	4431	4431		4214	95	100
二	**南四湖下级湖抬高蓄水位影响处理（山东）**	**40984**	**40984**		**40984**	**100**	
三	**东平湖蓄水影响处理工程**	**49488**	**49488**		**49488**	**100**	
四	**济平干渠工程**	**150241**	**150241**		**150241**	**100**	
五	**韩庄运河段工程**	**86785**	**86785**		**87979**	**101**	
1	台儿庄泵站工程	26611	26611		26874	101	
2	韩庄运河段水资源控制工程	2268	2268		2268	100	
3	万年闸泵站工程	26259	26259		27190	104	
4	韩庄泵站工程	31647	31647		31647	100	
六	**南四湖—东平湖段工程**	**266142**	**266142**		**268204**	**101**	
1	长沟泵站工程	31301	31301		31301	100	
2	邓楼泵站工程	28916	28916		28916	100	

续表

序号	工程名称	在建设计单元工程总投资/万元	累计下达投资计划/万元	2020年下达投资计划/万元	累计完成投资/万元	投资完成比例/%	2020年完成投资/万元
3	八里湾泵站工程	30393	30393		30393	100	
4	柳长河工程[①]	53194	53194		53194	100	
5	梁济运河工程[①]	80294	80294		80294	100	
6	南四湖湖内疏浚工程	23348	23348		24132	103	
7	引黄灌区影响处理工程	18696	18696		19974	107	
七	**胶东济南至引黄济青段工程**	**812951**	**812951**		**813714**	**100**	
1	济南市区段工程	311429	311429		312192	100	
2	明渠段工程	275017	275017		275017	100	
3	东湖水库工程	103259	103259		103259	100	
4	双王城水库工程	89732	89732		89732	100	
5	陈庄输水线路工程	33514	33514		33514	100	
八	**穿黄河工程**	**72871**	**72871**		**72871**	**100**	
九	**鲁北段工程**	**500457**	**500457**		**500457**	**100**	
1	小运河工程	265164	265164		265164	100	
2	七一·六五河段工程	67385	67385		67385	100	
3	鲁北灌区影响处理工程	35008	35008		35008	100	
4	大屯水库工程	132900	132900		132900	100	
十	**山东段专项工程**	**151084**	**151084**		**132843**	**88**	**1956**
1	山东段调度运行管理系统工程	81736	81736		79434	97	1956
2	文物保护	6776	6776		6776	100	
3	山东段管理设施专项工程	57521	57521		41582	72	
4	山东段试通水费用[②]	2887	2887		2887	100	
5	山东段试运行费用[②]	2164	2164		2164	100	
	中线一期工程	**22275794**	**22275794**		**22116710**	**99**	**40648**
	中线建管局	**15564033**	**15564033**		**15491461**	**100**	**18434**
一	**京石段应急供水工程**	**2311299**	**2311299**		**2332311**	**101**	**18434**
1	永定河倒虹吸工程	37138	37138		38240	103	
2	惠南庄泵站工程	87037	87037		85066	98	
3	北拒马河暗渠工程[④]	15991	15991		19561	122	

续表

序号	工程名称	在建设计单元工程总投资/万元	累计下达投资计划/万元	2020年下达投资计划/万元	累计完成投资/万元	投资完成比例/%	2020年完成投资/万元
4	北京西四环暗涵工程	117506	117506		116591	99	
5	北京市穿五棵松地铁工程	5872	5872		5823	99	
6	北京段铁路交叉工程	19595	19595		20505	105	
7	惠南庄—大宁段工程、卢沟桥暗涵工程、团城湖明渠工程	417973	417973		459461	110	
8	滹沱河倒虹吸工程	67060	67060		63956	95	
9	釜山隧洞工程	24773	24773		24389	98	
10	唐河倒虹吸工程	33187	33187		32117	97	
11	漕河渡槽段工程	102610	102610		102387	100	
12	古运河枢纽工程	22677	22677		22445	99	
13	河北境内总干渠及连接段工程[4]	1170788	1170788		1164962	100	
14	北京段永久供电工程	7586	7586		7624	101	
15	北京段工程管理专项	4673	4673		18434	394	18434
16	河北段工程管理专项	9369	9369		10758	115	
17	河北段生产桥建设	36944	36944		36675	99	
18	北京段专项设施迁建	26926	26926		0	0	
19	中线干线自动化调度与运行管理决策支持系统工程（京石应急段）	55970	55970		54330	97	
20	滹沱河等七条河流防洪影响处理工程	6224	6224		5777	93	
21	南水北调中线干线工程调度中心土建项目	22684	22684		25569	113	
22	北拒马河暗渠穿河段防护加固工程及PCCP管道大石河段防护加固工程	18716	18716		17641	94	
二	**漳河北—古运河南段工程**	**2571061**	**2571061**		**2521214**	**98**	
1	磁县段工程	378089	378089		381106	101	

续表

序号	工程名称	在建设计单元工程总投资/万元	累计下达投资计划/万元	2020年下达投资计划/万元	累计完成投资/万元	投资完成比例/%	2020年完成投资/万元
2	邯郸市至邯郸县段工程	224446	224446		231076	103	
3	永年县段工程	143980	143980		149127	104	
4	洺河渡槽工程	39342	39342		36038	92	
5	沙河市段工程	196493	196493		191590	98	
6	南沙河倒虹吸工程	104640	104640		101995	97	
7	邢台市段工程	197490	197490		193328	98	
8	邢台县和内丘县段工程	290084	290084		285804	99	
9	临城县段工程	247039	247039		241429	98	
10	高邑县至元氏县段工程	316964	316964		312948	99	
11	鹿泉市段工程	129802	129802		126825	98	
12	石家庄市区工程	207191	207191		207367	100	
13	电力设施专项迁建	34979	34979		34979	100	
14	邯邢段压矿及有形资产补偿	27602	27602		27602	100	
15	征迁新增投资	32920	32920		0	0	
三	**穿漳河工程**	**45750**	**45750**		**42477**	**93**	
四	**黄河北—漳河南段工程**	**2601250**	**2601250**		**2672883**	**103**	
1	温博段工程	193175	193175		192667	100	
2	沁河渠道倒虹吸工程	42636	42636		41882	98	
3	焦作1段工程	279498	279498		312794	112	
4	焦作2段工程	450111	450111		453463	101	
5	辉县段工程	519256	519256		517778	100	
6	石门河倒虹吸工程	31716	31716		29900	94	
7	新乡和卫辉段工程	231701	231701		229574	99	
8	鹤壁段工程	293142	293142		308033	105	
9	汤阴段工程	228222	228222		227917	100	
10	膨胀岩（潞王坟）试验段工程	31222	31222		34422	110	
11	安阳段工程	268964	268964		314218	117	
12	征迁新增投资	21372	21372		0	0	
13	压覆矿产资源补偿投资	10235	10235		10235	100	

续表

序号	工程名称	在建设计单元工程总投资/万元	累计下达投资计划/万元	2020年下达投资计划/万元	累计完成投资/万元	投资完成比例/%	2020年完成投资/万元
五	**穿黄工程**	**373670**	**373670**		**366169**	**98**	
1	穿黄工程	357303	357303		364046	102	
2	工程管理专项	1527	1527		2123	139	
3	征迁新增投资	14840	14840		0	0	
六	**沙河南—黄河南段工程**	**3158075**	**3158075**		**3123755**	**99**	
1	沙河渡槽工程	309244	309244		307321	99	
2	鲁山北段工程	73396	73396		72577	99	
3	宝丰至郏县段工程	477019	477019		476736	100	
4	北汝河渠道倒虹吸工程	68904	68904		66896	97	
5	禹州和长葛段工程	572356	572356		571886	100	
6	潮河段工程	554387	554387		550887	99	
7	新郑南段工程	169912	169912		168665	99	
8	双洎河渡槽工程	81887	81887		79331	97	
9	郑州2段工程	391097	391097		389887	100	
10	郑州1段工程	166467	166467		164602	99	
11	荥阳段工程	251356	251356		246695	98	
12	征迁新增投资	13778	13778		0	0	
13	压覆矿产资源补偿投资	28272	28272		28272	100	
七	**陶岔渠首—沙河南段工程**	**3171516**	**3171516**		**3149177**	**99**	
1	淅川县段工程	874725	874725		872805	100	
2	湍河渡槽工程	49486	49486		48221	97	
3	镇平县段工程	386393	386393		383978	99	
4	南阳市段工程	507907	507907		506212	100	
5	膨胀土（南阳）试验段工程	22291	22291		22448	101	
6	白河倒虹吸工程	56680	56680		60073	106	
7	方城段工程	619408	619408		612102	99	
8	叶县段工程	364860	364860		363833	100	
9	澧河渡槽工程	45653	45653		43189	96	
10	鲁山南1段工程	138741	138741		136867	99	

续表

序号	工程名称	在建设计单元工程总投资/万元	累计下达投资计划/万元	2020年下达投资计划/万元	累计完成投资/万元	投资完成比例/%	2020年完成投资/万元
11	鲁山南2段工程	100431	100431		99449	99	
12	征迁新增投资	4941	4941		0	0	
八	**天津干线工程**	**1074149**	**1074149**		**1035469**	**96**	
1	西黑山进口闸至有压箱涵段工程	87354	87354		83042	95	
2	保定市1段工程	292561	292561		279729	96	
3	保定市2段工程	96940	96940		91409	94	
4	廊坊市段工程	384505	384505		376044	98	
5	天津市1段工程	178088	178088		171319	96	
6	天津市2段工程	27081	27081		26306	97	
7	天津干线河北段输变电工程迁建规划	7620	7620		7620	100	
九	**中线干线专项工程**	**251983**	**251983**		**244486**	**97**	
1	中线干线自动化调度与运行决策支持系统工程	199496	199496		192080	96	
2	中线干线文物专项	41025	41025		38567	94	
3	中线干线测量控制网建设（京石段除外）	2400	2400		3524	147	
4	北京2008年应急调水临时通水措施费	9062	9062		10315	114	
十	**特殊预备费**	**5280**	**5280**		**3520**	**67**	
1	中线京石段漕河渡槽防洪防护工程	2723	2723		1701	62	
2	中线邢石段槐河（一）渠道倒虹吸防洪防护工程	2557	2557		1819	71	
	淮委建设局	**60161**	**60161**		**59442**	**99**	**93**
一	**陶岔渠首枢纽工程**[⑤]	**60161**	**60161**		**59442**	**99**	**93**
	中线水源公司	**5489284**	**5489284**		**5442311**	**99**	**1979**

续表

序号	工程名称	在建设计单元工程总投资/万元	累计下达投资计划/万元	2020年下达投资计划/万元	累计完成投资/万元	投资完成比例/%	2020年完成投资/万元
一	**丹江口大坝加高工程⑥**	**317925**	**317925**		**308504**	**97**	**0**
二	**库区移民安置工程**	**5105978**	**5105978**		**5071701**	**99**	
三	**中线水源管理专项工程**	**11356**	**11356**		**8141**	**72**	**1979**
四	**中线水源文物保护项目**	**54025**	**54025**		**54025**	**100**	
	湖北省南水北调管理局	**1162316**	**1162316**		**1123436**	**97**	**20235**
一	**兴隆水利枢纽工程**	**346993**	**346993**		**335361**	**97**	**2351**
二	**引江济汉工程**	**708235**	**708235**		**685849**	**97**	**15447**
1	引江济汉工程	698513	698513		676639	97	15035
2	引江济汉调度运行管理系统工程	9722	9722		9211	95	412
三	**部分闸站改造**	**57313**	**57313**		**52451**	**92**	**2431**
四	**局部航道整治**	**46142**	**46142**		**46142**	**100**	**5**
五	**汉江中下游文物保护**	**3633**	**3633**		**3633**	**100**	
	设管中心	**17000**	**17000**		**16330**	**96**	**971**
1	前期工作投资	8500	8500		8500	100	
2	东、中线一期工程项目验收专项费用	500	500		500	100	94
3	中线一期工程安全风险评估费	8000	8000		7330	91	877
	过渡性资金融资费用	1360200	1360200		1058260	78	

① 里下河水源补偿工程、梁济运河工程和柳长河工程总投资和累计完成投资为南水北调工程分摊投资，不含地方分摊投资。

② 江苏段试通水费用和山东段试通水费用各含江苏省和山东省省际段试通水费用40万元；江苏段试运行费用含江苏省和山东省省际试运行费用42万元，山东段试运行费用含苏鲁省际试运行费用43万元。

③ 姚楼河闸总投资为2412万元，杨官屯河闸总投资为5814万元，大沙河闸总投资为11720万元，南四湖水资源监测工程总投资为6427万元，由江苏省和山东省各执行一部分投资。

④ 按照中线建管局以中线局计〔2018〕67号文备案的材料，项目法人根据工程建设实际情况和验收需要，将2017年下达北拒马河暗渠工程的防洪防护项目投资5227万元调整至河北总干渠及连接段工程中。

⑤ 陶岔渠首枢纽工程总投资和累计完成投资不含电站投资。

⑥ 丹江口大坝加高工程2020年累计完成投资按经水利部核准的完工财务决算报告中实际完成投资计划，该投资中冲减了存款利息收入及财政贴息和左岸施工营房清理外置回收资金。

（丁俊岐）

拾壹　大事记

2020年中国南水北调大事记

1月

2日，水利部副部长蒋旭光研究南水北调工程运行安全工作。

2—3日，水利部副部长蒋旭光赴河北省、北京市飞检南水北调中线工程冰期输水及安全运行有关情况。

6日，水利部副部长蒋旭光研究南水北调有关科技问题。

7—8日，水利部副部长蒋旭光赴河南飞检南水北调中线工程冰期输水及安全运行有关情况。

13日，水利部副部长蒋旭光研究南水北调有关项目。

20日，水利部副部长蒋旭光研究南水北调重点项目实施工作。

2月

19日，水利部和国务院国有资产监督管理委员会联合印发中国南水北调集团有限公司组建方案和章程。

20日，水利部副部长蒋旭光研究中共中央办公厅调研南水北调工程有关准备工作。

21日，水利部副部长叶建春主持召开南水北调东线二期前期工作推进视频会议。

3月

13日，水利部副部长蒋旭光研究南水北调防汛度汛有关工作。

19日，水利部部长鄂竟平在南水北调司呈报的《关于河南淅川南水北调源头河汉结网养鱼有关事宜的报告》上批示："网养会反弹，只能严管。"水利部副部长蒋旭光批示："关键是压实地方政府主体责任。请南水北调司会同河湖司、监督司、长江委盯紧，再有违规情况启动追责。"

24日，水利部副部长蒋旭光主持召开视频会议，研究南水北调中线重点项目实施。

同日，水利部副部长叶建春研究南水北调东线前期有关工作。

25日，水利部副部长蒋旭光主持召开视频会议，研究南水北调工程防汛有关工作。

同日，水利部副部长蒋旭光主持召开视频会议，研究南水北调东线北延应急工程建设及东湖水库项目。

30日，水利部副部长蒋旭光以视频方式听取南水北调有关项目汇报。

31日，水利部副部长蒋旭光主持召开视频会议，研究南水北调科技有关工作。

4月

2日，水利部副部长蒋旭光以视频方式主持召开南水北调东、中线一期工程验收工作领导小组2020年第一次全体会议，水利部总经济师张忠义参加。

7 日，水利部副部长蒋旭光研究南水北调工程防汛检查方案。

13 日，水利部副部长蒋旭光听取南水北调穿跨邻接项目有关工作汇报。

14 日，水利部副部长蒋旭光调研南水北调工程北京段检修项目。

16 日，水利部部长鄂竟平在监督司呈报的《关于南水北调东线东湖水库扩容增效工程专项检查情况的报告》上批示："速问责，决不可再出质量问题。要紧盯。"水利部副部长蒋旭光批示："请南水北调司切实加强监管，确保质量安全。"

同日，水利部副部长蒋旭光听取南水北调重点责任项目推进有关工作汇报。

17 日，水利部副部长蒋旭光研究南水北调东、中线一期工程尾工建设工作。

22 日，水利部副部长蒋旭光研究三峡司、南水北调司脱贫攻坚专项巡视"回头看"整改有关工作。

23 日，水利部副部长魏山忠专题研究 2019 年度南水北调受水区及相关省份地下水超采综合治理评估工作。

24 日，水利部副部长蒋旭光出席南水北调专家委视频座谈会。

同日，水利部副部长叶建春研究南水北调东线二期工程前期工作。

26 日，水利部副部长蒋旭光研究南水北调中线水量调度有关工作。

27 日，水利部副部长蒋旭光研究南水北调安全生产及节日值班工作。

28 日，水利部副部长蒋旭光赴南水北调中线建管局部署大流量调水工作。

同日，水利部副部长叶建春研究南水北调二期前期工作，水利部总工程师刘伟平参加。

5 月

7—9 日，水利部副部长蒋旭光赴河南省检查南水北调中线大流量输水和防汛准备工作。

12 日，水利部副部长蒋旭光研究定点扶贫湖北省十堰市郧阳区有关工作。

14 日，水利部南水北调工程管理司司长李鹏程一行赴北延应急供水工程现场，重点调研了施工 1 标油坊节制闸、施工 2 标预制板生产车间及六分干河道衬砌试验段，并就有关技术问题进行现场交流座谈。南水北调规划设计管理局、山东省水利厅、南水北调东线山东干线有限责任公司、德州与聊城市及相关市（县）有关职能部门参加了调研。

21 日，水利部副部长蒋旭光研究南水北调东、中线一期工程后评估工作。

6 月

4 日，水利部副部长陆桂华调研南水北调东线总公司。

2—6日，水利部副部长叶建春赴江苏、山东、河北、天津、北京等5省（直辖市）开展南水北调东线二期工程前期工作调研。

9日，水利部副部长蒋旭光听取南水北调应急北延工程建设情况汇报。

15日，水利部副部长蒋旭光研究南水北调中线工程北京段检修及供水工作。

同日，水利部副部长蒋旭光听取中线局、东线总公司党建工作汇报。

16日，水利部副部长蒋旭光主持召开视频会议，研究南水北调工程中线大流量供水有关工作。

同日，水利部副部长蒋旭光主持召开视频会议，听取南水北调工程防汛工作汇报。

23日，水利部副部长蒋旭光出席南水北调中线一期工程总干渠穿漳河交叉建筑物工程、沙河南—黄河南段鲁山北段工程设计单元工程完工验收视频会，水利部总工程师刘伟平参加。

24日，生态环境部海河流域北海海域生态环境监督管理局副局长林超一行赴北延应急供水工程现场，针对海河流域水生态环境保护“十四五”规划编制工作开展现场查勘调研。山东省生态环境厅副厅长崔凤友、聊城市副市长任晓旺、聊城市生态环境局党组书记张建军参加调研。

28日，水利部副部长蒋旭光研究南水北调中线工程调水有关工作。

7月

2日，中央印发决定关于成立中国南水北调集团有限公司筹备组和蒋旭光等3名同志任职的通知。

3日，中央组织部副部长张建春宣布中国南水北调集团有限公司筹备组任职文件，并进行集体谈话。

6日，水利部副部长蒋旭光研究南水北调工程下半年验收工作。

7日，水利部副部长蒋旭光听取南水北调制度梳理有关事项汇报。

9日，水利部副部长蒋旭光出席中共中央办公厅南水北调工程专题调研部门座谈会。

13日，水利部副部长蒋旭光研究南水北调工程防汛工作、南水北调工程评估工作。

14日，水利部副部长蒋旭光研究南水北调相关工作。

同日，国务院印发关于中国南水北调集团有限公司筹备组组长、副组长和成员任职的通知。

21日，水利部副部长蒋旭光研究南水北调相关工作。

22日，水利部副部长蒋旭光检查南水北调工程北京段供水工作。

同日，时任水利部副部长、中国南水北调集团有限公司筹备组组长蒋旭光调研南水北调中线惠南庄泵站、团城湖等。

23—24日，水利部副部长蒋旭光

赴河北省、河南省检查南水北调工程防汛工作。

29日，水利部副部长蒋旭光研究南水北调相关工作。

8月

3日，水利部副部长蒋旭光研究南水北调工程评估工作。

4日，水利部副部长蒋旭光研究南水北调相关工作。

5日，水利部副部长蒋旭光研究南水北调相关工作。

6—7日，水利部副部长蒋旭光赴河南省检查南水北调工程防汛工作。

10日，水利部副部长蒋旭光研究南水北调有关工作。

11日，水利部部长鄂竟平主持召开部长专题办公会，研究南水北调后续工程建设有关问题，水利部副部长蒋旭光、叶建春出席。

同日，中央组织部干部五局调研中国南水北调集团有限公司筹备组。

13日，水利部副部长蒋旭光研究南水北调有关工作。

18日，水利部副部长蒋旭光研究南水北调相关工作。

19日，水利部副部长蒋旭光出席南水北调东、中线一期工程阶段性评估项目启动会，水利部总工程师刘伟平参加。

20日，水利部发展研究中心主任陈茂山、水利部南水北调工程管理司副司长袁其田一行，到北延应急供水工程油坊箱涵工程现场调研。公司党委副书记、纪委书记、副总经理胡周汉，中共中央党校、山东省水利厅、南水北调东线山东干线有限责任公司有关人员参加了调研。

同日，水利部部长鄂竟平主持召开部长专题办公会，研究南水北调后续工程建设有关问题，水利部副部长叶建春出席。

20—22日，水利部副部长蒋旭光赴湖北省十堰市调研水利定点扶贫工作。

25日，水利部部长鄂竟平听取南水北调集团筹备组工作汇报，水利部副部长蒋旭光、叶建春出席。

同日，水利部副部长蒋旭光研究南水北调有关工作。

同日，时任水利部部长鄂竟平、副部长叶建春听取中国南水北调集团有限公司筹备组工作汇报。

27日，水利部副部长蒋旭光出席南水北调工程评估工作配合协调会，水利部总工程师刘伟平参加。

28日，水利部副部长蒋旭光出席南水北调中线一期工程沙河渡槽段设计单元工程完工验收会议。

9月

1日，国务院国有资产监督管理委员会党委书记、主任郝鹏听取中国南水北调集团有限公司筹备组工作汇报。

同日，水利部副部长蒋旭光研究

南水北调工程验收工作。

同日，水利部副部长叶建春听取南水北调东线二期前期工作汇报。

2日，水利部副部长蒋旭光研究南水北调有关工作。

8日，水利部副部长蒋旭光研究南水北调相关工作。

9日，水利部副部长蒋旭光研究南水北调相关工作。

10日，水利部副部长蒋旭光研究南水北调水费水价工作。

15日，水利部副部长蒋旭光研究南水北调水量调度计划。

16日，水利部副部长蒋旭光研究南水北调相关工作。

22日，水利部副部长蒋旭光听取南水北调评估有关事宜汇报。

同日，水利部副部长蒋旭光研究南水北调安全生产有关工作。

23日，水利部副部长蒋旭光研究南水北调相关工作。

24日，中央印发关于批准设立中国南水北调集团有限公司党组和蒋旭光任党组书记、董事长，张宗言任总经理的任职文件。

同日，中央组织部印发关于张宗言任党组副书记、董事，于合群任党组副书记、董事，孙志禹任党组成员、副总经理，余邦利任党组成员、总会计师，赵登峰、耿六成任党组成员、副总经理，张凯任党组成员、纪检监察组组长的任职文件。

27日，水利部副部长蒋旭光研究南水北调有关工作。

28日，中国南水北调集团有限公司在北京市正式注册成立。

10月

9日，水利部副部长蒋旭光研究南水北调相关工作。

13日，水利部副部长蒋旭光研究南水北调有关工作。

14日，水利部副部长蒋旭光赴河北省保定市西黑山管理处检查冰期输水准备工作，并与管理处干部职工座谈。

同日，国务院印发关于蒋旭光等7人职务任免的通知。

15日，水利部副部长蒋旭光参加南水北调司党支部活动并讲党课。

17日，水利部副部长叶建春出席南水北调东线二期可研审查会，水利部总工程师刘伟平参加。

21日，水利部副部长蒋旭光研究南水北调相关工作。

23日，时任水利部部长鄂竟平主持召开中国南水北调集团有限公司成立大会。中共中央政治局常委、国务院总理李克强作出重要批示，中共中央政治局委员、国务院副总理胡春华出席成立大会并讲话，国务委员王勇出席会议。国务院国有资产监督管理委员会党委书记、主任郝鹏出席会议并宣读了国务院关于组建中国南水北调集团有限公司的批复文件，中央组织部副部长张建春出席会议并宣读中国南水北调集团有限公司领导干部任职文件。中国南水北调集团有限公司党组书记、董事长蒋旭光发言。

11 月

2—3 日，水利部部长鄂竟平赴湖北省十堰市郧阳区专项调研水利定点扶贫工作。

11 日，水利部副部长叶建春研究南水北调东线二期前期工作，水利部总工程师刘伟平参加。

12 日，水利部副部长叶建春研究南水北调西线方案论证比选工作，水利部总工程师刘伟平参加。

13 日，中共中央总书记、国家主席、中央军委主席习近平到扬州江都水利枢纽考察调研。习近平来到展厅观看南水北调东线工程及江都水利枢纽专题片，结合沙盘听取南水北调东线工程建设运行情况介绍，详细了解水利枢纽发展建设历程和发挥调水、排涝、泄洪、通航、改善生态环境等功能情况。习近平指出，“北缺南丰”是我国水资源分布的显著特点。党和国家实施南水北调工程建设，就是要对水资源进行科学调剂，促进南北方均衡发展、可持续发展。要继续推动南水北调东线工程建设，完善规划和建设方案，确保南水北调东线工程成为优化水资源配置、保障群众饮水安全、复苏河湖生态环境、畅通南北经济循环的生命线。

17 日，水利部部长鄂竟平主持召开 2020 年第 13 次部长办公会，审议《水利工程建设项目法人管理指导意见》《穿跨邻接南水北调中线干线工程项目管理和监督检查办法（试行）》和拟报国家发展改革委的 7 个项目，水利部副部长田学斌、水利部副部长叶建春出席，水利部总规划师汪安南、水利部总经济师程殿龙参加。

18 日，水利部水利水电规划设计总院副院长刘志明一行到南水北调东线总公司直属分公司开展南水北调东线一期苏鲁省际工程调度运行管理系统信息化建设现场调研。东线总公司党委书记李长春、中水淮河规划设计研究有限公司副总经理马东亮等陪同调研。

20 日，水利部副部长叶建春出席南水北调中线有关工作动员会。

23 日，水利部部长鄂竟平主持召开部长专题办公会，传达学习贯彻习近平总书记关于南水北调工作的重要指示精神，水利部副部长叶建春出席。

24 日，水利部副部长叶建春听取南水北调司工作汇报。

12 月

7—9 日，中国南水北调集团有限公司党组书记、董事长蒋旭光赴河南省飞检南水北调中线工程运行管理情况。

8—11 日，中国南水北调集团有限公司总经理张宗言，副总经理孙志禹、赵登峰，纪检监察组组长张凯一行赴南水北调东线一期工程现场管理单位调研。江苏省水利厅厅长陈杰、副厅长张劲松，江苏省南水北调办副主任郑在洲，南水北调东线江苏水源有限公司董事长荣迎春、总经理袁连冲，山东省水利厅党组书记、厅长、省南水北调局局长刘中会，山东省水利厅二级巡视员高希星，南水北调东线山东干线有限责任公司董事长瞿潇、纪委书记高德刚等陪同调研。

22日，水利部部长鄂竟平主持召开部长专题办公会，听取南水北调中线京津冀输水蓄水工程安全风险专项核查工作情况汇报，水利部副部长叶建春出席。

（南水北调司　南水北调集团）

拾贰　索引

索　引

说　明

1. 本索引采用内容分析法编制，年鉴中有实质检索意义的内容均予以标引，以便检索使用。
2. 本索引基本上按汉语拼音音序排列。具体排列方法为：以数字开头的，排在最前面；汉字款目按首字的汉语拼音字母（同音字按声调）顺序排列，同音同调按第二个字的字母音序排列，依此类推。
3. 本索引款目后的数字表示内容所在正文页的页码，数字后的字母 a、b 分别表示该页左栏的上、下部分，字母 c、d 分别表示该页右栏的上、下部分。
4. 为便于读者查阅，出现频率特别高的款目仅索引至条目及条目下的标题，不再进行逐一检索。

0～9

A

B

C

D

J

L

P

Q

R

S

T

W

X

Y

Z